Web前端开发技术 丛书

微信小程序开发零基础入门

第2版・微课视频版

周文洁 编著

清華大學出版社
北京

内容简介

本书是一本从零开始学习的微信小程序开发入门书，读者无需额外的基础。全书以项目驱动为宗旨，循序渐进、案例丰富，详细介绍微信小程序的入门基础知识与使用技巧。

全书包括4篇共15章。入门篇（第1章和第2章）介绍小程序的由来、首次注册开发者账号、开发工具的下载与安装以及创建项目流程，第2章包含阶段案例“简易登录小程序”。基础篇（第3章和第4章）主要讲解小程序框架和组件。这两章分别包含阶段案例“通讯录小程序”和“趣味心理测试小程序”。应用篇（第5～12章）讲解微信小程序中网络API、媒体API、文件API、数据缓存API、位置API、设备API、界面API以及画布API的用法。各章包含的阶段案例分别是“成语词典小程序”“音乐播放器小程序”“个人相册小程序”“极简清单小程序”“红色旅游地图小程序”“幸运抽签小程序”“幸运大转盘抽奖小程序”“你画我猜小程序”。提高篇（第13～15章）中的3章难度逐层递增，第13章讲解如何使用小程序插件和ColorUI组件库；第14章讲解如何使用小程序服务平台能力、Vant Weapp组件库以及自定义组件；第15章讲解如何部署Windows+Apache+MySQL+PHP环境，如何快速配置ThinkPHP 6.0框架并制作接口，以及如何与小程序前端交互形成完整全栈开发案例。

本书包含完整例题应用110个、阶段案例11个以及提高篇进阶综合案例3个，均在微信开发者工具和真机中调试通过，并提供了全套源代码。

本书可作为微信小程序爱好者的零基础入门选择，也可作为前端开发工程师和计算机相关专业学生的小程序开发工具书。

图书在版编目（CIP）数据

微信小程序开发零基础入门：微课视频版/周文洁编著. —2版. —北京：清华大学出版社，2023.9（2025.1重印）
（Web前端开发技术丛书）
ISBN 978-7-302-61637-5

Ⅰ. ①微… Ⅱ. ①周… Ⅲ. ①移动终端-应用程序-程序设计 Ⅳ. ①TN929.53

中国版本图书馆CIP数据核字（2022）第145470号

策划编辑： 魏江江
责任编辑： 王冰飞
封面设计： 刘 键
责任校对： 时翠兰
责任印制： 杨 艳

出版发行： 清华大学出版社
网　　址：https://www.tup.com.cn，https://www.wqxuetang.com
地　　址：北京清华大学学研大厦A座　　邮　　编：100084
社 总 机：010-83470000　　邮　　购：010-62786544
投稿与读者服务：010-62776969，c-service@tup.tsinghua.edu.cn
质 量 反 馈：010-62772015，zhiliang@tup.tsinghua.edu.cn
课 件 下 载：https://www.tup.com.cn，010-83470236
印 装 者： 三河市铭诚印务有限公司
经　　销： 全国新华书店
开　　本： 185mm×260mm　　**印　　张：** 30.25　　**字　　数：** 794千字
版　　次： 2019年1月第1版　2023年9月第2版　　**印　　次：** 2025年1月第5次印刷
印　　数： 46501～49500
定　　价： 79.80元

产品编号：097336-01

前言 FOREWORD

党的二十大报告指出：教育、科技、人才是全面建设社会主义现代化国家的基础性、战略性支撑。必须坚持科技是第一生产力、人才是第一资源、创新是第一动力，深入实施科教兴国战略、人才强国战略、创新驱动发展战略，开辟发展新领域新赛道，不断塑造发展新动能新优势。高等教育与经济社会发展紧密相连，对促进就业创业、助力经济社会发展、增进人民福祉具有重要意义。

微信小程序（Mini Program）是一种轻量级的应用，它实现了应用“触手可及”的梦想，用户无须下载、安装，即可在微信中使用小程序。微信小程序在基于 Web 前端技术基础的同时有其独特的语法和框架，提供微信同款 UI 和功能接口，大幅提高了开发者的效率，不仅能让零基础入门的开发者迅速上手开发出美观且流畅的应用，也能给使用者带来优秀的体验。

《微信小程序开发零基础入门》由清华大学出版社于 2019 年 1 月出版，因其内容前沿、编校质量优秀，受到读者的一致好评。该书也是教育部 2018 年第一批产学协同育人项目微信事业部“小程序课程改革”的配套图书，且连续 3 年被评为清华大学出版社年度畅销图书。图书自发行以来，除了被大量社会读者购买以外，还先后被北京大学、首都师范大学、南京航空航天大学、浙江大学等上百所学校选作教材，也被多所学校图书馆馆藏。本书是《微信小程序开发零基础入门》的第 2 版，被评为国家级实验教学示范中心计算机学科组“十四五”规划教材。

本书是从零开始学习的微信小程序开发入门书，读者无须具备小程序开发基础知识。全书以项目驱动为宗旨，循序渐进、案例丰富，详细介绍了微信小程序的入门基础知识与使用技巧。为了进一步提高本书质量，打磨更多前沿技术案例回馈读者，作者采纳了读者朋友们的问题反馈和修改建议，经过与官方最新技术规范对照，在第 1 版的基础上进行了勘误并补充了官方新推出的组件和功能，每章末尾新增了阶段案例（总量相当于额外赠送了一本实战教材）和综合提高案例，全部配套了详细的视频讲解。

全书分 4 篇共 15 章，内容分别如下。

入门篇包括第 1 章和第 2 章。其中，第 1 章是微信小程序入门，概要介绍小程序的诞生、特点和主要功能，详细讲解了如何注册开发者账号和完善信息，以及开发工具的下载与安装；第 2 章是第一个微信小程序，从零开始讲解新建项目、真机预览和调试、代码提交等操作，并基于该项目介绍了小程序的目录结构和开发者工具的基本功能，本章包含阶段案例“简易登录小程序”。

基础篇包括第 3 章和第 4 章。其中，第 3 章是小程序框架，主要讲解逻辑层、视图层和基础布局模型 flex 的用法，本章包含阶段案例“通讯录小程序”；第 4 章是小程序组件，按照功能分类依次介绍视图容器、基础内容、表单、导航、媒体、地图和画布组件的用法，本章包含阶段案例“趣味心理测试小程序”。

应用篇包括第 5～12 章。这 8 章分别讲解微信小程序中的各类 API，包括网络 API、媒体API、文件API、数据缓存API、位置API、设备API、界面API以及画布API。每章包含的阶段案例分别是“成语词典小程序”“音乐播放器小程序”“个人相册小程序”“极简清单小程序”“红色旅游地图小程序”“幸运抽签小程序”“幸运大转盘抽奖小程序”“你画我猜小程序”。

提高篇综合应用前面所学的基础知识和各类API完成功能更加丰富的小程序项目，包括第13～15章。这3章难度逐层递增，第13章是小程序AI·基于腾讯智能对话平台+ColorUI的机器人小程序，讲解如何使用小程序插件和ColorUI组件库；第14章是小程序服务平台·基于微信OCR识别+Vant Weapp的银行卡包小程序，讲解如何使用小程序服务平台能力、Vant Weapp组件库以及自定义组件；第15章是小程序全栈开发·基于WAMP+ThinkPHP 6.0的高校新闻小程序，讲解如何部署Windows+Apache+MySQL+PHP环境，如何快速配置ThinkPHP 6.0框架并制作接口，以及如何与小程序前端交互形成完整全栈开发案例。

本书最后是附录，包括个人开发者服务类目、小程序场景值以及小程序预定颜色对照表。

本书包含完整例题应用110个、阶段案例11个以及提高篇进阶综合案例3个，均在微信开发者工具和真机中调试通过。

为便于教学，本书提供丰富的配套资源，包括教学大纲、教学课件、电子教案、程序源码、教学进度表、习题答案、期末试卷和40小时的微课视频，比起第1版还新增了题库系统。

资源下载提示

素材（源码）等资源：扫描目录上方的二维码下载。

在线作业：扫描封底的作业系统二维码，登录网站在线做题及查看答案。

微课视频：扫描封底的文泉云盘防盗码，再扫描书中相应章节的视频讲解二维码，可以在线学习。

由于未来微信开发工具软件版本升级和官方文档变更等原因有可能导致读者学习时个别功能无法正确显示，如遇此情况请扫描下方二维码查看常见问题汇总文档，我们将会定期更新该文档并告知原因和解决方案。

常见问题汇总

为方便读者综合应用本书所学知识进行实战项目的开发，作者精心为每章配套编制了多个综合实战项目，已编入《微信小程序开发实战-微课视频版》，可作为本书的配套实践指导书。

最后，感谢清华大学出版社的魏江江分社长、本书责任编辑王冰飞老师以及相关工作人员，非常荣幸能有机会与卓越的你们再度合作；感谢家人和朋友们所给予的关心和大力支持，本书能够完成与你们的鼓励是分不开的；特别感谢刘欣妍和刘昕语的支持，让我可以专注于书稿的编写与修订。

愿本书能够对读者学习微信小程序有所帮助，并真诚地欢迎读者批评指正。希望能与读者朋友们共同学习成长，在浩瀚的技术之海不断前行。

作　者

视频清单

视频所在位置		视 频 内 容	视 频 名
第 2 章	2.1.1	知识点教学：新建项目	2.1.1 新建项目.mp4
	2.1.5	知识点教学：清理模板代码	2.1.5_1 清理模板代码.mp4
	2.1.6	知识点教学：我的第一个小程序	2.1.6 我的第一个小程序.mp4
	2.4	阶段案例：简易登录小程序	阶段案例-简易登录小程序.mp4
第 3 章	3.3.2	例 3-1	例 3-1 容器属性 1.flex-direction.mp4
		例 3-2	例 3-2 容器属性 2.flex-wrap.mp4
		例 3-3	例 3-3 容器属性 3.justify-content.mp4
		例 3-4	例 3-4 容器属性 4.align-items.mp4
		例 3-5	例 3-5 容器属性 5.align-content.mp4
	3.3.3	例 3-6	例 3-6 项目属性 1.order.mp4
		例 3-7	例 3-7 项目属性 2.flex-shrink.mp4
		例 3-8	例 3-8 项目属性 3.flex-grow.mp4
		例 3-9	例 3-9 项目属性 4.flex-basis.mp4
		例 3-10	例 3-10 项目属性 5.align-self.mp4
	3.4	阶段案例：通讯录小程序	3.4.1 准备工作.mp4
			3.4.2-1 导航栏设计.mp4
			3.4.2-2 tabBar 设计.mp4
			3.4.2-3 通讯录页设计.mp4
			3.4.2-4 拨号盘页设计.mp4
			3.4.3-1 通讯录页逻辑.mp4
			3.4.3-2 拨号盘页逻辑-(1)监听数字和符号按键.mp4
			3.4.3-2 拨号盘页逻辑-(2)监听删除按键.mp4
			3.4.3-2 拨号盘页逻辑-(3)拨打电话.mp4
第 4 章	4.2.1	例 4-1	例 4-1 视图容器 view.mp4
	4.2.2	例 4-2	例 4-2 视图容器 scroll-view.mp4
	4.2.3	例 4-3	例 4-3 视图容器 swiper.mp4
	4.2.4	例 4-4	例 4-4 视图容器 movable-view.mp4
	4.2.5	例 4-5	例 4-5 视图容器 cover-view.mp4
	4.3.1	例 4-6	例 4-6 基础内容组件 icon.mp4
	4.3.2	例 4-7	例 4-7 基础内容组件 text 的简单应用.mp4
	4.3.3	例 4-8	例 4-8 基础内容组件 rich-text.mp4
	4.3.4	例 4-9	例 4-9 基础内容组件 progress.mp4
	4.4.1	例 4-10	例 4-10 表单组件 button 的简单应用.mp4
	4.4.2	例 4-11	例 4-11 表单组件 checkbox.mp4
	4.4.3	例 4-12	例 4-12 表单组件 input.mp4
	4.4.4	例 4-13	例 4-13 表单组件 label.mp4
	4.4.5	例 4-14	例 4-14 表单组件 form.mp4
	4.4.6	例 4-15	例 4-15 表单组件 picker.mp4
	4.4.7	例 4-16	例 4-16 表单组件 picker-view.mp4
	4.4.8	例 4-17	例 4-17 表单组件 radio.mp4

续表

视频所在位置		视 频 内 容	视 频 名
第4章	4.4.9	例 4-18	例 4-18 表单组件 slider.mp4
	4.4.10	例 4-19	例 4-19 表单组件 switch.mp4
	4.4.11	例 4-20	例 4-20 表单组件 textarea.mp4
	4.4.12	例 4-21	例 4-21 表单组件 editor 的简单应用.mp4
	4.5	例 4-22	例 4-22 导航组件 navigator.mp4
	4.6.1	例 4-23	例 4-23 媒体组件 image.mp4
	4.6.2	例 4-24	例 4-24 媒体组件 video.mp4
	4.6.3	例 4-25	例 4-25 媒体组件 camera.mp4
	4.7.3	例 4-26	例 4-26 地图组件 map 的简单应用.mp4
	4.8	例 4-27	例 4-27 画布组件的简单应用.mp4
	4.9	阶段案例：趣味心理测试小程序	4.9.1 准备工作.mp4
			4.9.2-1 导航栏设计.mp4
			4.9.2-2 公共样式设计.mp4
			4.9.2-3 首页设计.mp4
			4.9.2-4 测试页设计.mp4
			4.9.2-5 结果页设计.mp4
			4.9.3-1 首页逻辑.mp4
			4.9.3-2 测试页逻辑-(1)共享题库.mp4
			4.9.3-2 测试页逻辑-(2)获取和检测表单信息.mp4
			4.9.3-2 测试页逻辑-(3)跳转结果页.mp4
			4.9.3-3 结果页逻辑-(1)生成分析结果.mp4
			4.9.3-3 结果页逻辑-(2)返回首页.mp4
第5章	5.2.2	例 5-1	例 5-1 网络请求的简单应用 1——单词查询.mp4
		例 5-2	例 5-2 网络请求的简单应用 2——登录验证.mp4
	5.3.1	例 5-3	例 5-3 文件上传的简单应用.mp4
	5.3.2	例 5-4	例 5-4 文件下载的简单应用.mp4
	5.4	阶段案例：成语词典小程序	5.4.1-1 导入代码包.mp4
			5.4.1-2 启动服务器.mp4
			5.4.1-3 部署数据库.mp4
			5.4.2-1 导航栏设计.mp4
			5.4.2-2 首页设计.mp4
			5.4.3-1 初始隐藏查询结果.mp4
			5.4.3-2 发起网络请求.mp4
			5.4.3-3 隐藏数据库空缺字段.mp4
第6章	6.1.4	例 6-1	例 6-1 图片管理的简单应用.mp4
	6.2	例 6-2	例 6-2 录音管理器.mp4
	6.3.1	例 6-3	例 6-3 媒体 API 背景音频管理的简单应用.mp4
	6.3.2	例 6-4	例 6-4 媒体 API 内部音频控制的简单应用.mp4
	6.4.3	例 6-5	例 6-5 视频管理.mp4
	6.5	例 6-6	例 6-6 相机管理.mp4
	6.6	阶段案例：音乐播放器小程序	6.6.1 准备工作.mp4
			6.6.2-1 导航栏设计.mp4
			6.6.2-2 首页设计-(1)整体容器设计.mp4
			6.6.2-2 首页设计-(2)顶部标题面板设计.mp4
			6.6.2-2 首页设计-(3)唱片区域设计.mp4
			6.6.2-2 首页设计-(4)进度条区域设计.mp4
			6.6.2-2 首页设计-(5)按钮区域设计.mp4
			6.6.3-1 初始化参数.mp4
			6.6.3-2 动态化页面.mp4
			6.6.3-3 播放和暂停音乐.mp4

续表

视频所在位置		视 频 内 容	视 频 名
第 6 章	6.6	阶段案例：音乐播放器小程序	6.6.3-4 切换音乐.mp4
			6.6.3-5 实时更新播放时间.mp4
			6.6.3-6 手动更改进度条时间.mp4
			6.6.3-7 播放自动切换下一首.mp4
第 7 章	7.1	例 7-1	例 7-1 保存文件.mp4
	7.2	例 7-2	例 7-2 获取文件信息.mp4
	7.3	例 7-3	例 7-3 获取本地文件列表.mp4
	7.4	例 7-4	例 7-4 获取本地文件信息.mp4
	7.5	例 7-5	例 7-5 删除本地文件.mp4
	7.6	例 7-6	例 7-6 打开文档.mp4
	7.7	阶段案例：个人相册小程序	7.7.1 准备工作.mp4
			7.7.2-1 导航栏设计.mp4
			7.7.2-2 首页设计-(1)顶部标题面板设计.mp4
			7.7.2-2 首页设计-(2)底部相册列表设计.mp4
			7.7.2-2 首页设计-(3)浮动按钮设计.mp4
			7.7.3-1 获取服务器端图片列表.mp4
			7.7.3-2 上传图片至服务器端.mp4
			7.7.3-3 预览图片.mp4
第 8 章	8.2.1	例 8-1	例 8-1 异步存储数据.mp4
	8.2.2	例 8-2	例 8-2 同步存储数据.mp4
	8.3.1	例 8-3	例 8-3 异步获取数据.mp4
	8.3.2	例 8-4	例 8-4 同步获取数据.mp4
	8.4.1	例 8-5	例 8-5 异步获取存储信息.mp4
	8.4.2	例 8-6	例 8-6 同步获取存储信息.mp4
	8.5.1	例 8-7	例 8-7 异步删除数据.mp4
	8.5.2	例 8-8	例 8-8 同步删除数据.mp4
	8.6.1	例 8-9	例 8-9 异步清空数据.mp4
	8.6.2	例 8-10	例 8-10 同步清空数据.mp4
	8.7	阶段案例：极简清单小程序	8.7.1 准备工作.mp4
			8.7.2-1 导航栏设计.mp4
			8.7.2-2 首页设计-(1)代办区域设计.mp4
			8.7.2-2 首页设计-(2)已完成区域设计.mp4
			8.7.2-2 首页设计-(3)浮动按钮设计.mp4
			8.7.3-1 录入新事项.mp4
			8.7.3-2 已完成事项.mp4
			8.7.3-3 撤销已完成事项.mp4
			8.7.3-4 长按删除事项.mp4
			8.7.3-5 读取数据缓存.mp4
第 9 章	9.2.1	例 9-1	例 9-1 获取地理位置.mp4
	9.2.2	例 9-2	例 9-2 选择地理位置.mp4
	9.3	例 9-3	例 9-3 查看位置.mp4
	9.4.2	例 9-4	例 9-4 获取中心点坐标.mp4
	9.4.3	例 9-5	例 9-5 移动到当前定位点 mp4
	9.4.4	例 9-6	例 9-6 位置 API 之 translateMarker 的简单应用.mp4
	9.4.5	例 9-7	例 9-7 展示全部坐标位置.mp4
	9.4.6	例 9-8	例 9-8 获取视野范围.mp4
	9.4.7	例 9-9	例 9-9 获取地图缩放级别.mp4
	9.5	阶段案例：红色旅游地图小程序	9.5.1 准备工作.mp4
			9.5.2-1 导航栏设计.mp4

续表

视频所在位置		视 频 内 容	视 频 名
第9章	9.5	阶段案例：红色旅游地图小程序	9.5.2-2-(1)整体容器设计.mp4
			9.5.2-2-(2)顶部城市选择区域设计.mp4
			9.5.2-2-(3)中间地图区域设计.mp4
			9.5.2-2-(4)底部景点区域设计.mp4
			9.5.2-3 详情页设计.mp4
			9.5.3-1-(1)获取城市列表.mp4
			9.5.3-1-(2)获取景点列表.mp4
			9.5.3-1-(3)隐藏/展开景点列表面板.mp4
			9.5.3-1-(4)获取地图标记列表.mp4
			9.5.3-1-(5)更新地图中心位置.mp4
			9.5.3-1-(6)唤起第三方地图导航.mp4
			9.5.3-1-(7)跳转详情页.mp4
			9.5.3-2 详情页逻辑.mp4
第10章	10.1.1	例 10-1	例 10-1 获取系统信息.mp4
	10.1.2	例 10-2	例 10-2 系统信息-canIUse.mp4
	10.2.1	例 10-3	例 10-3 获取网络状态.mp4
	10.2.2	例 10-4	例 10-4 网络-wifi.mp4
	10.3.1	例 10-5	例 10-5 传感器-罗盘.mp4
	10.3.2	例 10-6	例 10-6 传感器-加速度计.mp4
	10.4.2	例 10-7	例 10-7 用户行为-扫码.mp4
	10.4.3	例 10-8	例 10-8 用户行为-剪贴板.mp4
	10.4.4	例 10-9	例 10-9 用户行为-通话.mp4
	10.5.2	例 10-10	例 10-10 手机状态-屏幕亮度.mp4
	10.5.3	例 10-11	例 10-11 手机状态-振动.mp4
	10.6	阶段案例：幸运抽签小程序	10.6.1 准备工作.mp4
			10.6.2-1 导航栏设计.mp4
			10.6.2-2 首页设计.mp4
			10.6.2-3 结果页设计.mp4
			10.6.3-1-(1)监听摇一摇动作.mp4
			10.6.3-1-(2)抽签并跳转结果页.mp4
			10.6.3-2-(1)显示指定的幸运签.mp4
			10.6.3-2-(2)返回首页.mp4
第11章	11.1.1	例 11-1	例 11-1 消息提示框.mp4
	11.1.2	例 11-2	例 11-2 加载提示框.mp4
	11.1.3	例 11-3	例 11-3 界面 API 之模态弹窗的简单应用.mp4
	11.1.4	例 11-4	例 11-4 显示操作菜单.mp4
	11.2.1	例 11-5	例 11-5 设置导航条标题.mp4
	11.2.2	例 11-6	例 11-6 导航条加载动画.mp4
	11.2.3	例 11-7	例 11-7 设置导航条颜色.mp4
	11.3.5	例 11-8	例 11-8 tabBar 的综合应用.mp4
	11.4.5	例 11-9	例 11-9 页面导航综合应用.mp4
	11.5.3	例 11-10	例 11-10 动画的综合应用.mp4
	11.6	例 11-11	例 11-11 页面位置.mp4
	11.7.3	例 11-12	例 11-12 界面 API 之下拉刷新的简单应用.mp4
	11.8	阶段案例：幸运大转盘抽奖小程序	11.8.1 准备工作.mp4
			11.8.2-1 导航栏设计.mp4
			11.8.2-2 公共样式配置.mp4
			11.8.2-3 首页设计.mp4
			11.8.2-4 结果页设计.mp4
			11.8.3-1 首页逻辑-(1)点击按钮开始抽奖.mp4

续表

视频所在位置		视 频 内 容	视 频 名
第11章	11.8	阶段案例：幸运大转盘抽奖小程序	11.8.3-1 首页逻辑-(2)禁止按钮重复点击.mp4
			11.8.3-1 首页逻辑-(3)还原初始状态.mp4
			11.8.3-2 结果页逻辑-(1)设置抽奖奖项数据.mp4
			11.8.3-2 结果页逻辑-(2)显示指定的中奖结果.mp4
			11.8.3-2 结果页逻辑-(3)返回首页.mp4
第12章	12.1	知识点教学：绘图准备工作	12.1 准备工作.mp4
	12.2.4	例 12-1	例 12-1 绘制矩形的综合应用.mp4
	12.3.1	例 12-2	例 12-2 绘制线段的简单应用.mp4
	12.3.2	例 12-3	例 12-3 绘制圆弧的综合应用.mp4
	12.3.3	例 12-4	例 12-4 绘制曲线的综合应用.mp4
	12.4.4	例 12-5	例 12-5 绘制文本的综合应用.mp4
	12.5.4	例 12-6	例 12-6 绘制图片的综合应用.mp4
	12.6.1	例 12-7	例 12-7 颜色透明度的简单应用.mp4
	12.6.2	例 12-8	例 12-8 线条样式的简单应用.mp4
	12.6.3	例 12-9	例 12-9 渐变样式的综合应用.mp4
	12.6.4	例 12-10	例 12-10 阴影样式的简单应用.mp4
	12.6.5	例 12-11	例 12-11 图案填充的简单应用.mp4
	12.8.1	例 12-12	例 12-12 图像变形的综合应用.mp4
	12.8.2	例 12-13	例 12-13 图像剪裁的简单应用.mp4
	12.9	例 12-14	例 12-14 图像导出的简单应用.mp4
	12.10	阶段案例：你画我猜小程序	12.10.1 准备工作.mp4
			12.10.2-1 导航栏设计.mp4
			12.10.2-2 首页设计-(1)整体容器设计.mp4
			12.10.2-2 首页设计-(2)画布设计.mp4
			12.10.2-2 首页设计-(3)工具栏区域设计.mp4
			12.10.2-2 首页设计-(4)保存按钮设计.mp4
			12.10.3-1 初始化画布.mp4
			12.10.3-2 绘制线段.mp4
			12.10.3-3 设置画笔粗细并绘图.mp4
			12.10.3-4 橡皮擦功能.mp4
			12.10.3-5 清空画布.mp4
			12.10.3-6 设置画笔颜色并绘图.mp4
			12.10.3-7 保存图片到相册.mp4
第13章	13.1	小程序插件介绍	13.1 小程序插件.mp4
	13.2	小程序自定义组件介绍	13.2 小程序自定义组件.mp4
	13.3.1	服务器端准备	13.3.1 服务器端准备-1 对话机器人创建.mp4
			13.3.1 服务器端准备-2 腾讯云密钥获取.mp4
	13.3.2	小程序端准备	13.3.2 小程序端准备-1 项目创建.mp4
			13.3.2 小程序端准备-2TBP 插件引入.mp4
			13.3.2 小程序端准备-3ColorUI 组件库引入.mp4
	13.4.1	视图设计	13.4.1 视图设计-代码复用.mp4
	13.4.2		13.4.2 视图设计-导航栏设计.mp4
	13.4.3		13.4.3 视图设计-聊天记录区域设计.mp4
	13.4.4		13.4.4 视图设计-底部输入框设计.mp4
	13.5.1	逻辑实现	13.5.1 逻辑实现-代码复用.mp4
	13.5.2		13.5.2 逻辑实现-公共函数获取当前时间.mp4
	13.5.3		13.5.3 逻辑实现-获取机器人列表.mp4
	13.5.4		13.5.4 逻辑实现-显示用户本人消息.mp4
	13.5.5		13.5.5 逻辑实现-机器人对话服务接口.mp4
	13.5.6		13.5.6 逻辑实现-聊天内容自动上拉.mp4

续表

视频所在位置		视 频 内 容	视 频 名
第14章	14.1	小程序服务平台介绍	14.1 小程序服务平台概述.mp4
	14.2.1	小程序自定义组件	14.2.1 小程序 UI 组件库-Vant Weapp.mp4
	14.2.2		14.2.2 自主开发组件模板配置.mp4
	14.3.1	准备工作介绍	14.3.1 准备工作-项目创建.mp4
	14.3.2		14.3.2 准备工作-页面配置.mp4
	14.3.3		14.3.3 准备工作-自定义组件.mp4
	14.3.4		14.3.4 准备工作-公共 JS 文件.mp4
	14.4.1	视图设计	14.4.1 导航栏设计.mp4
	14.4.2		14.4.2 自定义组件设计.mp4
	14.4.3		14.4.3【首页】设计.mp4
	14.4.4		14.4.4【银行卡信息录入页】设计.mp4
	14.4.5		14.4.5【银行名称索引页】设计.mp4
	14.5.1	首页逻辑	14.5.1-1 根据本地缓存显示银行卡列表.mp4
			14.5.1-2 长按删除单张银行卡.mp4
			14.5.1-3 复制银行卡号.mp4
			14.5.1-4 跳转新页面.mp4
	14.5.2	银行名称索引页逻辑	14.5.2-1 显示完整银行名称.mp4
			14.5.2-2 返回银行卡信息录入页.mp4
	14.5.3	银行卡信息录入页逻辑	14.5.3-1 自动填写银行名称.mp4
			14.5.3-2 微信 OCR 识别银行卡号.mp4
			14.5.3-3 添加银行卡至本地缓存.mp4
第15章	15.1	项目需求分析	15.1 需求分析.mp4
	15.2.1	小程序端准备	15.2.1 小程序端准备-1 项目创建.mp4
			15.2.1 小程序端准备-2 页面配置.mp4
			15.2.1 小程序端准备-3 图片素材.mp4
			15.2.1 小程序端准备-4 公共 JS 文件.mp4
	15.2.2	服务器端准备	15.2.2 服务器端准备-1 服务器部署.mp4
			15.2.2 服务器端准备-2 数据库部署.mp4
			15.2.2 服务器端准备-3 ThinkPHP6.0 框架安装部署.mp4
			15.2.2 服务器端准备-4 接口制作.mp4
			15.2.2 服务器端准备-4 接口制作-1.mp4
			15.2.2 服务器端准备-4 接口制作-2.mp4
	15.3.1	视图设计	15.3.1 视图设计-导航栏设计.mp4
	15.3.2		15.3.2 视图设计-tabBar 设计.mp4
	15.3.3		15.3.3 视图设计-页面设计-1 公共基础样式配置.mp4
			15.3.3 视图设计-页面设计-2 首页设计.mp4
			15.3.3 视图设计-页面设计-2 首页设计-1.mp4
			15.3.3 视图设计-页面设计-2 首页设计-2.mp4
			15.3.3 视图设计-页面设计-2 首页设计-3.mp4
			15.3.3 视图设计-页面设计-3 新闻详情页设计.mp4
			15.3.3 视图设计-页面设计-4 个人中心页设计.mp4
	15.4.1	首页逻辑	15.4.1 首页逻辑-1 新闻列表展示.mp4
			15.4.1 首页逻辑-2 加载更多新闻.mp4
			15.4.1 首页逻辑-3 点击导航栏切换新闻列表.mp4
			15.4.1 首页逻辑-4 点击跳转新闻详情页.mp4
	15.4.2	新闻详情页逻辑	15.4.2 新闻详情页逻辑-1 显示对应新闻.mp4
			15.4.2 新闻详情页逻辑-2 添加/取消新闻收藏.mp4
	15.4.3	个人中心页逻辑	15.4.3 个人中心页逻辑-1 获取微信用户信息.mp4
			15.4.3 个人中心页逻辑-2 获取收藏列表.mp4
			15.4.3 个人中心页逻辑-3 浏览收藏的新闻.mp4

源码下载

目录 CONTENTS

入 门 篇

基 础 篇

应　用　篇

提 高 篇

入 门 篇

第1章 Chapter 1

微信小程序入门

本章主要介绍微信小程序概述、准备工作和开发工具的安装与使用。微信小程序是一种轻量级应用程序，自上线六年来，已有超过 300 万个小程序应用和超过 4 亿的日活跃账户数量。作为微信抱以最大期望的项目，小程序具有广阔的前景。

本章学习目标

- 了解小程序的由来、功能和创建流程；
- 掌握开发者账号的注册、信息的完善和成员管理；
- 掌握开发者工具的下载、安装与登录；
- 熟悉其他辅助工具的使用。

1.1 微信小程序概述

1.1.1 小程序简介

微信小程序也简称为小程序，其英文名称是 Mini Program。它是一种存在于微信内部的轻量级应用程序。微信研发团队在其官方网页上有一段关于微信小程序的介绍：“小程序是一种新的开放能力，开发者可以快速地开发一个小程序。小程序可以在微信内被便捷地获取和传播，同时具有出色的使用体验。”

腾讯公司高级副总裁、微信创始人张小龙曾在朋友圈发布关于小程序的定义：小程序是一种不需要下载、安装即可使用的应用，它实现了应用“触手可及”的梦想，用户扫一扫或者搜一下即可打开应用，这也体现了“用完即走”的理念。用户不用关心是否安装太多应用的问题，应用将无处不在，随时可用，且无须安装与卸载。这些就是小程序的重要特点。

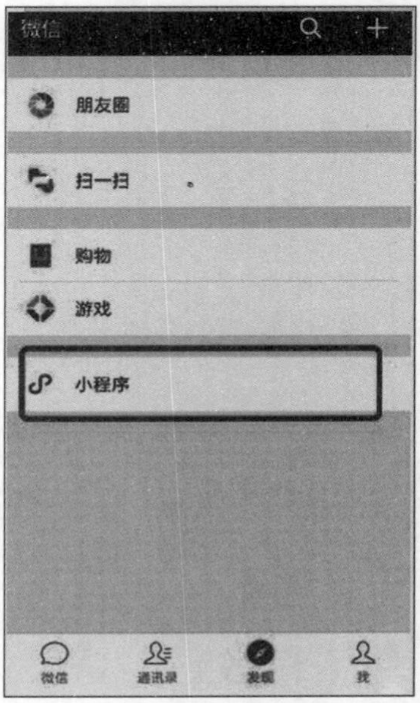

图 1-1 微信小程序入口

1.1.2 小程序的诞生

微信小程序于 2017 年 1 月 9 日正式发布，当天在微信的“发现”页面出现了小程序入口（见图 1-1）。往前追溯 10 年——2007 年 1 月 9 日恰好是第一代 iPhone 手机正式发布。

这两者之间并不是巧合，张小龙随后在朋友圈发出一条写着“2007.1.9”的状态，同时配有 iPhone 第一代的新品发布图（见图 1-2）。张小龙以这样的形式向乔布斯致敬。

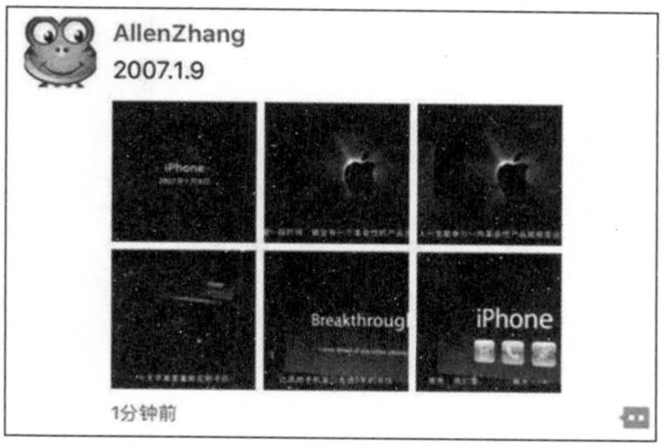

图 1-2　张小龙的微信朋友圈

1.1.3　小程序的功能

1 小程序页

小程序不是必须从首页进入，任何一个小程序页面的当前信息都可以直接被用户分享，而无须从头启动再进入。例如，分享已经查询好结果的页面，好友打开就可以直接看到实时数据，而不必再自己进行查询。

2 对话分享

小程序支持对话分享，在微信中可以直接转发、分享小程序给好友或微信群。

3 搜索查找

小程序可以在微信的“发现”页面中的小程序入口处被搜索查找到，用户可以通过输入小程序或品牌名称搜索自己需要的小程序。

4 公众号关联

所有公众号都可以关联小程序。公众号可关联 10 个同主体、3 个非同主体小程序。公众号一个月可新增关联小程序 13 次。

5 线下扫码

小程序允许扫码使用，可以是普通二维码，也可以是小程序自己特有的小程序码。

6 小程序切换

小程序支持后台挂起切换，用户可以先关闭小程序，在一定时间内再次打开仍然可以保持关闭前的状态。

7 消息通知

使用小程序的商家可以向用户发送消息模板，例如已发货、订单已取消等。小程序还为用户提供客服消息功能，商家可以与用户进行线上交流。

8 历史列表

用户使用过的小程序会自动进入“最近使用”历史列表，用户也可以手动将小程序添加到“我的小程序”中，以方便下次使用。

1.1.4　小程序的创建流程

小程序的完整创建流程分为 4 个步骤，如图 1-3 所示。

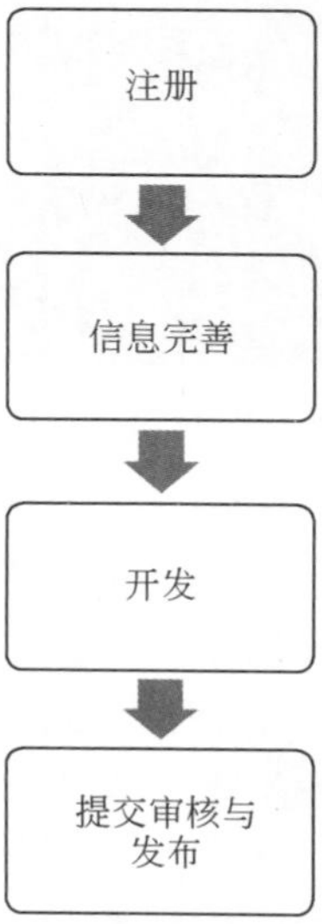

图 1-3　小程序的创建流程

对这 4 个步骤说明如下。

- 注册：开发者需要首先在微信公众平台上进行小程序账号注册。
- 信息完善：开发者注册完毕后需要填写小程序的基本信息，包括程序名称、图标、服务范围等内容。
- 开发：完成小程序开发者绑定与开发信息配置后，可以下载开发工具进行小程序的开发与调试工作。
- 提交审核与发布：完成小程序后需要进行代码的上传，然后由管理员提交代码等待微信团队审核，审核通过后即可正式发布。

1.2 开发小程序的准备工作

本节主要介绍如何进行小程序账号的注册与信息完善等开发前的准备工作。

1.2.1 注册开发者账号

开发者首先需要在微信公众平台上注册一个小程序账号，这样才能进行后续的代码开发与提交工作。其注册步骤如下：

访问微信公众平台官网首页（mp.weixin.qq.com），然后单击右上角的“立即注册”按钮进入账号类型选择页面，如图 1-4 所示。

图 1-4　微信公众平台官网首页

在当前页面上选择注册的账号类型为“小程序”，即可进入小程序的正式注册页面，如图 1-5 所示。

小程序的正式注册页面包含 3 个填写页面，即账号信息、邮箱激活、信息登记。

1 账号信息

在账号信息填写页面需要填写邮箱、密码、确认密码、验证码以及勾选确认协议条款，如图 1-6 所示。

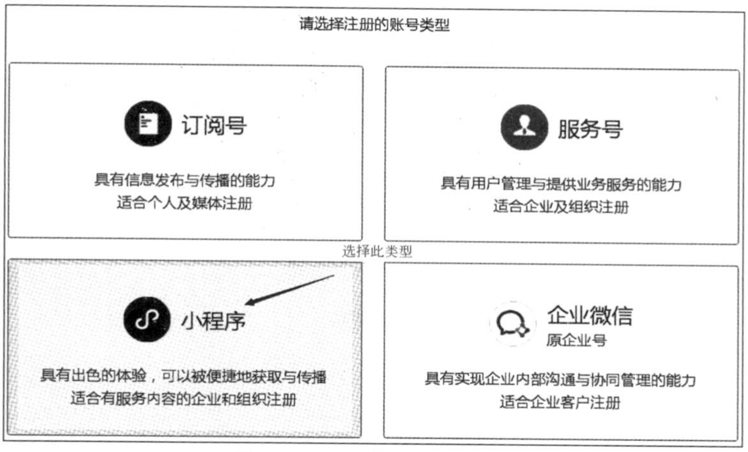
请选择注册的账号类型
订阅号
具有信息发布与传播的能力
适合个人及媒体注册
服务号
具有用户管理与提供业务服务的能力
适合企业及组织注册
选择此类型
小程序
具有出色的体验，可以被便捷地获取与传播
适合有服务内容的企业和组织注册
企业微信
原企业号
具有实现企业内部沟通与协同管理的能力
适合企业客户注册

图 1-5　账号类型选择页面

小程序注册
① 账号信息 — ② 邮箱激活 — ③ 信息登记
每个邮箱仅能申请一个小程序
已有微信小程序？立即登录
邮箱
testtest@qq.com
作为登录账号，请填写未被微信公众平台注册，未被微信开放平台注册，未被个人微信号绑定的邮箱
密码
字母、数字或者英文符号，最短8位，区分大小写
确认密码
请再次输入密码
验证码
GHTE
换一张
你已阅读并同意《微信公众平台服务协议》及《微信小程序平台服务条款》
注册

图 1-6　小程序账号信息填写页面

注意在该图中填写的邮箱地址必须符合以下条件：

（1）未用于注册过微信公众平台。

（2）未用于注册过微信开放平台。

（3）未用于绑定过个人微信号的邮箱。

此外，需要注意每个邮箱地址只能申请一个小程序。如果开发者当前暂时没有符合条件的邮箱，建议先申请一个新的邮箱，再继续小程序的账号注册。

全部填写完成并勾选同意协议条款后单击最下方的“注册”按钮提交账号信息。

2 邮箱激活

在提交注册后会看到邮箱激活提醒，此时页面效果如图 1-7 所示。

登录对应的注册邮箱查看激活邮件，如图 1-8 所示。

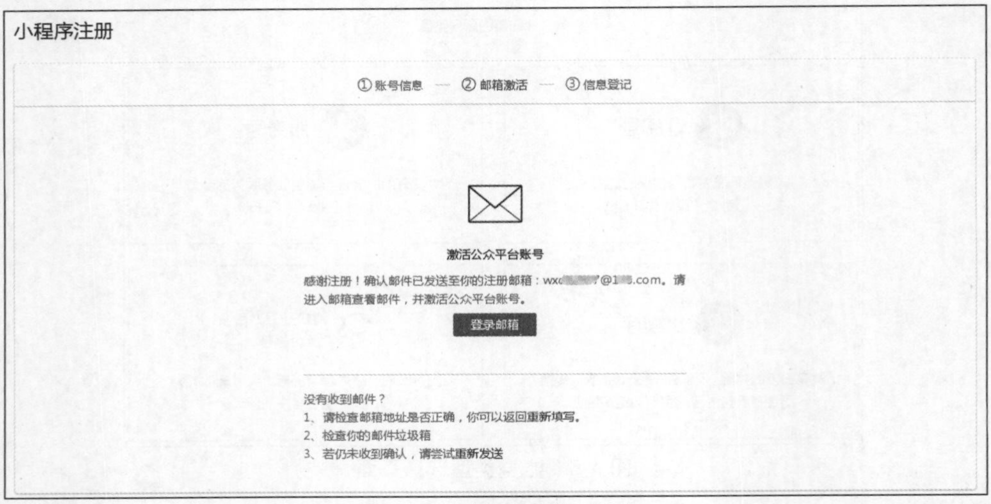

图 1-7　邮箱账号激活提醒

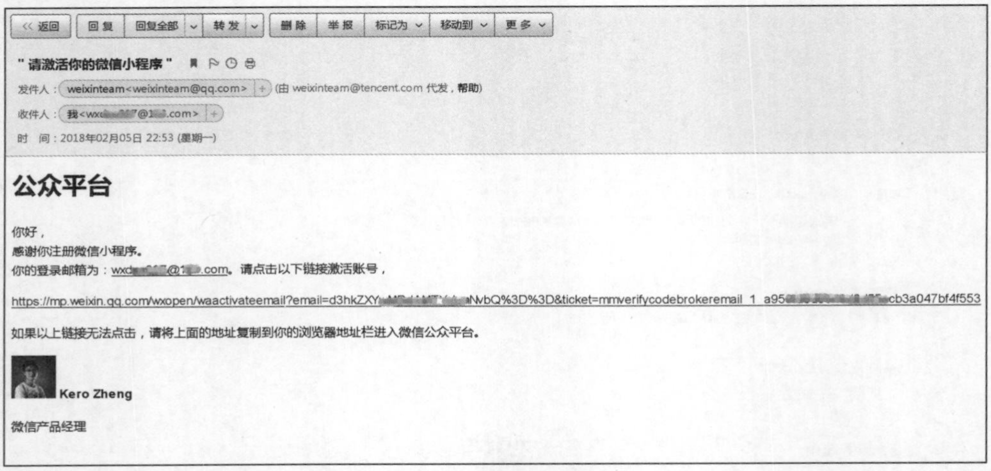

图 1-8　小程序激活邮件

单击邮件正文中的链接地址跳转回微信平台页面完成账号的激活。

3 信息登记

邮箱账号激活完成后就进入了信息登记页面，如图 1-9 所示。

注册国家/地区保持默认内容“中国大陆”，然后根据实际情况进行主体类型的选择。目前小程序允许注册的主体类型共有 5 种，即个人、企业、政府、媒体及其他组织，详情见表 1-1。

表 1-1　小程序账号的主体类型介绍

账号主体类型	解　释
个人	必须是年满 18 岁以上的微信实名用户，并且具有国内身份信息
企业	企业、分支机构、个体工商户或企业相关品牌
政府	国内各级、各类政府机构/事业单位，以及具有行政职能的社会组织等，主要覆盖公安机构、党团机构、司法机构、交通机构、旅游机构、工商税务机构、市政机构等
媒体	报纸、杂志、电视、电台、通讯社等
其他组织	不属于政府、媒体、企业或个人的其他类型

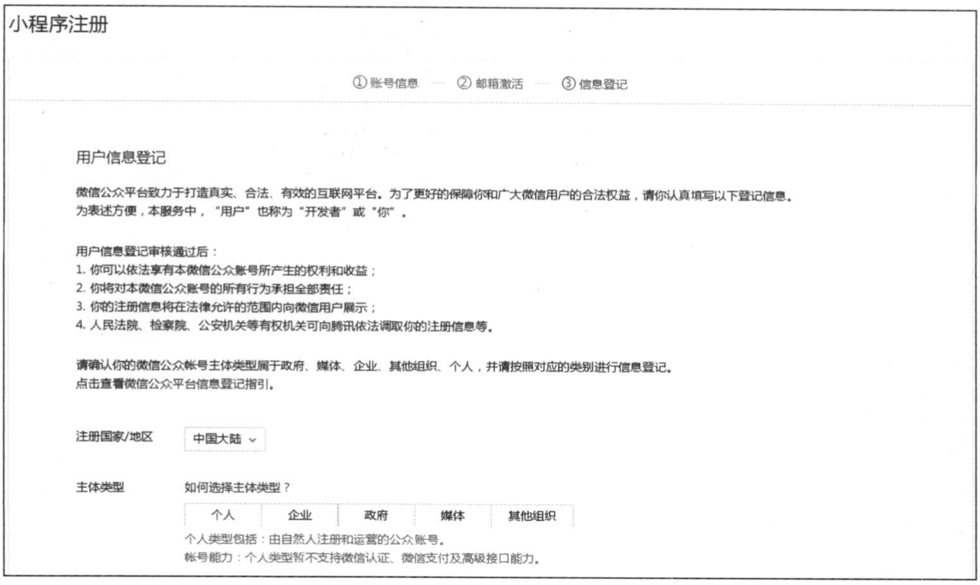

小程序注册
① 账号信息 —— ② 邮箱激活 —— ③ 信息登记
用户信息登记
微信公众平台致力于打造真实、合法、有效的互联网平台。为了更好的保障你和广大微信用户的合法权益，请你认真填写以下登记信息。
为表述方便，本服务中，"用户"也称为"开发者"或"你"。
用户信息登记审核通过后：
1. 你可以依法享有本微信公众账号所产生的权利和收益；
2. 你将对本微信公众账号的所有行为承担全部责任；
3. 你的注册信息将在法律允许的范围内向微信用户展示；
4. 人民法院、检察院、公安机关等有权机关可向腾讯依法调取你的注册信息等。
请确认你的微信公众帐号主体类型属于政府、媒体、企业、其他组织、个人，并请按照对应的类别进行信息登记。
点击查看微信公众平台信息登记指引。
注册国家/地区
中国大陆
主体类型
如何选择主体类型？
个人
企业
政府
媒体
其他组织
个人类型包括：由自然人注册和运营的公众账号。
帐号能力：个人类型暂不支持微信认证、微信支付及高级接口能力。

图 1-9　小程序信息登记页面

由于本书为零基础开发者小程序入门，因此请读者选择个人类型。企业类型账号注册需要企业缴费认证，而政府、媒体或其他组织账号注册需要通过微信验证主体单位的身份，对于这几种类型暂不介绍。后续可以由开发者自行申请这些主体类型。

选择“个人”类型之后，页面下方将自动出现主体信息登记表单，如图 1-10 所示。

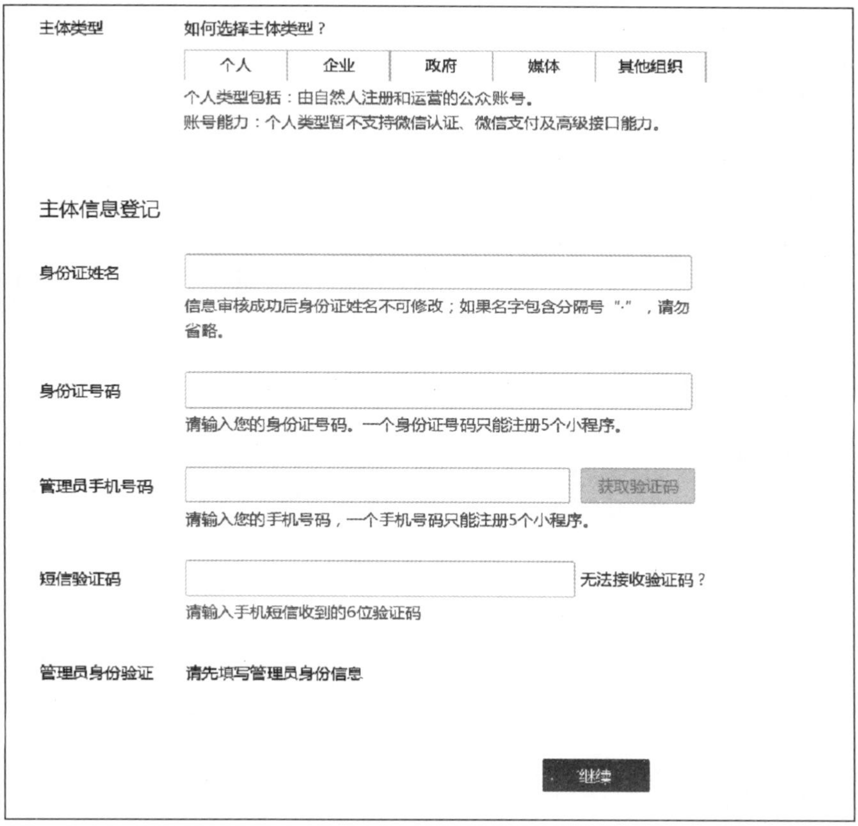

图 1-10　小程序信息登记页面

开发者需要如实填写身份证姓名、身份证号码和管理员手机号码（一个手机号码只能注册 5 个小程序），然后单击“获取验证码”按钮等待手机短信，在收到的短信中会提供一个 6 位验证码，如图 1-11 所示。

注意，验证码必须在 10 分钟之内填写，否则会失效而需要重新获取。填写完成后在下方的“管理员身份验证”栏中会自动出现一个二维码，如图 1-12 所示。

此时，需要管理员用本人微信扫描页面上提供的二维码进行身份确认，这种验证方式是免费的。扫码后，手机微信会自动跳转到微信验证页面，如图 1-13 所示。

检查微信验证页面上所显示的姓名和身份证号码，确认无误后单击“确定”按钮，系统会提示身份验证成功，如图 1-14 所示。

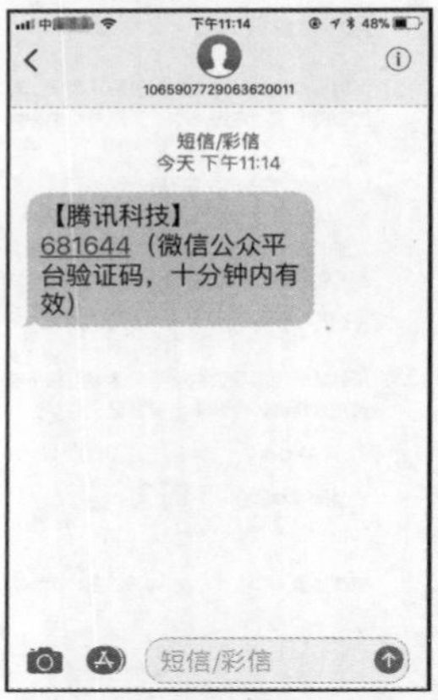
下午11:14
1065907729063620011
短信/彩信
今天 下午11:14
【腾讯科技】
681644（微信公众平台验证码，十分钟内有效）
短信/彩信

图 1-11　小程序验证码短信

主体类型
如何选择主体类型？
个人
企业
政府
媒体
其他组织
个人类型包括：由自然人注册和运营的公众账号。
账号能力：个人类型暂不支持微信认证、微信支付及高级接口能力。
主体信息登记
身份证姓名
信息审核成功后身份证姓名不可修改；如果名字包含分隔号“·”，请勿省略。
身份证号码
请输入您的身份证号码。一个身份证号码只能注册5个小程序。
管理员手机号码
17秒后可重发
请输入您的手机号码，一个手机号码只能注册5个小程序。
短信验证码
681644
无法接收验证码？
请输入手机短信收到的6位验证码
管理员身份验证
请用管理员本人微信扫描二维码。本验证方式不扣除任何费用。注册后，扫码的微信号将成为该账号的管理员微信号。
继续

图 1-12　管理员身份验证栏中出现二维码

此时该微信号就会被登记为管理员微信号，并且 PC 端的网页画面也将同步提示“身份验证成功”，如图 1-15 所示。

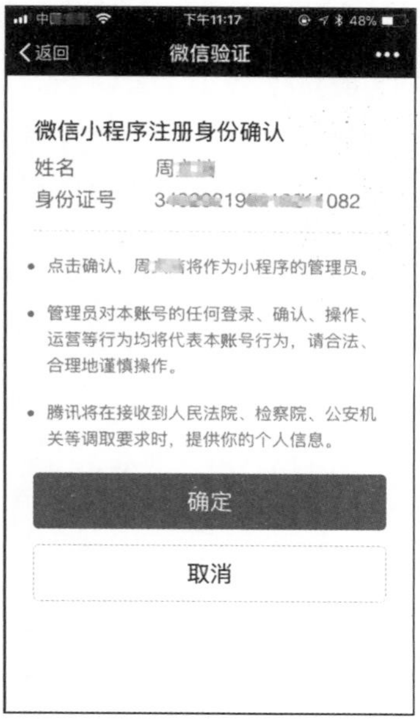

图 1-13　手机微信验证身份确认页面

图 1-14　手机微信验证成功页面

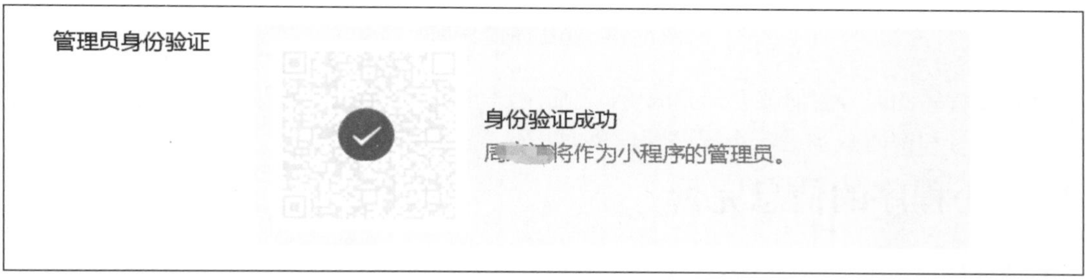

图 1-15　管理员身份验证成功

单击“继续”按钮进行下一步，系统会弹出一个提示框让开发者进行最后的确认，如图 1-16 所示。

单击“确定”按钮完成主体信息的确认，会出现如图 1-17 所示内容。

图 1-16　主体信息确认提示框

图 1-17　信息提交成功提示框

当前可以直接单击“前往小程序”按钮进入小程序管理页面，此时账号是默认登录后的状态，可以直接进行小程序的后续管理工作，如图 1-18 所示。

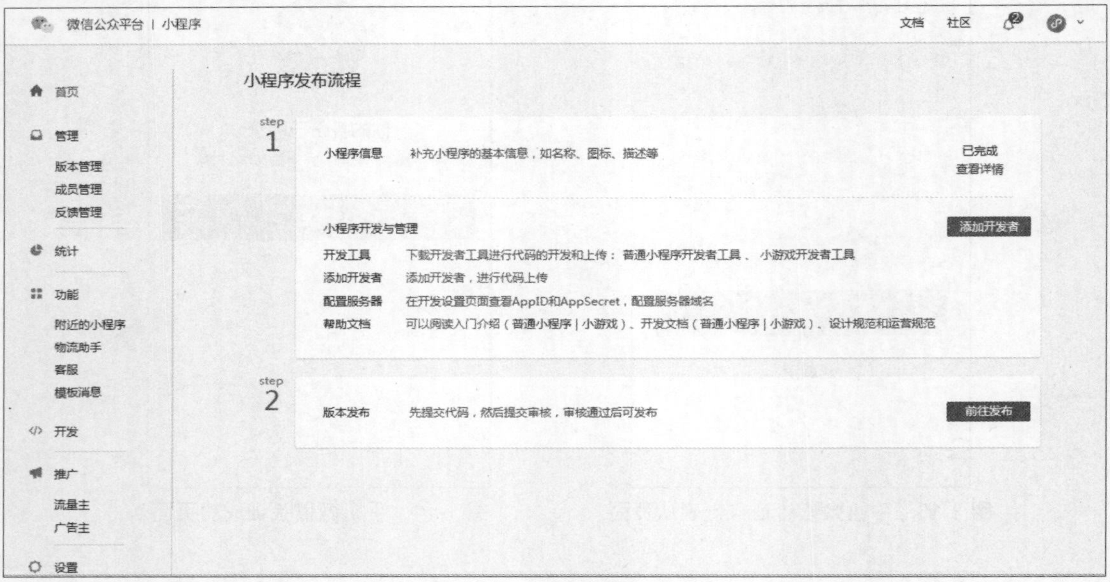

图 1-18　小程序管理页面

现在小程序的账号注册就全部完成了，之后用户可以访问微信公众平台（mp.weixin.qq.com）手动输入账号和密码登录进入小程序管理页面。

1.2.2　小程序的信息完善

在账号注册完成后还需要完善小程序的基本信息，如表 1-2 所示。

表 1-2　小程序的基本信息内容介绍

填写内容	填写要求	修改次数
小程序名称	小程序名称的长度需要控制在 4～30 个字符，并且不得与平台内已经存在的其他账号名称重名	发布前有两次改名机会，两次改名机会用完后必须先发布再通过微信认证改名
小程序头像	图片格式只能是 png、bmp、jpeg、jpg 和 gif 中的一种，并且文件不得大于 2MB；注意头像图片不允许涉及政治敏感与色情内容；图片最后会被切割为圆形效果	每个月可以修改 5 次
小程序介绍	字数必须控制在 4～120 个字符，介绍内容不得含有国家相关法律/法规禁止的内容	每个月可以申请修改 5 次
小程序服务类目	服务类目分为两级，每一级都必须填写，不可以为空；服务类目不得少于 1 个，不得多于 5 个；特殊行业需要额外提供资质证明	每个月可以修改 1 次

1 小程序名称

小程序名称的长度需要控制在 4～30 个字符，其中一个中文字占两个字符。在小程序发布前有两次改名机会，两次改名机会用完后必须先发布再通过微信认证改名。

由于小程序名称不允许与平台内已经存在的其他账号名称重名，用户在填写好之后可以先自测一下是否符合要求，单击右侧的“检测”按钮即可进行验证。

如果该名称与其他公众号名称重复，会出现失败提示，如图 1-19 所示。

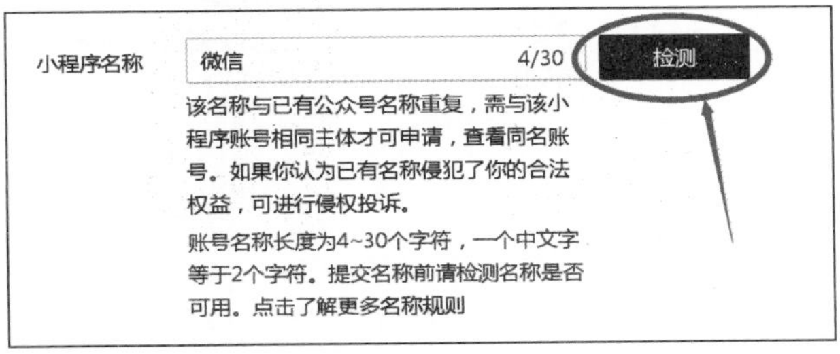

图 1-19　小程序名称检测失败提示

如果该名称没有被占用，检测后会显示“你的名字可以使用”，如图 1-20 所示，表示该名称允许使用，接下来就可以上传图片了。

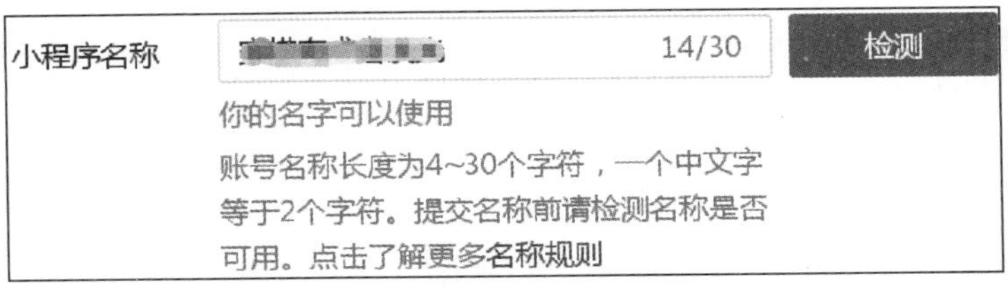

图 1-20　小程序名称检测成功提示

2 小程序头像

小程序头像也就是小程序最终显示的图标 logo，图片最后会被切割为圆形效果。头像图片的格式只能是 png、bmp、jpeg、jpg 和 gif 中的一种，并且文件不得大于 2MB。注意，头像图片不允许涉及政治敏感与色情内容。另外，头像图片每个月可以修改 5 次。

单击“选择图片”按钮，即可选择图片进行上传，如图 1-21 所示。

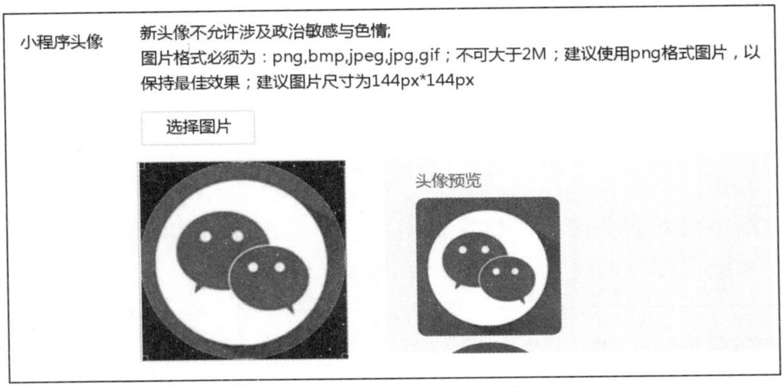

图 1-21　小程序头像上传

根据官方提示，建议上传 png 格式的图片并且图片尺寸为 144×144 像素，以保证最佳效果。

3 小程序介绍

小程序介绍可以由开发者自由填写关于小程序功能的描述，注意介绍内容不得含有国家相关法律/法规禁止的内容。另外，小程序介绍的内容每个月可以申请修改 5 次。

小程序介绍对应的字数必须控制在 4～120 个字符，文本框带有自动检测字数的功能，如图 1-22 所示。

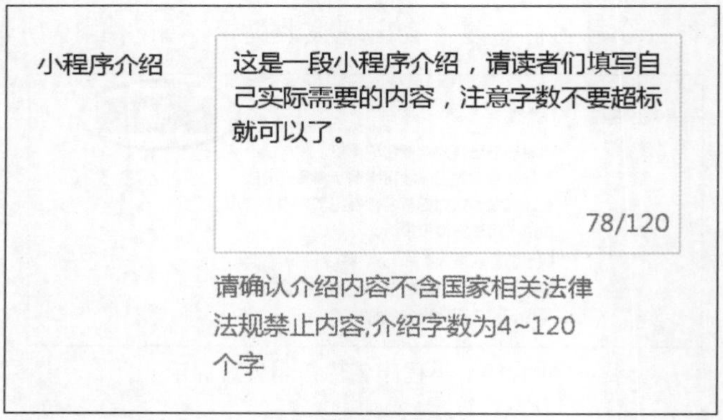

图 1-22　小程序介绍

4 小程序服务类目

小程序服务类目指的是小程序主要内容所属的服务范围，特殊行业需要额外提供资质证明。另外，服务类目每个月只可以修改 1 次。

服务类目分为两级，每一级都必须填写，不可以为空，如图 1-23 所示。

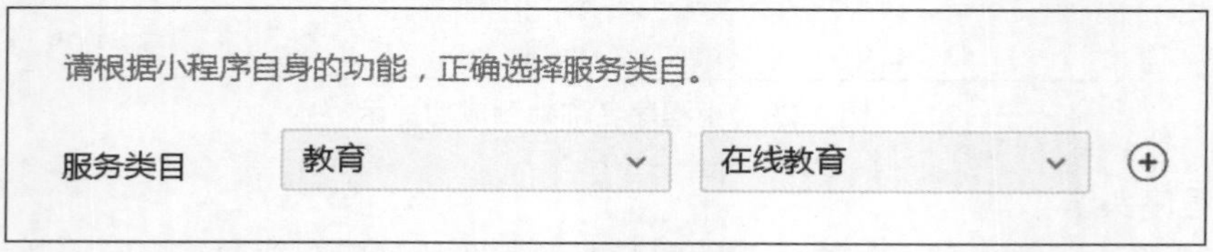

图 1-23　小程序服务类目的两级选项

如果有多个服务范围需要追加，可以单击右侧的“＋”号进行添加，如图 1-24 所示。

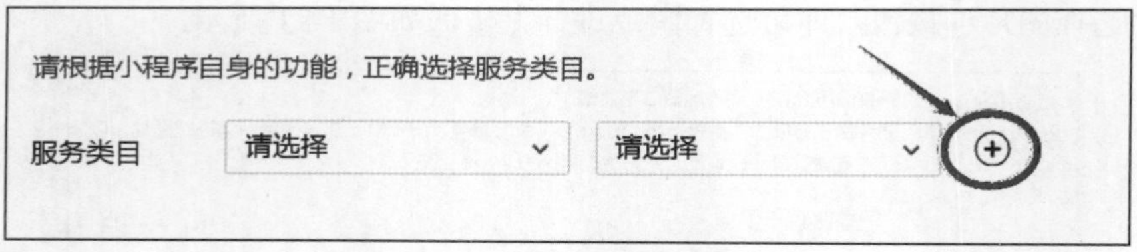

图 1-24　小程序服务类目的追加

如果需要去掉多余的服务范围，将鼠标指针移动到需要删除的服务类目上，然后单击右侧出现的“－”号进行删除即可，如图 1-25 所示。

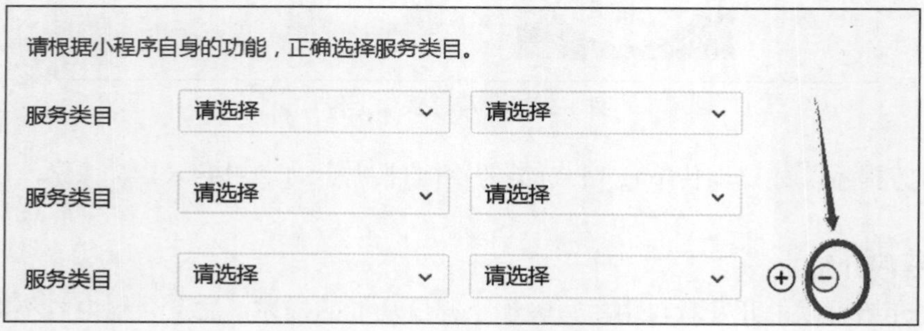

图 1-25　小程序服务类目的删除

注意： 小程序的服务类目最少有 1 个，最多只能有 5 个。

全部填写完毕后就可以单击最下方的“提交”按钮提交小程序的基本信息，完成后可以看到如图 1-26 所示的界面。

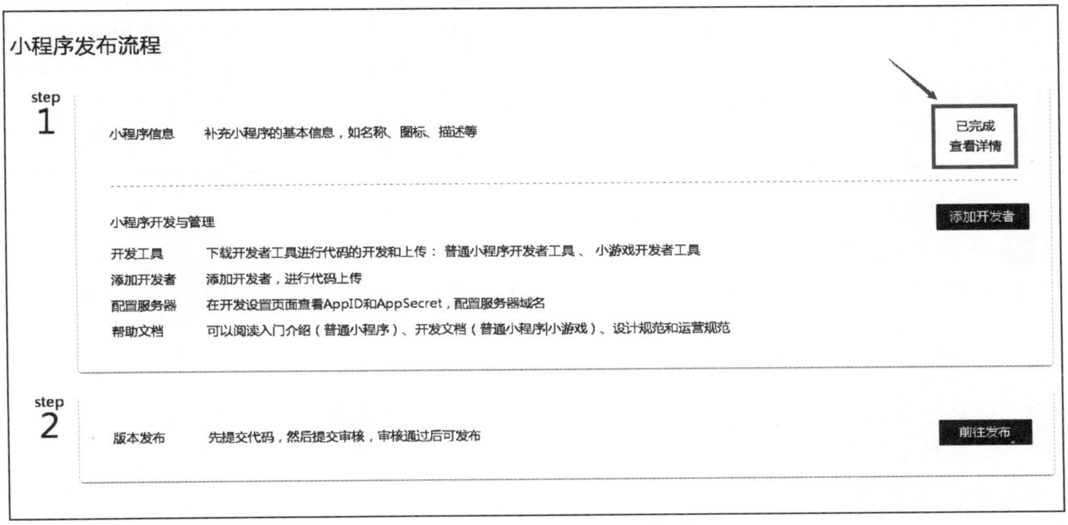

图 1-26　小程序信息填写完成

此时单击“添加开发者”按钮就可以进行小程序的成员管理了。

1.2.3　小程序的成员管理

除了管理员，还可以为小程序追加其他成员。管理员登录 mp.weixin.qq.com 后台，选择“管理”→“成员管理”即可统一管理所有成员，并为他们分别设置对应的权限。

1 成员类型说明

管理员可以为小程序添加或删除项目成员和体验成员。项目成员指的是可以参加小程序开发、运营等活动的成员，包括运营者、开发者和数据分析者，项目成员只能由管理员添加或删除；体验成员指的是参与当前小程序内测体验的成员，只能使用“体验版”小程序，管理员和项目成员均有权限添加或删除体验成员。

项目成员（运营者、开发者和数据分析者）对应的权限如表 1-3 所示。

表 1-3　项目成员对应的权限

序号	权　限	说　明	运营者	开发者	数据分析者
1	登录	无须管理员确认，可直接登录小程序后台	√	√	√
2	版本发布	小程序的版本发布和回退	√		
3	数据分析	在统计模块查看小程序数据			√
4	开发能力	使用微信开发工具开发小程序		√	
5	修改小程序介绍	修改小程序在主页展示的介绍	√		
6	暂停/恢复服务	暂停/恢复小程序线上服务	√		
7	设置可被搜索	设置小程序名称是否可被用户主动搜索	√		
8	解除关联移动应用	解绑已关联的移动应用	√		
9	解除关联公众号	解绑已关联的微信公众号	√		
10	管理体验者	添加或删除小程序体验成员	√	√	√
11	体验者权限	使用“体验版”小程序	√	√	√

续表

序号	权　限	说　明	运营者	开发者	数据分析者
12	微信支付	使用小程序微信支付模块	√		
13	小程序插件管理	小程序插件申请、添加和删除	√		
14	游戏运营管理	可使用小游戏后台的素材管理、游戏圈管理等功能	√		
15	推广	在推广模块使用流量主、广告主等功能	√	√	√

注：管理员默认有以上全部权限，无须给自己分配。

2 成员人数限制

不同类型的小程序允许管理员添加的项目成员和体验成员数量限制如下。

- 个人类型：项目成员和体验成员各 15 人。
- 未认证未发布组织类型：项目成员和体验成员各 30 人。
- 已认证未发布/未认证已发布组织类型：项目成员和体验成员各 60 人。
- 已认证已发布组织类型：项目成员和体验成员各 90 人。

3 成员变更说明

每个小程序的管理员与项目成员都是允许变更的，且均不占用微信公众号绑定数量限制。需要注意的是，每个微信号均可以作为项目成员或体验成员各自加入 50 个不同的小程序里。

1.3 小程序的开发工具

在完成准备工作之后就可以进行小程序的开发了，小程序具有官方提供的专属开发工具——“微信 web 开发者工具”（简称“开发者工具”）。

1.3.1 软件的下载与安装

开发者登录小程序管理页面后台，然后单击右上角菜单栏中的“开发”选项即可切换到小程序开发工具的下载页面，也可以直接通过 URL 地址访问下载页面，URL 地址为“https://mp.weixin.qq.com/debug/wxadoc/dev/devtools/download.html”。

在该页面需要根据自己的计算机操作系统的类型选择对应的下载地址。目前提供的 3 种下载地址与计算机操作系统的对应关系如下。

- Windows 64：Windows 64 位操作系统。
- Windows 32：Windows 32 位操作系统。
- Mac：Mac 操作系统。

说明：本书下载的是 Windows 64 版本，读者可根据实际情况选择对应的软件进行下载。

这里以 Windows 64 版本为例，下载完成后用户会获得一个 EXE 应用程序文件，如图 1-27 所示。

名称	修改日期	类型	大小
wechat_devtools_1.02.1801081_x64.exe	2018/1/11 20:20	应用程序	75,765 KB

图 1-27 “微信 web 开发者工具”的安装文件

该图中的“1.02.1801081”为软件版本号，“_x64”表示 Windows 64 位版本软件。读者可以根据文件名再次确认是否下载了正确的版本。

确认无误后，双击该文件进行开发者工具的安装，安装过程如图 1-28 所示。

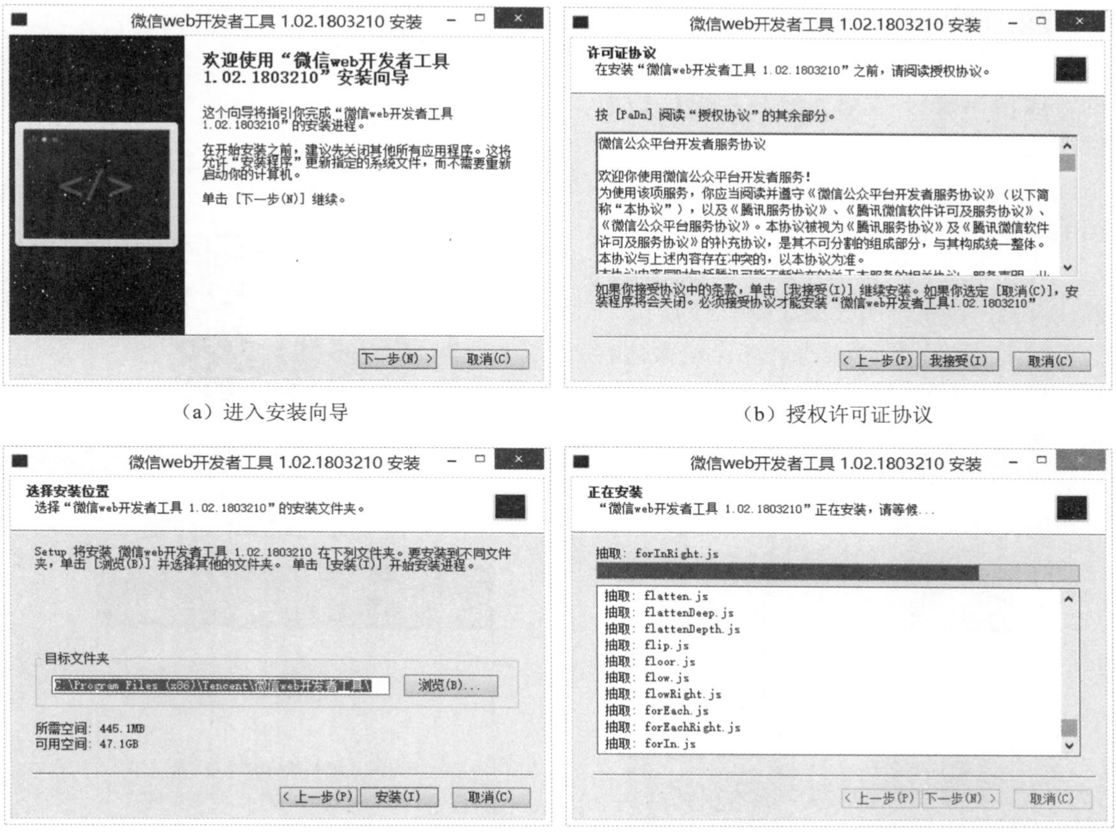

（a）进入安装向导　　（b）授权许可证协议

（c）选择安装位置　　（d）正在安装

图 1-28　“微信 web 开发者工具”的安装过程

安装完成后的页面如图 1-29 所示。

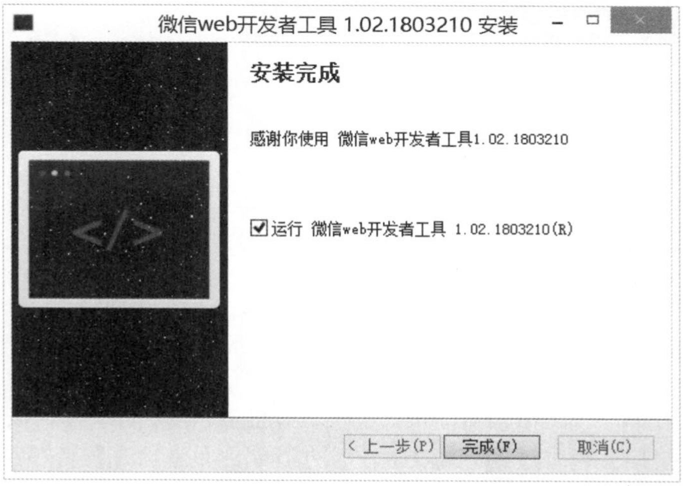

图 1-29　“微信 web 开发者工具”的安装完成界面

1.3.2　开发者工具的登录

微信 web 开发者工具在使用开发者微信账号登录后，才可以进行小程序的开发。

1 开发者身份验证

与一般手动输入账号和密码的流程不同，微信 web 开发者工具使用微信扫描二维码的方式验证开发者身份。在 PC 端双击微信开发者工具图标会弹出二维码扫描页面，如图 1-30 所示。

图 1-30　二维码扫描页面

开发者用手机微信扫描 PC 端的二维码确认身份，手机端的效果如图 1-31 所示。

图 1-31 中，图（a）为单击手机微信右上角的加号出现的下拉菜单，选择其中的“扫一扫”选项进行二维码扫描；图（b）为扫码成功后跳转的提示页面，用户单击“确认登录”按钮即可登录并使用微信开发者工具。

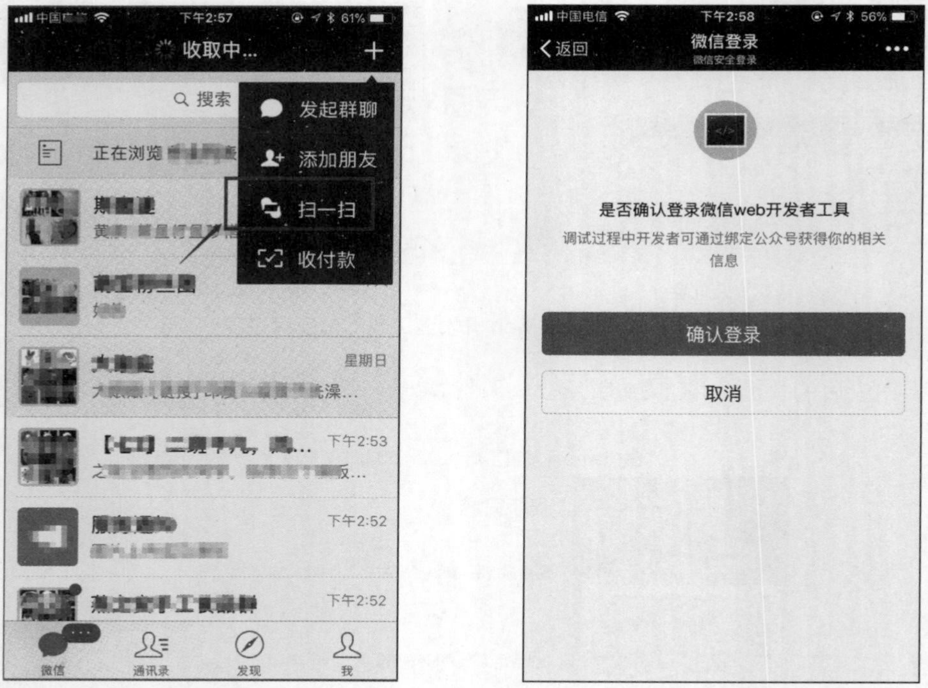

（a）手机微信“扫一扫”选项　　（b）扫码后手机微信出现确认提示

图 1-31　手机微信扫码过程

在这个过程中 PC 端的页面变化如图 1-32 所示。

图 1-32 中，图（a）为手机微信扫码成功后出现的提示页面，注意该二维码是动态变化的，并且长时间不扫描会超时过期；图（b）显示的菜单页面是当开发者在手机微信上单击“确认登录”按钮后才会出现的，此时就可以正式进行小程序的开发了。

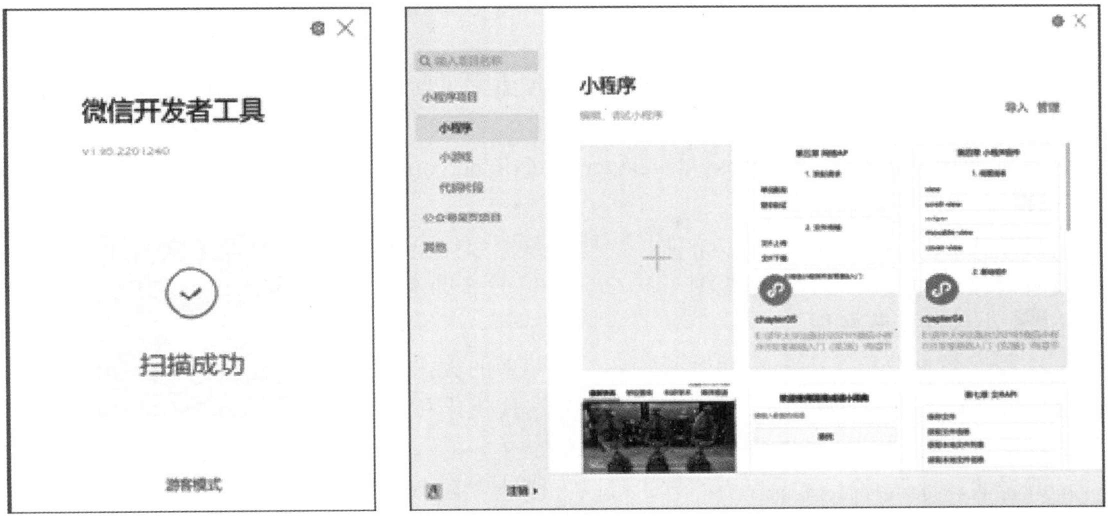

（a）扫码成功的提示页面　　（b）确认登录后的菜单页面

图 1-32　页面变化

2 开发者账号切换

微信开发者工具允许在同一台计算机上切换不同的开发者。如果用户登录后发现需要更换账号，可以单击菜单页面右下角的“切换账号”选项回到二维码扫描页面，然后使用其他开发者微信账号重新扫码登录，如图 1-33 所示。

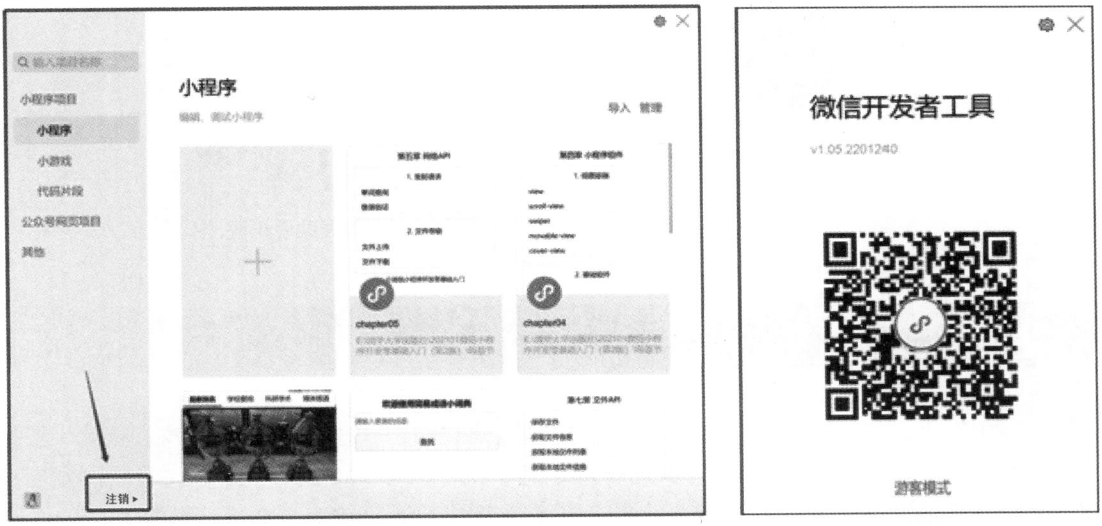

（a）开发者账号切换选项　　（b）重新回到二维码扫描页面

图 1-33　开发者账号切换

1.3.3　其他辅助工具

1 小程序官方文档

小程序官网提供了技术文档供开发者学习，文档会更新各类小程序接口的用法，希望在第一时间了解小程序有哪些更新的读者可以关注。

官方文档访问地址：https://developers.weixin.qq.com/miniprogram/dev/framework/。

2 微信开放社区

在微信开放社区中有一个开发者专区可以搜索常见问题和解答，用户也可以在遇到问题时提问，与其他开发者一起交流学习。

开发者社区访问地址：https://developers.weixin.qq.com/community/develop/question。

3 小程序开发者助手

使用小程序开发者助手可以方便、快捷地预览和体验线上版本、体验版本及开发版本。开发者可以通过微信扫一扫扫描图 1-34 所示的开发者助手小程序码使用相关功能。

4 小程序运营数据

小程序数据分析是面向小程序开发者、运营者的数据分析工具，提供关键指标统计、实时访问监控、自定义分析等，帮助小程序产品迭代优化和运营。其主要功能包括每日例行统计的标准分析，以及满足用户个性化需求的自定义分析。

开发者在小程序上线后有两种方式可以方便地查看小程序的运营数据。

- 方法一：登录小程序管理后台，点击“数据分析”，然后点击相应的 tab 可以看到相关的数据。
- 方法二：使用小程序数据助手在微信中方便地查看运营数据。开发者可以通过微信扫一扫扫描图 1-35 所示的数据助手小程序码来使用相关功能。

图 1-34　开发者助手小程序码

图 1-35　数据助手小程序码

1.4　小程序的未来展望

自 2017 年诞生，小程序经过了 6 年多的基础建设为用户重塑了更好的线上体验。根据工信部《2022 年上半年互联网和相关服务业运行情况》《2022 年上半年小程序互联网发展白皮书》以及其他网络公开资料显示，目前国内移动应用 App 总数为 232 万，而微信、支付宝、抖音等多个平台小程序数量超过了 750 万，日活超过 7.8 亿，其中，微信小程序占全网小程序数量的 43%。

不知不觉，小程序早已不止于“打破流量孤岛”，而是具备“连接一切”的无限可能。现如今小程序在零售、电商、生活服务（出行、餐饮、旅游、共享单车/充电宝等）、政务民生（公安、医疗、税务、邮政等）、高校（图书馆、食堂等）、小游戏等各类领域都发挥着巨大潜能。以张小龙在 2021 年微信公开课的“微信之夜”上演讲的一段话作为结束语——“以前我们的口号是微信是一种生活方式，没想到十年后，微信真的变成了某种意义上的生活方式。”

1.5　本章小结

本章先进行了小程序概述，介绍了小程序的诞生、功能以及创建流程；在开发小程序的准备工作一节，介绍了如何注册开发者账号、完善小程序信息以及小程序的成员管理；在小程序的开发工具一节，介绍了软件的下载与安装、开发者工具的登录以及其他辅助工具分享；最后，在小程序的未来展望一节，肯定了小程序在零售、电商、生活服务、政务民生、高校、小游戏等各类业务领域都有出色的表现，小程序重塑了用户的线上体验，成为某种意义上的一种新生活方式。

第2章 Chapter 2

第一个微信小程序

本章首先讲解如何创建第一个微信小程序，包括新建项目、真机预览和调试、代码提交等内容，然后分析完整小程序的目录结构，最后介绍微信开发者工具的布局和基本功能。

本章学习目标

- 熟悉小程序快速启动模板的创建方法；
- 了解小程序的目录结构和文件类型；
- 掌握小程序主体和页面 JSON 文件的属性配置；
- 掌握开发者工具的模拟器、编辑器和调试器的使用。

2.1 创建第一个微信小程序

扫一扫

视频讲解

本节使用“微信开发者工具”创建第一个微信小程序。

2.1.1 新建项目

双击“微信开发者工具”图标，管理员或开发者使用微信扫描二维码后进入菜单界面。然后单击菜单中的“小程序项目”选项，进入小程序项目管理页面，如图 2-1 所示。

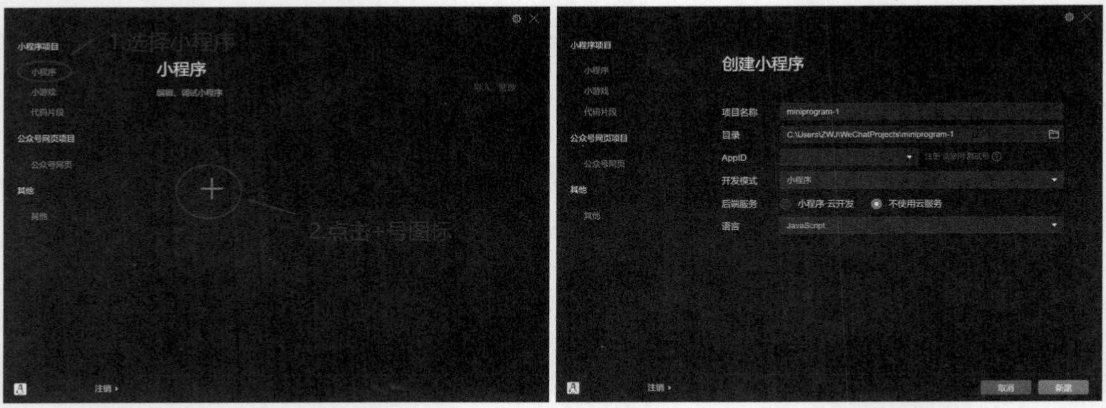

（a）选择小程序项目　　（b）小程序项目管理页面

图 2-1　新建小程序项目

此时开发者依次填写项目名称、目录和 AppID 就可以新建一个小程序项目了。填写的注意事项如下。

- 项目名称：由开发者自定义一个项目名称，该名称不会影响小程序被用户看到的名字。
- 目录：项目文件存放的路径地址，可以单击输入框右侧的箭头按钮在计算机盘符中选择指定的目录地址。

- AppID：管理员在微信公众平台上注册的小程序 ID。

小程序的 AppID 可以登录微信公众平台（https://mp.weixin.qq.com）查看。具体查看步骤是：左侧菜单“开发”下的“开发管理”选项→“开发设置”面板→“开发者 ID”标题下方的 AppID（小程序 ID），如图 2-2 所示。

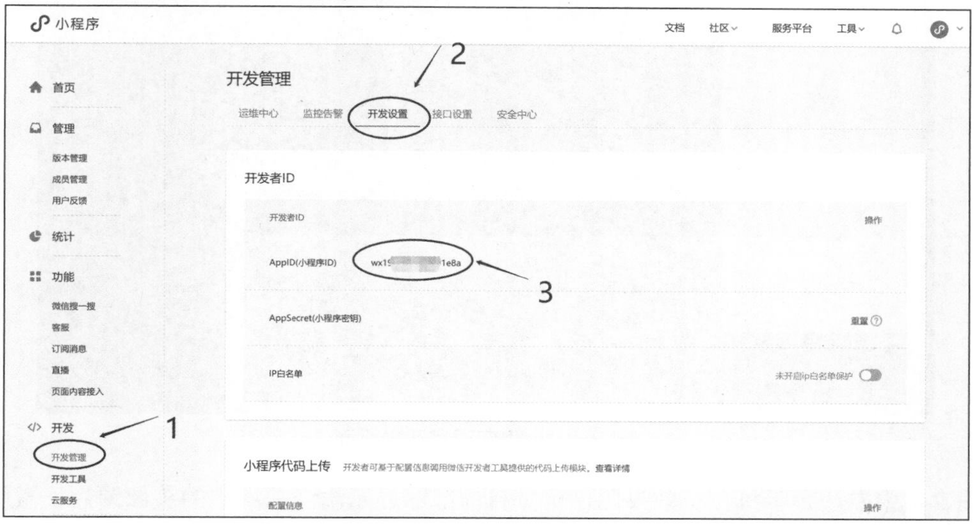

图 2-2　查看小程序 ID

将查看到的小程序 ID 复制并粘贴到图 2-1（b）所示的 AppID 输入框中，填完以后的效果如图 2-3 所示。

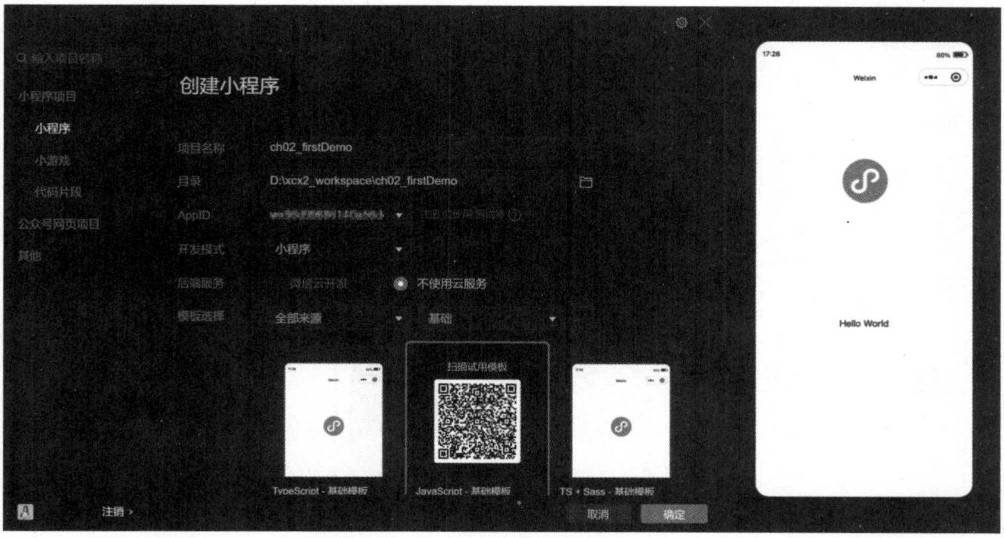

图 2-3　小程序项目填写效果示意图

AppID 必须填已申请注册的小程序 ID，否则部分功能将无法使用。如果开发者暂时条件受限无法注册申请小程序 ID，可以在 AppID 输入框右侧单击“测试号”，这样也可以临时在开发者工具中进行开发学习，但无法正式发布上线。

初学者建议在“模板选择”选项选择“全部来源”→“基础”类别里面的“JavaScript-基础模板”，如果项目目录是一个空白文件夹，则该选项会自动生成代码形成一个简单的小程序项目结构供初学者入门学习。

填写完毕后单击“确定”按钮完成操作，跳转到开发页面，如图 2-4 所示。

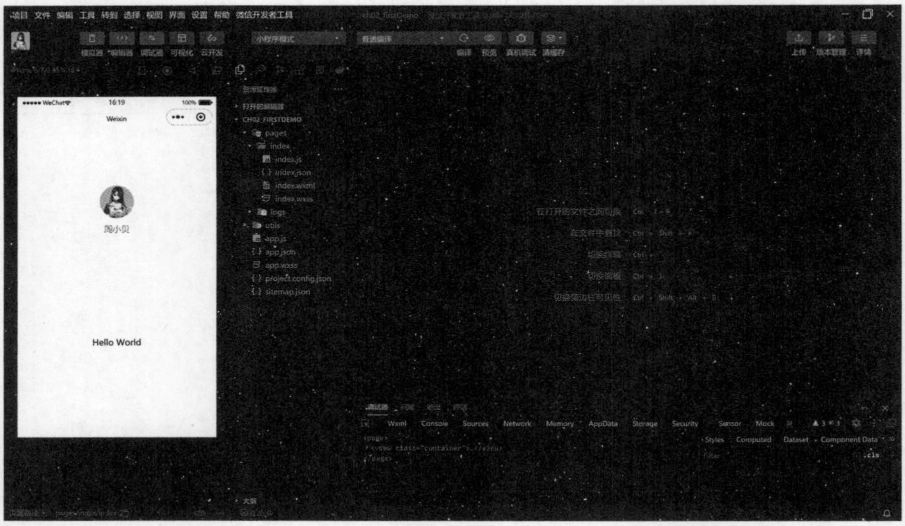

图 2-4　小程序项目开发页面

图 2-4 中左边是手机预览效果图，可见目前能够显示出当前用户的头像图片、微信昵称以及一个“Hello World”文本，这与手机运行的效果完全相同。

如果想体验一下点击按钮再获取用户个人信息的效果，可以找到 pages/index/index.js 文件，将其中的第 12 行代码改为 canIUseOpenData: false 即可。（注：由于官方会不定期更新初始默认模板代码，这里的行号仅供参考，以实际找到的为准。）

此时重新编译（顶部工具栏中有“编译”按钮或直接快捷键 Ctrl+S）就可以看到未登录前的画面。用户可以直接在 PC 端用鼠标单击模拟手指在手机屏幕上触摸的效果，如图 2-5 所示。

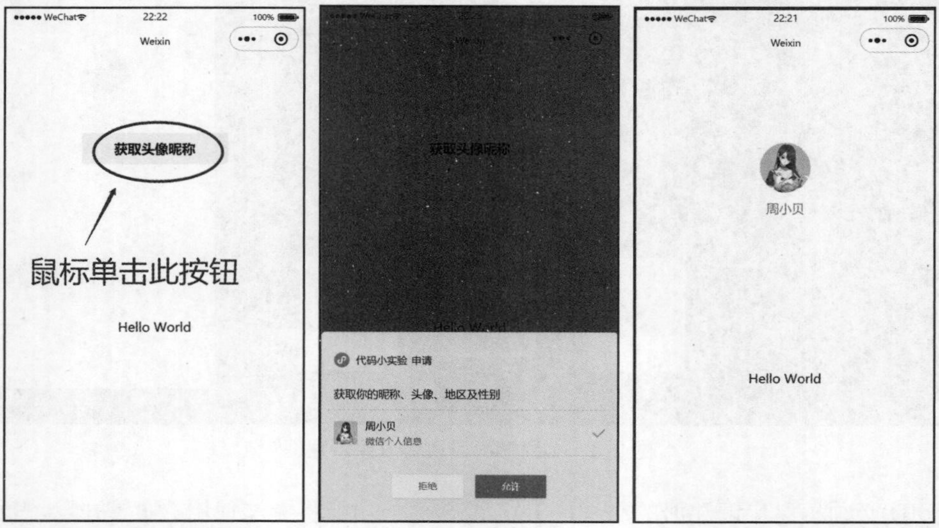

（a）鼠标模拟手指单击按钮　（b）单击允许微信授权　（c）最终显示效果

图 2-5　小程序项目运行效果

图 2-5 中，图（a）显示的是使用鼠标单击来模拟手指在手机屏幕上触摸的效果；图（b）为单击之后弹出的微信授权信息，只有单击“允许”才可以获得数据；图（c）为最终显示效果，由该图可见小程序项目已经成功地获取了开发者的头像和昵称信息。

2.1.2　真机预览和调试

1 真机预览

除了可以在 PC 端使用鼠标模拟手机触屏的单击效果以外，还可以直接在真机上进行程序预览。单击“预览”按钮，即可自动生成一个预览专用二维码，如图 2-6 所示。

图 2-6　小程序项目生成预览二维码

此时用手机微信扫描图 2-6 中的二维码即可进行真机测试，如图 2-7 所示。

由图 2-7 可见效果基本与 PC 端的预览图一致。用户需要注意，预览所用的二维码不是永久有效，要注意它的过期时间，一旦过期，需要重新单击“预览”按钮生成新的预览二维码。

图 2-7　小程序项目的真机预览效果

2 真机调试

真机预览只能看到小程序页面效果，如果在测试过程中需要像 PC 端一样获得小程序的状态数据（例如 console 语句输出、本地缓存数据变化、网络抓包等），则需要进行真机调试。

单击“真机调试”按钮，即可自动生成一个调试专用二维码，如图 2-8 所示。

此时用手机微信扫描图 2-8 中的二维码即可进行真机远程调试，如图 2-9 所示。

手机调试界面会比真机预览多出一个浮窗，该浮窗会显示与 PC 端的通信状态。在调试过程中手机端的任何操作都可以在 PC 端调试器中同步进行查看。

图 2-8　小程序项目生成预览二维码

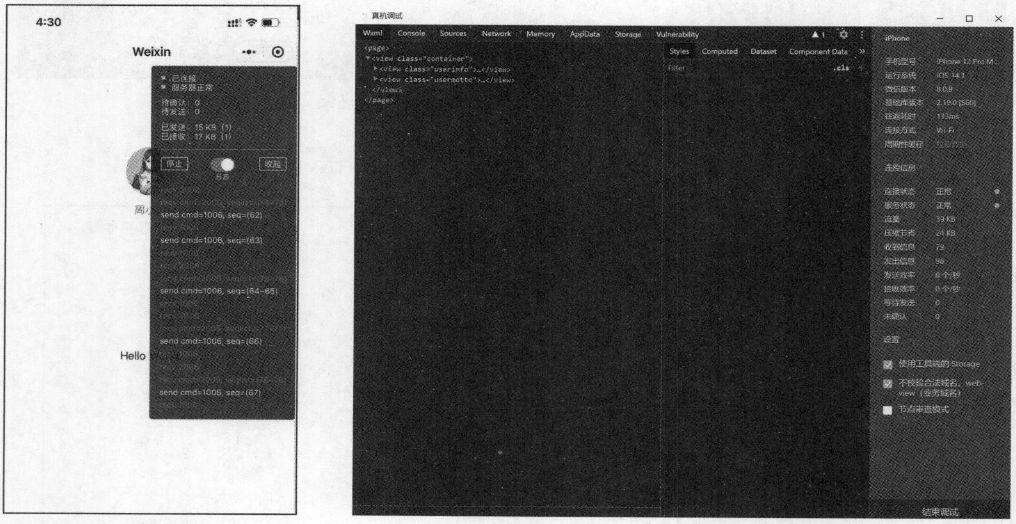

（a）手机调试　　（b）PC 端调试器

图 2-9　小程序项目的远程调试

2.1.3　代码的提交

1 上传代码

预览只能由开发者测试小程序的性能和表现，如果希望更多人使用小程序，需要进行代码的上传。注意，只有上传后的代码才可以由管理员进一步选择发布为体验版本或正式版本。

首先需要将代码上传到小程序的后台管理端。就以初始模板自动生成的小程序为例，假设这就是我们已经做好的一个小程序项目，单击开发者工具顶端的“上传”按钮准备上传代码，具体操作如图 2-10 所示。

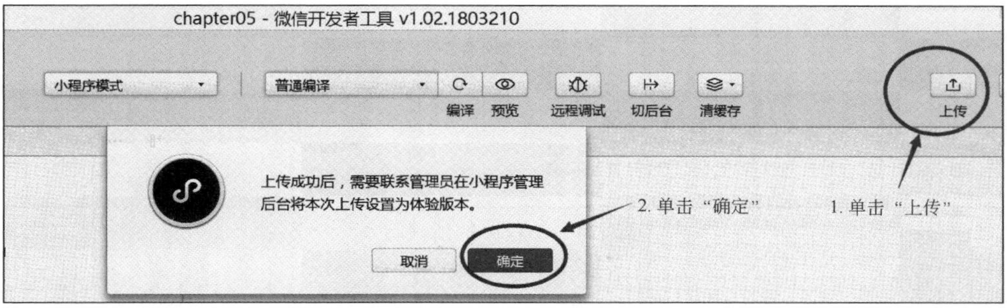

图 2-10　上传代码示意图

单击“确定”按钮之后，会出现新的表单要求开发者填写自定义的版本号和项目备注，如图 2-11 所示。这两个字段是为了方便管理员检查版本而设置的。

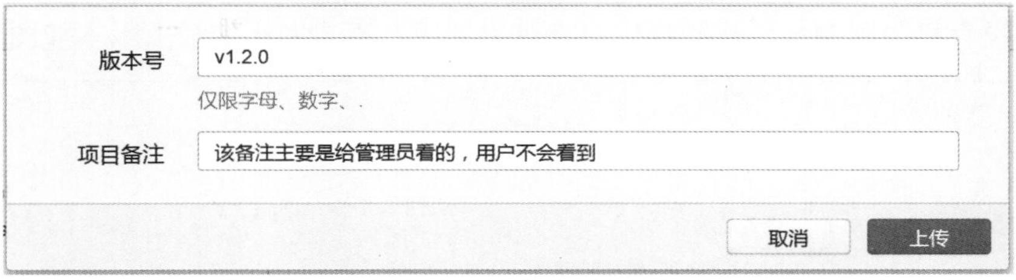

图 2-11　版本号与项目备注

上传成功后就可以登录小程序管理后台，单击“开发管理”选项，在开发管理面板中看到刚才提交的版本，如图 2-12 所示。

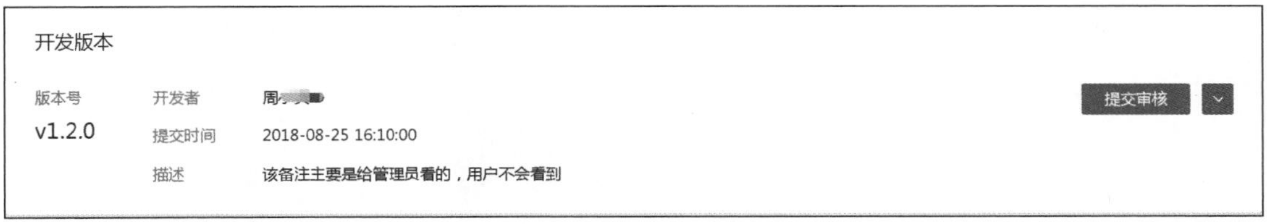

图 2-12　开发版本

同一个小程序允许同时有多名开发者提交自己的最新开发版本，管理员最终只能选择其中一份进一步提交为体验版或线上版。

2 提交体验

管理员可以将开发版本提交为体验版，体验版目前最多可以供 15 名体验者使用。单击“提交审核”按钮右边的向下箭头按钮，选择“选为体验版本”选项，如图 2-13 所示。

图 2-13　小程序的开发版本

体验版无须经过审核，选中选项即可完成，已经转换成功的体验版如图 2-14 所示。

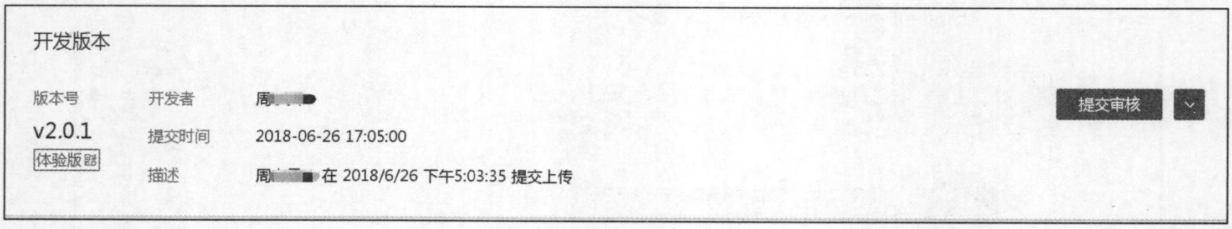

图 2-14　小程序的体验版本

单击体验版的版本号下方的按钮会出现一个二维码，具有体验者权限的用户通过手机微信扫一扫就可以使用体验版了。体验版也可以继续单击“提交审核”按钮提交为正式的线上版本，但是需要经过审核。

3 提交审核

管理员可以将开发版或体验版进一步提交审核，通过审核后的版本将成为正式的线上版。该版本没有权限限制，所有微信用户都可以使用。正式发布的线上版本如图 2-15 所示。

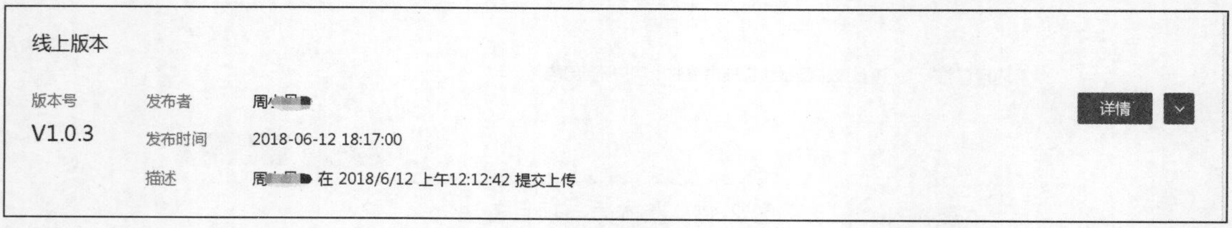

图 2-15　小程序的线上版本

2.1.4　小程序的版本

小程序根据项目阶段分为开发测试、审核过程和最终发布，如图 2-16 所示。

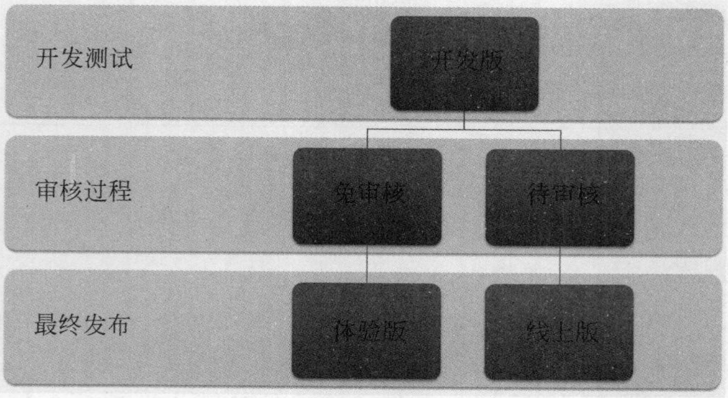

图 2-16　小程序项目阶段示意图

小程序的版本主要有开发版本、体验版本、审核中版本和线上版本。

1 开发版本

使用开发者工具可以将代码上传到开发版本中。开发版本只保留每位开发者最新的一份上传代码，该版本只有开发者权限用户可以预览、测试。开发版本可以删除，不影响线上版本和审核中版本的代码。开发版本可以由管理员继续提交为体验版本或审核中版本。

2 体验版本

该版本无须审核且只有体验者权限用户可以使用，其他用户无法打开。该版本主要用于正式上线前的测试体验。

3 审核中版本

开发版本全部完成后可以由管理员正式提交上线。小程序正式上线前的待审核状态称为审核中版本，同一个小程序的所有开发版本只能有一份处于此状态。该版本可在更新代码后重新提交审核，在等待审核的过程中不影响现有正式版本的使用。

4 线上版本

该版本是审核通过后的版本，所有微信用户都可以查看和使用。如果有新上传的代码重新被审核通过，该版本将被覆盖更新。

2.1.5　制作空白模板代码包

我们不妨基于之前这个“JavaScript-基础模板”项目进行代码和文件的精简，在熟悉文件作用的过程中顺便给自己定制一个空白模板代码包，方便后续开发新项目时直接导入使用，且导入时也会自动读取到模板中已记录的 AppID，无须每次查找了。

扫一扫

视频讲解

1 清理模板代码

首先需要对现有的模板代码进行清理，删除不需要的文件和代码。具体操作步骤如下：

1）删除不需要的小程序页面

首先找到 app.json 文件，其中的第 2～5 行代码片段如下：

```
"pages":[
   "pages/index/index",
   "pages/logs/logs"
 ],
```

pages 的属性值是一个数组形式，每个数组元素就是登记的其中一个页面信息。由代码可以看到当前项目有 index 和 logs 两个页面，都在 pages 目录下。删除 logs 页面，只保留首页 index 继续使用即可。

因此将 app.json 文件中上述代码片段修改如下：

```
"pages":[
   "pages/index/index"
 ],
```

去掉了 app.json 文件中原先第 4 行的 logs 信息，以及第 3 行末尾的逗号。修改后需要保存一下当前内容，同时按键盘上的 Ctrl+S 快捷键就可以快捷保存当前所有的更改并重新编译当前项目。也可以单击开发工具顶部的“编译”按钮来保存更改，效果完全相同。

此时就可以展开项目中的 pages 目录，在 logs 目录上右击，选择“删除”选项，将其放入计算机的回收站以便误删可以恢复。（注：如果确定不要恢复了，也可以在 logs 目录上右击，选择“在资源管理器中显示”，然后选中 Shift+Del 快捷键永久删除。）

> **注意**：删除页面时一定要先删掉 app.json 中代码登记的页面信息，再去实际删除对应的目录才可以成功；若不改 app.json 代码就直接去删除目录和文件会有残留。

2）删除不需要的代码

接下来就可以删除不需要的代码了，具体操作如下。

- app.wxss 文件：该文件用于规定所有页面的全局样式，删除里面的所有代码（第一行是注释可保留）。
- app.js 文件：该文件用于注册小程序项目的生命周期函数以及存放公共变量，先删除里面的所有代码（第一行是注释可保留），然后在英文输入法状态下输入“app”弹出代码提示框，用键盘上下方向键选中“□App”按 Enter 键，让其自动生成空白生命周期函数（见图 2-17）。

- index.wxss 文件：该文件在 pages 目录下属的 index 目录中，用于规定 index 页面的样式，删除里面的所有代码（第一行是注释可保留）。
- index.wxml 文件：该文件在 pages 目录下属的 index 目录中，用于规定 index 页面的结构和组件内容，删除里面的所有代码（第一行是注释可保留）。
- index.js 文件：该文件在 pages 目录下属的 index 目录中，用于规定 index 页面的逻辑功能，先删除里面的所有代码（第一行是注释可保留），然后在英文输入法状态下输入“page”弹出代码提示框，用键盘上下方向键选中第 3 行按 Enter 键，让其自动生成空白生命周期函数（见图 2-18）。

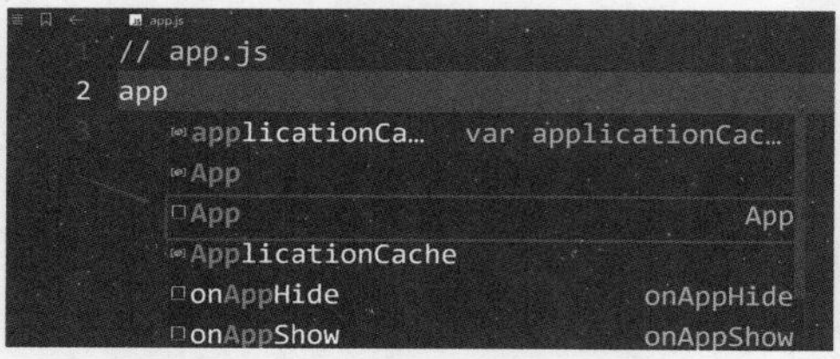

图 2-17　自动生成 App 函数

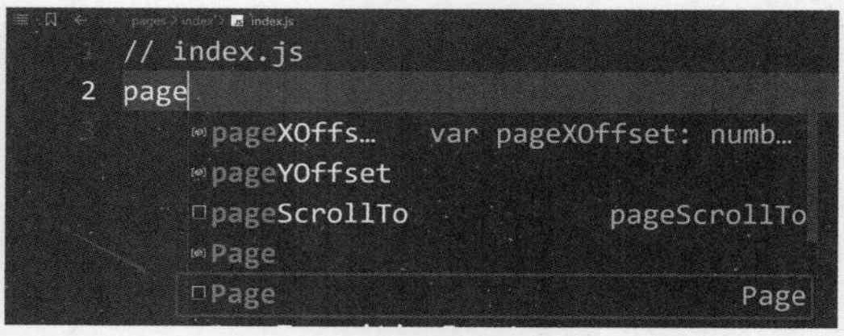

图 2-18　自动生成 page 函数

注意：app.js 文件删除代码后暂时不去生成 App 函数也能正常运行，但是 index.js 文件里面必须有生成的 page 函数，否则显示不出内容。

3）删除其他文件

根目录中还有一个 utils 文件夹，这是用于存放一些公共函数的，当前不需要也可以整个删除。后续开发者完全可以自己新建自定义名称的目录，例如在根目录里创建 images 目录用于存放图片素材。

此时就得到了一份干净无内容的模板代码了，本次开发就在该项目中继续进行，顺便将整个文件夹复制一份换个名字保存（例如 templateDemo），以备后续新建项目时可以直接导入使用。

2 导入代码包

微信开发工具的导入功能可以直接导入现成的项目代码包用于学习或二次开发，以本节完成的 templateDemo 为例，具体操作步骤如下：

（1）新建或选择一个已存在的文件夹作为存放小程序项目的总文件夹，文件夹的路径、名称均可由开发者自定义。

（2）复制一份模板代码 templateDemo 代码包到小程序项目存放文件夹中，并为其重命名（例如改为 testDemo），同一个文件夹下的项目代码包不重名即可。

（3）打开微信开发者工具，扫码登录后在左侧栏菜单选择“小程序项目”→“小程序”进入小程序管理页面；如果之前已经用微信开发者工具打开了别的项目，在左上角菜单栏第一个选项执行“项目”→“关闭当前项目”也同样可以回到小程序管理页面。

（4）在小程序管理页面单击右上角“导入”按钮选择已经重命名后的模板代码包，或者直接点加号图标出现新建项目页面然后从项目路径选择模板代码包，效果都相同。导入后的页面如图 2-19 所示。

（5）项目名称请开发者手动更改，该名称可自定义，一般建议和代码包的新名称保持一致。

（6）AppID 也会自动读取到模板代码中原始开发者的信息，如果是他人项目请替换为自己的 AppID，否则无法继续创建项目。

（7）后端服务。这里如果是测试号或未开通云开发的账号，则不会显示；如果是已开通腾讯云的账号，则会显示“微信云开发”字样，不会影响模板本身的内容。

（8）单击右下角的“确定”按钮即可完成项目导入工作。

后续就可以用本节操作完成后保存的干净无内容版模板代码 templateDemo 直接导入生成新的空白项目，还可以快速导入其他的项目进行学习和二次开发。

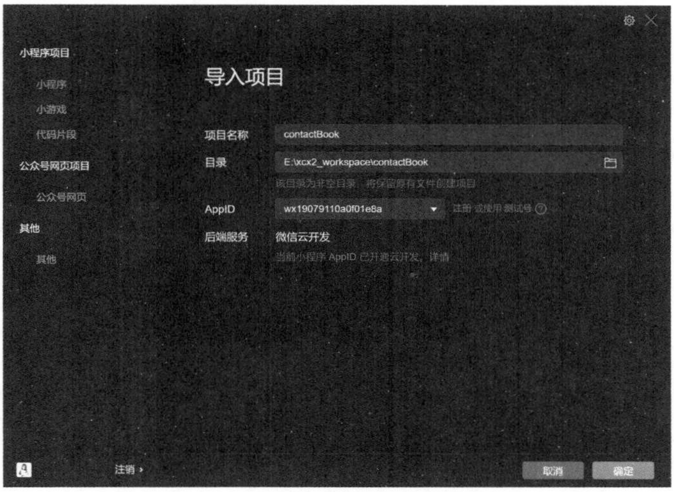

图 2-19　导入现有项目示意图

2.1.6　我的第一个小程序

扫一扫

视频讲解

新建项目时默认生成的模板代码虽然结构完整，但是代码内容相对复杂，不太适合初学者入门学习，因此这里不妨一起来制作自己手写的第一个小程序。以 2.1.5 节制作好的小程序空白模板包 templateDemo 为例，复制一份并重命名为 chapter02 导入开发工具中就可以继续在该项目中进行改造了。

1 导航栏设计

顶部导航栏的设计需要在 app.json 文件中进行配置，找到其中的 window 属性，相关代码如下：

```
"window":{
 "backgroundTextStyle":"light",
 "navigationBarBackgroundColor": "#fff",
 "navigationBarTitleText": "Weixin",
 "navigationBarTextStyle":"black"
},
```

里面目前有 4 个属性，具体解释如下。

- "backgroundTextStyle"：下拉页面后出现的背景文字样式，当前不需要可以删除。
- "navigationBarBackgroundColor"：顶部导航栏的背景颜色，只支持十六进制颜色表示法，例如#ff0000 或简写#f00 为红色，#00ff00 或简写#0f0 为绿色，更多颜色可以查看本书附录 C 小程序预定颜色。
- "navigationBarTitleText"：导航栏上的文字内容，可以支持中文。

- "navigationBarTextStyle"：导航栏上的文字颜色，目前只支持取值为 black（黑色）或 white(白色)，由于 white 就是默认值也可以直接删除这个属性来实现白色效果。

现在对导航栏自主修改，参考代码如下：

```
"window":{
 "navigationBarBackgroundColor": "#663399",
 "navigationBarTitleText": "我的第一个小程序",
 "navigationBarTextStyle":"white"
},
```

上述代码表示导航栏背景色为紫色、文字内容为“我的第一个小程序”且文字为白色效果。运行效果如图 2-20 所示。

图 2-20　导航栏设计效果

此时顶部导航栏就已经配置好了，开发者也可以自定义显示的颜色和文字内容。

实际上 window 属性还有其他参数可以配置，后续学习可见本章 2.2.2 节主体文件中关于 app.json 的介绍。

2 视图设计

接下来找到 index.wxml 文件，在里面可以放入图片、文字、按钮等基础内容，具体代码如下：

```
1. <!--index.wxml-->
2. <!-- 1.头像 -->
3. <image></image>
4.
5. <!-- 2.昵称 -->
6. <text></text>
7.
8. <!-- 3.按钮 -->
9. <button></button>
```

其中，第 1、2、5、8 行代码是 wxml 页面特有的注释效果，以<!--开头且以-->结尾。这段内容用于给开发者记录开发的内容，不会显示到小程序页面上。注释的快捷键为 Ctrl+/，用于将指定行添加或去掉注释效果。

上述代码用到了以下 3 个小程序组件：

- <image>组件：用于显示图片，需要配套 src 属性来指定图片来源（因本次开发需要用到图片，找一张矩形图片 logo.png 用于制作头像，将其放到根目录下的 images 文件夹中）。
- <text>组件：用于显示文本，可以直接将文本放在组件的首尾标签之间。
- <button>组件：用于显示按钮，可以直接将按钮上的文字放在组件的首尾标签之间。

对上述代码进行修改，加入图片素材和文字显示，修改后的代码如下：

```
<!--index.wxml-->
<!-- 1.头像 -->
<image src="/images/logo.png"></image>

<!-- 2.昵称 -->
<text>未知</text>

<!-- 3.按钮 -->
<button>点击获取个人信息</button>
```

重新保存后效果预览如图 2-21 所示。

此时已经可以在画面中看到图片、文字和按钮了，还需要对它们进行布局和样式的设置使页面看起来更美观。

使用小程序容器组件<view>把这三个组件装进去以便可以垂直布局，代码修改如下：

```
<!--index.wxml-->
<!-- 整体容器 -->
<view>
  <!-- 1.头像 -->
  <image src="/images/logo.png"></image>

  <!-- 2.昵称 -->
  <text>未知</text>

  <!-- 3.按钮 -->
  <button>点击获取个人信息</button>
</view>
```

图 2-21　首页设计效果 1——放入组件

然后打开 index.wxss 规定容器组件 view 的样式：

```
1. /**index.wxss**/
2. /* 整体容器 */
3. view{
4.   height: 100vh;
5.   background-color: lightblue;
6.   display: flex;
7.   flex-direction: column;
8.   align-items: center;
9.   justify-content: space-evenly;
10.}
```

其中，第 1、2 行代码是 wxss 页面特有的注释效果，以/*开头且以*/结尾。和 wxml 页面一样，注释的快捷键为 Ctrl+/，用于将指定行添加或去掉注释效果。

图 2-22　首页设计效果 2——垂直布局

容器组件<view>的具体样式解释如下：

- height：高度，取值为 100 视窗高度，即自适应整个手机页面高度。
- background-color：背景颜色为浅蓝色。
- display：布局效果为弹性布局，方便里面的组件快速实现横排或竖排。
- flex-direction：弹性布局大方向为 column（竖排）。
- align-items：水平方向的对齐方式为居中显示。
- justify-content：调整内容为组件上下之间留有相等的空间环绕，不要都挤在一起。

重新保存后效果预览图如图 2-22 所示。

此时组件均已垂直排列了，但是还需要调整一下每个组件的样式。

继续修改 index.wxss 代码，添加内容如下：

```
/**index.wxss**/
/* 整体容器 */
view{…内容略…}

/* 1.头像 */
image{
  width: 400rpx;
  height: 400rpx;
  border-radius: 50%;
}

/* 2.昵称 */
text{
  font-size: 80rpx;
  color: #663399;
}

/* 3.按钮 */
button{
  background-color: #663399;
  color: white;
}
```

图片组件<image>的具体样式解释如下。

- width：宽度，取值为 400rpx。
- height：高度，取值为 400rpx，和宽度相同，因此是正方形图片效果。
- border-radius：图片 4 个角的圆角程度，50%表示切割为正圆形。

文本组件<text>的具体样式解释如下。

- font-size：字号大小，取值为 80rpx。
- color：字体颜色，取值为#663399（紫色）。

按钮组件<button>的具体样式解释如下。

- background-color：背景颜色，取值为#663399（紫色）。
- color：字体颜色，取值为 white（白色）。

> **注意**：color（字体颜色）和 background-color（背景颜色）均可以有多种形式的取值方式，以红色为例，既可以用十六进制编码表示为#ff0000 或#f00，也可以用英文单词表示为 red，还可以用 RGB 十进制编码表示为 rgb(255,0,0)。更多颜色取值可参考本书附录 C 小程序预定颜色。

重新保存后效果预览图如图 2-23 所示。

图 2-23　首页设计效果 3——最终版

此时小程序的页面就制作完成了。

关于小程序更多的组件介绍和用法，后续学习可见本书第 4 章小程序组件。

3 逻辑实现

为了体验页面中按钮的点击效果，为其制作一个简单的点击事件：点击按钮后弹出对话框显示“你好”。

首先修改 index.wxml 中关于按钮组件 button 的部分，为其追加 bindtap 属性用于绑定点击事件。相关代码如下：

```
<!-- 3.按钮 -->
<button bindtap="sayHello">点击获取个人信息</button>
```

取值 sayHello 为自定义函数，表示当点击按钮时会执行该函数内容。

此时还没有写 sayHello 这个函数的具体内容，因此点击按钮后会看到 Console 控制台提示，如图 2-24 所示。

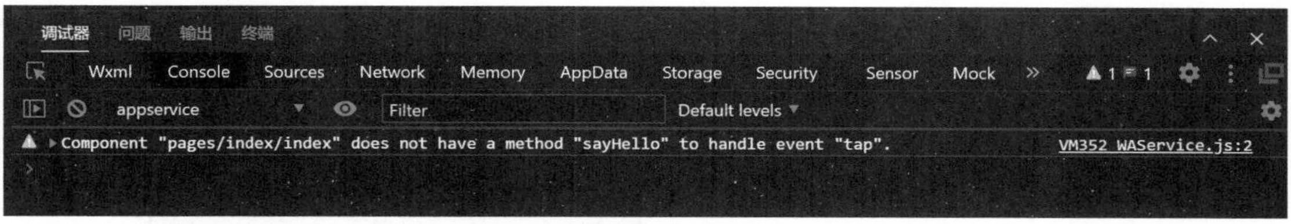

图 2-24　Console 控制台对点击事件的提示语句

看到这个提示至少说明按钮的点击事件已经触发成功了，接下来需要在 index.js 文件中编写该自定义函数 sayHello。

index.js 文件代码添加如下：

```
// index.js
Page({
  /**
   * 页面的初始数据
   */
  data: {

  },

  /**
   * 自定义函数——点击按钮后触发
   */
  sayHello: function () {
    wx.showToast({
      title: '你好',
      duration: 5000
    })
  },

  /*后续生命周期函数内容略*/
})
```

其中用到了 wx.showToast()方法用于显示对话框，参数 title 的取值会显示对话框文字；duration 的取值为该对话框的停留时间（单位：毫秒），当前表示 5 秒后对话框自动关闭。

重新保存后效果预览图如图 2-25 所示。

此时一个简单的微信小程序就做完了，开发者可以自定义喜欢的颜色和文字内容，还可以尝试真机预览或发布为体验版小程序感受一下自己的制作成果。本章 2.4 节的阶段案例将基于这个案例继续改造，制作一款获取微信个人信息的小程序。

图 2-25　逻辑实现——点击按钮弹出对话框事件

2.2 小程序的目录结构

小程序的目录结构主要包含项目配置文件、主体文件、页面文件和其他文件。本节将基于 2.1.6 节编写的第一个小程序项目对代码文件的构成展开分析。

2.2.1 项目配置文件

每个小程序在新建时都会自动生成一个项目配置文件 project.config.json，该文件直接位于项目根目录下，如图 2-26 所示。其内部代码可用来定义小程序的项目名称、AppID 等内容，如图 2-27 所示。

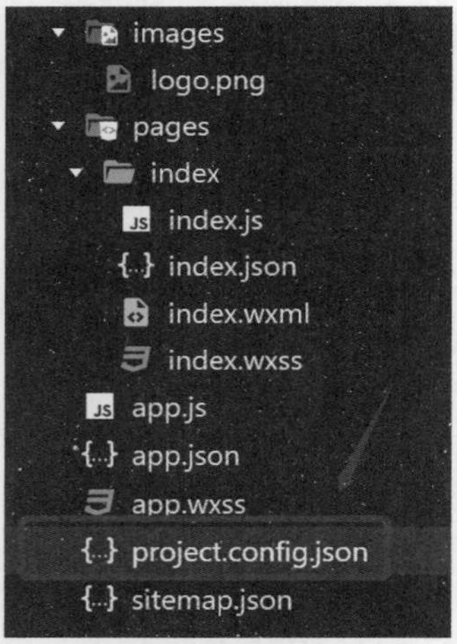

图 2-26 项目配置文件的位置

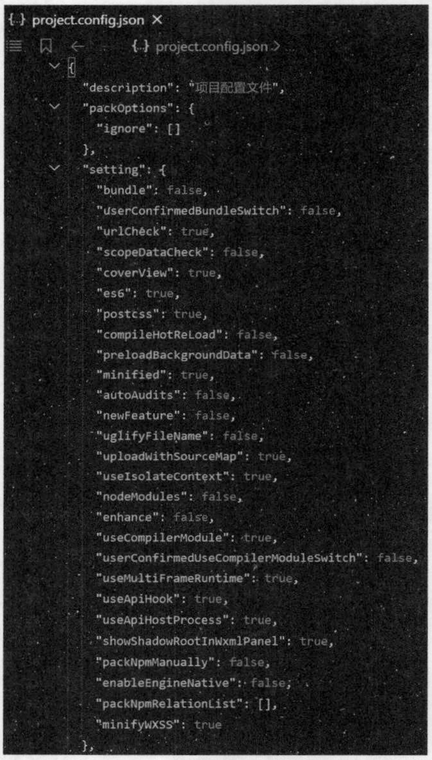

图 2-27 项目配置文件 project.config.json 的代码（节选）

注意：该配置文件是系统自动生成的，入门学习时不要随意删改里面的内容，以免影响正常运行。

2.2.2 主体文件

小程序主体文件同样直接位于项目根目录下，如图 2-28 所示。

由图 2-28 可见，主体文件名称均为 app，根据后缀名不同分为 3 种类型。

- app.json：必填文件，用于描述小程序的公共配置。
- app.js：必填文件，用于描述小程序的整体逻辑。
- app.wxss：可选文件，小程序公共样式表。

1 app.json

app.json 文件是小程序的全局配置文件，主要包含了小程序所有页面的路径地址、导航栏样式等。当前该文件的内部代码如图 2-29 所示。

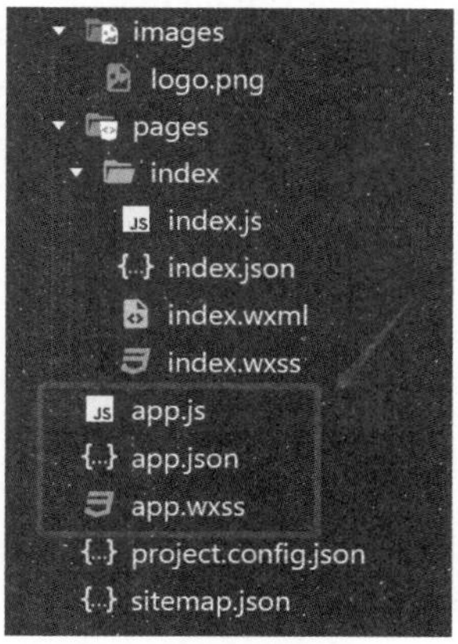

图 2-28　app 系列文件的位置

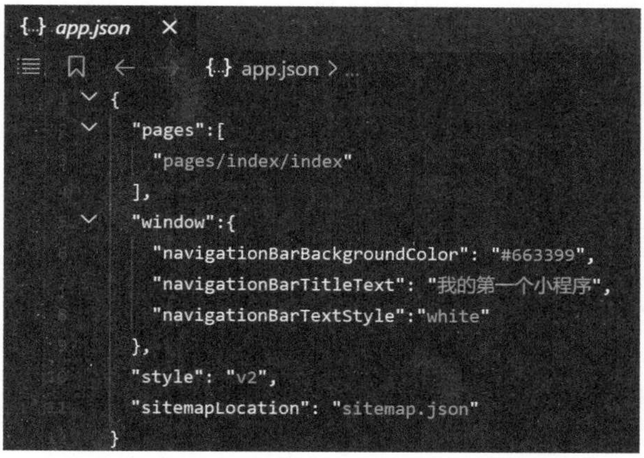

图 2-29　全局配置文件 app.json 的代码

由图 2-29 可见，本次小程序项目主要包含了 pages、window、style 和 sitemapLocation 这四个属性。其实，app.json 还可以配置 tabBar、networkTimeout 及 debug 等更多属性，如表 2-1 所示。

表 2-1　全局配置文件 app.json 的常用属性

属　　性	类　　型	描　　述
entryPagePath	String	可选属性，用于指定小程序默认启动首页。如不填，则默认启动首页为 pages 属性中的第一个元素
pages	String Array	必填属性，用于记录小程序所有页面的路径地址。其中如果有多个页面地址，第一个将默认为小程序的初始页面
window	Object	可选属性，用于设置页面的窗口表现，例如导航栏的背景颜色、标题文字内容以及文字颜色等
tabBar	Object	可选属性，用于设置页面底部 Tab 工具条的表现
networkTimeout	Object	可选属性，用于设置各种网络请求的超时时间
debug	Boolean	可选属性，用于设置是否开启调试模式
lazyCodeLoading	String	可选属性，用于配置自定义组件代码按需注入，取值只能是 requiredComponents，最低开发基础库为 2.11.1
permission	Object	可选属性，用于设置小程序接口权限，例如是否允许开启定位等。需要微信客户端 7.0.0 及以上支持
requiredBackground-Modes	String[ ]	可选属性，用于设置需要在后台使用的能力，目前只支持音乐播放 audio 和后台定位 location，例如取值为['audio','location']
sitemapLocation	String	必填属性，指明 sitemap.json 文件的位置
style	String	可选属性，用于指定升级后的 weui 样式，最低开发基础库要求为 2.8.0

1）entryPagePath 属性

entryPagePath 属性为可选属性，取值为字符串形式的页面路径地址。该属性用于规定小程序启动时的默认首页。

假设小程序有两个页面，分别是 index 和 test，修改 app.json 文件代码如下：

```
{
  "entryPagePath": "pages/test/test",
   "pages":[
```

```
            "pages/index/index",
            "pages/test/test"
    ],
}
```

上述代码表示默认的启动页面是 test 页面。注意：如果没有声明 entryPagePath 属性，则 pages 属性中第一个元素的路径地址为默认的启动首页，这里就变成了 index 页面。

2）pages 属性

pages 属性对应的值是数组形式，数组的每一项都是以字符串形式记录小程序页面的路径地址。例如上面一段 entryPagePath 属性的相关示例代码就表示当前共有两个页面，分别是 index 页面和 test 页面，并且如果不写 entryPagePath 属性的话则 index 页面被默认为小程序的初始页面。开发者也可以手动更改 pages 属性中的元素顺序，只要注意第一个元素为默认首页即可，其他页面顺序没有要求。

新建页面时可以直接在 app.json 的 pages 属性中追加新页面的路径地址，保存后小程序将自动为其生成对应的页面系列文件。需要注意的是，删除页面也要先删除 pages 属性中记录的数组元素，保存生效后方可再去删除实际的页面文件，否则可能删不干净造成残留。

3）window 属性

window 属性对应的值是对象形式，其中包括了小程序页面顶端导航栏的背景颜色、标题文字内容以及文字颜色等属性，具体可以包含的对象属性如表 2-2 所示。

表 2-2　app.json 文件中的 window 属性值

属　性	类型	默认值	描　述
navigationBarBackgroundColor	HexColor	#000000	导航栏背景颜色，默认值为黑色，也可以简写为#000
navigationBarTextStyle	String	white	导航栏标题颜色，默认值为白色，该属性值只能是 white 或 black
navigationBarTitleText	String		导航栏标题文字内容，默认为无文字内容
navigationStyle	String	default	导航栏样式，只支持 default 或 custom，其中 custom 用于自定义导航栏内容，只保留右上角的小图标（iOS/Android 微信版本 6.6.0 以上支持此功能）
backgroundColor	HexColor	#ffffff	窗口的背景颜色，默认值为白色，也可以简写为#fff
backgroundTextStyle	String	dark	下拉加载的样式，该属性值只能是 dark 或 light
backgroundColorTop	String	#ffffff	顶部窗口的背景颜色，只有 iOS 有效（微信版本 6.5.16 以上支持此功能）
backgroundColorBottom	String	#ffffff	底部窗口的背景颜色，只有 iOS 有效（微信版本 6.5.16 以上支持此功能）
enablePullDownRefresh	Boolean	false	是否开启下拉刷新功能
onReachBottomDistance	Number	50	页面上拉触底事件触发时距页面底部的距离，单位为像素（px）

注意：标记类型为 HexColor 的属性值只支持十六进制颜色表示方式。例如#ff0000 表示红色，也可简写为#f00，并且大小写不限。

开发者可以根据实际需要重新定义 window 属性中的各种样式，例如：

```
"window":{
 "navigationBarBackgroundColor":"#f00",
 "navigationBarTitleText":"我的第一个小程序",
 "navigationBarTextStyle":"white"
},
```

上述代码表示小程序顶部导航栏背景颜色为红色(#f00)，文本内容为“我的第一个小程序”，且文字为白色效果。

这里不妨对 app.json 进行简单修改，修改后的代码如图 2-30 所示。

app.json

```
1  {
2    "pages":[
3      "pages/index/index",
4      "pages/logs/logs"
5    ],
6    "window":{
7      "backgroundTextStyle":"light",
8      "navigationBarBackgroundColor": "#f00",
9      "navigationBarTitleText": "测试",
10     "navigationBarTextStyle":"white"
11   }
12 }
13
```

图 2-30　小程序全局配置文件 app.json 的代码

对比原先的代码，对修改内容说明如下。

- 第 8 行：将导航栏背景颜色从白色改为红色（#f00）。
- 第 9 行：将导航栏文字内容从“WeChat”改为“测试”。
- 第 10 行：将导航栏文字颜色从黑色改为白色（white）。

修改后的预览效果如图 2-31 所示。

开发者可以根据实际需要重新定义 window 属性中的各种样式效果。

4）tabBar 属性

如果小程序是一个多 Tab 应用（客户端窗口的底部有 Tab 栏可以切换页面），可以通过 tabBar 配置项指定 Tab 栏的表现，以及 Tab 切换时显示的对应页面。

tabBar 的属性值如表 2-3 所示。

图 2-31　修改 app.json 文件中的 window 属性后的预览图

表 2-3　app.json 文件中的 tabBar 属性值

属　　性	类型	必填	默认值	描　　述
color	HexColor	是		Tab 上的文字默认颜色
selectedColor	HexColor	是		Tab 上的文字选中时的颜色
backgroundColor	HexColor	是		Tab 的背景色
borderStyle	String	否	black	tabBar 上边框的颜色，仅支持 black、white
list	Array	是		Tab 的列表
position	String	否	bottom	tabBar 的位置，仅支持 bottom、top

其中，list 接收一个数组，只能配置最少两个、最多 5 个 Tab，Tab 按数组的顺序排序，每项都是一个对象。list 的属性值如表 2-4 所示。

表 2-4 list 属性值

属 性	类型	必填	描 述
pagePath	String	是	页面路径，必须在 pages 中先定义
text	String	是	Tab 上按钮的文字
iconPath	String	否	图标路径，icon 大小限制为 40KB，建议尺寸为 81px×81px，不支持网络图片
selectedIconPath	String	否	选中时的图标路径，icon 大小限制为 40KB，建议尺寸为 81px×81px，不支持网络图片

注意：当 position 属性值为 top 时 iconPath 和 selectedIconPath 属性无效，不显示图标。

图 2-32 有助于读者更好地理解 tabBar 和 list 属性值的作用区域。

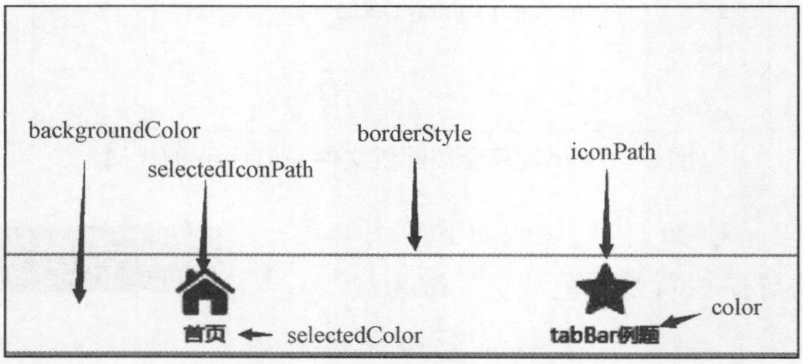

图 2-32 tabBar 属性值的对应关系

iconPath 和 selectedIconPath 属性不是必填内容，例如：

```
{
  "tabBar": {
    "list": [
      {
        "pagePath": "pages/index/index",
        "text": "首页"
      },
      {
        "pagePath": "pages/demo/demo",
            "text": "例题"
          }
        ]
      }
    }
```

上述代码表示声明了带有两个页面的 tabBar 效果，Tab 文字内容分别为首页和例题。

5）networkTimeout 属性

app.json 中的 networkTimeout 属性可以用于设置各类网络请求的超时时间，其属性值如表 2-5 所示。

表 2-5 app.json 文件中的 networkTimeout 属性值

属 性	类 型	必填	默认值	描 述
request	Number	否	60000	wx.request()的超时时间，单位为毫秒
connectSocket	Number	否	60000	wx.connectSocket()的超时时间，单位为毫秒
uploadFile	Number	否	60000	wx.uploadFile()的超时时间，单位为毫秒
downloadFile	Number	否	60000	wx.downloadFile()的超时时间，单位为毫秒

例如：

```
{
    "networkTimeout":{
        "downloadFile": 5000
    }
}
```

上述代码表示重新规定下载文件 wx.downloadFile()方法的超时时间为 5 秒。

6）debug 属性

用户可以在“微信 web 开发者工具”中开启 debug 模式。在开发者工具的控制台面板中调试信息以 info 的形式给出，主要包括 Page 的注册、页面路由、数据更新、事件触发等内容，可以帮助开发者快速定位一些常见的问题。

7）lazyCodeLoading 属性

较早之前小程序启动时会合并注入所有的 JS 代码，包括尚未访问到的页面与未用到的自定义组件。自基础库版本 2.11.1 起，小程序允许进行“懒加载”功能，即只注入必需的代码，以此降低小程序的启动时间和提高小程序性能。

目前最新版微信开发工具（Stable1.05.2201240）中如果 app.json 文件未配置该属性，会在调试器中的“代码质量”面板看到图 2-33 所示提示。

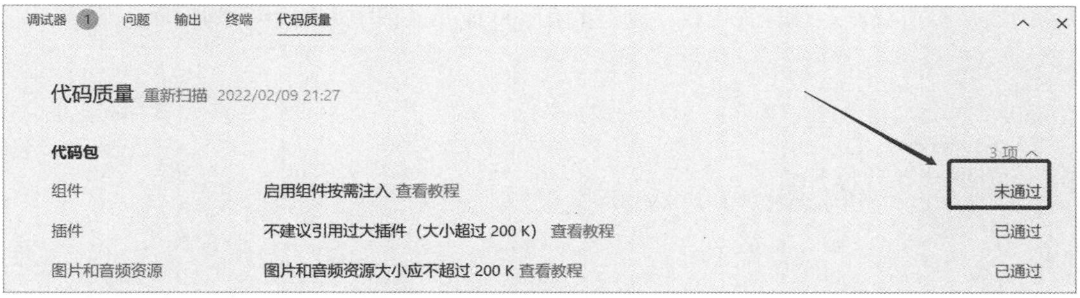

图 2-33　未启动组件按需注入的提示

该属性只有一个取值：requiredComponents，例如：

```
{
  "pages":["pages/index/index"],
  …内容略…,
  "lazyCodeLoading": "requiredComponents"
}
```

app.json 文件加入 lazyCodeLoading 属性后调试器中的“代码质量“面板重新扫描会看到图 2-34 所示内容。

图 2-34　已启动组件按需注入配置

8）permission 属性

permission 属性用于弹窗并记录用户的授权许可情况。自微信 7.0.0 后部分接口（例如获取地理位置、获取个人信息等）需要经过用户授权同意才可以调用。微信按照接口的使用范围将其分为多个 scope，每个 scope 都要授权后方可使用。

scope 分类如表 2-6 所示。

表 2-6 scope 分类

scope 类型	作 用	对 应 接 口
scope.userInfo	获取用户信息	wx.getUserInfo
scope.userLocation	获取用户地理位置	wx.getLocation 和 wx.chooseLocation
scope.userLocationBackground	获取后台定位	wx.startLocationUpdateBackground
scope.werun	获取微信运动步数	wx.getWeRunData
scope.record	允许开启录音功能	wx.startRecord
scope,writePhotoAlbum	允许保存图片或视频到相册	wx.saveImageToPhotosAlbum 和 wx.saveVideoToPhotosAlbum
scope.camera	允许开启摄像头权限	camera 组件

开发者可以根据实际需要选择其中相关授权登记到 app.json 文件中。

例如，希望获得地理位置授权，则需要在 app.json 文件中追加如下代码：

```
{
  "pages":[…内容略…],
  "window":{…内容略…},
  "permission": {
    "scope.userLocation": {
      "desc": "您的位置将用于小程序地图展示"
    }
  },
  …内容略…
}
```

其中，desc 属性是必填内容，用于描述授权的用途，其内容为字符串类型且最长不得超过 30 个字符。

若 app.json 文件配置了上述 permission 属性，则首次调用 wx.getLocation 接口来获取用户位置时会出现授权咨询弹窗，如图 2-35 所示。

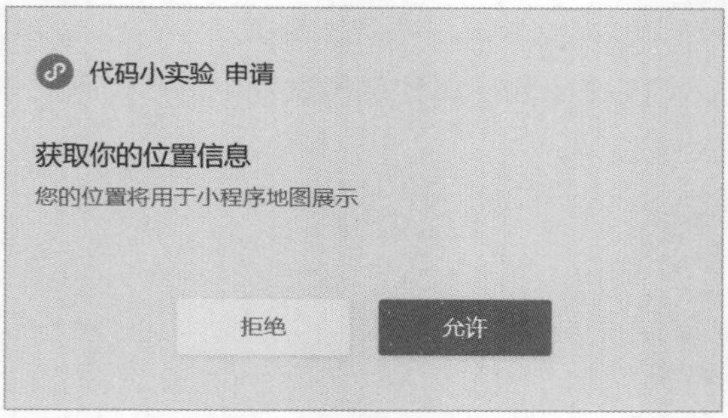

图 2-35 小程序授权弹窗示例

如图 2-35 所示，首次使用需要用户单击“允许”按钮后方可调用相关接口功能；如果用户已经授权，则下次不再弹窗提示可以直接调用接口功能；如果用户已经拒绝，则下次也不再弹窗，但是会直接进入接口失败回调模式。开发者需要考虑不同情况的场景处理。

9）requiredBackgroundModes 属性

该属性用于设定允许后台使用的能力，取值为 String 类型的数组，且目前只支持两种选项。

- audio：后台音乐播放能力；
- location：后台定位能力。

例如希望具有后台音乐播放能力，就在 app.json 中设置：

```
{
  "requiredBackgroundModes": ["audio"]
}
```

如果希望同时设置两种能力，则在 app.json 中设置：

```
{
  "requiredBackgroundModes": ["audio", "location"]
}
```

10）sitemapLocation 属性

该属性用于指明 sitemap.json 配置文件的所在位置，该文件的具体用法见 2.2.4 节“sitemap 配置文件”。

11）style 属性

微信客户端 7.0 之后 UI 进行了全面改版升级，小程序只需要在 app.json 文件中配置"style": "v2"即可启动新组件样式。需要注意的是，第三方开源组件例如 vant-weapp 等可能尚不能完全兼容 v2 版本组件，此时也可以不声明 style 属性而用原版 UI 效果。

在小程序中涉及变化的组件主要有 button、icon、radio、checkbox、switch 以及 slider，这里以 2.1.6 节制作的小程序按钮组件 button 为例，原版 UI 和 v2 版 UI 外观对比如图 2-36 所示。

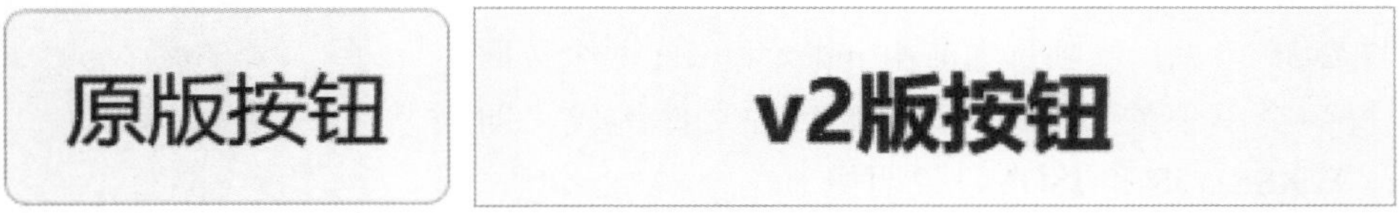

图 2-36　小程序按钮组件 UI 外观对比

其他组件外观对比可见第 4 章小程序组件。

2 app.js

app.js 文件是小程序的全局逻辑文件，该文件可以空白不写内容，也可以注册 app 函数。自动生成的 app 函数中会自带若干生命周期函数，代码片段如图 2-37 所示。

省略 app.js 中的注释内容后将得到以下代码框架：

```
App({
  onLaunch: function() {},
  onShow: function (options) {},
  onHide: function () {},
  onError: function (msg) {}
})
```

由此可见，所有内容都写在 App()函数内部，并且彼此之间用逗号隔开。App()函数的用法详见 3.1.1 节。

3 app.wxss

app.wxss 文件是小程序的全局样式文件，代码如图 2-38 所示。

```
// app.js
App({

  /**
   * 当小程序初始化完成时，会触发 onLaunch（全局只触发一次）
   */
  onLaunch: function () {

  },

  /**
   * 当小程序启动，或从后台进入前台显示，会触发 onShow
   */
  onShow: function (options) {

  },

  /**
   * 当小程序从前台进入后台，会触发 onHide
   */
  onHide: function () {

  },

  /**
   * 当小程序发生脚本错误，或者 api 调用失败时，会触发 onError 并带上错误信息
   */
  onError: function (msg) {

  }
})
```

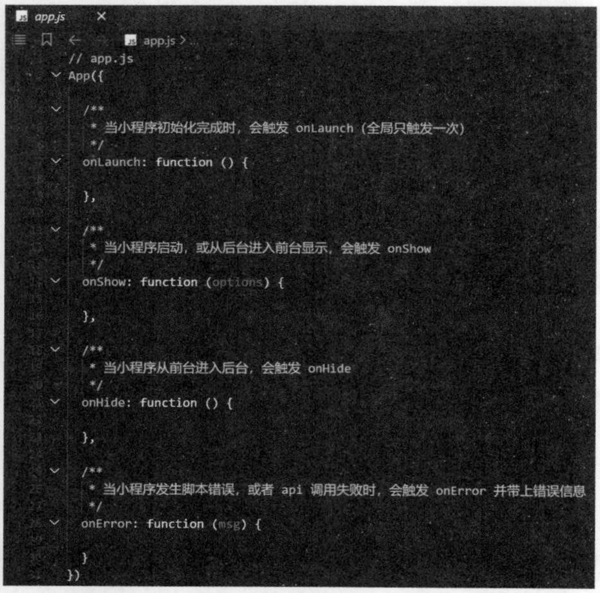

图 2-37　app.js 文件的代码片段

```
 1  /**app.wxss**/
 2  .container {
 3    height: 100%;
 4    display: flex;
 5    flex-direction: column;
 6    align-items: center;
 7    justify-content: space-between;
 8    padding: 200rpx 0;
 9    box-sizing: border-box;
10  }
```

图 2-38　app.wxss 文件的代码

　　app.wxss 文件用于规定所有页面都可用的样式效果，语法格式见 3.2.2 节 "WXSS"。该文件是可选文件，如果没有全局样式规定，可以省略不写。

2.2.3　页面文件

　　小程序一般会在根目录下创建一个 pages 文件夹用于保存所有页面文件，每个页面有自己独立的二级目录，如图 2-39 所示。

　　由图 2-39 可见，该项目当前由 index 和 test 两个页面组成。每一个单独的页面基本上由 4 种文件构成，即 WXML、WXSS、JS 和 JSON，说明如下。

- WXML 文件：用于构建当前页面的结构，包括组件、事件等内容，用户最终看到的页面效果就是由该文件显示出来的。

- WXSS 文件：可选页面，用于设置当前页面的样式效果，该文件规定的样式优先级更高（会覆盖 app.wxss 全局样式表中产生冲突的规定），但不会影响其他页面。

- JS 文件：可选页面，用于设置当前页面的逻辑代码。

- JSON 文件：可选页面，用于重新设置 app.json 中 window 属性规定的内容，新设置的选项只会显示在当前页面上，不会影响其他页面。

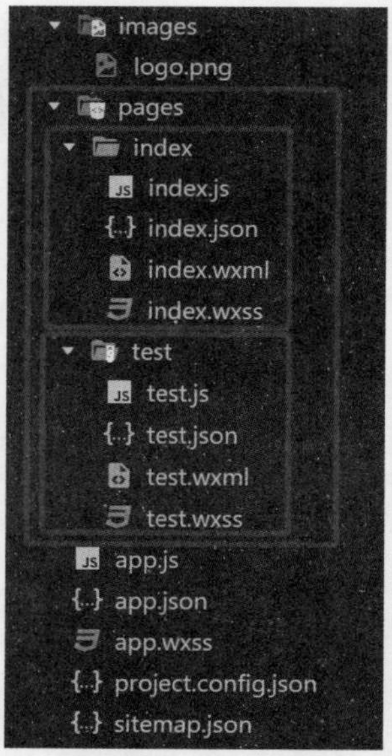

图 2-39　pages 文件夹内容

　　注意：为了方便开发者减少配置项，建议直接在 app.json 文件的 pages 属性中追加需要新增页面的声明，保存后就可以一次性自动生成描述页面的这 4 种文件，且它们会具有相同的路径与文件名。

　　JSON 文件的可用属性如表 2-7 所示。

表 2-7　JSON 文件的属性

属　　性	类型	默认值	描　　述
navigationBarBackgroundColor	HexColor	#000000	导航栏背景颜色，例如#000000
navigationBarTextStyle	String	white	导航栏标题颜色，仅支持 black、white
navigationBarTitleText	String		导航栏标题文字内容
backgroundColor	HexColor	#ffffff	窗口的背景色
backgroundTextStyle	String	dark	下拉 loading 的样式，仅支持 dark、light
enablePullDownRefresh	Boolean	false	是否全局开启下拉刷新
onReachBottomDistance	Number	50	页面上拉触底事件触发时距页面底部的距离，单位为 px
disableScroll	Boolean	false	若设置为 true，则页面整体不能上下滚动。另外，该项只在页面配置中有效，无法在 app.json 中设置
usingComponents	Object		页面自定义组件配置
style	String	default	启动 v2 版本组件样式

例如在 test.json 文件中设置：

```
{
  "navigationBarBackgroundColor": "#ffffff",
  "navigationBarTextStyle": "black",
  "navigationBarTitleText": "这是新标题"
}
```

上述代码表示仅设置当前 test 页面的导航栏背景颜色为白色、导航栏标题颜色为黑色，并将导航栏标题更新为“这是新标题”，并不会影响其他页面。

注意： 页面的 JSON 文件只能设置与 window 相关的配置项，以决定本页面的窗口表现，所以无须像 app.json 那样专门写 window 属性。

2.2.4　sitemap 配置文件

现在新建项目时会自动生成一个 sitemap.json 文件，该文件用于配置小程序页面是否允许被微信搜索时索引。如果开发者允许，微信会通过爬虫的形式为小程序建立页面，当微信用户的搜索关键词触发索引时，小程序页面可能会展示在搜索结果中。

注意： 如果删掉 sitemap.json 文件以及在 project.config.json 文件中的 sitemapLocation 配置项，则表示默认所有页面都允许被索引。

也可以保留原先 sitemap.json 中的配置内容如下：

```
{
  "rules":[{
    "action": "allow",
    "page": "*"
  }]
}
```

上述代码表示所有的页面都允许被索引。其中，配置项 rules 是一个数组对象类型，允许放置一条或多条许可规则，每条规则都是一个 JSON 对象，其属性如表 2-8 所示。

表 2-8 sitemap.json 配置项 rules 的索引规则属性

属 性	类 型	必填	默认值	描 述
action	String	否	"allow"	用于规定符合条件的页面是否允许被索引，仅支持 allow、disallow
page	String	是		页面的具体路径地址，也可以用“*”表示所有页面
params	String[ ]	否		页面路径地址配套的参数名称，可以是多个，但是不包含参数值
matching	String	否	"inclusive"	有 4 种取值，解释如下。 • exact：索引的页面参数与 params 必须完全吻合； • inclusive：索引的页面参数包含 params，但也允许有其他参数； • exclusive：索引的页面参数与 params 必须完全不一样； • partial：索引的页面参数与 params 只有部分吻合
priority	Number	否		规则的优先级，值越大则规则越早被匹配，不填则默认从上到下匹配

例如：

```
{
  "rules":[{
    "action": "allow",
    "page": "pages/index/index",
    "params": ["a", "b"],
    "matching": "exact"
  },{
    "action": "disallow",
    "page": " pages/index/index"
  }]
}
```

上述代码表示的规则解释如下：

- 只允许索引带有参数 a 和 b 的 index 页面，例如 pages/index/index?a=1&b=2 会被索引；
- 不允许索引只带有参数 a 或 b 中的一个 index 页面，例如 pages/index/index?a=1 不会被索引，pages/index/index?b=2 也不会被索引，必须同时有参数 a 和 b；
- 不允许索引带有除了参数 a 和 b 以外其他参数的 index 页面，例如 pages/index/index?a= 1&b=2&c=3 不会被索引；
- 不允许索引不带参数的 index 页面，例如 pages/index/index 不会被索引；
- 其他未明显指出需要"disallow"的页面都允许被索引，因此除了 index 页面以外的其他页面都可以被索引。

2.2.5 其他文件

除了前几节介绍的常用文件外，小程序还允许用户自定义路径和文件名创建一些辅助文件。例如本章创建的第一个小程序项目中的 utils 文件夹就是用来存放公共 JS 文件的，如图 2-40 所示。

该文件夹中的 util.js 保存了一些公共 JavaScript 代码，可以被其他页面的 JS 文件引用，具体的引用方式见 3.1.5 节“模块化”。

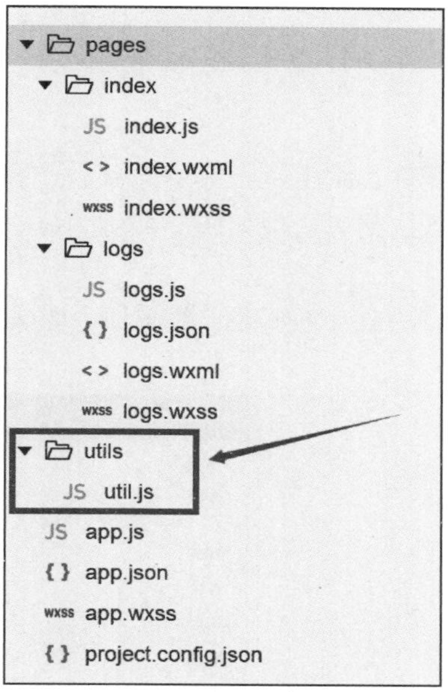

图 2-40 utils 文件夹

除此之外，开发者还可以自定义资源文件夹用于存放其他文件，例如在根目录中创建 images 文件夹用于存放图片等。这些文件夹可以根据实际需要自行创建。

2.3 开发者工具的介绍

开发者工具主要由菜单工具栏、模拟器、资源管理器、编辑器和调试器 5 个部分组成，如图 2-41 所示。

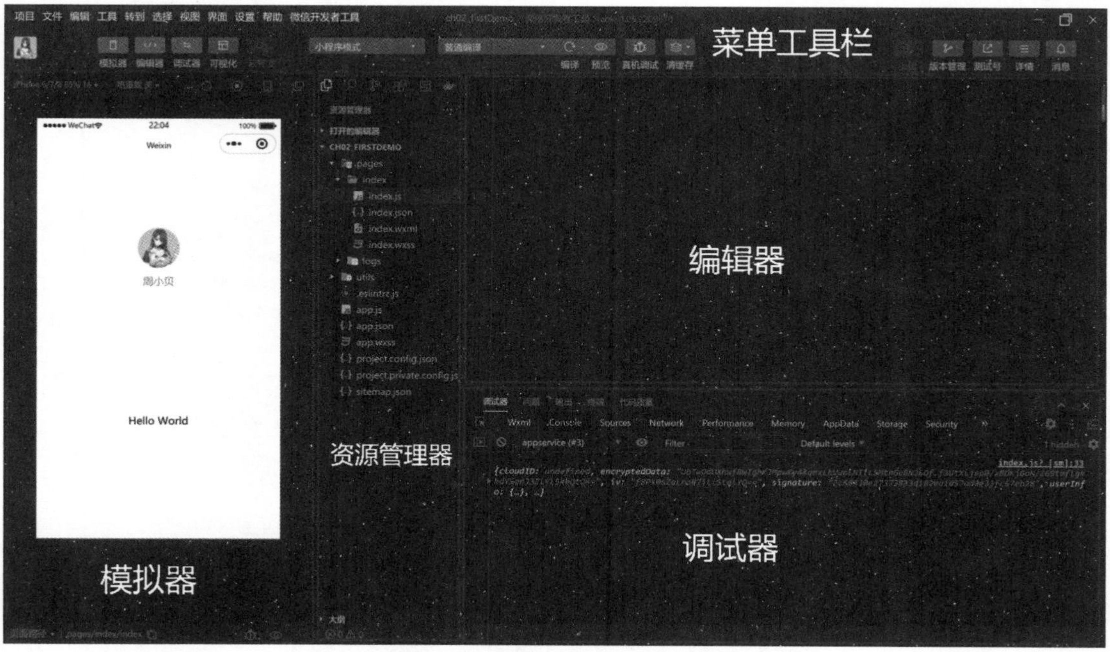

图 2-41 微信开发者工具的页面布局

2.3.1　菜单工具栏

1 菜单栏

菜单栏中主要包括项目、文件、编辑、工具、转到、选择、视图、界面、设置、帮助和微信开发者工具，节选的部分下拉菜单选项如图 2-42 所示。

2 工具栏

工具栏左侧区域主要包含个人中心、模拟器、编辑器、调试器、可视化和云开发，如图 2-43 所示。

(a)“项目”菜单　(b)“文件”菜单　(c)“编辑”菜单　(d)“工具”菜单

(e)“界面”菜单　(f)“设置”菜单　(g)“微信开发者工具”菜单

图 2-42　菜单栏的二级选项（节选）

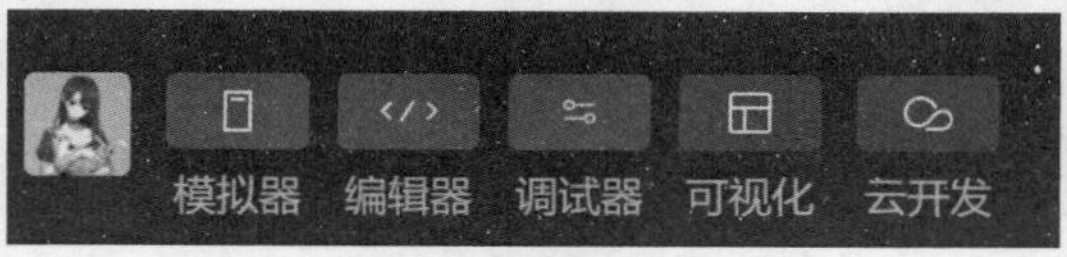

图 2-43　工具栏的左侧区域

具体说明如下。

- 个人中心：账户切换和消息提醒。
- 模拟器：单击切换显示/隐藏模拟器面板。
- 编辑器：单击切换显示/隐藏编辑器面板。
- 调试器：单击切换显示/隐藏调试器面板。
- 可视化：在可视化窗口放置和编辑组件。
- 云开发：单击打开云开发控制台。

工具栏中间区域主要包含小程序模式、普通编译、编译、预览、真机调试和清缓存，如图 2-44 所示。

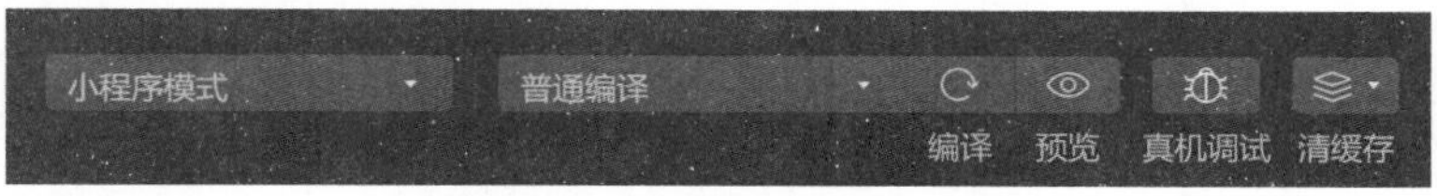

图 2-44　工具栏的中间区域

具体说明如下。

- 小程序模式：小程序模式和插件模式。
- 编译模式：普通模式、自定义编译模式和二维码编译模式。
- 编译：重新编译小程序项目。
- 预览：生成二维码进行真机预览。
- 真机调试：生成二维码进行真机远程调试。
- 清缓存：可以单独或同时清除数据缓存、文件缓存、授权数据、网络缓存、登录状态。

工具栏右侧区域主要包含上传、版本管理、详情和消息，如图 2-45 所示。

图 2-45　工具栏的右侧区域

具体说明如下。

- 上传：将代码上传为开发版本。
- 版本管理：开通和管理 Git 仓库。
- 详情：显示小程序的 AppID、本地目录、项目设置、域名信息等。
- 消息：通知中心的消息提示信息。

2.3.2　资源管理器

资源管理器主要包含小程序项目的完整目录结构，如图 2-46 所示。

文件的作用介绍可见“2.2 小程序的目录结构”。

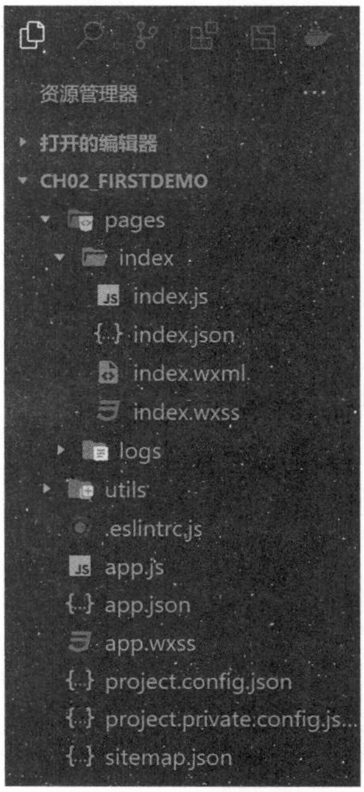

图 2-46　工具栏的左侧区域

2.3.3　模拟器

模拟器面板可以切换虚拟手机型号、显示比例、模拟网络连接状态、模拟手机 Home 和返回键操作、音量开关、独立显示以及改变模拟器位置，如图 2-47 所示。

（a）手机型号选择　（b）显示比例选择　（c）网络连接状态选择

（d）模拟手机操作　（e）音量开关　（f）独立显示

（g）模拟器改变显示位置

图 2-47　模拟器相关选项

2.3.4　编辑器

编辑器主要包含项目完整目录结构区和代码区，如图 2-48 所示。

1 目录结构区

在目录结构区中可以单击左上角的“+”号添加新文件，文件类型包括目录、Page、Component、JS、JSON、WXML、WXSS 和 WXS。其中，Page 有帮助开发者快速创建页面所需的全套文件，即在同一路径中批量生成同名的 WXML、WXSS、JS 及 JSON 文件。

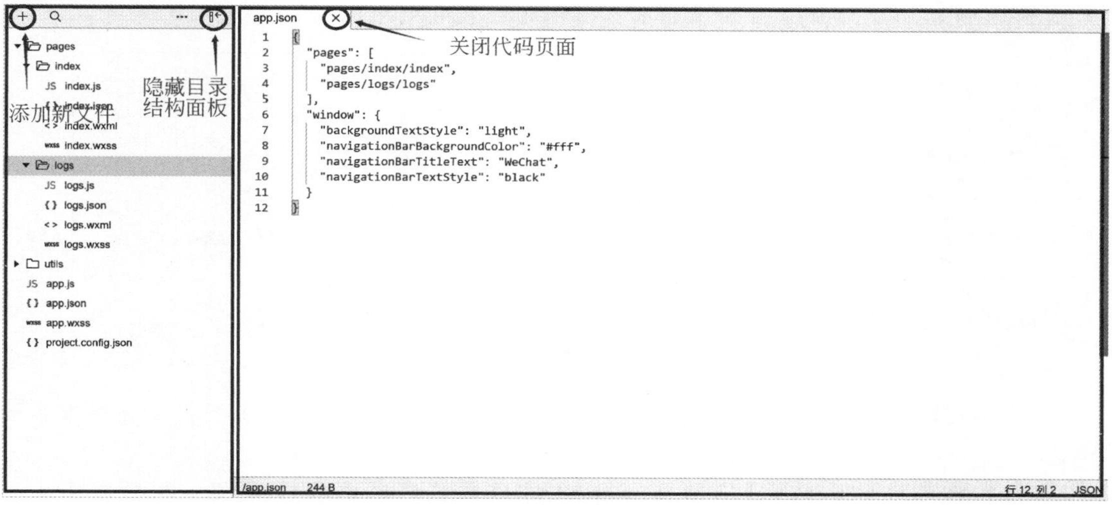

图 2-48　编辑器面板布局

2 代码区

在代码区中允许打开多个页面切换查看，单击代码右上角的“×”号可以关闭当前代码页面。

在页面上编辑代码还可以实现自动提示。这里以编写一个<view>标签为例，如图 2-49 所示。

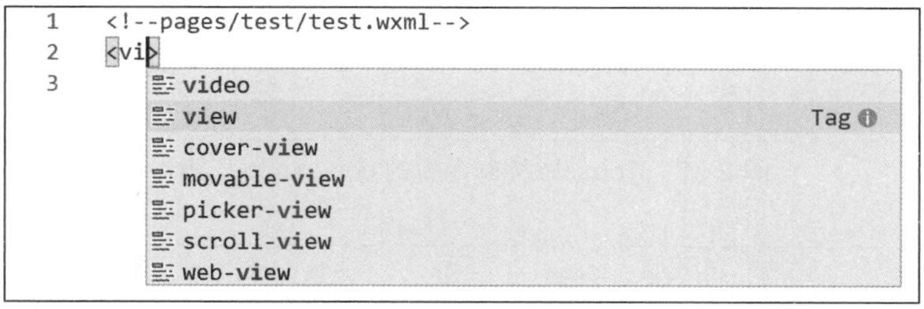

图 2-49　代码启动提示功能

由图 2-48 可见，只需要输入前面几个字母，就可以出现相关组件的代码提示，此时用键盘方向键选择正确的内容，然后按 Enter 键即可全部生成。

2.3.5　调试器

调试器可以在 PC 端预览小程序或在手机端调试小程序时使用，用于实时查看小程序运行时的后台输出、网络状况、数据存储等内容的变化。调试器目前主要包含 9 个面板，可以用其顶部的 tab 栏进行切换，如图 2-50 所示。

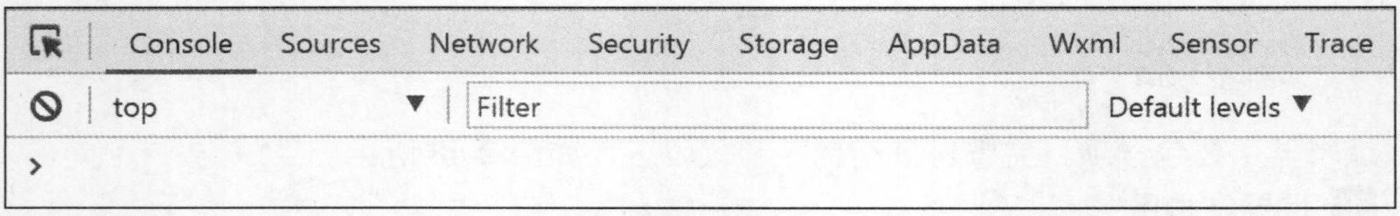

图 2-50　调试器的 Tab 栏

1 Console

Console 是后端控制台，在小程序编译或运行有误时将给出 warning 或 error 的信息提示。例如错误的 JS 文件代码导致编译失败时，提示如图 2-51 所示。

图 2-51　Console 控制台的错误提示

当然也可以由开发者自行在 JS 文件中使用 console.log（"自定义输出内容"）语句或直接在控制台上进行文本输出，用于诊断代码的执行情况和数据内容。

例如，直接在控制台输入 console.log()语句后回车即可完成输出，效果如图 2-52 所示。

2 Sources

Sources 面板是小程序的资源面板，可以显示本地和云端的相关资源文件，如图 2-53 所示。

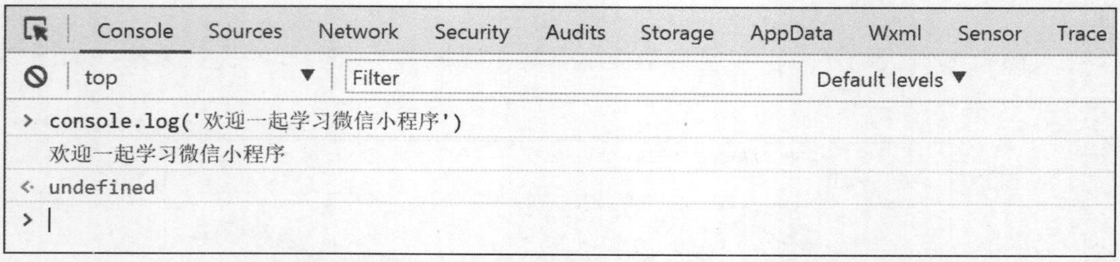

图 2-52　Console 控制台中的 console.log()语句

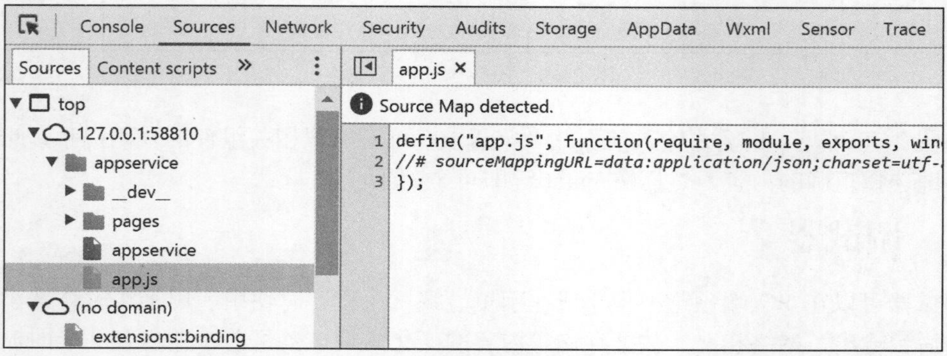

图 2-53　Sources 面板

小程序在代码编写完成后会被打包成一个完整的 JavaScript 文件运行。

3 Network

Network 面板在小程序调用网络 API 时用于记录网络抓包数据，如图 2-54 所示。

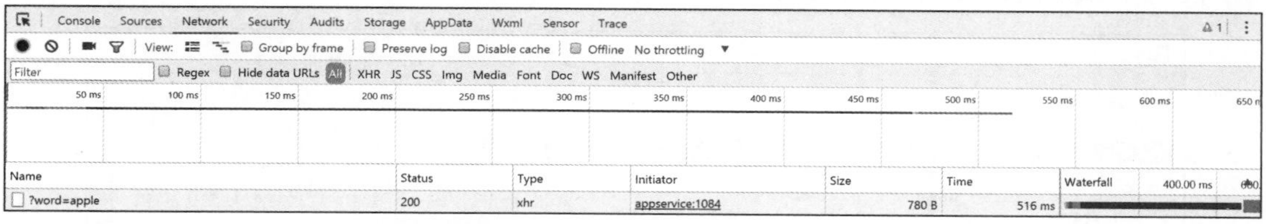

图 2-54　Network 面板

4 Security

Security 面板是小程序的安全面板，当发生了网络请求时记录所使用的域名来源是否安全，如图 2-55 所示。

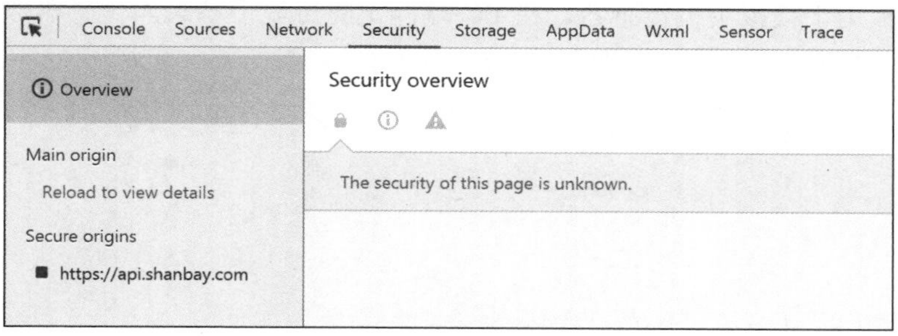

图 2-55　Security 面板

5 Storage

Storage 面板可用于查看当前小程序的缓存数据，如图 2-56 所示。

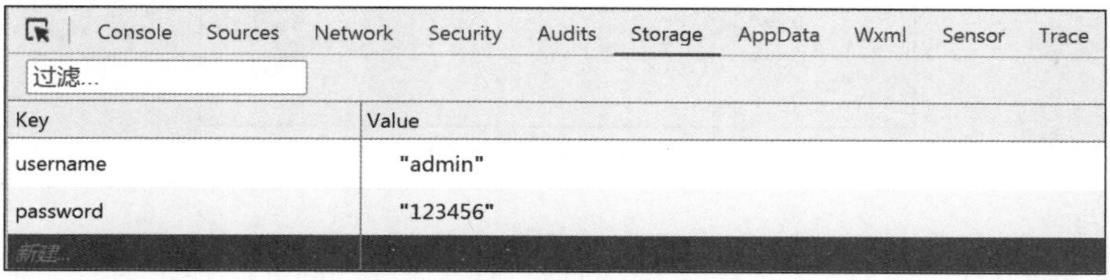

图 2-56　Storage 面板

在测试过程中，开发者可以手动修改该面板中的数据值。

6 AppData

AppData 面板可以实时查看小程序页面 JS 文件中 data 数据的变化，如图 2-57 所示。

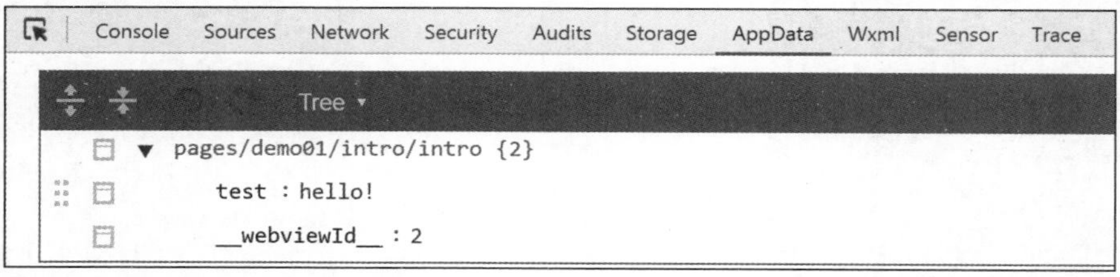

图 2-57　AppData 面板

在测试过程中，开发者可以手动修改该面板中的数据值。

7 Wxml

Wxml 面板是小程序的 WXML 代码预览面板，在运行小程序后打开该面板就可以查看当前页面的 WXML 代码内容和对应的渲染样式，如图 2-58 所示。

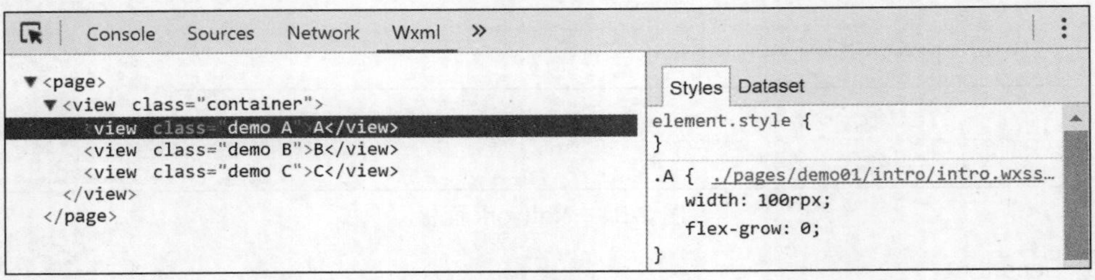

图 2-58　Wxml 面板

8 Sensor

Sensor 面板用于模拟手机传感器，在 PC 端测试时可以手动录入传感器数据，例如地理位置经纬度、加速度计坐标等，如图 2-59 所示。

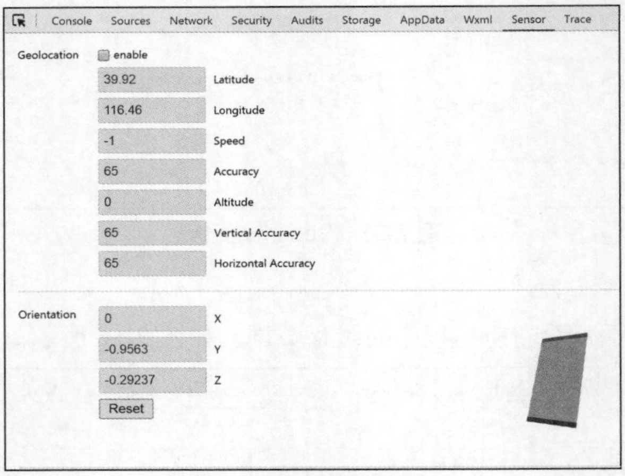

图 2-59　Sensor 面板

9 Trace

Trace 面板是小程序的调试追踪面板，目前暂时只支持 Android 手机，如图 2-60 所示。

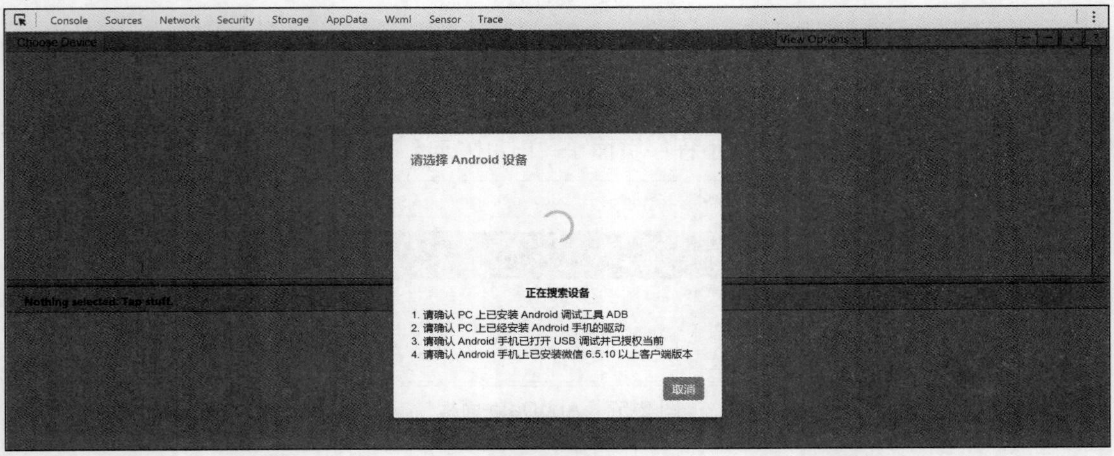

图 2-60　Trace 面板

扫一扫
案例文本
扫一扫
视频讲解

2.4　阶段案例：简易登录小程序

本节将基于本章 2.1.6 节制作的第一个微信小程序进行改造，变成一款可以获取微信个人信息的简易登录小程序，如图 2-61 所示。其中，图 2-61（a）是默认页面效果，当用户点击下方按钮后出现图 2-61（b）所示的效果，展示用户的微信头像和昵称；点击“退出登录”按钮后则重新回到图 2-61（a）的画面。

（a）默认页面效果图　　（b）展示微信个人信息效果图

图 2-61　第 2 章阶段案例效果图

2.5　本章小结

本章通过制作第一个微信小程序介绍了项目新建、真机预览/调试、代码提交以及小程序的版本区别（开发版本、体验版本、审核中版本以及线上版本）；基于该小程序项目分析了小程序的目录结构，介绍了项目配置文件 project.config.json、主体文件（app.json、app.js 和 app.wxss）、页面文件（wxml、wxss、js 和 json）与其他文件；最后对微信开发者工具进行了介绍，包括菜单栏和工具栏，以及开发中最常用的模拟器、编辑器和调试器。

基　础　篇

第3章 Chapter 3

小程序框架

本章主要内容是小程序框架，包括逻辑层、视图层和 flex 布局。逻辑层是由 JavaScript 编写而成的；视图层由 WXML 和 WXSS 配合组件构成；flex 布局可以确保页面适应不同屏幕尺寸及设备类型时元素在恰当的位置。

本章学习目标

- 掌握注册程序和页面相关函数的用法；
- 掌握页面路由的方式和模块化的用法；
- 掌握 WXML 的数据绑定、列表/条件渲染、模板、事件和引用；
- 掌握 WXSS 的尺寸单位、使用方式和选择器的用法；
- 了解 flex 布局的基本概念；
- 掌握 flex 布局中的容器属性和项目属性。

3.1 逻辑层

小程序开发框架的逻辑层又称为 App Service，是由 JavaScript 编写和实现的。开发者写的所有代码最后将被打包成一份 JavaScript，并在小程序启动时运行，直到小程序被销毁。

逻辑层的主要作用是处理数据后发送给视图层渲染以及接收视图层的事件反馈。

为了更方便地进行项目开发，小程序在 JavaScript 的基础上进行了一些优化，例如：

（1）新增 App()和 Page()方法，分别用于整个应用程序和单独页面的注册。

（2）新增 getApp()和 getCurrentPages()方法，分别用于获取整个应用实例和当前页面实例。

（3）提供丰富的微信原生 API，例如可以方便地获取微信用户信息、本地存储、扫一扫、微信支付、微信运动等特殊功能。

（4）每个页面具有独立的作用域，并提供模块化功能。

需要注意的是，由于框架不在浏览器中运行，所以 JavaScript 与浏览器相关的一些功能无法使用，例如 document、window 等。

3.1.1 小程序 App

1 App()方法

小程序通过使用 App(OBJECT)方法进行应用注册，指定小程序的生命周期函数。

OBJECT 参数如表 3-1 所示。

注意：App()方法只能写在小程序根目录下的 app.js 文件中，并且只能注册一个。

表 3-1　App()方法的 OBJECT 参数

属　　性	类　型	描　　述	触 发 时 机	备　　注
onLaunch()	Function	生命周期函数——监听小程序的初始化	当小程序初始化完成时触发	全局只触发 1 次
onShow()	Function	生命周期函数——监听小程序的显示	当小程序启动或从后台进入前台显示时触发	
onHide()	Function	生命周期函数——监听小程序的隐藏	当小程序从前台进入后台隐藏时触发	
onError()	Function	错误监听函数	当小程序发送脚本错误或 API 调用失败时触发	
onPageNotFound()	Function	页面不存在函数	当小程序需要打开的页面不存在时触发	
其他自定义参数	Any	开发者可以添加自定义名称的函数或数据到 OBJECT 参数中		用 this 可以访问

用户可以使用微信开发者工具在空白 app.js 文件中直接输入关键词 app，此时会自动出现提示列表，如图 3-1 所示。

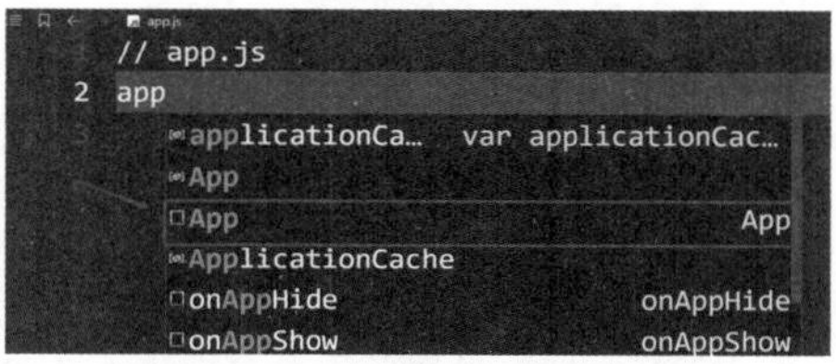

// app.js
app
applicationCa…　var applicationCac…
App
App　App
ApplicationCache
onAppHide　onAppHide
onAppShow　onAppShow

图 3-1　app.js 的代码提示列表

默认选择提示列表中的第 3 项，直接按 Enter 键就可以自动生成带有生命周期全套函数的代码结构，如图 3-2 所示。

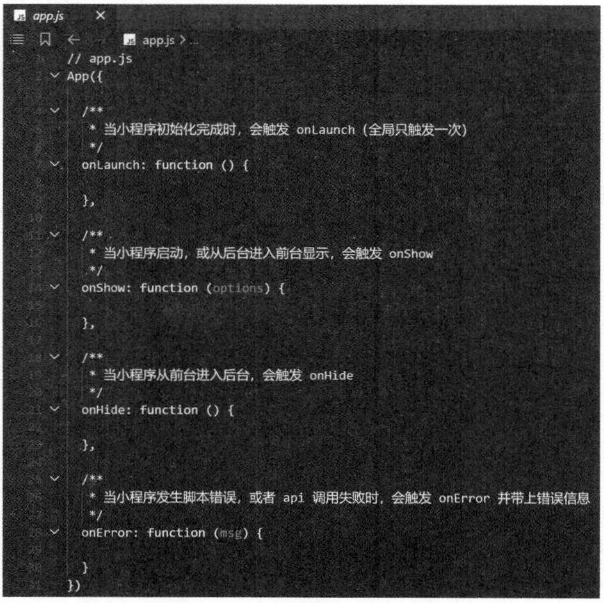

app.js
// app.js
App({
/**
* 当小程序初始化完成时，会触发 onLaunch（全局只触发一次）
*/
onLaunch: function () {
},
/**
* 当小程序启动，或从后台进入前台显示，会触发 onShow
*/
onShow: function (options) {
},
/**
* 当小程序从前台进入后台，会触发 onHide
*/
onHide: function () {
},
/**
* 当小程序发生脚本错误，或者 api 调用失败时，会触发 onError 并带上错误信息
*/
onError: function (msg) {
}
})

图 3-2　app.js 自动生成 App()代码

事实上，App()中的这些函数均为可选函数，开发者可以根据实际需要删除其中的部分函数，或保留这些函数但空着不填充内容。

第 12、19 行注释语句均提到了小程序后台和前台的概念，具体说明如下。

- 小程序后台：指的是小程序没有在手机当前画面显示，但是并没有被销毁。当用户单击左上角的按钮关闭小程序或者按设备的 Home 键离开微信时会进入后台运行状态。
- 小程序前台：指的是小程序在手机当前画面被使用。当用户再次打开处于后台运行状态的小程序时会重新进入前台运行状态。

注意： 只有当小程序进入后台一定时间或者系统资源占用过高时才会被真正地销毁。

由图 3-2 中的代码可见，onShow()和 onError()方法在触发时均会返回参数，用户可以利用这些参数进行状态的判断与处理。实际上，onLaunch()方法在触发时也会返回参数（这里为可选填的省略状态），且 onLaunch()与 onShow()方法返回的参数名称完全相同，具体如表 3-2 所示。

表 3-2　onLaunch()和 onShow()方法返回的参数

字　段	类　型	说　明
path	String	打开小程序的路径
query	Object	打开小程序的 query
scene	Number	打开小程序的场景值
shareTicket	String	小程序被转发时会生成一个 shareTicket，打开被转发的小程序页面可以获取该参数
referrerInfo	Object	当场景为从另一个小程序/公众号/App 打开时返回此字段
referrerInfo.appId	String	跳转前的小程序/公众号/App 的 appId
referrerInfo.extraData	Object	跳转前的小程序传来的数据，当 scene=1037 或 1038 时才支持

支持返回 referrerInfo.appId 的场景值如表 3-3 所示。

表 3-3　支持返回 referrerInfo.appId 的场景值

场　景　值	场　　景	appId 信息的含义
1020	公众号 profile 页的相关小程序列表	返回来源公众号 appId
1035	公众号自定义菜单	返回来源公众号 appId
1036	App 分享消息卡片	返回来源应用 appId
1037	小程序打开小程序	返回来源小程序 appId
1038	从另一个小程序返回	返回来源小程序 appId
1043	公众号模板消息	返回来源公众号 appId

说明：关于场景值的更多介绍见附录 B。

除了函数外，App()也支持添加自定义的全局变量，示例代码如下：

```
App({
  globalData: {
    userInfo: null  //这是一个全局变量
  }
})
```

这里，全局变量的名称、取值和数量都可以由开发者自定义。

2 onPageNotFound()方法

当需要打开的页面不存在时，微信客户端会有一个原生模板页面提示。如果开发者不希望跳转到此页面，想自行处理，则需用到 onPageNotFound()方法。

该方法从基础库 1.9.90 开始支持，低版本需要做兼容处理。当要打开的页面并不存在时，会回调这个方法并带有 3 个参数，具体参数内容如表 3-4 所示。

表 3-4　onPageNotFound()方法的参数

字　段	类　型	说　明
path	String	不存在页面的路径
query	Object	打开不存在页面的 query
isEntryPage	Boolean	是否为本次启动的首个页面（例如从分享等入口进来，首个页面是开发者配置的分享页面）

onPageNotFound()方法的示例代码如下：

```
App({
  onPageNotFound: function(res) {
     //小程序打开的页面不存在时需要执行的代码
     wx.redirectTo({
       url: 'pages/test/test'
     })  //如果是 tabBar 页面，请使用 wx.switchTab
  }
})
```

上述代码可以用指定的页面代替原生模板页面。需要注意的是，如果 onPageNotFound()回调中又重定向到另一个不存在的页面，将重定向到微信自带的原生模板页面提示页面不存在，并且不再触发 onPageNotFound()监听。

3 getApp()方法

在小程序的其他 JS 文件中均可以使用全局的 getApp()方法获取小程序实例。

例如，test.js，示例代码如下：

```
var app=getApp()
console.log(app.globalData.userInfo)
```

此时，就可以在 test.js 页面获得 app.js 中保存的公共数据，并在 console 控制台打印输出。

需要注意的是，用户不可以在 app.js 的 App()函数内部调用 getApp()方法，可以直接使用关键字 this 代替。例如：

```
App({
  globalData: {
    userInfo: null  //这是一个全局变量
  }
  onLoad:function(options){
      console.log(this.globalData.userInfo)  //使用 this 关键字获得全局变量
  }
})
```

上述代码就在 onLoad()方法中直接使用了 this 关键字获得全局变量。

3.1.2　小程序页面

小程序在每个页面 JS 文件中通过使用 Page(OBJECT)方法进行页面注册，该方法可以用于指定小程序页面的生命周期函数。Page()方法的 OBJECT 参数如表 3-5 所示。

表 3-5　Page()方法的 OBJECT 参数

属　性	类　型	说　明
data	Object	页面的初始数据
onLoad()	Function	生命周期函数——监听页面的加载
onReady()	Function	生命周期函数——监听页面初次渲染完成

续表

属　性	类　型	说　明
onShow()	Function	生命周期函数——监听页面的显示
onHide()	Function	生命周期函数——监听页面的隐藏
onUnload()	Function	生命周期函数——监听页面的卸载
onPullDownRefresh()	Function	页面相关事件处理函数——监听用户下拉动作
onReachBottom()	Function	页面上拉触底事件的处理函数
onShareAppMessage()	Function	监听用户单击右上角转发动作
onPageScroll()	Function	页面滚动触发事件的处理函数
onResize()	Function	监听页面尺寸改变，通常是因为允许旋转设备横/竖屏导致
onTabItemTap()	Function	若当前是 Tab 页，单击 Tab 时触发
其他	Any	开发者可以添加任意函数或数据到 OBJECT 参数中，在页面的函数中用 this 可以访问

注意：Page()方法只能写在小程序每个页面对应的 JS 文件中，并且每个页面只能注册一个。

在“微信 web 开发者工具”中新建页面时会自动生成页面 JS 文件的 Page()方法。这里以 test 页面为例，创建完成后 test.js 的代码如下：

```
// pages/test/test.js
Page({
  /**
   * 页面的初始数据
   */
  data: {

  },
  /**
   * 生命周期函数——监听页面的加载
   */
  onLoad: function(options) {

  },
  /**
   * 生命周期函数——监听页面初次渲染完成
   */
  onReady: function() {

  },
  /**
   * 生命周期函数——监听页面的显示
   */
  onShow: function() {

  },
  /**
   * 生命周期函数——监听页面的隐藏
   */
  onHide: function() {

  },
  /**
   * 生命周期函数——监听页面的卸载
   */
  onUnload: function() {

  },
  /**
```

```
   * 页面相关事件处理函数——监听用户下拉动作
   */
  onPullDownRefresh: function() {

  },
  /**
   * 页面上拉触底事件的处理函数
   */
  onReachBottom: function() {

  },
  /**
   * 用户单击右上角分享
   */
  onShareAppMessage: function() {

  }
})
```

与 App()方法的函数情况类似，开发者同样可以根据实际情况删除 Page()中不需要的函数，或者保留该函数内部为空白。

除了函数外，Page()同样也支持添加自定义的页面变量，示例代码如下：

```
Page({
  myData: '123',                       //定义页面变量
  onLoad: function(options) {
        console.log(this.myData)  //使用 this 关键字调用页面变量
  },
})
```

其中，变量的名称、取值和数量也都可以由开发者自定义。

1 初始数据

在 Page()方法中默认生成的第一项就是 data 属性，该属性是页面第一次渲染使用的初始数据。当页面加载时，data 将会以 JSON 字符串的形式由逻辑层传至渲染层，因此 data 中的数据必须是可以转成 JSON 的类型，例如字符串、数字、布尔值、对象、数组。渲染层可以通过 WXML 对数据进行绑定。

例如在 data 中放置两个自定义数据，页面 JS 文件的示例代码如下：

```
Page({
  data:{
      msg01: 'Hello',
      msg02: 2018
  }
})
```

对应 WXML 的示例代码如下：

```
<view>{{msg01}} {{msg02}}</view>
```

此时{{msg01}}和{{msg02}}不会显示字面内容，而是会查找 data 中的初始数据，然后显示出“Hello 2018”字样。

2 生命周期回调函数

Page()函数中默认生成的 onLoad()、onShow()、onReady()、onHide()以及 onUnload()均属于页面的生命周期回调函数，具体说明如下。

- onLoad()：格式为 onLoad(Object query)，只在页面加载时触发一次，可以在 onLoad()的参数中获取打开当前页面路径附带的参数。

- onShow()：当页面显示或从小程序后台切入前台时触发。
- onReady()：当页面初次渲染完成时触发。注意，一个页面只会调用一次，代表页面已经准备妥当，可以和视图层进行交互。
- onHide()：当页面隐藏/切入后台时触发，例如 navigateTo 或底部 tab 切换到其他页面，小程序切入后台等。
- onUnload()：当页面卸载时触发，例如 redirectTo 或 navigateBack 到其他页面时。

3 页面事件处理函数

Page()方法中默认生成的 onPullDownRefresh()、onReachBottom()、onShareAppMessage()以及未自动生成的 onPageScroll()、onResize()、onTabItemTap()均属于页面事件处理函数，具体说明如下。

- onPullDownRefresh()：监听用户下拉刷新事件，需要在 app.json 的 window 选项中或页面配置中开启 enablePullDownRefresh。
- onReachBottom()：监听用户上拉触底事件，可以在 app.json 的 window 选项中或页面配置中设置触发距离 onReachBottomDistance。在触发距离内滑动期间，本事件只会被触发一次。
- onPageScroll(OBJECT)：监听用户滑动页面事件。其参数 OBJECT 具有唯一属性 scrollTop，该属性为 Number 类型，表示页面在垂直方向已滚动的距离（单位为 px）。
- onResize(OBJECT)：从小程序基础库版本 2.3.0 与 2.4.0 之后分别开始支持 iPad 版和手机版小程序旋转，并监听旋转后的屏幕尺寸。iPad 版需要在 app.json 中添加 "resizable"：true；手机版需要在 app.json 的 window 段中设置"pageOrientation"："auto"，或在页面 JSON 文件中配置"pageOrientation"："auto"。其参数 OBJECT 具有属性 size，该属性的两个子属性 windowWidth 和 windowHeight 分别用于表示旋转后新的屏幕宽和高。
- onShareAppMessage(OBJECT)：监听用户单击页面内“转发”按钮（<button>按钮组件，其属性值 open-type="share"）或右上角菜单“转发”按钮的行为，并且自定义转发内容。其 OBJECT 参数如表 3-6 所示。

表 3-6　onShareAppMessage()方法的 OBJECT 参数

参　数	类型	说　明	最低版本
from	String	转发事件来源（button：页面内“转发”按钮；menu：右上角“转发”菜单）	1.2.4
target	Object	如果 from 值是 button，则 target 是触发这次转发事件的 button，否则为 undefined	1.2.4
webViewUrl	String	当页面中包含<web-view>组件时返回当前<web-view>的 url	1.6.4

此事件需要返回一个 Object 对象，用于自定义转发内容，返回内容如表 3-7 所示。

表 3-7　onShareAppMessage()方法返回的 Object 对象

字　段	说　明
title	转发标题，默认为当前小程序名称
path	转发路径，默认为当前页面 path，必须是以根目录/开头的完整路径
imageUrl	自定义图片路径，可以是本地文件路径、代码包文件路径或者网络图片路径。其支持 PNG 及 JPG 文件，显示图片的长宽比是 5：4。另外使用默认截图，最低版本为 1.5.0

onShareAppMessage(OBJECT)方法的示例代码如下：

```
Page({
  onShareAppMessage: function(res) {
```

```
3.    if (res.from==='button') {
4.      console.log(res.target)           //页面内"转发"按钮的信息
5.    }
6.    return {
7.      title: '自定义转发标题',
8.      path: '/page/user?id=123'          //自定义转发页面路径
9.    }
10. }
11.})
```

说明：第 8 行引号中的/page/user 是自定义页面地址，id=123 是自定义参数内容。

- onTabItemTap(OBJECT)：单击 Tab 时触发，从基础库 1.9.0 开始支持，低版本需做兼容处理。其 OBJECT 参数如表 3-8 所示。

表 3-8　onTabItemTap()方法的 OBJECT 参数

参　　数	类　　型	说　　明	最低版本
index	String	被单击 tabItem 的序号，从 0 开始	1.9.0
pagePath	String	被单击 tabItem 的页面路径	1.9.0
text	String	被单击 tabItem 的按钮文字	1.9.0

onTabItemTap(OBJECT)方法的示例代码如下：

```
1. Page({
2.   onTabItemTap(item) {
3.     console.log(item.index)
4.     console.log(item.pagePath)
5.     console.log(item.text)
6.   }
7. })
```

4 组件事件处理函数

Page()方法中还可以定义组件事件处理函数，在 WXML 页面的组件上添加事件绑定，当事件被触发时就会主动执行 Page()中对应的事件处理函数。

例如 Tap 就是单击事件，可以使用 bindtap 属性在组件上进行绑定。这里以<button>按钮组件为例，为其绑定单击事件的 WXML 相关代码如下：

```
<button bindtap="btnTap">单击此处</button>
```

在 JS 的 Page()方法中相关代码如下：

```
1. Page({
2.   btnTap: function() {
3.     console.log('按钮被单击。')
4.   }
5. })
```

除了 bindtap 可以绑定单击事件外，还有很多事件，详见 3.2.1 节"WXML"。

5 route

在 Page()方法中可以使用 this.route 查看当前页面的路径地址。例如：

```
1. Page({
2.   onShow: function() {
3.     console.log(this.route)
4.   }
5. })
```

6 setData()

在 Page()方法中，setData()可以用来同步更新 data 属性中的数据值，也能异步更新相关数据到 WXML 页面上。其参数说明如表 3-9 所示。

表 3-9　setData()参数

字　段	类　型	必填	说　　明	最低版本
data	Object	是	要更新的一个或多个数据，格式为{key1:value1, key2:value2,…, keyN:valueN}	
callback	Function	否	setData 引起的界面更新渲染完毕后的回调函数	1.5.0

例如在 Page()的 data 中定义初始数据，JS 文件代码如下：

```
Page({
  data:{
      today: '2023-01-01'
  }
})
```

此时 WXML 页面的{{today}}初始值为 2023-01-01。

为组件追加自定义单击事件 changeData，WXML 页面代码如下：

```
<view bindtap="changeData">{{today}} </view>
```

在 Page()中追加自定义函数 changeData()的具体内容，JS 文件代码如下：

```
Page({
  changeData:function{
      this.setData({today: '2023-09-09'})
  }
})
```

如果用户触发了该组件的单击事件，WXML 中的{{today}}值将立刻更新成 2023-09-09。

setData()方法在使用时不是必须事先在 Page()方法的 data 中定义初始值，可以在 data 数据空白的情况下直接用该方法设置一些新定义的变量。

如果想读取 data 中的数值，可以使用 this.data 的形式。例如，上述代码如果只是想获得当前 today 值，可以用 this.data.today 表示。

3.1.3 生命周期

小程序应用与页面有各自的生命周期函数，它们在使用过程中也会互相影响。

小程序应用生命周期如图 3-3 所示。

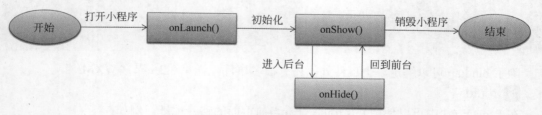

图 3-3　小程序应用生命周期

小程序在被打开时会首先触发 onLaunch()进行程序启动，完成后调用 onShow()准备展示页面，如果被切换进入后台会调用 onHide()，直到下次程序在销毁前重新被唤起会再次调用 onShow()。

小程序页面生命周期如图 3-4 所示。

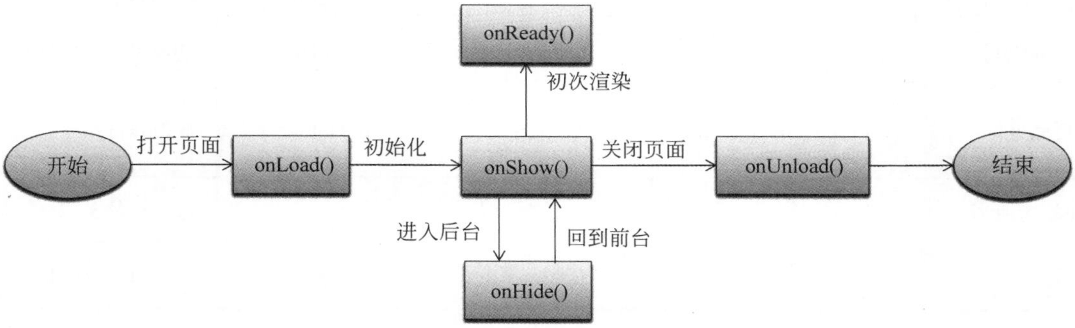

图 3-4　小程序页面生命周期

在小程序应用生命周期调用完 onShow()以后就准备触发小程序页面生命周期了。页面初次打开会依次触发 onLoad()、onShow()、onReady() 这 3 个函数。同样，如果被切换到后台，会调用页面 onHide()，从后台被唤醒会调用页面 onShow()。直到页面关闭会调用 onUnload()，下次打开还会依次触发 onLoad()、onShow()、onReady()这 3 个函数。

需要注意的是，tab 页面的互相切换以及在当前页面上打开一个新页面都不算页面关闭，只是起到了隐藏的作用。这几种情况只会触发 onHide()，回到此页面只触发 onShow()，具体情况见 3.1.4 节“页面路由”。

3.1.4　页面路由

1 页面栈

在小程序中页面之间的路由切换均由框架统一进行管理，框架以栈的形式维护了当前的所有页面。当发生路由切换时，页面栈的表现如表 3-10 所示。

表 3-10　路由方式与页面栈的表现

路 由 方 式	页面栈的表现
初始化	新页面入栈
打开新页面	新页面入栈
页面重定向	当前页面出栈，新页面入栈
页面返回	页面不断出栈，直到目标返回页面
Tab 切换	页面全部出栈，只留下新的 Tab 页面
重加载	页面全部出栈，只留下新的页面

2 获取页面栈

小程序使用 getCurrentPages()方法获取当前页面栈的实例，实例将以数组形式按栈的顺序给出。其中，第一个元素为首页，最后一个元素为当前页面。

3 路由方式

路由方式及页面生命周期函数如表 3-11 所示。

表 3-11　路由方式与页面生命周期函数

路 由 方 式	触 发 时 机	路由前页面	路由后页面
初始化	小程序打开的第一个页面		onLoad()、onShow()
打开新页面	调用 API wx.navigateTo 或使用组件 <navigator open-type="navigateTo"/>	onHide()	onLoad()、onShow()

续表

路由方式	触发时机	路由前页面	路由后页面
页面重定向	调用 API wx.redirectTo 或使用组件 <navigator open-type="redirectTo"/>	onUnload()	onLoad()、onShow()
页面返回	调用 API wx.navigateBack 或使用组件<navigator open-type="navigateBack">或用户单击左上角的“返回”按钮	onUnload()	onShow()
tab 切换	调用 API wx.switchTab 或使用组件<navigator open-type="switchTab"/> 或用户切换 tab		请参考表 3-12
重启	调用 API wx.reLaunch 或使用组件<navigator open-type="reLaunch"/>	onUnload()	onLoad()、onShow()

<navigator>的用法见第 4 章“小程序组件”，API 的用法见第 11 章“界面 API”。

由于 tab 页面的切换情况比较复杂，这里用 A、B、C、D 几个页面举例说明。假设其中 A、B 为 tabBar 页面，C 是从 A 打开的页面，D 是从 C 打开的页面，tab 切换对应的生命周期如表 3-12 所示。

表 3-12 tab 切换对应的生命周期函数

当前页面	路由后页面	触发的生命周期（按顺序）
A	A	不触发任何内容
A	B	A.onHide()、B.onLoad()、B.onShow()
A	B（再次打开）	A.onHide()、B.onShow()
C	A	C.onUnload()、A.onShow()
C	B	C.onUnload()、B.onLoad()、B.onShow()
D	B	D.onUnload()、C.onUnload()、B.onLoad()、B.onShow()
D（从转发进入）	A	D.onUnload()、A.onLoad()、A.onShow()
D（从转发进入）	B	D.onUnload()、B.onLoad()、B.onShow()

3.1.5 模块化

1 文件的作用域

在小程序的任意 JS 文件中声明的变量和函数只在该文件中有效，不同的 JS 文件中可以声明相同名字的变量和函数，不会互相影响。

如果需要跨页面进行数据共享，可以在 app.js 中定义全局变量，然后在其他 JS 文件中使用 getApp()获取和更新。例如在 app.js 中设置全局变量 msg，代码如下：

```
App({
  globalData: {
    msg: ' Goodbye 2018'  //这是一个全局变量
  }
})
```

假设在 test.js 文件中希望修改全局变量 msg 的值，代码如下：

```
var app=getApp()
app.globalData.msg='Hello 2019'      //全局变量被更新
```

此时在任意其他 JS 文件中再读取 msg 的值都会是更新后的内容。

2 模块的调用

小程序支持将一些公共 JavaScript 代码放在一个单独的 JS 文件中，作为一个公共模块，可以被其他 JS 文件调用。注意，模块只能通过 module.exports 或者 exports 对外提供接口。

例如在根目录下新建 utils 文件夹并创建公共 JS 文件 common.js，代码如下：

```
function sayHello(name) {
  console.log(`Hello ${name} !`)   //或 console.log('Hello '+name+' !')
}
function sayGoodbye(name) {
  console.log(`Goodbye ${name} !`) //或 console.log('Goodbye '+name+' !')
}
module.exports = {
   sayHello: sayHello,
   sayGoodbye: sayGoodbye
}
```

上述代码创建了两个自定义函数，即 sayHello()和 sayGoodbye()，且都带有参数 name。需要注意的是，不提倡将 module.exports 直接简写为 exports，因为 exports 是 module.exports 的一个引用，在模块中随意更改 exports 的指向会造成未知错误。

在页面 JS 中使用 require 引用 common.js 文件，此时可以调用其中的函数，代码如下：

```
var common=require('../../utils/common.js')      //目前暂时不支持绝对路径地址
Page({
  hello: function() {
    common.sayHello('2019')
  },
  goodbye: function() {
    common.sayGoodbye('2018')
  }
})
```

3.1.6 基础功能

1 console 调试常用方法

在微信开发者工具中可以使用全局对象 console 在调试器中的 Console 面板上打印输出日志内容。

在快速调试时前端程序员常用的是 console.log()命令，用于输出普通日志信息。

例如，在 index.js 文件的 onLoad 函数中添加 console.log()命令代码如下：

```
Page({
  /**
   * 生命周期函数——监听页面加载
   */
  onLoad: function (options) {
    console.log('Hello World!')
  }
})
```

运行后如图 3-5 所示。

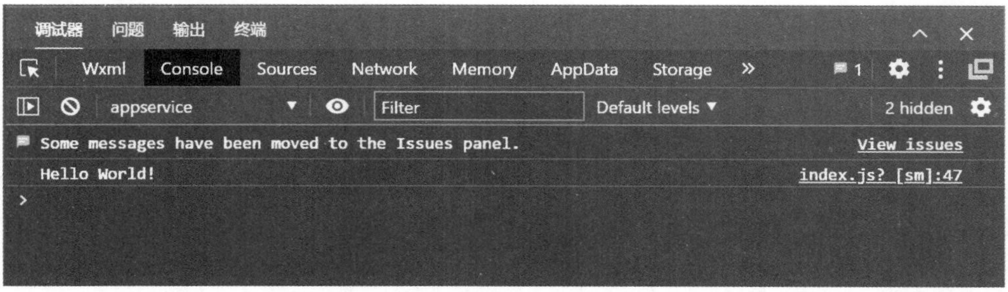

图 3-5 调试器 Console 面板输出 log 日志

除了 console.log()外，还有以下这些用于显示信息的命令：

```
console.info('info:显示提示日志')
console.warn('warn:显示警告日志')
console.error('error:显示错误日志')
```

同样写到 onLoad 函数中保存并运行后如图 3-6 所示。

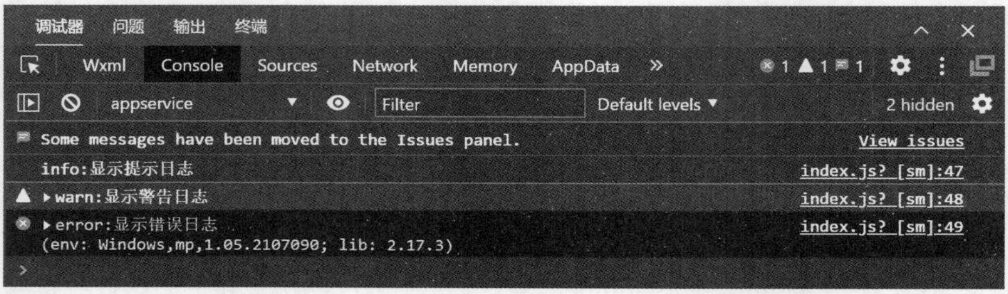

图 3-6　调试器 Console 面板输出 info、warn 和 error 日志

还可以使用百分号%加字母形成点位符的形式对数据进行格式化，例如%s（字符串）、%d 或%i（整数）、%f（浮点数）、%o（对象）等。用法示例如下：

```
//%s 格式化为字符串
console.log('张三的生日是%s 月%s 日', 9, 10)
//%d 或%i 格式化为整数（去尾法）
console.log('3.14 取整后变成：%d', 3.14)
//%f 格式化为浮点数
console.log('圆周率是：%f', Math.PI)
//%o 格式化为对象
let stu = {}
stu.ID = '1001'
stu.name = '张三'
console.log('学生信息是：%o', stu)
```

运行后如图 3-7 所示。

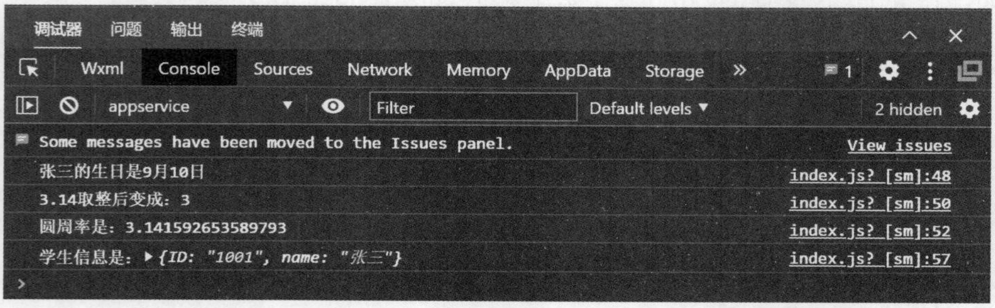

图 3-7　调试器 Console 面板输出 log 格式化日志

如果需要一次性输出较多内容，可以使用 group 和 groupEnd 命令进行分组显示。用法示例如下：

```
console.group("第 1 组信息");
console.log("第 1 组第 1 条：微信小程序开发零基础入门");
console.log("第 1 组第 2 条：微信小程序开发实战-微课视频版");
console.groupEnd();

console.group("第 2 组信息");
console.log("第 2 组第 1 条：HTML5 网页前端设计");
```

```
console.log("第 2 组第 2 条：HTML5 网页前端设计实战");
console.groupEnd();
```

运行后如图 3-8 所示。

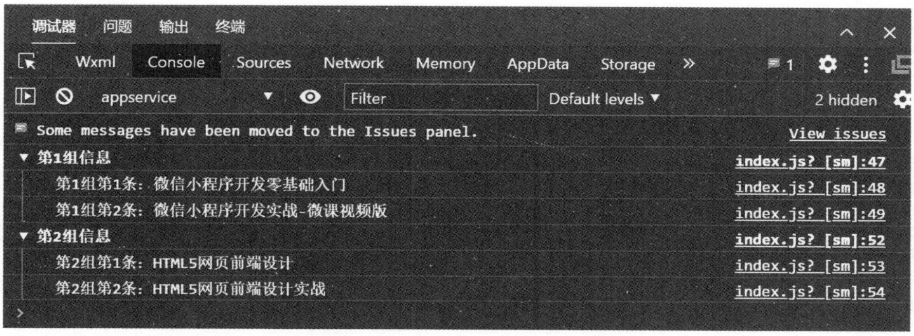

图 3-8　调试器 Console 面板输出 group 分组日志

注意：微信官方提示 group 系列命令仅在微信开发者工具中有效，在真机调试的 vConsole 面板中为空函数。

实际上，Console 调试时还有一个 debug 命令可用，但需要把 Console 面板的日志等级 Default levels 展开，选中 Verbose 选项，使等级变成 All levels 方可显示。

例如在显示 All levels 状态时尝试输出 console.debug('Hello')命令，运行后如图 3-9 所示。

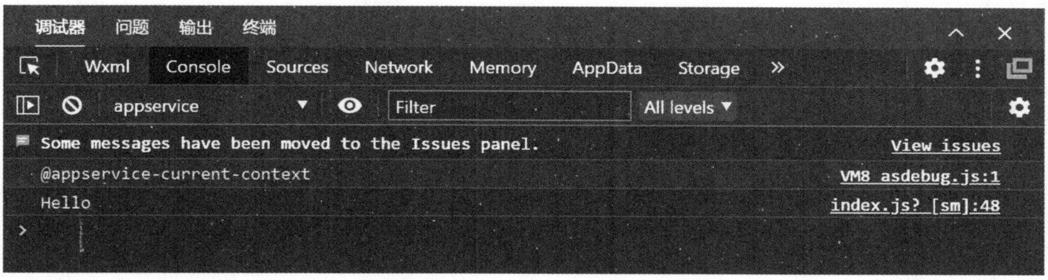

图 3-9　调试器 Console 面板输出 debug 日志

2 定时器常用方法

在小程序中允许使用 setTimeout 和 setInterval 两款定时器，可以规定延时到指定的时间之后才执行某个操作。不同之处在于 setTimeout 只执行一次，而 setInterval 会一直循环执行。其语法结构如下：

```
setTimeout(function(){…}, time)
setInterval(function(){…}, time)
```

其中，time 处填入时间（单位：毫秒），1000 毫秒=1 秒。

例如：

```
//3 秒（3000 毫秒）后在 Console 面板输出 log 日志
setTimeout(function(){
  console.log('Hello')
},3000)

//每隔 3 秒（3000 毫秒）都在 Console 面板输出 log 日志
setInterval(function(){
  console.log('Hello')
},3000)
```

开发者可以根据是只执行一次还是重复执行来选用对应的定时器。

如果需要执行的操作内容比较多，也可以封装成自定义函数后被定时器调用。在页面的 JS 文件中封装的自定义函数可以写在文件顶部也可以写在 Page()注册页面函数内部，二者在定时器中的调用方式不同。

例如在 index.js 中有自定义函数 test1()在文件顶部，在 onLoad 函数中使用定时器调用：

```
//index.js
/**
 * 自定义函数（Page 函数外部）——测试定时器用法
 */
function test1() {
  console.log('Hello, this is test1')
}

Page({
  /**
   * 生命周期函数——监听页面加载
   */
  onLoad: function (options) {
    //调用 test1
    setTimeout(function () {
      test1()
    }, 3000)
  },
  …
})
```

由上述代码可见，外部函数可以直接用“函数名()”的形式在定时器中调用。

例如在 index.js 中另有自定义函数 test2()在 Page()注册页面函数内部，在 onLoad 函数中使用定时器调用：

```
//index.js
Page({
  /**
   * 自定义函数（Page 函数内部）——测试定时器用法
   */
  test2: function () {
    console.log('Hello, this is test2')
  },

  /**
   * 生命周期函数——监听页面加载
   */
  onLoad: function (options) {
    //调用 test2
    var that = this
    setTimeout(function () {
      that.test2()
    }, 3000)
  },
  …
})
```

Page()内部的自定义函数需要用“this.函数名()”的方式调用，由于定时器这里的 function 会混淆 this 的指代导致报错，所以先声明别名 var that=this 然后再使用“that.函数名()”调用即可。

如果不想使用别名 that，也可以将上述代码中的定时器部分改写如下：

```
/**
 * 生命周期函数——监听页面加载
 */
onLoad: function (options) {
  //调用 test2 方法 2
  setTimeout( ()=> {
    this.test2()
  }, 3000)
},
```

上述代码去掉了关键词 function 改用()=>的表达方式，就不会存在 this 的指代问题了。

在定时器执行的过程中，可以使用 clearTimeout 或 clearInterval 取消对应的定时器。

以 clearInterval 为例，点击按钮时停止定时器：

```
//index.js
let dsqID=null; //声明定时器 ID

Page({
  /**
   * 自定义函数（Page 函数内部）——测试定时器用法
   */
  test: function () {
    console.log('Hello')
  },

  /**
   * 自定义函数——停止定时器
   */
  stopDsq: function () {
    clearInterval(dsqID)
  },

  /**
   * 生命周期函数——监听页面加载
   */
  onLoad: function (options) {
    //调用 test
    dsqID = setInterval( ()=> {
      this.test()
    }, 3000)
  },
  …
})
```

然后在 index.wxml 页面为按钮配上点击事件，参考代码如下：

```
<!--index.wxml-->
<button bindtap="stopDsq">点击停止定时器</button>
```

clearTimeout()用法和上述代码类似，将其中所有的 Interval 替换成 Timeout 即可，只要在操作还没开始执行之前点击就可以停止当前的定时器了。

3.1.7 API

小程序开发框架提供丰富的微信原生 API 接口，可以方便地调用微信提供的功能，例如获取用户信息、本地存储、地理定位等。常用的 API 如下。

- 网络：实现小程序与服务器端的网络交互。
- 媒体：实现图片、录音、音/视频和相机管理。
- 文件：实现临时文件和本地文件的管理。

- 数据：实现小程序本地数据的缓存。
- 位置：使用小程序获取地理位置和控制地图组件。
- 设备：获得手机内存、网络、传感器、扫码、剪贴板、振动等功能。
- 界面：实现交互反馈、导航条设置、页面导航、动画等功能。
- 画布：实现在小程序中绘制图形、文本、图片，可以设置颜色、阴影、填充样式、对画布进行保存和恢复、变形与剪裁，以及对整个画布进行图片导出等功能。

这些 API 及其相关标签会在后续章节陆续介绍。

3.2 视图层

视图层主要负责视图的显示，WXML 页面、WXSS 样式表和组件都是视图层的内容。

3.2.1 WXML

WXML 的全称是 WeiXin Markup Language（微信标记语言），类似于 HTML，也是一种使用<标签>和</标签>构建页面结构的语言。

WXML 具有数据绑定、列表渲染、条件渲染、模板、事件和引用的功能。

1 数据绑定

1）简单绑定

在 WXML 页面中可以使用{{变量名}}的形式表示动态数据。例如：

```
<view>{{msg}}<view>
```

此时 WXML 页面上不会显示 msg 这个词，而是会显示这个变量对应的值。动态数据的值都来自 JS 文件的 data 属性中的同名变量。例如：

```
Page({
  data: {
    msg: '你好！'
  }
})
```

上述代码会把“你好！”渲染到 WXML 页面上{{msg}}出现的地方。

2）组件属性绑定

组件的属性也可以使用动态数据，例如组件的 id、class 等属性值。

WXML 页面的相关代码如下：

```
<view id='{{id}}'>测试</view>
```

JS 文件的相关代码如下：

```
Page({
  data: {
    id: 'myView'
  }
})
```

3）控制属性绑定

控制属性也可以使用动态数据，但必须在引号内。

WXML 页面的相关代码如下：

```
<view wx:if='{{condition}}'>测试</view>
```

JS 文件的相关代码如下：

```
Page({
  data: {
    condition: false
  }
})
```

上述代码表示测试组件不被显示出来。

4）关键字绑定

如果直接在引号内写布尔值，也必须用双花括号括起来，例如：

```
<view wx:if='{{false}}'>测试 1</view>
<view wx:if='{{true}}'>测试 2</view>
```

注意：不可以去掉双花括号直接写成 wx:if='false'，此时 false 会被认为是一个字符串，转换为布尔值后表示 true。

5）运算绑定

在双花括号内部还可以进行简单的运算，其支持的运算有三元运算、算术运算、逻辑判断、字符串运算和数据路径运算。

三元运算的示例代码如下：

```
<!--WXML 页面代码-->
<view hidden='{{result ? true: false}}'>该组件将被隐藏</view>
```

```
//JS 文件代码
Page({
    data: {
      result: true
    }
})
```

算术运算的示例代码如下：

```
<!--WXML 页面代码-->
<view> {{a + b}} + {{c}} + d </view>          <!--显示的结果是 3+3+d-->
```

```
//JS 文件代码
Page({
    data: {
      a:1, b:2, c:3
    }
})
```

双花括号内的 a+b 会进行算术运算，但是注意括号外面的“+”号会原封不动地显示出来，不起任何算术运算作用。

逻辑判断的示例代码如下：

```
<!--WXML 页面代码-->
<view wx:if="{{x > 5}}">该组件将被显示</view>
```

```
//JS 文件代码
Page({
    data: {
      x: 99
    }
})
```

此时，判断 x>5 返回 true，因此 wx:if 条件成立。

字符串运算的示例代码如下：

```
<!--WXML 页面代码-->
<view> {{'你好'+name}}</view>                <!--显示的结果是“你好小程序”-->

//JS 文件代码
Page({
   data: {
     name: '小程序'
   }
})
```

此时，双花括号中的“+”号起到了连接前后字符串的作用。

数据路径运算的示例代码如下：

```
<!--WXML 页面代码-->
<view>{{object.key1}} {{array[1]}}</view>   <!--显示的结果是 Hello 2019-->

//JS 文件代码
Page({
   data: {
     object: {
       key1: 'Hello ',
       key2: 'Goodbye '
     },
     array: ['2018', '2019', '2020']
   }
})
```

6）组合绑定

用户还可以在双花括号内直接进行变量和值的组合，构成新的对象或者数组。

数组组合的示例代码如下：

```
<!--WXML 页面代码-->
<view wx:for='{{[1,2,x,4]}}'>{{item}}</view>  <!--最终组合成数组[1, 2, 3, 4]-->

//JS 文件代码
Page({
   data: {
     x:3
   }
})
```

上述代码中的 x 会被替换成数字 3，从而形成数组[1,2,3,4]。

对象组合的示例代码如下：

```
<!--WXML 页面代码-->
<template  is="test"  data="{{username:  value1,  password:  value2}}">
</template>

//JS 文件代码
Page({
   data: {
     value1 : 'admin',
     value2 : '123456'
   }
})
```

上述代码最终会组合出对象{username: 'admin', password: '123456'}。其中，WXML 代码部分使用了<template>标签，该标签可以用于定义模板。

用户也可以使用“…”符号将对象内容展开显示，示例代码如下：

```
<!--WXML 页面代码-->
<template is="test" data="{{…student, gender: 2}}"></template>
```

```
//JS 文件代码
Page({
    data: {
        student: {
            stuID: '123',
            stuName: '张三'
        }
    }
})
```

上述代码最终会组合出对象{ stuID:'123', stuName:'张三', gender: 2}。

如果对象中元素的 key 和 value 名称相同，可以省略表达。示例代码如下：

```
<!--WXML 页面代码-->
<template is="test" data="{{x, y}}"></template>    <!--{{x:x, y:y}}的简写形式-->
```

```
//JS 文件代码
Page({
    data: {
        x: '123',
        y: '456'
    }
})
```

上述代码最终会组合出对象{x: '123', y: '456'}。以上几种方式可以随意组合。

如果存在相同的 key 名称，后者会覆盖前者的内容。示例代码如下：

```
<!--WXML 页面代码-->
<template is="test" data="{{…obj, y, z: 3}}"></template>
```

```
1. //JS 文件代码
2. Page({
3.     data: {
4.         obj: {
5.            x:1,
6.            y:2
7.         }
8.         y:6  //这里与第 6 行存在相同的 key 名称 y，将覆盖前者的值
9.     }
10.})
```

上述代码最终会组合出对象{x:1, y:6, z:3}。

2 列表渲染

1）简单列表

小程序在组件上使用 wx:for 属性实现列表渲染，即同一个组件批量出现多次，内容可以不同。其原理是使用 wx:for 绑定一个数组，然后就可以自动用数据中的每个元素依次渲染该组件，形成批量效果。例如：

```
<!--WXML-->
<view wx:for='{{array}}'>学生{{index}}: {{item}}</view>
```

```
//JS 文件代码
Page({
    data:{
        array:[ '张三', '李四', '王五']
    }
})
```

运行结果等同于：

```
<view>学生 0：张三</view>
<view>学生 1：李四</view>
<view>学生 2：王五</view>
```

在以上代码中，index 是数组当前项下标默认的变量名，item 是数组当前项默认的变量名。

用户也可以使用 wx:for-item 和 wx:for-index 自定义当前元素和下标的变量名。将上面示例代码的 WXML 部分修改如下：

```
<view wx:for='{{array}}' wx:for-index='stuID' wx:for-item='stuName'>
     学生{{stuID}}：{{stuName}}
</view>
```

能得到完全一样的运行结果。

需要注意的是，wx:for 引号中数组的双花括号不可以没有，如果直接填写数组变量名会被拆解为字符的形式。例如：

```
<view wx:for='array'>学生{{index}}：{{item}}</view> <!--array 会被拆解为'a','r', 'r', 'a', 'y'-->
```

运行结果等同于：

```
<view>学生 0：a</view>
<view>学生 1：r</view>
<view>学生 2：r</view>
<view>学生 3：a</view>
<view>学生 4：y</view>
```

显然这不是预期效果。

2）嵌套列表

wx:for 还可以嵌套出现，例如九九乘法口诀表的代码如下：

```
<!--WXML-->
<view wx:for="{{array}}" wx:for-item="i">
  <view wx:for="{{array}}" wx:for-item="j">
    <view wx:if="{{i <= j}}">
      {{i}} * {{j}}={{i * j}}
    </view>
  </view>
</view>

//JS 文件代码
Page({
    data:{
        array:[1, 2, 3, 4, 5, 6, 7, 8, 9]
    }
})
```

3）多节点列表

用户可以将 wx:for 用在<block>标签上，以渲染一个包含多节点的结构块。例如：

```
<block wx:for="{{[ '张三', '李四', '王五']}}">  <!--数组也可以直接写在 wx:for 中-->
  <view> 学号：{{index}} </view>
  <view> 姓名：{{item}} </view>
</block>
```

运行结果等同于：

```
  <view> 学号：0 </view>
  <view> 姓名：张三 </view>
  <view> 学号：1 </view>
```

```
    <view> 姓名：李四 </view>
    <view> 学号：2 </view>
    <view> 姓名：王五 </view>
```

注意：<block>并不是一个组件，它仅仅是一个包装元素，不会在页面中做任何渲染。

4）wx:key 属性

前面使用 wx:for 的示例均会在 Console 控制台得到一个 warning 提示，如图 3-10 所示。

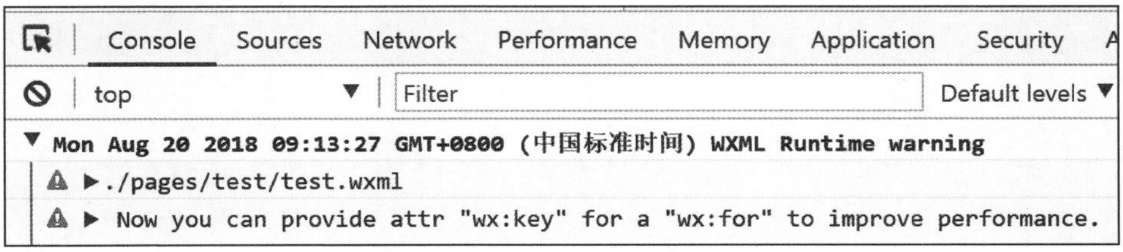

图 3-10　Console 控制台的 warning 提示

上述提示的大致内容是建议用户使用 wx:key 属性提高 wx:for 的性能表现。

这是由于如果列表中的项目位置动态改变或者有新的项目添加到列表中，可能导致列表乱序。如果用户明确地知道该列表是静态的或者顺序不重要，可以选择忽略该提示。

若要避免乱序的情况或不想看到该提示，可以使用 wx:key 属性指定列表中的项目唯一标识符。wx:key 的值以下面两种形式提供。

- 字符串：代表在 wx:for 循环数组中的一个项目属性，该属性值应是列表中唯一的字符串或数字，且不能动态改变。
- 保留关键字*this：代表在 wx:for 循环中的项目本身，这种表示需要项目本身是唯一的字符串或者数字。

这里以循环内容是一个对象（Object）数组为例，代码如下：

```
students:[
  {stuNo:”101”,name:”张三”},
  {stuNo:”102”,name:”李四”},
  {stuNo:”103”,name:”王五”}
]
```

其中，students 为数组自定义名称，里面共有 3 个对象。每个对象里面又包含两个属性：stuNo 和 name，分别表示该对象的学号和姓名。

此时就可以使用具有唯一性的学号 stuNo 属性来作为 wx:key 的值，相关代码如下：

```
<view wx:for="{{students}}" wx:key="stuNo">
  <view>学生{{index}}: {{item.name}} </view>
</view>
```

其中，{{index}}表示当前序号（从 0 开始计数，每循环 1 次增加 1），{{item}}表示当前循环到的元素本身，那么{{item.name}}表示当前元素的 name 属性值。

运行结果等同于：

```
<view>学生 0：张三</view>  <!--wx:key="101"-->
<view>学生 1：李四</view>  <!--wx:key="102"-->
<view>学生 2：王五</view>  <!--wx:key="103"-->
```

注意：如果循环数组是一个简单内容，例如 array:[1,2,3,4,5]，那么改成 wx:key="*this" 也是可以的，代表在 for 循环中的 item 本身。

当数据改变导致页面被重新渲染时会自动校正带有key的组件，以确保项目被正确排序并且提高列表渲染时的效率。

3 条件渲染

1）简单条件

在小程序框架中使用wx:if="{{condition}}"判断是否需要渲染该代码块。例如：

```
<!--WXML-->
<view wx:if="{{condition}}">测试组件</view>
```

```
//JS 文件代码
Page({
    data:{
        condition: true
    }
})
```

上述代码表示测试组件可以被显示出来，如果condition的值为false，则该组件无法显示。

用户也可以组合使用0～N个wx:elif加上一个wx:else添加其他条件，代码如下：

```
<!--WXML-->
<view wx:if="{{x > 5}}"> A </view>
<view wx:elif="{{x > 2}}"> B </view>
<view wx:else> C </view>
```

```
//JS 文件代码
Page({
    data:{
        x: 3
    }
})
```

由于$x>5$不成立，A组件不被显示；$x>2$成立，B组件被显示并且直接忽略C组件。

2）多节点条件

如果要一次性判断多个组件标签，可以使用<block>标签将多个组件包装起来，并在<block>上使用wx:if控制属性。例如：

```
<block wx:if="{{true}}">
  <view> view1 </view>
  <view> view2 </view>
</block>
```

此时可以同时控制view1和view2的显示与隐藏。

3）wx:if与hidden

读者通过学习可以发现，wx:if和hidden属性都可以规定组件的显示和隐藏效果。这两种属性的对比如表3-13所示。

表3-13　wx:if与hidden属性的对比

属性	取　值	渲　染	消　耗
wx:if	布尔值，true为显示，false为隐藏	wx:if是惰性的，如果初始渲染条件为false，框架什么也不做，在条件第一次变成true时才开始局部渲染	更高的切换消耗
hidden	布尔值，true为隐藏，false为显示	无论条件是true还是false，初始都会被渲染，只是简单地控制显示与隐藏	更高的初始渲染消耗

综上所述，如果需要频繁地切换组件，用hidden更好；如果在运行时条件很少发生改变，则用wx:if更好。开发者可以根据实际需要选择其中一种属性或两种组合使用。

4 模板

小程序框架允许在 WXML 文件中提供模板（template），模板可以用于定义代码片段，然后在不同的页面被重复调用。

1）定义模板

小程序使用<template>在 WXML 文件中定义代码片段作为模板使用，每个<template>都使用 name 属性自定义模板名称。例如：

```
<template name="myTemp">
  <view>
    <text> Name: {{name}} </text>
    <text> Age: {{age}} </text>
  </view>
</template>
```

上述代码表示制作了一个名称为 myTemp 的模板，该模板包含了一个<view>组件，其内部带有两个<text>组件，分别用于表示姓名和年龄，其中 name 和 age 可以动态变化。

2）使用模板

在新的 WXML 页面继续使用<template>标签就可以引用模板内容了，引用的<template>标签必须带有 is 属性，该属性值用于指定正确的模板名称才能成功引用，然后使用 data 属性将模板所需要的数据值传入。例如：

```
<!--WXML-->
<template is="myTemp" data="{{…student}}"/>
```

```
//JS 文件代码
Page({
    data:{
        student: {
            name: '张三',
            age: 20
        }
    }
})
```

模板拥有自己的作用域，只能使用 data 传入的数据。上述代码表示引用 name 为 myTemp 的模板，并且姓名和年龄分别更新为张三和 20。

5 事件

事件是视图层到逻辑层的通信方式，有以下特点：

- 可以将用户的行为反馈到逻辑层进行处理；
- 可以绑定在组件上，当触发事件时就会执行逻辑层中对应的事件处理函数；
- 对象可以携带额外信息，例如 id、dataset、touches。

1）事件的使用方式

首先需要在 WXML 页面为组件绑定一个事件处理函数，例如：

```
<button id="myBtn" bindtap="myTap" data-my="hello">按钮组件</button>
```

上述代码表示为按钮绑定了一个触摸单击事件，用手指触摸后将执行自定义函数 myTap()。其中，data-*为事件附加属性，可以由用户自定义或省略不写。

然后必须在对应的 JS 文件中添加同名函数，若函数不存在，则会在触发时报错。例如：

```
Page({
    myTap:function(e){    //myTap:function(e)也可以简写为 myTap(e)
        console.log(e)    //打印输出事件对象
    }
})
```

运行代码，然后触摸单击该按钮，Console 控制台输出的内容如图 3-11 所示。

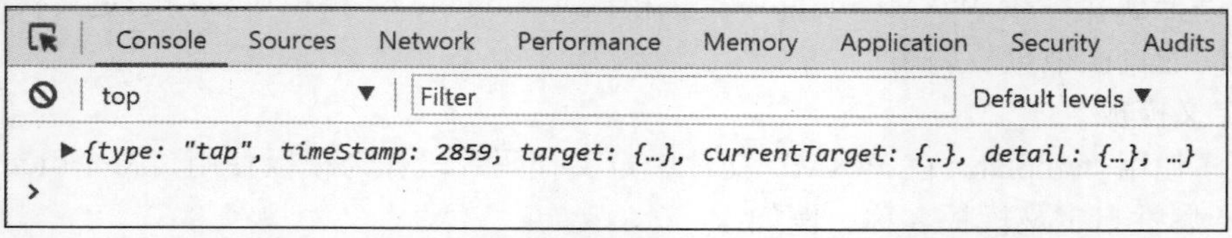

图 3-11　触发 tap 事件时 Console 控制台输出的内容

展开输出内容前面的箭头可以查看详情，整理后节选信息如下：

```
{
  type:"tap",
  timeStamp:2859,
  currentTarget: {
    id: "myBtn",
    dataset:  {
      my:"hello"
    }
  },
  detail: {x: 214, y: 17.5},
  touches:[{
    identifier:0,
    pageX:214,
    pageY:17.5,
    clientX:214,
    clientY:17.5
  }]
}
```

由此可见输出的事件对象包含了按钮的 id 名称、附属的 data-my 属性值、坐标位置、事件类型等信息。例如，想获得 data-my 中的数据值，可以描述为 e.currentTarget.dataset.my，开发者可以利用这些信息进行后续的代码编写。

2）事件的分类

事件分为冒泡事件和非冒泡事件。

- 冒泡事件：当一个组件上的事件被触发后，该事件会向父节点传递。
- 非冒泡事件：当一个组件上的事件被触发后，该事件不会向父节点传递。

WXML 中支持的冒泡事件如表 3-14 所示。

表 3-14　WXML 中支持的冒泡事件

类　型	触 发 条 件
touchstart	手指触摸动作开始
touchmove	手指触摸后移动
touchcancel	手指触摸动作被打断，例如来电提醒、弹窗
touchend	手指触摸动作结束
tap	手指触摸后马上离开
longpress	手指触摸后超过 350ms 再离开，如果指定了事件回调函数并触发了这个事件，tap 事件将不被触发（最低版本为 1.5.0）
longtap	手指触摸后超过 350ms 再离开（推荐使用 longpress 事件代替）
transitionend	会在 WXSS transition 或 wx.createAnimation 动画结束后触发
animationstart	会在一个 WXSS animation 动画开始时触发
animationiteration	会在一个 WXSS animation 一次迭代结束时触发
animationend	会在一个 WXSS animation 动画完成时触发
touchforcechange	在支持 3D Touch 的 iPhone 设备上重按时会触发（最低版本为 1.9.90）

注意：除了表 3-14 之外的其他组件自定义事件，如无特殊声明，都是非冒泡事件，例如表单<form>的提交事件、输入框<input>的输入事件等，详见第 4 章“小程序组件”。

3）事件绑定和冒泡

事件绑定的写法与组件的属性描述相同，均是以 key=value 的形式，说明如下。

- key：以 bind 或 catch 开头，后面跟事件的类型，例如 bindtap、catchtouchstart。自基础库版本 1.5.0 起，bind 和 catch 后可以紧跟一个冒号，其含义不变，例如 bind:tap、catch:touchstart。
- value：一个字符串，需要在对应的 Page 中定义同名的函数。

bind 事件和 catch 事件的区别是：bind 事件绑定不会阻止冒泡事件向上冒泡；catch 事件绑定可以阻止冒泡事件向上冒泡。

例如有 3 个<view>组件 A、B、C，其中 A 包含 B、B 包含 C，代码如下：

```
<view id="A" bindtap="tap1">  <!--冒泡事件，但没有父节点了，不传递-->
  View A
  <view id="B" catchtap="tap2">  <!--阻止了冒泡事件，不传递给父节点 View A-->
    View B
    <view id="C" bindtap="tap3">  <!--冒泡事件，传递给父节点 View B-->
      View C
    </view>
  </view>
</view>
```

此时单击 C 组件会触发 tap3，然后 tap 事件会向上冒泡至父节点 View B 导致触发 tap2，但由于 B 组件使用的是 catchtap，所以阻止了 tap 事件继续冒泡；单击 B 组件会触发 tap2；单击 A 组件会触发 tap1。

4）事件的捕获阶段

自基础库版本 1.5.0 起，触摸类事件支持捕获阶段，可以在组件的冒泡事件被触发之前进行事件的捕获，使其无法冒泡。捕获阶段事件的顺序与冒泡阶段完全相反，是由外向内进行捕获。

事件捕获的写法是 capture-bind（或 capture-catch）:key=value 的形式，说明如下。

- capture-bind：在冒泡阶段之前捕获事件。
- capture-catch：在冒泡阶段之前捕获事件，并且取消冒泡阶段和中断捕获。
- key：事件的类型，例如 tap、touchstart 等，但只能是触摸类事件。
- value：一个字符串，需要在对应的 Page 中定义同名的函数。

例如有两个<view>组件 A 和 B，其中 A 包含 B，代码如下：

```
1. <view id="A" bindtap="tap1" capture-bind:tap="tap2">
2.   View A
3.   <view id="B" bindtap="tap3" capture-bind:tap="tap4">
4.     View B
5.   </view>
6. </view>
```

单击组件 B 会先后调用 tap2、tap4、tap3 和 tap1。这是由于捕获优先级大于冒泡，且由外向内，所以会首先触发 tap2，然后是 tap4。捕获阶段结束后由内向外触发冒泡事件，因此接着触发的是 tap3，最后是 tap1。

注意：若把上述代码中第 1 行的 capture-bind 替换为 capture-catch，则只会触发 tap2，然后捕获被中断，冒泡阶段也被取消。

5）事件对象详解

事件对象可以分为基础事件（BaseEvent）、自定义事件（CustomEvent）和触摸事件（TouchEvent）。事件对象所包含的具体属性如表 3-15 所示。

表 3-15　事件参数

基础事件（BaseEvent）对象属性列表		
属　性	类　型	说　明
type	String	事件类型
timeStamp	Integer	事件生成时的时间戳
target	Object	触发事件的组件的一些属性值集合
currentTarget	Object	当前组件的一些属性值集合
自定义事件（CustomEvent）对象属性列表（继承 BaseEvent）		
属　性	类　型	说　明
detail	Object	额外的信息
触摸事件（TouchEvent）对象属性列表（继承 BaseEvent）		
属　性	类　型	说　明
touches	Array	触摸事件，当前停留在屏幕中的触摸点信息的数组
changedTouches	Array	触摸事件，当前变化的触摸点信息的数组

注意：<canvas>组件中的触摸事件不可以冒泡，所以没有 currentTarget 属性。

基础事件对象中的 target 和 currentTarget 属性包含的参数相同，如表 3-16 所示。

表 3-16　target 和 currentTarget 参数

属　性	类　型	说　明
id	String	当前组件的 ID
tagName	String	当前组件的类型
dataset	Object	当前组件上由 data-开头的自定义属性组成的集合

其中，dataset 只能接受 data-*的传递形式，例如：

```
<button bindtap="myTap" data-test="hello">按钮组件</button>
```

触发事件后 dataset 所获得的集合就是{test: "hello"}。

如果描述多个词用连字符（-）连接，会被强制转换为驼峰标记法（又称为 Camel 标记法，特点是第一个单词全部小写，后面每个单词只有首字母大写），例如：

```
<button bindtap="myTap" data-my-test="hello">按钮组件</button>
```

触发事件后 dataset 获得的集合就是{myTest: "hello"}。

如果同一个词里面有大写字母，会被强制转换为小写字母，例如：

```
<button bindtap="myTap" data-myTest="hello">按钮组件</button>
```

触发事件后 dataset 获得的集合就是{mytest: "hello"}。

自定义事件对象中的 detail 属性用于携带数据，不同的组件携带的 detail 有所差异。例如表单组件的提交事件会携带用户的输入，媒体的错误事件会携带错误信息等，具体用法详见第 4 章。

触摸事件对象的 touches 是一个数组，其中每一个元素都是一个单独的 touch 对象，表示当前停留在屏幕上的触摸点，属性如表 3-17 所示。

表 3-17　touch 对象参数

属　性	类　型	说　明
identifier	Number	触摸点的标识符
pageX, pageY	Number	距离文档左上角的距离，文档的左上角为原点，横向为 X 轴，纵向为 Y 轴
clientX, clientY	Number	距离页面可显示区域（屏幕除去导航条）左上角的距离，横向为 X 轴，纵向为 Y 轴

canvas 触摸事件中携带的 touches 是 CanvasTouch 对象形成的数组，属性如表 3-18 所示。

表 3-18　CanvasTouch 对象参数

属　性	类　型	说　明
identifier	Number	触摸点的标识符
x, y	Number	距离 Canvas 左上角的距离，Canvas 的左上角为原点，横向为 X 轴，纵向为 Y 轴

changedTouches 属性与 touches 完全相同，表示有变化的触摸点，例如从无变有（touchstart）、位置变化（touchmove）、从有变无（touchend、touchcancel）。

6 引用

WXML 提供了 import 和 include 两种文件引用方式。

1）import

小程序可以使用<template>标签在目标文件中事先定义好模板，然后在当前页面使用<import>标签引用<template>中的内容。

例如，在 tmpl.wxml 文件中使用<template>定义一个名称为 tmpl01 的模板：

```
<template name="tmpl01">
  <text>{{text}}</text>
</template>
```

然后在首页 index.wxml 中使用<import>引用 tmpl.wxml，就可以使用 tmpl01 模板：

```
<import src="tmpl.wxml"/>
<template is="tmpl01" data="{{text: 'hello'}}"/>
```

此时等同于在 index.wxml 中显示了：

```
<text>hello</text>
```

需要注意的是，<import>有作用域的概念，即只会引用目标文件自己定义的 template，而不会引用目标文件里面用<import>引用的第三方模板。

假设有 A、B、C 3 个页面，其中 B import A，且 C import B，那么 B 页面可以使用 A 页面定义的<template>模板，C 页面可以使用 B 页面定义的<template>模板，但是 C 页面不可以使用 A 页面定义的<template>模板，即使该模板已经被 B 页面引用。

A 页面 a.wxml 的代码如下：

```
<template name="A">
  <text> A 页面模板</text>
</template>
```

B 页面 b.wxml 的代码如下：

```
<import src="a.wxml"/>
<template name="B">
  <text> B 页面模板</text>
</template>
```

C 页面 c.wxml 的代码如下：

```
1. <import src="b.wxml"/>
2. <template is="A"/>  <!-- 引用模板失败！C 必须自己 import A 才可以 -->
3. <template is="B"/>  <!-- 引用模板成功！C 页面有 import B -->
```

这是为了避免多个页面彼此互相连接引用陷入逻辑错误。

2）include

小程序使用<include>将目标文件除了<template>以外的整个代码引入，相当于把目标文件的代码直接复制到<include>标签的位置。

例如为页面制作统一的页眉、页脚，示例如下。

页眉 header.wxml 的代码：

```
<view>这是小程序的页眉</view>
```

页脚 footer.wxml 的代码：

```
<view>这是小程序的页脚</view>
```

首页 index.wxml 的代码：

```
1. <include src="header.wxml"/>
2. <view>正文部分</view>
3. <include src="footer.wxml"/>
```

<import>标签更适合于统一样式但内容需要动态变化的情况；<include>标签更适合于无须改动目标文件的情况。

3.2.2 WXSS

WXSS 文件的全称是 WeiXin Style Sheets（微信样式表），这是一种样式语言，用于描述 WXML 的组件样式（例如尺寸、颜色、边框效果等）。

为了适应广大的前端开发者，WXSS 具有 CSS 的大部分特性，同时为了更适合开发微信小程序，WXSS 对 CSS 进行了扩充以及修改。与 CSS 相比，WXSS 独有的特性是尺寸单位和样式导入。

1 尺寸单位

小程序规定了全新的尺寸单位 rpx（responsive pixel），可以根据屏幕宽度进行自适应。其原理是无视设备原先的尺寸，统一规定屏幕宽度为 750rpx。

rpx 不是固定值，屏幕越大，1rpx 对应的像素就越大。例如在 iPhone6 上，屏幕宽度为 375px，共有 750 个物理像素，则 750rpx = 375px = 750 物理像素，1rpx = 0.5px = 1 物理像素。

常见机型的尺寸单位对比如表 3-19 所示。

表 3-19　手机设备尺寸单位对比表

设　备	rpx 换算 px（屏幕宽度/750）	px 换算 rpx（750/屏幕宽度）
iPhone5	1rpx = 0.42px	1px = 2.34rpx
iPhone6	1rpx = 0.5px	1px = 2rpx
iPhone6 Plus	1rpx = 0.552px	1px = 1.81rpx

提示：由于 iPhone6 换算较为方便，建议开发者用该设备作为视觉设计稿的标准。

2 样式导入

小程序在 WXSS 样式表中使用@import 语句导入外联样式表，@import 后跟需要导入的外联样式表的相对路径，用“;”表示语句结束。

例如有公共样式表 common.wxss，代码如下：

```
.red{
  color:red;
}
```

然后可以在其他任意样式表中使用@import 语句对其进行引用。例如 a. wxss 的代码如下：

```
@import "common.wxss";
.blue {
  color:blue;
}
```

此时，.red 和.blue 样式均能被页面 a.wxml 使用。

3 常用属性

WXSS 所支持的样式属性与 CSS 属性类似，为方便读者理解本节的示例代码，表 3-20 列出了部分常用样式属性和参考值。

表 3-20　常用样式属性和参考值

样式属性	含　义	参考值
background-color	背景色	颜色名，例如 red 表示红色
color	前景色	同上
font-size	字体大小	例如 16px 表示 16 像素大小的字体
border	边框	例如 3px solid blue 表示宽度为 3 像素的蓝色实线
width	宽度	例如 20px 表示 20 像素的宽度
height	高度	例如 100px 表示 100 像素的高度

颜色可以用以下几种方式表示。

- RBG 颜色：用 RGB 红绿蓝三通道色彩表示法，例如 rgb(255,0,0)表示红色。
- RGBA 颜色：在 RGB 的基础上加上颜色透明度，例如 rgba(255,0,0,0.5)表示半透明红色。
- 十六进制颜色：又称为 HexColor，用#加上 6 位字母或数字表示，例如#ff0000 表示红色。
- 预定义颜色：使用颜色英文单词的形式表示，例如 red 表示红色。小程序目前共预设了 148 种颜色名称，见附录 C。

4 内联样式

小程序允许使用 style 和 class 属性控制组件的样式。

1）style

style 属性又称为行内样式，可直接将样式代码写到组件的首标签中。例如：

```
<view style="color:red;background-color:yellow">测试</view>
```

上述代码表示当前这个<view>组件中的文本将变为红色、背景将变为黄色。

style 也支持动态样式效果，例如：

```
<view style="color:{{color}} ">测试</view>
```

上述代码表示组件中的文本颜色将由页面 JS 文件的 data.color 属性规定。

官方建议开发者尽量不要将静态的样式写进 style 中，以免影响渲染速度。如果是静态的样式，可以统一写到 class 中。

2）class

小程序使用 class 属性指定样式规则，其属性值由一个或多个自定义样式类名组成，多个样式类名之间用空格分隔。

例如，在 test.wxss 中规定了两个样式：

```
.style01{
    color: red;               //文字为红色
}
.style02{
    font-size: 20px;          //字体大小为 20 像素
    font-weight: bold;        //字体加粗
}
```

在 test.wxml 中代码如下：

```
<view class="style01 style02">测试</view>
```

上述代码表示组件同时接受.style01 和.style02 的样式规则。注意，在 class 属性值的引号内部不需要加上类名前面的点。

5 选择器

小程序目前在 WXSS 样式表中支持的选择器如表 3-21 所示。

表 3-21　选择器

选 择 器	样 例	描 述
.class	.demo	选择所有拥有 class="demo"属性的组件
#id	#test	选择拥有 id="test"属性的组件
element	view	选择所有 view 组件
element, element	view, text	选择所有文件的 view 组件和所有的 text 组件
::after	view::after	在 view 组件后边插入内容
::before	view::before	在 view 组件前边插入内容

例如，在 WXSS 样式表中规定：

```
view{
   width:100rpx;
}
```

上述代码表示将当前页面中所有 view 组件的宽度都更新为 100rpx。

6 全局样式与局部样式

对于小程序 WXSS 样式表中规定的样式，根据其作用范围分为两类：在 app.wxss 中的样式为全局样式，作用于每一个页面；在页面 WXSS 文件中定义的样式为局部样式，只作用在对应的页面，并会覆盖 app.wxss 中相同的选择器。

3.2.3　组件

组件是 WXML 页面上的基本单位，例如小程序页面上的按钮、图片、文本等都是用组件渲染出来的，详细介绍见第 4 章“小程序组件”。

3.3 flex 布局

3.3.1 基本概念

1 flex 模型

小程序使用 flex 模型提高页面布局的效率。这是一种灵活的布局模型，当页面需要适应不同屏幕尺寸及设备类型时，该模型可以确保元素在恰当的位置。

2 容器和项目

在 flex 布局中，用于包含内容的组件称为容器（container），容器内部的组件称为项目（item）。容器允许包含嵌套，例如：

```
<view id="A">
    <view id="B">
        <view id="C"></view>
    </view>
</view>
```

在上述代码中共有 3 个<view>组件，对于 A、B 来说，A 是容器，B 是项目；对于 B、C 来说，B 是容器，C 是项目。

3 坐标轴

flex 布局的坐标系是以容器左上角的点为原点，自原点往右、往下两条坐标轴。在默认情况下是水平布局，即水平方向从左往右为主轴（main axis），垂直方向自上而下为交叉轴（cross axis），如图 3-12（a）所示。用户也可以使用样式属性 flex-direction: column 将主轴与交叉轴的位置互换，如图 3-12（b）所示。

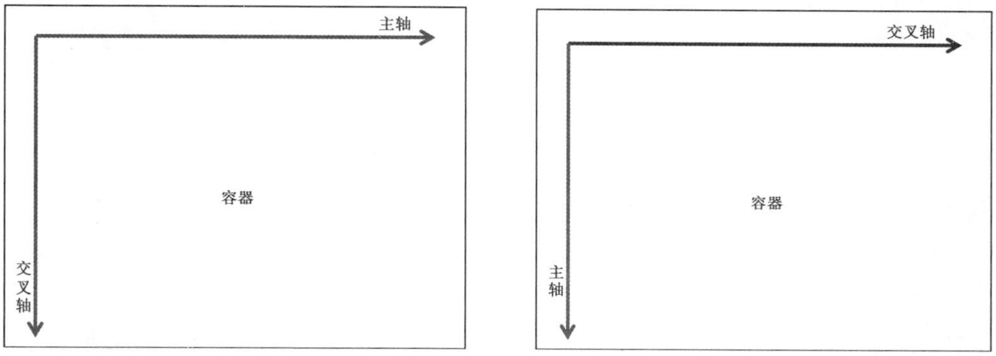

（a）水平布局　　（b）垂直布局

图 3-12　坐标轴对照图

4 flex 属性

在小程序中，与 flex 布局模型相关的样式属性根据其所属标签的类型可以分为容器属性和项目属性。

容器属性用于规定容器的布局方式，从而控制内部项目的排列和对齐，如表 3-22 所示。

表 3-22　flex 布局中的容器属性

属　性	说　明	默认值	其他有效值
flex-direction	设置项目的排列方向	row	row-reverse|column|column-reverse
flex-wrap	设置项目是否换行	nowrap	wrap|wrap-reverse

续表

属　性	说　明	默认值	其他有效值
justify-content	设置项目在主轴方向上的对齐方式	flex-start	flex-end|center|space-between|space-around|space-evenly
align-items	设置水平方向上的对齐方式	stretch	center|flex-end|baseline|flex-start
align-content	当多行排列时，设置行在交叉轴方向上的对齐方式	stretch	flex-start|center|flex-end|space-between|space-around|space-evenly

项目属性用于设置容器内部项目的尺寸、位置以及对齐方式，如表 3-23 所示。

表 3-23　flex 布局中的项目属性

属　性	说　明	默认值	其他有效值
order	设置项目在主轴上的排列顺序	0	<integer>
flex-shrink	收缩在主轴上溢出的项目	1	<number>
flex-grow	扩张在主轴方向上还有空间的项目	0	<number>
flex-basis	代替项目的宽/高属性	auto	<length>
flex	flex-shrink、flex-grow 和 flex-basis 3 种属性的综合简写方式	无	none|auto| @flex-grow @flex-shrink @flex-basis
align-self	设置项目在行中交叉轴上的对齐方式	auto	flex-start|flex-end|center|baseline| stretch

例如，无法确定容器组件的宽/高却需要内部项目垂直居中，WXSS 代码如下：

```
.container{
  display: flex;              /*使用 flex 布局（必写语句）*/
  flex-direction: column;     /*排列方向：垂直*/
  justify-content: center;    /*内容调整：居中*/
}
```

后续章节将详细讲解这些属性的作用。

3.3.2　容器属性

1 flex-direction 属性

flex-direction 属性用于设置主轴方向，通过设置坐标轴可以规定项目的排列方向。

其语法格式如下：

```
.container{
  flex-direction: row（默认值）| row-reverse | column | column-reverse
}
```

对属性值说明如下。

- row：默认值，主轴在水平方向上从左到右，项目按照主轴方向从左到右排列。
- row-reverse：主轴是 row 的反方向，项目按照主轴方向从右到左排列。
- column：主轴在垂直方向上从上而下，项目按照主轴方向从上往下排列。
- column-reverse：主轴是 column 的反方向，项目按照主轴方向从下往上排列。

扫一扫

视频讲解

【例 3-1】 容器属性之 **flex-direction** 属性。

假设有项目 A、B、C 3 个组件，高、宽均相同，flex-direction 取不同值时的效果如图 3-13 所示。

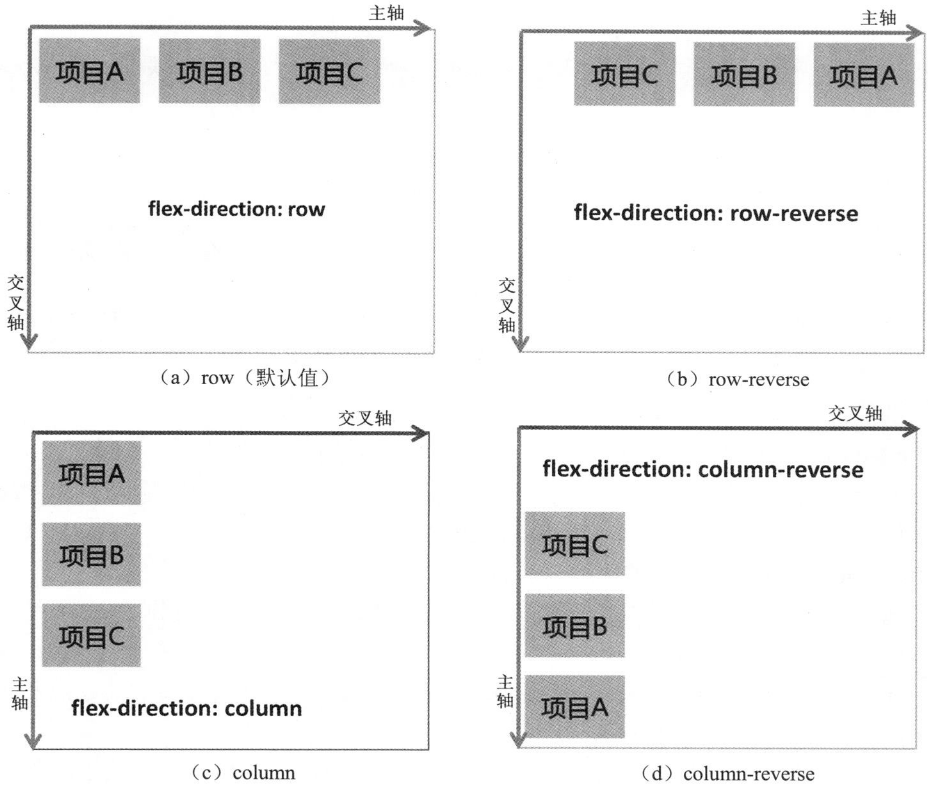

图 3-13　flex-direction 属性值对照图

2 flex-wrap 属性

flex-wrap 属性用于规定是否允许项目换行，以及多行排列时换行的方向。

其语法格式如下：

```
.container{
  flex-wrap: nowrap（默认值）| wrap | wrap-reverse
}
```

对属性值说明如下。

- nowrap：默认值，表示不换行。如果单行内容过多，项目宽度可能会被压缩。
- wrap：当容器单行容不下所有项目时允许换行排列。
- wrap-reverse：当容器单行容不下所有项目时允许换行排列，换行方向为 wrap 的反方向。

【例 3-2】 容器属性之 **flex-wrap** 属性。

扫一扫

视频讲解

这里以水平方向为例，假设有项目 A、B、C、D 4 个组件，宽、高均相同，flex-wrap 取不同值时的效果如图 3-14 所示。

3 justify-content 属性

justify-content 属性用于设置项目在主轴方向上的对齐方式，以及分配项目之间及其周围多余的空间。

其语法格式如下：

```
.container{
  justify-content: flex-start（默认值）| flex-end| center| space-between|
   space-around| space-evenly
}
```

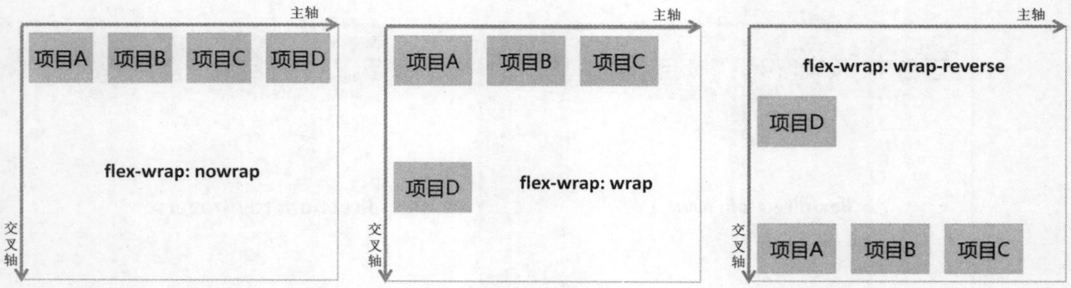

（a）nowrap （b）wrap （c）wrap-reverse

图 3-14 flex-wrap 属性值对照图

对属性值说明如下。

- flex-start：默认值，表示项目对齐主轴起点，项目间不留空隙。
- center：项目在主轴上居中排列，项目间不留空隙。主轴上第一个项目离主轴起点的距离等于最后一个项目离主轴终点的距离。
- flex-end：项目对齐主轴终点，项目间不留空隙。
- space-between：项目间距相等，第一个项目和最后一个项目分别离起点/终点的距离为 0。
- space-around：与 space-between 相似，不同之处为第一个项目离主轴起点和最后一个项目离终点的距离为中间项目间间距的一半。
- space-evenly：项目间距、第一个项目离主轴起点以及最后一个项目离终点的距离均相等。

扫一扫

视频讲解

【例 3-3】 容器属性之 justify-content 属性。

这里以水平方向作为主轴为例，假设有项目 A、B、C 几个组件，宽、高完全相同，justify-content 取不同值时的效果如图 3-15 所示。

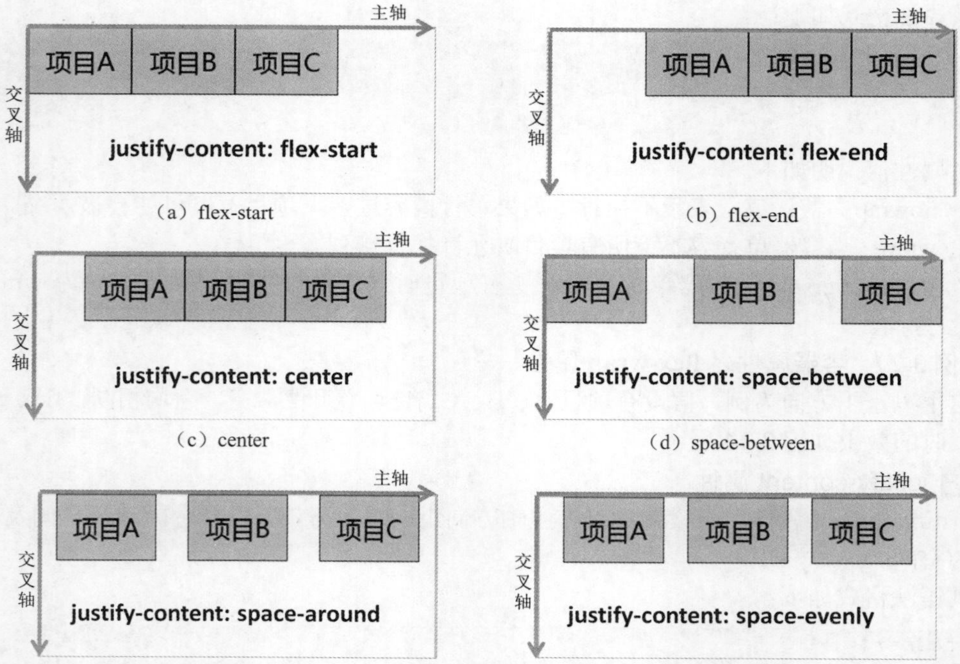

（a）flex-start （b）flex-end （c）center （d）space-between （e）space-around （f）space-evenly

图 3-15 justify-content 属性值对照图

4 align-items 属性

align-items 属性用于设置项目在行中的对齐方式。

其语法格式如下：

```
.container{
  align-items:stretch（默认值） | flex-start | center | flex-end | baseline
}
```

对属性值说明如下。

- stretch（默认值）：未设置项目尺寸时将项目拉伸至填满交叉轴。
- flex-start：项目顶部与交叉轴起点对齐。
- center：项目在交叉轴居中对齐。
- flex-end：项目底部与交叉轴终点对齐。
- baseline：项目与行的基线对齐，在未单独设置基线时等同于 flex-start。

【例 3-4】 容器属性之 **align-items** 属性。

扫一扫

视频讲解

这里以垂直方向作为主轴为例，假设有项目 A、B、C 3 个组件，宽度分别为 200rpx、300rpx、400rpx（取值为 stretch 时暂不设置），align-items 取不同值时的效果如图 3-16 所示。

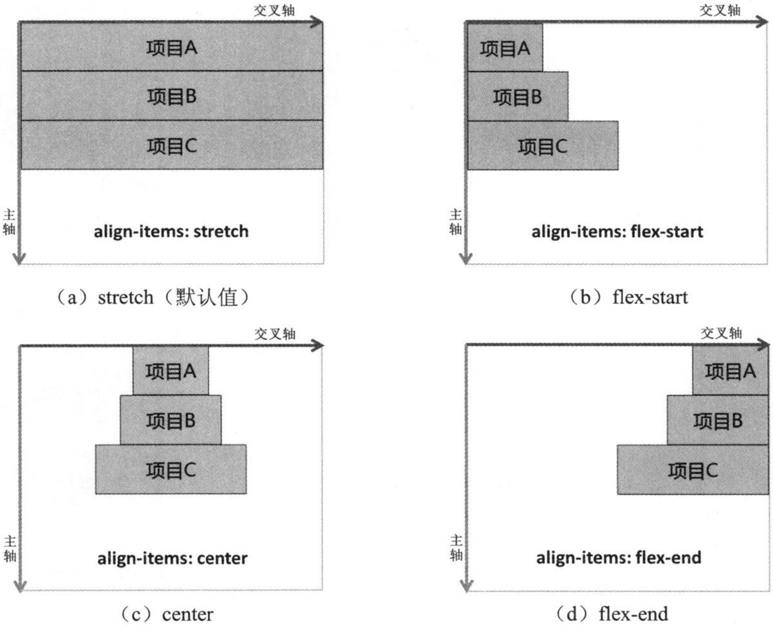

（a）stretch（默认值）　（b）flex-start　（c）center　（d）flex-end

图 3-16　align-items 属性值对照图

5 align-content 属性

align-content 属性用于多行排列时设置项目在交叉轴方向上的对齐方式，以及分配项目之间及其周围多余的空间。

其语法格式如下：

```
.container{
  align-content: stretch（默认值） | flex-start | center | flex-end | space-between
|space-around | space-evenly
}
```

对属性值说明如下。

- stretch：默认值，未设置项目尺寸时将各行中的项目拉伸至填满交叉轴；当设置了项目尺寸时项目尺寸不变，项目行拉伸至填满交叉轴。
- flex-start：首行在交叉轴起点开始排列，行间不留间距。
- center：行在交叉轴中点排列，行间不留间距，首行离交叉轴起点和尾行离交叉轴终点的距离相等。
- flex-end：尾行在交叉轴终点开始排列，行间不留间距。
- space-between：行与行间距相等，首行离交叉轴起点和尾行离交叉轴终点的距离为 0。
- space-around：行与行间距相等，首行离交叉轴起点和尾行离交叉轴终点的距离为行与行间距的一半。
- space-evenly：行间距、首行离交叉轴起点和尾行离交叉轴终点的距离相等。

扫一扫

视频讲解

注意：多行排列时要设置 flex-wrap 属性值为 wrap，表示允许换行。

【例 3-5】 容器属性之 **align-content** 属性。

这里以水平方向作为主轴为例，假设有项目 A～E 共 5 个组件且宽度不同，align-content 取不同值时的效果如图 3-17 所示。

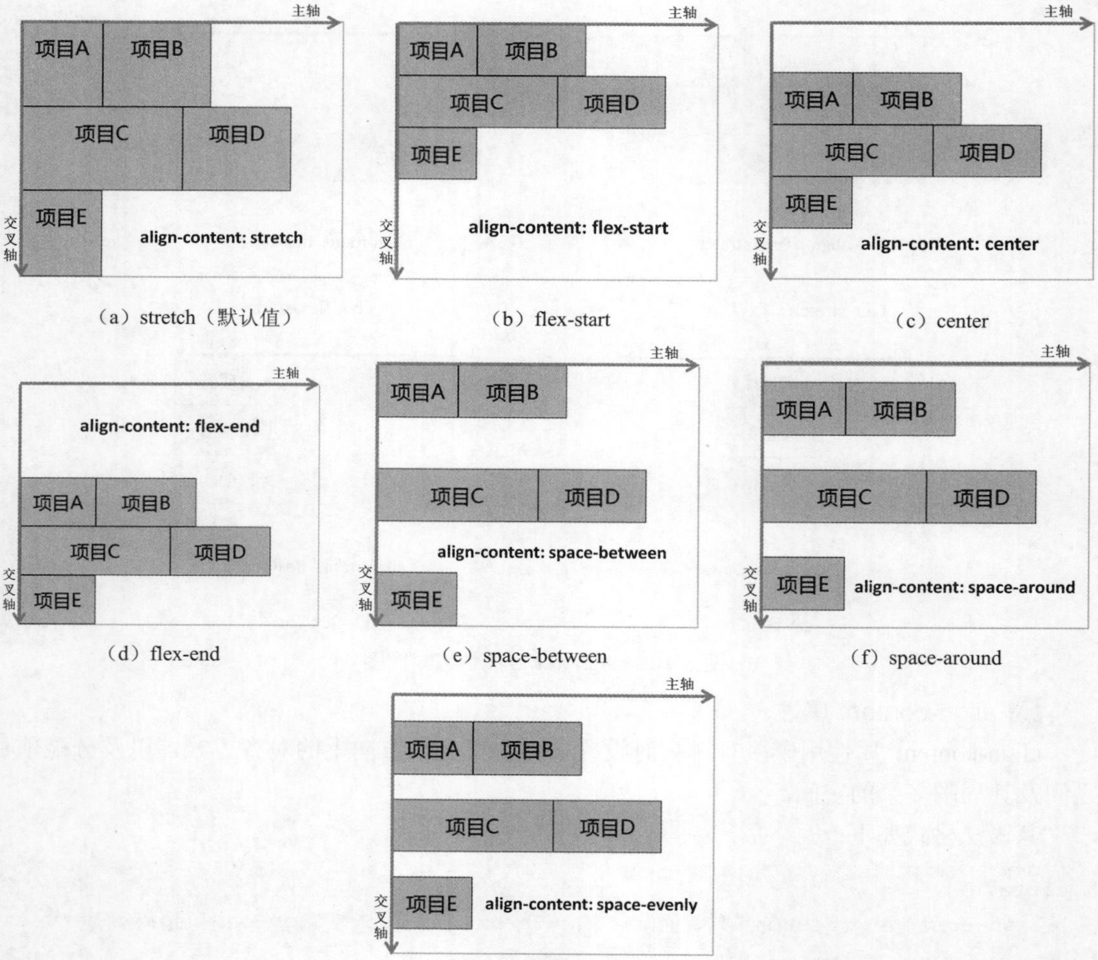

（a）stretch（默认值）　（b）flex-start　（c）center

（d）flex-end　（e）space-between　（f）space-around

（g）space-evenly

图 3-17　align-content 属性值对照图

3.3.3　项目属性

1 order 属性

order 属性用于设置项目沿主轴方向上的排列顺序，数值越小，排列越靠前。另外，该属性值为整数。

其语法格式如下：

```
.item{
  order: 0（默认值）| <integer>
}
```

扫一扫

视频讲解

【例 3-6】 项目属性之 **order** 属性。

这里以水平方向为例，假设有项目 A、B、C 3 个组件，宽、高均相同，order 取不同值时的效果如图 3-18 所示。

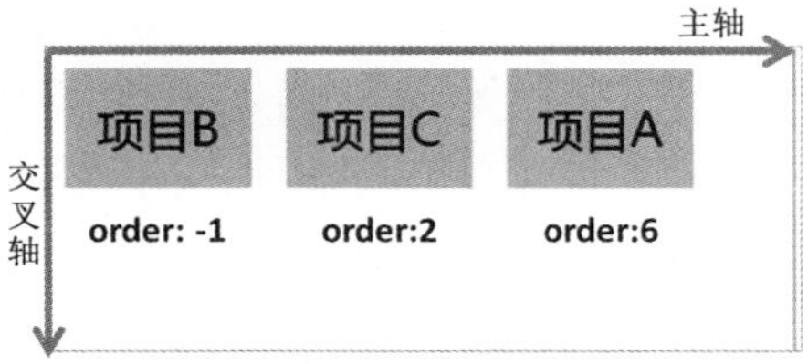

图 3-18　order 属性值对照图

2 flex-shrink 属性

flex-shrink 属性用于设置项目收缩因子。当项目在主轴方向上溢出时，通过项目收缩因子的规定比例压缩项目以适应容器。

其语法格式如下：

```
.item{
  flex-shrink: 1（默认值）| <number>
}
```

其属性值为项目的收缩因子，只能是非负数。

当发生溢出时，项目尺寸的收缩公式如下：

最终长度=原长度×(1−溢出长度×收缩因子/压缩总权重)

注意： 当遇到小数的情况时向下取整，不进行四舍五入。

其中压缩总权重的计算公式如下：

压缩总权重=长度 1×收缩因子 1+长度 2×收缩因子 2 + … +长度 *N*×收缩因子 *N*

注意： 当从左往右为主轴时，长度指的是宽度；当从上往下为主轴时，长度指的是高度。

扫一扫

视频讲解

【例 3-7】 项目属性之 **flex-shrink** 属性。

这里以水平方向为例，假设有项目 A、B、C 3 个组件，宽度均为 200px，分别设置项目的收缩因子为 1、2、3，WXSS 示例代码如下：

```
.A{
  width: 200px;
  flex-shrink:1;            /*默认值，可以省略该属性，不写*/
}
.B{
```

```
  width: 200px;
  flex-shrink:2;
}
.C{
 width: 200px;
 flex-shrink:3;
}
```

假设容器宽度仅有 500px，此时 3 个项目的宽度之和为 600px，显然会发生溢出 100px 的情况，因此触发收缩因子进行宽度压缩。

首先计算压缩总权重：

压缩总权重=200×1+200×2+200×3=1200px

当发生溢出时，项目尺寸的收缩公式如下：

项目 A 的宽度=200×(1-100×1/1200)≈183px
项目 B 的宽度=200×(1-100×2/1200)≈166px
项目 C 的宽度=200×(1-100×3/1200)=150px

由此可见，原先同样宽度的项目组件由于收缩因子不同被压缩后的宽度各不相同，并且证明了收缩因子数值越大，被压缩后的长度越短。

上述例子的示意效果如图 3-19 所示。

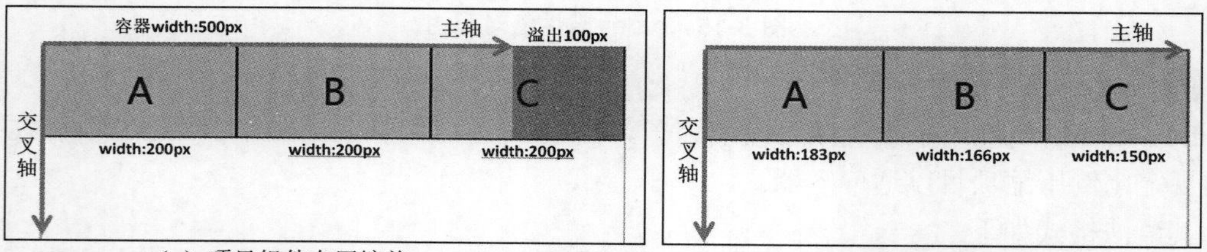

(a) 项目组件在压缩前　　(b) 项目组件在压缩后

图 3-19　flex-shrink 应用对照图

需要注意的是，只有项目的 flex-shrink 属性值总和大于 1 时溢出长度按照实际计算，当总和小于 1 时溢出长度的计算公式如下：

溢出长度=实际溢出长度×(收缩因子 1+收缩因子 2+…+收缩因子 N)

例如，如果上面示例中项目 A、B、C 的 flex-shrink 属性值分别更新为 0.1、0.2、0.3，总和为 0.6，小于 1，则溢出长度的计算公式如下：

溢出长度=100×(0.1+0.2+0.3)=60px

后续的计算和前面完全一样。

3 flex-grow 属性

flex-grow 属性用于设置项目扩张因子。当项目在主轴方向上还有剩余空间时，通过设置项目扩张因子进行剩余空间的分配。

其语法格式如下：

```
.item{
  flex-grow: 0（默认值）| <number>
}
```

其属性值为项目的扩张因子，只能是非负数。

当发生扩张时，项目尺寸的扩张公式如下：

最终长度=原长度+扩张单位×扩张因子

注意：当遇到小数的情况时向下取整，不进行四舍五入。

其中，扩张单位的计算公式如下：

扩张单位=剩余空间/（扩张因子 1+扩张因子 2+…+扩张因子 *N*）

注意：当从左往右为主轴时，长度指的是宽度；当从上往下为主轴时，长度指的是高度。

扫一扫

视频讲解

【例 3-8】 项目属性之 **flex-grow** 属性。

这里以水平方向为例，假设有项目 A、B、C 3 个组件，宽度均为 100px，分别设置项目的扩张因子为 0、1、2，WXSS 示例代码如下：

```
.A{
  width: 100px;
  flex-grow:0;          /*默认值，可以省略该属性，不写*/
}
.B{
  width: 100px;
  flex-grow:1;
}
.C{
  width: 100px;
  flex-grow:2;
}
```

假设容器宽度为 600px，此时 3 个项目的宽度之和为 300px，显然会出现多出 300px 剩余空间的情况，因此触发扩张因子进行宽度扩张。

首先计算扩张单位：

扩张单位=300/（0+1+2）=100px

然后将剩余空间分配给项目宽度，新的项目宽度扩张公式如下：

项目 A 的宽度=100+100×0=100px
项目 B 的宽度=100+100×1=200px
项目 C 的宽度=100+100×2=300px

由此可见，原先同样宽度的项目组件由于扩张因子不同被扩张后的宽度各不相同，并且证明了扩张因子数值越大，被扩张后的长度越长。

上述示例的示意效果如图 3-20 所示。

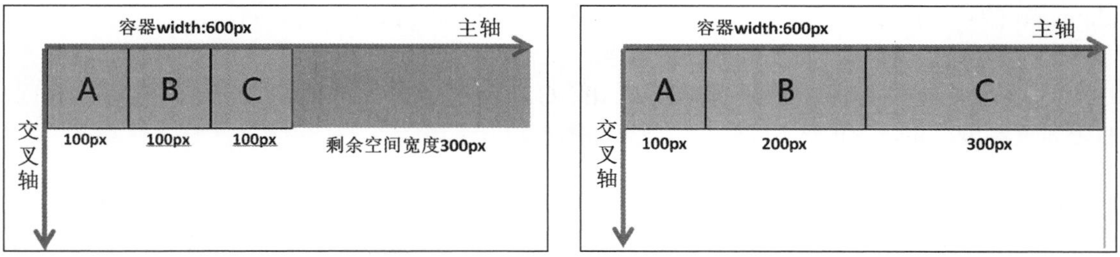

（a）项目组件在扩张前　　（b）项目组件在扩张后

图 3-20　flex-grow 应用对照图

需要注意的是，只有项目的 flex-grow 属性值总和大于 1 时扩张单位按照实际计算，当总和小于 1 时扩张单位就是全部的剩余空间。

例如，如果上面示例中项目 A、B、C 的 flex-grow 属性值分别更新为 0.1、0.2、0.3，总和为 0.6，小于 1，则扩张单位就是 300px。后续的计算与前面完全一样。

4 flex-basis 属性

flex-basis 属性根据主轴方向代替项目的宽或高，具体说明如下：

- 当容器设置 flex-direction 为 row 或 row-reverse 时，若项目的 flex-basis 和 width 属性同时存在数值，则 flex-basis 代替 width 属性。
- 当容器设置 flex-direction 为 column 或 column-reverse 时，若项目的 flex-basis 和 height 属性同时存在数值，则 flex-basis 代替项目的 height 属性。

其语法格式如下：

```
.item{
  flex-basis: auto（默认值）| <number>px
}
```

需要注意的是，数值比 auto 的优先级更高，如果 flex-basis 属性值为 auto，而 width（或 height）属性值是数值，则采用数值作为最终属性值。

扫一扫

视频讲解

【例 3-9】 项目属性之 **flex-basis** 属性。

这里以水平方向作为主轴为例，假设有项目 A、B、C 3 个组件且宽度均为 100px，为 A 追加 flex-basis 值为 200px，最终示意效果如图 3-21 所示。

由图 3-21 可见，项目 A 的宽度比 B 和 C 大，这是因为 flex-basis 的优先级大于 width。

5 flex 属性

flex 属性是 flex-grow、flex-shrink、flex-basis 的简写方式，其语法格式如下：

```
.item{
  flex: none | auto | @flex-grow @flex-shrink@flex-basis
}
```

若将属性值设置为 none，等价于 0 0 auto；若将属性值设置为 auto，等价于 1 1 auto。

6 align-self 属性

align-self 属性设置项目在行中交叉轴方向上的对齐方式，用于覆盖容器的 align-items，这么做可以对项目的对齐方式做特殊处理。

其语法格式如下：

```
.item{
  align-self: auto（默认值）| flex-start | center | flex-end | baseline |stretch
}
```

其默认属性值为 auto，表示继承容器的 align-items 值。如果容器没有设置 align-items 属性，则 align-self 的默认值 auto 表示为 stretch。其他属性值参照 align-items 的说明。

扫一扫

视频讲解

【例 3-10】 项目属性之 **align-self** 属性。

这里以水平方向为例，假设有项目 A、B、C、D 4 个组件，其中 A、B、C 的宽/高均相同，D 不定义高度，align-self 取不同值时的效果如图 3-22 所示。

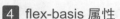

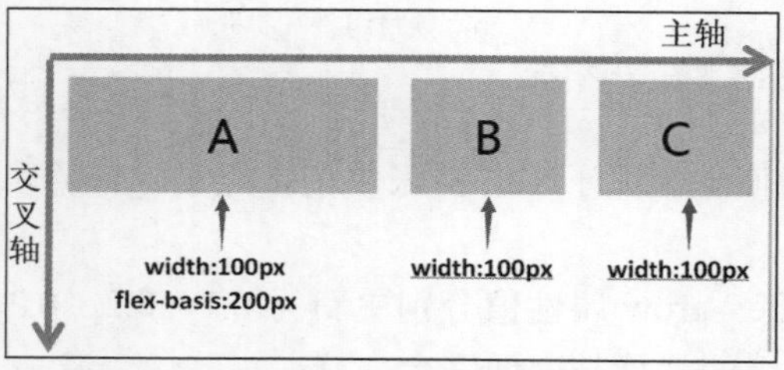

图 3-21 flex-basis 属性值对照图

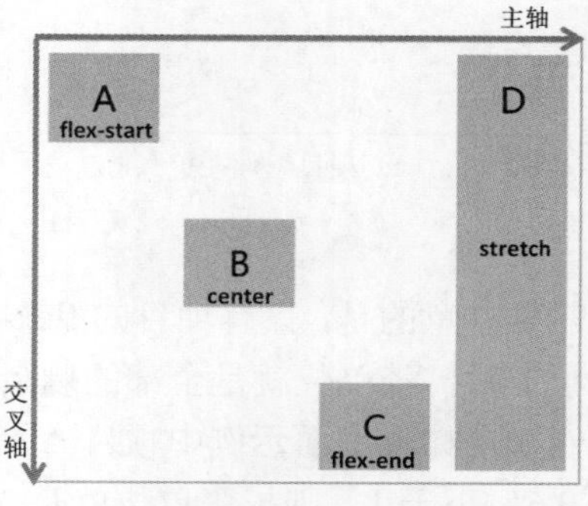

图 3-22 align-self 属性值对照图

扫一扫

案例文本

扫一扫

视频讲解

3.4　阶段案例：通讯录小程序

本节将尝试制作一款简易电子通讯录，分为两个页面。

- 通讯录页：可以查看联系人列表，给指定的联系人打电话；
- 拨号盘页：可以单击按钮输入电话号码并拨打电话。

两个页面要求以 tabBar 页面的形式左右切换显示，最终效果如图 3-23 所示。

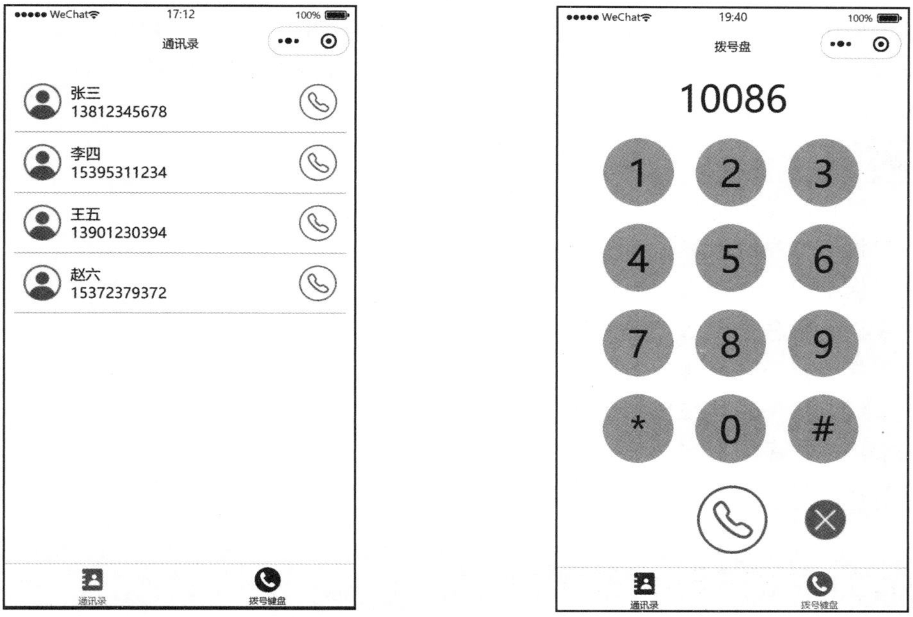

(a) 通讯录页　　(b) 拨号盘页

图 3-23　第 3 章阶段案例效果图

3.5　本章小结

本章属于小程序基础知识中的框架介绍，包括逻辑层、视图层和 flex 布局模型的概念。逻辑层是由 JavaScript 编写而成，主要介绍了注册程序、注册页面、生命周期、页面路由、模块化、基础功能（console 调试与定时器的用法）和 API。视图层由 WXML 和 WXSS 配合组件构成，WXML 部分主要介绍了数据绑定、列表渲染、条件渲染、模板、事件和引用；WXSS 部分主要介绍了尺寸单位的概念、样式导入方法、常用属性、内联样式和选择器、全部和局部样式等内容。最后在 flex 布局模型环节介绍了 flex 弹性布局、坐标轴及 flex 属性等概念，其中，flex 属性可以根据作用对象分为容器属性和项目属性。

第4章 Chapter 4

小程序组件

本章主要内容是小程序组件，小程序提供了丰富的组件供开发者使用，利用这些组件可以进行快速开发。小程序组件按照功能特点可分为视图容器、基础内容、表单、导航、媒体、地图和画布共 7 类组件。

本章学习目标

- 理解什么是小程序组件；
- 掌握小程序视图容器组件的用法；
- 掌握小程序基础内容组件的用法；
- 掌握小程序表单组件的用法；
- 掌握小程序导航组件的用法；
- 掌握小程序媒体组件的用法；
- 掌握小程序地图组件的用法；
- 掌握小程序画布组件的用法。

4.1 组件的介绍和分类

4.1.1 组件的介绍

小程序组件是视图层的基本组成单元，它自带微信风格 UI 样式和特定功能效果。例如，用户在小程序页面上所看到的图片、文本、按钮等都属于小程序组件。小程序为开发者提供了一系列基础组件，通过组合这些组件可以进行更高效的开发。

一个组件通常包括<开始标签>和</结束标签>，在开始标签中可以追加属性修饰组件，在首尾标签之内可以嵌套内容。

其语法格式如下：

```
<标签名称 属性="值">
   内容
</标签名称>
```

例如：

```
<text id="demo">这是一段文本内容。</text>
```

上述代码表示一个文本组件 text，用于显示纯文字内容。该组件在本页面具有唯一 id 编号"demo"，其首尾标签之间是想要呈现出来的具体文本内容。需要注意的是，所有组件和属性都使用小写字母。

其中 id 属性是一个通用属性，可以被所有组件使用。小程序目前提供 7 类通用属性，如表 4-1 所示。

表 4-1　小程序组件通用属性

属性名称	类　型	说　明	备　注
id	String	组件的唯一标识	在同一个页面中用 id 值标识唯一组件，因此同一页不能有多个 id 值相同
class	String	组件的样式类	该属性值在 WXSS 中定义有关样式内容的设置
style	String	组件的内联样式	可以动态设置内联样式
hidden	Boolean	组件的显示/隐藏	组件均默认为显示状态
data-*	Any	自定义属性	当组件触发事件时会附带将该属性和值发送给对应的事件处理函数
bind*/catch*	EventHandler	组件的事件	绑定/捕获组件事件

注意：除上述 7 种通用属性外，绝大部分组件还带有自定义的特殊属性，用于对组件的功能和样式进行修饰，这些属性将在各类组件中详细介绍。

4.1.2　组件的分类

组件按照功能主要分为以下 7 类。

- 视图容器（View Container）组件：主要用于规划布局页面内容。
- 基础内容（Basic Content）组件：用于显示图标、文字等常用基础内容。
- 表单（Form）组件：用于制作表单。
- 导航（Navigation）组件：用于跳转指定页面。
- 媒体（Media）组件：用于显示图片、音频、视频等多媒体内容。
- 地图（Map）组件：用于显示地图效果。
- 画布（Canvas）组件：用于绘制图画内容。

4.2　视图容器组件

视图容器组件主要包含 5 种，如表 4-2 所示。

表 4-2　视图容器组件

组件名称	说　明
view	视图容器
scroll-view	可滚动视图容器
swiper	滑块视图容器
movable-view	可移动视图容器
cover-view	可覆盖在原生组件上的文本视图容器

4.2.1　view

view 是静态的视图容器，通常用<view>和</view>标签表示一个容器区域。需要注意的是，view 容器本身没有大小和颜色，需要由开发者自己进行样式设置。

view 对应的属性如表 4-3 所示。

表 4-3　view 组件属性

属 性 名	类型	默认值	说　明
hover-class	String	none	指定按下去的样式类。如果是默认值 none，则没有单击状态
hover-stop-propagation	Boolean	false	指定是否阻止本容器的祖先节点出现单击状态(1.5.0 以上版本有效）
hover-start-time	Number	50	按住本容器后多久出现单击状态（单位为 ms）
hover-stay-time	Number	400	手指松开后单击状态保留的时长（单位为 ms）

扫一扫

视频讲解

【例 4-1】 视图容器组件 view 的简单应用。

WXML（pages/demo01/view/view.wxml）文件代码如下：

```
<view class='title'>1.视图容器 view 的简单应用</view>
<view class='demo-box'>
  <view class='title'>(1)不阻止父容器的 view_hover</view>
  <view class='view_parent' hover-class='view_hover'>
    我是父容器 view
    <view class='view_son' hover-class='view_hover'>
      我是子容器 view
    </view>
  </view>
</view>
<view class='demo-box'>
  <view class='title'>(2)阻止父容器的 view_hover</view>
  <view class='view_parent' hover-class='view_hover'>
    我是父容器 view
    <view class='view_son' hover-class='view_hover' hover-stop-propagation>
      我是子容器 view
    </view>
  </view>
</view>
```

WXSS（pages/demo01/view/view.wxss）文件代码如下：

```
.view_parent {
  width: 100%;
  height: 300rpx;
  background-color: lightblue;
}
.view_son {
  width: 50%;
  height: 150rpx;
  margin-left: 25%;
  margin-top: 50rpx;
  background-color: lightyellow;
}
.view_hover {
  background-color: red;
}
```

程序运行效果如图 4-1 所示。

【代码说明】

本示例在 view.wxml 中使用了两组父子 view 容器嵌套效果，并在 view.wxss 文件中分别定义它们的 class 属性值为 view_parent 和 view_son。默认样式效果相同，父容器均为浅蓝色

（a）页面初始效果　　（b）单击第 1 组子容器　　（c）单击第 2 组子容器

图 4-1　视图容器组件 view 的简单应用

背景、宽 100%、高 300rpx；子容器均为浅黄色背景、宽 50%、高 150rpx；单击状态均设置为单击后背景颜色更新为红色效果。其中，第 2 组子容器设置了 hover-stop-propagation 来阻止单击态传递给祖先元素。

在图 4-1 中，图(a)为页面初始效果，此时两组案例效果完全相同；图(b)和图(c)分别为单击第 1、2 组子容器的效果。由图 4-1 可见第 1 组父子容器均变为红色，而第 2 组仅有子容器变为红色，因此 hover-stop-propagation 生效。

4.2.2　scroll-view

<scroll-view>是可滚动视图区域，对应的属性如表 4-4 所示。

表 4-4　scroll-view 组件属性

属 性 名	类 型	默认值	说 明
scroll-x	Boolean	false	允许横向滚动
scroll-y	Boolean	false	允许纵向滚动
upper-threshold	Number	50	距顶部/左边多远时（单位为 px）触发 scrolltoupper 事件
lower-threshold	Number	50	距底部/右边多远时（单位为 px）触发 scrolltolower 事件
scroll-top	Number		设置竖向滚动条位置
scroll-left	Number		设置横向滚动条位置
scroll-into-view	String		值应为某子元素 id（id 不能以数字开头）。设置哪个方向可滚动，则在哪个方向滚动到该元素
scroll-with-animation	Boolean	false	在设置滚动条位置时使用动画过渡
enable-back-to-top	Boolean	false	iOS 单击顶部状态栏、Android 双击标题栏时滚动条返回顶部，只支持竖向
bindscrolltoupper	EventHandle		滚动到顶部/左边会触发 scrolltoupper 事件
bindscrolltolower	EventHandle		滚动到底部/右边会触发 scrolltolower 事件
bindscroll	EventHandle		滚动时触发，event.detail = {scrollLeft, scrollTop, scrollHeight, scrollWidth, deltaX, deltaY}

注意：在使用竖向滚动时需要给<scroll-view>一个固定高度，并且通过 WXSS 设置 height。

扫一扫

视频讲解

【例 4-2】 视图容器组件 **scroll-view** 的简单应用。

WXML（pages/demo01/scroll-view/scroll-view.wxml）的代码片段如下：

```
<view class='title'>1.视图容器 scroll-view 的简单应用</view>
<view class='demo-box'>
  <view class='title'>(1)纵向滚动</view>
  <scroll-view scroll-y>
    <view class='scroll-item-y'>第 1 页</view>
    <view class='scroll-item-y'>第 2 页</view>
    <view class='scroll-item-y'>第 3 页</view>
  </scroll-view>
</view>
<view class='demo-box'>
  <view class='title'>(2)横向滚动</view>
  <scroll-view scroll-x>
    <view class='scroll-item-x'>第 1 页</view>
    <view class='scroll-item-x'>第 2 页</view>
    <view class='scroll-item-x'>第 3 页</view>
  </scroll-view>
</view>
```

WXSS（pages/demo01/scroll-view/scroll-view.wxss）的代码片段如下：

```
scroll-view {
  width: 100%;
  height: 300rpx;
  white-space: nowrap;
}
.scroll-item-y{
  height: 300rpx;
  line-height: 300rpx;
  font-size: 30pt;
  background-color: lightblue;
}
.scroll-item-x {
  width: 100%;
  height: 300rpx;
  line-height: 300rpx;
  font-size: 30pt;
  background-color: lightcoral;
  display: inline-block;
}
```

程序运行效果如图 4-2 所示。

【代码说明】

本示例在 scroll-view.wxml 中设置了两组<scroll-view>组件，分别使用属性 scroll-y 和 scroll-x 定义其纵向滚动和横向滚动。在每组<scroll-view>内部均包含 3 个<view>用于标识第几页。

图 4-2 中，图(a)为页面初始效果，此时都显示第一个<view>的内容；图(b)为滚动过程，由该图可见分别实现了纵向和横向滚动效果。

4.2.3 swiper

<swiper>也称为滑块视图容器，通常使用该组件制作幻灯片切换播放效果。<swiper>组件的可用属性如表 4-5 所示。

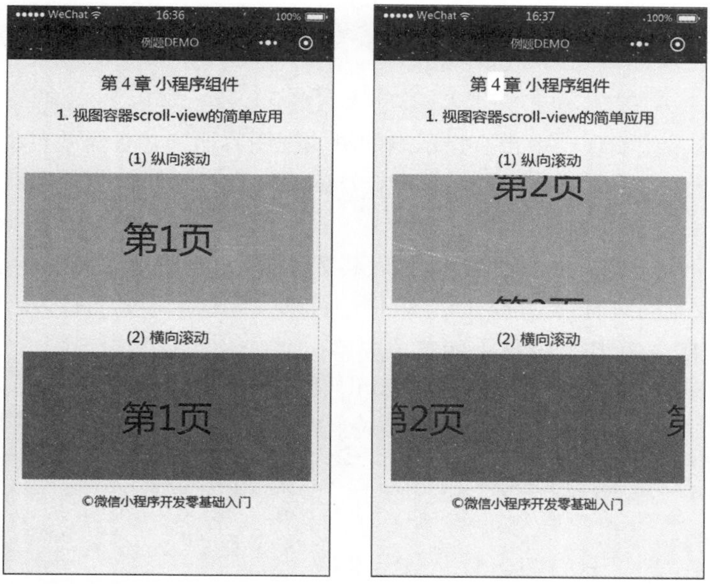

（a）页面初始效果　　　（b）scroll-view 滚动过程

图 4-2　视图容器组件 scroll-view 的简单应用

表 4-5　swiper 组件属性

属 性 名	类 型	默 认 值	说 明	最低版本
indicator-dots	Boolean	false	是否显示面板指示点	
indicator-color	Color	rgba(0, 0, 0, 0.3)	指示点颜色	1.1.0
indicator-active-color	Color	#000000	当前选中的指示点颜色	1.1.0
autoplay	Boolean	false	是否自动切换	
current	Number	0	当前所在滑块的 index	
current-item-id	String	""	当前所在滑块的 item-id，不能与 current 被同时指定	1.9.0
interval	Number	5000	自动切换时间间隔	
duration	Number	500	滑动动画时长	
circular	Boolean	false	是否采用衔接滑动	
vertical	Boolean	false	滑动方向是否为纵向	
previous-margin	String	"0px"	前边距，可用于露出前一项的一小部分，接收 px 和 rpx 值	1.9.0
next-margin	String	"0px"	后边距，可用于露出后一项的一小部分，接收 px 和 rpx 值	1.9.0
display-multiple-items	Number	1	同时显示的滑块数量	1.9.0
skip-hidden-item-layout	Boolean	false	是否跳过未显示的滑块布局，设为 true 可优化复杂情况下的滑动性能，但会丢失隐藏状态滑块的布局信息	1.9.0
bindchange	EventHandle		current 改变时触发 change 事件，event.detail = {current: current, source: source}	
bindanimationfinish	EventHandle		动画结束时触发 animationfinish 事件，event.detail 同上	1.9.0

从 1.4.0 版本开始，change 事件返回的 detail 中包含一个 source 字段，表示导致变更的原因，可能值如下。

- autoplay：自动播放导致 swiper 变化。
- touch：用户滑动引起 swiper 变化。

- 其他原因用空字符串表示。

例如：

```
<swiper indicator-dots autoplay></swiper>
```

上述代码表示希望实现一个带有指示点的滑块视图容器，并且需要自动播放。但是仅凭这一句代码是不够的，<swiper>标签必须配合<swiper-item>组件一起使用，该组件才是用于切换的具体内容。

在<swiper-item>中可以包含文本或图片，其宽/高默认为100%。需要注意的是，<swiper>组件中可以直接放置的只有<swiper-item>组件，否则会导致未定义的行为。

扫一扫

视频讲解

【例 4-3】 视图容器组件 swiper 的简单应用。

WXML（pages/demo01/swiper/swiper.wxml）的代码片段如下：

```
<view class='title'>1.视图容器 swiper 的简单应用</view>
<view class='demo-box'>
  <view class='title'>使用带文字的 view 作为翻页内容</view>
  <swiper indicator-dots autoplay interval='6000' duration='3000'>
    <swiper-item>
      <view class='swiper-item'>第 1 页</view>
    </swiper-item>
    <swiper-item>
      <view class='swiper-item'>第 2 页</view>
    </swiper-item>
    <swiper-item>
      <view class='swiper-item'>第 3 页</view>
    </swiper-item>
  </swiper>
</view>
```

WXSS（pages/demo01/swiper/swiper.wxss）的代码片段如下：

```
.swiper-item{
  height: 300rpx;
  line-height: 300rpx;
  background-color: lightblue;
  font-size: 30pt;
}
swiper{
  height: 300rpx;
}
```

程序运行效果如图 4-3 所示。

【代码说明】

本示例在 swiper.wxml 中设置了一个可以自动播放的<swiper>组件，每隔 6 秒翻页且翻页动画效果持续 3 秒完成。该组件内部包含了 3 组<swiper-item>，且在每组<swiper-item>中均使用<view>组件配合文本内容标记当前是第几页。在 swiper.wxss 中设置<swiper>和<swiper-item>的高度均为 300rpx，其中<swiper-item>还外加 30 号字体、浅蓝色背景以及行高 300rpx 的样式效果。

图 4-3 中，图(a)为页面初始效果，此时默认显示第 1 页内容；图(b)和图(c)分别显示第 2、3 页内容，由该图可见指示点会随着翻页发生变化。

4.2.4 movable-view

<movable-view>也称为可移动视图容器，该组件可以在页面中拖曳滑动。注意，该组件不能独立使用，必须放在<movable-area>组件中且是直接子节点，否则无效。

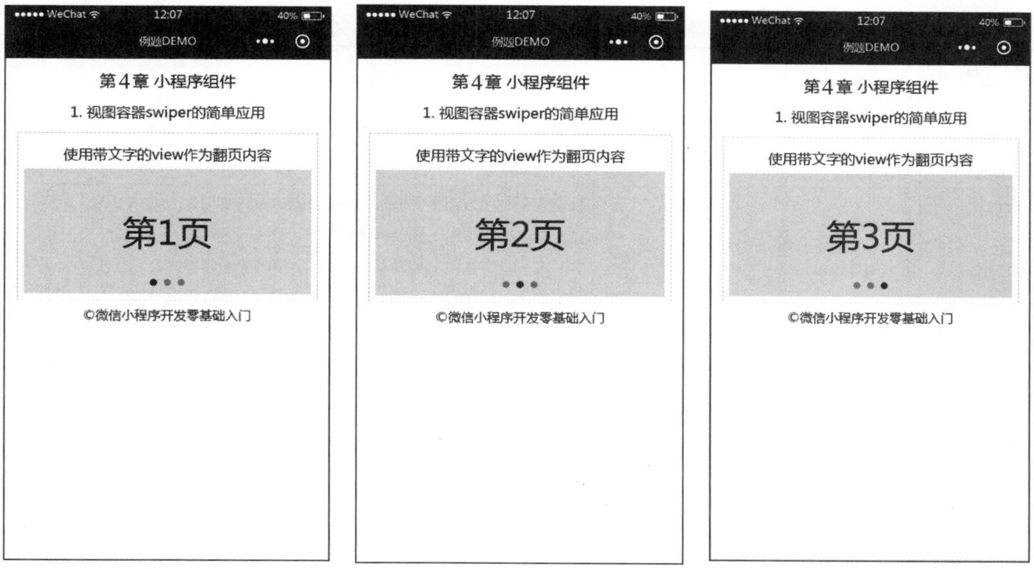

（a）swiper 第 1 页效果　（b）swiper 第 2 页效果　（c）swiper 第 3 页效果

图 4-3　视图容器组件 swiper 的简单应用

<movable-area>组件是<movable-view>的可移动区域范围，其属性如表 4-6 所示。

表 4-6　movable-area 组件属性

属性名	类型	默认值	说　明	最低版本
scale-area	Boolean	false	当里面的 movable-view 设置为支持双指缩放时，设置此值可将缩放手势生效区域修改为整个 movable-area	1.9.90

注意：movable-area 可以自定义 width 和 height 属性，其默认值均为 10px。

<movable-view>组件的属性如表 4-7 所示，该组件支持的最低版本为 1.2.0。

表 4-7　movable-view 组件属性

属性名	类　型	默认值	说　明	最低版本
direction	String	none	movable-view 的移动方向，属性值有 all、vertical、horizontal、none	
inertia	Boolean	false	movable-view 是否带有惯性	
out-of-bounds	Boolean	false	超过可移动区域后，movable-view 是否还可以移动	
x	Number / String		定义 X 轴方向的偏移，如果 x 的值不在可移动范围内，会自动移动到可移动范围；改变 x 的值会触发动画	
y	Number / String		定义 Y 轴方向的偏移，如果 y 的值不在可移动范围内，会自动移动到可移动范围；改变 y 的值会触发动画	
damping	Number	20	阻尼系数，用于控制 x 或 y 改变时的动画和过界回弹的动画，值越大移动越快	
friction	Number	2	摩擦系数，用于控制惯性滑动的动画，值越大摩擦力越大，滑动越快停止；其值必须大于 0，否则会被设置成默认值	
disabled	Boolean	false	是否禁用	1.9.90
scale	Boolean	false	是否支持双指缩放，默认缩放手势生效区域是在 movable-view 内	1.9.90
scale-min	Number	0.5	定义缩放倍数的最小值	1.9.90

续表

属性名	类　　型	默认值	说　　明	最低版本
scale-max	Number	10	定义缩放倍数的最大值	1.9.90
scale-value	Number	1	定义缩放倍数，取值范围为 0.5～10	1.9.90
animation	Boolean	true	是否使用动画	2.1.0
bindchange	EventHandle		拖动过程中触发的事件，event.detail = {x: x, y: y, source: source}，其中 source 表示产生移动的原因，值可以为 touch（拖动）、touch-out-of-bounds（超出移动范围）、out-of-bounds（超出移动范围后的回弹）、friction（惯性）和空字符串（setData）	1.9.90
bindscale	EventHandle		缩放过程中触发的事件，event.detail = {x: x, y: y, scale: scale}，其中 x 和 y 字段在 2.1.0 之后开始支持返回	1.9.90

注意事项如下：

（1）movable-view 必须设置 width 和 height 属性，若不设置默认为 10px。

（2）movable-view 默认为绝对定位，top 和 left 属性值为 0px。

（3）当 movable-view 小于 movable-area 时，movable-view 的移动范围是在 movable-area 内。

（4）当 movable-view 大于 movable-area 时，movable-view 的移动范围必须包含 movable-area（X 轴方向和 Y 轴方向分开考虑）。

扫一扫

视频讲解

【例 4-4】 视图容器组件 **movable-view** 的简单应用。

WXML（pages/demo01/movable-view/movable-view.wxml）的代码片段如下：

```
<view class='title'>1.视图容器 movable-view 的简单应用</view>
<view class='demo-box'>
  <view class='title'>(1)movable-view 在 movable-area 内</view>
  <movable-area>
    <movable-view id='mv01' direction='all'></movable-view>
  </movable-area>
</view>
<view class='demo-box'>
  <view class='title'>(2)movable-view 超出 movable-area</view>
  <movable-area>
    <movable-view id='mv02'direction='all'></movable-view>
  </movable-area>
</view>
<view class='demo-box'>
  <view class='title'>(3)可缩放的 movable-area</view>
  <movable-area scale-area>
    <movable-view id='mv03' direction='all' scale></movable-view>
  </movable-area>
</view>
```

WXSS（pages/demo01/movable-view/movable-view.wxss）的代码片段如下：

```
movable-area{
  width: 150rpx;
  height: 150rpx;
  background-color: lightblue;
  margin: 0 auto;
}
movable-view{
  background-color: red;
}
#mv01,#mv03{
  width: 50rpx;
  height: 50rpx;
```

```
}
#mv02{
  width: 180rpx;
  height: 180rpx;
}
```

程序运行效果如图 4-4 所示。

【代码说明】

本示例包含了 3 组效果，即<movable-view>的尺寸在<movable-area>范围内、<movable-view>的尺寸大于<movable-area>的范围、<movable-view>的尺寸可缩放。在 movable-view.wxss 中设置<movable-area>统一样式为宽/高均为 150rpx、浅蓝色背景；设置<movable-view>统一样式为红色背景，且第 1 组和第 3 组中的<movable-view>宽/高均为 50rpx、第 2 组中的<movable-view>宽/高均为 180rpx。在 movable-view.wxml 中为<movable-view>使用 direction='all'属性表示允许在各方向移动，特别为第 3 组<movable-view>设置 scale 属性，表示允许放大、缩小。

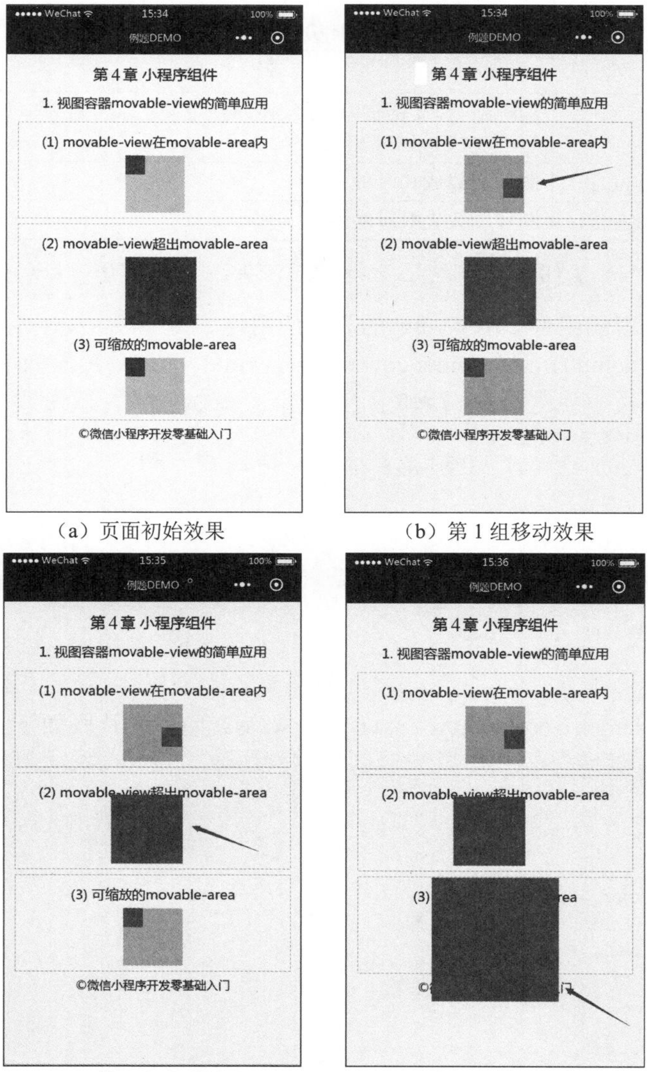

（a）页面初始效果　（b）第 1 组移动效果

（c）第 2 组移动效果　（d）第 3 组放大效果

图 4-4　视图容器组件 movable-view 的简单应用

4.2.5 cover-view

<cover-view>是可覆盖在原生组件上的文本视图容器，可覆盖的原生组件包括 map、video、canvas、camera、live-player、live-pusher 等。其内部只允许嵌套使用<cover-view>、<cover-image>和<button>。该组件的属性如表 4-8 所示。

表 4-8 cover-view 组件属性

属性名	类型	说明	最低版本
scroll-top	Number	设置顶部滚动偏移量，仅在设置了 overflow-y: scroll 成为滚动元素后生效	2.1.0

注意：该组件从 1.4.0 版本开始支持。

<cover-image>是可覆盖在原生组件上的图片视图容器，可覆盖的原生组件与<cover-view>相同。该组件可以直接使用或被嵌套在<cover-view>中，其属性如表 4-9 所示。

表 4-9 cover-image 组件属性

属性名	类型	说明	最低版本
src	String	图标路径，支持临时路径、网络地址（从 1.6.0 版本开始支持），暂不支持 base64 格式	
bindload	EventHandle	图片加载成功时触发	2.1.0
binderror	EventHandle	图片加载失败时触发	2.1.0

扫一扫

视频讲解

注意：官方宣布原生组件目前均已支持同层渲染，建议使用 view 替代 cover-view。

【例 4-5】 视图容器组件 **cover-view** 的简单应用。

WXML（pages/demo01/cover-view/cover-view.wxml）的代码片段如下：

```
<view class='title'>1.视图容器 cover-view 的简单应用</view>
<view class='demo-box'>
  <view class='title'>在地图上放置 cover-view</view>
  <map>
    <cover-view>
      <cover-view>Cover-View</cover-view>
      <cover-image src='/images/demo01/house.png'></cover-image>
      <button type='primary' size='mini'>这是按钮</button>
    </cover-view>
  </map>
</view>
```

WXSS（pages/demo01/cover-view/cover-view.wxss）的代码片段如下：

```
map{
  width: 100%;
  height: 600rpx;
}
cover-view{
  width: 200rpx;
  background-color: lightcyan;
  margin: 0 auto;
}
.cover-image{
  width: 100rpx;
  height: 100rpx;
  margin: 0 auto;
}
```

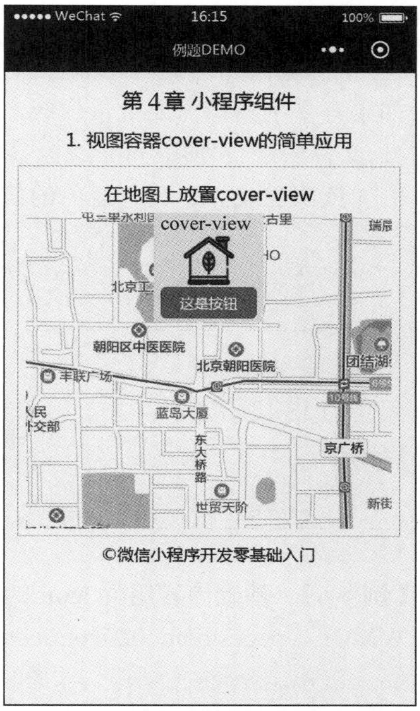

图 4-5　视图容器组件 cover-view 的简单应用

程序运行效果如图 4-5 所示。

【代码说明】

本示例在 cover-view.wxml 中放置了一个<map>组件用于显示默认地图画面，并在其内部放置了一个<cover-view>用于覆盖在地图上方。在这个<cover-view>内部放置了<cover-view>、<cover-image>和<button>组件，分别用于显示自定义内容的文本、图片和按钮效果。由图 4-5 可见，<cover-view>所包含的内容可以覆盖在<map>组件上方正确显示。

4.3　基础内容组件

基础内容组件主要包含 4 种，如表 4-10 所示。

表 4-10　基础内容组件

组 件 名 称	说　　明
icon	图标组件
text	文本组件
rich-text	富文本组件
progress	进度条组件

4.3.1　icon

<icon>为图标组件，开发者可以自定义其类型、大小和颜色。该组件对应的属性如表 4-11 所示。

表 4-11　icon 组件属性

属　性　名	类　　型	默　认　值	说　　明
type	String	none	图标的类型
size	Number	23	图标的大小，单位为 px
color	Color	无	图标的颜色，例如 color="red"

不同 type 属性值对应的样式如表 4-12 所示。

表 4-12　icon 组件的 type 属性值对应的样式

type 属性值	图标样式	说　　明
success		成功图标，用于表示操作顺利完成，也出现在多选控件中，表示已经选中
success_no_circle		不带圆圈样式的成功图标，用于表示操作顺利完成，也出现在单选控件中，表示已经选中
info		提示图标，用于表示信息提示
warn		警告图标，用于提醒需要注意的事件
waiting		等待图标，用于表示事务正在处理中
cancel		取消图标，用于表示关闭或取消
download		下载图标，用于表示可以下载
search		搜索图标，用于表示可搜索
clear		清空图标，用于表示清除内容

例如声明一个红色、40 像素大小的警告图标，WXML 代码如下：

```
<icon type="warn" size="40" color="red"></icon>
```

如果有多个图标需要批量生成，可以事先在对应的 JS 文件中用 data 记录数据，然后在 WXML 文件中配合使用<block>标签。

例如依次生成红、黄、蓝色的信息图标，WXML 代码如下：

```
<view>
  <block wx:for="{{iconColor}}">
    <icon type="info" color="{{item}}"/>
  </block>
</view>
```

此时配套的 JS 代码如下：

```
Page({
  data: {
    iconColor: ['red', 'yellow', 'blue']
})
```

扫一扫

视频讲解

【例 4-6】 基础内容组件 icon 的简单应用。

WXML（pages/demo02/icon/icon.wxml）的代码片段如下：

```
<view class='title'>2.基础组件 icon 的简单应用</view>
<view class='demo-box'>
  <view class='title'>(1)内容的变化</view>
  <block wx:for='{{iconType}}'>
    <icon type="{{item}}" size='36' wx:key='index' />
  </block>
</view>
<view class='demo-box'>
  <view class='title'>(2)颜色的变化</view>
  <block wx:for="{{iconColor}}">
    <icon type="info" color="{{item}}" size='36' wx:key='index' />
  </block>
</view>
<view class='demo-box'>
  <view class='title'>(3)大小的变化</view>
  <block wx:for="{{iconSize}}">
    <icon type="info" size="{{item}}" wx:key=
     'index' />
  </block>
</view>
```

JS（pages/demo02/icon/icon.js）的代码片段如下：

```
Page({
  data: {
    iconType: ['success', 'success_no_circle',
      'info', 'warn', 'waiting', 'cancel',
      'download', 'search', 'clear'],
    iconColor:['red','orange','yellow',
      'green','cyan','blue','purple'],
   iconSize:[20,25,30,35,40,45,50]
  },
```

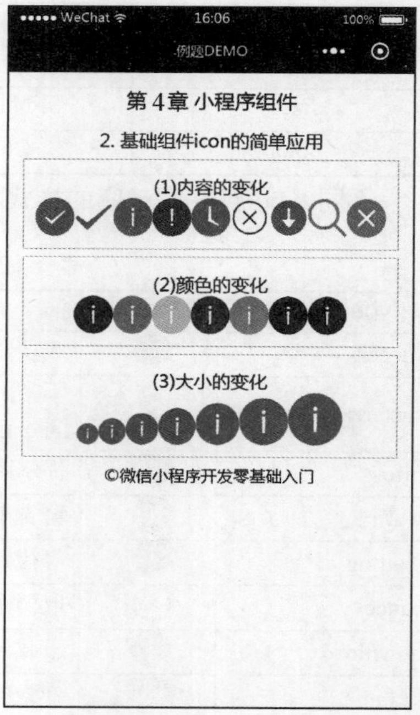

图 4-6　基础内容组件 icon 的简单应用

程序运行效果如图 4-6 所示。

【代码说明】

本示例在 icon.js 的 data 中设置了 3 个数组，即 iconType、iconColor、iconSize，分别用于记录图标的类型、图标的颜色和图标的大小；在 icon.wxml 中使用<block>标签配合 wx:for 循环实现批量生成多个标签组件的效果。由图 4-6 可见，图标的类型、颜色和大小均可以自由变化。

4.3.2 text

text 为文本组件，该组件对应的属性如表 4-13 所示。

表 4-13 text 组件属性

属性名	类型	默认值	说明	最低版本
user-select	Boolean	false	文本是否可选	1.1.0
space	String	false	显示连续空格	1.4.0
decode	Boolean	false	是否解码	1.4.0

例如生成一个内容可选的文本组件，代码如下：

```
<text user-select>这一段测试文本</text>
```

space 属性值的具体介绍如表 4-14 所示。

表 4-14 text 组件的 space 属性值

值	说明
ensp	中文字符空格一半大小
emsp	中文字符空格大小
nbsp	根据字体设置的空格大小

注意事项如下：

（1）decode 可以解析的有 、<、>、&、'、 、 。

（2）各个操作系统的空格标准并不一致。

（3）<text/>组件内只支持<text/>嵌套。

（4）除了文本节点以外的其他节点都无法长按选中。

【例 4-7】 基础内容组件 text 的简单应用。

WXML（pages/demo02/text/text.wxml）的代码片段如下：

```
<view class='title'>2.基础组件 text 的简单应用</view>
<view class='demo-box'>
  <view class='title'>(1)文本可选</view>
  <text user-select>这是一段长按可以选择的文本内容。</text>
</view>
<view class='demo-box'>
  <view class='title'>(2)空格显示形式</view>
  <text>这段代码      不允许连续显示空格。</text>
  <text space='ensp'>这段代码      中文字符空格一半大小。</text>
  <text space='emsp'>这段代码      中文字符空格大小。</text>
  <text space='nbsp'>这段代码      根据字体设置的空格大小。</text>
</view>
<view class='demo-box'>
  <view class='title'>(3)文本解码</view>
  <text>无法解析  &lt; &gt; &amp; &apos;    </text>
  <text decode>可以解析  &lt; &gt; &amp; &apos;    </text>
</view>
```

WXSS（pages/demo02/text/text.wxss）的代码如下：

```
text{
  margin: 15rpx;
  padding: 15rpx;
```

扫一扫

视频讲解

```
  border: 1rpx solid silver;
  display: block;
  font-size: 10pt;
}
```

程序运行效果如图 4-7 所示。

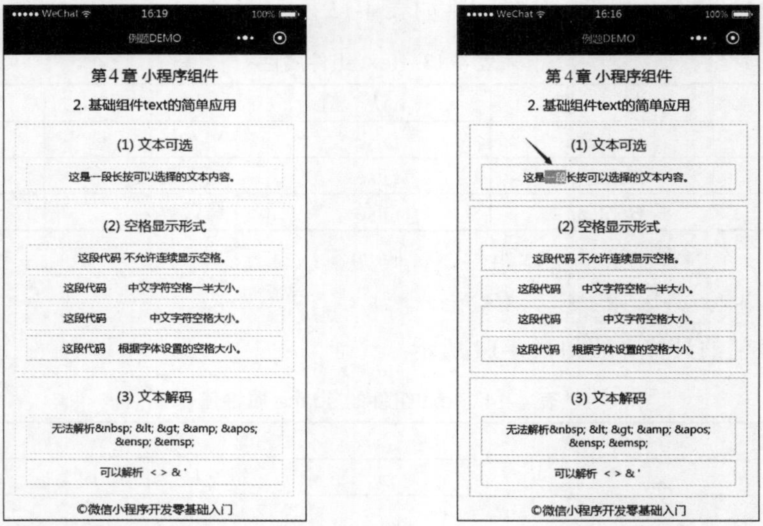

（a）页面初始效果　　（b）长按可选择第一段文本内容

图 4-7　基础内容组件 text 的简单应用

【代码说明】

本示例在 text.wxml 中放置了 3 组案例，即文本可选、空格显示形式和文本解码。其中，第 1 组使用 user-select 属性实现了<text>文本内容可选效果；第 2 组包含了 4 个<text>组件，分别用于验证同样的 4 个连续中文空格的显示效果；第 3 组包含了两个<text>组件，分别用于验证特殊符号（ 、<、>、&、'、 、 ）的解码效果。

为了更清晰地显示效果，在 text.wxss 中为<text>组件设置了内/外边距为 15rpx、带有 1rpx 宽的银色实线边框、块级元素显示以及 10 号字的样式。

4.3.3　rich-text

<rich-text>为富文本组件，该组件对应的属性如表 4-15 所示。

表 4-15　rich-text 组件属性

属　性	类　型	默 认 值	说　明	最 低 版 本
nodes	Array / String	[]	节点列表/HTML String	1.4.0

注意：该组件由基础库 1.4.0 开始支持，低版本需要做兼容处理。

例如在 WXML 中声明一个富文本组件，代码如下：

```
<rich-text nodes='{{nodes}}'></rich-text>
```

其中，{{nodes}}为自定义名称的变量，用于定义 HTML 内容。

如果是用纯字符串（String 类型）描述 HTML 代码，在 JS 中表示如下：

```
Page({
  data: {
     nodes:'<div style="line-height: 60px; color: red;">Hello World!</div>'
```

```
  }
})
```

上述代码表示声明一个<div>元素，里面的文字内容是“Hello World!”，并且该元素的行高为 60 像素（HTML 不支持 rpx 单位，如果使用会无效）、字体为红色。其运行效果如图 4-8 所示。

需要注意的是，官方声明 nodes 属性推荐使用 Array 类型，这是由于<rich-text>组件会将 String 类型转换为 Array 类型，所以在内容比较多的时候性能会有所下降。

图 4-8　基础内容组件 rich-text 的简单应用

Array 类型目前支持两种节点，分别为元素节点（node）和文本节点（text），支持的事件有 tap、touchstart、touchmove、touchcancel、touchend 和 longtap。

1 元素节点

当 type='node'时为元素节点效果，相关属性如表 4-16 所示。

表 4-16　元素节点（type='node'）属性一览表

属　性	说　明	类型	必　填	备　注
name	标签名	String	是	支持部分受信任的 HTML 节点
attrs	属性	Object	否	支持部分受信任的属性，遵循 PASCAL 命名法
children	子节点列表	Array	否	结构与 node 一致

注意：元素节点为默认效果，可以省略 type 类型不写。

2 文本节点

当 type='text'时为文本节点效果，相关属性如表 4-17 所示。

表 4-17　文本节点（type='text'）属性

属　性	说　明	类　型	必　填	备　注
text	文本	String	是	支持 entities

注意：文本节点不支持样式效果，只用于显示纯文本内容，但可以与元素节点配合使用。

因此，上面的例子可以重新用数组（Array 类型）描述，将 JS 代码改写如下：

```
Page({
  data: {
    nodes: [{
      name: 'div',
      attrs: {
        style: 'line-height: 60px; color: red;'
      },
      children: [{
        type: 'text',
        text: 'Hello World!'
      }]
    }]
  }
})
```

这里将元素节点与文本节点配合使用，使用元素节点的 attrs 属性声明样式、使用文本节点的 text 属性声明文字内容，其运行结果与改写前完全一样。需要注意的是，元素节点全局支持 class 和 style 属性，但不支持 id 属性。

上面的示例使用了 HTML 中的 div 元素，除此之外还有 42 个 HTML 常用标签可以被识别。受信任的 HTML 节点及其属性如表 4-18 所示。

表 4-18　受信任的 HTML 节点及其属性

受信任的节点	说　明	属　性
a	超链接	
abbr	缩写	
b	粗体字	
blockquote	长的引用	
br	换行符	
code	计算机代码文本	
col	表格中的一个或多个列	span、width
colgroup	表格中供格式化的列组	span、width
dd	列表中的项目描述	
del	被删除文本	
div	块区域，文档中的节	
dl	定义列表	
dt	定义列表中的项目	
em	强调文本	
fieldset	围绕表单中元素的边框	
h1～h6	标题	
hr	水平线	
i	斜体字	
img	图像	alt、src、height、width
ins	被插入文本	
label	标签	
legend	fieldset 元素的标题	
li	列表的项目	
ol	有序列表	start、type
p	段落	
q	短的引用	
span	文本区域，文档中的节	
strong	粗体字，强调文本	
sub	下标文本	
sup	上标文本	
table	表格	width
tbody	表格的主体内容	
td	表格中的单元格	colspan、height、rowspan、width
tfoot	表格中的脚注内容	
th	表格中的表头单元格	colspan、height、rowspan、width
thead	表格中的表头内容	
tr	表格中的行	
ul	无序列表	

扫一扫

视频讲解

【例 4-8】 基础内容组件 **rich-text** 的简单应用。

WXML（pages/demo02/rich-text/rich-text.wxml）的代码片段如下：

```
<view class='title'>2.基础组件 rich-text 的简单应用</view>
<view class='demo-box'>
  <view class='title'>(1)元素节点（使用 style 样式）</view>
  <rich-text nodes='{{nodes01}}'></rich-text>
</view>
<view class='demo-box'>
```

```
  <view class='title'>(2)元素节点（使用 class 样式）</view>
  <rich-text nodes='{{nodes02}}'></rich-text>
</view>
<view class='demo-box'>
  <view class='title'>(3)文本节点</view>
  <rich-text nodes='{{nodes03}}'></rich-text>
</view>
```

JS（pages/demo02/rich-text/rich-text.js）的代码片段如下：

```
Page({
  data: {
    nodes01: [{
      name: 'div',
      attrs: {
        style: 'line-height: 60px; color: red; font-weight: bold'
      },
       children: [{
        type: 'text',
        text: 'Hello World!'
      }]
    }],
    nodes02: [{
      name: 'div',
      attrs: {
        class: 'myStyle'
      },
      children: [{
        type: 'text',
        text: 'Hello World!'
      }]
    }],
    nodes03:'<div style="line-height: 60px; color: red;font-weight: bold">
    Hello World!</div>'
  },
```

WXSS（pages/demo02/rich-text/rich-text.wxss）的代码如下：

```
.myStyle{
  color:red;
  line-height: 60px;
  font-weight: bold;
}
```

图 4-9　基础内容组件 rich-text 的简单应用

程序运行效果如图 4-9 所示。

【代码说明】

本示例在 rich-text.wxml 中放置了 3 组案例，即元素节点（使用 style 样式）、元素节点（使用 class 样式）和文本节点，均用于实现同一种元素样式（<div>元素、行高 60 像素、红色加粗字体）。

其中，第 1 组在 JS 中使用 style 属性实现元素样式；第 2 组在 JS 中使用 class 属性自定义 myStyle 元素样式，并且在 WXSS 中对 myStyle 进行完善；第 3 组直接使用 String 类型实现元素样式。

由图 4-9 可见，这 3 种不同的表述方式可以实现完全一样的运行效果。

4.3.4 progress

progress 为进度条组件，该组件对应的属性如表 4-19 所示。

表 4-19 progress 组件属性

属 性 名	类 型	默 认 值	说 明	最低版本
percent	Float	无	百分比 0～100	
show-info	Boolean	false	在进度条右侧显示百分比	
stroke-width	Number	6	进度条线的宽度，单位为 px	
color	Color	#09bb07	进度条的颜色（请使用 activeColor）	
activeColor	Color		已选择的进度条的颜色	
backgroundColor	Color		未选择的进度条的颜色	
active	Boolean	false	进度条从左往右的动画	
active-mode	String	backwards	backwards 为动画从头播放；forwards 为动画从上次结束点接着播放	1.7.0

例如声明一个目前正处于 80%刻度，并且宽 20px 的进度条组件，WXML 代码如下：

扫一扫

视频讲解

```
<progress  percent="80"  stroke-width="20"/ >
```

【例 4-9】 基础内容组件 **progress** 的简单应用。

WXML（pages/demo02/progress/progress.wxml）的代码片段如下：

```
<view class='title'>2.基础组件 progress 的简单应用</view>
<view class='demo-box'>
  <view class='title'>(1)进度条右侧显示百分比</view>
  <progress percent='25' show-info />
</view>
<view class='demo-box'>
  <view class='title'>(2)线条宽度为 20px 的进度条</view>
  <progress percent='50' stroke-width='20' />
</view>
<view class='demo-box'>
  <view class='title'>(3)自定义颜色的进度条</view>
  <progress percent='80' activeColor='red' />
</view>
<view class='demo-box'>
  <view class='title'>(4)带有动画效果的进度条</view>
  <progress percent='100' active />
</view>
```

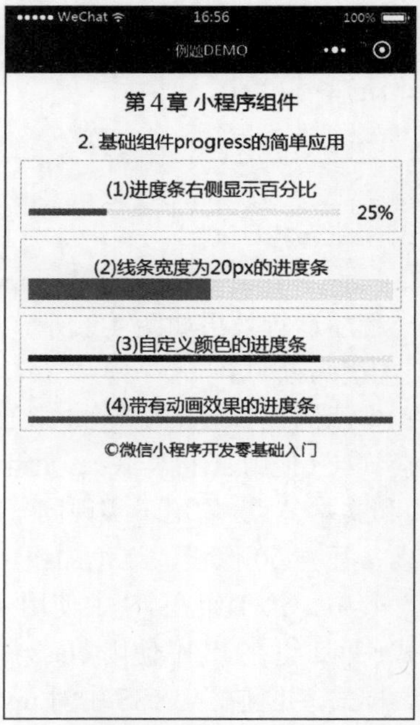

图 4-10 基础内容组件 progress 的简单应用

程序运行效果如图 4-10 所示。

【代码说明】

本示例依次列举了 4 种进度条的情况，即进度条右侧显示百分比、线条宽度为 20px 的进度条、自定义颜色的进度条、带有动画效果的进度条。需要注意的是，用户只能使用 activeColor 属性自定义进度条的选中颜色，单独使用 color 属性将无效。

4.4 表单组件

表单组件主要有 12 种，如表 4-20 所示。

表 4-20 表单组件

组件名称	说明
button	按钮组件
checkbox	复选框组件
input	输入框组件
label	标签组件
form	表单组件
picker	从底部弹起的滚动选择器
picker-view	嵌入页面的滚动选择器
radio	单选框组件
slider	滑动条组件
switch	开关选择器
textarea	文本框组件
editor	富文本编辑器组件

4.4.1 button

<button>为按钮组件，该组件对应的常用属性如表 4-21 所示。

表 4-21 button 组件的常用属性

属性名	类型	默认值	说明	最低版本
size	String	default	按钮的大小	
type	String	default	按钮的样式类型	
plain	Boolean	false	按钮是否镂空，背景色透明	
disabled	Boolean	false	是否禁用	
loading	Boolean	false	名称前是否带 loading 图标	
form-type	String		用于<form>组件，单击分别会触发<form>组件的 submit/reset 事件	
open-type	String		微信开放能力	1.1.0
hover-class	String	button-hover	指定按钮按下去的样式类。当 hover-class="none" 时，没有单击态效果	
hover-stop-propagation	Boolean	false	指定是否阻止本节点的祖先节点出现单击态	1.5.0
hover-start-time	Number	20	按住后多久出现单击态，单位为 ms	
hover-stay-time	Number	70	手指松开后单击态保留的时间，单位为 ms	

注意： hover-class 的属性值 button-hover 默认为{background-color: rgba(0,0,0,0.1); opacity: 0.7;}。

size 属性的有效值如下。

- default：默认值，按钮宽度与手机屏幕宽度相同。
- mini：迷你型按钮，按钮尺寸、字号都比普通按钮小。

例如：

```
<button size='default'>普通按钮</button>
<button size='mini'>迷你按钮</button>
```

其效果如图 4-11 所示。

type 属性的有效值如下。

- primary：主要按钮，按钮为绿色效果。
- default：默认按钮，按钮为普通的灰白色效果。
- warn：警告按钮，按钮为红色效果。

例如：

```
<button type='primary'>primary 按钮</button>
<button type='default'>default 按钮</button>
<button type='warn'>warn 按钮</button>
```

其效果如图 4-12 所示。

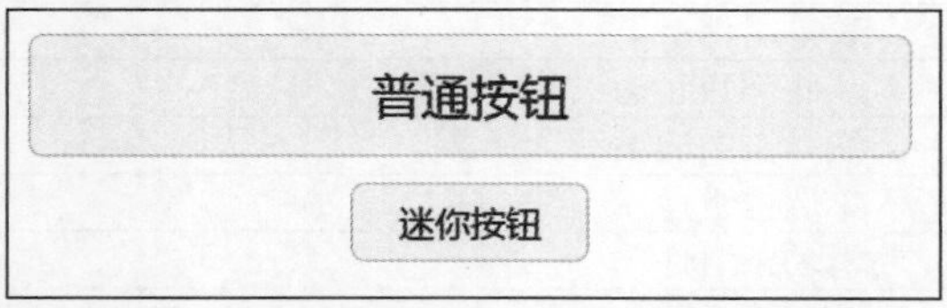

图 4-11　表单组件 button 的 size 属性的简单应用

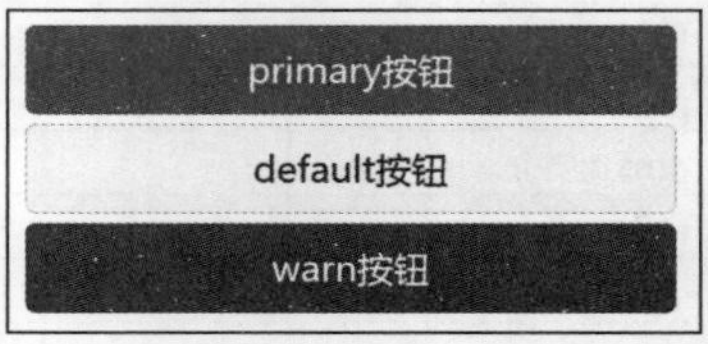

图 4-12　表单组件 button 的 type 属性的简单应用

form-type 属性的有效值如下。

- submit：提交表单。
- reset：重置表单。

例如：

```
<button form-type='submit'>提交按钮</button>
<button form-type='reset'>重置按钮</button>
```

其效果如图 4-13 所示。

需要注意的是，这两款按钮目前只提供了页面样式效果，具体功能需要配合<form>组件一起使用才可生效，详见 4.4.5 节。

open-type 属性的有效值如表 4-22 所示。

图 4-13　表单组件 button 的 form-type 属性的简单应用

表 4-22　button 组件的 open-type 属性值

值	说　明	最低版本
contact	打开客服会话	1.1.0
share	触发用户转发，在使用前建议先阅读使用指南	1.2.0
getUserInfo	获取用户信息，可以从 bindgetuserinfo 回调中获取用户信息	1.3.0
getPhoneNumber	获取用户手机号，可以从 bindgetphonenumber 回调中获取用户信息	1.2.0
launchApp	打开 App，可以通过 app-parameter 属性设定向 App 传的参数的具体说明	1.9.5
openSetting	打开授权设置页	2.0.7
feedback	打开“意见反馈”页面，用户可提交反馈内容并上传日志，开发者可以在登录小程序管理后台后进入左侧菜单“客服反馈”页面获取反馈内容	2.1.0

<button>组件还有一系列属性需要配合对应的 open-type 属性值才可生效，相关属性如表 4-23 所示。

表 4-23 button 组件的 open-type 相关属性

属 性 名	类 型	说 明	生效时机	最低版本
lang	String	指定返回用户信息的语言,zh_CN 为简体中文,zh_TW 为繁体中文,en 为英文。其默认值为 en	open-type="getUserInfo"	1.3.0
bind getuserinfo	Handler	用户单击该按钮时会返回获取的用户信息,回调的 detail 数据与 wx.getUserInfo()返回的一致	open-type="getUserInfo"	1.3.0
session-from	String	会话来源	open-type="contact"	1.4.0
send-message-title	String	会话内消息卡片的标题,默认值为当前标题	open-type="contact"	1.5.0
send-message-path	String	会话内消息卡片单击时跳转的小程序路径,默认值为当前分享路径	open-type="contact"	1.5.0
send-message-img	String	会话内消息卡片的图片,默认值为截图	open-type="contact"	1.5.0
show-message-card	Boolean	显示会话内消息卡片,默认值为 false	open-type="contact"	1.5.0
bindcontact	Handler	客服消息回调	open-type="contact"	1.5.0
bindgetphonenumber	Handler	获取用户手机号回调	open-type="getPhoneNumber"	1.2.0
app-parameter	String	打开 App 时向 App 传递的参数	open-type="launchApp"	1.9.5
binderror	Handler	当使用开放能力时发生错误时回调	open-type="launchApp"	1.9.5
bindopen setting	Handler	在打开授权设置页后回调	open-type="openSetting"	2.0.7

扫一扫

视频讲解

【例 4-10】 表单组件 button 的简单应用。

WXML（pages/demo03/button/button.wxml）的代码片段如下:

```
1. <view class='title'>3.表单组件 button 的简单应用</view>
2. <view class='demo-box'>
3.   <view class='title'>(1)迷你按钮</view>
4.   <button type='primary' size='mini'>主要按钮</button>
5.   <button type='default' size='mini'>次要按钮</button>
6.   <button type='warn' size='mini'>警告按钮</button>
7. </view>
8. <view class='demo-box'>
9.   <view class='title'>(2)按钮状态</view>
10.  <button>普通按钮</button>
11.  <button disabled>禁用按钮</button>
12.  <button loading>加载按钮</button>
13.</view>
14.<view class='demo-box'>
15.  <view class='title'>(3)按钮单击监听</view>
16.  <button type='primary' bindtap='sayHello'>点我试试</button>
17.</view>
```

JS（pages/demo03/button/button.js）的代码片段如下:

```
1. Page({
2.   sayHello: function () {
3.     console.log('你好! Hello! ')
```

```
  }
})
```

WXSS（pages/demo03/button/button.wxss）的代码如下：

```
button{
  margin:10rpx;
}
```

程序运行效果如图 4-14 所示。

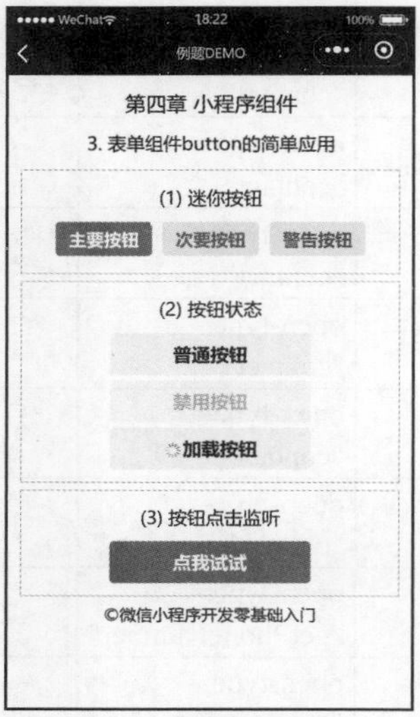

（a）页面初始效果

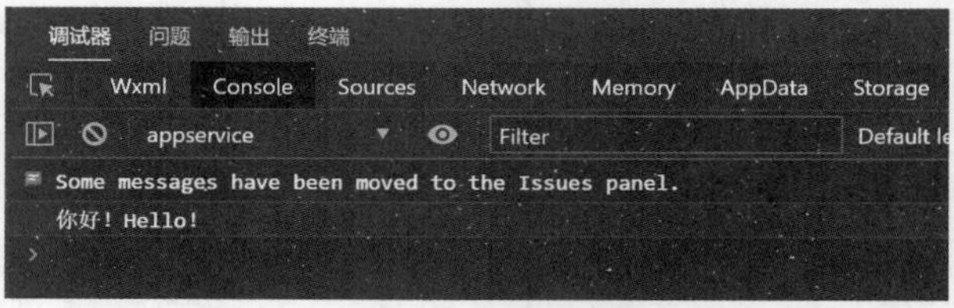

（b）单击按钮后在 Console 控制台获得当前微信用户信息

图 4-14　表单组件 button 的简单应用

【代码说明】

在 button.wxml 中设置了 3 组效果，分别是迷你按钮、普通按钮的不同状态、点击按钮获得用户信息。其中，第 1 组使用 size='mini'实现了迷你按钮效果；第 2 组分别使用 disabled 和 loading 属性实现按钮禁用和加载动画效果；第 3 组为按钮追加了点击事件 bindtap，然后使用了自定义函数 sayHello()输出问候语句。在 button.js 中设置了 sayHello()函数的具体内容，即将“你好！ Hello！”字样打印输出到 Console 控制台中。

图 4-14 中，图(a)是页面初始效果，其中第 2 组中的 loading 属性会在按钮文字内容左边形成一个加载滚动的动画效果图标；图(b)为点击了第 3 组中的按钮后的效果，此时会触发 sayHello()函数，并且在 Console 控制台打印输出问候语句。

4.4.2　checkbox

<checkbox>为多选项目组件，往往需要与<checkbox-group>多项选择器组件配合使用，其中，<checkbox-group>首尾标签之间可以包含若干个<checkbox>组件。

<checkbox-group>组件只有一个属性，如表 4-24 所示。

表 4-24　<checkbox-group>组件属性

属性名称	类　型	说　明	备　注
bindchange	EventHandle	当内部<checkbox>组件选中与否发生改变时触发 change 事件	携带值为 event.detail={value:[被选中 checkbox 组件 value 值的数组]}

<checkbox>组件的属性如表 4-25 所示。

表 4-25　<checkbox>组件属性

属性名称	类　型	说　明	备　注
value	String	组件所携带的标识值	当<checkbox-group>的 change 事件被触发时携带该值
checked	Boolean	是否选中该组件	其默认值为 false
disabled	Boolean	是否禁用该组件	其默认值为 false
color	Color	组件的颜色	与 css 中的 color 效果相同

例如：

```
<checkbox-group>
  <checkbox value='apple' checked />苹果
  <checkbox value='banana' disabled />香蕉
  <checkbox value='grape' />葡萄
  <checkbox value='lemon' />柠檬
</checkbox-group>
```

其效果如图 4-15 所示。

图 4-15　表单组件 checkbox 的简单应用

由图 4-15 可见，“苹果”选项是默认被选中状态，“香蕉”选项是禁止选择状态，其他选项为未选中状态。

扫一扫

视频讲解

【例 4-11】 表单组件 **checkbox** 的简单应用。

WXML（pages/demo03/checkbox/checkbox.wxml）的代码片段如下：

```
<view class='title'>3.表单组件 checkbox 的简单应用</view>
<view class='demo-box'>
  <view class='title'>使用数组批量生成选项</view>
  <checkbox-group bindchange='checkboxChange'>
    <view wx:for='{{checkboxItems}}' wx:key='index'>
      <checkbox value='{{item.value}}' checked='{{item.checked}}' />{{item.name}}
    </view>
  </checkbox-group>
</view>
```

JS（pages/demo03/checkbox/checkbox.js）的代码片段如下：

```
Page({
  data: {
    checkboxItems: [
      { name: '苹果', value: 'apple' },
      { name: '橙子', value: 'orange', checked: 'true' },
      { name: '梨子', value: 'pear' },
      { name: '草莓', value: 'strawberry' },
      { name: '香蕉', value: 'banana' },
      { name: '葡萄', value: 'grape' },
    ]
  },
  checkboxChange:function(e) {
    console.log('checkbox 发生变化，被选中的值是：'+ e.detail.value)
  }
})
```

程序运行效果如图 4-16 所示。

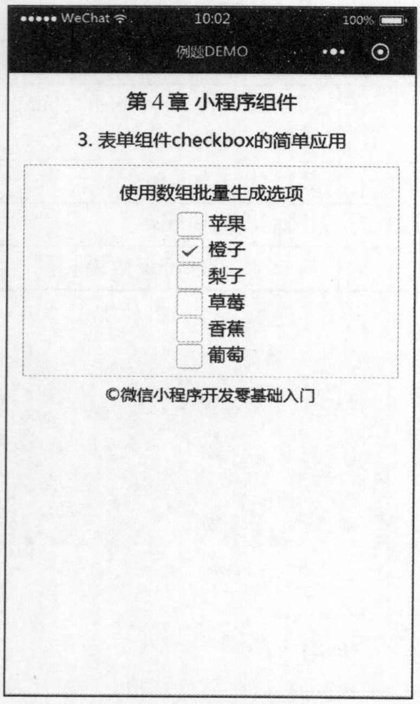

（a）页面初始状态

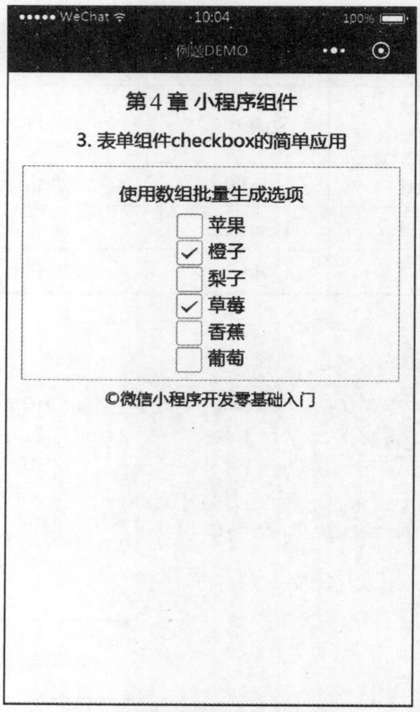

（b）多个选项被选中状态

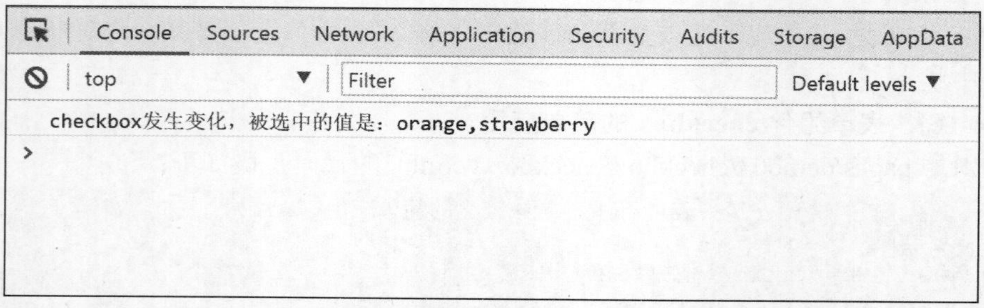

（c）多个选项被选中时 Console 输出的内容

图 4-16　表单组件 checkbox 的简单应用

【代码说明】

在 checkbox.js 的 data 中设置了一个数组 checkboxItems，用于记录多选选项的名称(name)、值(value)以及初始的选中状态(checked)。在 checkbox.wxml 中使用<checkbox-group>标签形成多选组，并在其内部使用<view>标签配合 wx:for 循环实现批量生成多个 checkbox 组件的效果。

为达到监听选项改变的目的，在<checkbox-group>标签上添加属性 bindchange，其属性值 checkboxChange 为自定义函数名称。然后在 checkbox.js 中追加该函数的具体内容，即每次被触发都在 Console 控制台打印输出最新选中的所有值。

图 4-16 中，由图(a)可见页面初始显示效果成功识别了选项的名称和选中状态（默认“橙子”选项为选中效果）；由图(b)可见允许手动进行多选；图(c)为 Console 控制台输出的内容，由该图可见当选项被改变时会自动输出所有被选中的值。

4.4.3　input

<input>为输入框组件，其属性如表 4-26 所示。

表 4-26　<input>组件属性

属 性 名	类　　型	默 认 值	说　　明
value	String		输入框的初始内容
type	String	"text"	input 的类型
password	Boolean	false	是否为密码类型
placeholder	String		输入框为空时的占位符
placeholder-style	String		指定 placeholder 的样式
placeholder-class	String	"input-placeholder"	指定 placeholder 的样式类
disabled	Boolean	false	是否禁用
maxlength	Number	140	最大输入长度，设置为-1 时不限制最大长度
cursor-spacing	Number	0	指定光标与键盘的距离，单位为 px，取 input 与底部的距离和 cursor-spacing 指定距离的最小值作为光标与键盘的距离
auto-focus	Boolean	false	自动聚焦，拉起键盘（即将废弃，请直接使用 focus）
focus	Boolean	false	获取焦点
confirm-type	String	"done"	设置键盘右下角按钮的文字（最低版本为 1.1.0）
confirm-hold	Boolean	false	单击键盘右下角按钮时是否保持键盘不收起（最低版本为 1.1.0）
cursor	Number		指定 focus 时的光标位置（最低版本为 1.5.0）
selection-start	Number	−1	光标的起始位置，在自动聚集时有效，需要与 selection-end 搭配使用（最低版本为 1.9.0）
selection-end	Number	−1	光标的结束位置，在自动聚集时有效，需要与 selection-start 搭配使用（最低版本为 1.9.0）
adjust-position	Boolean	true	键盘弹起时是否自动上推页面（最低版本为 1.9.90）
bindinput	EventHandle		键盘输入时触发，event.detail = {value, cursor, keyCode}，keyCode 为键值，从 2.1.0 版本起支持，处理函数可以直接返回一个字符串，将替换输入框的内容
bindfocus	EventHandle		输入框聚焦时触发，event.detail = { value, height }，height 为键盘高度，从基础库 1.9.90 起支持
bindblur	EventHandle		输入框失去焦点时触发，event.detail = {value: value}
bindconfirm	EventHandle		单击“完成”按钮时触发，event.detail = {value: value}

type 属性的有效值如下。

- text：文本输入键盘。
- number：数字输入键盘。
- idcard：身份证输入键盘。
- digit：带小数点的数字键盘。

例如：

```
<input type='text' />
<input type='number' />
<input type='idcard ' />
<input type='digit' />
```

其效果如图 4-17 所示。

图 4-17 中，图(a)为 type='text'的键盘效果，此时是文本输入画面；图(b)为 type='number'的键盘效果，此时是纯数字 0～9，不带有小数点的；图(c)为 type='idcard'的键盘效果，此时是文本输入画面；图(d)为 type='digit'的键盘效果，此时是纯数字 0～9，并且带有小数点符号。

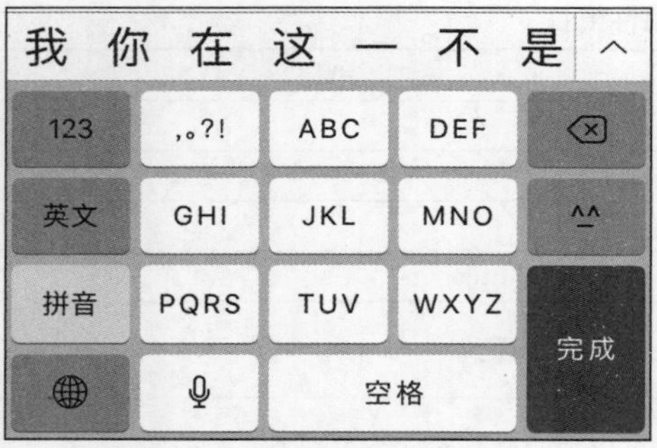

（a）<input type='text'>键盘效果

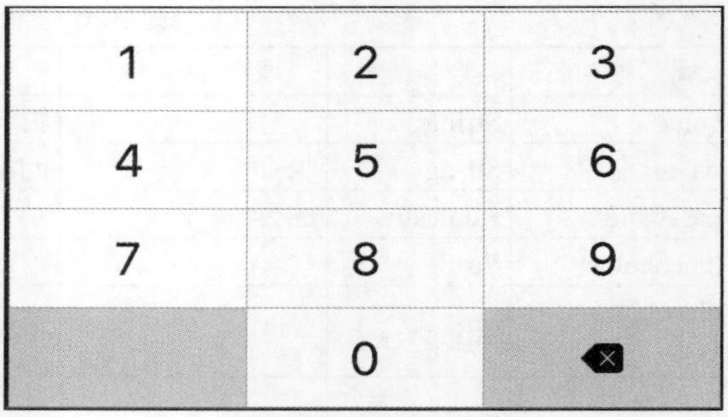

（b）<input type='number'>键盘效果

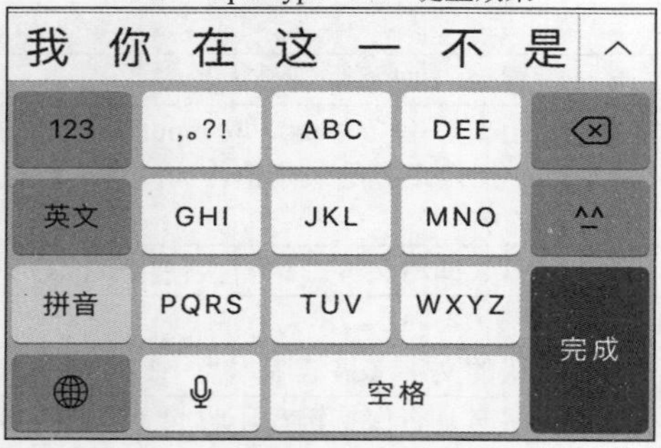

（c）<input type='idcard'>键盘效果

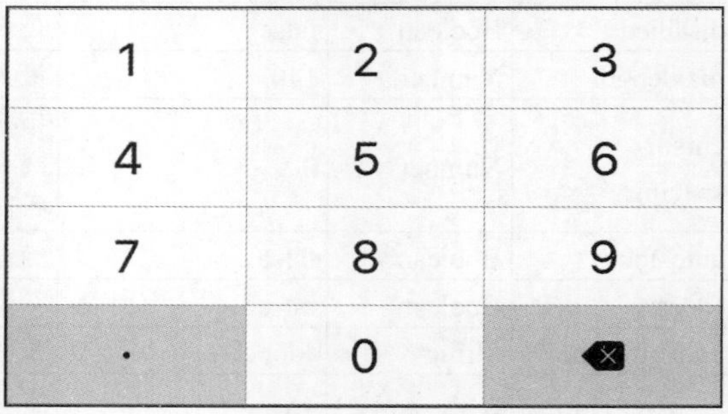

（d）<input type='digit'>键盘效果

图 4-17 表单组件 input 的 type 属性的简单应用

confirm-type 属性的有效值如下。

- send：右下角显示“发送”按钮。
- search：右下角显示“搜索”按钮。
- next：右下角显示“下一项”按钮。
- go：右下角显示“前往”按钮。
- done：右下角显示“完成”按钮。

例如：

```
<input confirm-type='send' />
<input confirm-type='search' />
<input confirm-type='next' />
<input confirm-type='go' />
<input confirm-type='done' />
```

其效果如图 4-18 所示。

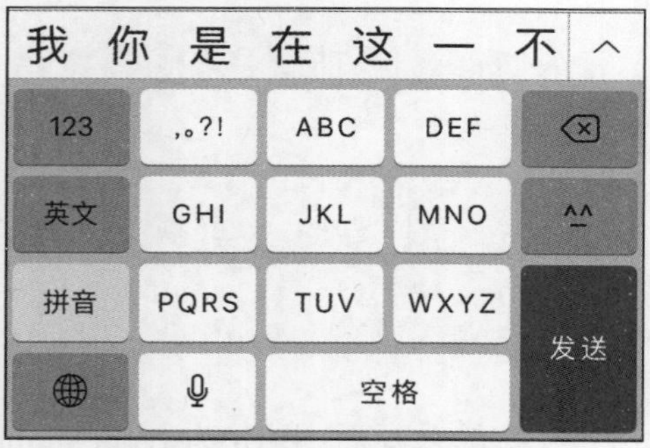

（a）<input confirm-type='send'>键盘效果

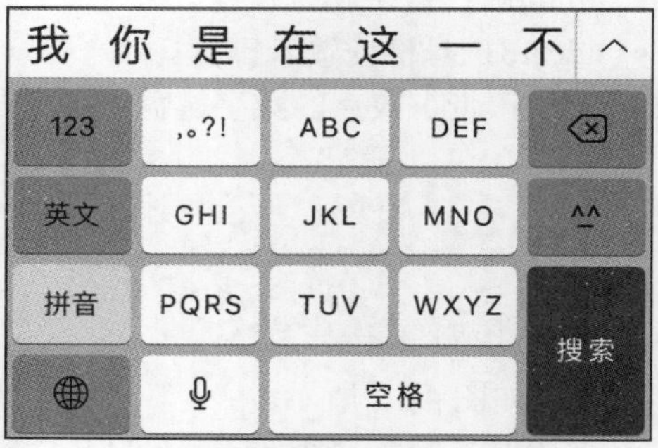

（b）<input confirm-type='search'>键盘效果

图 4-18 表单组件 input 的 confirm-type 属性的简单应用

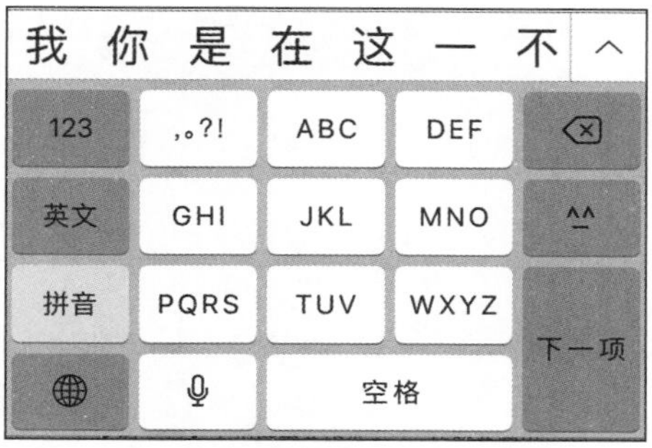

（c）<input confirm-type='next'>键盘效果

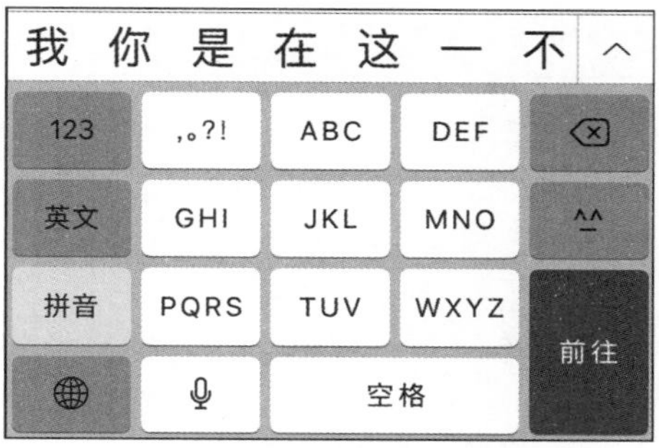

（d）<input confirm-type='go'>键盘效果

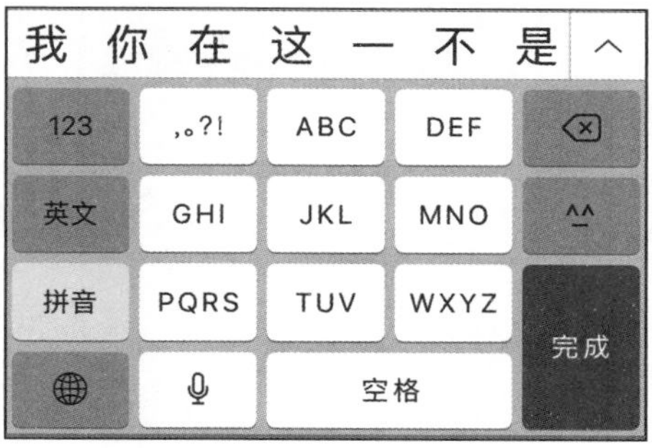

（e）<input confirm-type='done'>键盘效果

图 4-18　（续）

由图 4-18 可见，confirm-type 属性的不同值会导致输入键盘右下角的按钮发生改变。需要注意的是，该属性的最终表现与手机输入法本身的实现有关，部分 Android 系统的输入法和第三方输入法可能不支持或不完全支持。

扫一扫

视频讲解

【例 4-12】 表单组件 **input** 的简单应用。

WXML（pages/demo03/input/input.wxml）的代码片段如下：

```
<view class='title'>3.表单组件 input 的简单应用</view>
<view class='demo-box'>
  <view class='title'>(1)密码输入框</view>
  <input password placeholder='请输入密码' />
</view>
<view class='demo-box'>
  <view class='title'>(2)最大字符长度限制为 10</view>
  <input type='text' maxlength='10' placeholder='这里最多只能输入 10 个字' />
</view>
<view class='demo-box'>
  <view class='title'>(3)禁用输入框</view>
  <input disabled placeholder='该输入框已被禁用' />
</view>
<view class='demo-box'>
  <view class='title'>(4)自定义 placeholder 样式</view>
  <input placeholder-style='color:red;font-weight:bold' placeholder='自定
  义样式'/>
</view>
<view class='demo-box'>
  <view class='title'>(5)输入框事件监听</view>
```

```
<input bindinput='getInput' bindblur='getBlur' placeholder='这里输入内容将被监听'/>
</view>
```

JS（pages/demo03/input/input.js）的代码片段如下：

```
Page({
  getBlur: function(e) {
    console.log("getBlur 触发，文本框失去焦点，当前值为："+e.detail.value);
  },
  getInput: function(e) {
    console.log("getInput 触发，输入框内容发生改变，当前值为："+e.detail.value);
  }
})
```

程序运行效果如图 4-19 所示。

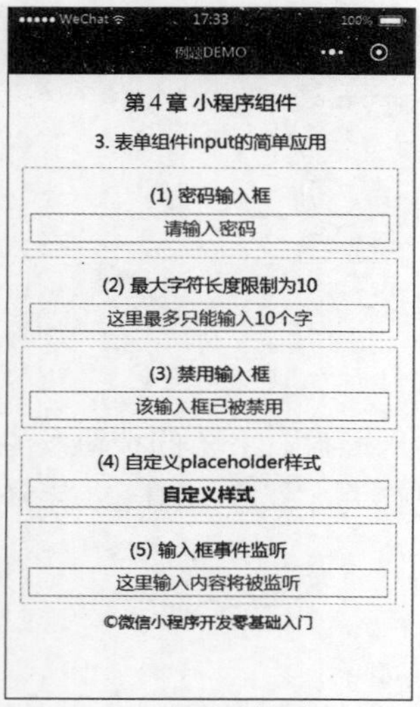

（a）页面初始状态

（b）分别输入内容

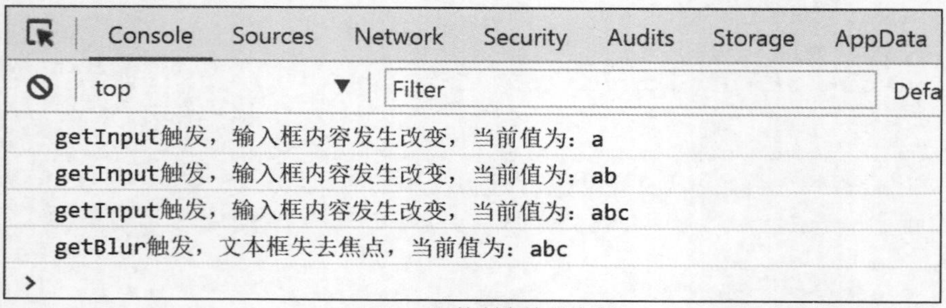

（c）Console 控制台输出内容

图 4-19　表单组件 input 的简单应用

【代码说明】

本示例包含了 5 组效果，即密码输入框、最大字符长度限制为 10、禁用输入框、自定义 placeholder 样式以及输入框事件监听。在 input.wxml 中对第 1～4 组的<input>组件分别使用 password、maxlength、disabled 和 placeholder-style 属性实现效果。第 5 组使用了 bindinput 和 bindblur 属性分别绑定输入事件和失去焦点事件，在 input.js 中对应的自定义函数是 getBlur() 和 getInput()。

4.4.4　label

<label>标签用来改进表单组件的可用性，使用 for 属性找到对应的 id，或者将控件放在该标签下，单击时会触发对应的控件。该组件对应的属性如表 4-27 所示。

表 4-27　<label>组件属性

属 性 名	类　型	说　明
for	String	绑定控件的 id

注意： 目前可以绑定的控件有<button>、<checkbox>、<radio>、<switch>。

这里以多选框<checkbox>为例，使用<label>标签的 for 属性的代码如下：

```
<checkbox-group>
    <checkbox id='apple' value='apple' checked />
    <label for='apple'>苹果</label>
</checkbox-group>
```

用户也可以将<checkbox>组件直接放在<label>内：

```
<checkbox-group>
    <label>
        <checkbox value='apple' checked />苹果
    </label>
</checkbox-group>
```

上述两种做法的效果完全相同，当用户单击文字内容时就会自动选中对应的控件。

需要注意的是，for 的优先级高于内部控件，当内部有多个控件时默认触发第一个控件。

扫一扫

视频讲解

【例 4-13】 表单组件 label 的简单应用。

WXML 的代码片段如下：

```
<view class='title'>3.表单组件 label 的简单应用</view>
<view class='demo-box'>
  <view class='title'>(1)使用 for 属性绑定 id</view>
  <checkbox-group>
    <checkbox id='apple' value='apple' checked />
    <label for='apple'>苹果</label>
    <checkbox id='grape' value='grape' />
    <label for='grape'>葡萄</label>
    <checkbox id='lemon' value='lemon' />
    <label for='lemon'>柠檬</label>
  </checkbox-group>
</view>
<view class='demo-box'>
  <view class='title'>(2)控件直接放在 label 内部</view>
  <checkbox-group>
    <label>
      <checkbox value='apple' checked />苹果
    </label>
    <label>
      <checkbox value='grape' />葡萄
    </label>
    <label>
      <checkbox value='lemon' />柠檬
    </label>
  </checkbox-group>
</view>
```

程序运行效果如图 4-20 所示。

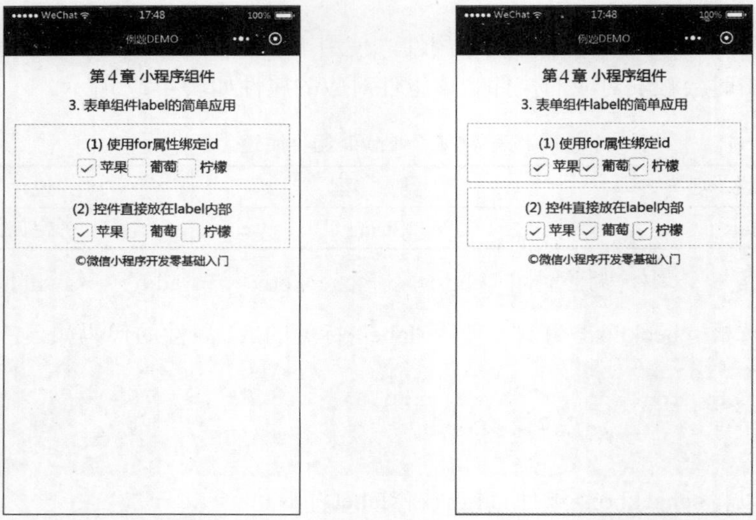

（a）页面初始效果　　（b）单击选项文字即可选中选项

图 4-20　表单组件 label 的简单应用

【代码说明】

在 label.wxml 中设置了两组效果，即使用 for 属性绑定 id、直接将控件放到 label 组件的内部。这两组效果均使用<checkbox>完成，由图 4-20 可见两种情况的效果相同，均为单击文字即可选中对应的选项。

4.4.5　form

<form>为表单组件，需要与其他表单组件配合使用。其中，<form>首尾标签之间可以包含若干个供用户输入或选择的表单组件以及“提交”按钮。

<form>组件允许提交的内部表单组件值如下。

- <switch>：开关选择器。
- <input>：输入框组件。
- <checkbox>：多项选择器。
- <slider>：滑动选择器。
- <radio>：单项选项器。
- <picker>：滚动选择器。

<form>组件有 3 个属性，如表 4-28 所示。

表 4-28　<form>组件属性

属性名称	类　型	说　明	备　注
report-submit	Boolean	是否返回 formId	formId 用于发送模板消息
bindsubmit	EventHandle	提交表单数据时触发 submit 事件	携带值为： event.detail={value:{'name':'value'},formId:''}
bindreset	EventHandle	表单被重置时触发 reset 事件	

注意：表单中携带数据的组件（例如输入框）必须带有 name 属性值，否则无法识别提交内容。

扫一扫

视频讲解

【例 4-14】 表单组件 form 的简单应用。

WXML（pages/demo03/form/form.wxml）的代码片段如下：

```
<view class='title'>3.表单组件 form 的简单应用</view>
<view class='demo-box'>
  <view class='title'>模拟用户登录效果</view>
  <form bindsubmit='onSubmit' bindreset='onReset'>
    <input name='username' type='text' placeholder='请输入用户名'></input>
    <input name='password' password placeholder='请输入密码'></input>
    <button size='mini' form-type='submit'>提交</button>
    <button size='mini' form-type='reset'>重置</button>
  </form>
</view>
```

JS（pages/demo03/form/form.js）的代码片段如下：

```
Page({
  onSubmit: function(e) {
    console.log('表单被提交：');
    console.log(e.detail.value);
  },
  onReset: function(e) {
    console.log('表单已被重置。');
  },
})
```

WXSS（pages/demo03/form/form.wxss）的代码如下：

```
input,button{
  margin: 15rpx;
}
input{
  border: 1rpx solid silver;
  height: 60rpx;
}
```

程序运行效果如图 4-21 所示。

（a）页面初始效果　（b）输入用户名和密码　（c）单击“重置”按钮后

图 4-21　表单组件 form 的简单应用

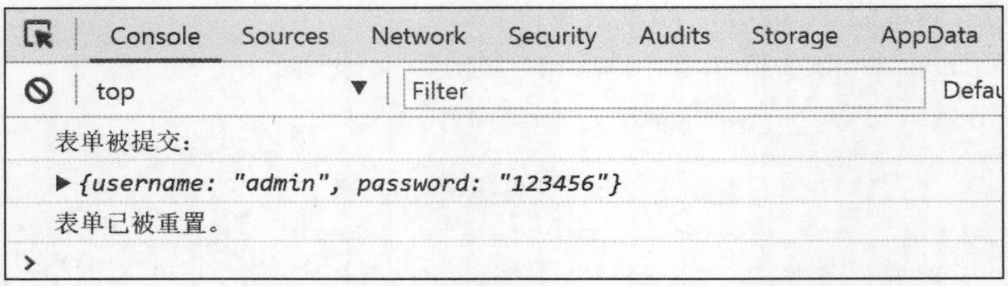

（d）表单被提交和重置后的 Console 控制台输出内容

图 4-21 （续）

【代码说明】

在 form.wxml 中包含了一个<form>组件，并为其绑定监听事件 bindsubmit='onSubmit'和 bindreset='onReset'，分别用于监听表单的提交和重置动作。在<form>组件内部放置了两个<input>标签，根据属性值不同（type='text'和 password）分别用于输入用户名和密码。在<input>标签后面放置了两个<button>标签，根据 form-type 值不同（form-type='submit'和 form-type='reset'）分别用于提交和重置表单。在 form.wxss 文件中设置<input>和<button>的外边距为 10rpx 宽，并为<input>加上 1rpx 宽的银色实线边框。在 form.js 中设置自定义函数 onSubmit()和 onReset()触发后的具体内容，即在 Console 控制台打印输出提示语句。

图 4-21 中，图（a）是页面初始效果；图（b）是输入用户名与密码后的效果；图（c）是单击“重置”按钮后的效果，由该图可见将恢复到页面初始效果；图(d)是分别单击“提交”和“重置”按钮后 Console 控制台的 3 行输出内容，其中第 1、2 行是单击“提交”按钮后的提示语句，由该图可见用户输入的用户名和密码将在提交时被获取，第 3 行是单击“重置”按钮后的提示语句。

4.4.6 picker

<picker>是从底部弹起的滚动选择器组件，目前根据 mode 属性值的不同共支持 5 种选择器，分别是普通选择器、多列选择器、时间选择器、日期选择器、省市区选择器。若省略 mode 值不写，其默认效果是普通选择器。

1 普通选择器

当 mode='selector'时为普通选择器效果，相关属性如表 4-29 所示。

表 4-29 <picker mode='selector'>组件属性

属性名	类 型	默认值	说 明	最低版本
range	Array/Object Array	[]	当 mode 为 selector 或 multiSelector 时，range 有效	
range-key	String		当 range 是一个 Object Array 时，通过 range-key 来指定 Object 中 key 的值作为选择器显示内容	
value	Number	0	value 的值表示选择了 range 中的第几个（下标从 0 开始）	
bindchange	EventHandle		value 改变时触发 change 事件，event.detail = {value: value}	
disabled	Boolean	false	是否禁用	
bindcancel	EventHandle		取消选择或单击遮罩层收起 picker 时触发	1.9.90

例如自定义一个简易的普通选择器，其 WXML 代码片段如下：

```
<picker mode='selector' range='{{selectorItems}}' bindchange='selectorChange'>
    <view>当前选择:{{selector}}</view>
</picker>
```

在 WXML 代码中，'{{selectorItems}}'是选项数组，bindchange='selectorChange'是选项改变时会触发的函数，{{selector}}是用于显示选项内容的变量，该数组、函数以及变量名称均为自定义。

对应的 JS 代码片段如下：

```
Page({
  data: {
    selectorItems:['苹果','香蕉','葡萄']
  },
  selectorChange: function(e) {
    let i=e.detail.value;                          //获得选项的数组下标
    let value=this.data.selectorItems[i];          //获得选项的值
    this.setData({selector:value});                //将选项名称更新到 WXML 页面上
  }
})
```

开发者可以自由更改数组内容和元素个数，运行效果如图 4-22 所示。

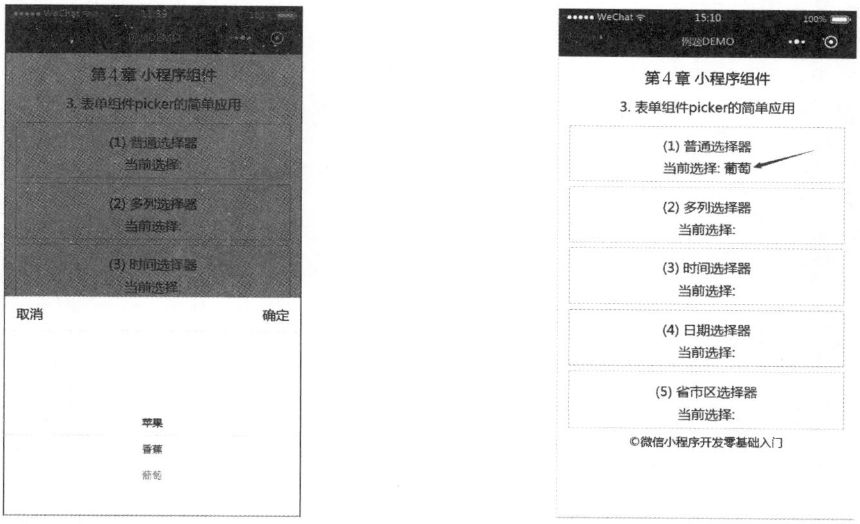

（a）单击普通选择器后的效果　　（b）选择并确定后的效果

图 4-22　表单组件 picker 的普通选择器的简单应用

2 多列选择器

当 mode='multiSelector'时为多列选择器效果（最低版本为 1.4.0），相关属性如表 4-30 所示。

表 4-30　<picker mode='multiSelector'>组件属性

属 性 名	类 型	默认值	说 明	最低版本
range	二维 Array/二维 Object Array	[]	当 mode 为 selector 或 multiSelector 时 range 有效。二维数组，长度表示多少列，数组的每项表示每列的数据，例如[["a","b"], ["c","d"]]	
range-key	String		当 range 是一个二维 Object Array 时，通过 range-key 来指定 Object 中 key 的值作为选择器显示内容	

续表

属 性 名	类　　型	默认值	说　　明	最低版本
value	Array	[]	value 每一项的值表示选择了 range 对应项中的第几个（下标从 0 开始）	
bindchange	EventHandle		value 改变时触发 change 事件，event.detail = {value: value}	
bindcolumnchange	EventHandle		某一列的值改变时触发 columnchange 事件，event.detail = {column: column, value: value}，column 的值表示改变了第几列（下标从 0 开始），value 的值表示变更值的下标	
bindcancel	EventHandle		取消选择时触发	1.9.90
disabled	Boolean	false	是否禁用	

例如自定义一个简易的多列选择器，其 WXML 代码片段如下：

```
<picker mode='multiSelector' range='{{multiSelectorItems}}' bindchange='multiSelectorChange'>
    <view>当前选择：{{multiSelector}}</view>
</picker>
```

在 WXML 代码中，{{multiSelectorItems}}是选项数组，bindchange='multiSelectorChange'是选项改变时会触发的函数，{{multiSelector}}是用于显示选项内容的变量，该数组、函数以及变量名称均为自定义。

对应的 JS 代码片段如下：

```
Page({
  data: {
  multiSelectorItems: [['罗宋汤', '蘑菇汤'], ['牛排', '猪排', '鱼排'], ['冰淇淋', '鸡蛋布丁']]
},
  multiSelectorChange: function(e) {
    let arrayIndex=e.detail.value;                  //获得选项的数组下标
    let array=this.data.multiSelectorItems;         //获得选项数组
    let value=new Array();                   //声明一个空数组，用于存放最后选择的值
    for(let i=0;i<arrayIndex.length;i++){
      let k=arrayIndex[i];                          //第 i 个数组的元素下标
      let v=array[i][k];                            //获得第 i 个数组的元素值
      value.push(v);                                //向数组中追加新元素
    }
    this.setData({ multiSelector: value });         //将选项名称更新到 WXML 页面上
  }
})
```

开发者可以自由更改数组内容和元素个数，程序运行效果如图 4-23 所示。

3 时间选择器

当 mode='time'时为时间选择器效果，相关属性如表 4-31 所示。

表 4-31　<picker mode='time'>组件属性

属 性 名	类　　型	默认值	说　　明	最低版本
value	String		表示选中的时间，格式为"hh:mm"	
start	String		表示有效时间范围的开始，字符串格式为"hh:mm"	
end	String		表示有效时间范围的结束，字符串格式为"hh:mm"	
bindchange	EventHandle		value 改变时触发 change 事件，event.detail = {value: value}	
bindcancel	EventHandle		取消选择时触发	1.9.90
disabled	Boolean	false	是否禁用	

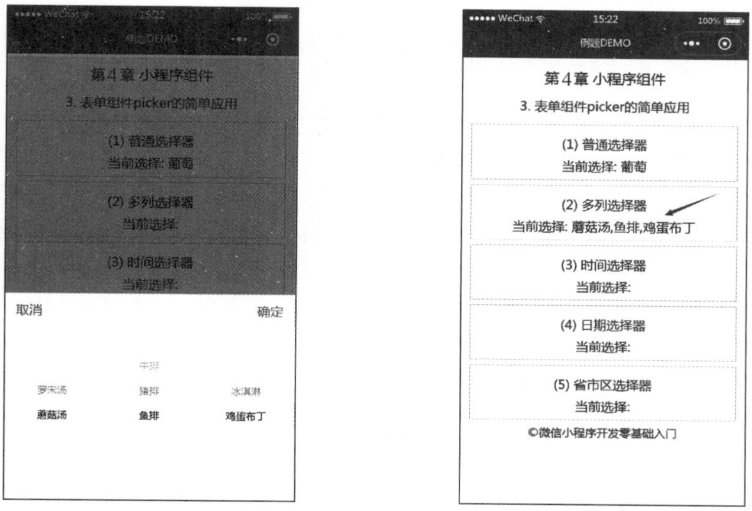

（a）单击多列选择器后的效果　　（b）选择并确定后的效果

图 4-23　表单组件 picker 的多列选择器的简单应用

例如自定义一个简易的时间选择器，其 WXML 代码片段如下：

```
<picker mode='time' bindchange='timeChange'>
    <view>当前选择: {{time}}</view>
</picker>
```

在 WXML 代码中，bindchange='timeChange'是选项改变时会触发的函数，{{time}}是用于显示选项内容的变量，该函数和变量名称均为自定义。

程序对应的 JS 代码片段如下：

```
Page({
  timeChange: function(e) {
    let value=e.detail.value;          //获得选择的时间
    this.setData({ time: value });     //将选项名称更新到 WXML 页面上
  }
})
```

程序运行效果如图 4-24 所示。

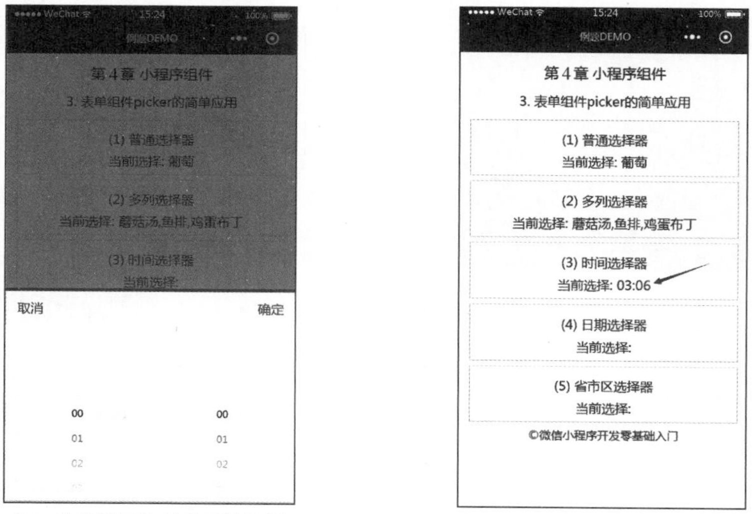

（a）单击时间选择器后的效果　　（b）选择并确定后的效果

图 4-24　表单组件 picker 的时间选择器的简单应用

4 日期选择器

当 mode='date'时为日期选择器效果，相关属性如表 4-32 所示。

表 4-32 <picker mode='date'>组件属性

属 性 名	类 型	默认值	说 明	最低版本
value	String	0	表示选中的日期，格式为"YYYY-MM-DD"	
start	String		表示有效日期范围的开始，字符串格式为"YYYY-MM- DD"	
end	String		表示有效日期范围的结束，字符串格式为"YYYY-MM- DD"	
fields	String	day	有效值为 year、month、day，表示选择器的粒度	
bindchange	EventHandle		当 value 改变时触发 change 事件，event.detail = {value: value}	
bindcancel	EventHandle		取消选择时触发	1.9.90
disabled	Boolean	false	是否禁用	

其中，fields 属性的有效值如下。

- year：选择器粒度为年。
- month：选择器粒度为月份。
- day：选择器粒度为天。

例如自定义一个简易的日期选择器，其 WXML 代码片段如下：

```
<picker mode='date' bindchange='dateChange'>
    <view>当前选择：{{date}}</view>
</picker>
```

在 WXML 代码中，bindchange='dateChange'是选项改变时会触发的函数，{{date}}是用于显示选项内容的变量，该函数和变量名称均为自定义。

对应的 JS 代码片段如下：

```
Page({
  dateChange: function(e) {
    let value=e.detail.value;          //获得选择的日期
    this.setData({ date: value });     //将选项名称更新到 WXML 页面上
  }
})
```

程序运行效果如图 4-25 所示。

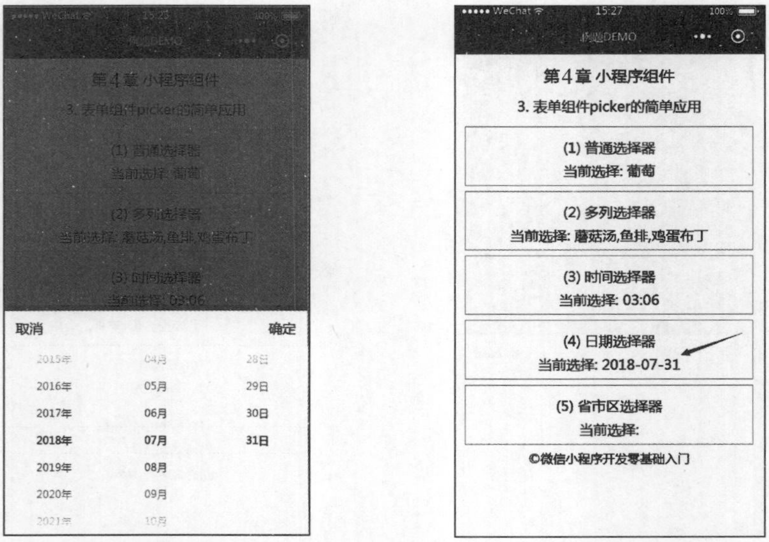

（a）单击日期选择器后的效果　　（b）选择并确定后的效果

图 4-25 表单组件 picker 的日期选择器的简单应用

5 省市区选择器

当 mode='region'时为省市区选择器效果（最低版本为 1.4.0），相关属性如表 4-33 所示。

表 4-33　<picker mode='region'>组件属性

属 性 名	类　型	默认值	说　明	最低版本
value	Array	[]	表示选中的省市区，默认选中每一列的第一个值	
custom-item	String		可为每一列的顶部添加一个自定义的项	1.5.0
bindchange	EventHandle		当 value 改变时触发 change 事件，event.detail = {value: value}	
bindcancel	EventHandle		取消选择时触发	1.9.90
disabled	Boolean	false	是否禁用	

例如自定义一个简易的省市区选择器，其 WXML 代码片段如下：

```
<picker mode='region' bindchange='regionChange'>
    <view>当前选择：{{region}}</view>
</picker>
```

在 WXML 代码中，bindchange='regionChange'是选项改变时会触发的函数，{{region}}是用于显示选项内容的变量，该函数和变量名称均为自定义。

对应的 JS 代码片段如下：

```
Page({
  regionChange: function(e) {
    let value=e.detail.value;          //获得选择的省市区
    this.setData({ region: value }); //将选项名称更新到 WXML 页面上
  }
})
```

注意：这里的 e.detail.value 是一个包含 3 个元素的数组，分别表示省、市、区。

程序运行效果如图 4-26 所示。

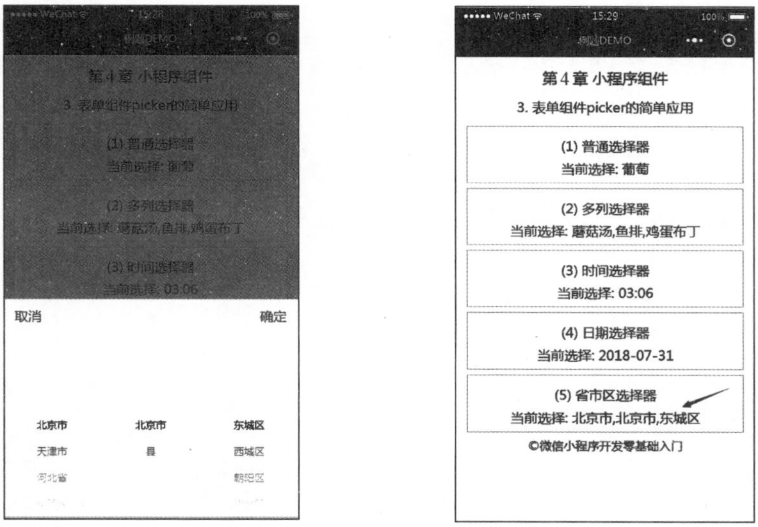

（a）单击省市区选择器后的效果　　（b）选择并确定后的效果

图 4-26　表单组件 picker 的省市区选择器的简单应用

【例 4-15】 表单组件 picker 的简单应用。

扫一扫

视频讲解

WXML（pages/demo03/picker/picker.wxml）的代码片段如下：

```
<view class='title'>3.表单组件 picker 的简单应用</view>
<view class='demo-box'>
  <view class='title'>(1)普通选择器</view>
```

```
  <picker mode='selector' range='{{selectorItems}}' bindchange= 'selectorChange'>
    <view>当前选择: {{selector}}</view>
  </picker>
</view>
<view class='demo-box'>
  <view class='title'>(2)多列选择器</view>
  <picker mode='multiSelector' range='{{multiSelectorItems}}' bindchange= 'multiSelectorChange'>
    <view>当前选择: {{multiSelector}}</view>
  </picker>
</view>
<view class='demo-box'>
  <view class='title'>(3)时间选择器</view>
  <picker mode='time' bindchange='timeChange'>
    <view>当前选择: {{time}}</view>
  </picker>
</view>
<view class='demo-box'>
  <view class='title'>(4)日期选择器</view>
  <picker mode='date' bindchange='dateChange'>
    <view>当前选择: {{date}}</view>
  </picker>
</view>
<view class='demo-box'>
  <view class='title'>(5)省市区选择器</view>
  <picker mode='region' bindchange='regionChange'>
    <view>当前选择: {{region}}</view>
  </picker>
</view>
```

JS（pages/demo03/picker/picker.js）的代码片段如下：

```
Page({
  data: {
    selectorItems:['苹果','香蕉','葡萄'],
    multiSelectorItems: [['罗宋汤', '蘑菇汤'], ['牛排', '猪排', '鱼排'], ['冰淇淋', '鸡蛋布丁']]
  },
  selectorChange: function(e) {
    let i=e.detail.value;                         //获得选项的数组下标
    let value=this.data.selectorItems[i];         //获得选项的值
    this.setData({selector:value});               //将选项名称更新到WXML页面上
  },
  multiSelectorChange: function(e) {
    let arrayIndex=e.detail.value;                //获得选项的数组下标
    let array=this.data.multiSelectorItems;       //获得选项数组
    let value = new Array();                 //声明一个空数组，用于存放最后选择的值
    for(let i=0;i<arrayIndex.length;i++){
      let k=arrayIndex[i];                        //第i个数组的元素下标
      let v=array[i][k];                          //获得第i个数组的元素值
      value.push(v);                              //向数组中追加新元素
    }
    this.setData({ multiSelector: value });       //将选项名称更新到WXML页面上
  },
  timeChange: function(e) {
    let value=e.detail.value;                     //获得选择的时间
    this.setData({ time: value });                //将选项名称更新到WXML页面上
  },
  dateChange: function(e) {
    let value=e.detail.value;                     //获得选择的日期
```

```
    this.setData({ date: value });                    //将选项名称更新到 WXML 页面上
  },
  regionChange: function(e) {
    let value=e.detail.value;                         //获得选择的省市区
    this.setData({ region: value });                  //将选项名称更新到 WXML 页面上
  }
})
```

【代码说明】

本示例是将 5 种选择器的代码汇总而成，因此不再赘述实现过程，运行效果也请读者参照前面的图 4-22～图 4-26。

4.4.7　picker-view

<picker-view>是嵌入页面的滚动选择器，相关属性如表 4-34 所示。

表 4-34　<picker-view>组件属性

属　性　名	类　　型	说　　明	最低版本
value	NumberArray	数组中的数字依次表示 picker-view 内的 picker-view-column 选择的第几项（下标从 0 开始），数字大于 picker-view-column 可选项长度时选择最后一项	
indicator-style	String	设置选择器中间选中框的样式	
indicator-class	String	设置选择器中间选中框的类名	1.1.0
mask-style	String	设置遮罩层的样式	1.5.0
mask-class	String	设置遮罩层的类名	1.5.0
bindchange	EventHandle	当滚动选择，value 改变时触发 change 事件，event.detail = {value: value}；value 为数组，表示 picker-view 内的 picker-view-column 当前选择的是第几项（下标从 0 开始）	

在<picker-view>中需要放置 1～N 个<picker-view-column>表示对应的列选项。需要注意的是，<picker-view-column>仅可放置于<picker-view>中，其子节点的高度会自动设置成与<picker-view>选中框的高度一致。

扫一扫

视频讲解

【例 4-16】 表单组件 picker-view 的简单应用。

WXML（pages/demo03/picker-view/picker-view.wxml）的代码片段如下：

```
<view class='title'>3.表单组件 picker-view 的简单应用</view>
<view class='demo-box'>
  <view class='title'>今日菜单</view>
  <view class='title'>{{menu}}</view>
  <picker-view value='{{value}}' indicator-style='height: 50px;' bindchange=
  'pickerviewChange'>
    <picker-view-column>
      <view class='col' wx:for='{{soup}}' wx:key='index'>{{item}} </view>
    </picker-view-column>
    <picker-view-column>
          <view class='col' wx:for='{{maincourse}}' wx:key='index'>
     {{item}}</view>
        </picker-view-column>
        <picker-view-column>
          <view class='col' wx:for='{{dessert}}' wx:key='index'>
      {{item}}</view>
        </picker-view-column>
      </picker-view>
    </view>
```

WXSS（pages/demo03/picker-view/picker-view.wxss）的代码片段如下：

```
picker-view {
  width: 100%;
  height: 300px;
}
.col {
  line-height: 50px;
}
```

JS（pages/demo03/picker-view/picker-view.js）的代码片段如下：

```
Page({
  data: {
    soup: ['奶油蘑菇汤', '罗宋汤', '牛肉清汤'],
    maincourse: ['煎小牛肉卷', '传统烤羊排', '清煮三文鱼'],
    dessert: ['坚果冰淇淋', '焦糖布丁', '奶酪蛋糕'],
    value:[1,1,1],                //默认每个选项的数组下标
    menu:[]
  },
  pickerviewChange: function(e) {
    let v=e.detail.value;         //获取每个选项的数组下标
    let menu=[];
    menu.push(this.data.soup[v[0]]);
    menu.push(this.data.maincourse[v[1]]);
    menu.push(this.data.dessert[v[2]]);
    this.setData({menu:menu});
  }
})
```

程序运行效果如图 4-27 所示。

【代码说明】

本示例在 picker-view.wxml 中设置了一个<picker-view>组件用于模拟点餐，其内部包含 3 列<picker-view-column>，分别用于显示西餐菜单中的汤、主食和甜点。在每个<picker-view-column>内部均使用<view>组件配合 wx:for 语句循环显示对应的数组选项，分别是{{soup}}、{{maincourse}}和{{dessert}}。另外，为<picker-view>组件绑定了自定义事件监听，即 bindchange='pickerviewChange'，当用户更改了菜单选项时会被触发。

在 picker-view.js 中规定，若 pickerviewChange()函数被触发则获取最新选项列的数组下标，并将结果更新到{{menu}}变量中，最后显示到<picker-view>组件的上方。

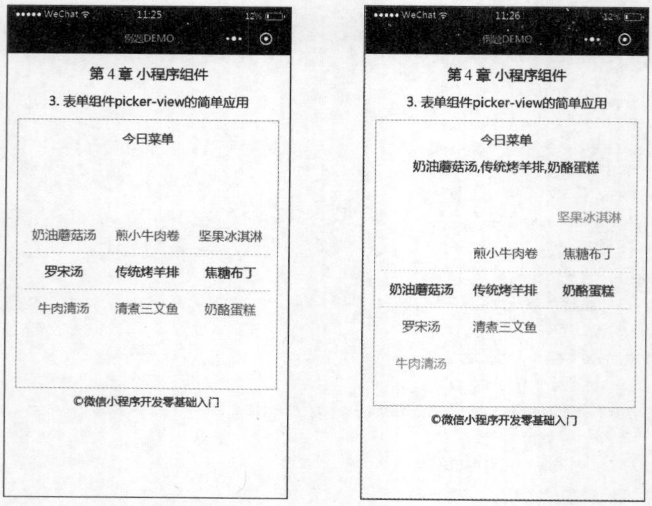

（a）页面初始效果　　（b）菜单更改后的效果

图 4-27　表单组件 picker-view 的简单应用

图 4-27 中，图（a）为页面初始效果，此时默认选中每列的第 2 个选项；图（b）为菜单更改后的效果，由该图可见此时最新选项的内容已经显示到菜单顶端。

4.4.8　radio

<radio>为单选框组件，往往需要与<radio-group>组件配合使用，其中，<radio-group>首尾标签之间可以包含若干个<radio>组件。

<radio-group>组件只有一个属性，如表 4-35 所示。

表 4-35　<radio-group>组件属性

属性名称	类　型	说　明	备　注
bindchange	EventHandle	当内部<radio>组件选中与否发生改变时触发 change 事件	携带值为 event.detail={value: 被选中 radio 组件的 value 值}

<radio>组件的属性如表 4-36 所示。

表 4-36　<radio>组件属性

属性名称	类　型	说　明	备　注
value	String	组件所携带的标识值	当<radio-group>的 change 事件被触发时会携带该值
checked	Boolean	是否选中该组件	默认值为 false
disabled	Boolean	是否禁用该组件	默认值为 false
color	Color	组件的颜色	与 CSS 中的 color 效果相同

例如：

```
<radio-group>
    <radio value='watermelon' checked />西瓜
    <radio value='orange' disabled />橙子
    <radio value='strawberry' />草莓
    <radio value='pineapple' />菠萝
</radio-group>
```

其效果如图 4-28 所示。

图 4-28　表单组件 radio 的简单应用

由图 4-28 可见，“西瓜”选项是默认被选中状态，“橙子”选项是禁止选择状态，其他选项为未选中状态。注意，<radio-group>组件内部不允许多选，一旦选择了其他选项，原先被选中的选项将变回未选中状态。

扫一扫

视频讲解

【例 4-17】　表单组件 radio 的简单应用。

WXML（pages/demo03/radio/radio.wxml）的代码片段如下：

```
<view class='title'>3.表单组件 radio 的简单应用</view>
<view class='demo-box'>
  <view class='title'>使用数组批量生成选项</view>
  <radio-group bindchange='radioChange'>
    <view wx:for='{{radioItems}}' wx:key='index'>
      <radio value='{{item.value}}' checked='{{item.checked}}' />{{item.name}}
    </view>
  </radio-group>
</view>
```

JS（pages/demo03/radio/radio.js）的代码片段如下：

```
Page({
  data: {
    radioItems: [
```

```
      { name: '苹果', value: 'apple' },
      { name: '橙子', value: 'orange', checked: 'true' },
      { name: '梨子', value: 'pear' },
      { name: '草莓', value: 'strawberry' },
      { name: '香蕉', value: 'banana' },
      { name: '葡萄', value: 'grape' }
    ]
  },
  radioChange: function(e) {
    console.log('radio发生变化，被选中的值是：' + e.detail.value)
  }
})
```

程序运行效果如图 4-29 所示。

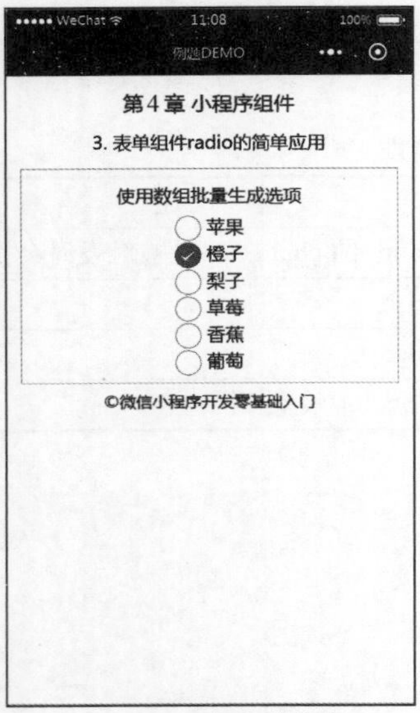

（a）页面初始状态

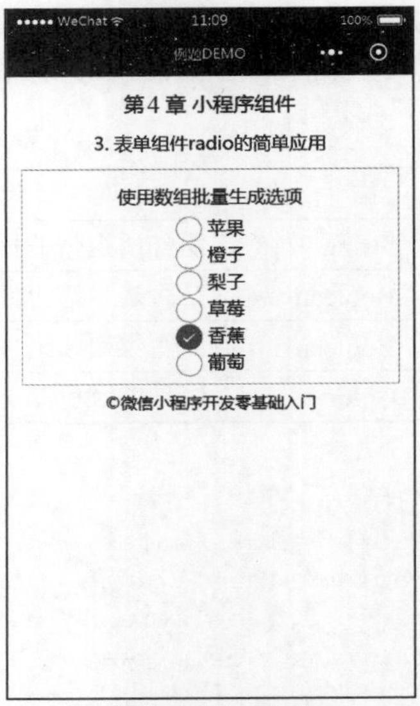

（b）新选项被选中状态

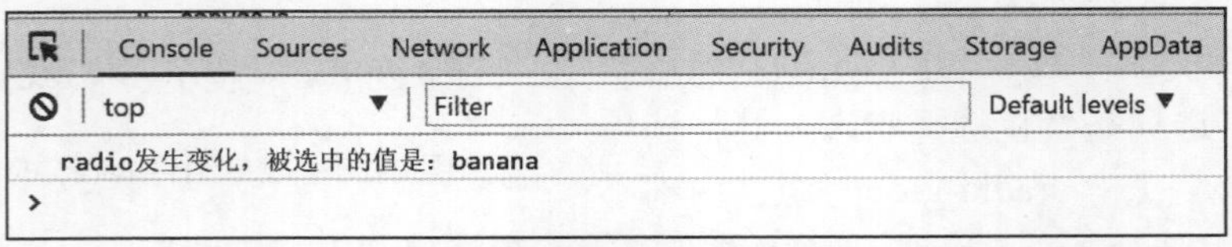

（c）新选项被选中时 Console 输出的内容

图 4-29　表单组件 radio 的简单应用

【代码说明】

在 radio.js 的 data 中设置了一个数组 radioItems，用于记录多选选项的名称（name）、值（value）以及初始的选中状态（checked）。在 radio.wxml 中使用<radio-group>标签形成单选组，并在其内部使用<view>标签配合 wx:for 循环实现批量生成多个 radio 组件的效果。

为达到监听选项改变的目的，在<radio-group>标签上添加属性 bindchange，其属性值 radioChange 为自定义函数名称。然后在 radio.js 中追加该函数的具体内容，即每次被触发都在 Console 控制台打印输出最新选中的所有值。

图 4-29 中，由图（a）可见页面初始显示效果成功识别了选项的名称和选中状态（默认橙子选项为选中效果）；由图（b）可见一旦选了新的选项，原先的选项将自动取消选中状态；图（c）为 Console 控制台的输出内容，由该图可见当选项被改变时会自动输出被选中的值。

4.4.9 slider

<slider>为滑动选择器，该组件对应的属性如表 4-37 所示。

表 4-37 <slider>组件属性

属 性 名	类 型	默认值	说 明	最低版本
min	Number	0	最小值，允许是负数	
max	Number	100	最大值	
step	Number	1	步长，取值必须大于 0，并且可以被（max - min）整除	
disabled	Boolean	false	是否禁用	
value	Number	0	当前取值	
color	Color	#e9e9e9	背景条的颜色（请使用 backgroundColor）	
selected-color	Color	#1aad19	已选择的颜色（请使用 activeColor）	
activeColor	Color	#1aad19	已选择的颜色	
backgroundColor	Color	#e9e9e9	背景条的颜色	
block-size	Number	28	滑块的大小，取值范围为 12～28	1.9.0
block-color	Color	#ffffff	滑块的颜色	1.9.0
show-value	Boolean	false	是否显示当前 value	
bindchange	EventHandle		完成一次拖动后触发的事件，event.detail = {value: value}	
bindchanging	EventHandle		拖动过程中触发的事件，event.detail = {value: value}	1.7.0

例如制作一个自定义滑动条，最小值为 50、最大值为 200，并且在右侧显示当前数值：

```
<slider min="50" max="200" show-value/>
```

其效果如图 4-30 所示。

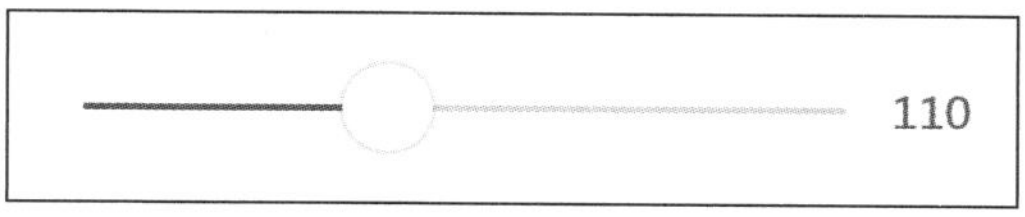

图 4-30 表单组件 slider 的简单应用

滑动条主要是由滑动线条与滑块组成的，滑块左侧的彩色线条为选中的数值范围。滑块越往右移动，所显示的数值就越大。

扫一扫

视频讲解

【例 4-18】 表单组件 **slider** 的简单应用。

WXML（pages/demo03/slider/slider.wxml）的代码片段如下：

```
<view class='title'>3.表单组件 slider 的简单应用</view>
<view class='demo-box'>
  <view class='title'>(1)滑动条右侧显示当前取值</view>
  <slider min='0' max='100' value='50' step='5' show-value />
</view>
<view class='demo-box'>
  <view class='title'>(2)自定义滑动条颜色和滑块样式</view>
  <slider min='0' max='100' value='50' block-size='20' block-color='red'
  activeColor='red' />
</view>
<view class='demo-box'>
  <view class='title'>(3)禁用滑动条（无法改变当前数值）</view>
  <slider min='0' max='100' value='50' disabled />
</view>
```

```
<view class='demo-box'>
  <view class='title'>(4)滑动条事件监听</view>
  <slider min='0' max='100' value='50' bindchange='sliderChange' />
</view>
```

JS（pages/demo03/slider/slider.js）的代码片段如下：

```
Page({
  sliderChange: function(e) {
    console.log('slider 发生变化，当前值是：' + e.detail.value)
  }
})
```

程序运行效果如图 4-31 所示。

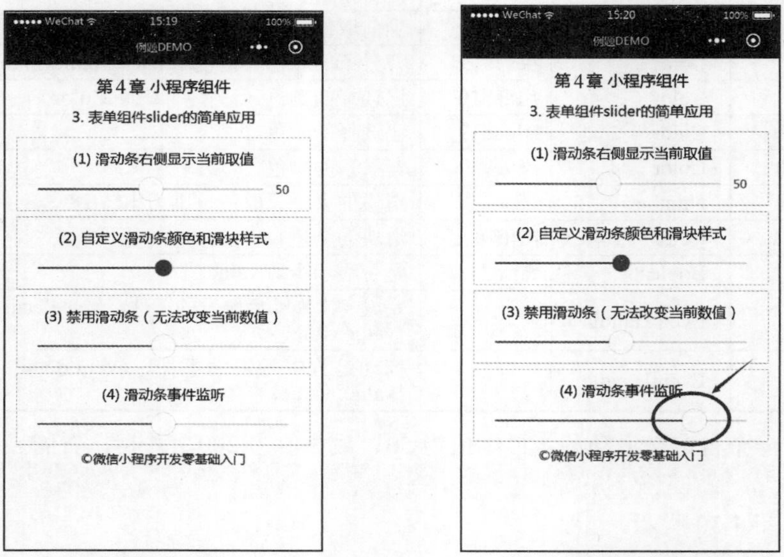

（a）页面初始状态　　（b）第 4 个滑块移动触发监听事件

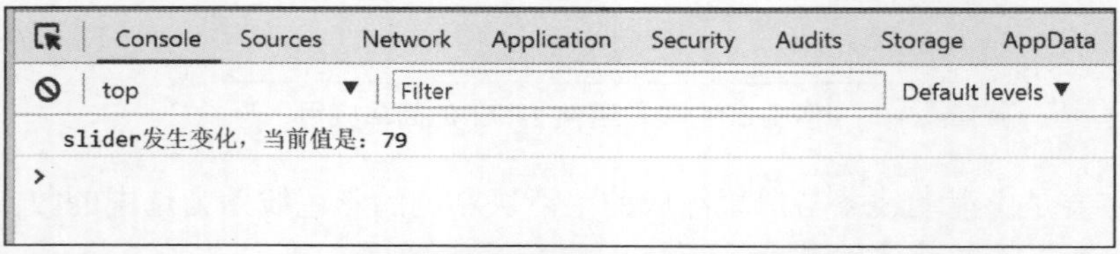

（c）第 4 个滑块移动后 Console 输出的内容

图 4-31　表单组件 slider 的简单应用

【代码说明】

本示例依次列举了 4 种滑动条的情况，即滑动条右侧显示当前取值、自定义滑动条颜色和滑块样式、禁用滑动条（无法改变当前数值）、滑动条事件监听。

图 4-31 中，图（a）是页面初始状态，由该图可见滑动条 1 显示当前取值，滑动条 2 及其滑块的颜色更改为红色，并且滑块的尺寸缩小为 20，滑动条 3 由于被禁用，滑块无法被拖动；图（b）是更改滑动条 4 的滑块位置后的效果图，此时会触发<slider>标签上的 bindchange='sliderChange'事件；图（c）是 sliderChange 事件的运行结果，由该图可见在 Console 控制台上会输出 slider 的最新值。

4.4.10　switch

<switch>为开关选择器，该组件对应的属性如表 4-38 所示。

表 4-38　<switch>组件属性

属　性　名	类　　型	默认值	说　　明
checked	Boolean	false	是否选中
type	String	switch	样式，有效值为 switch、checkbox
bindchange	EventHandle		checked 改变时触发 change 事件，event.detail={value:checked}
color	Color		switch 的颜色，同 CSS 的 color

例如：

```
<switch checked />选中
<switch />没选中
```

其效果如图 4-32 所示。

图 4-32　表单组件 switch 的简单应用

由图 4-32 可见，当按钮在右边时为选中状态，此时选择器为彩色效果；当按钮在左边时为未选中状态，此时选择器为黑白效果。

扫一扫

视频讲解

【例 4-19】 表单组件 **switch** 的简单应用。

WXML（pages/demo03/switch/switch.wxml）的代码片段如下：

```
<view class='title'>3.表单组件 switch 的简单应用</view>
<view class='demo-box'>
  <view class='title'>switch 事件监听</view>
  <switch checked bindchange="switchChange" />
</view>
```

JS（pages/demo03/switch/switch.js）的代码片段如下：

```
Page({
  switchChange: function(e) {
    console.log('switch 发生变化，当前值是：' + e.detail.value)
  }
})
```

程序运行效果如图 4-33 所示。

（a）页面初始状态　　（b）切换 switch 按钮触发监听事件

图 4-33　表单组件 switch 的简单应用

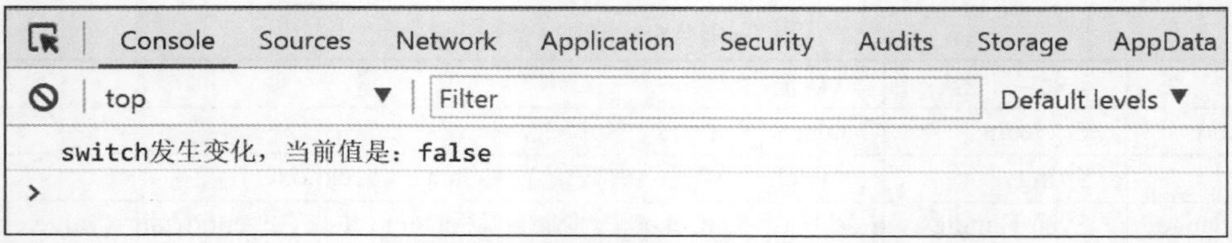

（c）切换 switch 按钮后 Console 输出的内容

图 4-33 （续）

【代码说明】

在 switch.wxml 中使用<switch>标签配合 checked 属性实现默认选中的状态，并绑定自定义单击事件 switchChange。在 switch.js 中描述 switchChange()函数，一旦被触发就在 Console 控制台输出当前 switch 的选择结果。由图 4-33 可见，关闭 switch 开关后 Console 控制台输出 false。

4.4.11 textarea

<textarea>为多行输入框，该组件对应的属性如表 4-39 所示。

表 4-39 <textarea>组件属性

属性名	类型	默认值	说明
value	String		输入框的内容
placeholder	String		输入框为空时的占位符
placeholder-style	String		指定 placeholder 的样式
placeholder-class	String	textarea-placeholder	指定 placeholder 的样式类
disabled	Boolean	false	是否禁用
maxlength	Number	140	最大输入长度，设置为-1 时不限制最大长度
auto-focus	Boolean	false	自动聚焦，拉起键盘
focus	Boolean	false	获取焦点
auto-height	Boolean	false	是否自动增高，设置 auto-height 时 style.height 不生效
fixed	Boolean	false	如果 textarea 是在一个 position:fixed 的区域，需要显式指定属性 fixed 为 true
cursor-spacing	Number	0	指定光标与键盘的距离，单位为 px，取 textarea 距离底部的距离和 cursor-spacing 指定的距离的最小值作为光标与键盘的距离
cursor	Number		指定 focus 时的光标位置（最低版本为 1.5.0）
show-confirm-bar	Boolean	true	是否显示键盘上方带有“完成”按钮的那一栏（最低版本为 1.6.0）
selection-start	Number	−1	光标起始位置，自动聚集时有效，需要与 selection-end 搭配使用（最低版本为 1.9.0）
selection-end	Number	−1	光标结束位置，自动聚集时有效，需要与 selection-start 搭配使用（最低版本为 1.9.0）
adjust-position	Boolean	true	键盘弹起时是否自动上推页面（最低版本为 1.9.90）
bindfocus	Event Handle		输入框聚焦时触发，event.detail = { value, height }，height 为键盘高度（最低版本为 1.9.90）
bindblur	Event Handle		输入框失去焦点时触发，event.detail = {value, cursor}
bindline change	Event Handle		输入框行数变化时调用，event.detail = {height: 0, heightRpx: 0, lineCount: 0}
bindinput	Event Handle		当键盘输入时触发 input 事件，event.detail = {value, cursor}，bindinput 处理函数的返回值并不会反映到 textarea 上
bindconfirm	Event Handle		单击完成时触发 confirm 事件，event.detail = {value: value}

扫一扫

视频讲解

【例 4-20】 表单组件 textarea 的简单应用。

WXML（pages/demo03/textarea/textarea.wxml）的代码片段如下：

```
<view class='title'>3.表单组件 textarea 的简单应用</view>
<view class='demo-box'>
  <view class='title'>(1)自动变高</view>
  <textarea auto-height placeholder="默认只有一行，但可以自动变高" />
</view>
<view class='demo-box'>
  <view class='title'>(2)自定义占位符颜色</view>
  <textarea placeholder="placeholder 颜色是红色的" placeholder-style=
  "color:red;" />
</view>
<view class='demo-box'>
  <view class='title'>(3)被禁用状态</view>
  <textarea placeholder="该文本框已被禁用" disabled />
</view>
```

WXSS（pages/demo03/textarea/textarea.wxss）的代码片段如下：

```
textarea{
  width: 100%;
  border: 1rpx solid gray;
}
```

程序运行效果如图 4-34 所示。

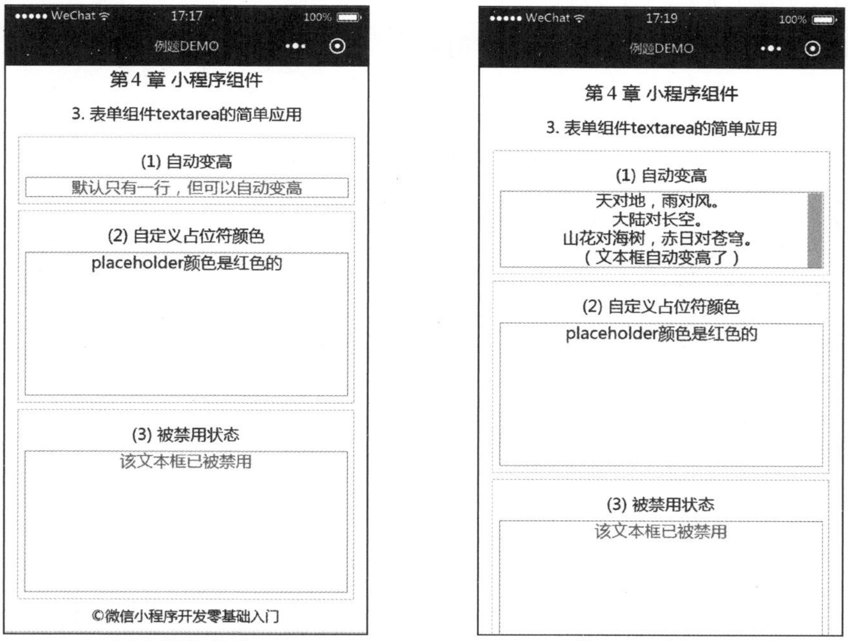

（a）页面初始状态　　（b）第 1 组文本框自动变高

图 4-34　表单组件 textarea 的简单应用

【代码说明】

本示例在 textarea.wxml 中设置了 3 组<textarea>，分别用于测试 3 种不同的状态，即自动变高、自定义占位符颜色、被禁用状态，并在 textarea.wxss 中设置多行文本框样式为宽 100%、带有 1rpx 宽的灰色实线边框效果。

图 4-34 中，图（a）为页面初始状态，此时第 1 组中的文本框默认只有 1 行高，第 2 组中的占位符是自定义的红色效果，第 3 组中的文本框已被禁用，无法输入内容；图（b）为在

第1组的文本框中输入多行内容，由该图可见此时文本框已经自动变高。

4.4.12 editor

<editor>为富文本编辑器，该组件对应的属性如表4-40所示。

表4-40 <editor>组件属性

属性名	类型	默认值	说　明
read-only	boolean	false	设置<editor>编辑器为只读
placeholder	string	无	用户未输入内容时的提示信息
show-img-size	boolean	false	点击图片时显示图片大小控件
show-img-toolbar	boolean	false	点击图片时显示工具栏控件
show-img-resize	boolean	false	点击图片时显示修改尺寸控件
bindready	eventhandle	无	<editor>初始化完成时触发
bindfocus	eventhandle	无	<editor>聚焦时触发，event.detail = {html, text, delta}
bindblur	eventhandle	无	<editor>失去焦点时触发，event.detail = {html, text, delta}
bindinput	eventhandle	无	<editor>内容改变时触发，event.detail = {html, text, delta}
bindstatuschange	eventhandle	无	通过 Context 方法改变编辑器内样式时触发，返回选区已设置的样式

注：以上属性均为非必填属性，且需要在基础库2.7.0版本以上支持。

扫一扫

视频讲解

【例4-21】 表单组件editor的简单应用。

WXML（pages/demo03/editor/editor.wxml）的代码片段如下：

```
<view class='title'>3. 表单组件 editor 的简单应用</view>
<view class='demo-box'>
  <view class='title'>富文本输入框</view>
  <!-- 顶部工具栏 -->
  <view class="toolbar" catchtouchend="format">
    <i class="iconfont icon-charutupian" catchtouchend="insertImage"></i>
    <i class="iconfont icon-format-header-1 {{formats.header === 1 ?
    'ql-active' : ''}}" data-name="header" data-value="{{1}}"></i>
    <i class="iconfont icon-format-header-2 {{formats.header === 2 ?
    'ql-active' : ''}}" data-name="header" data-value="{{2}}"></i>
    <i class="iconfont icon-format-header-3 {{formats.header === 3 ?
    'ql-active' : ''}}" data-name="header" data-value="{{3}}"></i>
    <i class="iconfont icon-format-header-4 {{formats.header === 4 ?
    'ql-active' : ''}}" data-name="header" data-value="{{4}}"></i>
    <i class="iconfont icon-zitijiacu {{formats.bold ? 'ql-active' : ''}}"
    data-name="bold"></i>
    <i class="iconfont icon-zitixieti {{formats.italic ? 'ql-active' : ''}}"
    data-name="italic"></i>
    <i class="iconfont icon-zitixiahuaxian {{formats.underline ?
    'ql-active' : ''}}" data-name="underline"></i>
    <i class="iconfont icon--checklist" {{formats.list==='unchecked'?
    'ql-active' : ''}}" data-name="list" data-value="unchecked"></i>
    <i class="iconfont icon-youxupailie {{formats.list === 'ordered' ?
    'ql-active' : ''}}" data-name="list" data-value="ordered"></i>
    <i class="iconfont icon-wuxupailie {{formats.list === 'bullet' ?
    'ql-active' : ''}}" data-name="list" data-value="bullet"></i>
  </view>
  <!-- 富文本框 -->
  <editor id="editor" class="ql-container" placeholder="请输入富文本内容"
  bindready="onEditorReady" bindstatuschange="onStatusChange"></editor>
</view>
```

WXSS（pages/demo03/editor/editor.wxss）的代码片段如下：

```
@import "assets/iconfont.wxss";
/* 工具栏 */
.toolbar {
  background-color: silver;
}
/* 工具栏图标 */
.iconfont {
  display: inline-block;
  width: 30px;
  height: 30px;
  font-size: 20px;
}
/* 工具栏图标激活状态 */
.ql-active {
  color: #22C704;
}
/* 富文本框 */
.ql-container {
  box-sizing: border-box;
  min-height: 300px;
  font-size: 16px;
  line-height: 1.5;
  overflow: auto;
  padding: 10px;
  border: 1px solid #ECECEC;
}
```

JS（pages/demo03/editor/editor.js）的代码片段如下：

```
Page({
  /**
   * 页面的初始数据
   */
  data: {
    formats: {}
  },
  /**
   * 自定义函数——富文本准备就绪
   */
  onEditorReady: function (options) {
    wx.createSelectorQuery().select('#editor').context(res => {
      this.editorCtx = res.context
    }).exec()
  },
  /**
   * 自定义函数——富文本更新格式
   */
  format(e) {
    let { name, value } = e.target.dataset
    if (!name) return
    this.editorCtx.format(name, value)
  },
  /**
   * 自定义函数——监听富文本更新格式
   */
  onStatusChange(e) {
    const formats = e.detail
    this.setData({ formats })
  },
  /**
   * 自定义函数——富文本插入图片
   */
  insertImage() {
    wx.chooseMedia({
      count: 1,
```

```
        media Type: ['image'],
          source Type: ['album','camera'],
            src: res.tempFilePaths[0], tempFilePath,
            data: {},
            width: '80%',
            success: function () {
              console.log('图片插入成功')
            }
          })
        }
      })
    }
})
```

程序运行效果如图 4-35 所示。

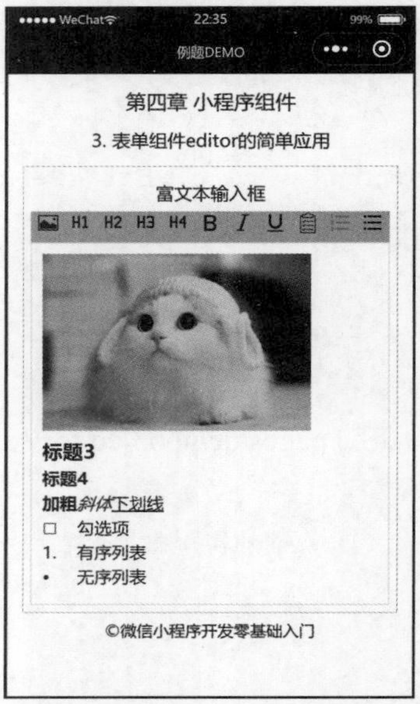

图 4-35　表单组件 editor 的简单应用

【代码说明】

本示例使用了<view class="toolbar">形成的工具栏配合表单组件富文本编辑器<editor>呈现多种文本风格。工具栏中的功能图标从左往右依次用于实现插入图片、展示 H1～H4 标题（H1、H2、H3、H4）、文字加粗（B）、文字斜体（I）、文字下画线（U）以及最后三个列表模式图标，分别表示清单列表（空心方块开头）、有序列表（数字开头）和无序列表（实心点开头）。除“插入图片”图标外，点击其余任意图标即可在富文本编辑器中看到文字的变化效果，且该图标变成绿色表示选中状态。

工具栏中的图标图案均来自微信小程序官方文档中关于<editor>组件代码片段内的 iconfont.wxss 图标字体文件。将该文件直接复制到本示例的 assets 目录下，并在本示例的 WXSS 文件顶部使用@import 方式引用即可在 WXML 文件中快捷使用这些图案。例如<iclass="iconfont icon-zitijiacu">表示“字体加粗”图标，其中的 icon-zitijiacu 样式就来自 iconfont.wxss 文件，将其替换成 icon-zitixieti 就表示“字体斜体”，本示例节选了该字体文件中 11 款字体图标，可在 WXML 文件中对应查看相关样式名称。

在本示例的 JS 文件中，首先使用 onEditorReady()函数让富文本组件准备就绪。工具栏最左侧的图标被点击时会触发自定义函数 insertImage()用于向编辑器中插入图片；其余图标被点击则触发自定义函数 format(e)，该函数用于更新富文本编辑器中的文本样式风格；当文本的样式风格发生变化时会进一步触发自定义函数 onStatusChange(e)，该函数把选中的图标数据记录到 JS 文件 data 属性里的 formats 对象子属性中，其中标题 1～标题 4 为一组，共享 format.header 属性，取值分别为 1-4；加粗、斜体和下画线分别由 format 中的 bold、italic 以及 underline 属性控制；三款列表为一组，共享 format.list 属性，取值分别为 unchecked、ordered 以及 bullet。formats 对象的属性取值更新完毕时，本示例的 WXML 页面会检查每个图标的属性是否存在且取值是否吻合，如果符合条件则为对应的图标<i>追加 ql-active 属性用于把图标显示为绿色效果表示选中状态。

4.5　导航组件

导航组件<navigator>用于单击跳转页面链接，其对应的属性如表 4-41 所示。

表 4-41 navigator 组件属性

属性名	类 型	默认值	说 明
target	String		在哪个目标上发生跳转，默认当前小程序
url	String		当前小程序内的跳转链接地址
open-type	String	navigate	跳转方式，共有 5 种方式

其中，open-type 属性对应的 5 种取值如表 4-42 所示。

表 4-42 open-type 属性

属 性 值	说 明
navigate	默认值，表示跳转新页面打开新地址内容（等同于 wx.navigateTo()或 wx.navigateToMiniProgram()的功能）
redirect	重定向，表示在当前页面重新打开新地址内容（等同于 wx.redirectTo()的功能）
switchTab	切换 Tab 面板，表示跳转指定 Tab 页面重新打开新地址内容（等同于 wx.switchTab()的功能）
reLaunch	关闭所有页面，重新打开应用内的某个指定页面
navigateBack	返回上一页（等同于 wx.navigateBack()的功能）

注意：上述等同功能的用法详见第 11 章“界面 API”。

例如：

```
<navigator url="../new/new">
  <button type="primary">跳转到新页面打开新内容</button>
</navigator>
```

上述代码表示在导航组件<navigator>中内嵌按钮组件<button>来实现跳转功能。当前<navigator>组件并未声明 open-type 属性，因此表示默认情况，即跳转新页面打开 new.wxml。

如果需要传递数据给新页面，<navigator>组件的 url 属性值可以使用如下格式：

```
<navigator url="跳转的新页面地址?参数 1=值 1&参数 2=值 2&…参数 N=值 N">
```

其中，参数名称可以由开发者自定义，参数个数为一个至若干个均可，多个参数之间使用&符号隔开。例如：

```
<navigator url="../new/new?date=20180803">
  <button type="primary">跳转到新页面打开新内容</button>
</navigator>
```

上述代码表示在打开新页面的同时传递了 date=20180803 这条数据给新页面使用。

在新页面 JS 文件的 onLoad()函数中可以获取该参数，代码如下：

```
Page({
  onLoad: function(options) {
    console.log(options.date);//将在控制台打印输出 20180803
  }
})
```

【例 4-22】 导航组件 navigator 的简单应用。

扫一扫

视频讲解

主页面 WXML（pages/demo04/navigator/navigator.wxml）的代码片段如下：

```
<view class='title'>4.导航组件 navigator 的简单应用</view>
<view class='demo-box'>
  <view class='title'>(1)单击打开新页面</view>
  <navigator url="../new/new">
    <button type="primary">跳转到新页面打开新内容</button>
  </navigator>
</view>
<view class='demo-box'>
  <view class='title'>(2)单击重定向到新页面</view>
  <navigator url="../redirect/redirect" open-type='redirect'>
    <button type="primary">在当前页重新打开新内容</button>
  </navigator>
</view>
```

新页面新内容的 WXML（pages/demo04/new/new.wxml）的代码片段如下：

```
<text>新窗口打开的新页面，可以返回 navigator.wxml</text>
```

当前页面新内容的 WXML（pages/demo04/redirect/redirect.wxml）的代码片段如下：

```
<text>重定向的新页面，无法返回 navigator.wxml</text>
```

程序运行效果如图 4-36 所示。

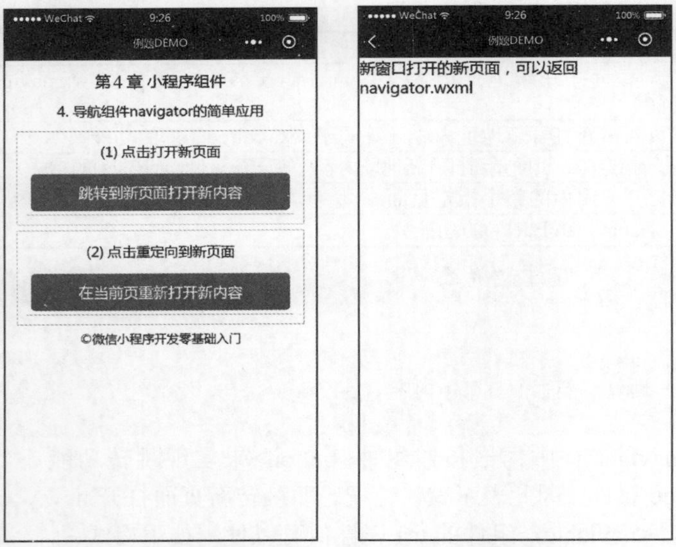

（a）页面初始效果　　（b）新页面打开新内容　　（c）当前页重新打开新内容

图 4-36　导航组件 navigator 的简单应用

【代码说明】

本示例共有 3 个页面，即初始页面 navigator.wxml、新页面内容 new.wxml、重定向内容 redirect.wxml。在初始页面使用了两个<navigator>组件，分别用于打开 new.wxml 和 redirect.wxml。由图 4-36 可见，新页面打开的新内容可以返回初始页面，相当于在初始页面上方又覆盖了一层新页面；而重定向打开的新内容是无法返回初始页面的，相当于直接替换掉了初始页面的内容。

4.6　媒体组件

媒体组件目前主要包含 3 种，如表 4-43 所示。

表 4-43　媒体组件

组 件 名 称	说　明
image	图片组件
video	视频组件
camera	相机组件

4.6.1　image

<image>是图片组件，可以用于显示本地或网络图片，其默认宽度为 300px、高度为 225px。该组件对应的属性如表 4-44 所示。

表 4-44　image 组件属性

属性名	类　型	默认值	说　明	最低版本
src	String		图片资源地址	
mode	String	'scaleToFill'	图片裁剪、缩放的模式	
lazy-load	Boolean	false	图片懒加载，只针对 page 与 scroll-view 下的 image 有效	1.5.0
binderror	HandleEvent		当错误发生时发布到 AppService 的事件名，事件对象 event.detail = {errMsg: 'something wrong'}	
bindload	HandleEvent		当图片载入完毕时发布到 AppService 的事件名，事件对象 event.detail = {height:'图片高度 px', width:'图片宽度 px'}	

注意：<image>组件的 mode 属性用于控制图片的裁剪、缩放，根据所填入的不同有效值会形成 13 种模式，即 4 种缩放模式和 9 种裁剪模式，具体情况如表 4-45 所示。

表 4-45　image 组件的 mode 属性的有效值

值		说　明
缩放模式	scaleToFill	不保持纵横比缩放图片，使图片的宽高完全拉伸至填满 image 元素
	aspectFit	保持纵横比缩放图片，使图片的长边能完全显示出来，也就是说可以完整地将图片显示出来
	aspectFill	保持纵横比缩放图片，只保证图片的短边能完全显示出来，也就是说图片通常只在水平或垂直方向是完整的，另一个方向将会发生截取
	widthFix	宽度不变，高度自动变化，保持原图宽高比不变
裁剪模式	top	不缩放图片，只显示图片的顶部区域
	bottom	不缩放图片，只显示图片的底部区域
	center	不缩放图片，只显示图片的中间区域
	left	不缩放图片，只显示图片的左边区域
	right	不缩放图片，只显示图片的右边区域
	top left	不缩放图片，只显示图片的左上边区域
	top right	不缩放图片，只显示图片的右上边区域
	bottom left	不缩放图片，只显示图片的左下边区域
	bottom right	不缩放图片，只显示图片的右下边区域

【例 4-23】 **媒体组件 image 的简单应用。**

扫一扫

视频讲解

WXML（pages/demo05/image/image.wxml）的代码片段如下：

```
<view class='title'>5.媒体组件 image 的简单应用</view>
<view class='demo-box'>
  <view class='title'>(1)缩放模式: scaleToFill</view>
  <image src='{{src}}' mode='scaleToFill'></image>
  <view class='title'>不保持纵横比缩放图片，使图片完全适应</view>
</view>
<view class='demo-box'>
  <view class='title'>(2)缩放模式: aspectFit</view>
  <image src='{{src}}' mode='aspectFit'></image>
  <view class='title'>保持纵横比缩放图片，使图片的长边能完全显示出来</view>
</view>
<view class='demo-box'>
  <view class='title'>(3)缩放模式: aspectFill</view>
  <image src='{{src}}' mode='aspectFill'></image>
  <view class='title'>保持纵横比缩放图片，只保证图片的短边能完全显示出来</view>
```

```
</view>
<view class='demo-box'>
  <view class='title'>(4)缩放模式: widthFix</view>
  <image src='{{src}}' mode='widthFix'></image>
  <view class='title'>宽度不变，高度自动变化，保持原图宽高比不变</view>
</view>
<view class='demo-box'>
  <view class='title'>(5)裁剪模式: top</view>
  <image src='{{src}}' mode='top'></image>
  <view class='title'>不缩放图片，只显示图片的顶部区域</view>
</view>
<view class='demo-box'>
  <view class='title'>(6)裁剪模式: bottom</view>
  <image src='{{src}}' mode='bottom'></image>
  <view class='title'>不缩放图片，只显示图片的底部区域</view>
</view>
<view class='demo-box'>
  <view class='title'>(7)裁剪模式: center</view>
  <image src='{{src}}' mode='center'></image>
  <view class='title'>不缩放图片，只显示图片的中间区域</view>
</view>
<view class='demo-box'>
  <view class='title'>(8)裁剪模式: left</view>
  <image src='{{src}}' mode='left'></image>
  <view class='title'>不缩放图片，只显示图片的左边区域</view>
</view>
<view class='demo-box'>
  <view class='title'>(9)裁剪模式: right</view>
  <image src='{{src}}' mode='right'></image>
  <view class='title'>不缩放图片，只显示图片的右边区域</view>
</view>
<view class='demo-box'>
  <view class='title'>(10)裁剪模式: top left</view>
  <image src='{{src}}' mode='top left'></image>
  <view class='title'>不缩放图片，只显示图片的左上边区域</view>
</view>
<view class='demo-box'>
  <view class='title'>(11)裁剪模式: top right</view>
  <image src='{{src}}' mode='top right'></image>
  <view class='title'>不缩放图片，只显示图片的右上边区域</view>
</view>
<view class='demo-box'>
  <view class='title'>(12)裁剪模式: bottom left</view>
  <image src='{{src}}' mode='bottom left'></image>
  <view class='title'>不缩放图片，只显示图片的左下边区域</view>
</view>
<view class='demo-box'>
  <view class='title'>(13)裁剪模式: bottom right</view>
  <image src='{{src}}' mode='top left'></image>
  <view class='title'>不缩放图片，只显示图片的右下边区域</view>
</view>
```

WXSS（pages/demo05/image/image.wxss）的代码片段如下：

```
image{
  width: 260rpx;
  height: 260rpx;
}
```

JS（pages/demo05/image/image.js）的代码片段如下：

```
Page({
  data: {
    src:'/images/demo05/monalisa.jpg'
  }
})
```

本示例使用了位于项目的 images 下 demo05 文件夹中的素材图片 monalisa.jpg，该图片的实际尺寸为 320×480 像素。素材图片来自达·芬奇的名画《蒙娜丽莎》，原图如图 4-37 所示。

图 4-37　《蒙娜丽莎》素材图

运行效果如图 4-38 所示。

(1) 缩放模式：scaleToFill
不保持纵横比缩放图片，使图片完全适应

（a）缩放模式：scaleToFill

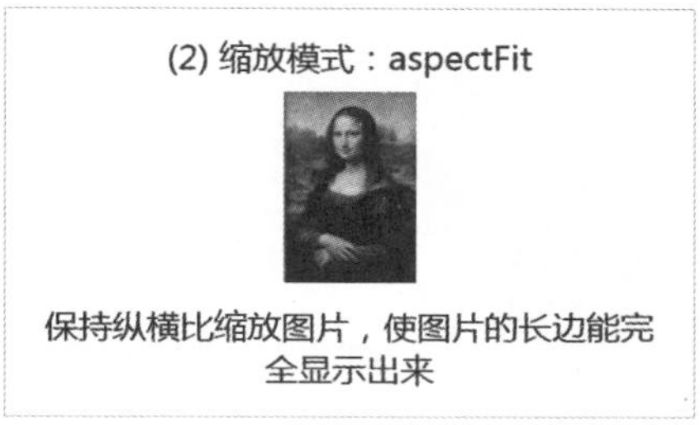

(2) 缩放模式：aspectFit
保持纵横比缩放图片，使图片的长边能完全显示出来

（b）缩放模式：aspectFit

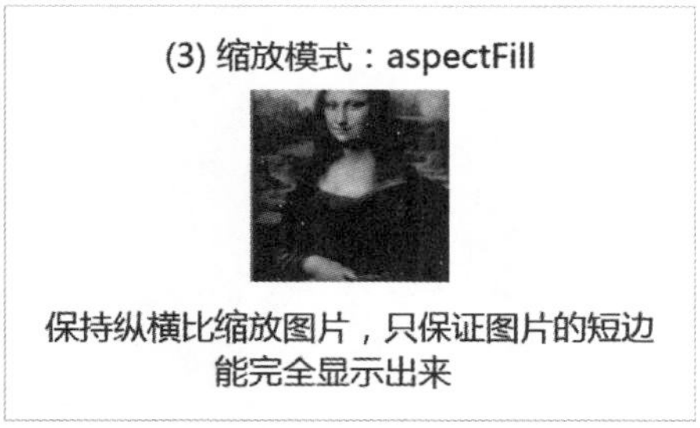

(3) 缩放模式：aspectFill
保持纵横比缩放图片，只保证图片的短边能完全显示出来

（c）缩放模式：aspectFill

（d）缩放模式：widthFix

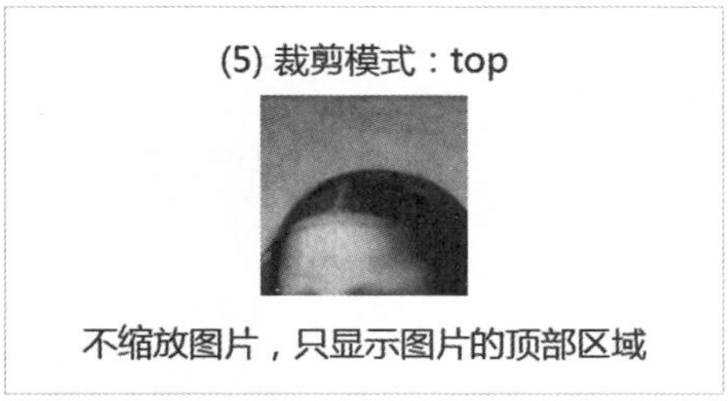

（e）裁剪模式：top

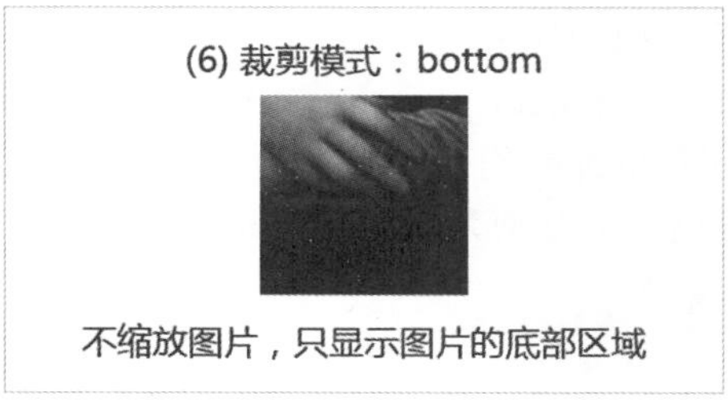

（f）裁剪模式：bottom

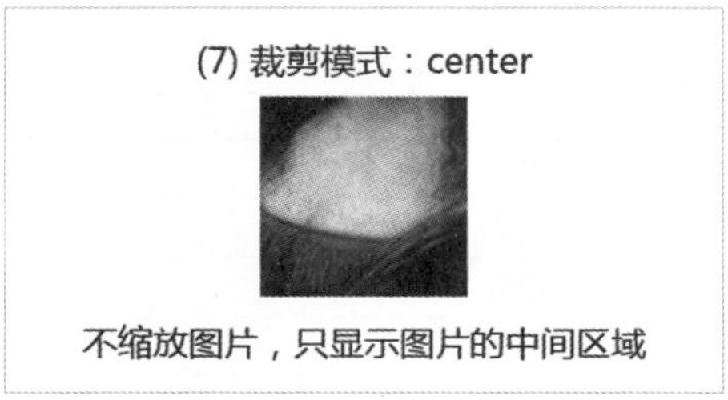

（g）裁剪模式：center

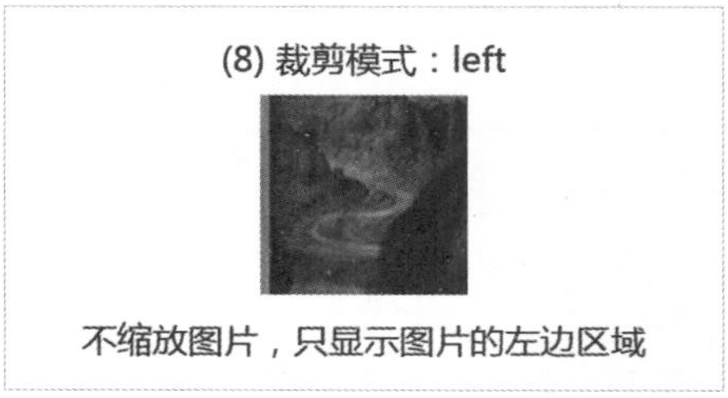

（h）裁剪模式：left

图 4-38　媒体组件 image 的简单应用

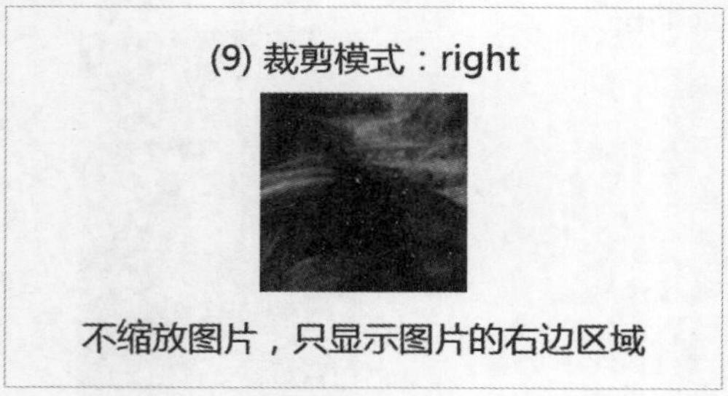

（i）裁剪模式：right

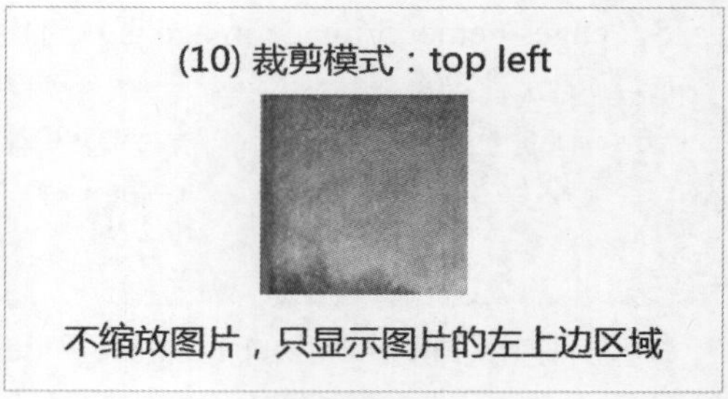

（j）裁剪模式：top left

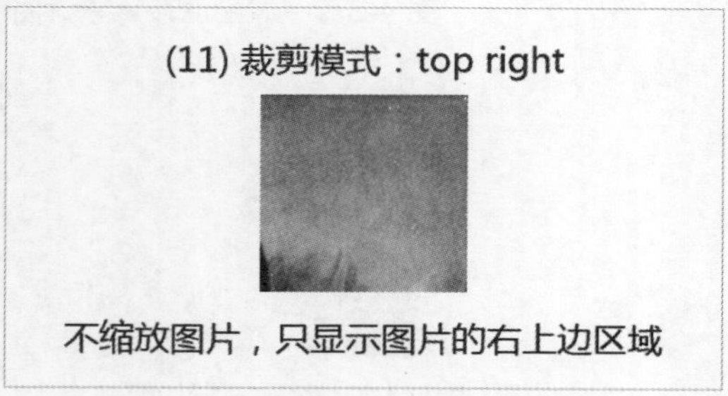

（k）裁剪模式：top right

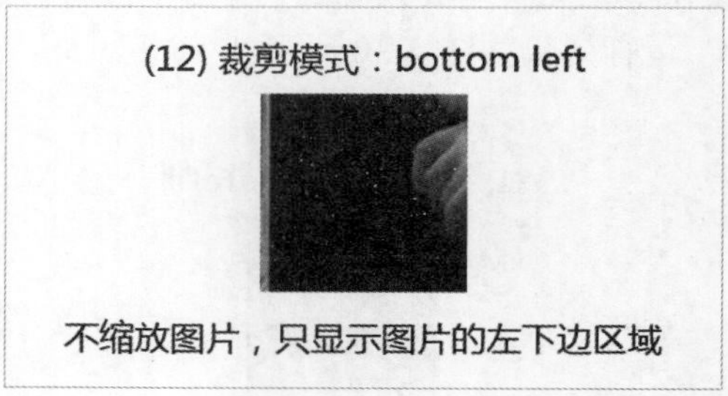

（l）裁剪模式：bottom left

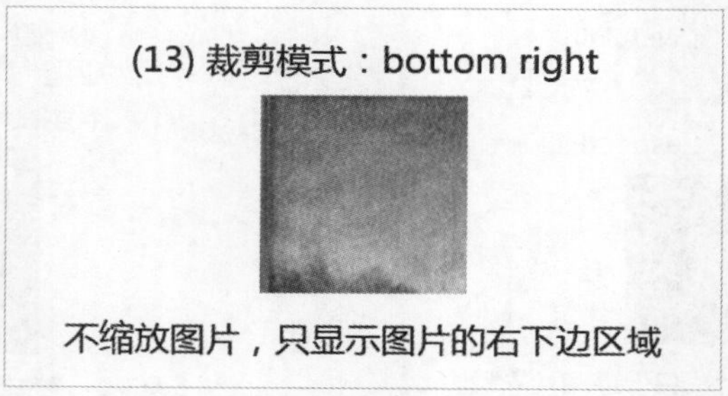

（m）裁剪模式：bottom right

图 4-38 （续）

【代码说明】

本示例在 image.wxml 中声明了 13 个<image>组件，其素材来源于同一幅图片。在 image.wxss 中声明<image>组件的尺寸为 260rpx×260rpx。根据<image>组件的 mode 属性值不同，共形成 13 种缩放或裁剪效果。

4.6.2 video

<video>是视频组件，可用于播放本地或网络视频资源，其默认宽度为 300px、高度为 225px。该组件对应的常用属性如表 4-46 所示。

表 4-46 video 组件常用属性

属 性 名	类 型	默认值	说 明	最低版本
src	String		要播放视频的资源地址	
initial-time	Number		指定视频初始播放位置	1.6.0
duration	Number		指定视频时长	1.1.0
controls	Boolean	true	是否显示默认播放控件（播放/暂停按钮、播放进度、时间）	
danmu-list	Object Array		弹幕列表	

续表

属　性　名	类　　型	默认值	说　　明	最低版本
danmu-btn	Boolean	false	是否显示弹幕按钮，只在初始化时有效，不能动态变更	
enable-danmu	Boolean	false	是否展示弹幕，只在初始化时有效，不能动态变更	
autoplay	Boolean	false	是否自动播放	
loop	Boolean	false	是否循环播放	1.4.0
muted	Boolean	false	是否静音播放	1.4.0
page-gesture	Boolean	false	在非全屏模式下是否开启亮度与音量调节手势	1.6.0
direction	Number		设置全屏时视频的方向，不指定则根据宽高比自动判断。其有效值为 0（正常竖向）、90（屏幕逆时针 90°）、–90（屏幕顺时针 90°）	1.7.0
show-progress	Boolean	true	若不设置，当宽度大于 240 时才会显示	1.9.0
show-fullscreen-btn	Boolean	true	是否显示全屏按钮	1.9.0
show-play-btn	Boolean	true	是否显示视频底部控制栏中的播放按钮	1.9.0
show-center-play-btn	Boolean	true	是否显示视频中间的播放按钮	1.9.0
enable-progress-gesture	Boolean	true	是否开启控制进度的手势	1.9.0
objectFit	String	contain	当视频大小与 video 容器大小不一致时视频的表现形式。其中，contain 为包含，fill 为填充，cover 为覆盖	
poster	String		视频封面的图片网络资源地址，如果 controls 属性值为 false，则设置 poster 无效	
bindplay	EventHandle		当开始/继续播放时触发 play 事件	
bindpause	EventHandle		当暂停播放时触发 pause 事件	
bindended	EventHandle		当播放到末尾时触发 ended 事件	
bindtimeupdate	EventHandle		当播放进度变化时触发，event.detail = {currentTime, duration}，触发频率为 250ms 一次	
bindfullscreenchange	EventHandle		当视频进入和退出全屏时触发，event.detail = {fullScreen, direction}，direction 取值为 vertical 或 horizontal	1.4.0
bindwaiting	EventHandle		当视频出现缓冲时触发	1.7.0
binderror	EventHandle		当视频播放出错时触发	1.7.0

扫一扫

视频讲解

【例 4-24】 媒体组件 video 的简单应用。

WXML（pages/demo05/video/video.wxml）的代码片段如下：

```
<view class='title'>5.媒体组件 video 的简单应用</view>
<view class='demo-box'>
  <view class='title'>播放网络视频</view>
  <video id="myVideo" src="{{src}}" danmu-list="{{danmuList}}"
          enable-danmu danmu-btn controls></video>
</view>
```

WXSS（pages/demo05/video/video.wxss）的代码片段如下：

```
video{
  width: 100%;
}
```

JS（pages/demo05/video/video.js）的代码片段如下：

```
Page({
  data: {
    src: 'http://wxsnsdy.tc.qq.com/105/20210/snsdyvideodownload?filekey=30
    28020101042130lf0201690402534804102ca905ce620b1241b726bc41dcff44e0020
    4012882540400&bizid=1023&hy=SH&fileparam=302c020101042530230204136ff
    d93020457e3c4ff02024ef202031e8d7f02030f42400204045a320a0201000400',
    danmuList: [
      {
        text: '第 1 秒出现的弹幕',
        color: 'yellow',
        time: 1
      },
      {
        text: '第 3 秒出现的弹幕',
        color: 'purple',
        time: 3
      }]
  }
})
```

程序运行效果如图 4-39 所示。

（a）页面初始效果　　（b）第 1 秒出现的弹幕效果　　（c）第 3 秒出现的弹幕效果

图 4-39　媒体组件 video 的简单应用

【代码说明】

本示例选用了微信官方提供的一段网络视频作为<video>组件的视频来源，并在 video.js 的 data 中定义了 danmuList 用于显示两段弹幕。图 4-39 中，图（a）为页面初始效果，此时视频加载完毕需要点击播放；图（b）和图（c）分别为播放到第 1 秒和第 3 秒出现的弹幕效果。

4.6.3　camera

<camera>是系统相机组件，从基础库 1.6.0 版本开始支持，低版本需要做兼容处理。在真机测试时，需要用户授权 scope.camera。该组件对应的常用属性如表 4-47 所示。

表 4-47　camera 组件常用属性

属性名	类型	默认值	说明	最低版本
mode	String	normal	有效值为 normal、scanCode	2.1.0
device-position	String	back	前置或后置，值为 front 或 back	
flash	String	auto	闪光灯，值为 auto、on、off	
scan-area	Array		扫码识别区域，格式为[x, y, w, h]，其中，x、y 是相对于 camera 显示区域的左上角，w、h 为区域宽度，单位为 px，仅在 mode="scanCode" 时生效	2.1.0
bindstop	EventHandle		摄像头在非正常终止时触发，例如退出后台等情况	
binderror	EventHandle		当用户不允许使用摄像头时触发	
bindscancode	EventHandle		在成功识别到一维码时触发，仅在 mode="scanCode"时生效	2.1.0

注意：更多用法见第 6 章“媒体 API”。

扫一扫

视频讲解

【例 4-25】 媒体组件 **camera** 的简单应用。

WXML（pages/demo05/camera/camera.wxml）的代码片段如下：

```
<view class='title'>5.媒体组件 video 的简单应用</view>
<view class='demo-box'>
  <view class='title'>开启相机</view>
  <camera device-position="back" flash="off" style="width: 100%; height:
  300px;"></camera>
  <button type="primary" bindtap="takePhoto">拍照</button>
  <image wx:if="{{src}}" mode="widthFix" src="{{src}}"></image>
</view>
```

JS（pages/demo05/camera/camera.js）的代码片段如下：

```
Page({
  takePhoto() {
    this.ctx.takePhoto({
      quality: 'high',
      success: (res) => {
        this.setData({src: res.tempImagePath})
      }
    })
  },
  onLoad: function(options) {
    this.ctx=wx.createCameraContext()
  }
})
```

程序运行效果如图 4-40 所示。

【代码说明】

本示例在 camera.wxml 声明了一个<camera>组件用于开启相机，其状态为后置摄像头以及关闭闪光灯效果。在<camera>组件下方放置了一个<button>按钮，并为其绑定自定义单击事件 takePhoto，用户点击“拍照”按钮后即可实现拍照功能。在该按钮下方是<image>组件，用于显示拍摄完成后的预览照片。

图 4-40 中，图（a）是用户初次访问示例页面，需要用户授权访问摄像头；图（b）是用户授权后的页面效果，此时可以点击“拍照”按钮进行拍照；图（c）为拍照后的效果，由该图可见在按钮下方出现了刚才拍摄的预览图片。

（a）用户授权访问摄像头　　（b）开启相机　　（c）拍照预览图

图 4-40　媒体组件 camera 的简单应用

4.7　地图组件

<map>是地图组件，根据指定的中心经纬度可以使用腾讯地图显示对应的地段。其相关属性如表 4-48 所示。

表 4-48　map 组件常用属性

属 性 名	类　型	说　明	最低版本
longitude	Number	中心经度	
latitude	Number	中心纬度	
scale	Number	缩放级别，取值范围为 5～18，默认值为 16	
markers	Array	标记点	
covers	Array	即将移除，请使用 markers 替代	
polyline	Array	路线	
circles	Array	圆	
controls	Array	即将废弃，请使用 cover-view 替代	
include-points	Array	缩放视野以包含所有给定的坐标点	
show-location	Boolean	显示带有方向的当前定位点	
bindmarkertap	EventHandle	单击标记点时触发，会返回 marker 的 id	
bindcallouttap	EventHandle	单击标记点对应的气泡时触发，会返回 marker 的 id	1.2.0
bindcontroltap	EventHandle	单击控件时触发，会返回 control 的 id	
bindregionchange	EventHandle	当视野发生变化时触发	
bindtap	EventHandle	单击地图时触发	
bindupdated	EventHandle	在地图渲染更新完成时触发	1.6.0

例如生成一个故宫博物院的地图，WXML 代码如下：

```
<map latitude='39.917940' longitude='116.397140'></map>
```

注意：如果经纬度不确定，可以使用腾讯坐标拾取器（http://lbs.qq.com/tool/getpoint/index.html）进行查询。

<map>组件默认大小为 300×150 像素，该尺寸可以重新自定义，WXSS 代码如下：

```
map{
  width: 100%;
  height: 600rpx;
}
```

最终效果如图 4-41 所示。

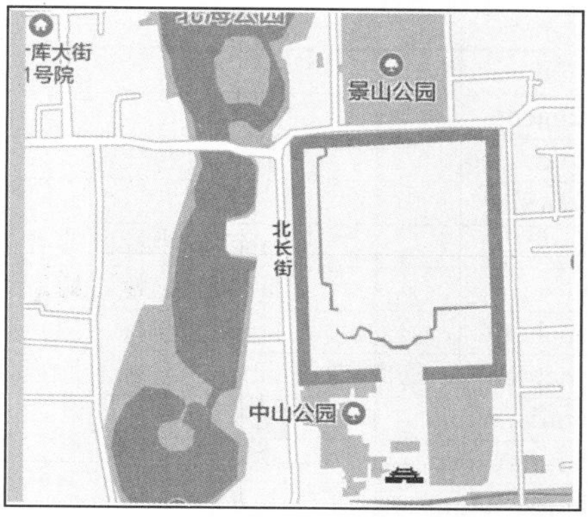

图 4-41 地图组件 map 的简单应用

4.7.1 markers

makers 属性表示标记点，可以用于在地图上显示标记的位置。该属性值是以数组（Array 类型）形式记录全部的标记点信息，每个数组元素用于显示其中一个标记点。数组元素可包含的属性如表 4-49 所示。

表 4-49 markers 常用属性

属 性	说 明	类 型	必填	备 注
id	标记点 id	Number	否	marker 单击事件回调会返回此 id，建议用户为每个 marker 设置 Number 类型的 id，以保证更新 marker 时有更好的性能
latitude	纬度	Number	是	浮点数，范围为-90°～90°
longitude	经度	Number	是	浮点数，范围为-180°～180°
title	标注点名	String	否	
iconPath	显示的图标	String	是	项目目录下的图片路径，支持相对路径写法，以“/”开头表示相对小程序根目录；它也支持临时路径
rotate	旋转角度	Number	否	顺时针旋转的角度，范围为 0～360，默认为 0
alpha	标注的透明度	Number	否	默认为 1，无透明，范围为 0～1
width	标注图标宽度	Number	否	默认为图片实际宽度
height	标注图标高度	Number	否	默认为图片实际高度
callout	自定义标记点上方的气泡窗口	Object	否	支持的属性见表 4-50，可识别换行符（最低版本为 1.2.0）
label	为标记点旁边增加标签	Object	否	支持的属性见表 4-51，可识别换行符（最低版本为 1.2.0）
anchor	经纬度在标注图标的锚点，默认为底边中点	Object	否	{x, y}，x 表示横向（0～1），y 表示竖向（0～1）。{x: .5, y: 1}表示底边中点。其最低版本为 1.2.0

1 callout

在自定义标记点的上方可以使用 callout 属性显示气泡窗口，其包含的属性如表 4-50 所示。

表 4-50 callout 常用属性

属 性	说 明	类 型	最低版本
content	文本	String	1.2.0
color	文本颜色	String	1.2.0
fontSize	文字大小	Number	1.2.0
borderRadius	callout 边框圆角	Number	1.2.0
bgColor	背景色	String	1.2.0
padding	文本边缘留白	Number	1.2.0
display	'BYCLICK'：单击显示；'ALWAYS'：常显	String	1.2.0
textAlign	文本对齐方式，有效值为 left、right、center	String	1.6.0

2 label

在自定义标记点旁可用 label 属性增加标签，其包含的属性如表 4-51 所示。

表 4-51 label 常用属性

属性	说明	类型	最低版本
content	文本	String	1.2.0
color	文本颜色	String	1.2.0
fontSize	文字大小	Number	1.2.0
x	label 的坐标（废弃）	Number	1.2.0
y	label 的坐标（废弃）	Number	1.2.0
anchorX	label 的坐标，原点是 marker 对应的经纬度	Number	2.1.0
anchorY	label 的坐标，原点是 marker 对应的经纬度	Number	2.1.0
borderWidth	边框宽度	Number	1.6.0
borderColor	边框颜色	String	1.6.0
borderRadius	边框圆角	Number	1.6.0
bgColor	背景色	String	1.6.0
padding	文本边缘留白	Number	1.6.0
textAlign	文本对齐方式，有效值为 left、right、center	String	1.6.0

4.7.2 polyline

polyline 属性用于指定一系列坐标点，从数组第一项连线至最后一项，其包含的属性如表 4-52 所示。

表 4-52 polyline 常用属性

属性	说明	类型	必填	备注	最低版本
points	经纬度数组	Array	是	[{latitude: 0, longitude: 0}]	
color	线的颜色	String	否	用 8 位十六进制数表示，后两位表示 alpha 值，例如#000000aa	
width	线的宽度	Number	否		
dottedLine	是否虚线	Boolean	否	默认为 false	
arrowLine	带箭头的线	Boolean	否	默认为 false，开发者工具暂不支持该属性	1.2.0
arrowIconPath	箭头图标	String	否	在 arrowLine 为 true 时生效	1.6.0
borderColor	边框线的颜色	String	否		1.2.0
borderWidth	线的宽度	Number	否		1.2.0

4.7.3 circles

circles 属性用于在地图上显示圆形区域，其包含的属性如表 4-53 所示。

表 4-53 circles 常用属性

属性	说明	类型	必填	备注
latitude	纬度	Number	是	浮点数，范围为-90°～90°
longitude	经度	Number	是	浮点数，范围为-180°～180°
color	描边的颜色	String	否	用 8 位十六进制数表示，后两位表示 alpha 值，例如#000000aa
fillColor	填充颜色	String	否	用 8 位十六进制数表示，后两位表示 alpha 值，例如#000000aa
radius	半径	Number	是	
strokeWidth	描边的宽度	Number	否	

扫一扫

视频讲解

【例 4-26】 地图组件 **map** 的简单应用。

WXML（pages/demo06/map/map.wxml）的代码片段如下：

```
<view class='title'>6.地图组件 map 的简单应用</view>
<view class='demo-box'>
  <view class='title'>故宫博物院</view>
  <map latitude='{{latitude}}' longitude='{{longitude}}' markers='{{markers}}'
  bindregionchange='regionChange'>
  </map>
  </view>
```

WXSS（pages/demo06/map/map.wxss）的代码片段如下：

```
map{
  width: 100%;
  height: 600rpx;
}
```

JS（pages/demo06/map/map.js）的代码片段如下：

```
Page({
  data: {
    latitude: 39.917940,
    longitude: 116.397140,
    markers: [{
      id: 1,
      width:60,
      height:60,
      latitude: 39.917940,
      longitude: 116.397140,
      iconPath:'/images/demo06/location.png',
      label:{
        content:'故宫博物院'
      }
    }]
  },
  regionChange: function(e) {
    console.log('regionChange 被触发，视野发生变化。');
  }
})
```

程序运行效果如图 4-42 所示。

（a）页面初始效果　　（b）移动地图的视野效果

图 4-42　地图组件 map 的简单应用

（c）移动地图后 Console 控制台输出的内容

图 4-42 （续）

【代码说明】

本示例在 map.wxml 中声明了一个<map>组件用于显示地图，并在 map.wxss 中定义其样式为宽 100%、高 600rpx。在 map.js 的 data 中设置了经纬度坐标和标记点信息（标记点 id、图标、标签文本内容）。

在图 4-42 中，图（a）是页面初始效果，由该图可见标记点图标和标签内容都正常显示；图（b）是移动地图的视野效果，地图可以在指定尺寸中任意改变视野；图（c）是移动地图后 Console 控制台输出的内容。

4.8 画布组件

<canvas>为画布组件，其默认尺寸是宽度为 300px、高度为 150px。

该组件对应的常用属性如表 4-54 所示。

表 4-54　canvas 组件常用属性

属 性 名	类 型	默 认 值	说 明
type	String		指定 canvas 类型，有 2d(2.9.0 及以上基础库支持）和 webgl（2.7.0 及以上基础库支持）两种写法。
canvas-id	String		canvas 组件的唯一标识符。若已经指定了 type 值则可以无须写该属性。
disable-scroll	Boolean	false	当在 canvas 中移动且有绑定手势事件时禁止屏幕滚动以及下拉刷新
bindtouchstart	EventHandle		手指触摸动作开始
bindtouchmove	EventHandle		手指触摸后移动
bindtouchend	EventHandle		手指触摸动作结束
bindtouchcancel	EventHandle		手指触摸动作被打断，例如来电提醒、弹窗
bindlongtap	EventHandle		手指长按 500ms 后触发，在触发了长按事件后进行移动不会触发屏幕的滚动
binderror	EventHandle		当发生错误时触发 error 事件，detail = {errMsg: 'something wrong'}

扫一扫

视频讲解

【例 4-27】 画布组件的简单应用。

```
<canvas id="myCanvas" type="2d" style="border:1rpx solid" ></canvas>
```

上述代码表示声明了一个带有 1rpx 宽、黑色实线边框的画布，其 id 为 myCanvas。

需要注意的是，已经声明了 type 属性的取值就不需要有 canvas-id 属性了，使用 id 属性是为了在 JS 中获取 Canvas 节点，后续绘图要用。

在<canvas>组件声明完毕后，一个完整的画图工作主要分为以下 4 个步骤。

- 步骤 1：获取画布节点。
- 步骤 2：获取画布上下文（CanvasContext）。
- 步骤 3：转换画布分辨率。
- 步骤 4：进行绘图描述（例如设置画笔颜色和绘制内容）。

上述画图步骤可以在 onReady()函数里进行调用。例如：

```
Page({
  onReady: function (options) {
     //通过 SelectorQuery 获取 Canvas 节点
     wx.createSelectorQuery()
       .select('#myCanvas') //根据 id 找到画布
       .fields({
          node: true,
          size: true,
       })
       .exec((res)=>{
          //1. 获取画布节点
          const canvas = res[0].node
          //2. 获取画布上下文
          let ctx = canvas.getContext('2d')
          //3. 转换画布分辨率
          const dpr = wx.getSystemInfoSync().pixelRatio
          canvas.width = res[0].width * dpr
          canvas.height = res[0].height * dpr
          ctx.scale(dpr, dpr)
          //4. 开始绘图
          ctx.fillStyle = 'orange' //设置填充颜色
          ctx.fillRect(20, 20, 150, 80) //绘制实心矩形
       })
  },
})
```

上述代码在 onReady() 函数中通过 SelectorQuery 方法依次获取实际 Canvas 画布节点和画布上下文从而实现绘图效果。本例绘制的内容是一个橙色的实心矩形，其左上角顶点位置在(20,20)，宽 150px、高 80px。

程序运行效果如图 4-43 所示。

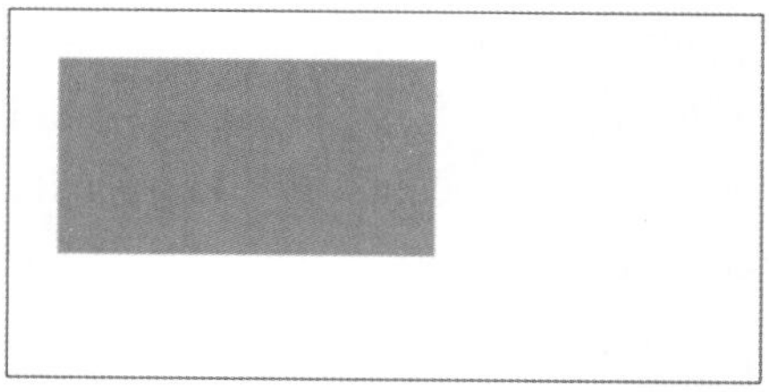

图 4-43　画布组件 canvas 的简单应用

当前只是画布的简单应用，读者可查看第 12 章“画布 API”学习关于画布的更多用法。

扫一扫

案例文本

4.9 阶段案例：趣味心理测试小程序

扫一扫

视频讲解 (1)

扫一扫

视频讲解 (2)

本节将节选部分互联网上流行的心理测试题目制作一个趣味心理测试小程序，内容纯属娱乐，题目和答案可以由开发者自行更换。

小程序共分为 3 个页面。

- 首页：可以显示本次测试的主题，点击按钮可以进入测试页；
- 测试页：可以显示题号、题干、选项，全部答完后可以跳转结果页查看分析结果；
- 结果页：根据测试内容显示不同的解答分析，提供按钮点击后可返回首页重新开始。

这 3 个页面每次只显示其中一页，最终效果如图 4-44 所示。

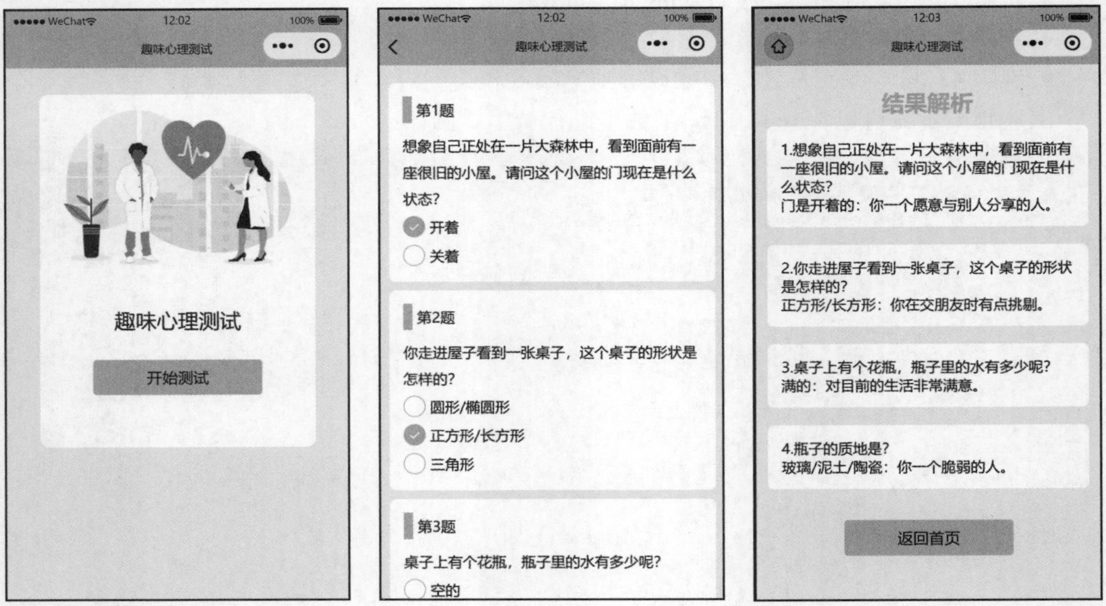

（a）首页　　（b）测试页　　（c）结果页

图 4-44　第 4 章阶段案例效果图

4.10　本章小结

本章属于小程序基础知识中的组件介绍，小程序组件是视图层的基本组成单元，例如用户在小程序页面上所看到的图片、文本、按钮等都属于小程序组件。组件按照功能主要分为 7 类：视图容器组件、基础内容组件、表单组件、导航组件、媒体组件、地图组件和画布组件。视图容器组件主要包括 view、scroll-view、swiper、movable-view 和 cover-view；基础内容组件主要包括 icon、text、rich-text、progress；表单组件主要包括 button、checkbox 与 checkbox-group、input、label、form、picker、picker-view、radio 与 radio-group、slider、switch、textarea 以及 editor；导航组件是 navigator；媒体组件主要包括 image、video 和 camera；地图组件是 map，更多相关内容将在第 9 章“位置 API”介绍；画布组件是 canvas，更多相关内容将在第 12 章“画布 API”介绍。

应 用 篇

第5章 Chapter 5

网络 API

本章主要介绍小程序网络 API 的相关应用，小程序允许使用本章介绍的接口与开发者或第三方服务器进行通信，包括发起请求和文件的上传/下载。

本章学习目标

- 了解小程序/服务器架构；
- 掌握服务器域名配置和临时服务器部署；
- 掌握 wx.request()接口的用法；
- 掌握 wx.uploadFile()和 wx.downFile()接口的用法。

5.1 小程序网络基础

小程序允许使用网络 API 和服务器进行通信，本节将介绍小程序/服务器架构、服务器域名配置以及临时服务器部署。

5.1.1 小程序/服务器架构

小程序和服务器通信的架构也可以称为 C/S 架构，即客户端/服务器（Client/Server）架构。小程序和服务器的通信原理大致如图 5-1 所示。

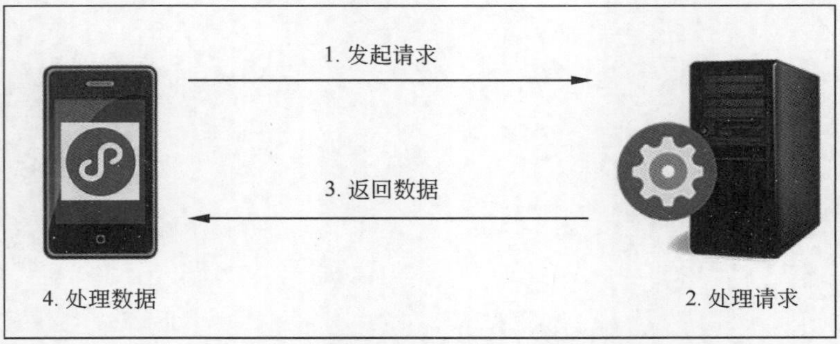

图 5-1 小程序和服务器通信原理示意图

在联网的状态下小程序首先向服务器发起网络请求，可携带 JSON 格式数据一并发送过去。服务器收到请求后执行相关代码处理请求，必要时还可以从后端查询数据库。处理完毕后服务器向小程序回复并返回数据，小程序相关接口将回调 success()函数并对接收到的数据进行后续处理。

1 关于请求

小程序向服务器发起网络请求，注意事项如下：

（1）默认超时时间和最大超时时间都是 60 秒。

（2）request、uploadFile、downloadFile 的最大并发限制是 10 个。

（3）网络请求的 referer header 不可设置。其格式固定为“https://servicewechat.com/{appid}/{version}/page-frame.html”。其中，{appid}为小程序的 appid；{version}为小程序的版本号，版本号为 0 表示为开发版、体验版以及审核版本，版本号为 devtools 表示为开发者工具，其余为正式版本。

（4）小程序进入后台运行后（非置顶聊天），如果在 5 秒内网络请求没有结束，会回调错误信息 fail interrupted；在回到前台之前，网络请求接口调用都无法调用。

2 关于服务器返回

1）返回值编码

小程序会自动对 BOM 头进行过滤，且建议服务器返回值使用 UTF-8 编码。对于非 UTF-8 编码，小程序会尝试进行转换，但是存在转换失败的可能。

2）回调

只要成功接收到服务器返回，无论 statusCode 是多少，都会进入 success()回调。请开发者根据业务逻辑对返回值进行判断。

3 关于 JSON 语法格式

小程序网络 API 在发起网络请求时使用 JSON 格式的文本进行数据交换。

JSON（JavaScript Object Notation）是基于 JavaScript Programming Language, Standard ECMA-262 3rd Edition - Dec1999 的一个子集，是一种轻量级的数据交换格式。它采用完全独立于语言的文本格式，易于人们阅读和编写；但是也使用了类似于 C 语言家族（包括 C、C++、C#、Java、JavaScript、Perl、Python 等）的习惯，因此也易于机器解析和生成。这些特性使 JSON 成为理想的数据交换语言。

JSON 字符串通常有两种构建形式，一种是“名称/值”对的集合，另一种是值的有序列表。

1）“名称/值”对的集合

“名称/值”对（name/value pair）的集合在不同的计算机语言中可以被理解为对象（object）、记录（record）、结构（struct）、字典（dictionary）、哈希表（hash table）、有键列表（keyed list）或关联数组（associative array）等。

名称可以由开发者自定义，例如 studentID、username 等；值是自定义名称所对应的数据值，共有以下 6 种类型的取值。

- string：字符串，需要用引号括起来，例如'hello'。
- number：数值，例如 123。
- boolean：布尔值，例如 false。
- null：空值，例如 null。
- object：对象，例如{username: 'admin', password: '123456abc'}。
- array：数组，例如[1,2,3,4,5]。

上述这些取值类型可以互相嵌套形成复合的值。

“名称/值”对的集合通常使用大括号包含里面的全部内容，示例格式如下：

```
{
   名称 1:值 1,
   名称 2:值 2,
   …
   名称 N:值 N
}
```

例如：

```
//1.单个名称/值对
var json1={x: 123}

//2.多个名称/值对
var json2={x1: 123, x2: 'hello', x3: true}

//3.嵌套组合的名称/值对
var json3={
     x1: [1, 2, 3, 4, 5],
     x2: 'hello',
     x3: {
        y1: false,
        y2: null,
     }
}
```

如果想获得 json3 中的 y1 的值 false，写法是 json3.x3.y1。

这里以微信用户信息数据为例，返回的 JSON 文本如下：

```
detail: {
       userinfo: {
           nickname: '张三',
           gender: 1,
           city: Shanghai
           …
       },
   …
}
```

2）值的有序列表

值的有序列表在绝大部分计算机语言中均可以被理解为数组（array）。

值的有序列表通常使用中括号包含里面的全部内容，示例格式如下：

```
[
   值 1,
   值 2,
   …
   值 N
]
```

这里值的类型与前面“名称/值”对的集合中的取值类型完全一样，不再赘述。

例如：

```
//1.数字取值
var json1=[111,222,333]

//2.布尔值取值
var json2=[true,false,true]

//3.对象取值
var json3=[
   {username: 'zhangsan', password : '123', city : 'Wuhu'},
   {username: 'lisi', password: '456', city: 'Hefei'},
   {username: 'wangwu', password: '789', city: 'Xuancheng'}
]
```

如果想要获取 json3 中第 1 个用户所在的城市，写法是 json3[0].city。

5.1.2 服务器域名配置

每一个小程序在与指定域名地址进行网络通信前都必须将该域名地址添加到管理员后台白名单中。

1 配置流程

小程序开发者登录 mp.weixin.qq.com 进入管理员后台，单击“设置”，在“开发设置”下的“服务器域名”中添加或修改需要进行网络通信的服务器域名地址，如图 5-2 所示。

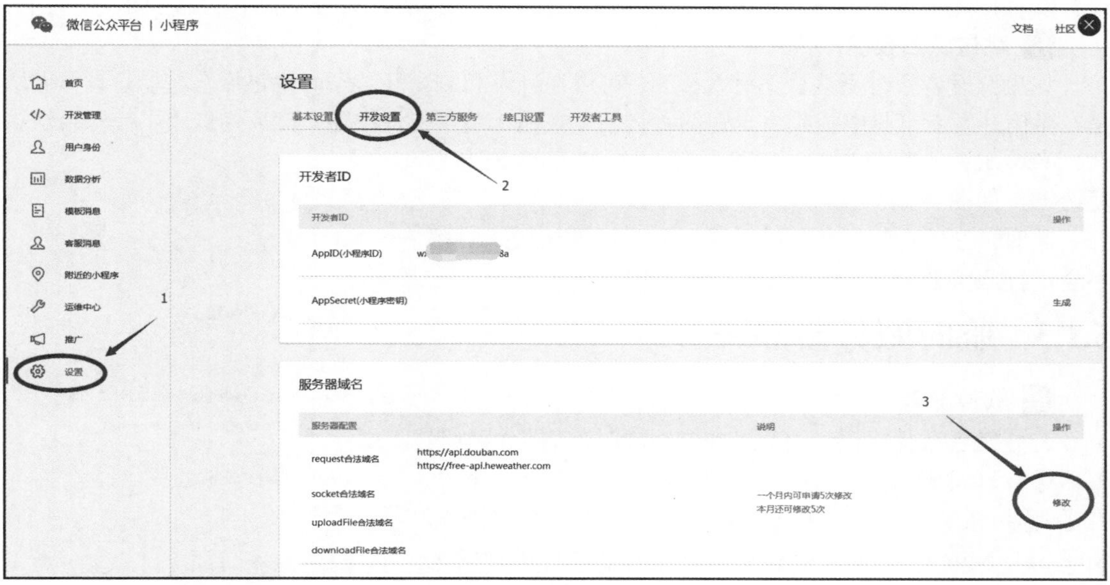

图 5-2 服务器域名配置

开发者可以填入自己或第三方的服务器域名地址，但在配置时需要注意以下几点：

（1）域名只支持 https（request、uploadFile、downloadFile）和 wss（connectSocket）协议。

（2）域名不能使用 IP 地址或 localhost。

（3）域名必须经过 ICP 备案。

（4）出于安全考虑，api.weixin.qq.com 不能被配置为服务器域名，相关 API 也不能在小程序内调用。开发者应将 appsecret 保存到后台服务器中，通过服务器使用 appsecret 获取 accesstoken，并调用相关 API。

（5）每类接口分别可以配置最多 20 个域名。

配置完之后再登录小程序开发工具就可以测试小程序与指定的服务器域名地址之间的网络通信情况了，注意每个月只可以申请修改 5 次。

2 HTTPS 证书

需要注意的是，小程序必须使用 HTTPS 请求，普通的 HTTP 请求是不能用于正式环境的。判断 HTTPS 请求的依据是小程序内会对服务器域名使用的 HTTPS 证书进行校验，如果校验失败，则请求不能成功发起。

因此开发者如果选择自己的服务器，需要在服务器上自行安装 HTTPS 证书，选择第三方服务器则确保其 HTTPS 证书有效即可。小程序对证书的要求如下：

（1）HTTPS 证书必须有效。证书必须被系统信任，部署 SSL 证书的网站域名必须与证书颁发的域名一致，证书必须在有效期内。

（2）iOS 不支持自签名证书。

（3）iOS 下的证书必须满足苹果 App Transport Security (ATS)的要求。

（4）TLS 必须支持 1.2 及以上版本。部分旧 Android 机型还未支持 TLS 1.2，请确保 HTTPS 服务器的 TLS 版本支持 1.2 及以下版本。

（5）部分 CA 可能不被操作系统信任（例如 Chrome 56/57 内核对 WoSign、StartCom 证书限制），请开发者在选择证书时注意小程序和各系统的相关通告。

由于系统限制，不同平台对于证书要求的严格程度不同。为了保证小程序的兼容性，建议开发者按照最高标准进行证书配置，并使用相关工具检查现有证书是否符合要求。

3 跳过域名校验

如果开发者暂时无法登记有效域名，可以在开发和测试环节暂时跳过域名校验。具体做法是在微信开发者工具中找到右上角的“详情”按钮，单击打开浮窗，然后勾选“不校验合法域名、web-view（业务域名）、TLS 版本以及 HTTPS 证书”复选框，如图 5-3 所示。

此时，在开发者工具中运行或开启手机调试模式时都不会进行服务器域名的校验。

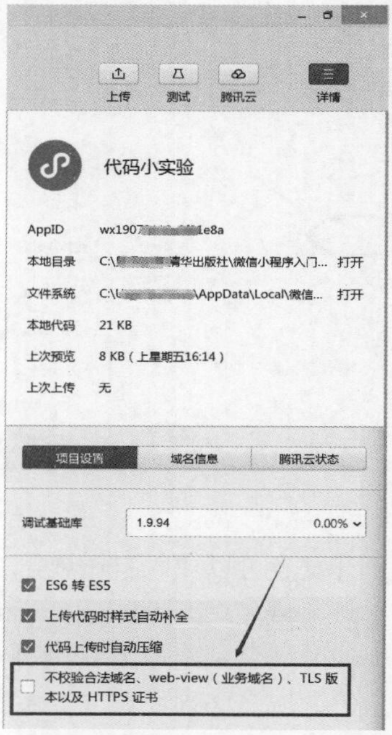

图 5-3 跳过域名校验设置

5.1.3 临时服务器部署

1 软件部署

若开发者条件受限，可以将 PC 端临时部署为模拟服务器进行开发和测试。小程序对服务器端没有软件和语言的限制条件，用户可以根据自己的实际情况选择 Apache、Nginx、Tomcat 等任意一款服务器软件进行安装部署，以及选用 PHP、Node.js、J2EE 等任意一种语言进行后端开发。

初学者可以直接使用第三方免费套件帮助我们快速搭建模拟服务器环境，这里以 phpStudy V8.1 套装软件（包含了 Apache/Nginx、PHP 和 MySQL）为例，部署步骤如下：

（1）下载安装包（官方网址 www.xp.cn），在 PC 端双击安装。

（2）完成后启动 Apache/Nginx 服务器，如图 5-4 所示。

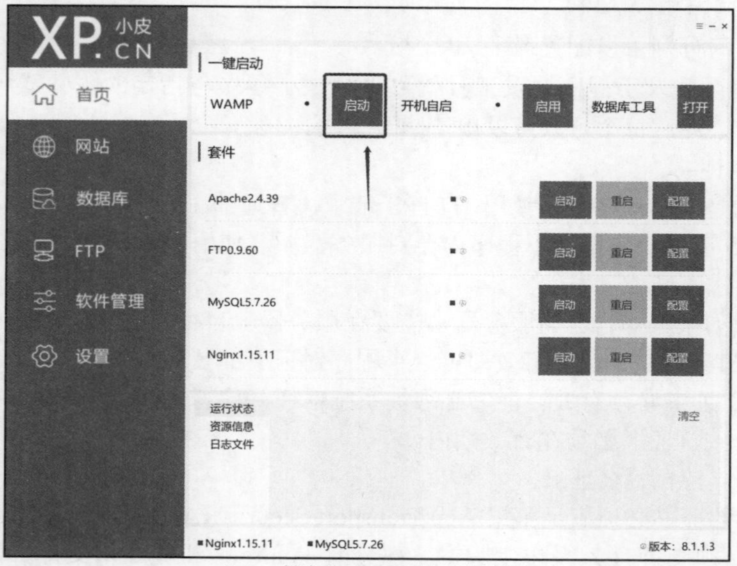

（a）一键启动 WAMP 的按钮位置

图 5-4 phpStudy 启动 WAMP 示例

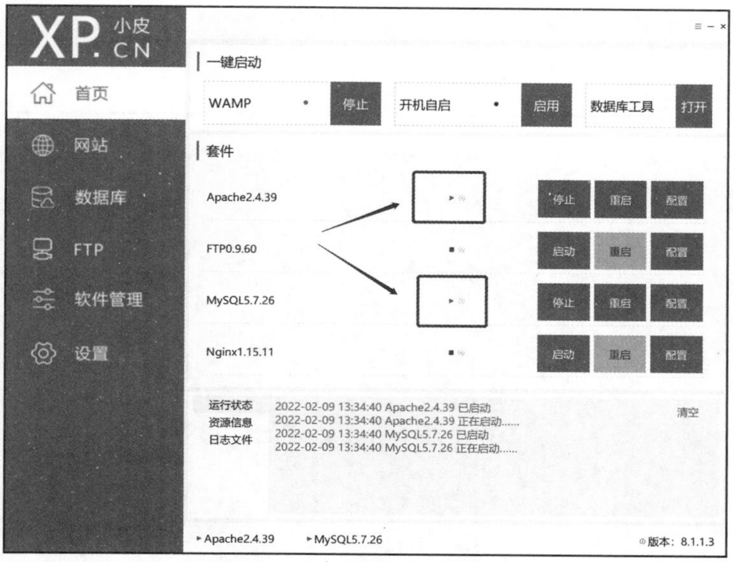

（b）Apache 与 MySQL 已启动状态

图 5-4　（续）

（3）在 WWW 目录下创建自定义目录，例如 miniDemo，未来可以在该目录下放置 PHP 格式的接口文件。

至此临时部署完毕，用户可以随时更改服务器上的目录地址和 PHP 文件代码。

注意：开发者也可以根据自己的使用习惯将 Apache 改为 Nginx，一键启动 WNMP。不需要用的时候开发者可以单击“停止”按钮终止服务器进程，恢复普通计算机状态。

此时模拟服务器已经启动。

2 网络请求

服务器的 WWW 目录就是根目录，它的网络地址是“http://localhost/”或“http://127.0.0.1/”。开发者可以在根目录下自行创建目录和文件，例如在 miniDemo 中创建了 test.php 文件，那么网络请求地址就是“http://localhost/miniDemo/test.php”。

PHP 文件的返回语句是 echo，例如：

```
<?php
    echo '网络请求成功！';
?>
```

这样小程序将会收到引号里面的文字内容。开发者也可以直接用浏览器访问该地址，能获得同样的文字内容，因此可以在开发之前直接使用浏览器测试 PHP 文件是否正确。

网络地址“localhost”或“127.0.0.1”只能在本机计算机端的微信开发工具中使用，如果想用手机或其他计算机访问，必须确保手机或其他计算机与这台模拟服务器的计算机在同一个局域网内（例如连接了同一个 WiFi），且需要把“localhost”或“127.0.0.1”换成 IP 地址的写法。

【小技巧分享：如何查本机 IP 地址？**】**

在计算机端的“开始”菜单输入“cmd”回车后唤起命令提示符窗口，在内部输入“ipconfig”指令并回车即可查看本机 IPv4 地址，如图 5-5 所示。

如果需要返回的信息较多，不妨以数组或对象的形式封装为 JSON 格式。

例如返回一个最简单的个人信息：姓名张三、编号 001，PHP 参考代码如下：

```
<?php
    $msg['id']='001';
```

```
    $msg['name']='张三';
    echo json_encode($msg);
?>
```

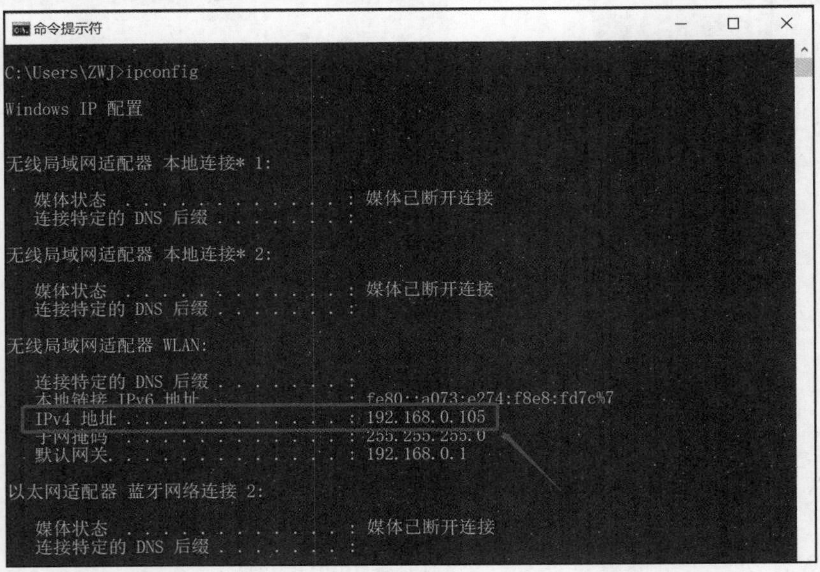

图 5-5　查询本机 IP 地址

需要注意的是，本地模拟服务器地址只能用于学习或测试阶段，带有无效域名的小程序是无法正式发布上线的。未来在正式服务器域名配置成功后，建议开发者更新网络请求地址并在各平台下进行测试，以确认服务器域名配置正确。

5.2　发起请求和中断请求

5.2.1　发起请求

小程序使用 wx.request(OBJECT)发起网络请求，OBJECT 参数的说明如表 5-1 所示。

表 5-1　wx.request 函数的 OBJECT 参数

参　数	类　型	必　填	说　明
url	String	是	开发者或第三方服务器接口地址
data	Object/String/ArrayBuffer	否	请求的参数
header	Object	否	设置请求的 header，在 header 中不能设置 Referer（其中 content-type 默认为'application/json'）
method	String	否	有效值为 OPTIONS、GET、HEAD、POST、PUT、DELETE、TRACE、CONNECT（默认值是 GET）
dataType	String	否	默认值为 json。如果设为 json，会尝试对返回的数据做一次 JSON.parse
responseType	String	否	设置响应的数据类型，合法值为 text、arraybuffer，默认值为 text，最低版本为 1.7.0
success()	Function	否	收到服务器成功返回的回调函数
fail()	Function	否	接口调用失败的回调函数
complete()	Function	否	接口调用结束的回调函数（调用成功与否都会执行）

success()返回的参数如表 5-2 所示。

表 5-2　success()返回参数

参　　数	类　　型	说　　明
data	Object/String/ArrayBuffer	开发者服务器返回的数据
statusCode	Number	开发者服务器返回的 HTTP 状态码
header	Object	开发者服务器返回的 HTTP Response Header，最低版本为 1.2.0

wx.request(OBJECT)示例代码如下：

```
wx.request({
  url: 'https://test.com/',          //仅为示例，并非真实的接口地址
  data: {
    x: '123' ,                       //数据的 key 和 value 由开发者自定义
    y: '456'                         //这里的数据仅为示例
  },
  success: res => {
    console.log(res.data)            //返回的数据
  }
})
```

最终发送给服务器的 data 数据是 String 类型，如果传入的 data 是其他类型，也会被转换成 String。转换规则如下：

（1）对于 GET 方法的数据，会将数据转换成 query string（key1=value1&key2=value2…）。

（2）对于 POST 方法且 header['content-type']为 application/json 的数据，会对数据进行 JSON 序列化。

（3）对于 POST 方法且 header['content-type']为 application/x-www-form-urlencoded 的数据，会将数据转换成 query string（key1=value1&key2=value2…）。

5.2.2　中断请求

wx.request(OBJECT)接口返回一个 requestTask 对象，通过该对象的 abort()方法可以中断请求任务。requestTask 对象的方法如表 5-3 所示。

表 5-3　requestTask 对象的方法

方　　法	参　　数	说　　明	最 低 版 本
abort()	无	中断请求任务	1.4.0

注意：从基础库 1.4.0 版本开始支持，低版本需要做兼容处理。

requestTask 对象的示例代码如下：

```
const requestTask=wx.request({
  url: 'https://test.com/',      //仅为示例，并非真实的接口地址
  data: {
    x: '123' ,                   //数据的 key 和 value 由开发者自定义
    y: '456'                     //这里的数据仅为示例
  },
  success: res => {
    console.log(res.data)
  }
})
requestTask.abort()              //取消请求任务
```

扫一扫

视频讲解

【例 5-1】 网络请求的简单应用 1——单词查询。

不妨尝试制作一个简易单词查询小程序。

WXML（pages/demo01/dict/dict.wxml）文件代码如下：

```
<view class='title'>1.网络请求 request</view>
<view class='demo-box'>
  <view class='title'>wx.request(OBJECT)</view>
  <input placeholder='请输入您需要查询的单词' bindblur='wordBlur'></input>
  <button type="primary" bindtap="search">查询</button>
  <view class='status'>释义：{{result}}</view>
</view>
```

WXSS（pages/demo01/dict/dict.wxss）文件代码如下：

```
input,button{
  margin: 15rpx;
}
.status{
  margin: 15rpx;
  text-align: left;
}
```

JS（pages/demo01/dict/dict.js）文件代码如下：

```
//服务器地址
const baseUrl = 'http://localhost/myDict/'

Page({
  data: {
    result: '待查询'
  },
  word: '',//初始化单词
  //更新单词
  wordBlur: function (e) {
    this.word = e.detail.value
  },
  //查询单词
  search: function () {
    let word = this.word //获得单词

    //未输入内容
    if (word == '') {
      wx.showToast({
        title: '单词不能为空！',
        icon: 'none'
      })
    }
    //发起网络请求
    else {
      wx.request({
        url: baseUrl+'searchWord.php',
        data: {
          word: word
        },
        success: res => {
          console.log(res.data)
          let result = '未查到单词释义'
          //判断状态码，1 表示查到了
          if(res.data.status.code==1){
            result = res.data.meaning
          }
          //更新释义到页面上
          this.setData({ result: result })
        }
      })
    }
  }
})
```

词库可以直接拿记事本编写后另存为 JSON 格式文件，例如可以在服务器根目录 WWW 下新建目录 myDict，然后将词库文件 dict.json 放置其中。

dict.json 参考内容如下：

```
[
  {"word":"apple","meaning":"n. 苹果"},
  {"word":"banana","meaning":"n. 香蕉"},
  {"word":"stawberry","meaning":"n. 草莓"}
]
```

这里使用了数组的形式存放了 3 个单词，每个单词都带有两个属性：word 和 meaning，分别表示单词和释义。开发者后期也可以自行追加更多单词进去，格式保持一致即可。

用 PHP 制作接口文件 searchWord.php，同样放置到 myDict 目录下。

searchWord.php 参考内容如下：

```
<?php
  //读取小程序端请求的单词
  $word = $_GET['word'];

  //读取 JSON 文件
  $json_data = file_get_contents('dict.json');
  //把 JSON 字符串强制转为 PHP 数组
  $dict_data = json_decode($json_data, true);

  //查询结果
  $result['status_code'] = 0; //0 表示未查到，1 表示查到了
  $result['meaning'] = '';

  //遍历查单词
  foreach ($dict_data as $obj){
  //如果查到了
  if($obj['word']==$word){
      //更新查询结果
      $result['status_code'] = 1;
      $result['meaning'] = $obj['meaning'];
      //停止遍历
      break;
  }
  }

  //返回解释(转成 JSON 格式传输)
  echo json_encode($result);
?>
```

预览效果如图 5-6 所示。

【代码说明】

本示例通过使用 wx.request 接口向“http://localhost/myDict/searchWord.php”发起网络请求进行单词查询。在 dict.wxml 中包含了<input>输入框、<button>按钮和<view>组件，分别用于输入单词、查询单词和显示中文释义。在 dict.js 的 data 中初始定义查询结果{{result}}为“待查询”状态，并初始化页面变量 word 为空白内容。然后为输入框绑定自定义函数 wordBlur()监听失去焦点事件，并更新 word 值；为按钮绑定自定义函数 search()监听 Tap 单击事件，如果 word 无内容则给出错误提示，有内容则发起网络请求，并使用 setData()函数将查询结果更新到动态数据{{result}}中，使其可以渲染到 dict.wxml 页面上。

图 5-6 中，图（a）为页面初始效果；图（b）是尚未输入单词就点击“查询”按钮的效果，此时会出现错误提示；图（c）是输入单词 apple 后点击“查询”按钮的效果，此时成功发起了网络请求，拿到了释义数据；图（d）为查询单词成功时 Console 控制台输出的结果。

（a）页面初始效果　　（b）查询时的错误提示　　（c）单词查询结果

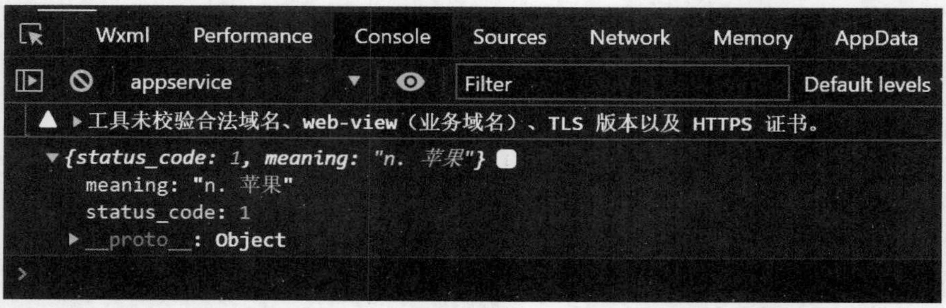

（d）Console 控制台输出网络请求的回调数据

图 5-6　网络请求的简单应用 1

扫一扫

视频讲解

【例 5-2】　网络请求的简单应用 2——登录验证。

小程序默认是 GET 请求，如果涉及密码等安全性要求更高的数据传输，可以改用 POST 类型进行请求。这里不妨试用 POST 请求制作一个带有加密密码的登录验证小程序。

WXML（pages/demo01/login/login.wxml）文件代码如下：

```
<view class='title'>1.网络请求 request</view>
<view class='demo-box'>
  <view class='title'>wx.request(OBJECT)</view>
  <!-- 简易登录系统 -->
  <!-- 表单 -->
  <form bindsubmit="onSubmit">
    <!-- 账号密码输入框 -->
    <input name="username" placeholder="请输入账号"></input>
    <input name="password" password placeholder="请输入密码"></input>
    <!-- 按钮区域 -->
    <view>
      <button size="mini" form-type="submit">登录</button>
      <button size="mini" form-type="reset">重置</button>
    </view>
  </form>
</view>
```

WXSS（pages/demo01/login/login.wxss）文件代码如下：

```
input,button{
  margin: 15rpx;
}
```

JS（pages/demo01/login/login.js）文件代码如下：

```
//引入 MD5 加密包工具
const tool = require('../../../utils/md5')
//服务器地址
const baseUrl = 'http://localhost/myLogin/'

Page({
  /**
   * 自定义函数——封装提示语句
   */
  showModal: function (msg) {
    wx.showModal({
      title: '提示',
      content: msg,
      showCancel: false
    })
  },

  /**
   * 自定义函数——监听登录事件
   */
  onSubmit: function (e) {
    //console.log(e)
    let info = e.detail.value
    //获取用户名
    let username = info.username
    //获取密码
    let password = info.password
    //验证用户名或密码不能为空
    if(username==''||password==''){
      this.showModal('用户名或密码不能为空！')
      return
    }

    //发送请求给服务器
    wx.request({
      url: baseUrl+'checkLogin.php',
      method:'POST',
      header: {
        'content-type': 'application/x-www-form-urlencoded'
      },
      data:{
        username:username,
        password:tool.md5(password)
      },
      //成功回调函数
      success:res=>{
        console.log(res.data)
        //登录失败
        if(res.data.status_code==0){
          this.showModal('登录失败！')
        }else{
          this.showModal('登录成功！')
        }
      }
    })
  }
})
```

用户名和密码可以直接用记事本编写后另存为 JSON 格式文件，例如可以在服务器根目录 WWW 下新建目录 myLogin，然后将用户信息文件 users.json 放置其中。

users.json 参考内容如下：

```
[
  {"username":"zhangsan","password":"e10adc3949ba59abbe56e057f20f883e"},
  {"username":"lisi","password":"c33367701511b4f6020ec61ded352059"}
]
```

这里使用了数组的形式存放了两个用户的账号信息，每个账号都带有两个属性：username 和 password，分别表示用户名和密码，且这里的密码是 MD5 算法加密后的效果（注：实际原本的密码分别是 123456 和 654321），比明文密码安全级别更高。开发者后期也可以自行追加更多账号信息进去，格式保持一致即可。

用 PHP 制作接口文件 checkLogin.php，同样放置到 myLogin 目录下。

checkLogin.php 参考内容如下：

```
<?php
  //读取小程序端请求的用户名和密码
  $username = $_POST['username'];
  $password = $_POST['password'];

  //读取 JSON 文件
  $json_data = file_get_contents('users.json');
  //把 JSON 字符串强制转为 PHP 数组
  $users_data = json_decode($json_data, true);

  //查询结果
  $result['status_code'] = 0; //0 表示未查到，1 表示查到了
  $result['msg'] = '用户名或密码不正确';

  //遍历查单词
  foreach ($users_data as $obj){
  //如果查到了
  if($obj['username']==$username && $obj['password']==$password){
      //更新查询结果
      $result['status_code'] = 1;
      $result['msg'] = '登录成功！';
      //停止遍历
      break;
  }
  }

  //返回解释(转成 JSON 格式传输)
  echo json_encode($result);
?>
```

预览效果如图 5-7 所示。

【代码说明】

本示例通过使用 wx.request 接口向第三方开源 API 发起网络请求进行单词查询。在 login.wxml 中包含了<form>表单组件用于提交数据，其内部有两个<input>输入框分别用于输入用户名和密码，有两个<button>按钮分别用于登录和重置输入框内容。在 login.js 顶部引用了 utils 目录下的 md5.js 文件（开源代码）用于加密原本明文的密码字符串，这样可以提高网络请求的安全性。当点击“登录“按钮时会触发<form>表单的 onSubmit 事件，在 login.js 中获取输入框的值判断是否为空，如果未填内容则弹出对话框提示不再继续；如果有内容，则向服务器端发起网络请求，并将请求方式改为 POST 类型。

（a）页面初始效果

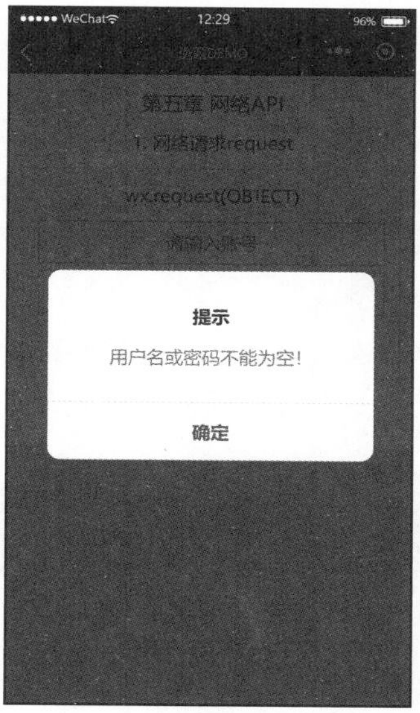

（b）未输入内容时的错误提示

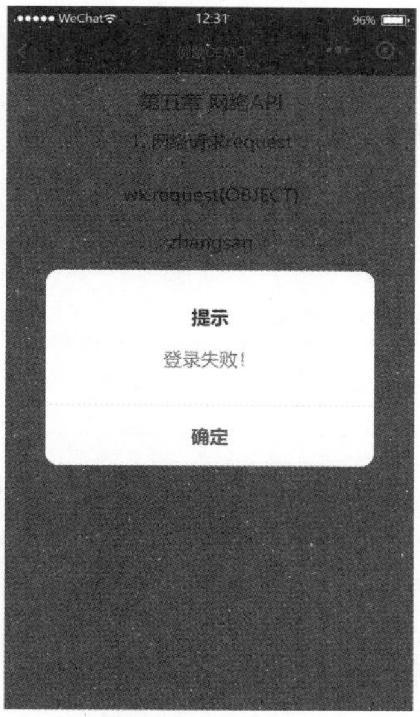

（c）登录失败效果

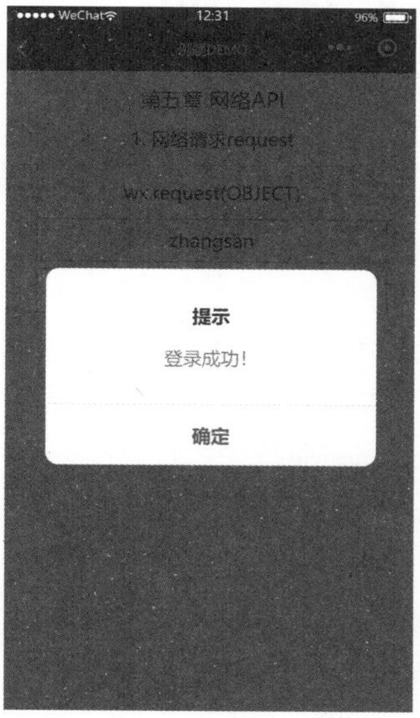

（d）登录成功效果

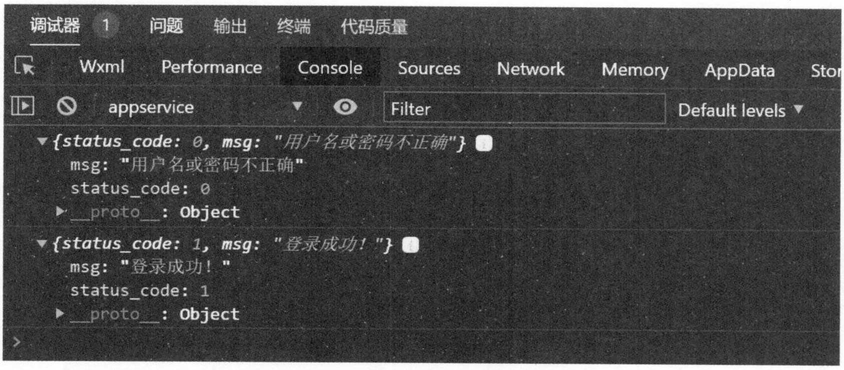

（e）Console 控制台输出网络请求的回调数据

图 5-7　网络请求的简单应用 2

图 5-7 中，图（a）为页面初始效果；图（b）是尚未输入用户名或密码就点击“登录”按钮的效果，此时会出现错误提示；图（c）是输入错误的用户名或密码后点击“登录”按钮的效果，由该图可见此时成功发起了网络请求拿到了状态码，status_code 为 0；图（d）为登录验证成功时的效果，由该图可见此时成功发起了网络请求拿到了状态码，status_code 为 1；图（e）为 Console 控制台两次的输出结果，第一次是登录失败，第二次是登录成功。

注意：例 5-1 和例 5-2 为方便初学者入门理解，均使用了 JSON 文件存放少量数据进行查询，未涉及数据库技术。但实际开发时因数据量较大，一般均会使用数据库来存放和管理数据信息。本章最后的阶段案例就会应用到 MySQL 数据库进行汉语成语词典的案例制作。

5.3 文件传输

文件传输主要包含文件的上传和下载功能，其中，文件上传功能需要配合开发者服务器使用，文件下载功能使用开发者服务器或第三方服务器均可。

5.3.1 文件的上传

1 文件上传请求

小程序使用 wx.uploadFile(OBJECT)可以将本地资源上传到开发者服务器，在上传时将从客户端发起一个 HTTPS POST 请求到服务器，其中，content-type 为 multipart/form-data。

OBJECT 参数的说明如表 5-4 所示。

表 5-4 wx.uploadFile 函数的 OBJECT 参数

参 数	类 型	必填	说 明
url	String	是	开发者服务器 url
filePath	String	是	要上传文件资源的路径
name	String	是	文件对应的 key，开发者在服务器端通过这个 key 可以获取文件的二进制内容
header	Object	否	HTTP 请求 Header，在 header 中不能设置 Referer
formData	Object	否	HTTP 请求中其他额外的 form data
success()	Function	否	接口调用成功的回调函数
fail()	Function	否	接口调用失败的回调函数
complete()	Function	否	接口调用结束的回调函数（调用成功与否都会执行）

success()返回参数的说明如表 5-5 所示。

表 5-5 success()返回参数

参 数	类 型	说 明
data	String	开发者服务器返回的数据
statusCode	Number	开发者服务器返回的 HTTP 状态码

该接口可以配合其他接口一起使用，例如页面通过 wx.chooseImage 接口获取一个本地资源的临时文件路径后可以通过此接口将本地资源上传到指定服务器。示例代码如下：

```
wx.chooseImage({
  success: res => {
    var tempFilePaths=res.tempFilePaths
    wx.uploadFile({
      url:'https://example.weixin.qq.com/upload', //仅为示例，非真实的接口地址
```

```
      filePath: tempFilePaths[0],
      name: 'file',
      formData:{
        'user': 'test'
          },
          success: res => {
            var data=res.data
          }
        })
      }
    })
```

2 上传任务对象

wx.uploadFile(OBJECT)接口返回一个 uploadTask 对象，通过该对象可监听文件上传进度变化事件以及取消上传任务。uploadTask 对象的方法如表 5-6 所示。

表 5-6　uploadTask 对象方法

方　法	参　数	说　明	最低版本
onProgressUpdate()	callback	监听上传进度变化	1.4.0
abort()		中断上传任务	1.4.0

onProgressUpdate()返回参数的说明如表 5-7 所示。

表 5-7　onProgressUpdate()返回参数

参　数	类　型	说　明
progress	Number	上传进度百分比
totalBytesSent	Number	已经上传的数据长度，单位为 B
totalBytesExpectedToSend	Number	预期需要上传的数据总长度，单位为 B

uploadTask 对象示例代码如下：

```
const uploadTask=wx.uploadFile({
    …
})
uploadTask.onProgressUpdate((res)=>{
    console.log('上传进度', res.progress)
    console.log('已经上传的数据长度', res.totalBytesSent)
    console.log('预期需要上传的数据总长度', res.totalBytesExpectedToSend)
})
uploadTask.abort()        //取消上传任务
```

扫一扫

视频讲解

【例 5-3】 文件上传的简单应用。

WXML（pages/demo02/upload/upload.wxml）文件代码如下：

```
<view class='title'>2.文件上传/下载</view>
<view class='demo-box'>
  <view class='title'>wx.uploadFile(OBJECT)</view>
  <image wx:if='{{src}}' src='{{src}}' mode='widthFix'></image>
  <button bindtap="chooseImage">选择文件</button>
  <button type="primary" bindtap="uploadFile">开始上传</button>
</view>
```

WXSS（pages/demo02/upload/upload.wxss）文件代码如下：

```
button{
  margin: 15rpx;
}
```

JS（pages/demo02/upload/upload.js）文件代码如下：

```
Page({
  data: {
    src: ''                                    //上传图片的路径地址
  },
  //选择文件
  chooseImage: function() {
    wx.chooseImage({
      count: 1,                                //默认为 9
     sizeType:['original','compressed'],       //可以指定是原图还是压缩图，默认二者都有
      sourceType: ['album', 'camera'],         //可以指定来源是相册还是相机，默认二者都有
      success: res => {
        //返回选定照片的本地文件路径列表
        let src=res.tempFilePaths[0]
        this.setData({ src: src })
      }
    })
  },
  //上传文件
  uploadFile: function() {
    //获取图片路径地址
    let src=this.data.src
    //尚未选择图片
    if (src=='') {
      wx.showToast({
        title: '请先选择文件！',
        icon: 'none'
      })
    }
    //准备上传文件
    else {
      //发起文件上传请求
      var uploadTask=wx.uploadFile({
        url: 'http://localhost/miniDemo/upload.php', //可以替换为其他地址
        filePath: src,
        name: 'file',
        success: res => {
          console.log(res)
          wx.showToast({
            title: res.data
          })
        }
      })
      //监听文件上传进度
      uploadTask.onProgressUpdate((res)=>{
        console.log('上传进度', res.progress)
        console.log('已经上传的数据长度', res.totalBytesSent)
        console.log('预期需要上传的数据总长度', res.totalBytesExpectedToSend)
      })
    }
  }
})
```

服务器端 PHP（http://localhost/miniDemo/upload.php）文件代码如下：

```
<?php
    if(!empty($_FILES['file'])){
        //获取扩展名
        $pathinfo=pathinfo($_FILES['file']['name']);
        $exename=strtolower($pathinfo['extension']);
        //检测扩展名
```

```
7.          if($exename!='png' && $exename!='jpg' && $exename!='gif'){
8.              echo('非法扩展名!');
9.          }
10.         //检测通过
11.         else{
12.         $imageSavePath='image/'.uniqid().'.'.$exename; //创建文件路径
13.         //移动上传文件到指定位置
14.         if(move_uploaded_file($_FILES['file']['tmp_name'], $imageSavePath)){
15.             echo '上传成功!';
16.         }
17.     }
18.     }
19.     else{
20.         echo '上传失败!';
21.     }
22.?>
```

注意：第 12 行表示将上传到服务器端的图片存到 image 文件夹中，因此需要开发者事先在服务器端 miniDemo 目录内新建 image 文件夹等待使用，否则上传文件时可能会报错说路径不存在。

预览效果如图 5-8 所示。

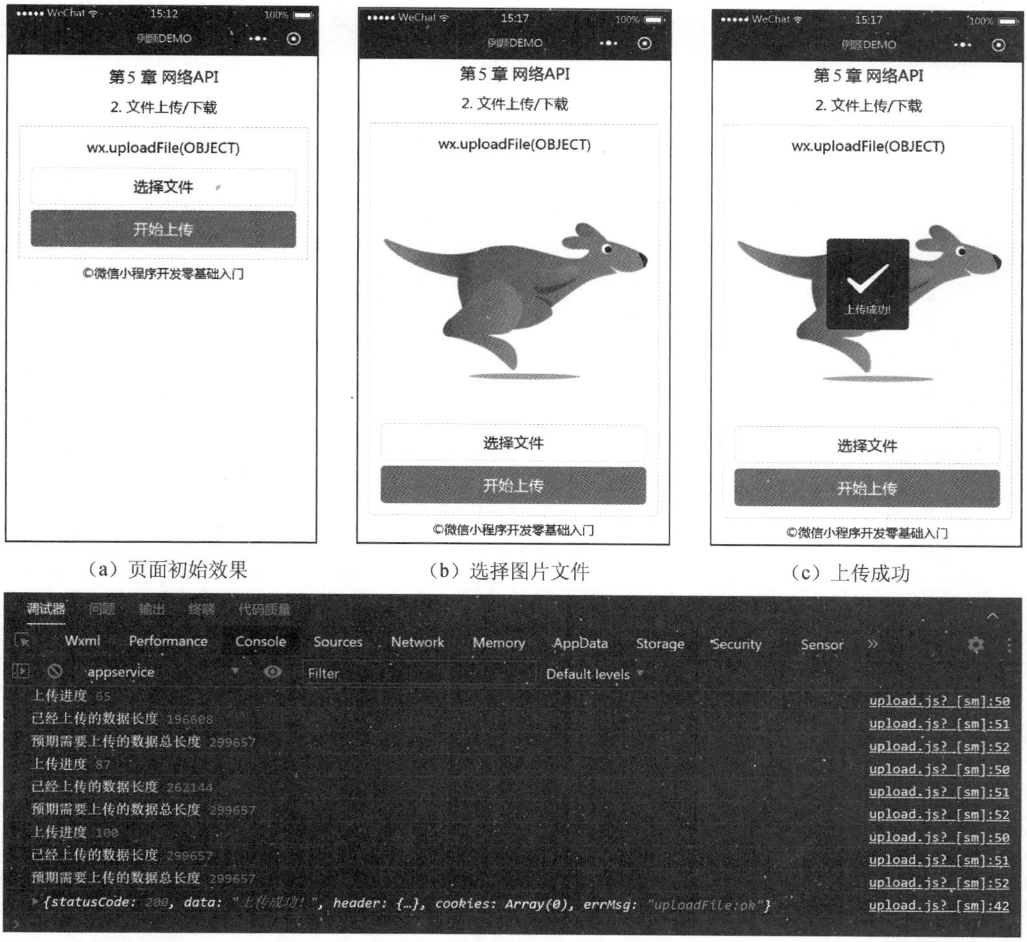

（a）页面初始效果　（b）选择图片文件　（c）上传成功

（d）文件上传过程中 Console 控制台的输出内容

图 5-8　文件上传的简单应用

【代码说明】

本示例在 upload.wxml 中包含了两个<button>按钮分别用于选择图片和上传图片，对应的自定义函数分别是 chooseImage()和 uploadFile()。如果尚未选择文件就上传，会有错误提示。选择好图片文件后会在页面的<image>组件中显示出来，在图片选择完成后单击“开始上传”按钮将调用 wx.uploadFile()接口进行上传。服务器端使用 PHP 文件 upload.php 接收文件，首先检测图片文件扩展名是否符合要求，检测通过后将文件重命名并存放在服务器当前目录下的 image 文件夹中。用户可以通过检测服务器指定文件夹中是否有上传的图片来证明示例是否成功。

图 5-8 中，图（a）为页面初始效果，此时尚未选择文件；图（b）是选择图片后的效果，此时指定的图片将显示在页面上；图（c）是文件上传成功的消息提示；图（d）是上传过程中 Console 控制台的输出内容，该内容是由 uploadTask 对象的监听事件 onProgressUpdate 实现的，由该图可见输出语句只在下载完毕（下载进度为 100%）时出现了一次。显示次数与文件大小和网速有关，不同设备、文件和网络环境可能存在差异。

5.3.2 文件的下载

1 文件下载请求

小程序使用 wx.downloadFile(OBJECT)可以从服务器下载文件资源到本地。OBJECT 参数的说明如表 5-8 所示。

表 5-8 wx.downloadFile()函数的 OBJECT 参数

参　数	类　型	必填	说　明
url	String	是	下载资源的 url
header	Object	否	HTTP 请求 Header，在 header 中不能设置 Referer
success()	Function	否	下载成功后以 tempFilePath 的形式传给页面，res={tempFilePath: '文件的临时路径'}
fail()	Function	否	接口调用失败的回调函数
complete()	Function	否	接口调用结束的回调函数（调用成功与否都执行）

success()返回的参数如表 5-9 所示。

表 5-9 success()返回的参数

参　数	类　型	说　明
tempFilePath	String	临时文件路径，下载后的文件会存储到一个临时文件中
statusCode	Number	开发者服务器返回的 HTTP 状态码

下载文件的原理是客户端直接发起一个 HTTP GET 请求，返回文件的本地临时路径。需要注意的是，本地临时路径文件在小程序本次启动期间可以正常使用，如需持久保存，需要主动调用 wx.saveFile()才能在小程序下次启动时访问得到。

wx.downloadFile(OBJECT)示例代码如下：

```
wx.downloadFile({
  url: 'https://example.com/audio/123', //仅为示例，并非真实的资源
  success: res => {
    //只要服务器有响应数据，就会把响应内容写入文件并进入 success()回调，业务需要自行判
    //断是否下载到了想要的内容
```

```
    if (res.statusCode===200) {
        console.log(res.tempFilePath) //文件临时路径地址
    }
  }
})
```

2 下载任务对象

wx.downloadFile(OBJECT)返回一个 downloadTask 对象，通过 downloadTask 可监听下载进度变化事件以及取消下载任务。该接口从基础库 1.4.0 版本开始支持，低版本需要做兼容处理。

downloadTask 对象的方法如表 5-10 所示。

表 5-10　downloadTask 对象方法

方　法	参　数	说　明	最低版本
onProgressUpdate()	callback	监听下载进度变化	1.4.0
abort()	无	中断下载任务	1.4.0

onProgressUpdate()返回参数的说明如表 5-11 所示。

表 5-11　onProgressUpdate()方法参数

参　数	类　型	说　明
progress	Number	下载进度百分比
totalBytesWritten	Number	已经下载的数据长度，单位为 B
totalBytesExpectedToWrite	Number	预期需要下载的数据总长度，单位为 B

downloadTask 对象的示例代码如下：

```
const downloadTask=wx.downloadFile({
    …
})
downloadTask.onProgressUpdate((res) => {
    console.log('下载进度', res.progress)
    console.log('已经下载的数据长度', res.totalBytesWritten)
    console.log('预期需要下载的数据总长度', res.totalBytesExpectedToWrite)
})
downloadTask.abort()                    //取消下载任务
```

扫一扫

视频讲解

【例 5-4】 文件下载的简单应用。

WXML（pages/demo02/download/download.wxml）文件代码如下：

```
<view class='title'>2.文件上传/下载</view>
<view class='demo-box'>
  <view class='title'>wx.downloadFile(OBJECT)</view>
  <block wx:if='{{isDownload}}'>
    <image mode='widthFix' src='{{src}}'></image>
    <button bindtap="reset">重置</button>
  </block>
  <button wx:else type="primary" bindtap="download">单击此处下载图片</button>
</view>
```

JS（pages/demo02/download/download.js）文件代码如下：

```
Page({
data: {
    isDownload: false
  },
  //下载图片文件
  download: function() {
```

```
    //开始下载
    var downloadTask=wx.downloadFile({
     url: 'https://gimg2.baidu.com/image_search/src=http%3A%2F%2Fimg.jj20.com
     %2Fup%2Fallimg%2F611%2F031213123016%2F130312123016-0-1200.jpg',
     //用户可自行更换
      success: res => {
        //只要服务器有响应数据，就会把响应内容写入文件并进入 success()回调，业务
        //需要自行判断是否下载到了想要的内容
        if (res.statusCode===200) {
          let src=res.tempFilePath//文件的临时路径地址
          this.setData({
            src: src,
            isDownload: true
          })
        }
      }
    })
    //任务对象监听下载进度
    downloadTask.onProgressUpdate((res)=>{
      console.log('下载进度', res.progress)
      console.log('已经下载的数据长度', res.totalBytesWritten)
      console.log('预期需要下载的数据总长度', res.totalBytesExpectedToWrite)
    })
  },
  //清空下载图片
  reset: function() {
    this.setData({
      src: '',
      isDownload:false
    })
  }
})
```

预览效果如图 5-9 所示。

(a) 页面初始效果　　　(b) 文件下载成功

图 5-9　文件下载的简单应用

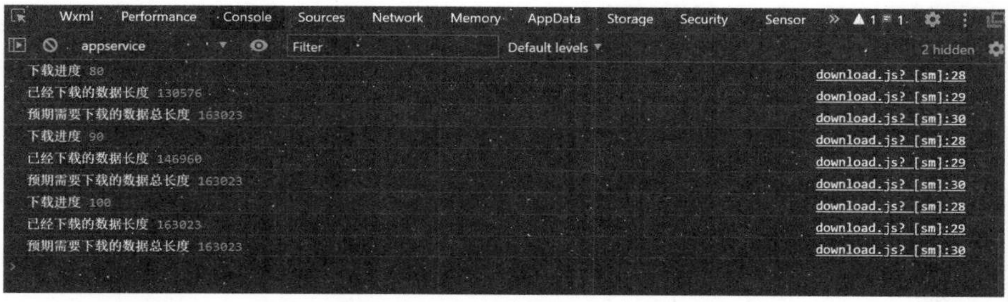

（c）文件下载过程中 Console 控制台的输出内容

图 5-9　（续）

【代码说明】

本示例在 download.wxml 中使用 wx:if 和 wx:else 属性切换显示内容。当尚未下载文件时，只显示一个下载按钮<button>，对应的自定义函数是 download()；当已经下载成功时，隐藏下载按钮，显示图片组件<image>和重置按钮<button>，分别用于显示所下载的图片和返回未下载状态。

图 5-9 中，图（a）为页面初始效果，此时尚未下载文件；图（b）是文件下载成功后的效果，此时所下载的图片将显示在页面上，用户还可以点击“重置”按钮返回页面初始状态；图（c）是文件下载过程中 Console 控制台的输出内容，该内容是由 downloadTask 对象的监听事件 onProgressUpdate 实现的，由该图可见输出语句一共显示了两次，第一次是下载过程（下载进度为 16%）中、第二次是下载完毕（下载进度为 100%）时。显示次数与文件大小和网速有关，不同设备、文件和网络环境可能存在差异。

5.4　阶段案例：成语词典小程序

扫一扫

案例文本

扫一扫

视频讲解

本节将尝试制作一款成语词典小程序。

本阶段案例只有一个单页面，最终效果如图 5-10 所示。

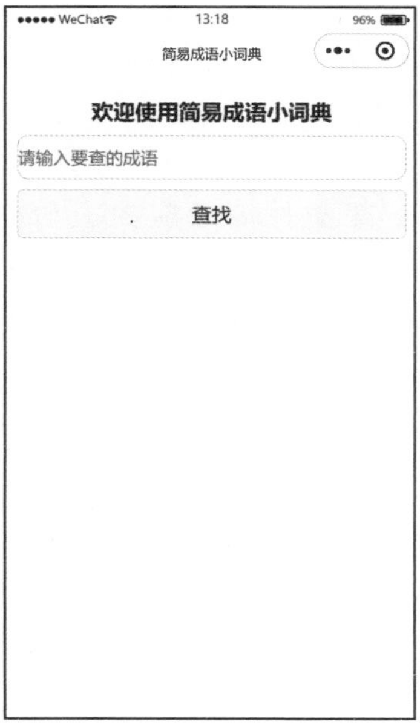

（a）初始效果

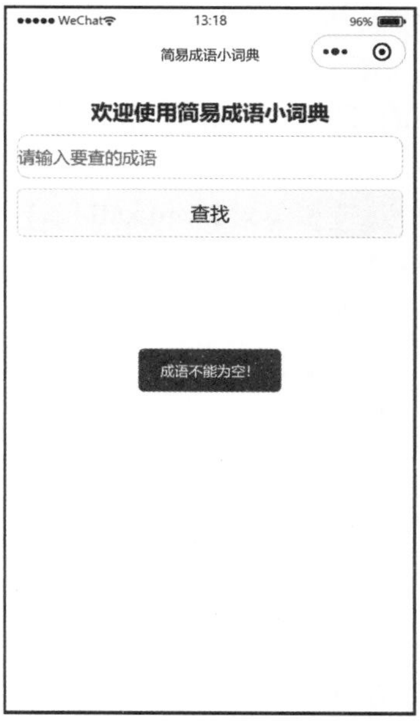

（b）未输入内容就查找的错误提示

图 5-10　第 5 章阶段案例效果图

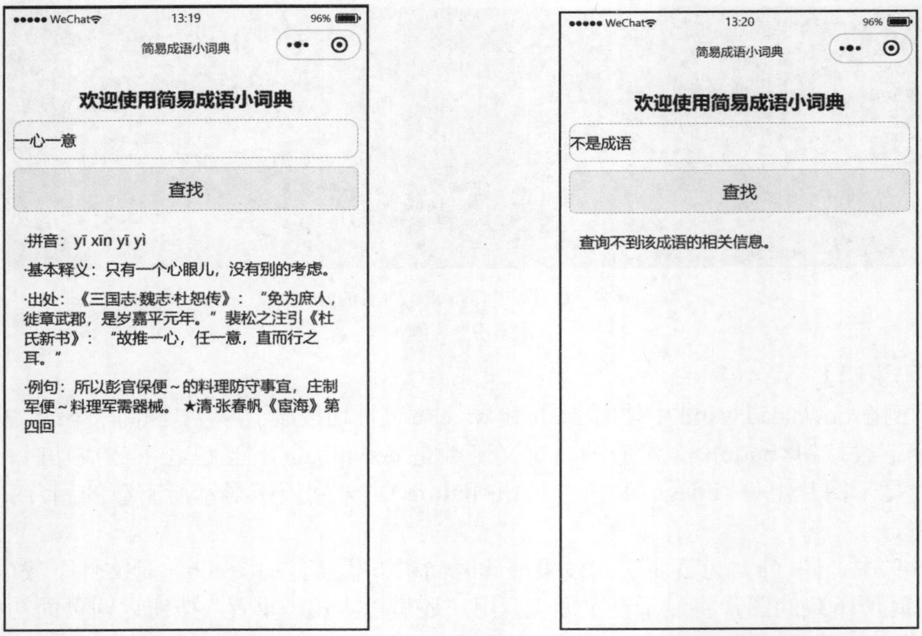

（c）查到成语的效果　　（d）该成语不存在的效果

图 5-10　（续）

5.5　本章小结

本章属于小程序知识中的应用篇，主要介绍了网络 API 的相关用法。网络 API 需要服务器端与小程序端交互完成要求功能，因此首先介绍了小程序网络基础知识，包括小程序/服务器架构、小程序端请求与服务器端返回的内容编码与格式、JSON 语法格式基础入门、服务器域名配置以及临时服务器部署。

网络 API 中的主要功能包括发起/中断请求和文件上传/下载。在发起/中断请求环节，wx.request()可以通过向服务器端发起携带参数的请求来获取需要的 JSON 格式数据返回结果，请求任务对象 requestTask 调用 requestTask.abort() 中断请求；在文件上传/下载环节，wx.uploadFile() 和 wx.downloadFile() 分别用于上传和下载文件，对应的上传任务对象 uploadTask 和下载任务对象 downloadTask 均可以调用 abort() 中断请求，也均可以调用 onProgressUpdate() 实时监测任务进度百分比、已完成传输的文件大小以及预期文件大小。

第6章 Chapter 6

媒体 API

本章主要内容是小程序媒体 API 的用法，包括图片、录音、音频、视频和相机管理。

本章学习目标

- 掌握图片的选择、预览、信息获取和保存的方法；
- 掌握录音管理器的用法；
- 掌握背景音频管理和音频组件控制的方法；
- 掌握视频的选择、保存和组件控制的方法；
- 掌握相机管理器的用法。

6.1 图片管理

6.1.1 选择图片

小程序使用 wx.chooseImage(OBJECT)从本地相册中选择图片或使用相机拍照获得图片，图片将被存放在设备的临时路径，在小程序本次启动期间可以正常使用。

OBJECT 参数的说明如表 6-1 所示。

表 6-1 wx.chooseImage(OBJECT)的参数

参数	类型	必填	说明
count	Number	否	最多可以选择的图片张数，默认为 9
sizeType	StringArray	否	original 为原图，compressed 为压缩图，默认二者都有
sourceType	StringArray	否	album 为从相册选图，camera 为使用相机，默认二者都有
success()	Function	是	若成功则返回图片的本地文件路径列表 tempFilePaths
fail()	Function	否	接口调用失败的回调函数
complete()	Function	否	接口调用结束的回调函数（调用成功与否都执行）

success()返回参数的说明如下。

- tempFilePaths：StringArray 类型，表示图片的本地文件路径列表。
- tempFiles：ObjectArray 类型，表示图片的本地文件列表，每项是一个 File 对象，从版本 1.2.0 开始支持。

File 对象结构的说明如下。

- path：String 类型，表示本地文件路径。
- size：Number 类型，表示本地文件大小，单位为 B。

需要注意的是，wx.chooseImage()获得的图片仅能在小程序启动期间临时使用，如需持久保存，需要主动调用 wx.saveFile()进行保存，这样在小程序下次启动时才能访问得到。

6.1.2 预览图片

小程序使用 wx.previewImage(OBJECT)预览图片，OBJECT 参数的说明如表 6-2 所示。

表 6-2 wx.previewImage(OBJECT)的参数

参 数	类 型	必填	说 明
current	String	否	当前显示图片的链接，如果不填则默认为 urls 的第一张
urls	StringArray	是	需要预览的图片链接列表
success()	Function	否	接口调用成功的回调函数
fail()	Function	否	接口调用失败的回调函数
complete()	Function	否	接口调用结束的回调函数（调用成功与否都执行）

6.1.3 获取图片信息

小程序使用 wx.getImageInfo(OBJECT)获取图片信息，OBJECT 参数的说明如表 6-3 所示。

表 6-3 wx.getImageInfo(OBJECT)的参数

参 数	类 型	必填	说 明
src	String	是	图片的路径，可以是相对路径、临时文件路径、存储文件路径、网络图片路径
success()	Function	否	接口调用成功的回调函数
fail()	Function	否	接口调用失败的回调函数
complete()	Function	否	接口调用结束的回调函数（调用成功与否都执行）

success()返回参数的说明如表 6-4 所示。

表 6-4 success()返回参数

参 数	类 型	说 明	最低版本
width	Number	图片宽度，单位为 px	
height	Number	图片高度，单位为 px	
path	String	返回图片的本地路径	
orientation	String	返回图片的方向	1.9.90
type	String	返回图片的格式	1.9.90

orientation 参数的说明如表 6-5 所示。

表 6-5 orientation 参数

枚举值	说 明
up	默认
down	180° 旋转
left	逆时针旋转 90°
right	顺时针旋转 90°
up-mirrored	同 up，但水平翻转
down-mirrored	同 down，但水平翻转
left-mirrored	同 left，但垂直翻转
right-mirrored	同 right，但垂直翻转

6.1.4　保存图片

小程序使用 wx.saveImageToPhotosAlbum(OBJECT)保存图片到系统相册，需要用户授权 scope.writePhotosAlbum。该接口从基础库 1.2.0 版本开始支持，低版本需做兼容处理。

OBJECT 参数的说明如表 6-6 所示。

表 6-6　wx.saveImageToPhotosAlbum(OBJECT)的参数

参　　数	类　　型	必填	说　　明
filePath	String	是	图片文件路径，可以是临时文件路径也可以是永久文件路径，不支持网络图片路径
success()	Function	否	接口调用成功的回调函数，返回 String 类型参数 errMsg，表示调用结果
fail()	Function	否	接口调用失败的回调函数
complete()	Function	否	接口调用结束的回调函数（调用成功与否都执行）

扫一扫

视频讲解

【例 6-1】 媒体 API 图片管理的简单应用。

WXML（pages/demo01/image/image.wxml）文件代码如下：

```
<view class='title'>1.图片管理</view>
<view class='demo-box'>
  <view class='title'>wx.getLocation(OBJECT)</view>
  <button bindtap="chooseImage">选择图片</button>
  <image src='{{src}}' mode='widthFix'></image>
  <button type="primary" size='mini' bindtap="previewImage">预览图片</button>
  <button type="primary" size='mini' bindtap="getImageInfo">图片信息</button>
  <button type="primary" size='mini' bindtap="saveImage">保存图片</button>
</view>
```

JS（pages/demo01/image/image.js）文件代码如下：

```
Page({
  //选择图片
  chooseImage:function(){
    var that=this
    wx.chooseImage({
      count: 1, //默认为 9
      sizeType: ['original', 'compressed'],//可以指定是原图还是压缩图，默认二者都有
      sourceType: ['album', 'camera'], //可以指定来源是相册还是相机，默认二者都有
      success: function(res) {
          //返回选定照片的路径列表，tempFilePaths 可以作为 img 标签的 src 属性
          var tempFilePaths=res.tempFilePaths
          that.setData({ src: tempFilePaths[0]})
        }
      })
    },
    //预览图片
    previewImage:function(){
      var that=this
      wx.previewImage({
        urls: [that.data.src],
      })
    },
    //获取图片信息
    getImageInfo: function() {
      var that=this
      wx.getImageInfo({
        src: that.data.src,
```

```
          success:function(res){
            wx.showToast({
              icon:'none',
              title: '宽:'+res.width+',高:'+res.height,
            })
          }
        })
      },
      //保存图片
      saveImage: function() {
        var that=this
        wx.saveImageToPhotosAlbum({
          filePath: that.data.src,
          success:function(){
            wx.showToast({
              title: '保存成功！',
            })
          }
        })
      }
    })
```

预览效果如图 6-1 所示。

【代码说明】

本示例在 image.wxml 中包含了一个<button>普通按钮用于选择图片，对应的自定义函数是 chooseImage()；还有 3 个<button>迷你按钮分别用于预览、查询信息和保存图片，对应的自定义函数分别是 previewImage()、getImageInfo()和 saveImage()。

图 6-1 中，图(a)为页面初始效果，此时尚未选取图片，3 个迷你按钮无效；图（b）是点击“选择图片”按钮后的效果，此时下方出现操作菜单可以从相册选择图片或者拍照；图（c）是图片选择完毕效果；图（d）是点击“预览图片”按钮后的效果；图（e）是点击“图片信息”按钮后的效果，此时弹出消息提示框描述图片的宽和高；图（f）是点击“保存图片”按钮后的效果，此时图片已经被重新保存到手机中。

（a）页面初始效果　（b）点击“选择图片”按钮　（c）图片选择完毕

图 6-1　图片管理的简单应用

（d）预览图片效果　（e）查看图片信息　（f）保存图片

图 6-1 （续）

6.2　录音管理

小程序使用 wx.getRecorderManager()获取全局唯一的录音管理器 recorderManager，该接口从基础库 1.6.0 版本开始支持，低版本需做兼容处理。

recorderManager 对象的方法如表 6-7 所示。

表 6-7　recorderManager 对象方法

方　　法	参　　数	说　　明
start()	options	开始录音
pause()		暂停录音
resume()		继续录音
stop()		停止录音
onStart()	callback	录音开始事件
onPause()	callback	录音暂停事件
onStop()	callback	录音停止事件，返回 String 类型参数 tempFilePath 表示录音文件的临时路径
onFrameRecorded()	callback	已录制完指定帧大小的文件，会回调录音分片结果数据。如果设置了 frameSize，则会回调此事件
onError()	callback	录音错误事件，返回 String 类型参数 errMsg 表示错误信息

其中，start(options)方法的参数说明如表 6-8 所示。

表 6-8　start(options)方法的参数说明

属　　性	类　　型	必填	说　　明	支持的版本
duration	Number	否	指定录音的时长，单位为 ms，如果传入了合法的 duration，在到达指定的 duration 后会自动停止录音，其最大值为 600000（10 分钟），默认值为 60000（1 分钟）	1.6.0

续表

属　性	类　型	必填	说　明	支持的版本
sampleRate	Number	否	采样率，有效值为 8000/16000/44100	1.6.0
numberOfChannels	Number	否	录音通道数，有效值为 1/2	1.6.0
encodeBitRate	Number	否	编码码率，有效值见表 6-9	1.6.0
format	String	否	音频格式，有效值为 aac/mp3	1.6.0
frameSize	Number	否	指定帧大小，单位为 KB。在传入 frameSize 以后，每录制指定帧大小的内容后都会回调录制的文件内容，若不指定则不会回调。其暂时仅支持 mp3 格式	1.6.0
audioSource	String	否	指定音频输入源，默认值为'auto'	2.1.0

采样率和编码码率关系如表 6-9 所示。

表 6-9　采样率和编码码率关系

采　样　率	编　码　码　率
8000	16000～48000
11025	16000～48000
12000	24000～64000
16000	24000～96000
22050	32000～128000
24000	32000～128000
32000	48000～192000
44100	64000～320000
48000	64000～320000

audioSource 的有效值如表 6-10 所示。

表 6-10　audioSource 的有效值

值	说　明	支持的平台
auto	自动设置，默认使用手机麦克风，插上耳麦后自动切换为使用耳机麦克风	iOS、Android
buildInMic	手机麦克风	iOS
headsetMic	耳机麦克风	iOS
mic	麦克风（没插耳麦时是手机麦克风，插耳麦时是耳机麦克风）	Android
camcorder	摄像头的麦克风	Android

onFrameRecorded(callback)回调结果说明如表 6-11 所示。

表 6-11　onFrameRecorded(callback)回调结果

属　性	类　型	说　明
frameBuffer	ArrayBuffer	录音分片结果数据
isLastFrame	Boolean	当前帧是否正常录音结束前的最后一帧

扫一扫

视频讲解

【例 6-2】 媒体 API 录音管理的简单应用。

WXML（pages/demo02/recorder/recorder.wxml）文件代码如下：

```
<view class='title'>2.录音管理</view>
<view class='demo-box'>
  <view class='title'>录音管理器</view>
  <button type="primary" size='mini' bindtap="start">开始录音</button>
  <button type="primary" size='mini' bindtap="stop">停止录音</button>
</view>
```

JS（pages/demo02/recorder/recorder.js）文件代码如下：

```
Page({
  //开始录音
  start:function(){
    const options={
      duration: 10000,
      sampleRate: 44100,
      numberOfChannels: 1,
      encodeBitRate: 192000,
      format: 'aac',
      frameSize: 50
    }
    this.rm.start(options)
  },
  //停止录音
  stop:function(){
    this.rm.stop()
  },
  onLoad: function(options) {
    this.rm=wx.getRecorderManager()
    this.rm.onStop((res)=>{
      //播放录音内容
      const audioCtx=wx.createInnerAudioContext()
      audioCtx.src=res.tempFilePath
      audioCtx.play()
    })
  }
})
```

程序运行效果如图 6-2 所示。

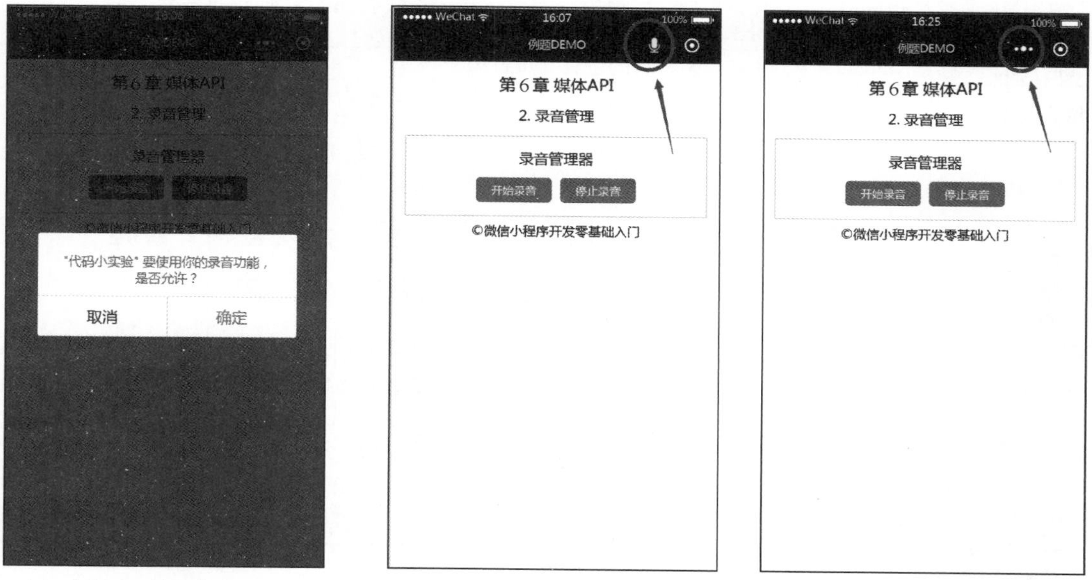

（a）点击“开始录音”按钮　　（b）录音过程　　（c）录音完毕

图 6-2　录音管理的简单应用

【代码说明】

本示例在 recorder.wxml 中包含了两个<button>按钮分别用于开始和停止录音，对应的自定义函数分别是 start()和 stop()；在 recorder.js 的 onLoad()中生成录音管理器 recorderManager，并监听 onStop()函数获取录音完毕后音频的临时路径地址，然后进行播放。

图 6-2 中，图（a）为首次录音效果，此时需要手动授权允许用户使用录音功能；图（b）是

录音过程，此时右上角会出现闪烁的话筒图标；图（c）是停止录音后的状态，此时话筒图标消失并且自动播放刚才的录音内容。

6.3 音频管理

音频根据播放性质可以分为背景音频和前台音频。背景音频在小程序最小化之后还可以继续在后台播放。

6.3.1 背景音频管理

小程序使用 wx.getBackgroundAudioManager()获取全局唯一的背景音频管理器 backgroundAudioManager。该接口从基础库 1.2.0 开始支持，低版本需做兼容处理。

backgroundAudioManager 对象的属性说明如表 6-12 所示。

表 6-12 backgroundAudioManager 对象属性

属性	类型	说明	只读	最低版本
duration	Number	当前音频的长度（单位为 s），只在当前有合法的 src 时返回	是	
currentTime	Number	当前音频的播放位置（单位为 s），只在当前有合法的 src 时返回	是	
paused	Boolean	当前是否为暂停或停止状态，true 表示暂停或停止，false 表示正在播放	是	
src	String	音频的数据源，默认为空字符串，当设置了新的 src 时会自动开始播放，目前支持的格式有 m4a、aac、mp3、wav	否	
startTime	Number	音频开始播放的位置（单位为 s）	否	
buffered	Number	音频缓冲的时间点，仅保证当前播放时间点到此时间点内容已缓冲	是	
title	String	音频标题，用于做原生音频播放器的音频标题，原生音频播放器中的分享功能分享出去的卡片标题也将使用该值	否	
epname	String	专辑名，原生音频播放器中的分享功能分享出去的卡片简介也将使用该值	否	
singer	String	歌手名，原生音频播放器中的分享功能分享出去的卡片简介也将使用该值	否	
coverImgUrl	String	封面图 url，用于做原生音频播放器的背景图，原生音频播放器中的分享功能分享出去的卡片配图及背景也将使用该图	否	
webUrl	String	页面链接，原生音频播放器中的分享功能分享出去的卡片简介也将使用该值	否	
protocol	String	音频协议，默认值为'http'，设置为'hls'则可以支持播放 HLS 协议的直播音频	否	1.9.94

backgroundAudioManager 对象的方法说明如表 6-13 所示。

表 6-13 backgroundAudioManager 对象方法

方法	参数	说明
play()		播放
pause()		暂停
stop()		停止
seek()	position	跳转到指定位置，单位为 s
onCanplay()	callback	背景音频进入可以播放状态，但不保证后面可以流畅播放

续表

方 法	参 数	说 明
onPlay()	callback	背景音频播放事件
onPause()	callback	背景音频暂停事件
onStop()	callback	背景音频停止事件
onEnded()	callback	背景音频自然播放结束事件
onTimeUpdate()	callback	背景音频播放进度更新事件
onPrev()	callback	用户在系统音乐播放面板单击上一曲事件（iOS only）
onNext()	callback	用户在系统音乐播放面板单击下一曲事件（iOS only）
onError()	callback	背景音频播放错误事件，返回 errCode
onWaiting()	callback	音频加载中事件，当音频因为数据不足需要停下来加载时会触发

errCode 的说明如下。

- 10001：系统错误。
- 10002：网络错误。
- 10003：文件错误。
- 10004：格式错误。
- −1：未知错误。

从微信客户端 6.7.2 版本开始，若想在小程序切换到后台仍可播放背景音频，还需要在 app.json 文件中配置 requiredBackgroundModes 属性。示例代码如下：

```
{
  "pages": ["pages/index/index"],
  …其他配置属性略…
  "requiredBackgroundModes": ["audio"]
}
```

注意：requiredBackgroundModes 属性与其他配置属性的代码位置顺序不限，开发版和体验版均可直接生效，但正式版还得审核后方可生效。

【例 6-3】 媒体 API 背景音频管理的简单应用。

扫一扫

视频讲解

WXML（pages/demo03/bgAudio/bgAudio.wxml）文件代码如下：

```
<view class='title'>3.音频管理</view>
<view class='demo-box'>
  <view class='title'>背景音频管理</view>
  <button type="primary" size='mini' bindtap="play">播放</button>
  <button type="primary" size='mini' bindtap="pause">暂停</button>
</view>
```

JS（pages/demo03/bgAudio/bgAudio.js）文件代码如下：

```
Page({
  //初始化背景音频
  initialAudio:function(){
    let bgAudioManager=this.bgAudioManager
    bgAudioManager.title='小夜曲'
    bgAudioManager.epname='小夜曲'
    bgAudioManager.singer='舒伯特'
    bgAudioManager.coverImgUrl='https://imc.ahnu.edu.cn/xy/songs/cover/night.jpg'
    bgAudioManager.src='https://imc.ahnu.edu.cn/xy/songs/Serenade.mp3'
    //设置了 src 之后会自动播放
  },
  //开始播放
  play: function() {
    this.bgAudioManager.play()
  },
```

```
  //暂停播放
  pause: function() {
    this.bgAudioManager.pause()
  },
  onLoad: function(options) {
    this.bgAudioManager=wx.getBackgroundAudioManager()
    this.initialAudio()
  }
})
```

程序运行效果如图 6-3 所示。

（a）页面初始效果　　　　（b）小程序进入后台

图 6-3　背景音频管理的简单应用

【代码说明】

本示例在 bgAudio.wxml 中包含了两个<button>按钮分别用于播放和暂停背景音乐，对应的自定义函数分别是 play()和 pause()；在 bgAudio.js 的 onLoad()函数中生成背景音频管理器 bgAudioManager，并调用自定义函数 initialAudio()来初始化音频播放。

图 6-3 中，图（a）为页面初始效果，此时音频已经自动播放，用户可单击按钮切换播放/暂停效果；图（b）为真机测试效果，当小程序被关闭进入后台时仍然可以继续播放背景音乐。

6.3.2　内部音频控制

小程序使用 wx.createInnerAudioContext() 创建并返回内部 audio 上下文对象 innerAudioContext。该接口从基础库 1.6.0 版本开始支持，低版本需做兼容处理。该对象可以用于控制小程序前台播放的音频。

innerAudioContext 对象的属性说明如表 6-14 所示。

表 6-14　innerAudioContext 对象属性

属　性	类　型	说　明	只读	最低版本
src	String	音频的数据链接，用于直接播放	否	
startTime	Number	开始播放的位置（单位为 s），默认为 0	否	
autoplay	Boolean	是否自动开始播放，默认为 false	否	
loop	Boolean	是否循环播放，默认为 false	否	

续表

属　性	类　型	说　明	只读	最低版本
obeyMuteSwitch	Boolean	是否遵循系统静音开关，当此参数为 false 时，即使用户打开了静音开关，也能继续发出声音，默认值为 true	否	
duration	Number	当前音频的长度（单位为 s），只在当前有合法的 src 时返回	是	
currentTime	Number	当前音频的播放位置（单位为 s），只在当前有合法的 src 时返回，时间不取整，保留小数点后 6 位	是	
paused	Boolean	当前是否为暂停或停止状态，true 表示暂停或停止，false 表示正在播放	是	
buffered	Number	音频缓冲的时间点，仅保证当前播放时间点到此时间点内容已缓冲	是	
volume	Number	音量，范围为 0～1	否	1.9.90

innerAudioContext 对象的方法说明如表 6-15 所示。

表 6-15　innerAudioContext 对象方法

方　法	参　数	说　明	最低版本
play()	无	播放	
pause()	无	暂停	
stop()	无	停止	
seek()	position	跳转到指定位置，单位为 s	
destroy()	无	销毁当前实例	
onCanplay()	callback	音频进入可以播放状态，但不保证后面可以流畅播放	
onPlay()	callback	音频播放事件	
onPause()	callback	音频暂停事件	
onStop()	callback	音频停止事件	
onEnded()	callback	音频自然播放结束事件	
onTimeUpdate()	callback	音频播放进度更新事件	
onError()	callback	音频播放错误事件	
onWaiting()	callback	音频加载中事件，当音频因为数据不足，需要停下来加载时会触发	
onSeeking()	callback	音频进行 seek 操作事件	
onSeeked()	callback	音频完成 seek 操作事件	
offCanplay()	callback	取消监听 onCanplay 事件	1.9.0
offPlay()	callback	取消监听 onPlay 事件	1.9.0
offPause()	callback	取消监听 onPause 事件	1.9.0
offStop()	callback	取消监听 onStop 事件	1.9.0
offEnded()	callback	取消监听 onEnded 事件	1.9.0
offTimeUpdate()	callback	取消监听 onTimeUpdate 事件	1.9.0
offError()	callback	取消监听 onError 事件，并返回 errCode	1.9.0
offWaiting()	callback	取消监听 onWaiting 事件	1.9.0
offSeeking()	callback	取消监听 onSeeking 事件	1.9.0
offSeeked()	callback	取消监听 onSeeked 事件	1.9.0

说明：errCode 的说明与 6.3.1 节中 backgroundAudioManager 对象的相同。

扫一扫

视频讲解

【例 6-4】 媒体 API 内部音频控制的简单应用。

WXML（pages/demo03/audioCtx/audioCtx.wxml）文件代码如下：

```
<view class='title'>3.音频管理</view>
<view class='demo-box'>
  <view class='title'>音频组件控制</view>
  <button type="primary" size='mini' bindtap="play">播放</button>
  <button type="primary" size='mini' bindtap="stop">停止</button>
  <button type="primary" size='mini' bindtap="pause">暂停</button>
</view>
```

JS（pages/demo03/audioCtx/audioCtx.js）文件代码如下：

```
Page({
  //初始化音频
  initialAudio: function () {
    //获取音频上下文
    let audioCtx = this.audioCtx
    //设置音频来源
    audioCtx.src = 'https://imc.ahnu.edu.cn/xy/songs/Serenade.mp3'
    //允许自动播放
    audioCtx.autoplay = true
    //是否遵循手机静音效果（仅对 iOS 有效）
    wx.setInnerAudioOption({
      //false 表示即使手机静音也可以播放声音
      obeyMuteSwitch: false
    })
    //监听播放状态
    audioCtx.onPlay(() => {
      console.log('开始播放')
    })
    //监听暂停状态
    audioCtx.onPause((res) => {
      console.log('暂停播放')
    })
    //监听停止播放状态
    audioCtx.onStop((res) => {
      console.log('停止播放')
    })
  },
  //开始播放
  play: function () {
    this.audioCtx.play()
  },
  //暂停播放
  pause: function () {
    this.audioCtx.pause()
  },
  //停止播放
  stop: function () {
    this.audioCtx.stop()
  },

  /**
   * 生命周期函数——监听页面加载
   */
  onLoad: function (options) {
    //创建音频控制上下文
    this.audioCtx = wx.createInnerAudioContext()
    //初始化音频
    this.initialAudio()
  },
})
```

程序运行效果如图 6-4 所示。

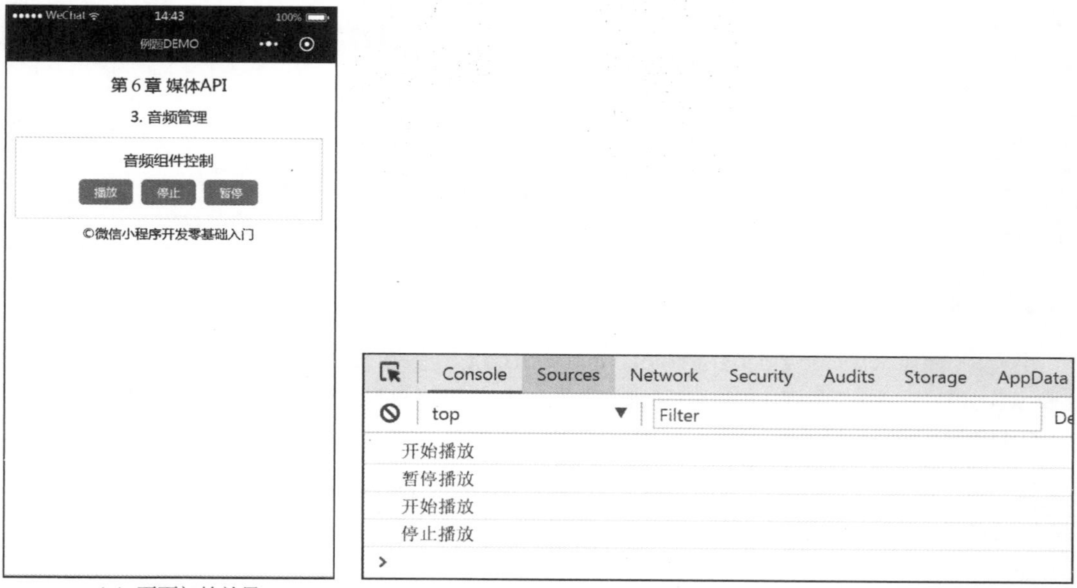

（a）页面初始效果　　（b）Console 控制台的输出内容

图 6-4　音频组件控制的简单应用

【代码说明】

本示例在 audioCtx.wxml 中包含了 3 个<button>按钮分别用于播放、停止和暂停音频，对应的自定义函数分别是 play()、stop()和 pause()；在 audioCtx.js 的 onLoad()函数中生成 audioCtx 上下文对象，并调用自定义函数 initialAudio()初始化音频播放。

图 6-4 中，图（a）为页面初始效果，此时音频会自动播放；图（b）是单击不同按钮后 Console 控制台的输出内容，由该图可见音频的播放、暂停和停止事件都可以被监听到。

6.4　视频管理

6.4.1　选择视频

小程序使用 wx.chooseVideo(OBJECT)拍摄视频或从手机相册中选择视频，返回视频的临时文件路径。OBJECT 参数的说明如表 6-16 所示。

success()返回参数的说明如下。

- tempFilePath：选定视频的临时文件路径。
- duration：选定视频的时间长度。
- size：选定视频的数据量大小。
- height：返回选定视频的长。
- width：返回选定视频的宽。

需要注意的是，wx.chooseVideo()获得的视频仅能在小程序启动期间临时使用，如需持久保存，需要主动调用 wx.saveFile()进行保存，这样在小程序下次启动时才能访问得到。

表 6-16 wx.chooseVideo(OBJECT)的参数

参 数	类 型	必填	说 明	最低版本
sourceType	StringArray	否	album 指从相册选择视频，camera 指使用相机拍摄，默认为['album', 'camera']	
compressed	Boolean	否	是否压缩所选的视频源文件，默认值为 true，需要压缩	1.6.0
maxDuration	Number	否	视频的最长拍摄时间，单位为 s，最长支持 60 秒	
success()	Function	否	接口调用成功，返回视频文件的临时文件路径	
fail()	Function	否	接口调用失败的回调函数	
complete()	Function	否	接口调用结束的回调函数（调用成功与否都执行）	

6.4.2 保存视频

小程序使用 wx.saveVideoToPhotosAlbum(OBJECT)保存视频到系统相册，需要用户授权 scope.writePhotosAlbum。该接口从基础库 1.2.0 版本开始支持，低版本需做兼容处理。

OBJECT 参数的说明如表 6-17 所示。

表 6-17 wx.saveVideoToPhotosAlbum(OBJECT)的参数

参 数	类型	必填	说 明
filePath	String	是	视频文件路径，可以是临时文件路径或永久文件路径
success()	Function	否	接口调用成功的回调函数，返回 String 类型的参数 errMsg，表示调用结果
fail()	Function	否	接口调用失败的回调函数
complete()	Function	否	接口调用结束的回调函数（调用成功与否都执行）

6.4.3 视频组件控制

小程序使用 wx.createVideoContext(videoId,this)创建并返回视频上下文对象 videoContext。videoContext 通过 videoId 和一个 video 组件绑定，通过它可以操作一个 video 组件。

在自定义组件下，第二个参数传入组件实例 this，以操作组件内的<video>组件。

videoContext 对象的方法说明如表 6-18 所示。

表 6-18 videoContext 对象方法

方 法	参数	说 明	最低版本
play()	无	播放	
pause()	无	暂停	
seek()	position	跳转到指定位置，单位为 s	
sendDanmu()	danmu	发送弹幕，danmu 包含两个属性，即 text 和 color	
playbackRate()	rate	设置倍速播放，支持的倍率有 0.5、0.8、1.0、1.25、1.5	1.4.0
requestFullScreen()	无	进入全屏，可传入{direction}参数(从 1.7.0 版本起支持)，详见 video 组件	1.4.0
exitFullScreen()	无	退出全屏	1.4.0

扫一扫

视频讲解

【例 6-5】 媒体 API 视频管理的综合应用。

WXML（pages/demo04/videoCtx/videoCtx.wxml）文件代码如下：

```
<view class='title'>4.视频管理</view>
<view class='demo-box'>
  <view class='title'>视频管理综合应用</view>
  <button bindtap="chooseVideo">选择视频</button>
  <video id="myVideo" src="{{src}}" enable-danmu danmu-btn controls></video>
  <button type="primary" size='mini' bindtap="play">播放</button>
  <button type="primary" size='mini' bindtap="pause">暂停</button>
  <button type="primary" size='mini' bindtap="saveVideo">保存视频</button>
```

```
  <input placeholder='请在此处填写弹幕内容' bindblur="bindInputBlur" />
  <button type='primary' bindtap="bindSendDanmu">发送弹幕</button>
</view>
```

WXSS（pages/demo04/videoCtx/videoCtx.wxss）文件代码如下：

```
video{
  width: 100%;
}
input {
  border: 1rpx solid lightblue;
  height: 90rpx;
  margin: 10rpx;
}
```

JS（pages/demo04/videoCtx/videoCtx.js）文件代码如下：

```
//生成随机颜色
function getRandomColor() {
  let rgb=[]
  for (let i=0; i < 3; ++i) {
    let color=Math.floor(Math.random() * 256).toString(16)
    color=color.length==1 ? '0' + color : color
    rgb.push(color)
  }
  return '#' + rgb.join('')
}

Page({
  //选择视频
  chooseVideo: function() {
    var that=this
    wx.chooseVideo({
      sourceType: ['album', 'camera'],
      maxDuration: 60,
      camera: 'back',
      success: function(res) {
        that.setData({
          src: res.tempFilePath
        })
      }
    })
  },
  //开始播放
  play: function() {
    this.videoContext.play()
  },
  //暂停播放
  pause: function() {
    this.videoContext.pause()
  },
  //保存视频
  saveVideo: function() {
    var src=this.data.src
    wx.saveVideoToPhotosAlbum({
      filePath: src,
      success: function(res) {
        wx.showToast({
          title: '保存成功！',
        })
      }
    })
  },
  inputValue: ' ', //弹幕文本内容
  //更新弹幕文本
  bindInputBlur: function(e) {
    this.inputValue=e.detail.value
```

```
  },
  //发送弹幕
  bindSendDanmu: function() {
    this.videoContext.sendDanmu({
      text: this.inputValue,
      color: getRandomColor()
    })
  },
  onLoad: function(options) {
    this.videoContext=wx.createVideoContext('myVideo')
  }
})
```

程序运行效果如图 6-5 所示。

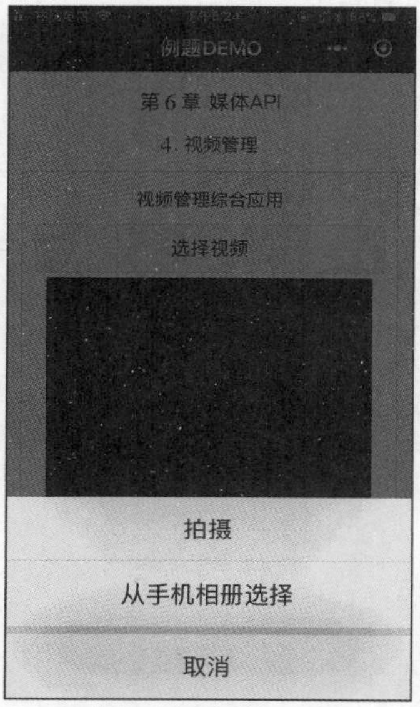

（a）点击“选择视频”按钮

（b）选择视频完毕

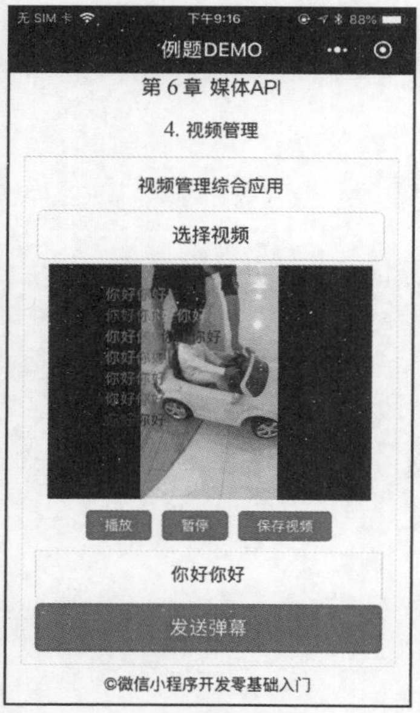

（c）发送弹幕效果

（d）保存视频成功

图 6-5 视频管理的综合应用

【代码说明】

本示例 videoCtx.wxml 中包含了 3 组内容，即<button>按钮和<video>组件分别用于选择视频和显示视频，按钮对应的自定义函数是 chooseVideo()；3 个<button>迷你按钮分别用于播放、暂停和保存视频，对应的自定义函数分别是 play()、pause()和 saveVideo()；<input>输入框和<button>按钮分别用于输入弹幕文本和发送弹幕，对应的自定义函数分别是 bindInputBlur()和 bindSendDanmu()。在 videoCtx.js 的 onLoad()函数中创建视频对象 videoContext 用于视频的播放和暂停控制。

图 6-5 中，图（a）为点击“选择视频”按钮后的效果，此时可以现场拍摄或选择相册中的视频；图（b）是视频选择完毕后的效果，此时预览图会出现在视频区域，并显示时长；图（c）是点击“发送弹幕”按钮后的效果，此时可以发送随机颜色的多条弹幕记录；图（d）是点击“保存视频”按钮后的效果，此时视频已经重新被保存到手机中。

6.5 相机管理

小程序可以使用 wx.createCameraContext(this) 创建并返回 camera 上下文对象 cameraContext，该对象将与页面中的<camera>组件绑定，通过它可以操作对应的<camera>组件。

其语法格式如下：

```
const ctx=wx.createCameraContext()
```

注意：一个页面只能有一个<camera>组件。在自定义组件下，参数传入组件实例 this，以操作组件内的<camera>组件。

cameraContext 对象的方法如表 6-19 所示。

表 6-19　cameraContext 对象方法

方　法	参　数	说　明
takePhoto()	OBJECT	拍照，可指定质量，成功则返回图片
startRecord()	OBJECT	开始录像
stopRecord()	OBJECT	结束录像，成功则返回封面与视频

takePhoto()的 OBJECT 参数如表 6-20 所示。

表 6-20　takePhoto()方法的 OBJECT 参数

参　数	类　型	必填	说　明
quality	String	否	成像质量，值为 high、normal、low，默认为 normal
success()	Function	否	接口调用成功的回调函数，res={ tempImagePath }
fail()	Function	否	接口调用失败的回调函数
complete()	Function	否	接口调用结束的回调函数（调用成功与否都执行）

startRecord()的 OBJECT 参数如表 6-21 所示。

表 6-21　startRecord()方法的 OBJECT 参数

参　数	类　型	必填	说　明
success()	Function	否	接口调用成功的回调函数
fail()	Function	否	接口调用失败的回调函数
complete()	Function	否	接口调用结束的回调函数（调用成功与否都执行）
timeoutCallback()	Function	否	超过 30 秒或页面 onHide 时会结束录像，res={ tempThumbPath, tempVideoPath }

stopRecord()的 OBJECT 参数如表 6-22 所示。

表 6-22　stopRecord()方法的 OBJECT 参数

参　数	类　型	必填	说　明
success()	Function	否	接口调用成功的回调函数，res={ tempThumbPath, tempVideoPath }
fail()	Function	否	接口调用失败的回调函数
complete()	Function	否	接口调用结束的回调函数（调用成功与否都执行）

扫一扫

视频讲解

【例 6-6】 媒体 **API** 相机管理的简单应用。

WXML（pages/demo05/camera/camera.wxml）文件代码如下：

```
<view class='title'>5.相机管理</view>
<view class='demo-box'>
  <view class='title'>录像功能应用</view>
  <camera device-position="back" flash="off" style="width:
 100%; height: 300px;"></camera>
  <button wx:if='{{isRecording}}' type="primary" bindtap="stopRecord">结束
 录像</button>
  <button wx:else type="primary" bindtap="startRecord">开始录像</button>
  <video hidden='{{isHidden}}' src='{{src}}' controls></video>
</view>
```

JS（pages/demo05/camera/camera.js）文件代码如下：

```
Page({
  data: {
    isRecording: false,
    isHidden: true
  },
  //开始录像
  startRecord: function() {
    var that=this
    that.setData({ isRecording: true, isHidden: true })
    this.ctx.startRecord({
      //超时自动结束
      timeoutCallback(res) {
        that.setData({
          isRecording: false,
          src: res.tempVideoPath,      //更新视频路径地址
          isHidden: false              //显示 video 组件
        })
      }
    })
  },
  //停止录像
  stopRecord: function() {
    var that=this
    this.ctx.stopRecord({
      success: function(res) {
        that.setData({
          isRecording: false,
          src: res.tempVideoPath,      //更新视频路径地址
          isHidden: false              //显示 video 组件
        })
      }
    })
  },
  onLoad: function(options) {
    this.ctx=wx.createCameraContext()
  }
})
```

程序运行效果如图 6-6 所示。

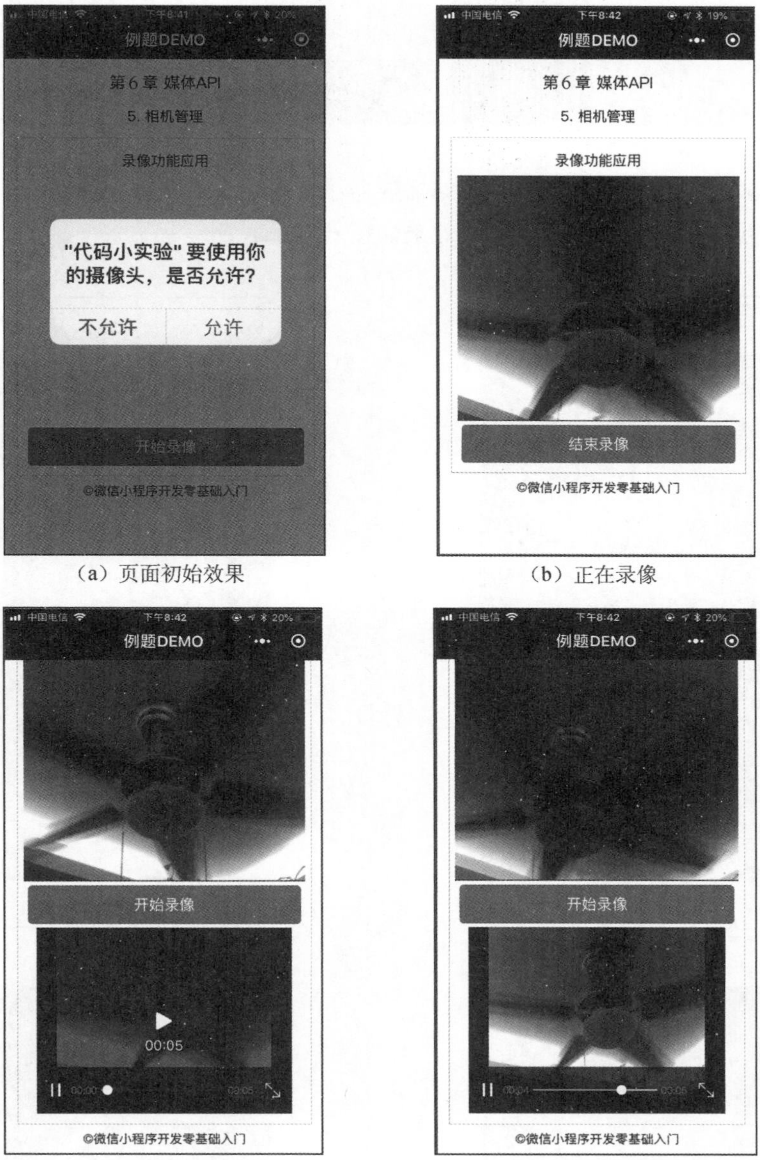

（a）页面初始效果　　（b）正在录像

（c）录像结束　　（d）播放临时视频文件

图 6-6　相机管理的简单应用

【代码说明】

本示例在 camera.wxml 中包含了<camera>和<video>组件分别用于显示相机和录制完毕的视频；另有两个<button>按钮分别用于开始和结束录像，这两个按钮使用 wx:if 和 wx:else 属性确保每次只显示需要的那一个，它们对应的自定义函数分别是 startRecord()和 stopRecord()。在 camera.js 的 data 中定义初始时隐藏“结束录像”按钮和<video>组件；在 onLoad()函数中创建相机上下文对象 ctx 用于管理视频的录制。startRecord()方法触发时显示“结束录像”按钮并进行录制，当录制超时 30 秒时结束录制；stopRecord()方法触发时结束当前的录制，并使用 setData()方法将录制完成的临时视频路径地址更新到<video>组件的 src 属性中。

图 6-6 中，图（a）为页面初始效果，此时需要用户授权访问摄像头；图（b）是点击“开

始录像”按钮后的效果，此时最多可以录制30秒；图（c）是录像结束的效果，此时按钮下方会多出视频播放器；图（d）是播放临时视频的效果。

扫一扫

案例文本

扫一扫

视频讲解(1)

扫一扫

视频讲解(2)

6.6 阶段案例：音乐播放器小程序

本节将尝试制作一款仿网易云音乐的播放器小程序。

本阶段案例只有一个单页面，最终效果如图6-7所示。

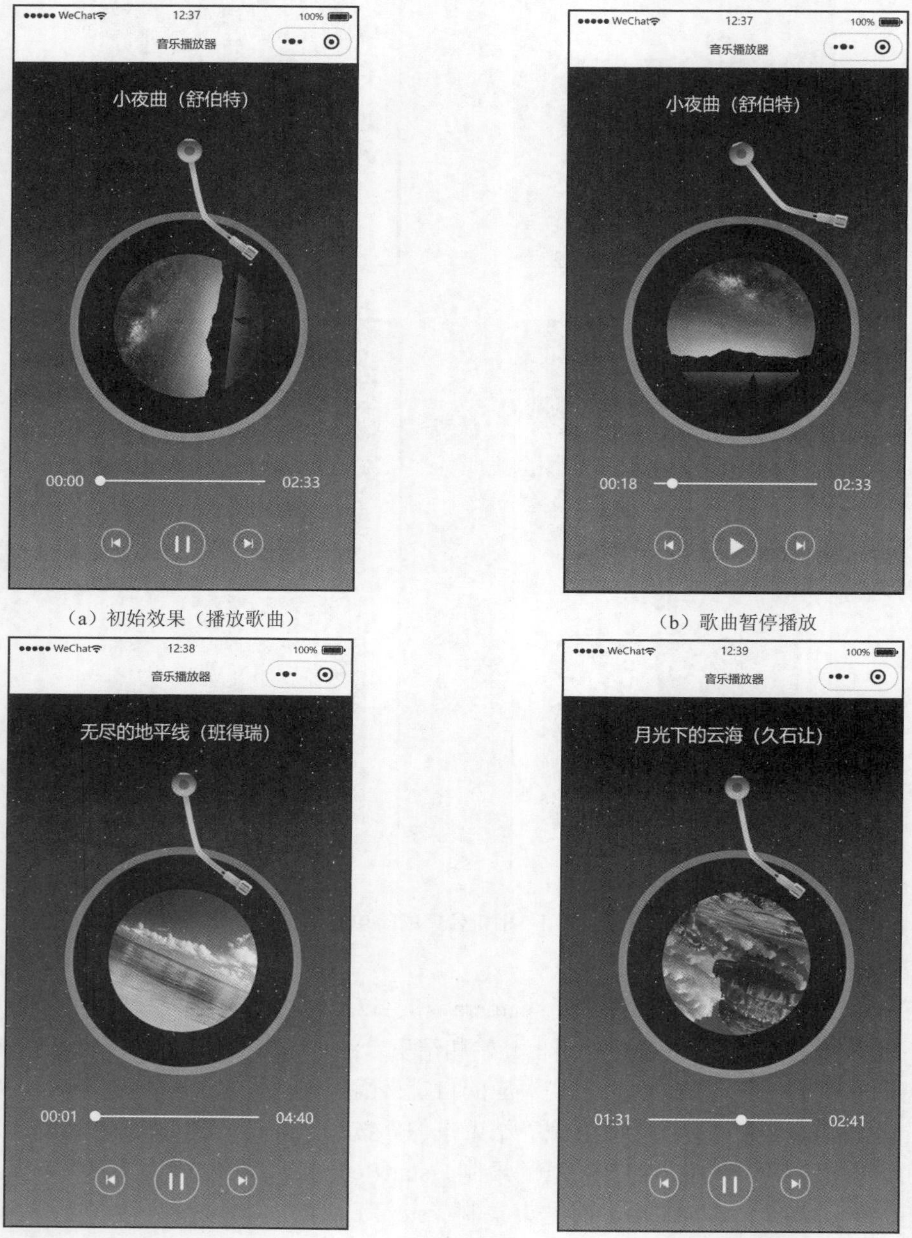

（a）初始效果（播放歌曲）

（b）歌曲暂停播放

（c）上一首下一首切换

（d）直接拖曳进度条跳转播放时间

图6-7　第6章阶段案例效果图

6.7　本章小结

本章属于小程序知识中的应用篇，主要介绍了媒体 API 的相关用法。媒体 API 主要包含了图片、录音、音频、视频和相机的相关管理。

图片管理介绍了如何拍照或选择本地图片、预览图片、获取图片信息以及保存图片到本地相册；录音管理介绍了小程序中全局唯一的录音管理器 recorderManager 的用法；音频管理介绍了可以后台运行的背景音频管理与必须在小程序页面中前台运行的音频组件控制；视频管理介绍了如何选择视频、保存视频以及视频组件控制；相机管理介绍了如何绑定页面中的<camera>组件进行管理控制，需要注意的是，该组件需要真机预览或调试才可以看到预期效果。

第7章 Chapter 7

文件 API

本章主要介绍小程序文件 API 的用法，包括文件的保存、信息获取、本地文件列表的获取、本地文件信息的获取、删除本地文件和打开指定文档。

本章学习目标

- 掌握保存临时文件的方法；
- 掌握获取文件信息的方法；
- 掌握获取本地文件列表的方法；
- 掌握获取本地文件信息的方法；
- 掌握删除本地文件的方法；
- 掌握打开指定文档的方法。

7.1 保存文件

小程序使用 wx.saveFile(OBJECT)保存文件到本地。注意，saveFile()会移动临时文件，因此调用成功后传入的 tempFilePath 将不可用。其 OBJECT 参数的说明如表 7-1 所示。

表 7-1　wx.saveFile(OBJECT)的参数

参　数	类　型	必填	说　明
tempFilePath	String	是	需要保存的文件的临时路径
success()	Function	否	返回文件的保存路径，res={savedFilePath: '文件的保存路径'}
fail()	Function	否	接口调用失败的回调函数
complete()	Function	否	接口调用结束的回调函数（调用成功与否都执行）

扫一扫

视频讲解

【例 7-1】 文件 API 保存文件的简单应用。

WXML（pages/demo/saveFile/saveFile.wxml）文件代码如下：

```
<view class='title'>1.保存文件的简单应用</view>
<view class='demo-box'>
  <view class='title'>(1)下载文件</view>
  <button type="primary" bindtap="downloadFile">下载文件</button>
  <image wx:if='{{src}}' src='{{src}}' mode='widthFix'></image>
</view>
<view class='demo-box'>
  <view class='title'>(2)保存文件</view>
  <button type="primary" bindtap="saveFile">保存文件</button>
</view>
```

WXSS（pages/demo/saveFile/saveFile.wxss）文件代码如下：

```
button{
  margin: 15rpx;
}
```

JS（pages/demo/saveFile/saveFile.js）文件代码如下：

```
Page({
  data: {
    src: '' //图片的临时地址
  },
  //下载文件
  downloadFile: function () {
    var that=this
    wx.downloadFile({
      url: 'https://res.wx.qq.com/mpres/zh_CN/htmledition/pages/login/
      loginpage/images/bg_banner5a6cd0.png',  //由于网络图片地址经常变更，如失效
                                              //请开发者自行更换
      success: function(res) {
        if (res.statusCode===200) {
          that.setData({
            src: res.tempFilePath
          })
        }
      }
    })
  },
  //保存文件
  saveFile: function() {
    var that=this
    let src=this.data.src
    if (src=='') {
      wx.showToast({
        title: '请先下载文件！',
        icon: 'none'
      })
    } else {
      wx.saveFile({
        tempFilePath: src,
        success: function(res) {
          console.log('文件被保存到：' + res.savedFilePath)
          wx.showToast({
            title: '保存成功！'
          })
        }
      })
    }
  }
})
```

开发者工具预览效果如图 7-1 所示。

【代码说明】

本示例在 saveFile.wxml 中设置了两个步骤，步骤 1 是调用 wx.downloadFile()下载图片文件，步骤 2 是调用 wx.saveFile()保存该文件。每个步骤都配有一个<button>按钮触发相应的事件，tap 事件对应的自定义函数分别是 downloadFile()和 saveFile()。

图 7-1 中，图（a）为页面初始效果，此时尚未下载文件；图（b）是图片文件下载成功后的效果，此时所下载的图片将显示在页面的<image>组件中；图（c）是文件保存成功的消息提示；图（d）是文件保存成功时 Console（控制台）的输出内容。

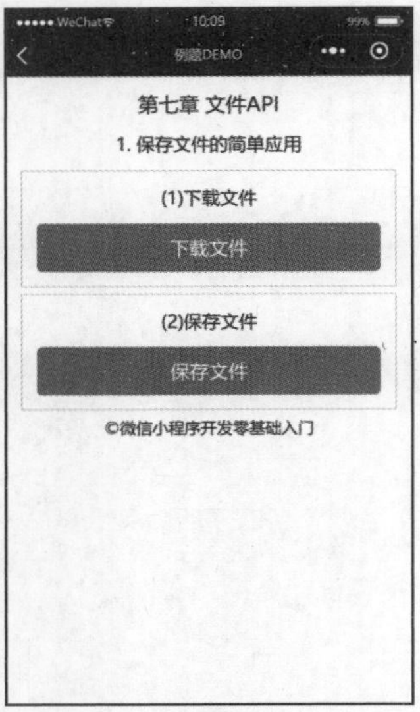

（a）页面初始效果

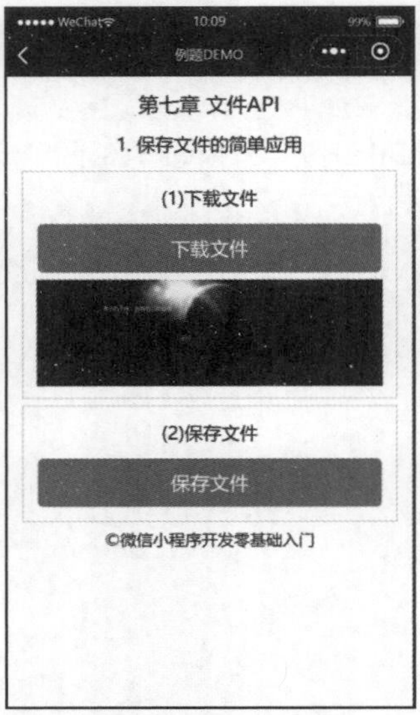

（b）下载图片文件

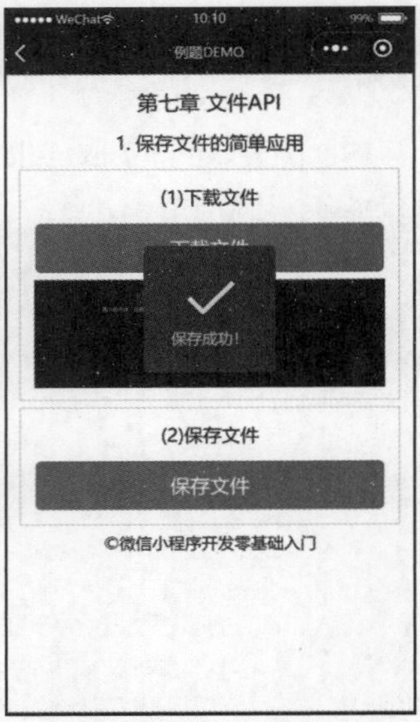

（c）文件保存成功

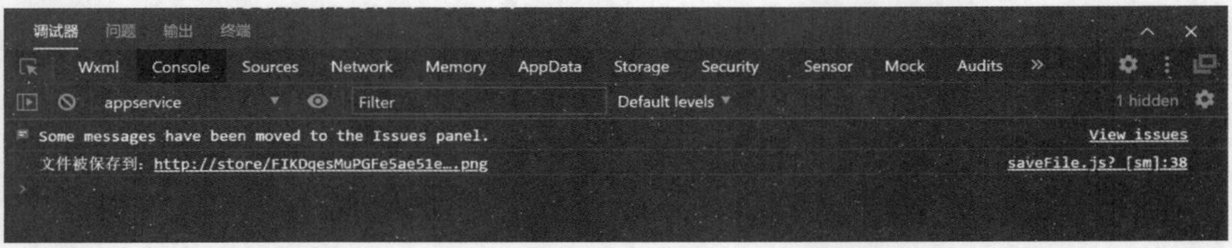

（d）文件保存成功时 Console 面板的输出内容

图 7-1　保存文件的简单应用

7.2　获取文件信息

小程序使用 wx.getFileInfo(OBJECT)获取文件信息，该接口从基础库 1.4.0 版本开始支持，低版本需做兼容处理。OBJECT 参数的说明如表 7-2 所示。

表 7-2　wx.getFileInfo(OBJECT)的参数

参　数	类　型	必填	说　明
filePath	String	是	本地文件路径
digestAlgorithm	String	否	计算文件摘要的算法，默认值为 md5，有效值为 md5、sha1
success()	Function	否	接口调用成功的回调函数
fail()	Function	否	接口调用失败的回调函数
complete()	Function	否	接口调用结束的回调函数（调用成功与否都执行）

success()返回参数的说明如表 7-3 所示。

表 7-3　success()返回参数

参　数	类　型	说　明
size	Number	文件大小，单位为 B
digest	String	按照传入的 digestAlgorithm 计算得出的文件摘要
errMsg	String	调用结果

扫一扫

视频讲解

【例 7-2】 文件 API 获取临时文件信息的简单应用。

准备工作：本示例会用到本地计算机配置的模拟服务器（搭建方式可参考 5.1.3 节“临时服务器部署”），开发者可以提前准备一个测试文件 demo.docx，放置到模拟服务器的自定义目录 miniDemo 中，这样就得到了测试文件的模拟下载地址：http://localhost/miniDemo/ demo.docx。

本章例 7-3 至例 7-6 也都需要用到这个准备工作，后面不再赘述。

WXML（pages/demo/getFileInfo/getFileInfo.wxml）文件代码如下：

```
<view class='title'>2.获取临时文件信息的简单应用</view>
<view class='demo-box'>
  <view class='title'>(1)下载文件</view>
  <button type="primary" bindtap="downloadFile">下载文件</button>
  <view class='title'>{{tip1}}</view>
</view>
<view class='demo-box'>
  <view class='title'>(2)获取临时文件信息</view>
  <button type="primary" bindtap="getFileInfo">获取文件信息</button>
  <view class='title'>{{tip2}}</view>
</view>
```

JS（pages/demo/getFileInfo/getFileInfo.js）文件代码如下：

```
Page({
  data: {
    tempFilePath: '' //临时文件路径
  },
  //下载文件
  downloadFile: function() {
    var that=this
    wx.downloadFile({
      url: 'http://localhost/miniDemo/demo.docx', //用户可以更改
      success: function(res) {
        //只要服务器有响应数据，就会进入 success()回调
        if (res.statusCode===200) {
          console.log('文件被下载到：' + res.tempFilePath)
          that.setData({
            tip1: '提示：文件已下载。',
            tempFilePath: res.tempFilePath
          })
        }
      }
    })
  },
  //获取临时文件信息
  getFileInfo: function() {
    var that=this
    let tempFilePath=this.data.tempFilePath
    if (tempFilePath=='') {
      //文件尚未保存到本地
      wx.showModal({
        title: '提示',
        content: '请先下载文件！',
        showCancel: false
      })
    } else {
      //获取保存的文件信息
      wx.getFileInfo({
        filePath: tempFilePath,
        success: function(res) {
          that.setData({
            tip2: '文件大小：' + res.size + '字节。'
          })
        }
```

```
        })
    }
  }
})
```

开发者工具预览效果如图 7-2 所示。

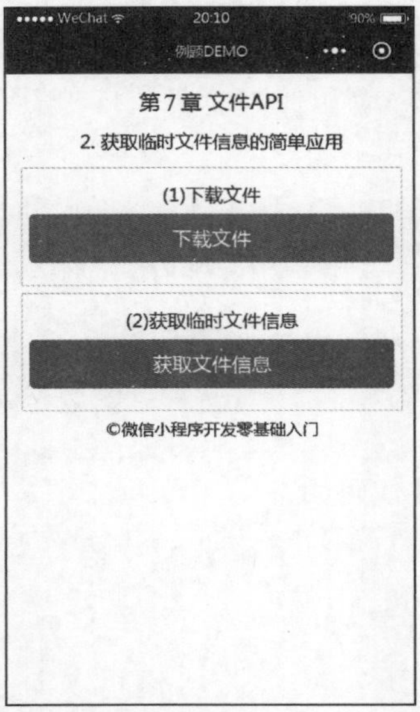

(a) 页面初始效果

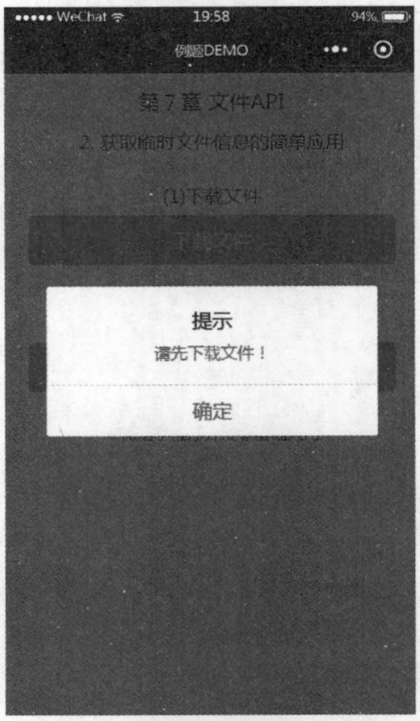

(b) 未下载文件的错误提示

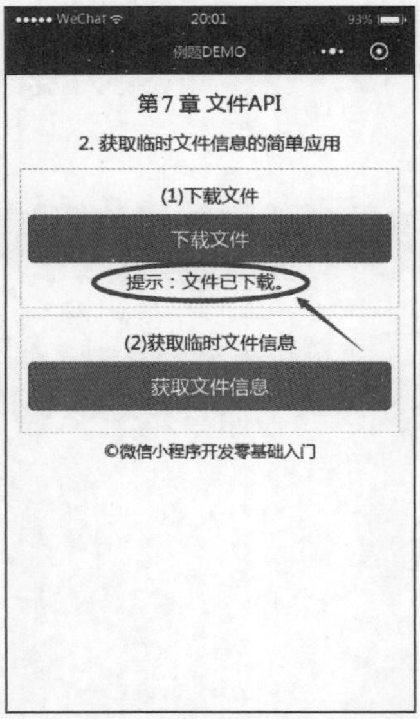

(c) 文件下载成功

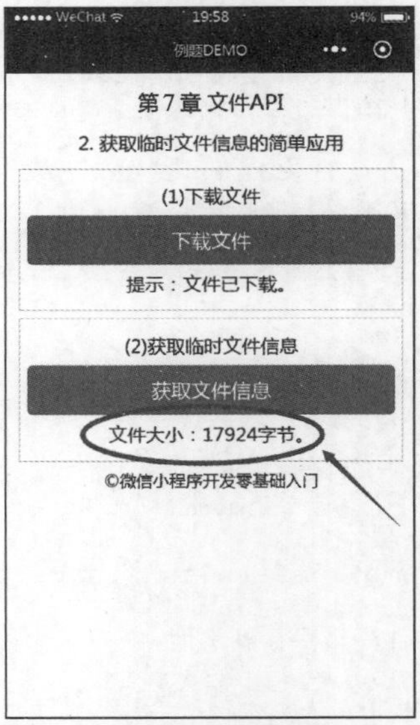

(d) 临时文件信息获取成功

(e) 文件下载成功时 Console（控制台）的输出内容

图 7-2　获取临时文件信息的简单应用

【代码说明】

本示例在 getFileInfo.wxml 中设置了两个步骤，步骤 1 是调用 wx.downloadFile()下载 Word 文件 demo.docx，步骤 2 是调用 wx.getFileInfo()获取已下载的临时文件信息。每个步骤都配有一个<button>按钮触发相应的事件，用户必须按步骤顺序点击，否则会触发错误提示。每个按钮的 tap 事件对应的自定义函数分别是 downloadFile()和 getFileInfo()。

图 7-2 中，图（a）为页面初始效果，此时尚未下载文件；图（b）是未下载文件就获取文件信息的错误提示；图（c）和图（d）分别是文件下载和信息获取成功后的效果；图（e）是文件下载成功后 Console 控制台的输出内容。

7.3 获取本地文件列表

小程序使用 wx.getSavedFileList(OBJECT)获取本地已保存的文件列表。OBJECT 参数的说明如表 7-4 所示。

表 7-4 wx.getSavedFileList(OBJECT)的参数

参　数	类　型	必填	说　明
success()	Function	否	接口调用成功的回调函数
fail()	Function	否	接口调用失败的回调函数
complete()	Function	否	接口调用结束的回调函数（调用成功与否都执行）

success()返回参数的说明如表 7-5 所示。

表 7-5 success()返回参数

参　数	类　型	说　明
errMsg	String	接口调用结果
fileList	Object Array	文件列表

其中，fileList 中项目的说明如表 7-6 所示。

表 7-6 fileList 项目说明

键	类　型	说　明
filePath	String	文件的本地路径
createTime	Number	文件保存时的时间戳，从 1970/01/01 08:00:00 到现在的秒数
size	Number	文件大小，单位为 B

【例 7-3】 文件 API 获取本地文件列表的简单应用。

扫一扫

视频讲解

WXML（pages/demo/getSavedFileList/getSavedFileList.wxml）文件代码如下：

```
<view class='title'>3.获取本地文件列表的简单应用</view>
<view class='demo-box'>
  <view class='title'>(1)保存文件</view>
  <button type="primary" bindtap="saveFile">保存文件</button>
  <view class='title'>{{tip1}}</view>
</view>
<view class='demo-box'>
  <view class='title'>(2)获取本地文件列表</view>
  <button type="primary" bindtap="getSavedFileList">获取文件列表</button>
  <view class='title'>{{tip2}}</view>
</view>
```

JS（pages/demo/getSavedFileList/getSavedFileList.js）文件代码如下：

```
Page({
  data: {
    savedFilePath: '' //本地文件路径
  },

  //下载和保存文件
  saveFile: function() {
    var that=this
    wx.downloadFile({
      url: 'http://localhost/miniDemo/demo.docx', //用户可以更改
      success: function(res) {
        //只要服务器有响应数据，就会进入 success()回调
        if (res.statusCode === 200) {
          //保存文件到本地
          wx.saveFile({
            tempFilePath: res.tempFilePath,
            success: function(res) {
              console.log('文件保存成功！')
              that.setData({
                tip1: '提示：文件已保存。',
                savedFilePath: res.savedFilePath
              })
            }
          })
        }
      }
    })
  },
  //获取本地文件列表
  getSavedFileList:function(){
    var that=this
    wx.getSavedFileList({
      success: function(res) {
        console.log(res.fileList)
        that.setData({
          tip2: '提示：文件列表已获取。'
        })
      }
    })
  }
})
```

开发者工具预览效果如图 7-3 所示。

【代码说明】

本示例在 getSavedFileList.wxml 中设置了两个步骤，步骤 1 是调用 wx.downloadFile()和 wx.saveFile()下载并保存 Word 文件 demo.docx，步骤 2 是调用 wx.getSavedFileList()获取已保存的全部文件列表。每个步骤都配有一个<button>按钮触发相应的事件，且 tap 事件对应的自定义函数分别是 saveFile()和 getSavedFileList()。

图 7-3 中，图（a）为页面初始效果，此时尚未保存文件；图（b）是未保存文件前直接获取文件列表的效果，此时文件列表为空，对应图（e）的第 1 行输出代码；图（c）是成功保存文件的效果，共点击两次，对应图（e）的第 4 行输出代码，此时实际上是同一个文件保存了两份临时文件；图（d）是保存文件后重新获取文件列表的效果，对应图（e）第 5 行以下的全部代码，由该图可见此时输出了一个具有两个元素的数组，每个元素对应一个保存后的本地文件。

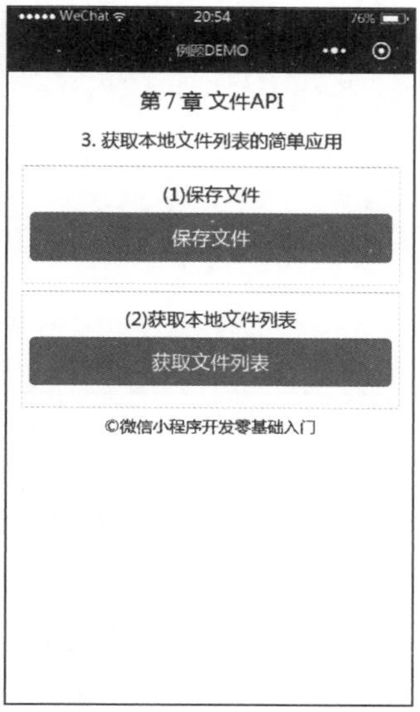

（a）页面初始效果

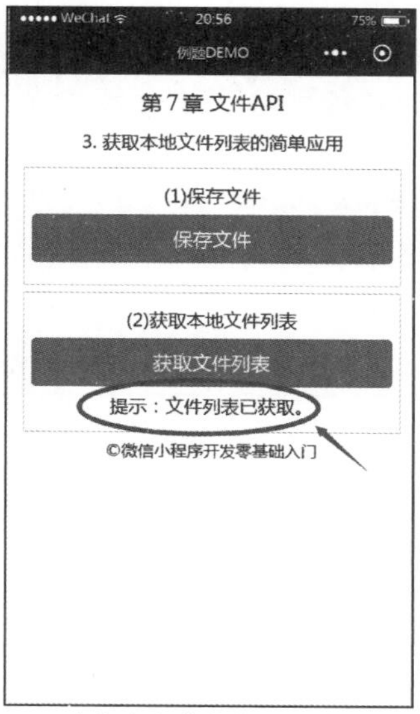

（b）未保存文件前获取文件列表

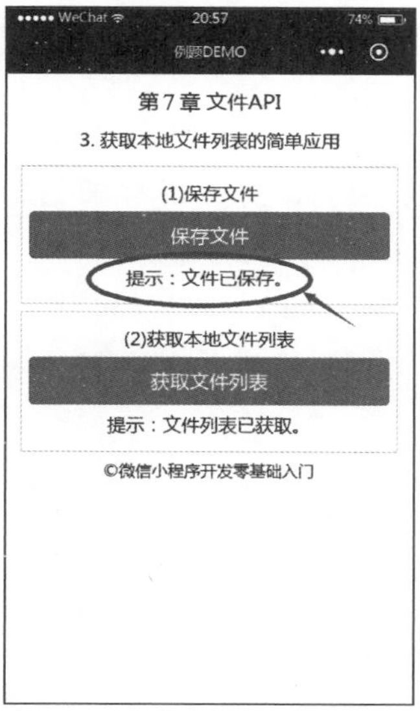

（c）保存文件若干次

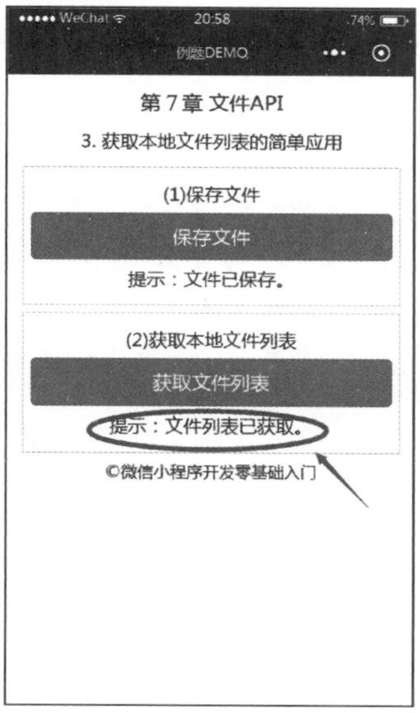

（d）保存文件后重新获取文件列表

（e）Console（控制台）的输出内容

图 7-3　获取本地文件列表的简单应用

需要注意的是，同一个小程序项目中其他页面保存过的文件也会被 wx.getSavedFileList()读取到，因此初始查询列表有可能不为空。如果用户介意影响测试效果，可以配合使用 wx.removeSavedFile()先批量删除本地文件再进行测试。

7.4 获取本地文件信息

小程序使用 wx.getSavedFileInfo(OBJECT)获取本地文件的信息。此接口只能用于获取已保存到本地的文件，若需要获取临时文件信息，请使用 wx.getFileInfo()。OBJECT 参数的说明如表 7-7 所示。

表 7-7 wx.getSavedFileInfo(OBJECT)的参数

参　数	类　型	必填	说　明
filePath	String	是	文件路径
success()	Function	否	接口调用成功的回调函数，返回结果见 success()返回参数的说明
fail()	Function	否	接口调用失败的回调函数
complete()	Function	否	接口调用结束的回调函数（调用成功与否都执行）

success()返回参数的说明如表 7-8 所示。

表 7-8 success()返回参数

参　数	类　型	说　明
errMsg	String	接口调用结果
size	Number	文件大小，单位为 B
createTime	Number	文件保存时的时间戳，从 1970/01/01 08:00:00 到该时刻的秒数

扫一扫

视频讲解

【例 7-4】 文件 API 获取本地文件信息的简单应用。

WXML（pages/demo/getSavedFileInfo/getSavedFileInfo.wxml）文件代码如下：

```
<view class='title'>4.获取本地文件信息的简单应用</view>
<view class='demo-box'>
  <view class='title'>(1)下载文件</view>
  <button type="primary" bindtap="downloadFile">下载文件</button>
  <view class='title'>{{tip1}}</view>
</view>
<view class='demo-box'>
  <view class='title'>(2)保存文件</view>
  <button type="primary" bindtap="saveFile">保存文件</button>
  <view class='title'>{{tip2}}</view>
</view>
<view class='demo-box'>
  <view class='title'>(3)获取本地文件信息</view>
  <button type="primary" bindtap="getSavedFileInfo">获取文件信息</button>
  <view class='title'>{{tip3}}</view>
</view>
```

JS（pages/demo/getSavedFileInfo/getSavedFileInfo.js）文件代码如下：

```
Page({
  data: {
    tempFilePath: '',    //临时文件路径
    savedFilePath: ''    //本地文件路径
  },
  //下载文件
  downloadFile: function() {
    var that=this
    wx.downloadFile({
      url: 'http://localhost/miniDemo/demo.docx',     //用户可以更改
```

```
      success: function(res) {
        //只要服务器有响应数据，就会进入 success()回调
        if (res.statusCode === 200) {
          console.log('文件被下载到：' + res.tempFilePath)
          that.setData({
            tip1: '提示：文件已下载。',
            tempFilePath: res.tempFilePath
          })
        }
      }
    })
  },
  //保存文件
  saveFile: function() {
    var that=this
    let tempFilePath=this.data.tempFilePath
    if (tempFilePath=='') {
      //文件尚未下载
      wx.showModal({
        title: '提示',
        content: '请先下载文件！',
        showCancel: false
      })
    } else {
      //保存文件到本地
      wx.saveFile({
        tempFilePath: tempFilePath,
        success: function(res) {
          console.log('文件被保存到：' + res.savedFilePath)
          that.setData({
            tip2: '提示：文件已保存。',
            savedFilePath: res.savedFilePath
          })
        }
      })
    }
  },
  //获取文件信息
  getSavedFileInfo: function() {
    var that=this
    let savedFilePath=this.data.savedFilePath
    if (savedFilePath=='') {
      //文件尚未保存到本地
      wx.showModal({
        title: '提示',
        content: '请先保存文件！',
        showCancel: false
      })
    } else {
      //获取保存的文件信息
      wx.getSavedFileInfo({
        filePath: savedFilePath,
        success: function(res) {
          that.setData({
            tip3: '文件大小：' + res.size + '字节。'
          })
        }
      })
    }
  }
})
```

开发者工具预览效果如图 7-4 所示。

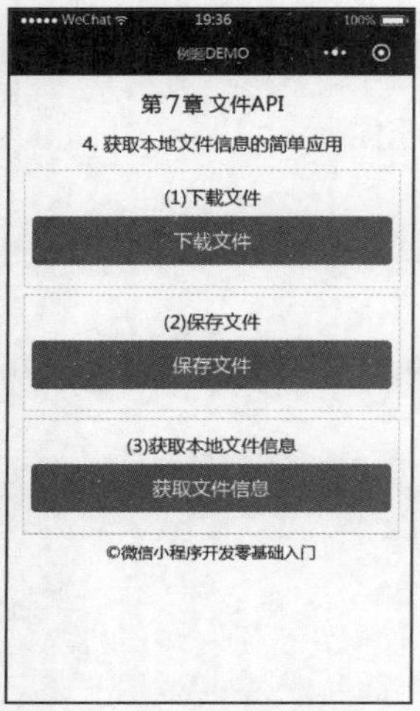

（a）页面初始效果

（b）未下载文件错误提示

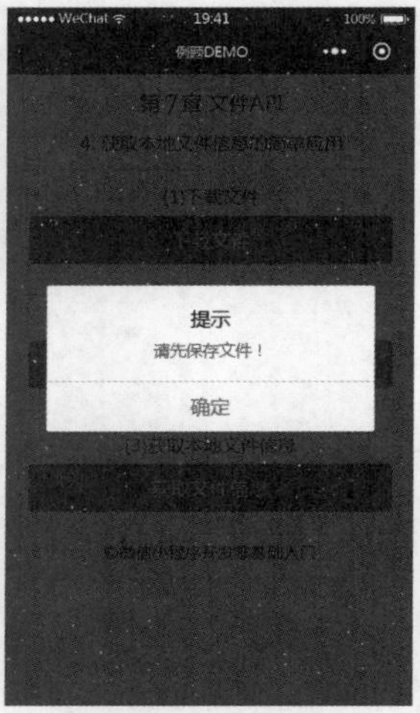

（c）未保存文件错误提示

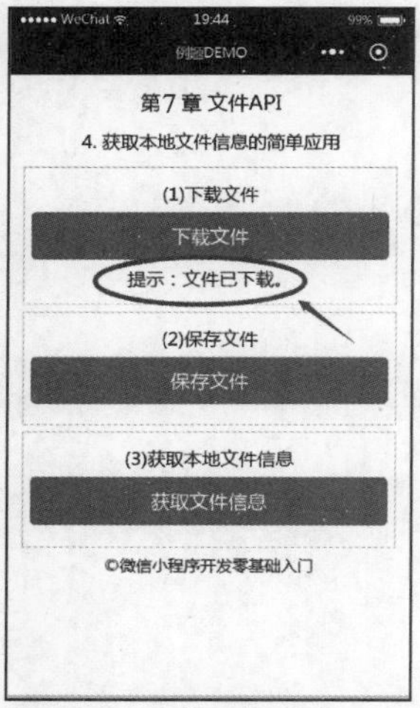

（d）文件下载成功

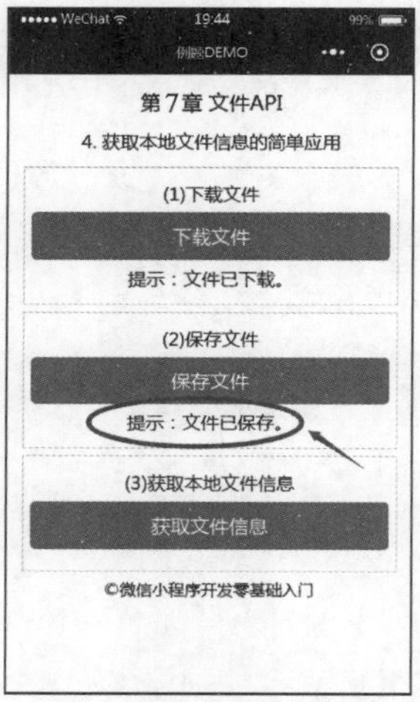

（e）文件保存成功

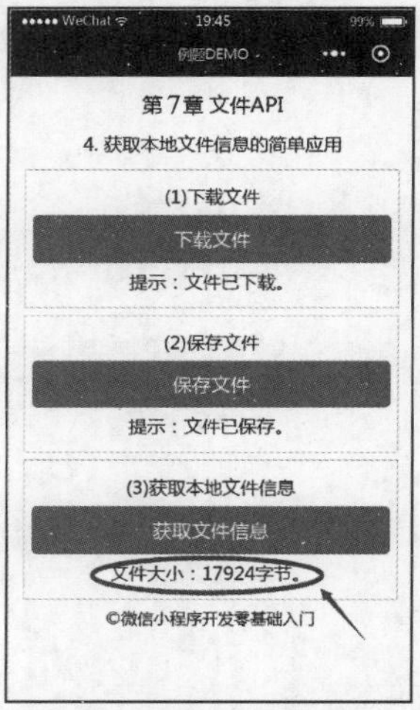

（f）文件信息获取成功

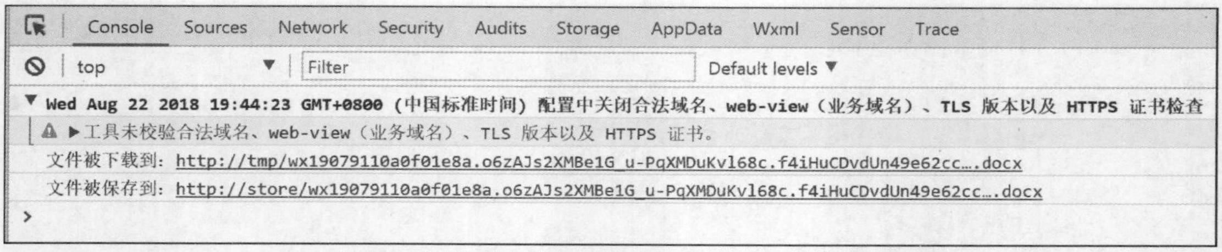

（g）文件下载和保存成功时 Console（控制台）的输出内容

图 7-4　获取本地文件信息的简单应用

【代码说明】

本示例在 getSavedFileInfo.wxml 中设置了 3 个步骤，步骤 1 是调用 wx.downloadFile()下载 Word 文件 demo.docx，步骤 2 是调用 wx.saveFile() 保存该文件，步骤 3 是调用 wx.getSavedFileInfo()获取本地文件信息。每个步骤都配有一个<button>按钮触发相应的事件，用户必须按步骤顺序点击，否则会触发错误提示。每个按钮的 tap 事件对应的自定义函数分别是 downloadFile()、saveFile()和 getSavedFileInfo()。

图 7-4 中，图（a）为页面初始效果，此时尚未下载文件；图（b）和图（c）分别是文件

未下载和未保存就点击下一步骤按钮的错误提示；图（d）和图（e）分别是文件下载和保存成功的提示效果；图（f）是获取到本地保存文件的大小；图（g）是文件被下载和保存时 success()回调的输出内容。

7.5　删除本地文件

小程序使用 wx.removeSavedFile(OBJECT)删除本地已保存的文件。OBJECT 参数的说明如表 7-9 所示。

表 7-9　wx.removeSavedFile(OBJECT)的参数

参　数	类　型	必填	说　明
filePath	String	是	需要删除的文件路径
success()	Function	否	接口调用成功的回调函数
fail()	Function	否	接口调用失败的回调函数
complete()	Function	否	接口调用结束的回调函数（调用成功与否都执行）

扫一扫

视频讲解

【例 7-5】　文件 API 删除已保存文件的简单应用。

WXML（pages/demo/removeSavedFile/removeSavedFile.wxml）文件代码如下：

```
<view class='title'>5.删除已保存文件的简单应用</view>
<view class='demo-box'>
  <view class='title'>(1)下载并保存文件</view>
  <button type="primary" bindtap="saveFile">下载并保存文件</button>
  <view class='title'>{{tip1}}</view>
</view>
<view class='demo-box'>
  <view class='title'>(2)删除文件</view>
  <button type="primary" bindtap="removeFile">删除文件</button>
  <view class='title'>{{tip2}}</view>
</view>
<view class='demo-box'>
  <view class='title'>(3)获取本地文件信息</view>
  <button type="primary" bindtap="getSavedFileInfo">获取文件信息</button>
  <view class='title'>{{tip3}}</view>
</view>
```

JS（pages/demo/removeSavedFile/removeSavedFile.js）文件代码如下：

```
Page({
  data: {
    savedFilePath: '' //本地文件路径
  },
  //下载和保存文件
  saveFile: function() {
    var that=this
    wx.downloadFile({
      url: 'http://localhost/miniDemo/demo.docx', //用户可以更改
      success: function(res) {
        //只要服务器有响应数据，就会进入 success()回调
        if (res.statusCode===200) {
          console.log('文件被下载到：' + res.tempFilePath)
          //保存文件到本地
          wx.saveFile({
            tempFilePath: res.tempFilePath,
            success: function(res) {
              console.log('文件被保存到：' + res.savedFilePath)
```

```
              that.setData({
                tip1: '提示：文件已保存。',
                savedFilePath: res.savedFilePath
              })
            }
          })
        }
      }
    })
  },
  //删除文件
  removeFile: function() {
    var that=this
    let savedFilePath=this.data.savedFilePath
    if (savedFilePath=='') {
      //文件尚未保存
      wx.showModal({
        title: '提示',
        content: '请先下载和保存文件！',
        showCancel: false
      })
    } else {
      //删除本地文件
      wx.removeSavedFile({
        filePath: savedFilePath,
        success: function(res) {
          that.setData({
            tip2: '提示：文件已被删除。'
          })
        }
      })
    }
  },
  //获取文件信息
  getSavedFileInfo: function() {
    var that=this
    let savedFilePath=this.data.savedFilePath
    //获取保存的文件信息
    wx.getSavedFileInfo({
      filePath: savedFilePath,
      success: function(res) {
        that.setData({
          tip3: '文件大小：' + res.size + '字节。'
        })
      },
      fail: function(res) {
        console.log(res)
        that.setData({
          tip3: '提示：文件不存在。'
        })
      }
    })
  }
})
```

开发者工具预览效果如图 7-5 所示。

【代码说明】

本示例在 removeSavedFile.wxml 中设置了 3 个步骤，步骤 1 是调用 wx.downloadFile()和 wx.saveFile()下载并保存 Word 文件 demo.docx，步骤 2 是调用 wx.removeSavedFile()删除该文件，步骤 3 是调用 wx.getSavedFileInfo()获取本地文件信息。每个步骤都配有一个<button>按

（a）页面初始效果　（b）未下载和保存就删除文件　（c）文件保存成功

（d）获取文件信息　（e）删除文件成功　（f）文件不存在

图 7-5　删除文件的简单应用

钮触发相应的事件，3 个按钮的 tap 事件对应的自定义函数分别是 saveFile()、removeFile()和 getSavedFileInfo()。

图 7-5 中，图（a）为页面初始效果；图（b）是文件尚未下载和保存就执行删除操作的错误提示；图（c）和图（d）分别是文件保存成功和获取本地文件信息的效果；图（e）是删除文件成功的效果；图（f）是在删除文件后重新尝试获取文件信息，由该图可见此时会提示文件不存在，说明文件已被删除。

7.6 打开文档

小程序使用 wx.openDocument(OBJECT)打开文档，其支持 doc、xls、ppt、pdf、docx、xlsx、pptx 等格式。OBJECT 参数的说明如表 7-10 所示。

表 7-10 wx.openDocument(OBJECT)的参数

参　数	类　型	必填	说　明
filePath	String	是	文件路径，可通过 downFile()获得
fileType	String	否	文件类型，指定文件类型打开文件，有效值为 doc、xls、ppt、pdf、docx、xlsx、pptx（最低版本为 1.4.0）
success()	Function	否	接口调用成功的回调函数
fail()	Function	否	接口调用失败的回调函数
complete()	Function	否	接口调用结束的回调函数（调用成功与否都执行）

扫一扫

视频讲解

【例 7-6】 文件 API 打开文档的简单应用。

WXML（pages/demo/openDocument/openDocument.wxml）文件代码如下：

```
<view class='title'>6.打开文档的简单应用</view>
<view class='demo-box'>
  <view class='title'>(1)下载文件</view>
  <button type="primary" bindtap="downloadFile">下载文件</button>
  <view class='title'>{{tip}}</view>
</view>
<view class='demo-box'>
  <view class='title'>(2)打开文件</view>
  <button type="primary" bindtap="openDocument">打开文件</button>
</view>
```

JS（pages/demo/openDocument/openDocument.js）文件代码如下：

```
Page({
  data: {
    path: ''
  },
  //下载文件
  downloadFile: function() {
    var that=this
    wx.downloadFile({
      url: 'http://localhost/miniDemo/demo.docx', //用户可以更改
      success: function(res) {
        //只要服务器有响应数据，就会进入 success()回调
        if (res.statusCode===200) {
          console.log(res)
          that.setData({
            tip: '提示：文件已下载。',
            path: res.tempFilePath
          })
        }
      }
    })
  },
  //打开文件
  openDocument: function() {
    let path=this.data.path
    //文档尚未下载
    if (path=='') {
      wx.showModal({
        title: '提示',
        content: '请先下载文档！',
        showCancel: false
      })
    }
    //打开文档
    else {
      wx.openDocument({ filePath: path })
    }
  }
})
```

开发者工具预览效果如图 7-6 所示。

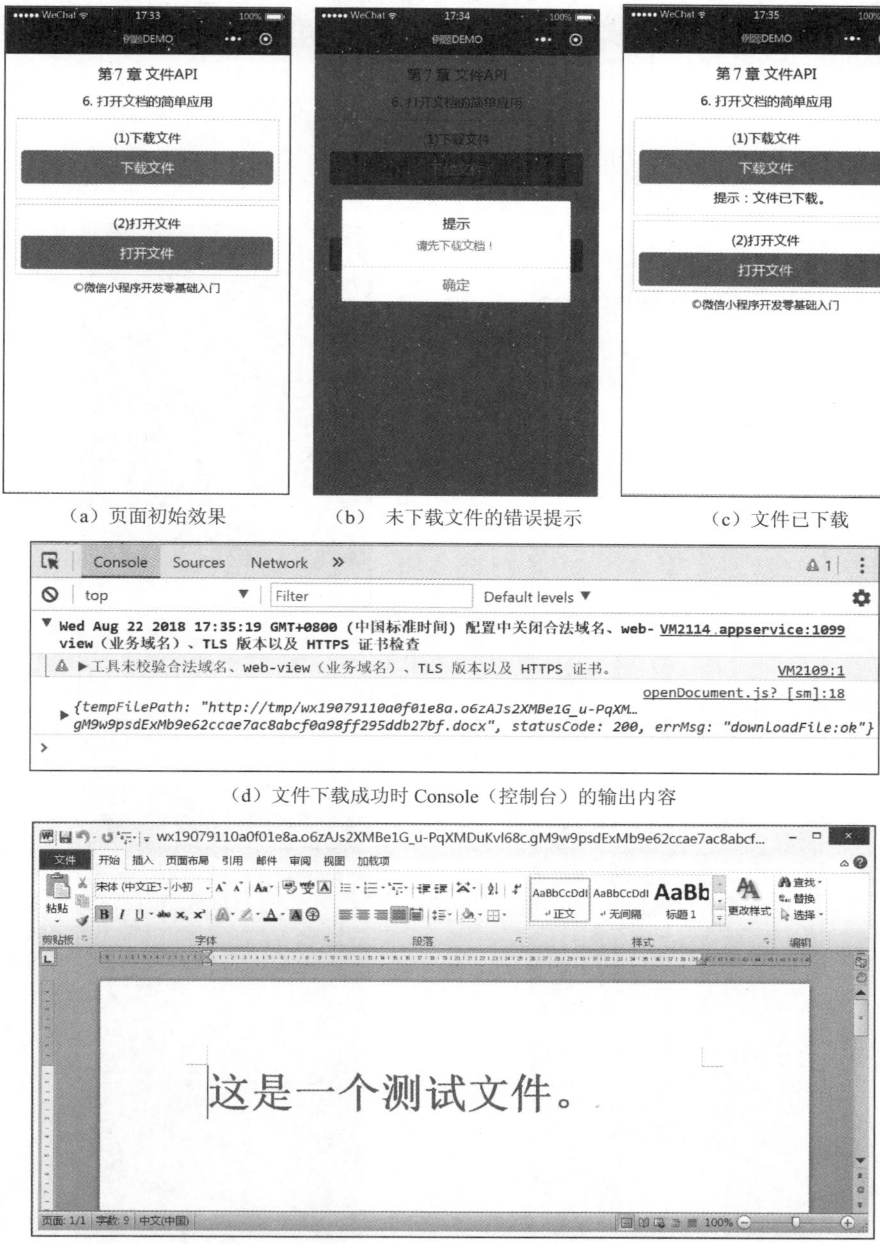

（a）页面初始效果　（b）未下载文件的错误提示　（c）文件已下载

（d）文件下载成功时 Console（控制台）的输出内容

（e）被打开的文档效果

图 7-6　打开文档的简单应用

【代码说明】

本示例在 openDocument.wxml 中设置了两个步骤，步骤 1 是调用 wx.downloadFile()下载 Word 文件 demo.docx，步骤 2 是调用 wx.openDocument()打开该文件。每个步骤都配有一个<button>按钮触发相应的事件，且必须按照步骤顺序依次完成。这两个按钮的 tap 事件对应的自定义函数分别是 downloadFile()和 openDocument()。

图 7-6 中，图（a）为页面初始效果；图（b）是尚未下载文件就单击“打开文件”按钮的效果，会得到一个错误提示；图（c）是文件下载成功的效果；图（d）是文件下载成功时回调函数在 Console 控制台打印输出的内容，由该图可见获得了文件的临时地址；图（e）是被打开的文档效果。

扫一扫

案例文本

扫一扫

视频讲解

7.7 阶段案例：个人相册小程序

本节将尝试制作一款简易个人相册小程序用于展示服务器端存放的图片，还可以从手机端拍照或从本地相册选择图片进行上传。

本阶段案例只有一个单页面，最终效果如图 7-7 所示。

(a) 页面初始效果　(b) 上传新图片（真机调试）

(c) 手动上传新图片效果　(d) 预览图片效果

图 7-7　第 7 章阶段案例效果图

7.8 本章小结

本章属于小程序知识中的应用篇，主要介绍了文件 API 的相关用法。文件 API 包括文件的保存、信息获取、本地文件列表的获取、本地文件信息的获取、删除本地文件和打开指定文档。需要注意的是，wx.downloadFile()成功下载文件所生成的路径地址仅是临时文件地址，需要再次执行 wx.saveFile()保存到本地设备中。本章示例用到的文件均来自网络或放置在自行搭建的模拟服务器中，开发者可自行更换路径地址进行测试。

第8章 Chapter 8

数据缓存 API

本章主要介绍小程序数据缓存 API 的应用，包括数据的存储、获取、删除、清空，以及存储信息的获取。

本章学习目标

- 了解小程序本地缓存的概念；
- 掌握数据存储相关接口的用法；
- 掌握数据获取相关接口的用法；
- 掌握存储信息获取相关接口的用法；
- 掌握数据删除相关接口的用法；
- 掌握数据清空相关接口的用法。

8.1 本地缓存

为了提高使用的便捷性，同一个小程序允许每个用户在本地设备中单独存储 10MB 以内的数据，这些数据称为小程序的本地缓存。开发者可以通过数据缓存 API 对本地缓存进行设置、获取和清空工作。小程序的本地缓存以用户维度进行隔离，假设有 A、B 两位用户共用同一台设备，A 用户是无法读取到 B 用户相关数据的，反之亦然。

需要注意的是，小程序的本地缓存仅用于方便用户，如果用户设备的存储空间不足，微信会清空最近较久未使用的本地缓存。因此不建议用户将关键信息全部存在本地，以免存储空间不足或设备更换。

数据缓存 API 目前共有 5 类，包括数据的存储、获取、删除、清空，以及存储信息的获取。每一类均分为异步和同步两种函数写法，具体内容如表 8-1 所示。

表 8-1　数据缓存 API 的相关函数

函 数 名 称	说　　明
wx.setStorage(OBJECT)	数据的存储（异步）
wx.setStorageSync(KEY,DATA)	数据的存储（同步）
wx.getStorage(OBJECT)	数据的获取（异步）
wx.getStorageSync(KEY)	数据的获取（同步）
wx.getStorageInfo(OBJECT)	存储信息的获取（异步）
wx.getStorageInfoSync()	存储信息的获取（同步）
wx.removeStorage(OBJECT)	数据的删除（异步）
wx.removeStorageSync(KEY)	数据的删除（同步）
wx.clearStorage()	数据的清空（异步）
wx.clearStorageSync()	数据的清空（同步）

该表中的 Sync 来源于英文单词 synchronization 的前 4 个字母，表示同步的意思。因此数据缓存 API 中带有 Sync 字样的函数均为同步函数，否则就是异步函数。

8.2 数据的存储

8.2.1 异步存储数据

小程序使用异步接口 wx.setStorage(OBJECT)将数据存储在本地缓存中指定的 key 中。OBJECT 参数的说明如表 8-2 所示。

表 8-2 wx.setStorage(OBJECT)的参数

参　数	类　型	必　填	说　明
key	String	是	本地缓存中指定的 key
data	Object/String	是	需要存储的内容
success()	Function	否	接口调用成功的回调函数
fail()	Function	否	接口调用失败的回调函数
complete()	Function	否	接口调用结束的回调函数（调用成功与否都执行）

注意：如果指定的 key 原先已存在，则新数据会覆盖掉原来该 key 对应的内容。

wx.setStorage(OBJECT)示例代码格式如下：

```
wx.setStorage({
    key: 'key',
    data: 'value',
    success:function(){
        //存储成功
    },
    fail:function(){
        //存储失败
    },
    complete:function(){
        //存储完成
    }
})
```

其中，引号中的 key 和 value 可以替换为开发者需要的其他文本内容，且 success()、fail()和 complete()函数可以省略不写。

扫一扫

视频讲解

【例 8-1】 数据缓存 API 之 setStorage 的简单应用。

WXML（pages/demo01/setStorage/setStorage.wxml）的代码片段如下：

```
<view class='title'>1.数据存储 setStorage 的简单应用</view>
<view class='demo-box'>
  <view class='title'>wx.setStorage(OBJECT)异步存储</view>
  <input name='key' placeholder='请输入 KEY 名称' bindinput='keyInput' />
  <input name='data' placeholder='请输入 DATA 值' bindinput='dataInput' />
  <button type="primary" bindtap="setStorage">数据存储</button>
</view>
```

JS（pages/demo01/setStorage/setStorage.js）的代码片段如下：

```
Page({
  data: {
    key: '',
```

```
    data: ''
  },
  keyInput: function(e) {
    this.setData({ key: e.detail.value });
  },
  dataInput: function(e) {
    this.setData({ data: e.detail.value });
  },
  setStorage: function(e) {
    let key=this.data.key;
    if (key.length==0) {
      wx.showToast({
        title: 'KEY不能为空！',
        icon: 'none'
      })
    } else {
      wx.setStorage({
        key: key,
        data: this.data.data
      })
    }
  }
})
```

程序运行效果如图 8-1 所示。

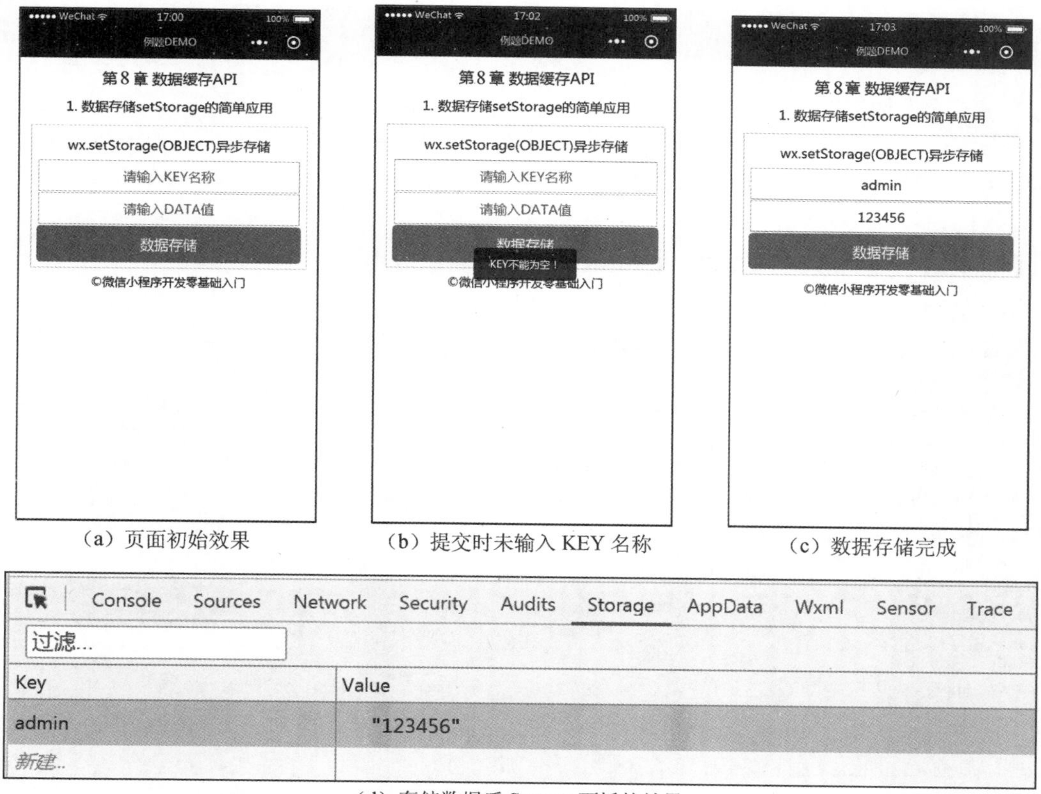

（a）页面初始效果　（b）提交时未输入 KEY 名称　（c）数据存储完成

（d）存储数据后 Storage 面板的效果

图 8-1　数据存储 setStorage 的简单应用

【代码说明】

本示例在 setStorage.wxml 中设置了两个<input>组件分别用于输入 KEY 名称和 DATA 值，并使用<button>组件进行数据的提交。在 setStorage.js 的 data 属性中预设 key 和 data 均为空白内容，等待更新；然后使用自定义函数 keyInput()和 dataInput()获取这两个输入框中的内容，并更新到 data 属性中；使用自定义函数 setStorage()获取更新后的 key 值并进行判断，如果为空则提示用户输入，如果不为空则调用 wx.setStorage()函数进行异步存储。

图 8-1 中，图（a）为页面初始效果；图（b）为未输入 KEY 名称时的提示效果；图（c）为数据存储完成后的状态；图（d）为存储数据后调试器中 Storage 面板的效果，由该图可见数据已经成功存储。

8.2.2 同步存储数据

小程序使用同步接口 wx.setStorageSync(KEY,DATA)将 DATA 值存储到本地缓存中指定的 KEY 中。参数说明如表 8-3 所示。

表 8-3 wx.setStorageSync(KEY,DATA)的参数

参 数	类 型	必 填	说 明
key	String	是	本地缓存中指定的 key
data	Object/String	是	需要存储的内容

注意： 如果指定的 key 原先已存在，则新数据会覆盖掉原来该 key 对应的内容。

wx.setStorageSync(KEY,DATA)示例代码格式如下：

```
try {
    wx.setStorageSync('key', 'value')
} catch(e) {
    //发生异常
}
```

其中，引号中的 key 和 value 可以替换为开发者需要的其他文本内容，try…catch 结构也可以省略不写。

扫一扫

视频讲解

【例 8-2】 数据缓存 API 之 setStorageSync 的简单应用。

WXML（pages/demo01/setStorageSync/setStorageSync.wxml）的代码片段如下：

```
<view class='title'>1.数据存储 setStorageSync 的简单应用</view>
<view class='demo-box'>
  <view class='title'>wx.setStorageSync(KEY,DATA)同步存储</view>
  <input name='key' placeholder='请输入 KEY 名称' bindinput='keyInput' />
  <input name='data' placeholder='请输入 DATA 值' bindinput='dataInput' />
  <button type="primary" bindtap="setStorageSync">数据存储</button>
</view>
```

JS（pages/demo01/setStorageSync/setStorageSync.js）的代码片段如下：

```
Page({
  data: {
    key: '',
    data: ''
  },
  keyInput: function(e) {
    this.setData({ key: e.detail.value });
  },
  dataInput: function(e) {
    this.setData({ data: e.detail.value });
  },
  setStorageSync: function(e) {
    let key=this.data.key;
    if (key.length==0) {
      wx.showToast({
```

```
            title: 'KEY 不能为空！',
            icon: 'none'
          })
        } else {
          wx.setStorageSync(key,this.data.data)
        }
      }
})
```

程序运行效果如图 8-2 所示。

（a）页面初始效果　　（b）提交时未输入 KEY 名称　　（c）数据存储完成

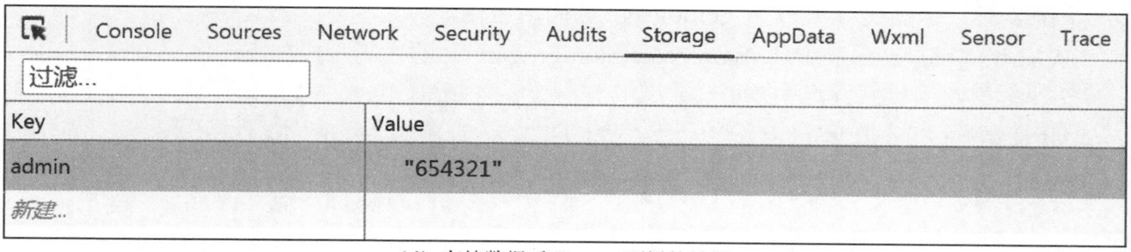

（d）存储数据后 Storage 面板的效果

图 8-2　数据存储 setStorageSync 的简单应用

【代码说明】

本示例在 setStorageSync.wxml 中设置了两个<input>组件分别用于输入 KEY 名称和 DATA 值，并使用<button>组件进行数据的提交。在 setStorage.js 的 data 属性中预设 key 和 data 均为空白内容，等待更新；然后使用自定义函数 keyInput()和 dataInput()获取这两个输入框中的内容，并更新到 data 属性中；使用自定义函数 setStorageSync()获取更新后的 key 值并进行判断，如果为空则提示用户输入，如果不为空则调用 wx.setStorageSync()函数进行同步存储。

图 8-2 中，图（a）为页面初始效果；图（b）为未输入 KEY 名称时的提示效果；图（c）为数据存储完成后的状态；图（d）为存储数据后调试器中 Storage 面板的效果，由该图可见数据已经成功存储。

8.3 数据的获取

8.3.1 异步获取数据

小程序使用异步接口 wx.getStorage(OBJECT)从本地缓存中异步获取指定 key 对应的内容。OBJECT 参数的说明如表 8-4 所示。

表 8-4 wx.getStorage(OBJECT)的参数

参　数	类　型	必　填	说　明
key	String	是	本地缓存中指定的 key
success()	Function	是	接口调用成功的回调函数，res={data: key 对应的内容}
fail()	Function	否	接口调用失败的回调函数
complete()	Function	否	接口调用结束的回调函数（调用成功与否都执行）

其中，success()返回参数 data 表示 key 对应的内容，该值为 String 类型。

wx.setStorage(OBJECT)示例代码格式如下：

```
wx.getStorage({
  key: 'key',
  success: function(res) {
     console.log(res.data)
  }
})
```

其中，引号中的 key 可以替换为实际用到的 KEY 名称，且 success()函数中的 res.data 就是需要获取的缓存数据值。

扫一扫

视频讲解

【例 8-3】 数据缓存 **API** 之 **getStorage** 的简单应用。

WXML（pages/demo02/getStorage/getStorage.wxml）的代码片段如下：

```
<view class='title'>2.数据获取 getStorage 的简单应用</view>
<view class='demo-box'>
  <view class='title'>wx.getStorage(OBJECT)异步获取</view>
  <input name='key' placeholder='请输入 KEY 名称' bindinput='keyInput' />
  <button type="primary" bindtap="getStorage">数据获取</button>
  <view class='title'>DATA 值：{{data}}</view>
</view>
```

JS（pages/demo02/getStorage/getStorage.js）的代码片段如下：

```
Page({
  data: {
    key: '',
    data: '尚未获取'
  },
  keyInput: function(e) {
    this.setData({ key: e.detail.value });
  },
  getStorage: function() {
    var that=this;
    let key=this.data.key;
    if (key.length==0) {
      wx.showToast({
        title: 'KEY 不能为空！',
        icon: 'none'
```

```
      })
    } else {
      wx.getStorage({
        key: key,
        success:function(res){
          that.setData({data:res.data})
        }
      })
    }
  }
})
```

程序运行效果如图 8-3 所示。

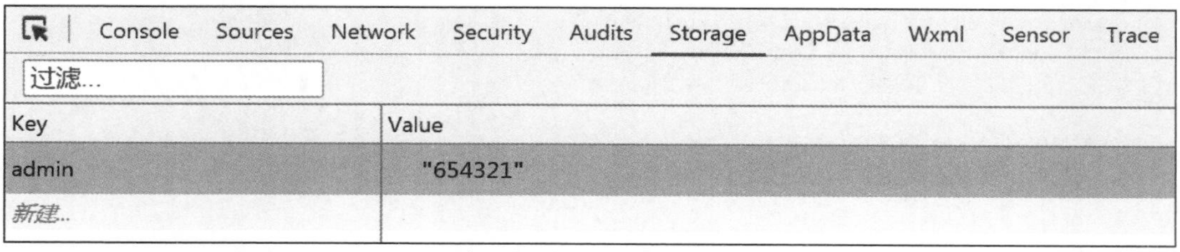

（a）读取数据前 Storage 面板的效果

（b）页面初始效果　　（c）提交时未输入 KEY 名称　　（d）数据获取完成

图 8-3　数据存储 getStorage 的简单应用

【代码说明】

本示例在 getStorage.wxml 中设置了<input>组件用于输入 KEY 名称，并使用<button>组件进行数据的获取，在按钮下方使用了<view>组件显示获取到的 DATA 值。在 getStorage.js 的 data 属性中预设 key 为空白内容、data 值为“尚未获取”；然后使用自定义函数 keyInput() 获取输入框内容并更新 data 值；使用自定义函数 getStorage()获取更新后的 key 值并进行判断，如果为空则提示用户输入，如果不为空则调用 wx.getStorage()函数进行数据的异步获取。

图 8-3 中，图（a）为读取数据前调试器中 Storage 面板的效果，用户可以使用前面 8.2 节的任意例题事先存储数据，也可以直接在 Storage 面板中手动输入数据；图（b）为页面初始效果；图（c）为未输入 KEY 名称时的提示效果；图（d）为数据获取完成后的状态。

8.3.2 同步获取数据

小程序使用同步接口 wx.getStorageSync(KEY)从本地缓存中同步获取指定 KEY 对应的内容。参数说明如表 8-5 所示。

表 8-5 wx.getStorageSync(KEY)的参数

参　数	类　型	必　填	说　明
key	String	是	本地缓存中指定的 key

wx.getStorageSync(KEY)示例代码格式如下：

```
try {
    var value=wx.getStorageSync('key')
    if (value) {
        //处理获取到的 value 值
    }
} catch(e) {
    //发生异常
}
```

扫一扫

视频讲解

注意：引号中的 key 可以替换为实际用到的 KEY 名称，try…catch 结构也可以省略不写。

【例 8-4】 数据缓存 **API** 之 **getStorageSync** 的简单应用。

WXML（pages/demo02/getStorageSync/getStorageSync.wxml）的代码片段如下：

```
<view class='title'>2.数据获取 getStorageSync 的简单应用</view>
<view class='demo-box'>
  <view class='title'>wx.getStorageSync(KEY)同步获取</view>
  <input name='key' placeholder='请输入 KEY 名称' bindinput='keyInput' />
  <button type="primary" bindtap="getStorageSync">数据获取</button>
  <view class='title'>DATA 值：{{data}}</view>
</view>
```

JS（pages/demo02/getStorageSync/getStorageSync.js）的代码片段如下：

```
Page({
  data: {
    key: '',
    data: '尚未获取'
  },
  keyInput: function(e) {
    this.setData({ key: e.detail.value });
  },
getStorageSync: function() {
    var that=this;
    let key=this.data.key;
    if (key.length==0) {
      wx.showToast({
        title: 'KEY 不能为空！',
        icon: 'none'
      })
    } else {
      var value=wx.getStorageSync(key);
      if(value){
        that.setData({data:value});
      }
    }
  }
})
```

程序运行效果如图 8-4 所示。

（a）读取数据前 Storage 面板的效果

（b）页面初始效果　（c）提交时未输入 KEY 名称　（d）数据获取完成

图 8-4　数据存储 getStorageSync 的简单应用

【代码说明】

本示例在 getStorageSync.wxml 中设置了<input>组件用于输入 KEY 名称，并使用<button>组件进行数据的获取，在按钮下方使用了<view>组件显示获取到的 DATA 值。在 getStorageSync.js 的 data 属性中预设 key 为空白内容、data 值为“尚未获取”；然后使用自定义函数 keyInput()获取输入框内容并更新 data 值；使用自定义函数 getStorageSync()获取更新后的 key 值并进行判断，如果为空则提示用户输入，如果不为空则调用 wx.getStorageSync()函数进行数据的同步获取。

图 8-4 中，图（a）为读取数据前调试器中 Storage 面板的效果，用户可以使用前面 8.2 节的任意例题事先存储数据，也可以直接在 Storage 面板中手动输入数据；图（b）为页面初始效果；图（c）为未输入 KEY 名称时的提示效果；图（d）为数据获取完成后的状态。

8.4　存储信息的获取

8.4.1　异步获取存储信息

小程序使用 wx.getStorageInfo(OBJECT)异步获取当前本地缓存数据的相关信息。OBJECT 参数的说明如表 8-6 所示。

表 8-6 wx.getStorageInfo(OBJECT)的参数

参数	类型	必填	说明
success()	Function	是	接口调用成功的回调函数
fail()	Function	否	接口调用失败的回调函数
complete()	Function	否	接口调用结束的回调函数（调用成功与否都执行）

其中，success()返回的主要参数如下。

- keys：String Array 类型，表示当前 storage 中所有的 key。
- currentSize：Number 类型，表示当前占用的空间大小（单位为 KB）。
- limitSize：Number 类型，表示限制的空间大小（单位为 KB）。

wx.getStorageInfo(OBJECT)示例代码格式如下：

```
wx.getStorageInfo({
  success: function(res) {
    console.log(res.keys)
    console.log(res.currentSize)
    console.log(res.limitSize)
  }
})
```

需要注意的是，该接口只能用于获取本地缓存中所有 key 的名称，key 对应的值还需要使用 getStorage()（getStorageInfo()）进一步获取。

扫一扫

视频讲解

【例 8-5】 数据缓存 API 之 getStorageInfo 的简单应用。

WXML（pages/demo03/getStorageInfo/getStorageInfo.wxml）的代码片段如下：

```
<view class='title'>3.存储信息获取 getStorageInfo 的简单应用</view>
<view class='demo-box'>
  <view class='title'>wx.getStorageInfo(OBJECT)异步获取</view>
  <button type="primary" bindtap="getStorageInfo">存储信息获取</button>
  <view class='title'>已使用空间：{{currentSize}}KB</view>
  <view class='title'>最大空间：{{limitSize}}KB</view>
  <view class='title' wx:for='{{keys}}' wx:key='key{{index}}'>KEY{{index}}:
  {{item}}</view>
</view>
```

JS（pages/demo03/getStorageInfo/getStorageInfo.js）的代码片段如下：

```
Page({
  getStorageInfo: function() {
    var that=this;
    wx.getStorageInfo({
      success: function(res) {
        console.log(res);
        that.setData({
          currentSize: res.currentSize,
          limitSize: res.limitSize,
          keys: res.keys
        });
      }
    })
  }
})
```

程序运行效果如图 8-5 所示。

【代码说明】

本示例在 getStorageInfo.wxml 中设置了<button>组件进行数据的获取，在按钮下方使用了<view>组件显示获取到的存储信息。考虑到 key 值可能不止一个，因此使用 wx:for 循环显

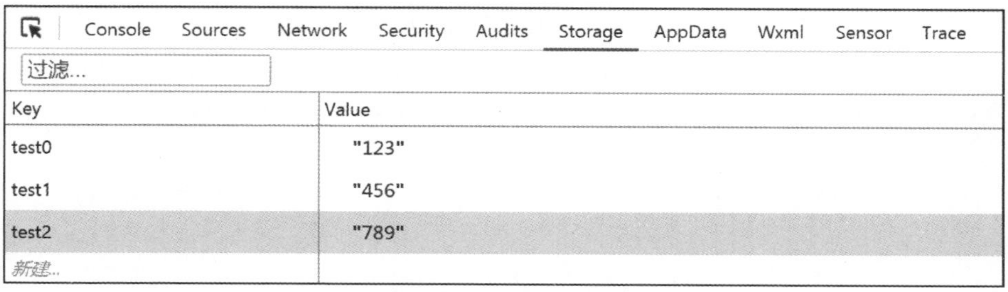

（a）读取数据前 Storage 面板的效果

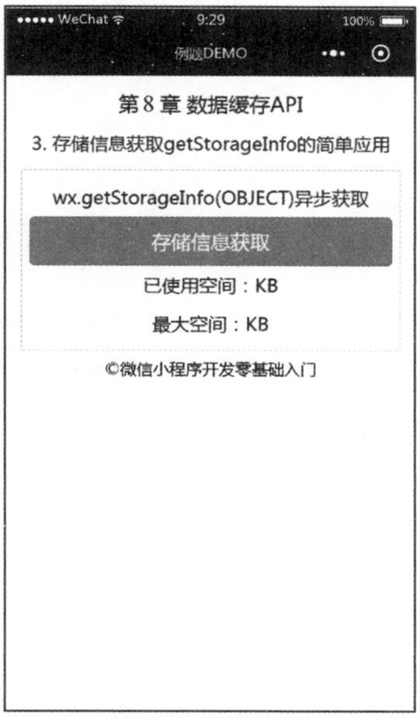

（b）页面初始效果

（c）数据获取完成

图 8-5　存储信息获取 getStorageInfo 的简单应用

示对应的<view>。在 getStorageInfo.js 中使用自定义函数 getStorageInfo()获取当前已经使用的空间（currentSize）、最大空间限制（limitSize）和当前存在的键名称（keys），然后使用 setData()方法将这些参数值渲染到 getStorageInfo.wxml 页面上。

图 8-5 中，图(a)为获取存储信息前调试器中 Storage 面板的效果，用户可以使用前面 8.2 节的任意例题事先存储数据，也可以直接在 Storage 面板中手动输入数据；图(b)为页面初始效果；图(c)为存储信息获取完成后的效果。

8.4.2　同步获取存储信息

小程序使用 wx.getStorageInfoSync()同步获取当前本地缓存数据的相关信息。

wx.getStorageInfoSync()示例代码格式如下：

```
try {
  var res=wx.getStorageInfoSync()
  console.log(res.keys)          //键名称
  console.log(res.currentSize)   //已使用空间
  console.log(res.limitSize)     //最大空间限制
} catch(e) {
  //发生异常
}
```

在上述代码中 try…catch 结构也可以省略不写。

扫一扫

视频讲解

【例 8-6】 数据缓存 API 之 getStorageInfoSync 的简单应用。

WXML（pages/demo03/getStorageInfoSync/getStorageInfoSync.wxml）的代码片段如下：

```
<view class='title'>3.存储信息获取 getStorageInfoSync 的简单应用</view>
<view class='demo-box'>
  <view class='title'>wx.getStorageInfoSync()同步获取</view>
  <button type="primary" bindtap="getStorageInfoSync">存储信息获取</button>
  <view class='title'>已使用空间：{{currentSize}}KB</view>
  <view class='title'>最大空间：{{limitSize}}KB</view>
  <view class='title' wx:for='{{keys}}' wx:key='key{{index}}'>KEY{{index}}:
  {{item}}</view>
</view>
```

JS（pages/demo03/getStorageInfoSync/getStorageInfoSync.js）的代码片段如下：

```
Page({
  getStorageInfoSync: function() {
    var res=wx.getStorageInfoSync();
    this.setData({
      currentSize: res.currentSize,
      limitSize: res.limitSize,
      keys: res.keys
    });
  }
})
```

程序运行效果如图 8-6 所示。

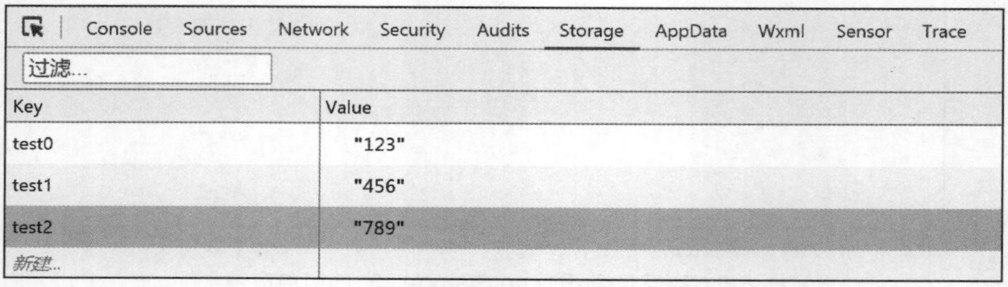

（a）读取数据前 Storage 面板的效果

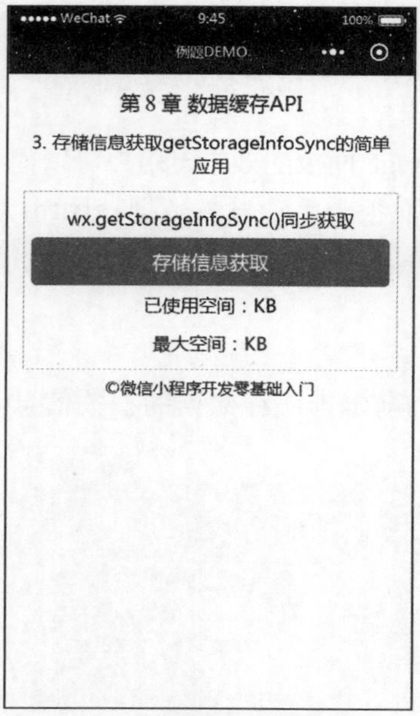

（b）页面初始效果

（c）数据获取完成

图 8-6　存储信息获取 getStorageInfoSync 的简单应用

【代码说明】

本示例在 getStorageInfoSync.wxml 中设置了<button>组件进行数据的获取，在按钮下方使用了<view>组件显示获取到的存储信息。考虑到 key 值可能不止一个，因此使用 wx:for 循环显示对应的<view>。在 getStorageInfoSync.js 中使用自定义函数 getStorageInfoSync()获取当前已经使用的空间（currentSize）、最大空间限制（limitSize）和当前存在的键名称（keys），然后使用 setData()方法将这些参数值渲染到 getStorageInfoSync.wxml 页面上。

图 8-6 中，图（a）为获取存储信息前调试器中 Storage 面板的效果，用户可以使用前面 8.2 节的任意例题事先存储的数据，也可以直接在 Storage 面板中手动输入数据；图（b）为页面初始效果；图（c）为存储信息获取完成后的效果。

8.5 数据的删除

8.5.1 异步删除数据

小程序使用 wx.removeStorage(OBJECT)从本地缓存中异步删除指定 KEY 名称和对应的值。OBJECT 参数的说明如表 8-7 所示。

表 8-7　wx.removeStorage(OBJECT)的参数

参　数	类　型	必　填	说　明
key	String	是	本地缓存中指定的 key
success()	Function	是	接口调用成功的回调函数
fail()	Function	否	接口调用失败的回调函数
complete()	Function	否	接口调用结束的回调函数（调用成功与否都执行）

wx.removeStorage(OBJECT)示例代码格式如下：

```
wx.removeStorage({
  key: 'key',
  success: function(res) {
    console.log(res)
  }
})
```

上述代码中引号内的 key 可以替换为实际用到的 KEY 名称，且 success()函数中 res 包含的内容为{errMsg:"removeStorage:ok"}。

扫一扫

视频讲解

【例 8-7】 数据缓存 **API** 之 **removeStorage** 的简单应用。

WXML（pages/demo04/removeStorage/removeStorage.wxml）的代码片段如下：

```
<view class='title'>4.数据删除 removeStorage 的简单应用</view>
<view class='demo-box'>
  <view class='title'>wx.removeStorage(OBJECT)异步删除</view>
  <input name='key' placeholder='请输入 KEY 名称' bindinput='keyInput' />
  <button type="primary" bindtap="removeStorage">数据删除</button>
</view>
```

JS（pages/demo04/removeStorage/removeStorage.js）的代码片段如下：

```
Page({
  data: {
    key: ''
  },
  keyInput: function(e) {
    this.setData({ key: e.detail.value });
  },
  removeStorage: function() {
```

```
9.        let key=this.data.key;
10.       if (key.length==0) {
11.         wx.showToast({
12.           title: 'KEY 不能为空！',
13.           icon: 'none'
14.         })
15.       } else {
16.         wx.removeStorage({
17.           key: key,
18.           success: function(res) {
19.             wx.showToast({
20.               title: '删除完毕！',
21.               icon: 'none'
22.             })
23.           }
24.         })
25.       }
26.   }
27.})
```

程序运行效果如图 8-7 所示。

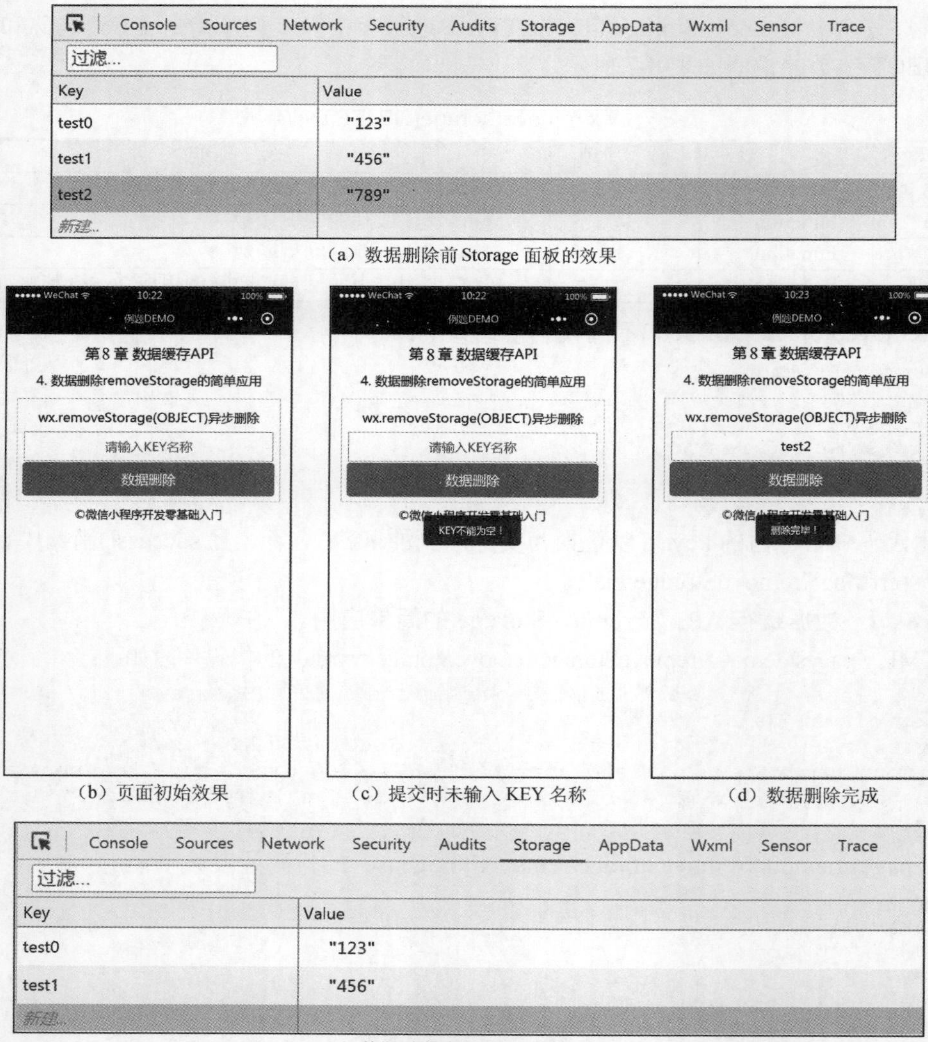

（a）数据删除前 Storage 面板的效果

（b）页面初始效果

（c）提交时未输入 KEY 名称

（d）数据删除完成

Key	Value
test0	"123"
test1	"456"
新建...	

（e）数据删除后 Storage 面板的效果

图 8-7　数据删除 removeStorage 的简单应用

【代码说明】

本示例在 removeStorage.wxml 中设置了<input>组件用于输入 KEY 名称，并使用<button>组件进行数据的删除。在 removeStorage.js 的 data 属性中预设 key 为空白内容；然后使用自定义函数 keyInput()获取输入框内容并更新 data 值；使用自定义函数 removeStorage()获取更新后的 key 值并进行判断，如果为空则提示用户输入，如果不为空则调用 wx.removeStorage()函数进行数据的异步删除。

图 8-7 中，图（a）为删除数据前调试器中 Storage 面板的效果，用户可以使用前面 8.2 节的任意例题事先存储的数据，也可以直接在 Storage 面板中手动输入数据；图（b）为页面初始效果；图（c）为未输入 KEY 名称时的提示效果；图（d）为数据删除后的状态；图（e）为数据删除后 Storage 面板的效果，由该图可见指定的 key 已经被删除。

8.5.2 同步删除数据

小程序使用 wx.removeStorageSync(KEY)从本地缓存中同步删除指定 KEY 名称和对应的值。参数说明如表 8-8 所示。

表 8-8 wx.removeStorageSync(KEY)的参数

参 数	类 型	必 填	说 明
key	String	是	本地缓存中指定的 key

wx.removeStorageSync(KEY)示例代码格式如下：

```
try {
  wx.removeStorageSync('key')
} catch(e) {
  //发生异常
}
```

注意： 引号中的 key 可以替换为实际用到的 KEY 名称，try...catch 结构也可以省略不写。

扫一扫

视频讲解

【例 8-8】 数据缓存 API 之 removeStorageSync 的简单应用。

WXML（pages/demo04/removeStorageSync/removeStorageSync.wxml）的代码片段如下：

```
<view class='title'>4.数据删除 removeStorageSync 的简单应用</view>
<view class='demo-box'>
  <view class='title'>wx.removeStorageSync(KEY)同步删除</view>
  <input name='key' placeholder='请输入 KEY 名称' bindinput='keyInput' />
  <button type="primary" bindtap="removeStorageSync">数据删除</button>
</view>
```

JS（pages/demo04/removeStorageSync/removeStorageSync.js）的代码片段如下：

```
Page({
  data: {
    key: ''
  },
  keyInput: function(e) {
    this.setData({ key: e.detail.value });
  },
  removeStorageSync: function() {
    let key=this.data.key;
    if (key.length==0) {
      wx.showToast({
        title: 'KEY不能为空！',
```

```
13.        icon: 'none'
14.      })
15.    } else {
16.      wx.removeStorageSync(key);
17.      wx.showToast({
18.        title: '删除完毕！',
19.        icon: 'none'
20.      })
21.    }
22.  }
23.})
```

程序运行效果如图 8-8 所示。

Key	Value
test0	"123"
test1	"456"
test2	"789"

新建...

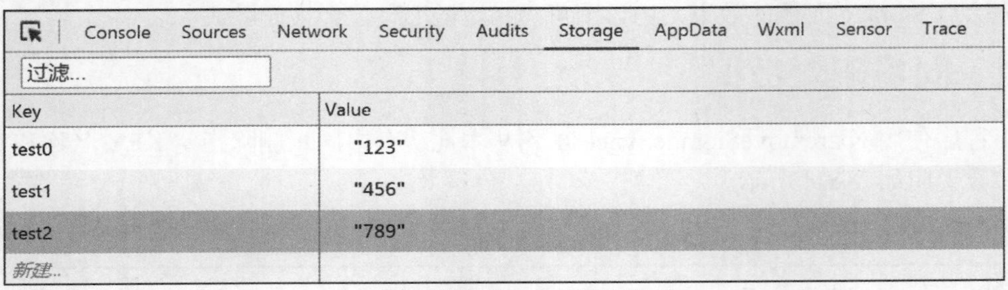

（a）数据删除前 Storage 面板的效果

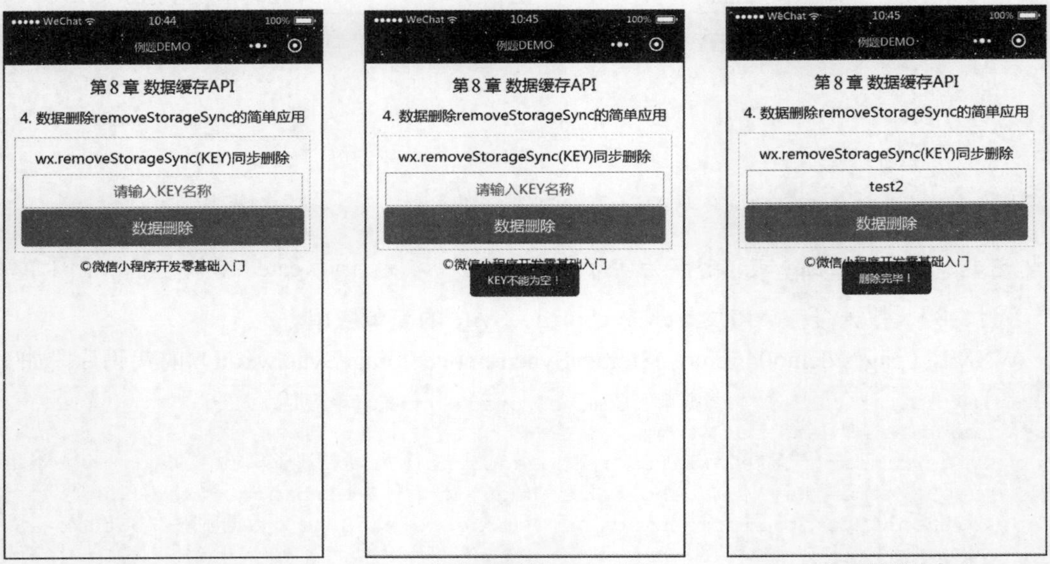

（b）页面初始效果

（c）提交时未输入 KEY 名称

（d）数据删除完成

Key	Value
test0	"123"
test1	"456"

新建...

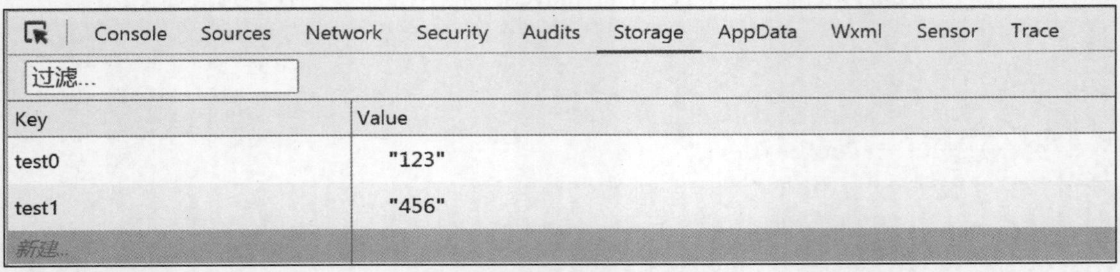

（e）数据删除后 Storage 面板的效果

图 8-8　数据删除 removeStorageSync 的简单应用

【代码说明】

本示例在 removeStorageSync.wxml 中设置了<input>组件用于输入 KEY 名称，并使用<button>组件进行数据的删除。在 removeStorageSync.js 的 data 属性中预设 key 为空白内容；然后使用自定义函数 keyInput()获取输入框内容并更新 data 值；使用自定义函数 removeStorageSync()获取更新后的 key 值并进行判断，如果为空则提示用户输入，如果不为空则调用 wx.removeStorageSync()函数进行数据的同步删除。

图 8-8 中，图（a）是删除数据前调试器中 Storage 面板的效果，用户可以使用前面 8.2 节的任意例题事先存储的数据，也可以直接在 Storage 面板中手动输入数据；图（b）为页面初始效果；图（c）为未输入 KEY 名称时的提示效果；图（d）为数据删除后的状态；图（e）为数据删除后 Storage 面板的效果，由该图可见指定的 key 已经被删除。

8.6　数据的清空

8.6.1　异步清空数据

小程序使用 wx.clearStorage()异步清空全部本地数据缓存，示例代码格式如下：

```
wx.clearStorage()
```

【例 8-9】 数据缓存 API 之 clearStorage 的简单应用。

扫一扫

视频讲解

WXML（pages/demo05/clearStorage/clearStorage.wxml）的代码片段如下：

```
<view class='title'>5.数据清空 clearStorage 的简单应用</view>
<view class='demo-box'>
  <view class='title'>wx.clearStorage(KEY)同步清空</view>
  <input name='key' placeholder='请输入 KEY 名称' bindinput='keyInput' />
  <button type="primary" bindtap="clearStorage">数据清空</button>
</view>
```

JS（pages/demo05/clearStorage/clearStorage.js）的代码片段如下：

```
Page({
  clearStorage: function() {
    wx.clearStorage();
    wx.showToast({
      title: '数据已清空！',
      icon: 'none'
    })
  }
})
```

程序运行效果如图 8-9 所示。

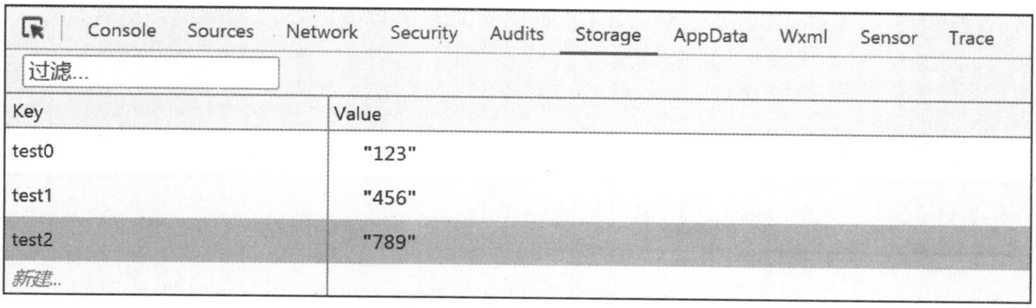

（a）数据清空前 Storage 面板的效果

图 8-9　数据清空 clearStorage 的简单应用

（b）页面初始效果

（c）数据清空完成

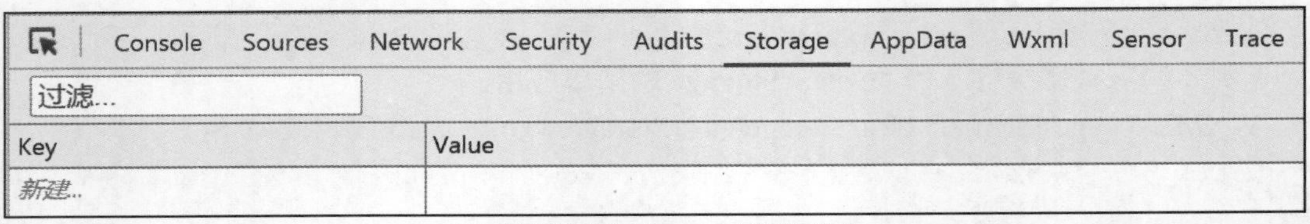

（d）数据清空后 Storage 面板的效果

图 8-9 （续）

【代码说明】

本示例在 clearStorage.wxml 中设置了<button>组件进行数据的清空。在 clearStorage.js 中使用自定义函数 clearStorage()进行本地缓存数据的异步清空，并给出提示语句。

图 8-9 中，图（a）为清空数据前调试器中 Storage 面板的效果，用户可以使用前面 8.2 节的任意例题事先存储数据，也可以直接在 Storage 面板中手动输入数据；图（b）为页面初始效果；图（c）为数据清空后的状态；图（d）为数据清空后 Storage 面板的效果，由该图可见所有数据均已被清空。

8.6.2 同步清空数据

小程序使用 wx.clearStorageSync()同步清空全部本地数据缓存，示例代码格式如下：

```
try {
    wx.clearStorageSync()
} catch(e) {
  //发生异常
}
```

在上述代码中 try…catch 结构也可以省略不写。

扫一扫 视频讲解

【例 8-10】 **数据缓存 API 之 clearStorageSync 的简单应用。**

WXML（pages/demo05/clearStorageSync/clearStorageSync.wxml）的代码片段如下：

```
<view class='title'>5.数据清空 clearStorageSync 的简单应用</view>
<view class='demo-box'>
```

```
  <view class='title'>wx.clearStorageSync()同步清空</view>
  <button type="primary" bindtap="clearStorageSync">数据清空</button>
</view>
```

JS（pages/demo05/clearStorageSync/clearStorageSync.js）的代码片段如下：

```
Page({
  clearStorageSync: function() {
    wx.clearStorageSync();
    wx.showToast({
      title: '数据已清空！',
      icon: 'none'
    })
  }
})
```

程序运行效果如图 8-10 所示。

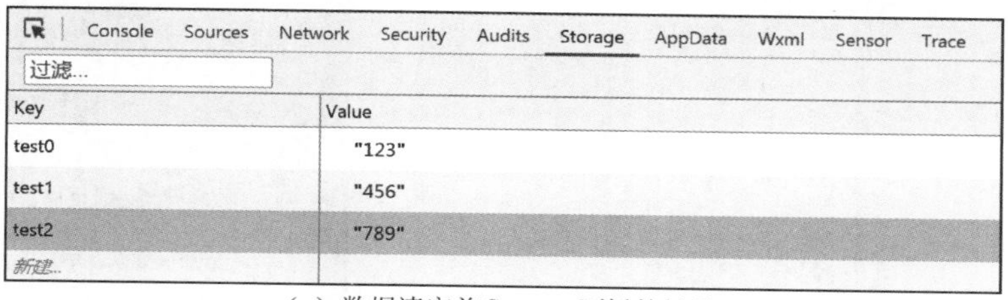

（a）数据清空前 Storage 面板的效果

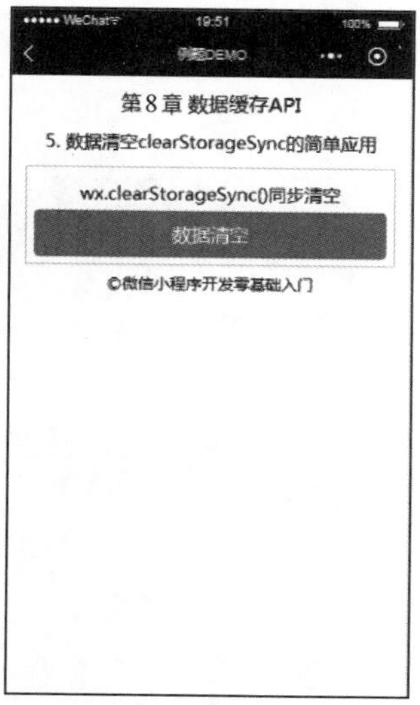

（b）页面初始效果

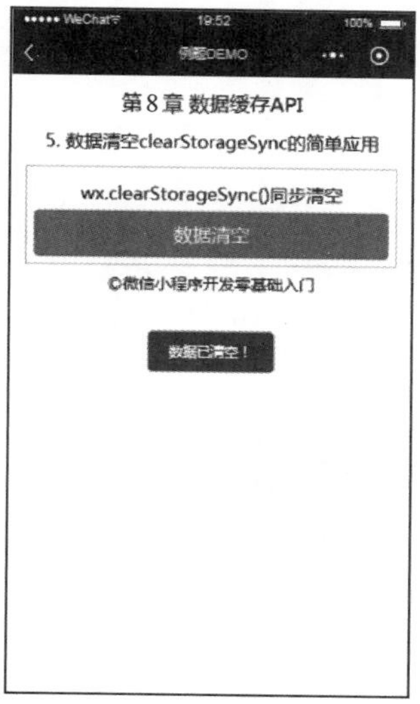

（c）数据清空完成

（d）数据清空后 Storage 面板的效果

图 8-10　数据清空 clearStorageSync 的简单应用

【代码说明】

本示例在 clearStorageSync.wxml 中设置了<button>组件进行数据的清空。在 clearStorageSync.js 中使用自定义函数 clearStorageSync()进行本地缓存数据的同步清空，并给出提示语句。

图 8-10 中，图（a）为清空数据前调试器中 Storage 面板的效果，用户可以使用前面 8.2 节的任意例题事先存储的数据，也可以直接在 Storage 面板中手动输入数据；图（b）为页面初始效果；图（c）为数据清空后的状态；图（d）为数据清空后 Storage 面板的效果，由该图可见所有数据均已被清空。

扫一扫

案例文本

扫一扫

视频讲解

8.7 阶段案例：极简清单小程序

本节将尝试制作一款备忘录类型的清单小程序——“极简清单”，用户可以随时添加备忘事项，代办事项勾选后会被挪到“已完成”区域。

本阶段案例只有一个单页面，最终效果如图 8-11 所示。

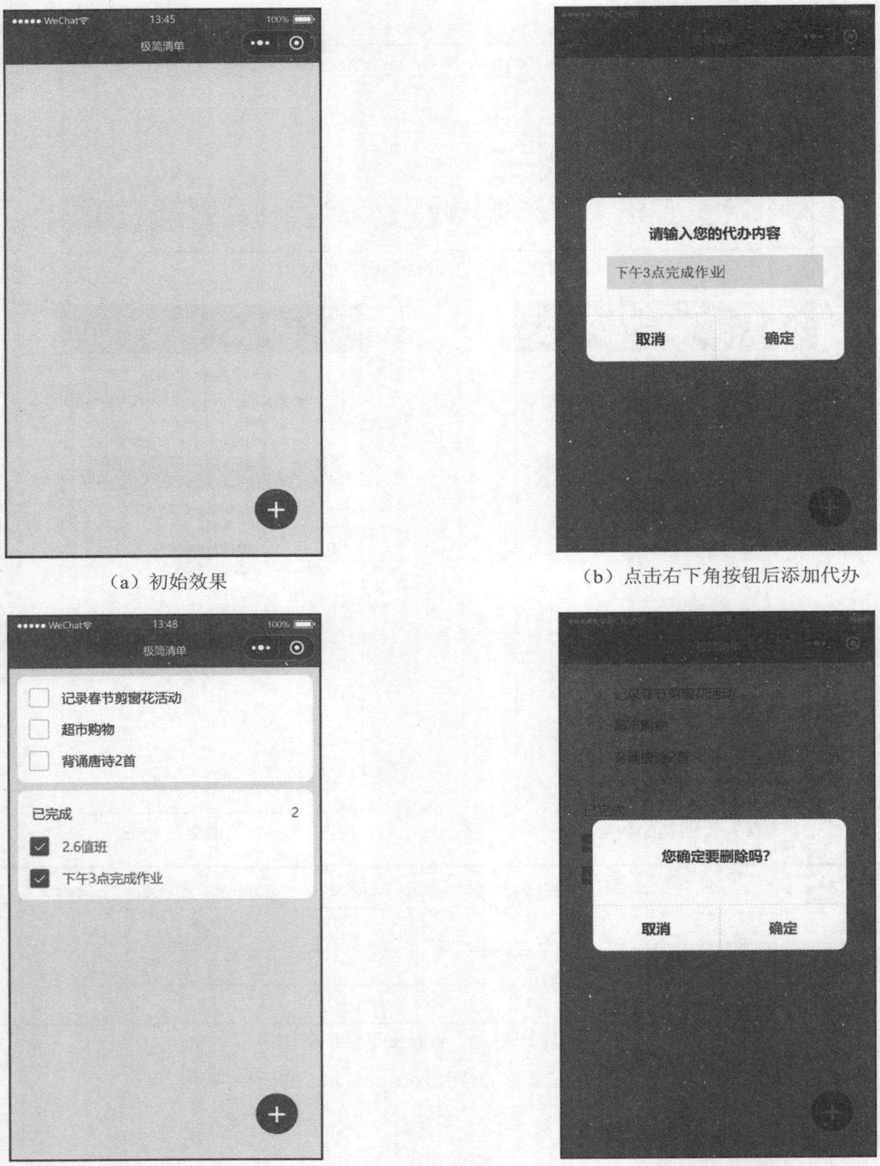

（a）初始效果　（b）点击右下角按钮后添加代办

（c）代办列表和已完成列表　（d）长按删除条目

图 8-11　第 8 章阶段案例效果图

8.8　本章小结

本章属于小程序知识中的应用篇，主要介绍了数据缓存 API 的相关用法。同一个小程序允许每个用户在本地设备中单独存储 10MB 以内的数据，这些数据称为小程序的本地缓存。开发者可以通过数据缓存 API 对本地缓存进行设置、获取和清空工作。

数据缓存 API 包括数据的存储、获取、删除、清空，以及存储信息的获取。本地缓存的数据是以“键-值对”（key-value pair）的形式存储的，可以根据键名称存储、读取或删除指定的值，也可以批量清空全部缓存。数据缓存的增删改查全部都有同步和异步两种处理方式，区别在于同步需要等待该步骤完成才能执行后续代码，而异步可以在处理的同时异步执行其他代码内容。

需要注意的是，小程序的本地缓存是以用户为维度进行和隔离的，即同一个设备的同一个小程序应用，只要用户不同则本地缓存数据也是互相不共享的。

第9章 Chapter 9

位置API

本章主要介绍小程序位置API的相关知识，包括如何获取位置、查看位置，以及通过地图组件控制实现地图中心坐标的获取、位置移动、动画标记、视野缩放等功能。

本章学习目标

- 理解经纬度坐标的含义；
- 了解坐标类型 wgs84 和 gcj02 的区别；
- 掌握获取位置的接口的使用方法；
- 掌握查看位置的接口的使用方法；
- 掌握地图组件控制的系列接口的使用方法。

9.1 位置信息

9.1.1 经纬度坐标

经纬度是由经度和纬度组成的坐标系统，又称为地理坐标系统，它利用三维空间的球面定义地球上的任意角落。其中的经线和纬线都是人类为度量方便自定义的辅助线。经线又称为子午线，是连接地球南北两极的半圆弧，指示南北方向；纬线被定义为地球表面上的某点随地球自转形成的轨迹，每两根纬线之间均为两两平行的圆形，指示东西方向。

例如北京市东城区的故宫博物院，根据腾讯位置服务获得其经度为116.397027，纬度为39.91799。

9.1.2 坐标的类别

由于测量工作都需要有一个特定的坐标系作为基准，因此国内外有各自的测量基准和坐标系。小程序使用的坐标类型有两种，即wgs84坐标和gcj02坐标，且微信web开发者工具目前仅支持gcj02坐标。

1 wgs84

wgs84的全称是World Geodetic System 1984，它是美国国防部为GPS（Global Position System，全球定位系统）在1984年建立的一种地心坐标系统，其数据来源于遍布世界的卫星观测站所获得的坐标。该系统初始的精确度为1～2米，后经历了多次修正，目前用的是2002年1月20日正式启动的wgs84（G1150）版本，其中，G表示使用GPS测量得到的数据，1150指的是GPS时间的第1150个周。

2 gcj02

gcj02的中文名称是“国家测量局02号标准”，它是一种由中国国家测量局定制的地理信息系统的坐标系统。gcj 是一种缩写形式，由 3 个词的拼音首字母组成，其中，g 指的是 guojia（国家），c 指的是 cehui（测绘），j 指的是 ju（局）。这是一种加入随机偏差后形成的对经纬度数据的加密算法，凡是国内出版的各种地图系统都必须至少采用该算法对地理位置数据进行首次加密。

9.2 获取和选择位置

9.2.1 获取位置

小程序使用 wx.getLocation(OBJECT)获取当前设备的地理位置、速度等信息。当用户离开小程序后，此接口无法调用；当用户点击“显示在聊天顶部”时，此接口可继续调用。其 OBJECT 参数说明如表 9-1 所示。

表 9-1　wx.getLocation(OBJECT)的参数

参　数	类　型	必填	说　明	最低版本
type	String	否	默认为 wgs84 返回 GPS 坐标，gcj02 返回可用于 wx.openLocation 的坐标	
altitude	Boolean	否	传入 true 会返回高度信息，由于获取高度需要较高的精确度，会减慢接口返回的速度	1.6.0
success()	Function	是	接口调用成功的回调函数	
fail()	Function	否	接口调用失败的回调函数	
complete()	Function	否	接口调用结束的回调函数（调用成功与否都执行）	

success()回调函数返回的参数如下。

- latitude：纬度，浮点数，范围为-90～90，负数表示南纬。
- longitude：经度，浮点数，范围为-180～180，负数表示西经。
- speed：速度，浮点数，单位为 m/s。
- accuracy：位置的精确度。
- altitude：高度，单位为 m。
- verticalAccuracy：垂直精度，单位为 m（Android 无法获取，返回 0）。
- horizontalAccuracy：水平精度，单位为 m。

注意：altitude、verticalAccuracy 以及 horizontalAccuracy 需要 1.2.0 及以上版本支持。

wx.getLocation(OBJECT)示例代码格式如下：

```
wx.getLocation({
  type: 'wgs84',
  success: function(res) {
    var latitude=res.latitude
    var longitude=res.longitude
    var speed=res.speed
    var accuracy=res.accuracy
  }
})
```

按照腾讯官方的最新规则，所有使用 getLocation 函数的小程序都需要在 app.json 文件中追加关于 permission 字段的配置，参考代码如下：

```
{
  "permission": {
```

```
    "scope.userLocation": {
      "desc": "你的位置信息授权"
    }
  }
}
```

扫一扫

视频讲解

其中，desc 字段的属性值可以由开发者自定义。

【例 9-1】 位置 API 之 getLocation 的简单应用。

WXML（pages/demo01/getLocation/getLocation.wxml）的代码片段如下：

```
<view class='title'>1.获取位置 getLocation 的简单应用</view>
<view class='demo-box'>
  <view class='title'>wx.getLocation(OBJECT)</view>
  <map latitude='{{lat}}' longitude='{{lon}}'></map>
  <button type="primary" bindtap="getLocation">获取位置</button>
  <view class='title'>纬度：{{lat}}</view>
  <view class='title'>经度：{{lon}}</view>
  <view class='title'>速度：{{speed}}m/s</view>
  <view class='title'>精确度：{{accuracy}}</view>
</view>
```

JS（pages/demo01/getLocation/getLocation.js）的代码片段如下：

```
Page({
  getLocation:function(){
    var that=this;
    wx.getLocation({
      success: function(res) {
        that.setData({
          lat:res.latitude,
          lon: res.longitude,
          speed: res.speed,
          accuracy : res.accuracy
        })
      }
    })
  }
})
```

程序运行效果如图 9-1 所示。

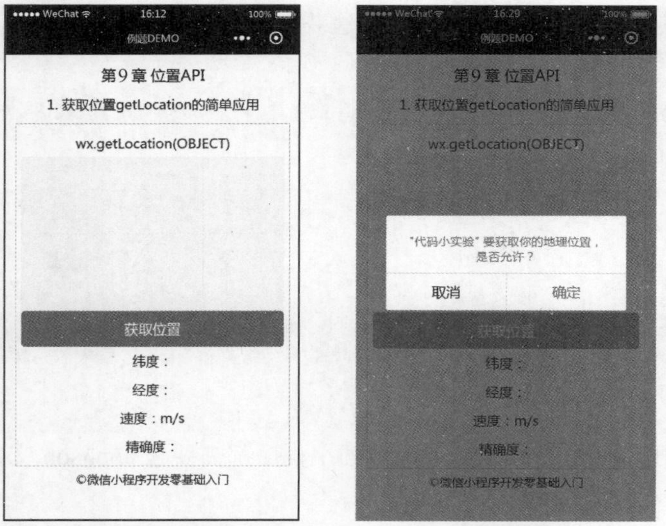

（a）页面初始效果　（b）用户授权提示　（c）位置获取效果

图 9-1　获取位置 getLocation 的简单应用

【代码说明】

本示例 getLocation.wxml 中的<map>组件用于显示地图，<button>组件用于点击获取位置数据，4 个<view>组件分别用于显示获取到的纬度、经度、速度和精确度。在 getLocation.js 中使用自定义函数 getLocation()获取当前设备的位置信息，并调用 setData()方法渲染到 getLocation.wxml 页面上。

在图 9-1 中，图（a）为页面初始效果，此时尚未获取数据，因此地图是空白一片；图（b）为首次使用时的用户授权提示；图（c）为获取位置后的效果，由该图可见成功获取到了相关数据，并且使用经纬度数据更新了地图画面。

9.2.2　选择位置

小程序使用 wx.chooseLocation(OBJECT)打开地图选择位置，该接口需要用户授权 scope.userLocation。其 OBJECT 参数说明如表 9-2 所示。

表 9-2　wx.chooseLocation(OBJECT)的参数

参　数	类　型	必　填	说　明
success()	Function	是	接口调用成功的回调函数
fail()	Function	否	接口调用失败的回调函数
complete()	Function	否	接口调用结束的回调函数（调用成功与否都执行）

success()回调函数返回的参数如下。

- name：位置名称。
- address：详细地址。
- latitude：纬度，浮点数，范围为-90～90，负数表示南纬。
- longitude：经度，浮点数，范围为-180～180，负数表示西经。

wx.chooseLocation(OBJECT)示例代码格式如下：

```
wx.chooseLocation({
  success: function(res) {
    var name=res.name
    var address=res.address
    var latitude=res.latitude
    var longitude=res.longitude
  }
})
```

扫一扫

视频讲解

【例 9-2】 位置 API 之 chooseLocation 的简单应用。

WXML（pages/demo01/chooseLocation/chooseLocation.wxml）的代码片段如下：

```
<view class='title'>1.获取位置 chooseLocation 的简单应用</view>
<view class='demo-box'>
  <view class='title'>wx.chooseLocation(OBJECT)</view>
  <map latitude='{{lat}}' longitude='{{lon}}'></map>
  <button type="primary" bindtap="chooseLocation">选择位置</button>
  <view class='title'>名称：{{name}}</view>
  <view class='title'>地址：{{address}}</view>
  <view class='title'>纬度：{{lat}}</view>
  <view class='title'>经度：{{lon}}</view>
</view>
```

JS（pages/demo01/chooseLocation/chooseLocation.js）的代码片段如下：

```
Page({
  chooseLocation: function() {
```

```
    var that=this;
    wx.chooseLocation({
      success: function(res) {
        that.setData({
          name: res.name,
          address: res.address,
          lat: res.latitude,
          lon: res.longitude
        })
      }
    })
  }
})
```

程序运行效果如图 9-2 所示。

（a）页面初始效果　　（b）位置选择器　　（c）位置选择效果

图 9-2　获取位置 chooseLocation 的简单应用

【代码说明】

本示例 chooseLocation.wxml 中的<map>组件用于显示地图，<button>组件用于点击获取位置数据，4 个<view>组件分别用于显示获取到的名称、地址、纬度和经度。在 chooseLocation.js 中使用自定义函数 chooseLocation()选择位置信息，并调用 setData()方法渲染到 chooseLocation.wxml 页面上。

图 9-2 中，图（a）为页面初始效果，此时尚未获取数据，因此地图是空白一片；图（b）为点击“选择位置”按钮弹出位置选择器的画面，此时用户可以在地图列表中选择自己需要的地址；图（c）为位置确定后的效果，由该图可见成功获取到了相关数据，并且使用经纬度数据更新了地图画面。

9.3　查看位置

小程序使用 wx.openLocation(OBJECT)打开微信内置地图查看位置，该接口需要用户授权 scope.userLocation。其 OBJECT 参数说明如表 9-3 所示。

表 9-3　wx.openLocation(OBJECT)的参数

参　　数	类　　型	必　　填	说　　明
latitude	Float	是	纬度，范围为-90～90，负数表示南纬
longitude	Float	是	经度，范围为-180～180，负数表示西经
scale	Int	否	缩放比例，范围为 5～18，默认为 18
name	String	否	位置名
address	String	否	地址的详细说明
success()	Function	否	接口调用成功的回调函数
fail()	Function	否	接口调用失败的回调函数
complete()	Function	否	接口调用结束的回调函数（调用成功与否都执行）

wx.openLocation(OBJECT)示例代码格式如下：

```
wx.getLocation({
  type: 'gcj02', //返回可以用于 wx.openLocation()的经纬度
  success: function(res) {
    var latitude=res.latitude
    var longitude=res.longitude
    wx.openLocation({
      latitude: latitude,
      longitude: longitude
    })
  }
})
```

【例 9-3】 位置 API 之 openLocation 的简单应用。

扫一扫

视频讲解

WXML（pages/demo02/openLocation/openLocation.wxml）的代码片段如下：

```
<view class='title'>2.查看位置 openLocation 的简单应用</view>
<view class='demo-box'>
  <view class='title'>wx.openLocation(OBJECT)</view>
  <button type="primary" bindtap="openLocation">查看当前位置</button>
</view>
```

JS（pages/demo02/openLocation/openLocation.js）的代码片段如下：

```
Page({
  openLocation: function() {
    wx.getLocation({
      type: 'gcj02', //返回可以用于 wx.openLocation()的经纬度
      success: function(res) {
        var lat=res.latitude
        var lon=res.longitude
        wx.openLocation({
          latitude: lat,
          longitude: lon
        })
      }
    })
  }
})
```

程序运行效果如图 9-3 所示。

【代码说明】

本示例在 openLocation.wxml 中包含了<button>组件，用于点击查看当前位置。在 openLocation.js 中使用自定义函数 openLocation()实现如下功能：首先调用 wx.getLocation() 获取当前设备位置的经纬度，然后调用 wx.openLocation()打开对应的地图画面。

（a）页面初始效果　　（b）查看当前位置

图 9-3　获取位置 openLocation 的简单应用

图 9-3 中，图（a）为页面初始效果；图（b）为点击“查看当前位置”按钮弹出的地图画面，该页面除了可以查看地图以外，还可以查看周边和开启导航功能。

9.4　地图组件控制

9.4.1　获取地图上下文对象

小程序使用 wx.createMapContext(mapId,this)创建并返回地图上下文对象 mapContext，mapContext 通过 mapId 与 WXML 页面上的<map>组件绑定，并可以进一步操作对应的<map>组件。

例如：

```
<!--WXML 代码-->
<map id='myMap'></map>
```

```
//JS 代码
onReady: function(e) {
  this.mapCtx=wx.createMapContext('myMap')
}
```

注意： 如果不使用自定义组件，wx.createMapContext(mapId,this)的参数 this 可以省略不写。

mapContext 对象包含了 6 种方法用于操作<map>组件，其方法说明如表 9-4 所示。

表 9-4　mapContext 对象方法

方　法	参　数	说　明	最低版本
getCenterLocation()	OBJECT	获取当前地图中心的经纬度，返回的是 gcj02 坐标系，可以用于 wx.openLocation()	
moveToLocation()	无	将地图中心移动到当前定位点，需要配合<map>组件的 show-location 使用	

续表

方　法	参　数	说　明	最低版本
translateMarker()	OBJECT	平移 marker，带动画	1.2.0
includePoints()	OBJECT	缩放视野展示所有经纬度	1.2.0
getRegion()	OBJECT	获取当前地图的视野范围	1.4.0
getScale()	OBJECT	获取当前地图的缩放级别	1.4.0

说明：上述方法的具体使用将在 9.4.2 节～9.4.7 节进行详细介绍。

9.4.2 获取地图中心坐标

小程序使用 getCenterLocation(OBJECT)获取当前地图中心的经纬度。其 OBJECT 参数说明如表 9-5 所示。

表 9-5 getCenterLocation(OBJECT)的参数

参　数	类　型	必填	说　明
success()	Function	否	接口调用成功的回调函数，res={ longitude: "经度", latitude: "纬度"}
fail()	Function	否	接口调用失败的回调函数
complete()	Function	否	接口调用结束的回调函数（调用成功与否都执行）

【例 9-4】 位置 API 之 getCenterLocation 的简单应用。

扫一扫

视频讲解

WXML（pages/demo03/getCenterLocation/getCenterLocation.wxml）的代码片段如下：

```
<view class='title'>3.地图组件控制 getCenterLocation 的简单应用</view>
<view class='demo-box'>
  <view class='title'>mapCtx.getCenterLocation(OBJECT)</view>
  <map id='myMap'></map>
  <button type="primary" bindtap="getCenterLocation">获取位置</button>
  <view class='title'>纬度：{{lat}}</view>
  <view class='title'>经度：{{lon}}</view>
</view>
```

JS（pages/demo03/getCenterLocation/getCenterLocation.js）的代码片段如下：

```
Page({
  getCenterLocation: function() {
    var that=this;
    this.mapCtx.getCenterLocation({
      success:function(res){
        that.setData({
          lat:res.latitude,
          lon: res.longitude
        })
      }
    })
  },
  onReady: function() {
    this.mapCtx=wx.createMapContext('myMap');
  }
})
```

程序运行效果如图 9-4 所示。

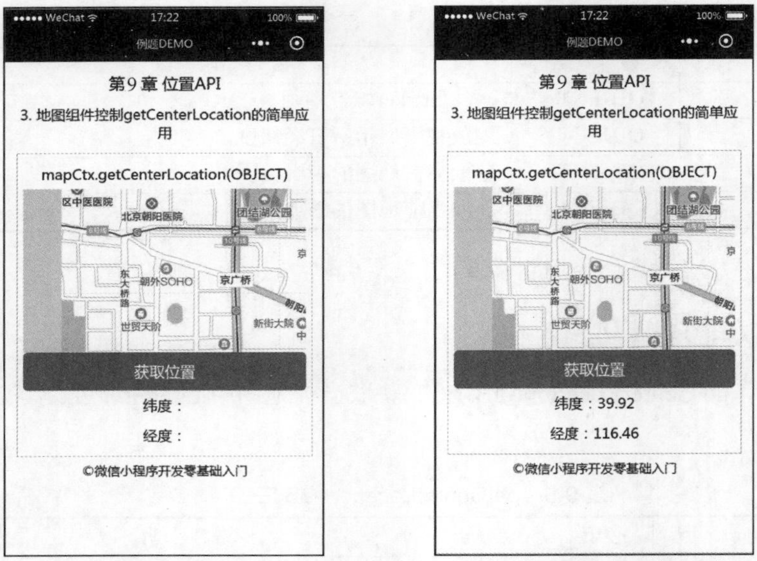

（a）页面初始效果　　（b）获取地图中心的经纬度

图 9-4　地图组件控制 getCenterLocation 的简单应用

【代码说明】

本示例在 getCenterLocation.wxml 中包含了<map>组件且声明 id='myMap'以便和地图上下文进行绑定，在地图下方使用<button>组件用于点击查看地图中心的经纬度，两个<view>用于显示查到的经纬度数据。在 getCenterLocation.js 中使用自定义函数 getCenterLocation()实现如下功能：首先调用 this.mapCtx.getCenterLocation()获取当前地图组件中心点的经纬度，然后使用 setData()方法将经纬度数据渲染到 getCenterLocation.wxml 上。

图 9-4 中，图（a）为页面初始效果，此时地图会默认显示北京地区；图（b）为点击“获取位置”按钮获取经纬度数据后的画面，由该图可见<map>组件默认的地图中心点位于纬度 39.92、经度 116.46 的位置。

9.4.3　移动到指定位置

扫一扫

视频讲解

小程序使用 moveToLocation()将地图中心移动到当前定位点，需要配合<map>组件的 show-location 使用。

【例 9-5】 位置 API 之 moveToLocation 的简单应用。

WXML（pages/demo03/moveToLocation/moveToLocation.wxml）的代码片段如下：

```
<view class='title'>3.地图组件控制 moveToLocation 的简单应用</view>
<view class='demo-box'>
  <view class='title'>mapCtx.moveToLocation()</view>
  <map id='myMap' latitude='31.350790' longitude='118.412190' show-location></map>
  <button type="primary" bindtap="moveToLocation">移动位置</button>
</view>
```

JS（pages/demo03/moveToLocation/moveToLocation.js）的代码片段如下：

```
Page({
  moveToLocation: function() {
    this.mapCtx.moveToLocation();
  },
  onReady: function() {
    this.mapCtx=wx.createMapContext('myMap');
  }
})
```

程序运行效果如图 9-5 所示。

（a）页面初始效果

（b）移动到当前定位点

图 9-5　地图组件控制 moveToLocation 的简单应用

【代码说明】

本示例在 moveToLocation.wxml 中包含了<map>组件且声明 id='myMap'以便和地图上下文进行绑定，在地图下方使用<button>组件用于点击移动地图中心到当前定位点，同时为<map>组件声明 show-location 属性用于显示当前定位点标记，且设置了初始经纬度为芜湖雕塑公园（31.350790,118.412190）。在 moveToLocation.js 中使用自定义函数 moveToLocation()实现定位和移动功能。

图 9-5 中，图(a)为页面初始效果，此时地图会默认显示芜湖雕塑公园附近；图（b）为点击“移动位置”按钮移动到当前定位点后的效果，由该图可见已经成功移动并显示了当前的定位点。

9.4.4　动画平移标记

小程序使用 translateMarker(OBJECT)伴随动画效果进行标记平移。其 OBJECT 参数说明如表 9-6 所示。

表 9-6　translateMarker(OBJECT)的参数

参　数	类　型	必填	说　明
markerId	Number	是	指定标记
destination	Object	是	指定标记移动到的目标点
autoRotate	Boolean	是	移动过程中是否自动旋转标记
rotate	Number	是	标记的旋转角度
duration	Number	否	动画持续时长，默认值为 1000ms，平移与旋转分别计算
animationEnd()	Function	否	动画结束的回调函数
fail()	Function	否	接口调用失败的回调函数

扫一扫

视频讲解

【例 9-6】　位置 **API** 之 **translateMarker** 的简单应用。

WXML（pages/demo03/translateMarker/translateMarker.wxml）的代码片段如下：

```
<view class='title'>3.地图组件控制 translateMarker 的简单应用</view>
<view class='demo-box'>
```

```
  <view class='title'>mapCtx.translateMarker(OBJECT)</view>
  <map id='myMap' latitude='{{lat}}' longitude='{{lon}}' markers='{{markers}}'></map>
  <button type="primary" bindtap="translateMarker">平移标记</button>
</view>
```

JS（pages/demo03/translateMarker/translateMarker.js）的代码片段如下：

```
Page({
  data: {
    lat: 39.917940,
    lon: 116.397140,
    markers: [{
      id: 1,
      width:60,
      height:60,
      latitude: 39.916810,
      longitude: 116.397140,
      iconPath: '/images/demo03/location.png',
      label: {
        content: '故宫博物院'
      }
    }]
  },
  translateMarker: function() {
    this.mapCtx.translateMarker({
      markerId: 1,
      autoRotate: true,
      duration: 1000,
      destination: {
        latitude: 39.917940,
        longitude: 116.397140
      }
    })
  },
  onReady: function() {
    this.mapCtx=wx.createMapContext('myMap');
  }
})
```

程序运行效果如图 9-6 所示。

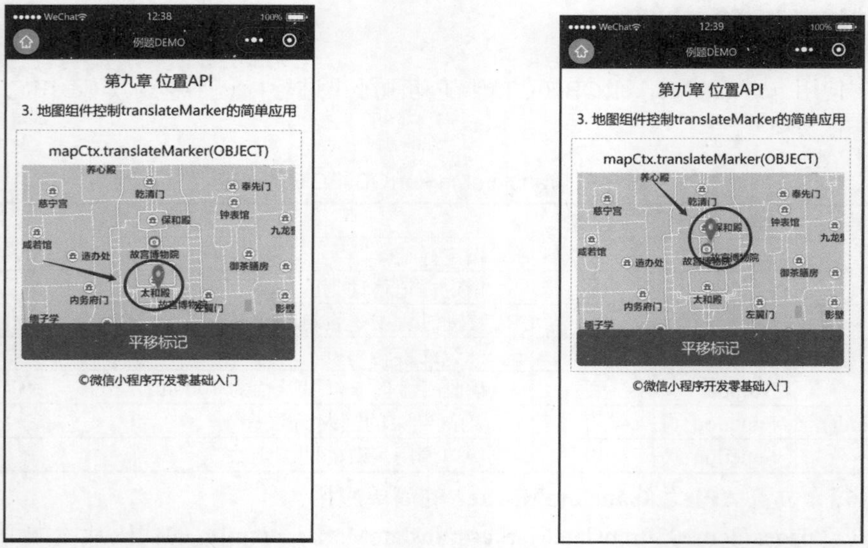

（a）页面初始效果　　（b）平移标记

图 9-6　地图组件控制 translateMarker 的简单应用

【代码说明】

本示例在 translateMarker.wxml 中包含了<map>组件且声明 id='myMap'以便和地图上下文进行绑定，在地图下方使用<button>组件用于平移标记。在 translateMarker.js 的 data 属性中初始化地图的经纬度在太和殿附近（39.916810,116.397140），并使用素材图片 location.png 在该位置显示标记，同时使用自定义函数 translateMarker()根据 markerId 指定需要平移的标记并移动到北京故宫博物院附近（39.917940,116.397140），其动画效果持续 1 秒钟。

图 9-6 中，图(a)为页面初始效果，此时标记显示在太和殿附近；图（b）为点击“平移标记”按钮平移标记后的画面，由该图可见标记已经被移动到了新的位置。

9.4.5　展示全部坐标

小程序使用 includePoints(OBJECT)展示所有指定的经纬度，必要时会缩放视野。其 OBJECT 参数说明如表 9-7 所示。

表 9-7　includePoints(OBJECT)的参数

参　数	类　型	必　填	说　明
points	Array	是	要显示在可视区域内的坐标点列表，即[{latitude, longitude}]
padding	Array	否	坐标点形成的矩形边缘到地图边缘的距离，单位为像素。其格式为[上,右,下,左]，在 Android 上只能识别数组的第一项，上、下、左、右的 padding 一致。开发者工具暂不支持 padding 参数

扫一扫

视频讲解

【例 9-7】 位置 API 之 includePoints 的简单应用。

WXML（pages/demo03/includePoints/includePoints.wxml）的代码片段如下：

```
<view class='title'>3.地图组件控制 includePoints 的简单应用</view>
<view class='demo-box'>
  <view class='title'>mapCtx.includePoints(OBJECT)</view>
  <map id='myMap'></map>
  <button type="primary" bindtap="includePoints">展示指定经纬度</button>
</view>
```

JS（pages/demo03/includePoints/includePoints.js）的代码片段如下：

```
Page({
  includePoints: function() {
    this.mapCtx.includePoints({
      padding: [10],
      points: [{
        //安徽黄山风景区
        latitude: 30.129590,
        longitude: 118.174940
      }, {
        //安徽九华山风景区
        latitude: 30.471110,
        longitude: 117.804250
      }]
    })
  },
  onReady: function() {
    this.mapCtx=wx.createMapContext('myMap');
  }
})
```

程序运行效果如图 9-7 所示。

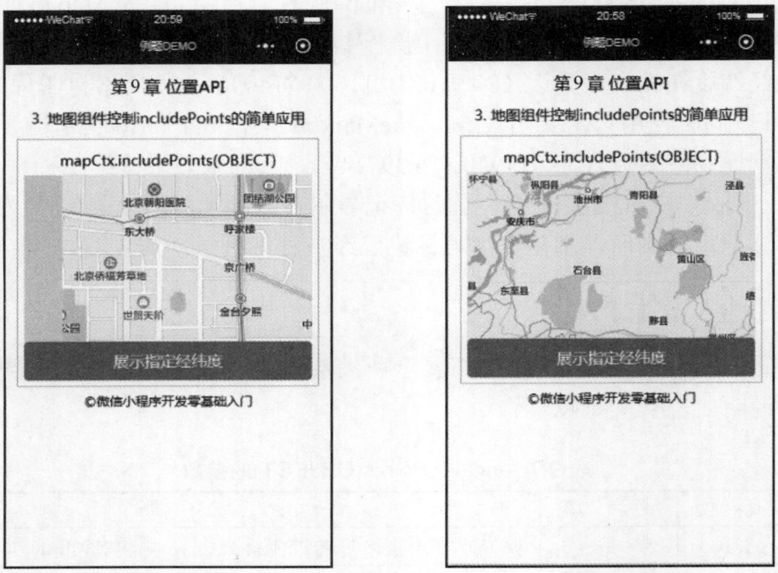

（a）页面初始效果　　（b）展示指定经纬度

图 9-7　地图组件控制 includePoints 的简单应用

【代码说明】

本示例在 includePoints.wxml 中包含了<map>组件且声明 id='myMap'以便和地图上下文进行绑定，在地图下方使用<button>组件用于展示指定经纬度。在 includePoints.js 中使用自定义函数 includePoints 指定了两个经纬度地点，分别是安徽黄山风景区（30.129590, 118.174940）和安徽九华山风景区（30.471110, 117.804250）。

图 9-7（a）为页面初始效果，此时地图会默认显示为北京地区；图 9-7（b）为点击“展示指定经纬度”按钮展示指定经纬度后的画面，由图可见由于地理位置跨度较大显示了黄山区（黄山所在地区）和池州市（九华山所在地区）。

9.4.6　获取视野范围

小程序使用 getRegion(OBJECT)获取当前地图的视野范围。其 OBJECT 参数如表 9-8 所示。

表 9-8　getRegion (OBJECT)的参数

参　数	类　型	必填	说　明
success()	Function	否	接口调用成功的回调函数，res={southwest, northeast}，即西南角与东北角的经纬度
fail()	Function	否	接口调用失败的回调函数
complete()	Function	否	接口调用结束的回调函数（调用成功与否都执行）

扫一扫

视频讲解

【例 9-8】 位置 API 之 getRegion 的简单应用。

WXML（pages/demo03/getRegion/getRegion.wxml）的代码片段如下：

```
<view class='title'>3.地图组件控制 getRegion 的简单应用</view>
<view class='demo-box'>
  <view class='title'>mapCtx.getRegion(OBJECT)</view>
  <map id='myMap'></map>
  <button type="primary" bindtap="getRegion">获取视野范围</button>
</view>
```

JS（pages/demo03/getRegion/getRegion.js）的代码片段如下：

```
1.  Page({
2.    getRegion: function() {
3.      this.mapCtx.getRegion({
4.        success:function(e){
5.          console.log(e)
6.        }
7.      })
8.    },
9.    onReady: function() {
10.     this.mapCtx=wx.createMapContext('myMap');
11.   }
12. })
```

程序运行效果如图 9-8 所示。

（a）页面初始效果

| Console | Sources | Network | Security | Audits | Storage | AppData | Wxml | Sensor |

```
▼ {errMsg: "getMapRegion:ok", southwest: {…}, northeast: {…}}
    errMsg: "getMapRegion:ok"
  ▶ northeast: {longitude: 116.4742478942871, latitude: 39.926582392689504}
  ▶ southwest: {longitude: 116.44575210571288, latitude: 39.91341697450766}
  ▶ __proto__: Object
```

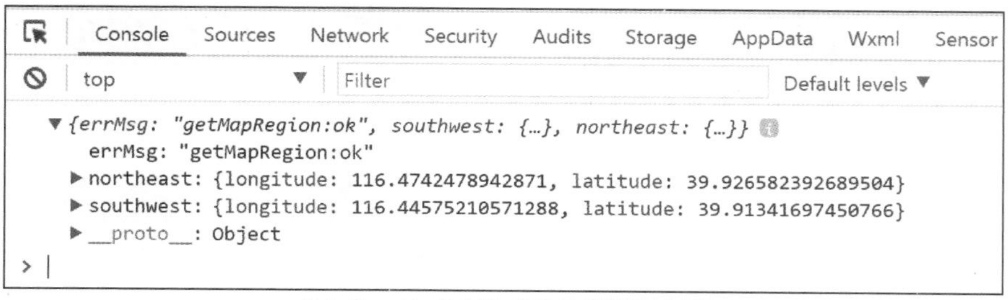

（b）Console 控制台获取地图视野范围

图 9-8 地图组件控制 getRegion 的简单应用

【代码说明】

本示例在 getRegion.wxml 中包含了<map>组件且声明 id='myMap'以便和地图上下文进行绑定，在地图下方使用<button>组件用于点击查看地图视野范围。在 getRegion.js 中使用自定义函数 getRegion()实现如下功能：首先调用 this.mapCtx.getRegion()获取当前地图的 northeast 和 southwest 两个点的经纬度，然后将结果打印输出到控制台上。

图 9-8 中，图（a）为页面初始效果，此时地图会默认显示北京地区；图（b）为点击"获取视野范围"按钮后的画面，由该图可见已经成功获取到了默认地图区域的视野范围数据。

9.4.7 获取地图缩放级别

小程序使用 getScale(OBJECT)获取当前地图的缩放级别。其 OBJECT 参数如表 9-9 所示。

表 9-9 getScale(OBJECT)的参数

参 数	类 型	必 填	说 明
success()	Function	否	接口调用成功的回调函数，res={scale}
fail()	Function	否	接口调用失败的回调函数
complete()	Function	否	接口调用结束的回调函数（调用成功与否都执行）

扫一扫

视频讲解

【例 9-9】 位置 API 之 getScale 的简单应用。

WXML（pages/demo03/getScale/getScale.wxml）的代码片段如下：

```
<view class='title'>3.地图组件控制 getScale 的简单应用</view>
<view class='demo-box'>
  <view class='title'>mapCtx.getScale(OBJECT)</view>
  <map id='myMap'></map>
  <button type="primary" bindtap="getScale">获取缩放级别</button>
  <view class='title'>缩放级别：{{scale}}</view>
</view>
```

JS（pages/demo03/getScale/getScale.js）的代码片段如下：

```
Page({
  getScale: function() {
    var that=this;
    this.mapCtx.getScale({
      success: function(res) {
        let scale=res.scale;
        that.setData({scale:scale})
      }
    })
  },
  onReady: function() {
    this.mapCtx=wx.createMapContext('myMap');
  }
})
```

程序运行效果如图 9-9 所示。

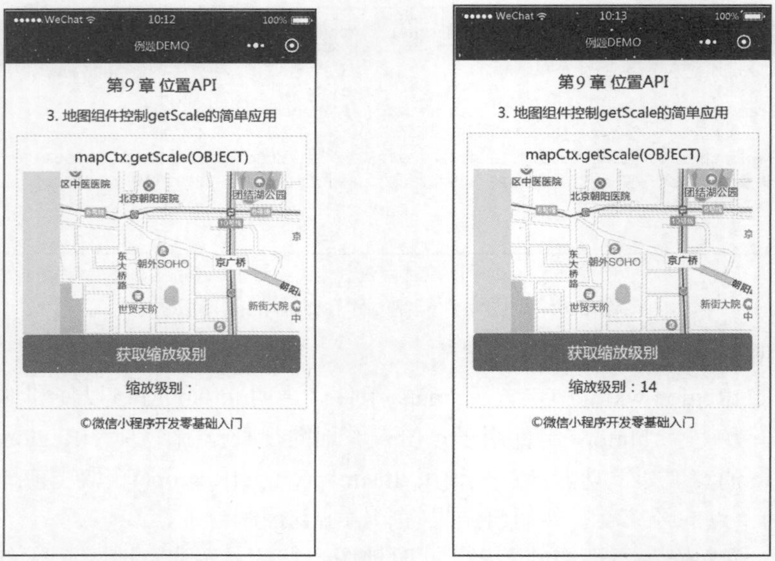

（a）页面初始效果　　（b）获取地图缩放级别

图 9-9 地图组件控制 getScale 的简单应用

【代码说明】

本示例在 getScale.wxml 中包含了<map>组件且声明 id='myMap'，<button>组件用于点击查看地图缩放级别，<view>用于显示查到的地图缩放级别。在 getScale.js 中使用自定义函数 getScale()实现如下功能：首先调用 this.mapCtx.getScale()获取当前地图缩放级别，然后使用 setData()方法将数据渲染到 getScale.wxml 上。

图 9-9 中，图（a）为页面初始效果，此时地图会默认显示北京地区；图（b）为点击“获取缩放级别”按钮后的画面（可以先尝试计算机端鼠标滚轮或真机手势放大或缩小地图再点击按钮），由该图可见<map>组件当前的地图缩放级别是 14 级。<map>组件的缩放级别默认值为 16，其范围是[3,20]且允许保留两位小数。

扫一扫

案例文本

9.5 阶段案例：红色旅游地图小程序

扫一扫

视频讲解(1)

扫一扫

视频讲解(2)

随着爱国主义教育常态化趋势，红色旅游也逐渐走入大众视野。根据携程发布的《2022上半年红色旅游大数据报告》显示，暑期红色旅游景区门票预订量同比增长 5 倍；80 后最爱红色旅游，占比 41%；亲子家庭红色旅游占比近三成。

本节将尝试结合红色旅游主题制作一款基于地图组件和位置 API 的小程序——“红色旅游地图”，用户可以随时查看感兴趣的城市有哪些红色景点，可以快速定位、导航和查看景点说明。

本阶段案例有两个页面：首页和详情页。首页主要是显示当前城市地图和景点列表，顶部可以点击切换不同的城市；详情页是点击景点对应的图片或者文字名称跳转到新页面看到的景点文字介绍。最终效果如图 9-10 所示。

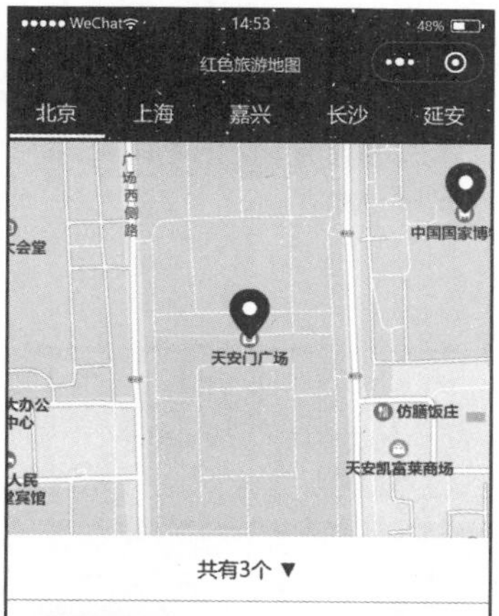

（a）首页初始效果

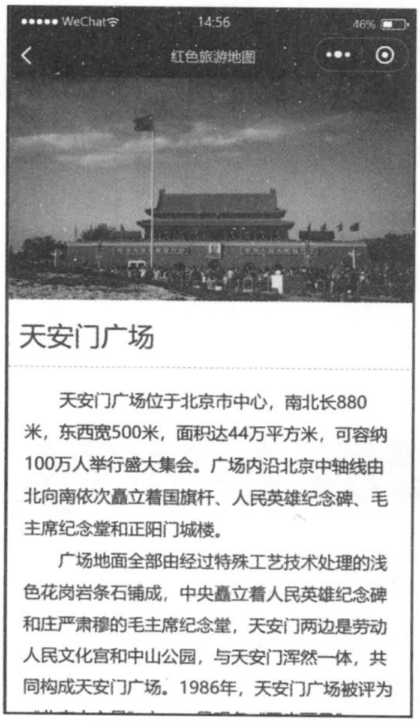

（b）详情页效果

图 9-10　第 9 章阶段案例效果图

（c）首页查看导航（真机预览）

（d）唤起第三方地图查看导航（真机预览）

（e）首页同城切换定位中心

（f）首页切换城市

图 9-10 （续）

9.6 本章小结

本章属于小程序知识中的应用篇，主要介绍了位置 API 的相关用法。经纬度是由经度和纬度组成的坐标系统，又称为地理坐标系统，它利用三维空间的球面定义地球上的任意角落。位置 API 就是基于腾讯地图组件支持，对地理坐标位置进行管理，主要包括如何获取位置、查看位置，以及通过地图组件控制实现地图中心坐标的获取、位置移动、动画标记、视野缩放等功能。需要注意的是，部分功能例如唤起第三方地图 App 导航需要真机预览或调试，微信开发工具端不支持 PC 端预览。

第10章 Chapter 10

设备 API

本章主要介绍小程序设备 API 的相关知识，包括系统信息、网络、传感器、用户行为和手机状态的相关用法。

本章学习目标

- 掌握系统信息获取和兼容性判断的接口用法；
- 掌握网络状态和 Wi-Fi 管理的接口用法；
- 掌握罗盘和加速度计的接口用法；
- 掌握用户截屏、扫码、剪切/粘贴和通话的接口用法；
- 掌握手机内存、屏幕亮度和振动管理的接口用法。

10.1 系统信息

10.1.1 获取系统信息

1 异步获取

小程序使用 wx.getSystemInfo(OBJECT)异步获取系统信息。其 OBJECT 参数如表 10-1 所示。

表 10-1 wx.getSystemInfo（OBJECT）的参数

参　数	类　型	必　填	说　明
success()	Function	是	接口调用成功的回调函数
fail()	Function	否	接口调用失败的回调函数
complete()	Function	否	接口调用结束的回调函数（调用成功与否都会执行）

其中，success()回调参数如下。

- brand：手机品牌，1.5.0 版本以上支持。
- model：手机型号。
- pixelRatio：设备像素比。
- screenWidth 和 screenHeight：屏幕宽度和高度，1.1.0 版本以上支持。
- windowWidth 和 windowHeight：可使用窗口宽度和高度。
- statusBarHeight：状态栏的高度，1.9.0 版本以上支持。
- language：微信设置的语言。
- version：微信版本号。
- system：操作系统版本。
- platform：客户端平台。

- fontSizeSetting：用户字体大小设置，以“我→设置→通用→字体大小”中的设置为准，单位为 px，1.5.0 版本以上支持。
- SDKVersion：客户端基础库版本，1.1.0 版本以上支持。

2 同步获取

扫一扫

视频讲解

小程序使用 wx.getSystemInfoSync(OBJECT)同步获取系统信息，其 OBJECT 参数和异步获取的 success()回调参数完全相同。

【例 10-1】 设备 API 之获取系统信息的简单应用。

WXML（pages/demo01/getSysInfo/getSysInfo.wxml）的代码片段如下：

```
<view class='title'>1.系统信息</view>
<view class='demo-box'>
  <view class='title'>获取系统信息</view>
  <button type="primary" size='mini' bindtap="getSysInfo">异步查询</button>
  <button type="primary" size='mini' bindtap="getSysInfoSync">同步查询</button>
  <button type="primary" size='mini' bindtap="reset">清空结果</button>
  <view class='title'>手机品牌：{{res.brand}}</view>
  <view class='title'>手机型号：{{res.model}}</view>
  <view class='title'>操作系统：{{res.system}}</view>
  <view class='title'>客户端平台：{{res.platform}}</view>
</view>
```

WXSS（pages/demo01/getSysInfo/getSysInfo.wxss）的代码片段如下：

```
button{
  margin: 10rpx;
}
```

JS（pages/demo01/getSysInfo/getSysInfo.js）的代码片段如下：

```
Page({
  //异步获取系统信息
  getSysInfo: function() {
    var that=this
    wx.getSystemInfo({
      success: function(res) {
        that.setData({ res: res })
      },
    })
  },
  //同步获取系统信息
  getSysInfoSync: function() {
    let res=wx.getSystemInfoSync()
    this.setData({ res: res })
  },
  //清空查询结果
  reset: function() {
    this.setData({ res: ' ' })
  }
})
```

程序运行效果如图 10-1 所示。

【代码说明】

本示例 getSysInfo.wxml 中的 3 个<button>组件分别用于异步查询系统信息、同步查询系统信息以及清空结果，4 个<view>组件分别用于显示获取的手机品牌、手机型号、操作系统和客户端平台。在 getSysInfo.js 中使用自定义函数 getSysInfo()和 getSysInfoSync()分别异步和同步获取当前设备的系统信息，并调用 setData()方法渲染到 getSysInfo.wxml 页面上。

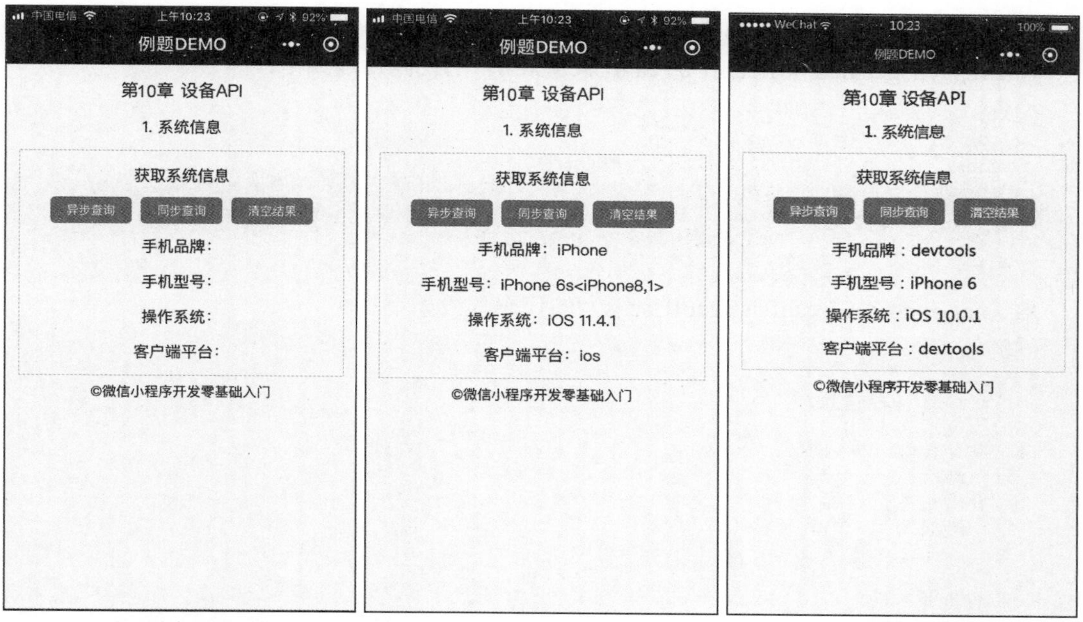

（a）页面初始效果　　（b）真机查询结果　　（c）开发者工具模拟结果

图 10-1　获取系统信息的简单应用

图 10-1 中，图（a）为页面初始效果，此时尚未获取数据；图（b）为真机查询结果；图（c）为开发者工具模拟结果，由该图可见均成功获取到了相关数据。

10.1.2　canIUse()

小程序使用 wx.canIUse(String)判断小程序的 API、回调、参数、组件等是否在当前版本可用，该接口从基础库 1.1.1 版本开始支持。

其中，String 参数调用有两种形式，即${API}.${method}.${param}.${options}和${component}.${attribute}.${option}，具体说明如下。

- ${API}：API 名称。
- ${method}：调用方式，有效值为 return、success、object 或 callback。
- ${param}：参数或返回值。
- ${options}：参数可选值。
- ${component}：组件名字。
- ${attribute}：组件属性。
- ${option}：组件属性的可选值。

参数调用示范如下：

```
//${API}.${method}.${param}.${options}
wx.canIUse('openBluetoothAdapter')
wx.canIUse('getSystemInfoSync.return.screenWidth')
wx.canIUse('getSystemInfo.success.screenWidth')
wx.canIUse('showToast.object.image')
wx.canIUse('onCompassChange.callback.direction')
wx.canIUse('request.object.method.GET')

//${component}.${attribute}.${option}
wx.canIUse('live-player')
wx.canIUse('text.selectable')
wx.canIUse('button.open-type.contact')
```

扫一扫

视频讲解

【例 10-2】 设备 API 之 canIUse 的简单应用。

WXML（pages/demo01/canIUse/canIUse.wxml）的代码片段如下：

```
<view class='title'>1.系统信息</view>
<view class='demo-box'>
  <view class='title'>canIUse 判断</view>
  <input bindblur='inputBlur' placeholder='请输入需要判断的内容'></input>
  <button type="primary" bindtap="canIUse">查询</button>
  <view class='title'>查询结果：{{result}}</view>
</view>
```

JS（pages/demo01/canIUse/canIUse.js）的代码片段如下：

```
Page({
  data: {
    result: '待查询'
  },
  //初始化输入框内容
  inputValue: '',
  //获取输入框内容
  inputBlur: function(e) {
    this.inputValue=e.detail.value
  },
  //查询兼容性
  canIUse: function() {
    let txt=this.inputValue
    if (txt=='') {
      wx.showToast({
        title: '输入框不能为空',
        icon: 'none'
      })
    } else {
      let result=wx.canIUse(this.inputValue)
      this.setData({ result: (result ? '支持' : '不支持') })
    }
  }
})
```

程序运行效果如图 10-2 所示。

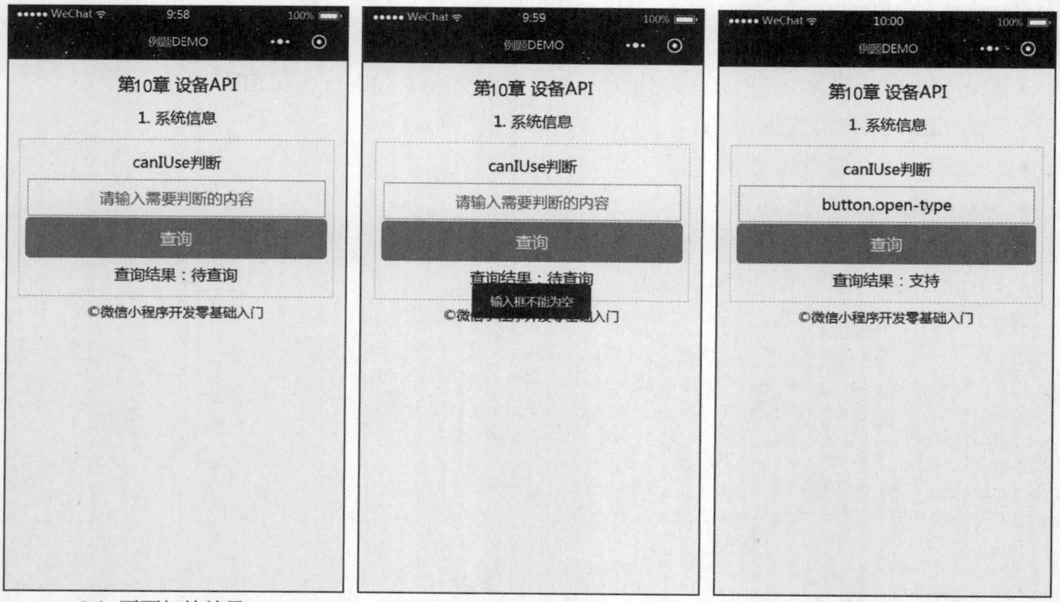

（a）页面初始效果　　（b）未输入内容的提示　　（c）查询结果反馈

图 10-2　canIUse 的简单应用

【代码说明】

本示例 canIUse.wxml 中的<input>输入框用于输入判断内容，<button>组件用于点击查询兼容性，<view>组件用于显示查询结果是否支持。在 canIUse.js 的 data 中初始化查询结果为“待查询”，且定义页面变量 inputValue 用于更新输入框内容。当输入框失去焦点时使用自定义函数 inputBlur()更新 inputValue 的值。当点击“查询”按钮时触发自定义函数 canIUse()判断输入框是否为空，如果不为空则进行兼容性检测并调用 setData()方法渲染到 canIUse.wxml 页面上。

图 10-2 中，图（a）为页面初始效果，此时是待查询状态；图（b）为尚未输入任何内容的错误提示；图（c）为查询结果，由该图可见 button.open-type 在当前设备可用。用户还可以自行输入接口或组件内容进行判断。

10.2　网络

10.2.1　网络状态

1 获取网络类型

小程序使用 wx.getNetworkType（OBJECT）获取网络类型。其 OBJECT 参数如表 10-2 所示。

表 10-2　wx.getNetworkType（OBJECT）的参数

参　数	类　型	必　填	说　明
success()	Function	是	接口调用成功的回调函数，返回网络类型
fail()	Function	否	接口调用失败的回调函数
complete()	Function	否	接口调用结束的回调函数（调用成功与否都执行）

网络类型的有效值为 wifi、2g、3g、4g、unknown、none，其中，unknown 表示 Android 下不常见的网络类型，none 表示无网络。

wx.getNetworkType(OBJECT)示例代码如下：

```
wx.getNetworkType({
  success: function(res) {
    //返回网络类型
    //其有效值为 wifi、2g、3g、4g、unknown（Android 下不常见的网络类型）、none（无网络）
    var networkType=res.networkType
  }
})
```

2 监听网络状态变化

小程序使用 wx.onNetworkStatusChange(CALLBACK)监听网络状态变化，该接口从基础库 1.1.0 开始支持，低版本需做兼容处理。CALLBACK 参数说明如表 10-3 所示。

表 10-3　wx.onNetworkStatusChange(CALLBACK)的参数

参　数	类　型	说　明
isConnected	Boolean	当前是否有网络连接
networkType	String	网络类型，有效值为 wifi、2g、3g、4g、unknown、none

扫一扫

视频讲解

【例 10-3】 设备 API 之获取网络状态的简单应用。

WXML（pages/demo02/getNetworkType/getNetworkType.wxml）的代码片段如下：

```
<view class='title'>2.网络</view>
<view class='demo-box'>
  <view class='title'>获取网络信息</view>
  <view class='status'>当前网络状态：{{status}}</view>
</view>
```

WXSS（pages/demo02/getNetworkType/getNetworkType.wxss）的代码片段如下：

```
.status{
  font-size: 50rpx;
  margin:20rpx;
}
```

JS（pages/demo02/getNetworkType/getNetworkType.js）的代码片段如下：

```
Page({
  data: {
    status: '获取中'
  },
  onLoad: function(options) {
    var that=this
    //获取当前网络状态
    wx.getNetworkType({
      success: function(res) {
            that.setData({ status: res.networkType })
          }
        })
        //监听网络状态变化
        wx.onNetworkStatusChange(function(res) {
          if (res.isConnected) {
            that.setData({ status: res.networkType })
          } else {
            that.setData({ status: '未联网' })
          }
        })
      }
    })
```

程序运行效果如图 10-3 所示。

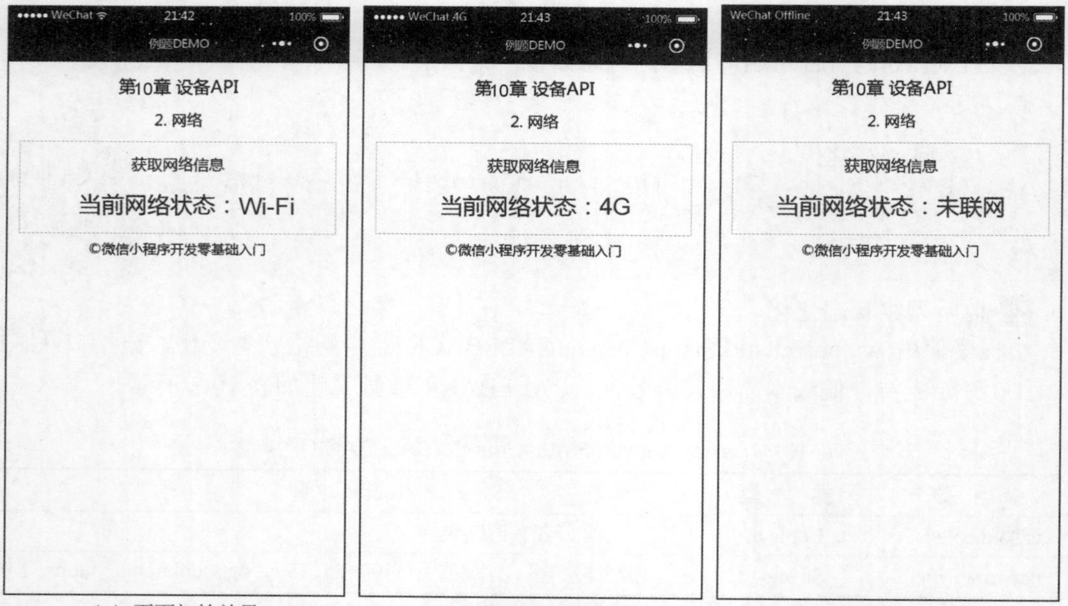

（a）页面初始效果　　（b）切换到 4G 网络状态　　（c）切换到未联网状态

图 10-3　获取网络状态的简单应用

【代码说明】

本示例在 getNetworkType.wxml 中包含了<view>组件显示获取的网络状态类型。在 getNetworkType.js 的 data 中定义 status 的初始值为“获取中”。在 onLoad() 函数中首先使用 wx.getNetworkType() 获取当前网络状态信息，并调用 setData() 方法渲染到 getNetworkType.wxml 页面上；然后使用 wx.onNetworkStatusChang()监听网络是否发生变化，如果断网则显示“未联网”，否则显示对应的网络类型。

图 10-3 中，图（a）为页面初始效果，此时网络状态为 Wi-Fi，然后使用开发者工具模拟器进行网络切换；图（b）为切换到 4G 网络状态；图（c）为未联网状态。

10.2.2　Wi-Fi

Wi-Fi 是 Wireless-Fidelity（无线保真）的缩写形式，它是一种允许电子设备连接到一个无线局域网（WLAN）的技术，由 Wi-Fi 联盟所持有。目前市面上绝大多数手机设备都是具有 Wi-Fi 连接功能的。

小程序中的 Wi-Fi 相关接口如表 10-4 所示。

表 10-4　Wi-Fi 相关接口

接　　口	说　　明
wx.startWifi(OBJECT)	打开 Wi-Fi
wx.stopWifi(OBJECT)	关闭 Wi-Fi
wx.getWifiList(OBJECT)	请求获取 Wi-Fi 列表
wx.onGetWifiList(CALLBACK)	监听在获取到 Wi-Fi 列表数据时的事件，然后在回调中返回 Wi-Fi 列表数据
wx.setWifiList(OBJECT)	在 onGetWifiList()回调后设置 wifiList 中 AP 的相关信息，它是 iOS 的特有接口，该接口从基础库 1.6.0 版本开始支持
wx.connectWifi(OBJECT)	连接 Wi-Fi，该接口从基础库 1.6.0 版本开始支持
wx.onWifiConnected(CALLBACK)	监听连接上 Wi-Fi 的事件
wx.getConnectedWifi(OBJECT)	获取已连接中的 Wi-Fi 信息，从基础库 1.6.0 版本开始支持

设备连接 Wi-Fi 时接口调用的顺序如表 10-5 所示。

表 10-5　连接 Wi-Fi 时接口调用的顺序

设备平台	连接指定 Wi-Fi	连接周边 Wi-Fi
Android	startWifi()→connectWifi()→onWifiConnected()	startWifi()→getWifiList()→onGetWifiList()→connectWifi()→onWifiConnected()
iOS	startWifi()→connectWifi()→onWifiConnected()（仅 iOS 11 及以上版本支持）	startWifi()→getWifiList()→onGetWifiList()→setWifiList()→onWifiConnected()（iOS 11.0 及 11.1 版本因系统原因暂不支持）

1 打开/关闭 Wi-Fi

小程序分别使用 wx.startWifi(OBJECT)和 wx.stopWifi(OBJECT)打开和关闭 Wi-Fi，这两个接口的 OBJECT 参数完全相同，说明如表 10-6 所示。

表 10-6　OBJECT 参数

参　　数	类　　型	必　　填	说　　明
success()	Function	否	接口调用成功的回调函数，返回 String 类型参数 errMsg 表示回调信息
fail()	Function	否	接口调用失败的回调函数
complete()	Function	否	接口调用结束的回调函数（调用成功与否都执行）

2 Wi-Fi 列表

1）获取 Wi-Fi 列表

小程序使用 wx.getWifiList(OBJECT)请求获取 Wi-Fi 列表，其参数与表 10-6 完全相同。

2）监听 Wi-Fi 列表数据

小程序需要配合使用 wx.onGetWifiList(CALLBACK)监听在获取到 Wi-Fi 列表数据时的事件，并在回调中返回 Wi-Fi 列表数据。其 CALLBACK 参数说明如表 10-7 所示。

表 10-7　wx.onGetWifiList(CALLBACK)返回参数

参　数	类　型	说　明
wifiList	Array	Wi-Fi 列表数据

每个数组元素的属性如表 10-8 所示。

表 10-8　Wi-Fi 列表项说明表

参　数	类　型	说　明
SSID	String	Wi-Fi 的 SSID
BSSID	String	Wi-Fi 的 BSSID
secure	Boolean	Wi-Fi 是否安全
signalStrength	Number	Wi-Fi 信号强度

3）设置 AP 信息

小程序利用 wx.setWifiList(OBJECT)在 onGetWifiList()回调后设置 wifiList 中 AP 的相关信息，它是 iOS 的特有接口。该接口从基础库 1.6.0 版本开始支持，低版本需做兼容处理。其 OBJECT 参数说明如表 10-9 所示。

表 10-9　wx.setWifiList(OBJECT)的参数

参　数	类　型	必　填	说　明
wifiList	Array	是	提供预设的 Wi-Fi 信息列表
success()	Function	否	接口调用成功的回调函数
fail()	Function	否	接口调用失败的回调函数
complete()	Function	否	接口调用结束的回调函数（调用成功与否都执行）

其中，wifiList 是数组类型，每个数组元素的属性如表 10-10 所示。

表 10-10　Wi-Fi 列表项说明表

参　数	类　型	说　明
SSID	String	Wi-Fi 的 SSID
BSSID	String	Wi-Fi 的 BSSID
password	String	Wi-Fi 设备密码

注意事项如下：

（1）该接口只能在 onGetWifiList()回调之后调用。

（2）此时客户端会挂起，等待小程序设置 Wi-Fi 信息，请务必尽快调用该接口，若无数据请传入一个空数组。

（3）有可能随着周边 Wi-Fi 列表的刷新，单个流程内收到多次带有重复的 Wi-Fi 列表的回调。

示例代码如下：

```
wx.onGetWifiList(function(res) {
```

```
  if (res.wifiList.length) {
    wx.setWifiList({
      wifiList: [{
        SSID: res.wifiList[0].SSID,
        BSSID: res.wifiList[0].BSSID,
        password: '123456'
      }]
    })
  } else {
    wx.setWifiList({
      wifiList: []
    })
  }
})
wx.getWifiList()
```

3 连接 Wi-Fi

1）直接连接 Wi-Fi

小程序使用 wx.connectWifi(OBJECT)连接 Wi-Fi，该接口从基础库 1.6.0 版本开始支持，低版本需做兼容处理。若用户已知 Wi-Fi 信息，可以直接利用该接口连接，需要注意只有 Android 与 iOS 11 以上版本支持。其 OBJECT 参数如表 10-11 所示。

表 10-11　wx.connectWifi(OBJECT)返回参数

参　数	类　型	必　填	说　明
SSID	String	是	Wi-Fi 设备 SSID
BSSID	String	是	Wi-Fi 设备 BSSID
password	String	否	Wi-Fi 设备密码
success()	Function	否	接口调用成功的回调函数
fail()	Function	否	接口调用失败的回调函数
complete()	Function	否	接口调用结束的回调函数（调用成功与否都执行）

2）监听连接 Wi-Fi 事件

小程序使用 wx.onWifiConnected(CALLBACK)监听连接上 Wi-Fi 的事件，该接口从基础库 1.6.0 版本开始支持，低版本需做兼容处理。其 CALLBACK 参数说明如表 10-12 所示。

表 10-12　wx.onWifiConnected(CALLBACK)返回参数

参　数	类　型	说　明
wifi	Object	Wi-Fi 信息

Wi-Fi 对象的属性如表 10-13 所示。

表 10-13　Wi-Fi 对象属性

参　数	类　型	说　明
SSID	String	Wi-Fi 的 SSID
BSSID	String	Wi-Fi 的 BSSID
secure	Boolean	Wi-Fi 是否安全
signalStrength	Number	Wi-Fi 信号强度

3）获取已连接 Wi-Fi 信息

小程序使用 wx.getConnectedWifi(OBJECT)获取已连接中的 Wi-Fi 信息，该接口从基础库 1.6.0 版本开始支持，低版本需做兼容处理。其 OBJECT 参数说明如表 10-14 所示。

表 10-14　wx.getConnectedWifi(OBJECT)的参数

参　数	类　型	必　填	说　明
success()	Function	否	接口调用成功的回调函数，返回 Object 类型参数 wifi 表示回调 wifi 的具体信息，见前面的表 10-13
fail()	Function	否	接口调用失败的回调函数
complete()	Function	否	接口调用结束的回调函数（调用成功与否都执行）

4 errCode 列表

每个 Wi-Fi 相关接口调用的时候都会返回 errCode 字段，详细说明如表 10-15 所示。

表 10-15　errCode 说明

错误码	说　明	备　注
0	ok	正常
12000	not init	未先调用 startWifi 接口
12001	system not support	当前系统不支持相关功能
12002	password error	Wi-Fi 密码错误
12003	connection timeout	连接超时
12004	duplicate request	重复连接 Wi-Fi
12005	wifi not turned on	Android 特有，未打开 Wi-Fi 开关
12006	gps not turned on	Android 特有，未打开 GPS 定位开关
12007	user denied	用户拒绝授权连接 Wi-Fi
12008	invalid SSID	无效 SSID
12009	system config err	系统运营商配置拒绝连接 Wi-Fi
12010	system internal error	系统其他错误，需要在 errMsg 打印具体的错误原因
12011	weapp in background	应用在后台无法配置 Wi-Fi

扫一扫

视频讲解

【例 10-4】 设备 API 之 Wi-Fi 的简单应用。

WXML（pages/demo02/wifi/wifi.wxml）的代码片段如下：

```
<view class='title'>2.网络</view>
<view class='demo-box'>
  <view class='title'>Wi-Fi 的简单应用</view>
  <button type='primary' bindtap='getWifiInfo'>获取 Wi-Fi 状态
    </button>
  <view class='status'>{{error}}</view>
  <view class='status'>SSID: {{res.SSID}}</view>
  <view class='status'>BSSID: {{res.BSSID}}</view>
  <view class='status'>安全性: {{res.secure}}</view>
  <view class='status'>信号强度: {{res.signalStrength}}</view>
</view>
```

WXSS（pages/demo02/wifi/wifi.wxss）的代码片段如下：

```
.status {
  text-align: left;
  margin: 15rpx;
}
```

JS（pages/demo02/wifi/wifi.js）的代码片段如下：

```
 Page({
   getWifiInfo: function () {
     //安卓手机需先执行 wx.startWifi 来初始化 wifi
     wx.startWifi({
       success: res => {
         console.log(res.errMsg, "wifi 初始化成功！")
       },
       fail: err => {
         console.log(err.errMsg, "wifi 初始化失败！")
```

```
      }
    })

    //获取 wifi 信息
    wx.getConnectedWifi({
      success: res => {
        this.setData({ res: res.wifi })
      }
    })
  }
})
```

程序运行效果如图 10-4 所示。

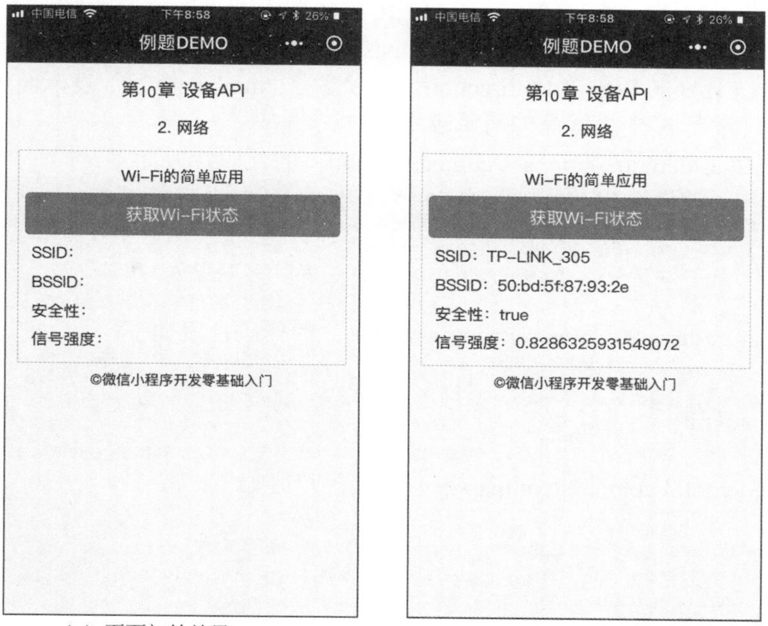

（a）页面初始效果　　（b）获取 Wi-Fi 状态

图 10-4　Wi-Fi 的简单应用

【代码说明】

本示例在 wifi.wxml 中包含了<button>组件用于获取当前 Wi-Fi 状态信息，对应的自定义函数是 getWifiInfo()；按钮下方是 4 个<view>组件分别用于显示获取的 Wi-Fi SSID、BSSID、安全性和信号强度。在 wifi.js 的 getWifiInfo()触发时调用 wx.getConnectedWifi()获取数据，并调用 setData()方法渲染到 wifi.wxml 页面上。

图 10-4 中，图（a）为页面初始效果，此时尚未获取数据；图（b）为真机查询结果，当前为 Wi-Fi 已连接状态，由该图可见成功获取到了相关数据。

10.3　传感器

10.3.1　罗盘

1 开启罗盘监听

小程序使用 wx.startCompass(OBJECT)开始监听罗盘数据。其 OBJECT 参数如表 10-16 所示。

表 10-16　wx.startCompass(OBJECT)的参数

参　数	类　型	必　填	说　明
success()	Function	否	接口调用成功的回调函数
fail()	Function	否	接口调用失败的回调函数
complete()	Function	否	接口调用结束的回调函数（调用成功与否都执行）

2 结束罗盘监听

小程序使用 wx.stopCompass(OBJECT)结束监听罗盘数据。该接口的 OBJECT 参数说明与 wx.startCompass(OBJECT)的完全相同，见表 10-16。

3 监听罗盘数据

扫一扫

视频讲解

小程序使用 wx.onCompassChange(CALLBACK)监听罗盘数据，频率为 5 次/秒，在接口调用后会自动开始监听，可使用 wx.stopCompass()停止监听。

其中，CALLBACK 返回参数 direction，该参数是 Number 类型，表示面对的方向度数。

【例 10-5】 设备 API 之罗盘的简单应用。

WXML（pages/demo03/compass/compass.wxml）的代码片段如下：

```
<view class='title'>3.传感器</view>
<view class='demo-box'>
  <view class='title'>获取罗盘信息</view>
  <view class='status'>当前方向是：{{degree}}</view>
</view>
```

WXSS（pages/demo03/compass/compass.wxss）的代码片段如下：

```
.status{
  font-size: 50rpx;
  margin:20rpx;
}
```

JS（pages/demo03/compass/compass.js）的代码片段如下：

```
Page({
  onLoad: function(options) {
    var that=this
    wx.onCompassChange(function(res){
      that.setData({degree:res.direction})
    })
  }
})
```

真机测试运行效果如图 10-5 所示。

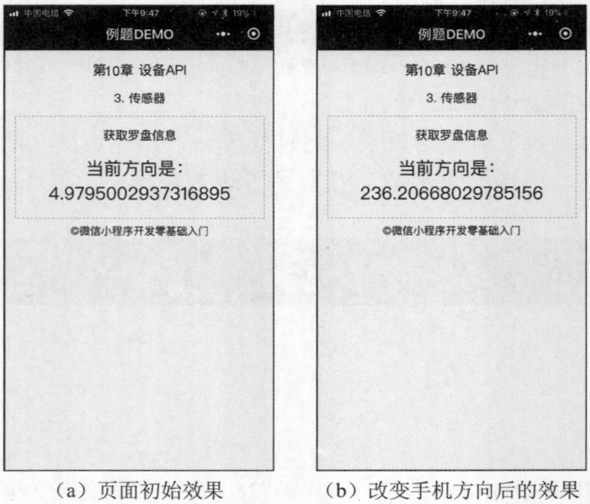

（a）页面初始效果　　（b）改变手机方向后的效果

图 10-5　罗盘的简单应用

【代码说明】

本示例在 compass.wxml 中包含了一个<view>组件用于显示当前的手机方向，对应的动态数据是{{degree}}。在 compass.js 的 onLoad()函数中调用 wx.onCompassChange()获取当前的罗盘信息，并使用 setData()方法渲染到 compass.wxml 页面上。

10.3.2 加速度计

1 开启加速度数据监听

小程序使用 wx.startAccelerometer(OBJECT)开始监听加速度数据，该接口从基础库 1.1.0 版本开始支持，低版本需做兼容处理。其 OBJECT 参数如表 10-17 所示。

表 10-17 wx.startAccelerometer(OBJECT)的参数

参 数	类 型	必 填	说 明
interval	String	否	监听加速度数据回调函数的执行频率（最低版本为 2.1.0）
success()	Function	否	接口调用成功的回调函数
fail()	Function	否	接口调用失败的回调函数
complete()	Function	否	接口调用结束的回调函数（调用成功与否都执行）

其中，interval 的有效值如下。

- game：适用于更新游戏的回调频率，20ms/次左右。
- ui：适用于更新 UI 的回调频率，60ms/次左右。
- normal：普通的回调频率，200ms/次左右。

由于不同设备的机型性能、当前 CPU 与内存的占用情况均有所差异，interval 的设置与实际回调函数的执行频率会有一些出入。

2 结束加速度数据监听

小程序使用 wx.stopAccelerometer(OBJECT)结束监听加速度数据。其 OBJECT 参数与 wx.startAccelerometer(OBJECT)中除 interval 以外的参数相同，如表 10-18 所示。

表 10-18 wx.stopAccelerometer(OBJECT)的参数

参 数	类 型	必 填	说 明
success()	Function	否	接口调用成功的回调函数
fail()	Function	否	接口调用失败的回调函数
complete()	Function	否	接口调用结束的回调函数（调用成功与否都执行）

3 监听加速度数据

小程序使用 wx.onAccelerometerChange(CALLBACK)监听加速度数据，频率为 5 次/秒，在接口调用后会自动开始监听，可使用 wx.stopAccelerometer()停止监听。

其中，CALLBACK 返回参数如下。

- x：Number 类型，表示 X 轴方向的加速度。
- y：Number 类型，表示 Y 轴方向的加速度。
- z：Number 类型，表示 Z 轴方向的加速度。

【例 10-6】 设备 API 之加速度计的简单应用。

扫一扫

视频讲解

WXML（pages/demo03/acc/acc.wxml）的代码片段如下：

```
<view class='title'>3.传感器</view>
<view class='demo-box'>
  <view class='title'>获取加速度信息</view>
  <view class='status'>X 轴：{{res.x}}</view>
  <view class='status'>Y 轴：{{res.y}}</view>
```

```
  <view class='status'>Z 轴：{{res.z}}</view>
</view>
```

WXSS（pages/demo03/acc/acc.wxss）的代码片段如下：

```
.status{
 font-size: 50rpx;
 margin:20rpx;
}
```

JS（pages/demo03/acc/acc.js）的代码片段如下：

```
Page({
 onLoad: function(options) {
  var that=this
  wx.onAccelerometerChange(function(res){
   that.setData({res:res})
  })
 }
})
```

程序运行效果如图 10-6 所示。

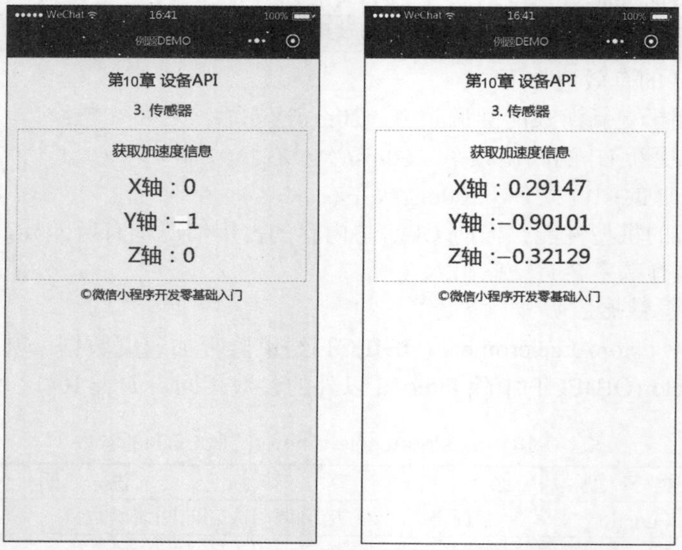

（a）页面初始效果　　（b）更新加速度信息

图 10-6　加速度计的简单应用

【代码说明】

本示例在 acc.wxml 中包含了 3 个<view>组件，分别用于显示 X、Y、Z 轴的加速度数据，对应的动态数据是{{res.x}}、{{res.y}}、{{res.z}}。在 acc.js 的监听页面加载函数 onLoad()中调用 wx.onAccelerometerChange()获取当前的加速度信息，并使用 setData()方法渲染到 acc.wxml 页面上。

10.4 用户行为

10.4.1 截屏

小程序使用 wx.onUserCaptureScreen()监听用户主动截屏事件，用户使用系统截屏按键截屏时触发此事件。该接口从基础库 1.4.0 版本开始支持，低版本需做兼容处理。

示例代码如下：

```
wx.onUserCaptureScreen(function() {
  console.log('用户截屏了')
})
```

10.4.2 扫码

小程序使用 wx.scanCode(OBJECT)调出客户端扫码界面，扫码成功后返回对应的结果。其 OBJECT 参数如表 10-19 所示。

表 10-19 wx.scanCode(OBJECT)的参数

参　数	类　型	必　填	说　明
onlyFromCamera	Boolean	否	是否只能从相机扫码，不允许从相册选择图片（最低版本为 1.2.0）
scanType	Array	否	扫码类型（最低版本为 1.7.0），数组参数可选值有'qrCode'（二维码）、'barCode'（条形码）、'datamatrix'（DataMatrix）、'pdf417'（pdf417）
success()	Function	否	接口调用成功的回调函数
fail()	Function	否	接口调用失败的回调函数
complete()	Function	否	接口调用结束的回调函数（调用成功与否都执行）

其中，success()参数值的说明如下。

- result：所扫码的内容。
- scanType：所扫码的类型。
- charSet：所扫码的字符集。
- path：当所扫码为当前小程序的合法二维码时会返回二维码携带的 path。
- rawData：原始数据，base64 编码。

扫一扫

视频讲解

【例 10-7】 设备 API 之扫码的简单应用。

WXML（pages/demo04/scanCode/scanCode.wxml）的代码片段如下：

```
<view class='title'>4.用户行为</view>
<view class='demo-box'>
  <view class='title'>扫码</view>
  <button type="primary" bindtap="scanCode">开始扫码</button>
  <view class='status'>字符集：{{res.charSet}}</view>
  <view class='status'>扫码类型：{{res.scanType}}</view>
  <view class='status'>扫码结果：{{res.result}}</view>
</view>
```

WXSS（pages/demo04/scanCode/scanCode.wxss）的代码片段如下：

```
.status{
  text-align: left;
  margin: 15rpx;
}
```

JS（pages/demo04/scanCode/scanCode.js）的代码片段如下：

```
Page({
  scanCode: function() {
    var that=this
    wx.scanCode({
      success:function(res){
```

```
            that.setData({res:res})
          }
      })
    }
})
```

程序运行效果如图 10-7 所示。

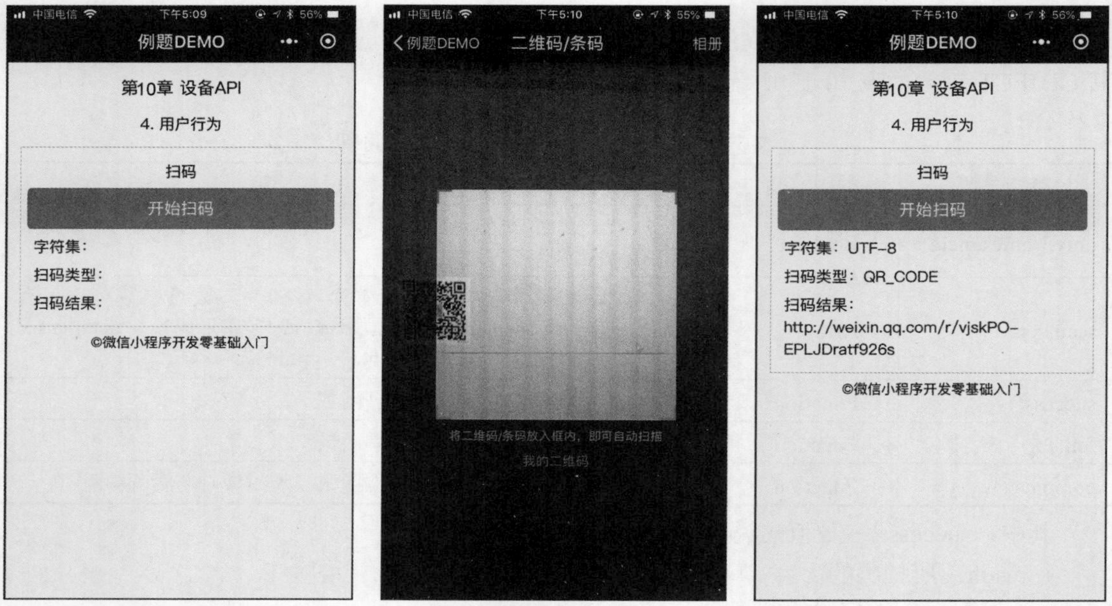

（a）页面初始效果　　（b）点击按钮进入扫码界面　　（c）扫码结果

图 10-7　扫码的简单应用

【代码说明】

本示例在 scanCode.wxml 中包含了一个<button>组件用于启动扫码功能，对应的自定义函数是 scanCode()；按钮下方有 3 个<view>组件分别用于显示获取到的字符集、扫码类型和扫码结果。在 scanCode.js 中使用自定义函数 scanCode()调用 wx.scanCode()获取扫码信息，并使用 setData()方法渲染到 scanCode.wxml 页面上。

图 10-7 中，图（a）为页面初始效果，此时尚未获取数据；图（b）为真机扫码过程；图（c）为扫码结果，由该图可见成功获取到了相关数据。

10.4.3　剪贴板

1 设置剪贴板内容

小程序使用 wx.setClipboardData(OBJECT)设置系统剪贴板的内容，该接口从基础库 1.1.0 版本开始支持，低版本需做兼容处理。其 OBJECT 参数说明如表 10-20 所示。

表 10-20　wx.setClipboardData(OBJECT)的参数

参　数	类　型	必　填	说　明
data	String	是	需要设置的内容
success()	Function	否	接口调用成功的回调函数
fail()	Function	否	接口调用失败的回调函数
complete()	Function	否	接口调用结束的回调函数（调用成功与否都执行）

2 获取剪贴板内容

小程序使用 wx.getClipboardData(OBJECT)获取系统剪贴板内容，该接口从基础库 1.1.0 版本开始支持，低版本需做兼容处理。其 OBJECT 参数说明如表 10-21 所示。

表 10-21　wx.getClipboardData(OBJECT)的参数

参　数	类　型	必　填	说　明
success()	Function	否	接口调用成功的回调函数，返回 String 类型参数 data 表示剪贴板的内容
fail()	Function	否	接口调用失败的回调函数
complete()	Function	否	接口调用结束的回调函数（调用成功与否都执行）

扫一扫

视频讲解

【例 10-8】 设备 API 之剪贴板的简单应用。

WXML（pages/demo04/clipboard/clipboard.wxml）的代码片段如下：

```
<view class='title'>4.用户行为</view>
<view class='demo-box'>
  <view class='title'>剪贴板</view>
  <view class='title'>{{code}}</view>
  <button type="primary" bindtap="setClipboard">点击此处复制上面序列号</button>
  <button bindtap="getClipboard">获取剪贴板内容</button>
</view>
```

JS（pages/demo04/clipboard/clipboard.js）的代码片段如下：

```
Page({
  data: {
    code: 'LsZw5W2a0Nj' //随机写一串复杂的序列号
  },
  //复制到剪贴板
  setClipboard: function() {
    let code=this.data.code
    wx.setClipboardData({
      data: code,
      success: function() {
        wx.showToast({
          title: '复制成功！'
        })
      }
    })
  },
  //获取剪贴板内容
  getClipboard: function() {
    wx.getClipboardData({
      success: function(res) {
        wx.showToast({
          title: '剪贴板内容是：' + res.data,
          icon: 'none'
        })
      }
    })
  }
})
```

程序运行效果如图 10-8 所示。

【代码说明】

本示例在 clipboard.wxml 中包含了一个<view>组件用于显示一串序列号；在其下方的两个<button>组件分别用于点击复制该序列号、获取剪贴板内容，对应的自定义函数分别是 setClipboard()和 getClipboard()。在 clipboard.js 的这两个函数中分别调用 wx.setClipboard()和

wx.getClipboard()设置和获取剪贴板内容，并在成功回调函数 success()中使用 wx.showToast()弹出提示框。

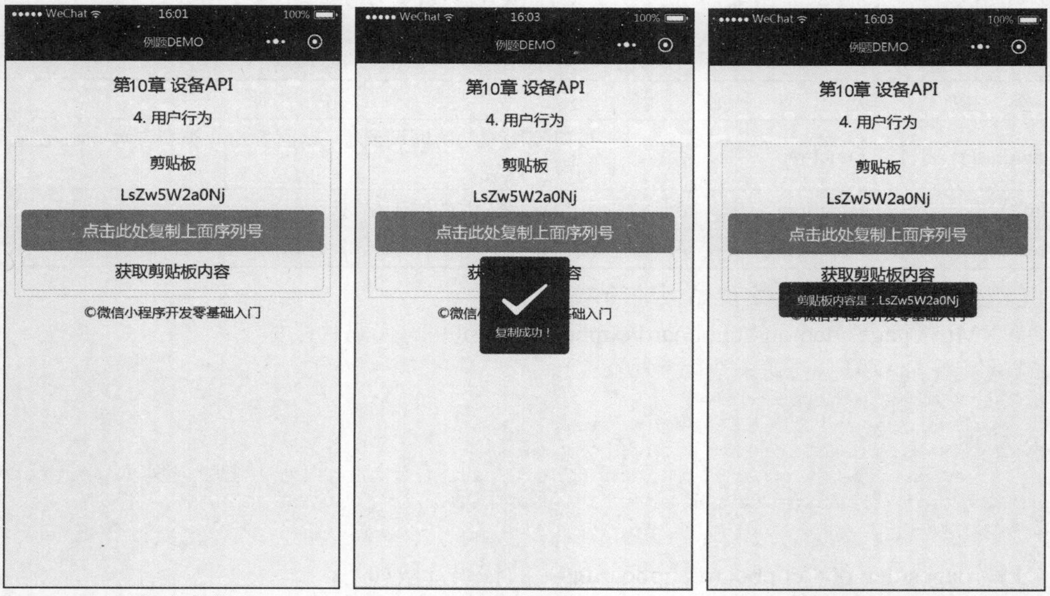

（a）页面初始效果　　（b）复制内容到剪贴板　　（c）获取剪贴板中的内容

图 10-8　剪贴板的简单应用

图 10-8 中，图（a）为页面初始效果；图（b）为复制内容到剪贴板，此时会给出提示框；图（c）为获取剪贴板中的内容，由该图可见已经成功将序列号复制到了剪贴板中。

10.4.4　通话

1 拨打电话

小程序使用 wx.makePhoneCall(OBJECT)向指定的号码拨打电话。其 OBJECT 参数说明如表 10-22 所示。

表 10-22　wx.makePhoneCall(OBJECT)的参数

参　数	类　型	必　填	说　明
phoneNumber	String	是	需要拨打的电话号码
success()	Function	否	接口调用成功的回调函数
fail()	Function	否	接口调用失败的回调函数
complete()	Function	否	接口调用结束的回调函数（调用成功与否都执行）

wx.makePhoneCall(OBJECT)的示例代码如下：

```
wx.makePhoneCall({
  phoneNumber: '13800001234'      //仅为示例，可替换为真实的电话号码
})
```

2 手机联系人

小程序使用 wx.addPhoneContact(OBJECT)添加手机联系人，该接口从基础库 1.2.0 版本开始支持，低版本需做兼容处理。在调用后，用户可以选择将该数据以“新增联系人”或“添加到已有联系人”的方式写入手机通讯录，完成手机通讯录联系人和联系方式的增加。其 OBJECT 参数说明如表 10-23 所示。

表 10-23　wx.addPhoneContact(OBJECT)的参数

参　数	类　型	必　填	说　明
photoFilePath	String	否	头像的本地文件路径
nickName	String	否	昵称
lastName	String	否	姓氏
middleName	String	否	中间名
firstName	String	是	名字
remark	String	否	备注
mobilePhoneNumber	String	否	手机号
weChatNumber	String	否	微信号
addressCountry	String	否	联系地址国家
addressState	String	否	联系地址省份
addressCity	String	否	联系地址城市
addressStreet	String	否	联系地址街道
addressPostalCode	String	否	联系地址邮政编码
organization	String	否	公司
title	String	否	职位
workFaxNumber	String	否	工作传真
workPhoneNumber	String	否	工作电话
hostNumber	String	否	公司电话
email	String	否	电子邮件
url	String	否	网站
workAddressCountry	String	否	工作地址国家
workAddressState	String	否	工作地址省份
workAddressCity	String	否	工作地址城市
workAddressStreet	String	否	工作地址街道
workAddressPostalCode	String	否	工作地址邮政编码
homeFaxNumber	String	否	住宅传真
homePhoneNumber	String	否	住宅电话
homeAddressCountry	String	否	住宅地址国家
homeAddressState	String	否	住宅地址省份
homeAddressCity	String	否	住宅地址城市
homeAddressStreet	String	否	住宅地址街道
homeAddressPostalCode	String	否	住宅地址邮政编码
success()	Function	否	接口调用成功的回调函数，返回 errMsg:ok 表示添加成功
fail()	Function	否	接口调用失败的回调函数，返回 errMsg:fail cancel 表示用户取消；返回 errMsg:fail ${detail} 表示调用失败，detail 为详细信息
complete()	Function	否	接口调用结束的回调函数（调用成功与否都执行）

扫一扫

视频讲解

【例 10-9】 位置 API 之通讯录管理的综合应用。

WXML（pages/demo04/contact/contact.wxml）的代码片段如下：

```
<view class='title'>4.用户行为</view>
<view class='demo-box'>
  <view class='title'>通讯录</view>
```

```
  <input bindblur='nameBlur' placeholder='请输入联系人姓名' />
  <input bindblur='phoneBlur' placeholder='请输入联系人电话' />
  <button type="primary" bindtap="makeCall">拨打电话</button>
  <button bindtap="addPerson">添加联系人</button>
</view>
```

WXSS（pages/demo04/contact/contact.wxss）的代码片段如下：

```
input,button{
  margin: 15rpx;
}
```

JS（pages/demo04/contact/contact.js）的代码片段如下：

```
Page({
  name: ' ', //联系人姓名
  phone: ' ', //电话号码
  //更新联系人姓名
  nameBlur: function(e) {
    this.name=e.detail.value
  },
  //更新电话号码
  phoneBlur: function(e) {
    this.phone=e.detail.value
  },
  //打电话
  makeCall: function() {
    let phone=this.phone
    wx.makePhoneCall({
      phoneNumber: phone
    })
  },
  //添加联系人
  addPerson: function() {
    let name=this.name
    let phone=this.phone
    if (name==' ' || phone==' ') {
      wx.showToast({
        title: '姓名和电话不能为空！',
        icon: 'none'
      })
    } else {
      wx.addPhoneContact({
        firstName: name,
        mobilePhoneNumber: phone
      })
    }
  }
})
```

真机测试运行效果如图 10-9 所示。

【代码说明】

本示例在 contact.wxml 中包含了两个<input>输入框分别用于输入联系人姓名和电话，对应的失去焦点事件自定义函数是 nameBlur()和 phoneBlur()，一旦输入完毕数据将分别更新到 contact.js 页面变量 name 和 phone 中。在输入框的下方是两个<button>组件分别用于打电话和添加联系人，对应的自定义函数分别是 makeCall()和 addPerson()。

图 10-9 中，图（a）为页面初始效果，此时尚未填写数据；图（b）为填写数据后点击“拨打电话”按钮的效果，此时手机会提示呼叫号码；图（c）为真实通话页面；图（d）为未填

（a）页面初始效果　（b）点击“拨打电话”按钮　（c）真实通话页面

（d）添加联系人的错误提示　（e）点击“添加联系人”按钮　（f）新建联系人页面

图 10-9　通讯录管理的综合应用

写信息就添加联系人时的错误提示；图（e）为填写信息后弹出的操作菜单，用户可以选择添加新联系人或更新已有联系人；图（f）为成功跳转到手机系统自带的新建联系人页面。

10.5　手机状态

10.5.1　内存

小程序使用 wx.onMemoryWarning(CALLBACK) 监听内存不足的告警事件。其中，在 Android 下有告警等级划分，只有 LOW 和 CRITICAL 会回调开发者；iOS 无告警等级划分。

示例代码如下：

```
wx.onMemoryWarning(function() {
  console.log('收到内存不足警告')
})
```

注意：只有 Android 具有 CALLBACK 回调参数 level，该参数是 Number 类型，表示对应系统内存告警等级的宏定义。Android 下告警等级对应系统的宏如下：

```
TRIM_MEMORY_RUNNING_MODERATE=5
TRIM_MEMORY_RUNNING_LOW=10
TRIM_MEMORY_RUNNING_CRITICAL=15
```

10.5.2 屏幕亮度

1 设置屏幕亮度

小程序使用 wx.setScreenBrightness(OBJECT)设置屏幕亮度，该接口从基础库 1.2.0 版本开始支持，低版本需做兼容处理。其 OBJECT 参数说明如表 10-24 所示。

表 10-24 wx.setScreenBrightness(OBJECT)的参数

参　数	类　型	必　填	说　明
value	Number	是	屏幕亮度值，范围为 0～1，0 最暗，1 最亮
success()	Function	否	接口调用成功的回调函数
fail()	Function	否	接口调用失败的回调函数
complete()	Function	否	接口调用结束的回调函数（调用成功与否都执行）

2 获取屏幕亮度

小程序使用 wx.getScreenBrightness(OBJECT)获取屏幕亮度，该接口从基础库 1.2.0 版本开始支持，低版本需做兼容处理。其 OBJECT 参数说明如表 10-25 所示。

表 10-25 wx.getScreenBrightness(OBJECT)的参数

参　数	类　型	必　填	说　明
success()	Function	否	接口调用成功的回调函数，返回参数 value 为 Number 类型，表示屏幕亮度值，范围为 0～1，其中 0 最暗，1 最亮
fail()	Function	否	接口调用失败的回调函数
complete()	Function	否	接口调用结束的回调函数（调用成功与否都执行）

3 保持常亮状态

小程序使用 wx.setKeepScreenOn(OBJECT)设置是否保持常亮状态，该功能仅在当前小程序生效，离开小程序后设置失效。该接口从基础库 1.4.0 版本开始支持，低版本需做兼容处理。其 OBJECT 参数说明如表 10-26 所示。

表 10-26 wx.setKeepScreenOn(OBJECT)的参数

参　数	类　型	必　填	说　明
keepScreenOn	Boolean	是	是否保持屏幕常亮
success()	Function	否	接口调用成功的回调函数，返回值 errMsg 为 String 类型，表示调用结果
fail()	Function	否	接口调用失败的回调函数
complete()	Function	否	接口调用结束的回调函数（调用成功与否都执行）

扫一扫

视频讲解

【例 10-10】 设备 API 之屏幕亮度管理的简单应用。

WXML（pages/demo05/brightness/brightness.wxml）的代码片段如下：

```
<view class='title'>5.手机状态</view>
<view class='demo-box'>
  <view class='title'>(1)设置屏幕亮度</view>
  <slider min='0' max='1' value='0.5' step='0.1' show-value bindchange=
  'sliderChange' />
```

```
</view>
<view class='demo-box'>
  <view class='title'>(2)查询屏幕亮度</view>
  <button type='primary' bindtap='getBrightness'>查询亮度</button>
  <view class='title'>当前亮度：{{brightness}}</view>
</view>
<view class='demo-box'>
  <view class='title'>(3)保持屏幕常亮</view>
  <switch bindchange='switchChange' />保持常亮
</view>
```

JS（pages/demo05/brightness/brightness.js）的代码片段如下：

```
Page({
  data: {
    brightness: '待获取'
  },
  //1.设置屏幕亮度
  sliderChange: function(e) {
    wx.setScreenBrightness({
      value: e.detail.value
    })
  },
  //2.查询屏幕亮度
  getBrightness: function() {
    var that=this
    wx.getScreenBrightness({
      success: function(res) {
        that.setData({ brightness: res.value.toFixed(1) })
      }
    })
  },
  //3.监听 switch 变化
  switchChange: function(e) {
    let isKeeping=e.detail.value      //true 为开启状态
    if (isKeeping) {
      wx.setKeepScreenOn({
        keepScreenOn: true
      })
    }
  }
})
```

程序运行效果如图 10-10 所示。

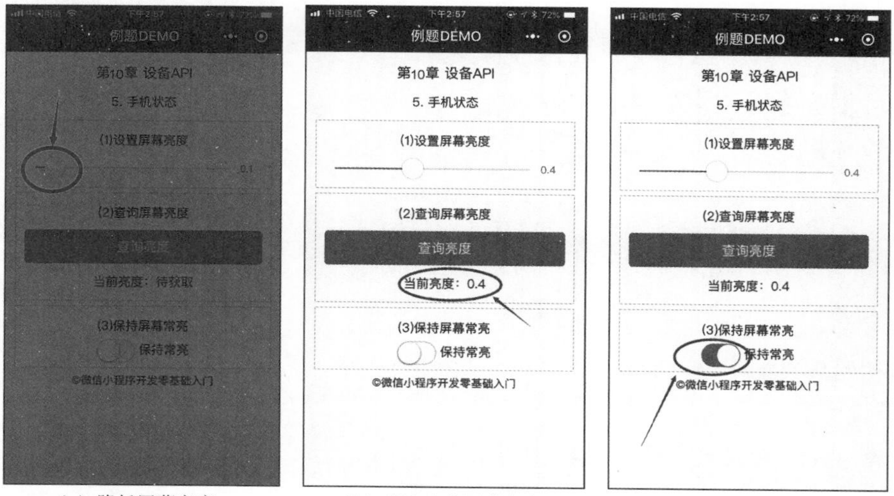

（a）降低屏幕亮度　　（b）获取当前屏幕亮度　　（c）保持常亮状态

图 10-10　屏幕亮度管理的简单应用

【代码说明】

本示例在 brightness.wxml 中包含了 3 组示例，即设置屏幕亮度、查询屏幕亮度、保持屏幕常亮。示例 1 使用了<slider>组件形成滑动设置亮度的效果，绑定 change 事件的自定义函数是 sliderChange()；示例 2 使用了<button>组件点击获取屏幕亮度，对应的自定义函数是 getBrightness()；示例 3 使用了<switch>组件切换屏幕常亮与否，绑定 change 事件的自定义函数是 switchChange()。

图 10-10 中，图（a）为设置屏幕亮度为 0.1 时的效果，此时画面会变暗；图（b）为获取当前屏幕亮度的效果；图（c）为切换到常亮状态。

10.5.3 振动

小程序使用 wx.vibrateLong(OBJECT)和 wx.vibrateShort(OBJECT)分别达到使手机发生较长时间（400ms）和较短时间（15ms）的振动，接口均从基础库 1.2.0 开始支持，低版本需做兼容处理。它们的 OBJECT 参数说明如表 10-27 所示。

表 10-27 OBJECT 参数

参 数	类 型	必 填	说 明
success()	Function	否	接口调用成功的回调函数
fail()	Function	否	接口调用失败的回调函数
complete()	Function	否	接口调用结束的回调函数（调用成功与否都执行）

扫一扫

视频讲解

【例 10-11】 设备 API 之振动的简单应用。

WXML（pages/demo05/vibrate/vibrate.wxml）的代码片段如下：

```
<view class='title'>5.手机状态</view>
<view class='demo-box'>
  <view class='title'>(1)长时间振动（400ms）</view>
  <button type='primary' bindtap='vibrateLong'>开始振动</button>
</view>
<view class='demo-box'>
  <view class='title'>(2)短时间振动（15ms）</view>
  <button type='primary' bindtap='vibrateShort'>开始振动</button>
</view>
```

JS（pages/demo05/vibrate/vibrate.js）的代码片段如下：

```
Page({
  //长时间振动
  vibrateLong:function(){
    wx.vibrateLong()
  },
  //短时间振动
  vibrateShort: function() {
    wx.vibrateShort()
  }
})
```

页面初始效果如图 10-11 所示。

【代码说明】

由于振动是一个动态效果，无法通过截图表示，建议读者自行尝试（除真机测试外，开发者工具也可以模拟振动效果）。

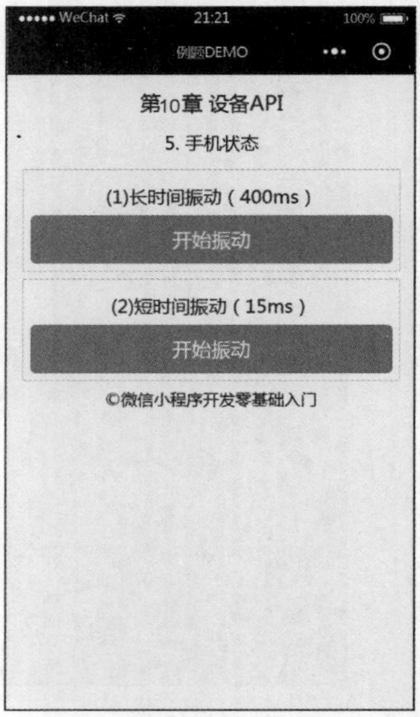

图 10-11 振动的简单应用

扫一扫

案例文本

扫一扫

视频讲解

10.6　阶段案例：幸运抽签小程序

本节将尝试制作一款简易的幸运抽签小程序，只需要拿起手机摇一摇即可获得抽签结果。幸运抽签小程序分为两个页面。

- 首页：“摇一摇”图标和提示文字，当用户摇动手机后跳转到结果页。
- 结果页：随机抽取卡片库中的一张幸运卡片并显示在页面上，点击“再来一次”按钮可以回到首页重新抽签。

最终效果如图 10-12 所示。

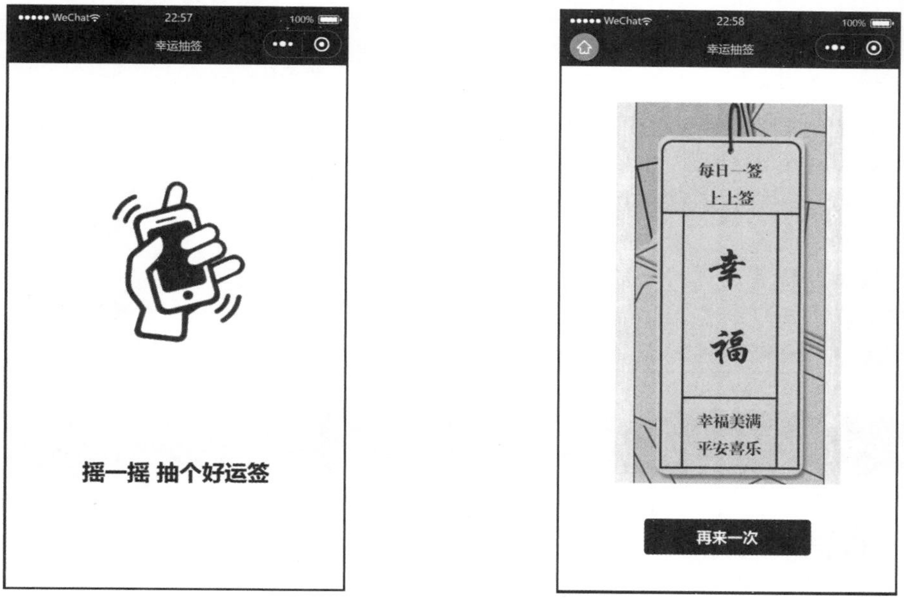

（a）首页　　（b）结果页

图 10-12　第 10 章阶段案例效果图

10.7　本章小结

本章属于小程序知识中的应用篇，主要介绍了设备 API 的相关用法。设备 API 主要包括了系统信息、网络、传感器、用户行为和手机状态。系统信息部分介绍了如何获取设备的系统信息以及 canIUse()的用法；网络部分介绍了如何获取网络状态以及获取 Wi-Fi 信息；传感器部分主要介绍了罗盘和加速度计这两种传感器；用户行为部分主要介绍了截屏、扫码、复制文本到剪贴板、获取剪贴板内容、拨打电话、新增或修改手机联系人等用户行为；手机状态部分主要介绍了如何获取内存信息、设置屏幕亮度以及振动效果。

第11章 Chapter 11

界面 API

本章主要介绍小程序界面 API 的相关知识，包括交互反馈、导航条设置、tabBar 设置、页面导航、动画、页面位置、绘图和下拉刷新 8 个部分。

本章学习目标

- 掌握消息提示框、加载提示框、模态弹窗和操作菜单的用法；
- 掌握导航条的标题、动画和颜色设置；
- 掌握 tabBar 的标记、红点、监听、样式、显示与隐藏设置；
- 掌握页面导航的 5 种切换方法；
- 掌握动画的声明、描述和导出步骤；
- 掌握页面位置的返回功能；
- 掌握在画布中绘制图像、设置样式、变形、剪裁以及图片导出等功能；
- 掌握下拉刷新的启动、监听和停止方法。

11.1 交互反馈

11.1.1 消息提示框

1 显示消息提示框

小程序使用 wx.showToast(OBJECT)显示消息提示框。其 OBJECT 参数说明如表 11-1 所示。

表 11-1 wx.showToast(OBJECT)的参数

参数	类型	必填	说明
title	String	是	提示的内容
icon	String	否	图标，有效值为 success、loading、none
image	String	否	自定义图标的本地路径，image 的优先级高于 icon（最低版本为 1.1.0）
duration	Number	否	提示的延迟时间，单位为 ms，默认为 1500ms
mask	Boolean	否	是否显示透明遮罩层，防止触摸穿透，默认值为 false
success()	Function	否	接口调用成功的回调函数
fail()	Function	否	接口调用失败的回调函数
complete()	Function	否	接口调用结束的回调函数（调用成功与否都执行）

icon 有效值的说明如下。

- success：icon 的默认值，用于显示成功图标，title 文本最多显示 7 个汉字长度。
- loading：显示加载图标，此时 title 文本最多显示 7 个汉字长度。
- none：不显示图标，此时 title 文本最多可显示两行（最低版本为 1.9.0）。

wx.showToast(OBJECT)示例代码如下：

```
wx.showToast({
  title: '成功',
  icon: 'success',
  duration: 2000
})
```

上述代码表示显示带有“成功”字样和对钩（√）图标的消息提示框，该框出现 2 秒。

2 关闭消息提示框

虽然消息提示框可以在指定时间后自动消失，但是小程序也可以使用 wx.hideToast()提前关闭消息提示框。

扫一扫

视频讲解

【例 11-1】 界面 **API** 之消息提示框的简单应用。

WXML（pages/demo01/toast/toast.wxml）文件代码如下：

```
<view class='title'>1.交互反馈-消息提示框的简单应用</view>
<view class='demo-box'>
  <view class='title'>(1)显示消息提示框</view>
  <button type="primary" bindtap="showToast">显示 Toast</button>
</view>
<view class='demo-box'>
  <view class='title'>(2)关闭消息提示框</view>
  <button type="primary" bindtap="hideToast">关闭 Toast</button>
</view>
```

JS（pages/demo01/toast/toast.js）文件代码如下：

```
Page({
  showToast: function() {
    wx.showToast({
      title: 'Hello World! ',
      duration: 7000
    })
  },
  hideToast: function() {
    wx.hideToast()
  }
})
```

程序运行效果如图 11-1 所示。

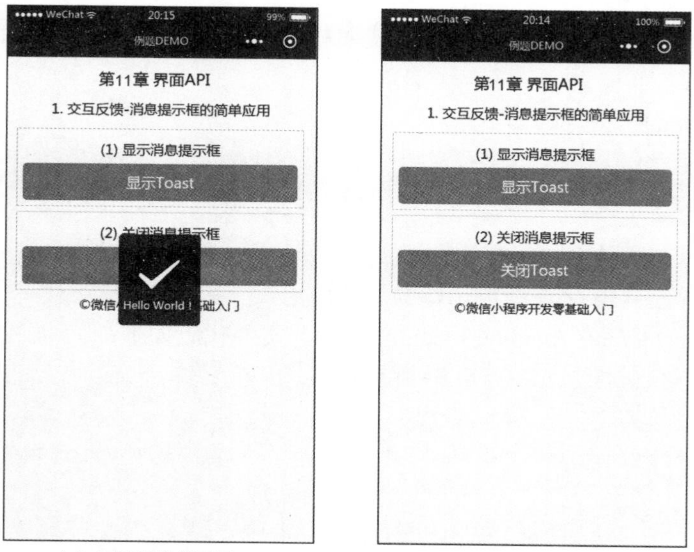

（a）显示消息提示框　　（b）关闭消息提示框

图 11-1　消息提示框的简单应用

【代码说明】

本示例在 toast.wxml 中包含了两个<button>按钮分别用于显示和关闭消息提示框，对应的自定义函数分别是 showToast()和 hideToast()。在 toast.js 中定义 showToast()方法用于显示一个可以展示7秒的提示框，其文字内容是“Hello World！”并带有默认的 success 图标；hideToast()方法用于立刻关闭提示框。

图 11-1 中，图（a）为点击“显示 Toast”按钮后的效果，此时提示框将出现 7 秒然后自动消失；图（b）为点击“关闭 Toast”按钮后的效果，此时提示框将提前消失。

11.1.2 加载提示框

1 显示加载提示框

小程序使用 wx.showLoading(OBJECT)显示加载提示框，该接口从基础库 1.1.0 版本开始支持，低版本需做兼容处理。其 OBJECT 参数说明如表 11-2 所示。

表 11-2 wx.showLoading(OBJECT)的参数

参　数	类　型	必　填	说　明
title	String	是	提示的内容
mask	Boolean	否	是否显示透明遮罩层，防止触摸穿透，默认值为 false
success()	Function	否	接口调用成功的回调函数
fail()	Function	否	接口调用失败的回调函数
complete()	Function	否	接口调用结束的回调函数（调用成功与否都执行）

注意：这种提示框不会自动消失，需主动调用 wx.hideLoading()才能关闭提示框。

wx.showLoading(OBJECT)示例代码如下：

```
wx.showLoading({
  title: '加载中'
})
```

上述代码的引号中的文字内容可由开发者自定义。

2 关闭加载提示框

小程序使用 wx.hideLoading()关闭加载提示框，该接口从基础库 1.1.0 版本开始支持，低版本需做兼容处理。

wx.hideLoading()示例代码如下：

```
setTimeout(function(){
  wx.hideLoading()
}, 2000)
```

上述代码表示在两秒内关闭提示框。

扫一扫

视频讲解

【例 11-2】 界面 API 之加载提示框的简单应用。

WXML（pages/demo01/loading/loading.wxml）文件代码如下：

```
<view class='title'>1.交互反馈-加载提示框的简单应用</view>
<view class='demo-box'>
  <view class='title'>(1)显示加载提示框</view>
  <button type="primary" bindtap="showLoading">显示 Loading</button>
</view>
<view class='demo-box'>
  <view class='title'>(2)关闭加载提示框</view>
  <button type="primary" bindtap="hideLoading">关闭 Loading</button>
</view>
```

JS（pages/demo01/loading/loading.js）文件代码如下：

```
Page({
  showLoading: function() {
    wx.showLoading({
      title: 'Hello World! '
    })
  },
  hideLoading: function() {
    wx.hideLoading()
  }
})
```

程序运行效果如图 11-2 所示。

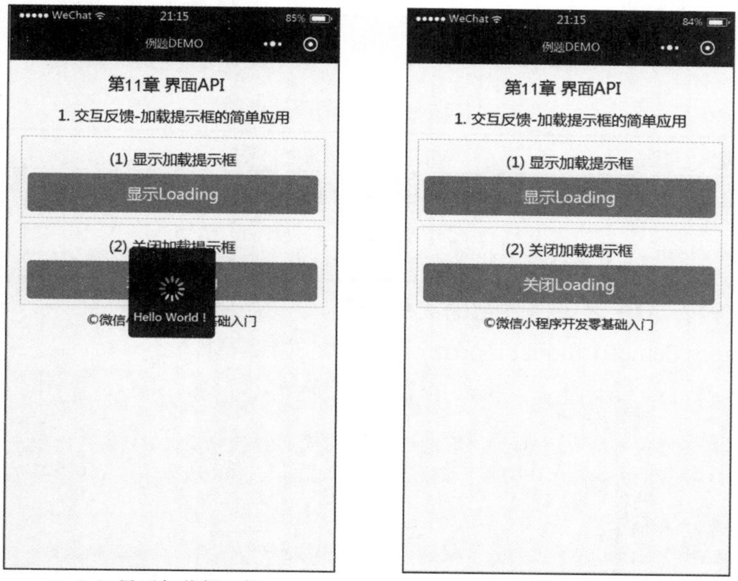

（a）显示加载提示框　　（b）关闭加载提示框

图 11-2　加载提示框的简单应用

【代码说明】

本示例在 loading.wxml 中包含了两个<button>按钮分别用于显示和关闭加载提示框，对应的自定义函数分别是 showLoading()和 hideLoading()。在 loading.js 中定义 showLoading()方法用于显示一个带有加载动画效果的提示框，其文字内容是“Hello World!”；hideLoading()方法用于立刻隐藏提示框。

图 11-2 中，图（a）为点击“显示 Loading”按钮后的效果，此时提示框将出现并无法自动消失；图（b）为点击“关闭 Loading”按钮后的效果，此时提示框将被关闭。

11.1.3　模态弹窗

小程序使用 wx.showModal(OBJECT)显示模态弹窗。其 OBJECT 参数说明如表 11-3 所示。

表 11-3　wx.showModal(OBJECT)的参数

参　数	类　型	必　填	说　明
title	String	是	提示的标题
content	String	是	提示的内容
showCancel	Boolean	否	是否显示取消按钮，默认为 true

续表

参　数	类　型	必　填	说　明
cancelText	String	否	取消按钮的文字，默认为“取消”，最多4个字符
cancelColor	HexColor	否	取消按钮的文字颜色，默认为“#000000”
confirmText	String	否	确定按钮的文字，默认为“确定”，最多4个字符
confirmColor	HexColor	否	确定按钮的文字颜色，默认为“#576B95”
editable	Boolean	否	默认值false，是否显示输入框（基础库2.17.1版本后支持）
placeholderText	String	否	显示输入框时上方的提示文本（基础库2.17.1版本后支持）
success()	Function	否	接口调用成功的回调函数
fail()	Function	否	接口调用失败的回调函数
complete()	Function	否	接口调用结束的回调函数（调用成功与否都执行）

其中，success()返回参数的说明如表11-4所示。

表11-4　success()返回参数

参　数	类　型	说　明	最低版本
confirm	Boolean	当为true时表示用户点击了“确定”按钮	
cancel	Boolean	当为true时表示用户点击了“取消”按钮（用于Android系统区分点击遮罩层关闭还是点击“取消”按钮关闭）	1.1.0

扫一扫

视频讲解

【例11-3】 界面API之模态弹窗的简单应用。

WXML（pages/demo01/modal/modal.wxml）文件代码如下：

```
<view class='title'>1.交互反馈-模态弹窗的简单应用</view>
<view class='demo-box'>
  <view class='title'>(1)有“取消”按钮的模态弹窗</view>
  <button type="primary" bindtap="showModal1">显示Modal</button>
</view>
<view class='demo-box'>
  <view class='title'>(2)无“取消”按钮的模态弹窗</view>
  <button type="primary" bindtap="showModal2">显示Modal</button>
</view>
<view class='demo-box'>
<view class='title'>(3)有【输入框】的模态弹窗</view>
   <button type="primary" bindtap="showModal3">显示Modal</button>
</view>
```

JS（pages/demo01/modal/modal.js）文件代码如下：

```
Page({
  //弹窗1
  showModal1:function(){
    wx.showModal({
      title: '提示',
      content: '这是一个模态弹窗（有取消按钮）',
      success: function (res) {
        if (res.confirm) {
          console.log('确定按钮被点击')
        } else if (res.cancel) {
          console.log('取消按钮被点击')
        }
      }
    })
  },
  //弹窗2
  showModal2: function () {
    wx.showModal({
```

```
      title: '提示',
      content: '这是一个模态弹窗（无取消按钮）',
      showCancel:false
    })
  },
  //弹窗 3
  showModal3: function () {
    wx.showModal({
      title: '提示',
      editable:true,
      placeholderText:'请输入一种水果：',
      success:res=>{
        //如果点击了"确定"按钮
        if(res.confirm){
          //接收用户输入的值并 console 打印出来
          console.log(res.content)
        }
      }
    })
  },
})
```

程序运行效果如图 11-3 所示。

【代码说明】

本示例在 modal.wxml 中包含了三个<button>按钮分别用于显示有无取消按钮、显示有输入框的模态弹窗，对应的自定义函数分别是 showModal1()、showModal2()和 showModal3()。在 modal.js 中定义 showModal1()方法用于显示一个带有取消和确定按钮的模态弹窗；定义 showModal2()方法用于显示一个只带有确定按钮的模态弹窗；定义 showModal3()方法用于显示一个带有输入框的模态弹窗。

图 11-3 中，图（a）为页面初始效果；图（b）为点击第一个按钮后的效果；图（c）为点击第二个按钮后的效果；图（d）为点击第三个按钮后的效果；图(e)为第一个模态弹窗分别点击“取消”和“确定”按钮后，以及第三个模态弹窗中输入水果名称后 Console 控制台输出的内容，由该图可见模态弹窗的按钮点击可以被监听到。

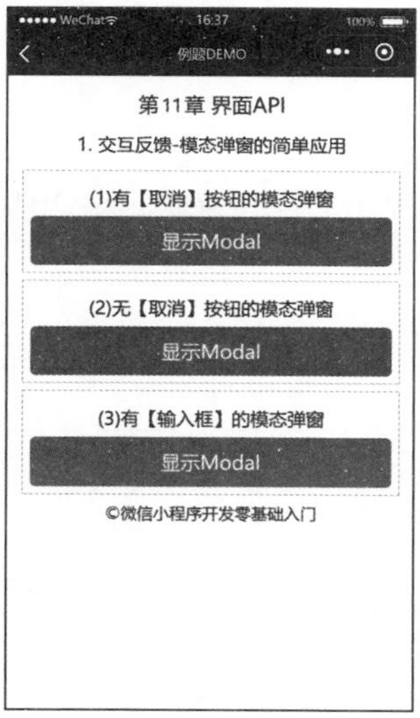

（a）页面初始效果

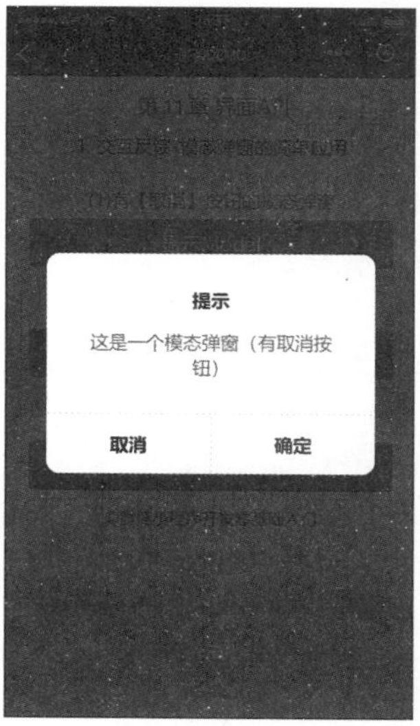

（b）有“取消”按钮效果

图 11-3　模态弹窗的简单应用

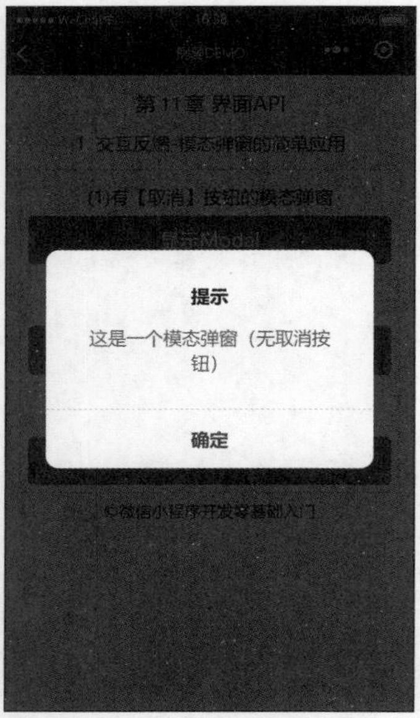

（c）无“取消”按钮效果

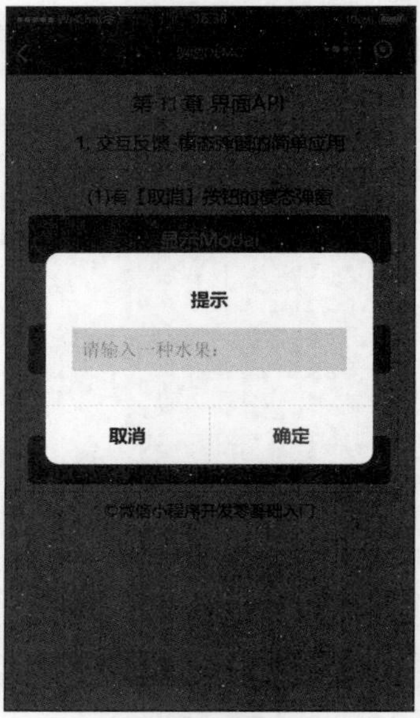

（d）有输入框效果

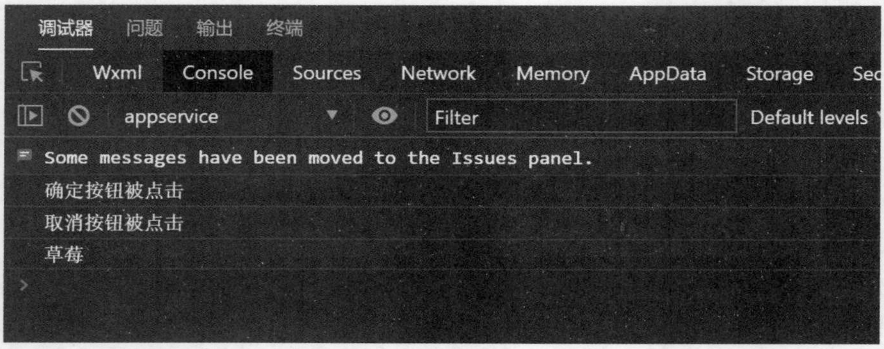

（e）Console（控制台）的输出内容

图 11-3 （续）

11.1.4 操作菜单

小程序使用 wx.showActionSheet(OBJECT)显示从底部浮出的操作菜单。其 OBJECT 参数说明如表 11-5 所示。

表 11-5 wx.showActionSheet(OBJECT)的参数

参 数	类 型	必 填	说 明
itemList	String Array	是	按钮选项的文字数组，数组长度最大为 6 个
itemColor	HexColor	否	按钮选项的文字颜色，默认为“#000000”
success()	Function	否	接口调用成功的回调函数，详见其返回参数说明
fail()	Function	否	接口调用失败的回调函数
complete()	Function	否	接口调用结束的回调函数（调用成功与否都执行）

其中，success()返回参数的说明如表 11-6 所示。

表 11-6　success()返回参数

参　　数	类　　型	说　　明
tapIndex	Number	用户点击的按钮从上到下的顺序，从 0 开始

扫一扫

视频讲解

【例 11-4】 界面 API 之操作菜单的简单应用。

WXML（pages/demo01/actionsheet/actionsheet.wxml）文件代码如下：

```
<view class='title'>1.交互反馈-操作菜单的简单应用</view>
<view class='demo-box'>
  <view class='title'>显示操作菜单</view>
  <button type="primary" bindtap="showActionSheet">显示ActionSheet</button>
</view>
```

JS（pages/demo01/actionsheet/actionsheet.js）文件代码如下：

```
Page({
  showActionSheet: function() {
    wx.showActionSheet({
      itemList: ['Menu01', 'Menu02', 'Menu03'],
      success: function(res) {
        console.log(res.tapIndex)
      },
      fail: function(res) {
        console.log(res.errMsg)
      }
    })
  }
})
```

程序运行效果如图 11-4 所示。

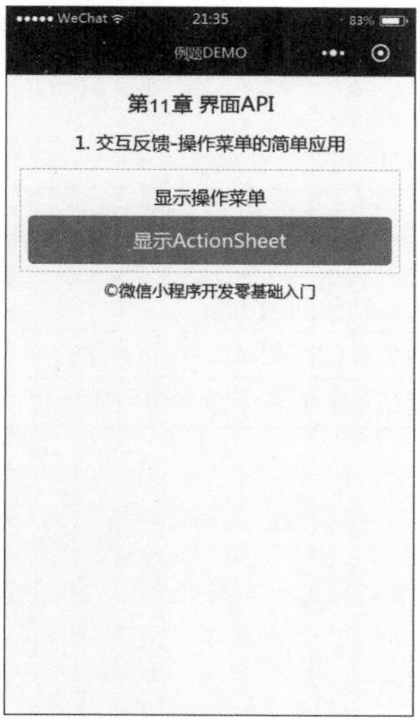

（a）页面初始效果

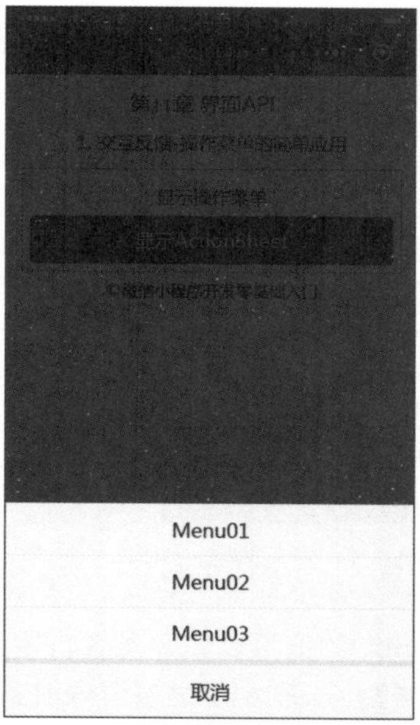

（b）点击弹出操作菜单

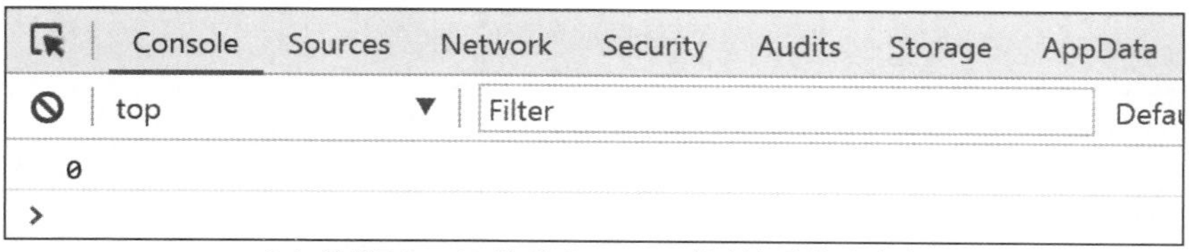

（c）选择 Menu01 选项后 Console 控制台的输出内容

图 11-4　操作菜单的简单应用

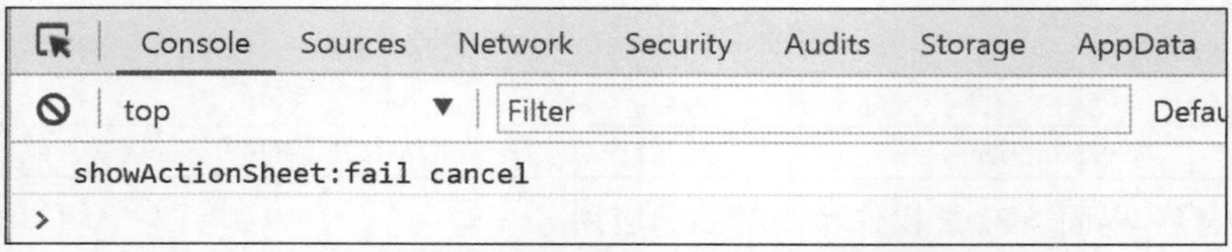

（d）选择取消选项后 Console 控制台的输出内容

图 11-4　（续）

【代码说明】

本示例在 actionsheet.wxml 中包含了一个<button>按钮用于显示操作菜单，对应的自定义函数是 showActionSheet()。在 actionsheet.js 中定义 showActionSheet()方法用于显示一个带有 Menu01、Menu02 和 Menu03 选项的操作菜单。

图 11-4 中，图（a）为页面初始效果；图（b）为点击按钮后弹出菜单的效果；图（c）为点击第一个选项 Menu01 后 Console（控制台）输出的内容，由该图可见选项是从 0 开始计数的；图（d）为点击“取消”按钮后 Console 控制台输出的内容，用户也可以点击其他空白区域触发该内容。

11.2　导航条设置

11.2.1　当前页面标题设置

小程序使用 wx.setNavigationBarTitle(OBJECT)动态设置当前页面的标题。其 OBJECT 参数说明如表 11-7 所示。

表 11-7　wx.setNavigationBarTitle(OBJECT)的参数

参　数	类　型	必　填	说　明
title	String	是	页面标题
success()	Function	否	接口调用成功的回调函数
fail()	Function	否	接口调用失败的回调函数
complete()	Function	否	接口调用结束的回调函数（调用成功与否都执行）

wx.setNavigationBarTitle(OBJECT)示例代码如下：

```
wx.setNavigationBarTitle({
  title: '当前页面'
})
```

扫一扫

视频讲解

其中，title 的值可以由开发者自定义。

【例 11-5】　界面 API 之设置导航条标题的简单应用。

WXML（pages/demo02/title/title.wxml）文件代码如下：

```
<view class='title'>2.导航条设置-标题的简单应用</view>
<view class='demo-box'>
  <view class='title'>设置导航条标题</view>
  <input type='text' placeholder='请输入自定义的导航条标题' bindinput=
  'titleInput'></input>
  <button type="primary" bindtap="setTitle">设置标题</button>
</view>
```

JS（pages/demo02/title/title.js）文件代码如下：

```
Page({
  data: {
    title:' '
  },
  titleInput: function(e) {
    this.setData({title:e.detail.value})
  },
  setTitle: function() {
    let title=this.data.title;
    wx.setNavigationBarTitle({
      title: title
    })
  }
})
```

程序运行效果如图 11-5 所示。

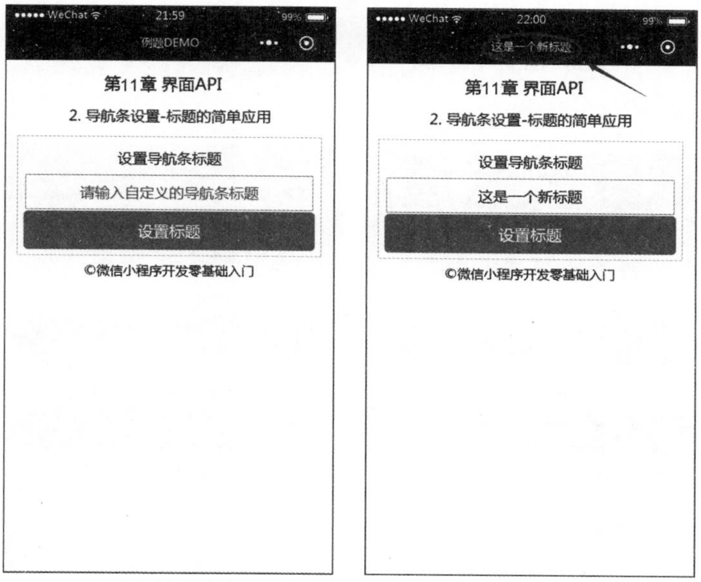

（a）页面初始效果　　（b）单击设置导航条标题

图 11-5　设置导航条标题的简单应用

【代码说明】

本示例在 title.wxml 中包含了一个<input>输入框用于录入自定义标题，对应的自定义函数是 titleInput()；以及一个<button>按钮用于更新当前页面的导航条标题，对应的自定义函数是 setTitle()。在 title.js 中定义 titleInput()方法用于实时更新输入框中的内容；定义 showTitle()方法获取标题内容并显示出来。

图 11-5 中，图（a）为页面初始效果；图（b）为输入新标题后点击“设置标题”按钮的效果，由该图可见此时顶端标题更新为输入框中的文本内容。

11.2.2　导航条加载动画

小程序分别使用 wx.showNavigationBarLoading()和 wx.hideNavigationBarLoading()在当前页面显示或隐藏导航条加载动画。

扫一扫

视频讲解

【例 11-6】 界面 API 之导航条加载动画的简单应用。

WXML（pages/demo02/loading/loading.wxml）文件代码如下：

```
<view class='title'>2.导航条设置-加载动画的简单应用</view>
<view class='demo-box'>
  <view class='title'>(1)显示导航条加载动画</view>
  <button type="primary" bindtap="showLoading">显示加载动画</button>
</view>
<view class='demo-box'>
  <view class='title'>(2)关闭导航条加载动画</view>
  <button type="primary" bindtap="hideLoading">关闭加载动画</button>
</view>
```

JS（pages/demo02/loading/loading.js）文件代码如下：

```
Page({
  showLoading: function() {
    wx.showNavigationBarLoading()
  },
  hideLoading: function() {
    wx.hideNavigationBarLoading()
  }
})
```

程序运行效果如图 11-6 所示。

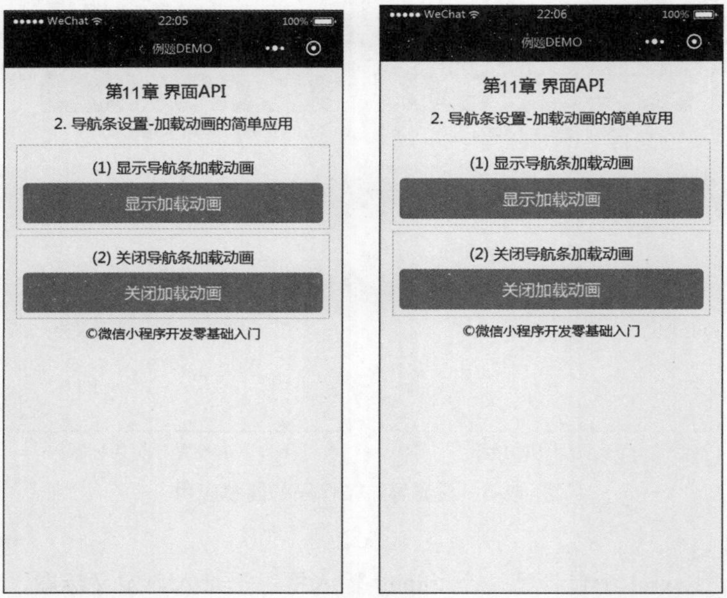

（a）显示导航条加载动画　　（b）关闭导航条加载动画

图 11-6　导航条加载动画的简单应用

【代码说明】

本示例在 loading.wxml 中包含了两个<button>按钮分别用于显示和关闭导航条加载动画，对应的自定义函数分别是 showLoading()和 hideLoading()。在 loading.js 中定义 showLoading()方法用于在导航条标题左侧显示一个加载动画效果；定义 hideLoading()方法用于隐藏动画效果，显示原先静态的导航条标题。

图 11-6 中，图（a）为点击第一个按钮后的效果，此时加载动画出现；图（b）为点击第二个按钮后的效果，此时加载动画消失。

11.2.3　导航条颜色设置

小程序使用 wx.setNavigationBarColor(OBJECT)设置导航条颜色，该接口从基础库 1.4.0 版本开始支持，低版本需做兼容处理。其 OBJECT 参数说明如表 11-8 所示。

表 11-8　wx.setNavigationBarColor(OBJECT)的参数

参　数	类　型	必　填	说　明
frontColor	String	是	前景颜色值，包括按钮、标题、状态栏的颜色，仅支持#ffffff 和#000000（不支持颜色单词或缩写成#fff 的形式）
backgroundColor	String	是	背景颜色值，有效值为十六进制颜色
animation	Object	否	动画效果
animation.duration	Number	否	动画变化时间，默认值为 0，单位为 ms
animation.timingFunc	String	否	动画变化方式，默认值为 linear
success()	Function	否	接口调用成功的回调函数，返回 String 类型参数 errMsg 表示调用结果
fail()	Function	否	接口调用失败的回调函数
complete()	Function	否	接口调用结束的回调函数（调用成功与否都执行）

animation.timingFunc 的有效值如下。

- linear：动画从头到尾的速度是相同的。
- easeIn：动画以低速开始。
- easeOut：动画以低速结束。
- easeInOut：动画以低速开始和结束。

wx.setNavigationBarColor(OBJECT)示例代码如下：

```
wx.setNavigationBarColor({
    frontColor: '#ffffff',
    backgroundColor: '#ff0000',
    animation: {
        duration: 400,
        timingFunc: 'easeIn'
    }
})
```

扫一扫

视频讲解

【例 11-7】 界面 API 之设置导航条颜色的简单应用。

WXML（pages/demo02/color/color.wxml）文件代码如下：

```
<view class='title'>2.导航条设置-颜色的简单应用</view>
<view class='demo-box'>
  <view class='title'>设置导航条颜色</view>
  <button type="primary" bindtap="setColor">设置颜色</button>
</view>
```

JS（pages/demo02/color/color.js）文件代码如下：

```
Page({
  setColor:function(){
    wx.setNavigationBarColor({
      frontColor: '#000000',
      backgroundColor: '#fff',
      animation: {
        duration: 2000,
        timingFunc: 'easeInOut'
      }
```

```
    })
  }
})
```

程序运行效果如图 11-7 所示。

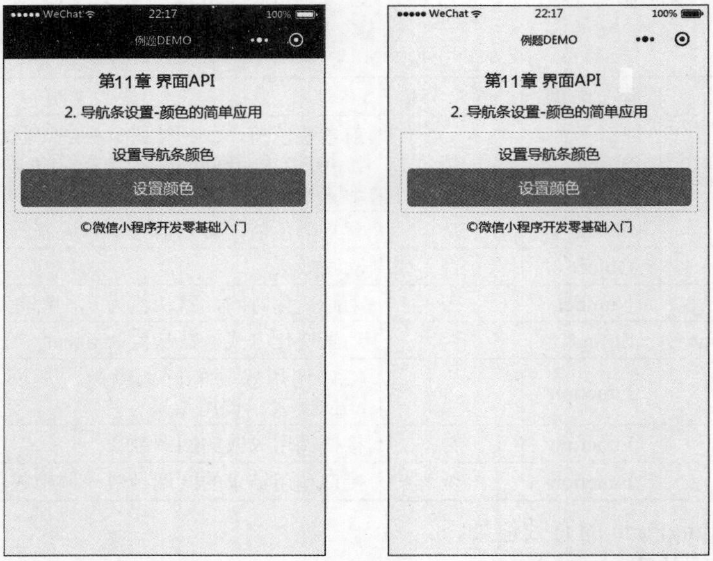

（a）页面初始效果　　（b）单击更新导航条颜色

图 11-7　导航条颜色的简单应用

【代码说明】

本示例在 color.wxml 中包含了一个<button>按钮用于更新当前页面的导航条颜色，对应的自定义函数是 setColor()。在 color.js 中定义 showColor()方法在两秒的过程中动态渲染颜色变化，并且动画以低速开始和结束。

在图 11-7 中，图（a）为页面初始效果，此时顶端导航条是黑底白字样式；图（b）为点击“设置颜色”按钮更新导航条颜色后的效果，由该图可见此时导航条变为白底黑字。

11.3　tabBar 设置

11.3.1　tabBar 标记

1 设置 tabBar 标记

小程序使用 wx.setTabBarBadge(OBJECT)为 tabBar 某一项的右上角添加文本，该接口从基础库 1.9.0 版本开始支持，低版本需做兼容处理。其 OBJECT 参数说明如表 11-9 所示。

表 11-9　wx.setTabBarBadge(OBJECT)的参数

参　数	类　型	必　填	说　明
index	Number	是	tabBar 的哪一项，从左边算起，从 0 开始计数
text	String	是	显示的文本，超过 3 个字符则显示成“...”
success()	Function	否	接口调用成功的回调函数
fail()	Function	否	接口调用失败的回调函数
complete()	Function	否	接口调用结束的回调函数（调用成功与否都执行）

wx.setTabBarBadge(OBJECT)示例代码如下：

```
wx.setTabBarBadge({
  index: 1,
  text: '1'
})
```

上述代码表示将左起第二项的右上角追加数字 1。

2 移除 tabBar 标记

小程序使用 wx.removeTabBarBadge(OBJECT)移除 tabBar 某一项右上角的文本，该接口从基础库 1.9.0 版本开始支持，低版本需做兼容处理。其 OBJECT 参数说明如表 11-10 所示。

表 11-10　wx.removeTabBarBadge(OBJECT)的参数

参　数	类　型	必　填	说　明
index	Number	是	tabBar 的哪一项，从左边算起，从 0 开始计数
success()	Function	否	接口调用成功的回调函数
fail()	Function	否	接口调用失败的回调函数
complete()	Function	否	接口调用结束的回调函数（调用成功与否都执行）

wx.removeTabBarBadge(OBJECT)示例代码如下：

```
wx.removeTabBarBadge({index: 0})
```

上述代码表示将左起第一项的右上角文本移除。

11.3.2　tabBar 红点

1 显示 tabBar 红点

小程序使用 wx.showTabBarRedDot(OBJECT)显示 tabBar 某一项的右上角的红点，该接口从基础库 1.9.0 版本开始支持，低版本需做兼容处理。其 OBJECT 参数说明如表 11-11 所示。

表 11-11　wx.showTabBarRedDot(OBJECT)的参数

参　数	类　型	必　填	说　明
index	Number	是	tabBar 的哪一项，从左边算起，从 0 开始计数
success()	Function	否	接口调用成功的回调函数
fail()	Function	否	接口调用失败的回调函数
complete()	Function	否	接口调用结束的回调函数（调用成功与否都执行）

2 隐藏 tabBar 红点

小程序使用 wx.hideTabBarRedDot(OBJECT)隐藏 tabBar 某一项的右上角的红点，该接口从基础库 1.9.0 版本开始支持，低版本需做兼容处理。其 OBJECT 参数说明如表 11-12 所示。

表 11-12　wx.hideTabBarRedDot(OBJECT)的参数

参　数	类　型	必　填	说　明
index	Number	是	tabBar 的哪一项，从左边算起，从 0 开始计数
success()	Function	否	接口调用成功的回调函数
fail()	Function	否	接口调用失败的回调函数
complete()	Function	否	接口调用结束的回调函数（调用成功与否都执行）

11.3.3　onTabItemTap()

在小程序中，单击 tabBar 中的任一 tab 时都会触发 onTabItemTap(item)，该函数从基础库 1.9.0 版本开始支持，低版本需做兼容处理。

onTabItemTap(item)示例代码如下：

```
Page({
  onTabItemTap(item) {
    console.log(item.index)       //页面序号，表示第几个 tab
    console.log(item.pagePath)    //页面路径地址
    console.log(item.text)        //页面文本内容
  }
})
```

11.3.4 设置 tabBar 样式

1 设置 tabBar 整体样式

小程序使用 wx.setTabBarStyle(OBJECT)动态设置 tabBar 的整体样式，该接口从基础库 1.9.0 版本开始支持，低版本需做兼容处理。其 OBJECT 参数说明如表 11-13 所示。

表 11-13 wx.setTabBarStyle(OBJECT)的参数

参 数	类 型	说 明
color	HexColor	tab 上文字的默认颜色
selectedColor	HexColor	tab 上的文字选中时的颜色
backgroundColor	HexColor	tab 的背景色
borderStyle	String	tabBar 上边框的颜色，仅支持 black、white
success()	Function	接口调用成功的回调函数
fail()	Function	接口调用失败的回调函数
complete()	Function	接口调用结束的回调函数（调用成功与否都执行）

wx.setTabBarStyle(OBJECT)示例代码如下：

```
wx.setTabBarStyle({
    color: '#ff0000',
    selectedColor: '#00ff00',
    backgroundColor: '#0000ff',
    borderStyle: 'white'
})
```

2 设置 tabBar 单项样式

小程序使用 wx.setTabBarItem(OBJECT)动态设置 tabBar 某一项的内容，该接口从基础库 1.9.0 版本开始支持，低版本需做兼容处理。其 OBJECT 参数说明如表 11-14 所示。

表 11-14 wx.setTabBarItem(OBJECT)的参数

参 数	类 型	必 填	说 明
index	Number	是	tabBar 的哪一项，从左边算起
text	String	否	tab 上按钮的文字
iconPath	String	否	图片路径，icon 大小限制为 40KB，建议尺寸为 81px×81px，当 position 为 top 时此参数无效，它不支持网络图片
selectedIconPath	String	否	选中时的图片路径，icon 大小限制为 40KB，建议尺寸为 81px×81px，当 position 为 top 时此参数无效
success()	Function	否	接口调用成功的回调函数
fail()	Function	否	接口调用失败的回调函数
complete()	Function	否	接口调用结束的回调函数（调用成功与否都执行）

wx.set TabBarItem(OBJECT)示例代码如下：

```
wx.setTabBarItem({
    index: 0,
    text: 'text',
    iconPath: '/path/to/iconPath',
    selectedIconPath: '/path/to/selectedIconPath'
})
```

11.3.5　显示与隐藏 tabBar

1 显示 tabBar

小程序使用 wx.showTabBar(OBJECT)显示 tabBar，该接口从基础库 1.9.0 版本开始支持，低版本需做兼容处理。其 OBJECT 参数说明如表 11-15 所示。

表 11-15　wx.showTabBar(OBJECT)的参数

参　　数	类　　型	必　　填	说　　明
animation	Boolean	否	是否需要动画效果，默认无
success()	Function	否	接口调用成功的回调函数
fail()	Function	否	接口调用失败的回调函数
complete()	Function	否	接口调用结束的回调函数（调用成功与否都执行）

2 隐藏 tabBar

小程序使用 wx.hideTabBar(OBJECT)隐藏 tabBar，该接口从基础库 1.9.0 版本开始支持，低版本需做兼容处理。其 OBJECT 参数说明如表 11-16 所示。

表 11-16　wx.hideTabBar(OBJECT)的参数

参　　数	类　　型	必　　填	说　　明
animation	Boolean	否	是否需要动画效果，默认无
success()	Function	否	接口调用成功的回调函数
fail()	Function	否	接口调用失败的回调函数
complete()	Function	否	接口调用结束的回调函数（调用成功与否都执行）

扫一扫

视频讲解

【例 11-8】 界面 API 之设置 tabBar 的综合应用。

本示例用于展示 11.3 节所学的 tabBar 的各种设置方式，包括如下内容：

- tabBar 的右上角文本设置；
- tabBar 的右上角红点设置；
- tabBar 的样式设置；
- tabBar 的显示与隐藏效果。

首先需要在 app.json 文件中声明 tabBar 结构，本示例选择显示两个页面，即首页和 tabBar 例题页面。app.json 文件代码如下：

```
{
  "tabBar": {
    "color":"#000",
    "selectedColor":"#1aad19",
    "list": [
      {
        "pagePath": "pages/index/index",
        "iconPath": "images/demo03/house.png",
        "selectedIconPath": "images/demo03/house_green.png",
            "text": "首页"
          },
```

```
          {
            "pagePath": "pages/demo03/tabBar/tabBar",
            "iconPath": "images/demo03/star.png",
            "selectedIconPath": "images/demo03/star_green.png",
            "text": "tabBar 例题"
          }
        ]
      }
    }
```

程序运行效果如图 11-8 所示。

图 11-8　tabBar 的简单设置效果

其中，首页是本章全部例题的目录页，tabBar 例题页面是本示例的主要运行页面。

WXML（pages/demo03/tabBar/tabBar.wxml）文件代码如下：

```
<view class='title'>3. tabBar 设置</view>
<view class='demo-box'>
  <view class='title'>(1)右上角文本设置</view>
  <button type="primary" size='mini' bindtap="setText">添加文本</button>
  <button type="primary" size='mini' bindtap="removeText">取消文本</button>
</view>
<view class='demo-box'>
  <view class='title'>(2)右上角红点设置</view>
  <button type="primary" size='mini' bindtap="showRedDot">添加红点</button>
  <button type="primary" size='mini' bindtap="hideRedDot">取消红点</button>
</view>
<view class='demo-box'>
  <view class='title'>(3)tabBar 样式设置</view>
  <button type="primary" size='mini' bindtap="setBarStyle">整体设置</button>
  <button type="primary" size='mini' bindtap="setColor">单项设置</button>
</view>
<view class='demo-box'>
  <view class='title'>(4)tabBar 的显示与隐藏</view>
  <button type="primary" size='mini' bindtap="showTabBar">显示 tabBar</button>
  <button type="primary" size='mini' bindtap="hideTabBar">隐藏 tabBar</button>
</view>
```

WXSS（pages/demo03/tabBar/tabBar.wxss）文件代码如下：

```
button{
  margin: 10rpx;
}
```

JS（pages/demo03/tabBar/tabBar.js）文件代码如下：

```
Page({
  //设置文本
  setText: function() {
    wx.setTabBarBadge({
      index: 1,
      text: '99'
    })
  },
  //取消文本
  removeText: function() {
    wx.removeTabBarBadge({
      index: 1
    })
  },
```

```
  //显示红点
  showRedDot: function() {
    wx.showTabBarRedDot({
      index: 1,
    })
  },
  //隐藏红点
  hideRedDot: function() {
    wx.hideTabBarRedDot({
      index: 1,
    })
  },
  //设置 tabBar 整体样式
  setBarStyle: function() {
    wx.setTabBarStyle({
      color: '#ff0000',
      selectedColor: '#0000ff'
    })
  },
  //设置 tabBar 单项样式
  setBarItemStyle: function() {
    wx.setTabBarItem({
      index: 1,
      text: '首页',
      iconPath: '/images/demo03/house.png',
      selectedIconPath: '/images/demo03/house_green.png'
    })
  },
  //还原 tabBar 样式
  resetBarStyle: function() {
    wx.setTabBarItem({
      index: 1,
      text: 'tabBar 例题',
      iconPath: '/images/demo03/star.png',
      selectedIconPath: '/images/demo03/star_green.png'
    })
    wx.setTabBarStyle({
      color: '#000000',
      selectedColor: '#1aad19'
    })
  },
  //显示 tabBar
  showTabBar: function() {
    wx.showTabBar({})
  },
  //隐藏 tabBar
  hideTabBar: function() {
    wx.hideTabBar({})
  }
})
```

程序运行效果如图 11-9 所示。

【代码说明】

本示例在 tabBar.wxml 中包含了 4 组案例，并为每组配置了两个<button>按钮。第 1 组案例对应的自定义函数是 setText()和 removeText()，分别用于显示和隐藏 tabBar 的右上角文本；第 2 组案例对应的自定义函数是 showRedDot()和 hideRedDot()，分别用于显示和隐藏 tabBar 的右上角红点；第 3 组案例对应的自定义函数是 setTabBarStyle()、setBarItemStyle()以及 resetTabBarStyle()，分别用于设置 tabBar 的整体样式、单项样式以及还原最初样式；第 4 组案例对应的自定义函数是 showTabBar()和 hideTabBar()，分别用于显示和隐藏整个 tabBar。

（a）添加右上角文本效果　（b）添加右上角红点效果　（c）整体样式设置效果

（d）单项样式设置效果　（e）隐藏 tabBar　（f）显示 tabBar

图 11-9　设置 tabBar 的综合应用

图 11-9 中，图（a）和图（b）为添加右上角文本和红点效果；图（c）和图（d）为整体样式和单项样式设置效果；图（e）和图（f）为隐藏和显示整个 tabBar 效果。

11.4　页面导航

11.4.1　跳转到新页面

小程序使用 wx.navigateTo(OBJECT)保留当前页面，并在当前页面上方打开应用内指定的新页面。在这种打开方式下可以点击新页面左上角的返回按钮或使用 wx.navigateBack()接口返回到原页面。其 OBJECT 参数说明如表 11-17 所示。

表 11-17　wx.navigateTo(OBJECT)的参数

参　　数	类　　型	必　　填	说　　明
url	String	是	需要跳转的应用内非 tabBar 的页面的路径，路径后可以带参数。参数与路径之间使用?分隔，参数键与参数值用=相连，多个参数用&分隔，例如：'path?key=value&key2=value2&…keyN=valueN'
success()	Function	否	接口调用成功的回调函数
fail()	Function	否	接口调用失败的回调函数
complete()	Function	否	接口调用结束的回调函数（调用成功与否都执行）

wx.navigateTo(OBJECT)示例代码如下：

```
wx.navigateTo({
  url: 'test?id=123'
})
```

上述代码表示跳转到 test 页面，并且携带参数 id=123。

在跳转到的 test 页面可以通过 onLoad()函数获得参数值，代码如下：

```
Page({
  onLoad: function(option){
    console.log(option.id)          //打印输出 123
  }
})
```

注意：小程序规定页面路径最多只能打开 10 层。

11.4.2　返回指定页面

小程序使用 wx.navigateBack(OBJECT)关闭当前页面，返回上一页面或多级页面。其 OBJECT 参数说明如表 11-18 所示。

表 11-18　wx.navigateBack(OBJECT)的参数

参　　数	类　　型	默　认　值	说　　明
delta	Number	1	返回的页面数，如果 delta 大于现有页面数，则返回到首页

为了更好地理解该接口，假设有 A、B、C 三个页面，其中 A 页面是首页。

当前是 A 页面，使用 wx.navigateTo()打开 B 页面的示例代码如下：

```
wx.navigateTo({
  url: 'B'
})
```

当前是 B 页面，再使用 wx.navigateTo()打开 C 页面的示例代码如下：

```
wx.navigateTo({
  url: 'C'
})
```

当前是 C 页面，使用 wx.navigateBack()返回 A 页面的示例代码如下：

```
wx.navigateBack({
  delta: 2  //如果是 1 则返回 B 页面
})
```

注意：如果用户不清楚页面层数，可通过 getCurrentPages()获取当前的页面栈。

11.4.3 当前页面重定向

小程序使用 wx.redirectTo(OBJECT)关闭当前页面内容，重定向到应用内的某个页面。其 OBJECT 参数说明如表 11-19 所示。

表 11-19 wx.redirectTo(OBJECT)的参数

参 数	类 型	必 填	说 明
url	String	是	需要跳转的应用内非 tabBar 的页面的路径，路径后可以带参数。参数与路径之间使用?分隔，参数键与参数值用=相连，不同参数用&分隔，例如'path?key=value&key2=value2'
success()	Function	否	接口调用成功的回调函数
fail()	Function	否	接口调用失败的回调函数
complete()	Function	否	接口调用结束的回调函数（调用成功与否都执行）

wx.redirectTo(OBJECT)示例代码如下：

```
wx.redirectTo({
  url: 'test?id=1'
})
```

上述代码与 wx.navigateTo(OBJECT)的用法类似，只不过此时无法返回打开前的原页面。

11.4.4 重启页面

小程序使用 wx.reLaunch(OBJECT)关闭所有页面，重新打开应用内的某个页面。该接口从基础库 1.1.0 版本开始支持，低版本需做兼容处理。其 OBJECT 参数说明如表 11-20 所示。

表 11-20 wx.reLaunch(OBJECT)的参数

参 数	类 型	必 填	说 明
url	String	是	需要跳转的应用内页面路径，路径后可以带参数。参数与路径之间使用?分隔，参数键与参数值用=相连，不同参数用&分隔，例如'path?key=value&key2=value2'，如果跳转的页面路径是 tabBar 页面则不能带参数
success()	Function	否	接口调用成功的回调函数
fail()	Function	否	接口调用失败的回调函数
complete()	Function	否	接口调用结束的回调函数（调用成功与否都执行）

wx.reLaunch(OBJECT)示例代码如下：

```
wx.reLaunch({
  url: 'test?id=1'
})
```

11.4.5 切换 tabBar 页面

小程序使用 wx.switchTab(OBJECT)跳转到指定的 tabBar 页面，并关闭其他页面。其 OBJECT 参数说明如表 11-21 所示。

wx.switchTab(OBJECT)示例代码如下：

```
wx.switchTab({
  url: '/index'
})
```

需要注意的是，使用 wx.switchTab(OBJECT)必须确保切换的页面是在 app.json 的 tabBar 属性中声明过的页面。

表 11-21　wx.switchTab(OBJECT)的参数

参　数	类　型	必　填	说　明
url	String	是	需要跳转的 tabBar 页面的路径（需在 app.json 的 tabBar 字段定义的页面），路径后不能带参数
success()	Function	否	接口调用成功的回调函数
fail()	Function	否	接口调用失败的回调函数
complete()	Function	否	接口调用结束的回调函数（调用成功与否都执行）

扫一扫

视频讲解

【例 11-9】 界面 API 之页面导航的综合应用。

本示例用于展示 11.4 节所学的页面导航的 5 种设置方式，具体如下。

- wx.navigateTo()：跳转新页面。
- wx.navigateBack()：返回前一页面。
- wx.redirectTo()：当前页面重定向。
- wx.reLaunch()：重启页面。
- wx.switchTab()：切换到 tabBar 页面。

WXML（pages/demo04/navigate/navigate.wxml）文件代码如下：

```
<view class='title'>4.页面导航</view>
<view class='demo-box'>
  <view class='title'>(1)wx.navigateTo</view>
  <button type="primary" size='mini' bindtap="navigateTo">跳转新页面</button>
</view>
<view class='demo-box'>
  <view class='title'>(2)wx.navigateBack</view>
  <button type="primary" size='mini' bindtap="navigateBack">返回首页</button>
</view>
<view class='demo-box'>
  <view class='title'>(3)wx.redirectTo</view>
  <button type="primary" size='mini' bindtap="redirectTo">当前页面重定向</button>
</view>
<view class='demo-box'>
  <view class='title'>(4)wx.reLaunch</view>
  <button type="primary" size='mini' bindtap="reLaunch">重启页面</button>
</view>
<view class='demo-box'>
  <view class='title'>(5)wx.switchTab</view>
  <button type="primary" size='mini' bindtap="switchTab">切换到 tabBar 例题页面</button>
</view>
```

JS（pages/demo04/navigate/navigate.js）文件代码如下：

```
Page({
  navigateTo: function() {
    wx.navigateTo({
      url: '/pages/demo04/new/new',
    })
  },
  navigateBack:function() {
    wx.navigateBack({})
  },
  redirectTo: function() {
    wx.redirectTo({
      url: '/pages/demo04/new/new',
    })
  },
  reLaunch:function(){
    wx.reLaunch({
      url: '/pages/demo04/new/new',
```

```
    })
  },
  switchTab: function() {
    wx.switchTab({
      url: '/pages/demo03/tabBar/tabBar',
    })
  }
})
```

除了示例页面以外，本例还用到一个新页面 new.wxml 演示打开效果。

新页面的 WXML（pages/demo04/new/new.wxml）文件代码如下：

```
<view class='title'>这是一个新页面</view>
```

程序运行效果如图 11-10 所示。

（a）页面初始效果　（b）跳转新页面　（c）重启页面　（d）切换到 tabBar 例题页面

图 11-10　页面导航的综合应用

【代码说明】

本示例在 navigate.wxml 中包含了 5 个<button>按钮分别用于跳转新页面、返回前一页面、当前页面重定向、重启页面、切换到 tabBar 例题页面，对应的自定义函数分别是 navigateTo()、navigateBack()、redirectTo()、reLaunch()和 switchTab()。在 navigate.js 中定义 navigateTo()、redirectTo()和 reLaunch()打开 new.wxml 新页面；定义 navigateBack()返回 index.wxml 首页；定义 switchTab()切换到 tabBar.wxml 例题页面。

图 11-10 中，图（a）为页面初始效果；图（b）为 navigateTo()和 redirectTo()跳转新页面的效果，区别在于前者还能返回到 navigate 页面，后者只能返回到 index 首页；图（c）为重启页面的效果，由该图可见此时其他所有页面都被关闭，无法回到上一页；图（d）为切换到 tabBar 例题页面效果，此时其他非 tab 页面均被关闭。

11.5　动画

小程序组件通过 animation 属性显示动画，其动画效果的实现需要 3 个步骤，即创建动画实例；通过调用实例的方法描述动画；通过动画实例的 export()方法导出动画数据传递给组件的 animation 属性。

11.5.1　动画实例

小程序使用 wx.createAnimation(OBJECT)创建一个动画实例 animation。其 OBJECT 参数说明如表 11-22 所示。

表 11-22　wx.createAnimation(OBJECT)的参数

参　数	类　型	必　填	默 认 值	说　明
duration	Integer	否	400	动画持续时间，单位为 ms
timingFunction	String	否	"linear"	定义动画的效果
delay	Integer	否	0	动画延迟时间，单位为 ms
transformOrigin	String	否	"50% 50% 0"	设置 transform-origin

timingFunction 的有效值如下。

- linear：动画从头到尾的速度是相同的。
- ease：动画以低速开始，然后加快，在结束前变慢。
- ease-in：动画以低速开始。
- ease-in-out：动画以低速开始和结束。
- ease-out：动画以低速结束。
- step-start：动画的第 1 帧就跳至结束状态直到结束。
- step-end：动画一直保持开始状态，在最后一帧跳到结束状态。

wx.createAnimation(OBJECT)示例代码如下：

```
var animation=wx.createAnimation({
  duration: 5000,
  timingFunction: "ease-in"
})
```

上述代码表示动画持续时间为 5 秒，且以低速开始。

11.5.2 动画的描述

动画实例可以调用 animation 对象的相关方法描述动画，在调用结束后返回自身。

animation 对象的方法可以分为 6 类，分别用于控制组件的样式、旋转、缩放、偏移、倾斜和矩阵变形。

控制组件样式的方法如表 11-23 所示。

表 11-23 animation 对象方法（样式）

方　法	参　数	说　明
opacity()	value	透明度，参数范围为 0～1
backgroundColor()	color	颜色值，用于设置背景颜色
width()	length	长度值，用于设置宽度，如果传入 Number 则默认使用 px，可传入其他自定义单位的长度值
height()	length	长度值，用于设置高度，如果传入 Number 则默认使用 px，可传入其他自定义单位的长度值
top()	length	长度值，用于设置顶部位移，如果传入 Number 则默认使用 px，可传入其他自定义单位的长度值
left()	length	长度值，用于设置左侧位移，如果传入 Number 则默认使用 px，可传入其他自定义单位的长度值
bottom()	length	长度值，用于设置底部位移，如果传入 Number 则默认使用 px，可传入其他自定义单位的长度值
right()	length	长度值，用于设置右侧位移，如果传入 Number 则默认使用 px，可传入其他自定义单位的长度值

控制组件旋转的方法如表 11-24 所示。

表 11-24 animation 对象方法（旋转）

方　法	参　数	说　明
rotate()	deg	deg 的范围为−180°～180°，从原点顺时针旋转一个 deg 角度
rotateX()	deg	deg 的范围为−180°～180°，在 X 轴旋转一个 deg 角度
rotateY()	deg	deg 的范围为−180°～180°，在 Y 轴旋转一个 deg 角度
rotateZ()	deg	deg 的范围为−180°～180°，在 Z 轴旋转一个 deg 角度
rotate3d()	x,y,z,deg	同 transform-function rotate3d()

控制组件缩放的方法如表 11-25 所示。

表 11-25 animation 对象方法（缩放）

方　法	参　数	说　明
scale()	sx,[sy]	当一个参数时，表示在 X 轴、Y 轴同时缩放 sx 倍数；当两个参数时，表示在 X 轴缩放 sx 倍数、在 Y 轴缩放 sy 倍数
scaleX()	sx	在 X 轴缩放 sx 倍数
scaleY()	sy	在 Y 轴缩放 sy 倍数
scaleZ()	sz	在 Z 轴缩放 sz 倍数
scale3d()	sx,sy,sz	在 X 轴缩放 sx 倍数，在 Y 轴缩放 sy 倍数，在 Z 轴缩放 sz 倍数

控制组件偏移的方法如表 11-26 所示。

表 11-26　animation 对象方法（偏移）

方　法	参　数	说　明
translate()	tx,[ty]	当一个参数时，表示在 X 轴偏移 tx；当两个参数时，表示在 X 轴偏移 tx、在 Y 轴偏移 ty
translateX()	tx	在 X 轴偏移 tx
translateY()	ty	在 Y 轴偏移 ty
translateZ()	tz	在 Z 轴偏移 tz
translate3d()	tx,ty,tz	在 X 轴偏移 tx，在 Y 轴偏移 ty，在 Z 轴偏移 tz

注意：偏移单位均为 px。

控制组件倾斜的方法如表 11-27 所示。

表 11-27　animation 对象方法（倾斜）

方　法	参　数	说　明
skew()	ax,[ay]	参数范围为-180°～180°。当一个参数时，Y 轴坐标不变，X 轴坐标沿顺时针倾斜 ax 度；当两个参数时，分别在 X 轴倾斜 ax 度、在 Y 轴倾斜 ay 度
skewX()	ax	参数范围为-180°～180°。Y 轴坐标不变，X 轴坐标沿顺时针倾斜 ax 度
skewY()	ay	参数范围为-180°～180°。X 轴坐标不变，Y 轴坐标沿顺时针倾斜 ay 度

控制组件矩阵变形的方法如表 11-28 所示。

表 11-28　animation 对象方法（矩阵变形）

方　法	参　数	说　明
matrix()	a,b,c,d,tx,ty	同 CSStransform-function matrix()
matrix3d()		同 CSStransform-function matrix3d()

animation 对象允许用户将任意多个动画方法追加在同一行代码中，表示同时开始这一组动画内容，在调用动画操作方法后还需要调用 step()表示一组动画完成。

例如：

```
animation.scale(2).rotate(90).backgroundColor('purple').step()
```

上述代码表示将组件在指定的时间内放大到原来的两倍，并且顺时针旋转 90°，同时将背景颜色更新为紫色。

若是希望多个动画按顺序依次执行，每组动画之间都需要使用 step()隔开。

例如上述代码可修改为：

```
animation.scale(2).step().rotate(90).step().backgroundColor('purple').step()
```

这段代码表示将组件按照顺序依次放大到原来的 2 倍、顺时针旋转 90°、背景颜色更新为紫色。

11.5.3　动画的导出

在声明完 animation 对象并描述了动画方法后，还需要使用 export()将该对象导出到组件的 animation 属性中，这样才可以使组件具有动画效果。

以<view>组件为例，WXML 代码如下：

```
<view animation="{{animationData}}"></view>
```

JS 代码如下：

```
//1.创建 animation 对象
var animation=wx.createAnimation()
//2.描述动画
animation.scale(2).step()
//3.导出至组件的动画属性
this.setData({animationData:animation.export()})
```

小程序也允许多次调用 export()方法导出不同的动画描述方法。

例如前面的 JS 代码可以更新为如下内容：

```
//1.创建 animation 对象
var animation=wx.createAnimation()
//2.描述第一个动画
animation.scale(2).step()
//3.导出至组件的动画属性
this.setData({animationData:animation.export()})
//4.描述第二个动画
animation.rotate(180).step()
//5.导出至组件的动画属性
this.setData({animationData:animation.export()})
```

扫一扫

视频讲解

此时一组动画完成后才会进入下一组动画，每次调用 export()后会覆盖之前的动画操作。

【例 11-10】 界面 API 之动画的综合应用。

本示例用于展示 11.5 节所学组件动画的几种变形方式，包括如下内容：

- 旋转、缩放、偏移、倾斜；
- 同时播放全部动画；
- 依次播放每一个动画；
- 还原组件的初始状态。

WXML（pages/demo05/animation/animation.wxml）文件代码如下：

```
<view class='title'>5.动画</view>
<view class='demo-box'>
  <view class='title'>animation 的用法</view>
  <view class='animation-view' animation='{{animation}}'>这是动画组件</view>
  <button type="primary" size='mini' bindtap="rotate">旋转</button>
  <button type="primary" size='mini' bindtap="scale">缩放</button>
  <button type="primary" size='mini' bindtap="translate">偏移</button>
  <button type="primary" size='mini' bindtap="skew">倾斜</button>
  <button bindtap="sync">同时动画</button>
  <button bindtap="queue">依次动画</button>
  <button bindtap="reset">还原</button>
</view>
```

WXSS（pages/demo05/animation/animation.wxss）文件代码如下：

```
.animation-view{
  width: 220rpx;
  height: 220rpx;
  background-color: lightgreen;
  margin: 20rpx auto;
  line-height: 220rpx;
}
button{
  margin: 10rpx;
}
```

JS（pages/demo05/animation/animation.js）文件代码如下：

```
Page({
  //旋转
  rotate: function() {
    this.animation.rotate(45).step()
    this.setData({ animation: this.animation.export() })
  },
  //缩放
  scale: function() {
    this.animation.scale(0.5).step()
    this.setData({ animation: this.animation.export() })
  },
  //偏移
  translate: function() {
    this.animation.translate(100, 50).step()
    this.setData({ animation: this.animation.export() })
  },
  //倾斜
  skew: function() {
    this.animation.skewX(45).step()
    this.setData({ animation: this.animation.export() })
  },
  //同时动画
  sync: function() {
    this.animation.rotate(45).scale(0.5).translate(100, 50).skewX(45).step()
    this.setData({ animation: this.animation.export() })
  },
  //依次动画
  queue: function() {
    this.animation.rotate(45).step().scale(0.5).step()
            .translate(100, 50).step().skewX(45).step()
    this.setData({ animation: this.animation.export() })
  },
  //还原
  reset: function() {
    this.animation.rotate(0).scale(1).translate(0, 0).skewX(0).step()
    this.setData({ animation: this.animation.export() })
  },
  onReady: function() {
    this.animation=wx.createAnimation({ duration: 3000 })
  }
})
```

程序运行效果如图 11-11 所示。

【代码说明】

本示例在 animation.wxml 中包含了一个带有 animation 属性的<view>组件用于动画效果，并在 animation.wxss 中设置该组件的宽、高均为 220rpx，浅绿色背景；在<view>组件下方有 4 个<button>迷你按钮分别用于为组件实现旋转、缩放、偏移和倾斜的动画效果，对应的自定义函数是 rotate()、scale()、translate()和 skew()；另有 3 个<button>普通按钮分别用于让组件同时动画、依次动画和还原初始状态，对应的自定义函数是 sync()、queue()和 reset()。在 animation.js 的 onReady()函数中设置每次动画的持续时间为 3 秒。

（a）页面初始效果　（b）旋转动画结束后　（c）缩放动画结束后

（d）偏移动画结束后　（e）倾斜动画结束后　（f）同时动画结束后

图 11-11　动画的综合应用

图 11-11 中，图（a）为页面初始效果；图（b）～图（e）分别为组件的 4 种动画效果；图（f）为这 4 种动画效果同时完成后的效果，如果选择“依次动画”，最终一帧的效果相同。截图只能看到动画完成后的最后一帧，开发者可以运行代码查看完整动画过程。

11.6　页面位置

小程序使用 wx.pageScrollTo(OBJECT)将页面滚动到目标位置，该接口从基础库 1.4.0 版本开始支持，低版本需做兼容处理。其 OBJECT 参数说明如表 11-29 所示。

表 11-29　wx.pageScrollTo(OBJECT)的参数

参数名	类型	必填	说明
scrollTop	Number	是	滚动到页面的目标位置（单位为 px）
duration	Number	否	滚动动画的时长，默认为 300ms，单位为 ms

wx.pageScrollTo(OBJECT)示例代码如下：

```
wx.pageScrollTo({
  scrollTop: 0,
  duration: 3000
})
```

上述代码表示将页面滚动回最顶端，动画效果为 3 秒。

扫一扫

视频讲解

【例 11-11】 界面 API 之页面位置的简单应用。

WXML（pages/demo06/scroll/scroll.wxml）文件代码如下：

```
<view class='title'>6.页面位置</view>
<view class='demo-box'>
  <view class='title'>wx.pageScrollTo(OBJECT)的用法</view>
  <view class='test'>这是一个高度超过手机屏幕的组件</view>
  <button type="primary" bindtap="backToTop">回到顶部</button>
</view>
```

WXSS（pages/demo06/scroll/scroll.wxss）文件代码如下：

```
.test{
  height: 1200rpx;
  background-color: lightyellow;
}
```

JS（pages/demo06/scroll/scroll.js）文件代码如下：

```
Page({
  //回到顶部
  backToTop:function(){
    wx.pageScrollTo({
      scrollTop: 0,
      duration:2000
    })
  }
})
```

程序运行效果如图 11-12 所示。

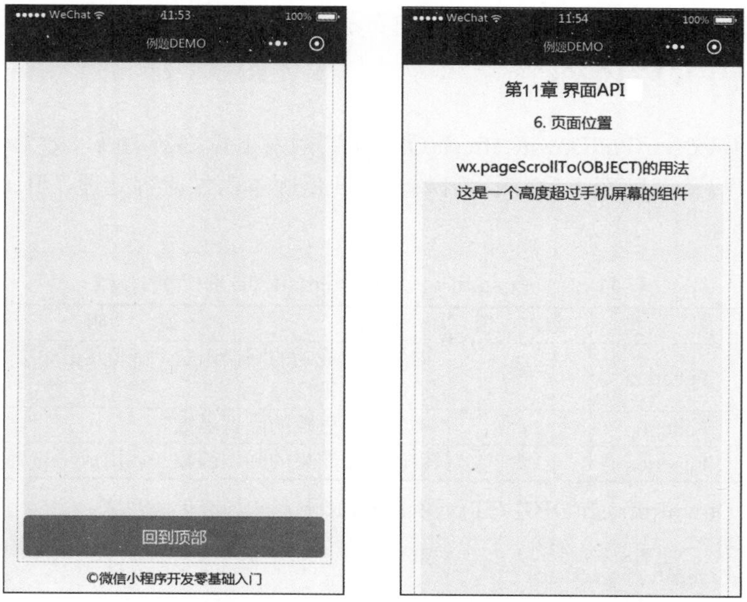

（a）页面拖到底部效果　　（b）点击按钮自动返回顶部

图 11-12　页面位置的简单应用

【代码说明】

本示例在 scroll.wxml 中包含了一个高 1200rpx、浅黄色背景的<view>组件，用于让页面滚动到底部；在<view>组件的下方是<button>按钮，用于点击回到页面顶部，对应的自定义函数是 backToTop()。在 scroll.js 中定义 backToTop()方法实现回到页面顶部并带有持续两秒的向上滚动动画效果。

图 11-12 中，图（a）为页面拖到底部的效果，此时只能看到下半部分<view>组件和其底部按钮；图（b）为点击按钮自动返回顶部的最终效果，此时可以看到页面顶端的标题和上半部分<view>组件。

11.7 下拉刷新

11.7.1 监听下拉刷新

小程序在 Page()中定义了 onPullDownRefresh()函数用于监听当前页面的用户下拉刷新事件。

onPullDownRefresh()函数的示例代码如下：

```
Page({
  onPullDownRefresh: function(){
    console.log('正在下拉刷新')
  }
})
```

测试的时候可以在微信开发者工具的 JSON 文件中进行配置，相关代码如下：

```
{
 "enablePullDownRefresh": true,
 …
}
```

上述代码可以放在 app.json 文件的 window 属性中表示所有页面都允许下拉刷新，也可以单独直接放在当前页面的 page.json 文件中表示只有该页面允许下拉刷新。

11.7.2 开始下拉刷新

小程序使用 wx.startPullDownRefresh(OBJECT)触发下拉刷新动画，效果与用户手动下拉刷新一致。该接口从基础库 1.5.0 版本开始支持，低版本需做兼容处理。其 OBJECT 参数说明如表 11-30 所示。

表 11-30 wx.startPullDownRefresh(OBJECT)的参数

参　数	类　型	必　填	说　明
success()	Function	否	接口调用成功的回调函数，返回 String 类型参数 errMsg 表示调用结果
fail()	Function	否	接口调用失败的回调函数
complete()	Function	否	接口调用结束的回调函数（调用成功与否都执行）

wx.startPullDownRefresh(OBJECT)示例代码如下：

```
wx.startPullDownRefresh({
    success:function(res){
        console.log(res.errMsg)
    }
})
```

11.7.3 停止下拉刷新

小程序使用 wx.stopPullDownRefresh()停止当前页面的下拉刷新。

wx.stopPullDownRefresh()示例代码如下：

```
Page({
  onPullDownRefresh: function(){
    wx.stopPullDownRefresh()
  }
})
```

上述代码表示，当 onPullDownRefresh()监听并处理完数据后可以使用该接口停止下拉刷新动作。

扫一扫

视频讲解

【例 11-12】 界面 API 之下拉刷新的简单应用。

WXML（pages/demo07/pullDown/pullDown.wxml）文件代码如下：

```
<view class='title'>7.下拉刷新</view>
<view class='demo-box'>
  <view class='title'>模拟下拉刷新</view>
  <button type='primary' bindtap='startPullDown'>开始下拉</button>
  <button type='primary' bindtap='stopPullDown'>停止下拉</button>
</view>
```

JS（pages/demo07/pullDown/pullDown.js）文件代码如下：

```
Page({
  //开始下拉刷新
  startPullDown:function(){
    wx.startPullDownRefresh({
      success: function(res) {
        console.log(res.errMsg)
      }
    })
  },
  //停止下拉刷新
  stopPullDown: function() {
    wx.stopPullDownRefresh()
  }
})
```

该示例用微信开发者工具看不出下拉效果，因此使用真机测试效果，其运行效果如图 11-13 所示。

【代码说明】

本示例在 pullDown.wxml 中包含了两个<button>按钮分别用于开始和停止下拉刷新动作，对应的自定义函数分别是 startPullDown() 和 stopPullDown()。在 pullDown.js 中定义 startPullDown()方法调用 wx.startPullDownRefresh()进行自动下拉刷新动作；定义 stopPullDown()方法调用 wx.stopPullDownRefresh()停止下拉刷新动作。

图 11-13 中，图（a）为页面初始效果；图（b）为点击“开始下拉”按钮或直接手动下拉页面的效果，当前由于没有在下拉后进行网络请求等事务处理动作，所以会在较短时间内自动弹回。开发者可以根据实际需要自行追加数据获取等功能。

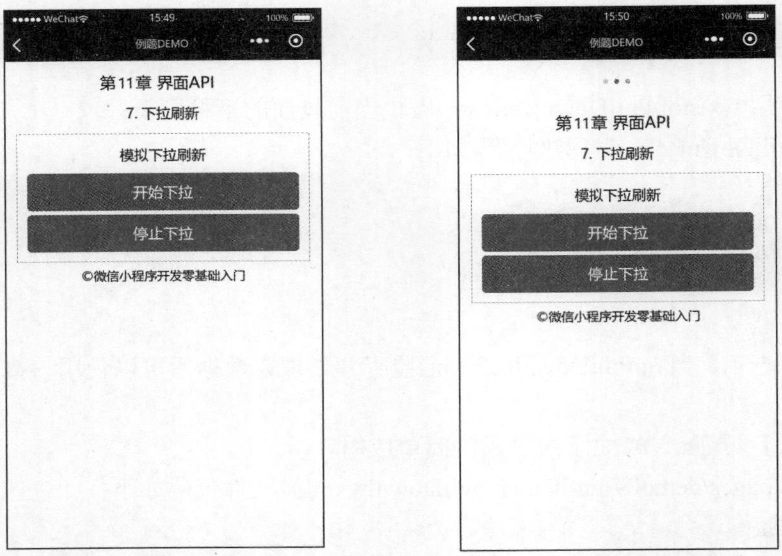

（a）页面初始效果　　（b）下拉状态

图 11-13　下拉刷新的简单应用

扫一扫

案例文本

扫一扫

视频讲解（1）

扫一扫

视频讲解（2）

11.8　阶段案例：幸运大转盘抽奖小程序

本节将尝试制作一款幸运大转盘抽奖小程序，点击按钮后转盘就自动开始旋转，5 秒后停止并跳转结果页。幸运大转盘抽奖小程序分为两个页面。

（1）首页：大转盘和 Start 按钮，当用户点击 Start 按钮抽奖后系统随机抽取一个结果并播放转盘动画，最后跳转到结果页。

（2）结果页：显示中奖名称、图片以及“重新抽奖”按钮，点击“重新抽奖”按钮后可以返回首页再次抽奖。

最终效果如图 11-14 所示。

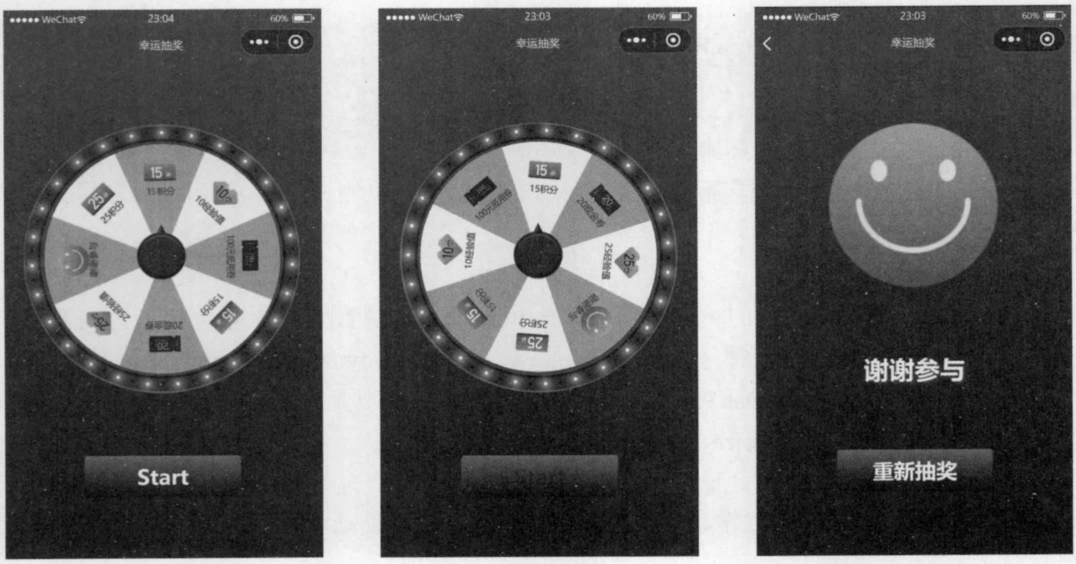

（a）页面初始状态　　（b）转盘动画过程　　（c）跳转结果页

图 11-14　第 11 章阶段案例效果图

11.9 本章小结

本章属于小程序知识中的应用篇，主要介绍了界面 API 的相关用法。界面 API 主要包括交互反馈、导航条设置、tabBar 设置、页面导航、动画、页面位置和下拉刷新 7 个部分。

交互反馈部分介绍了消息和加载两种提示框、模态弹窗以及操作菜单；导航条设置部分介绍了当前页面标题、导航条加载动画以及颜色的设置；tabBar 设置部分介绍了如何给 tabBar 显示标记或红点、onTabItemTap()监听、设置 tabBar 样式、显示/隐藏 tabBar；页面导航部分介绍了跳转、返回、重定向、重启以及切换 tabBar 这 5 种页面导航方式；动画部分介绍了动画实例、动画的描述和导出方法，其中，动画 animation 对象的描述方法可以分为 6 类，分别用于控制组件的样式、旋转、缩放、偏移、倾斜和矩阵变形；最后介绍了如何跳转到页面指定位置以及如何控制下拉刷新。

第12章 Chapter 12

画布 API

本章主要介绍小程序画布 API 的相关知识，主要包括准备工作、绘制矩形|路径|文本|图片、颜色与样式、保存与恢复、变形与剪裁、图像导出等内容。这一章节的内容原本包含在界面 API 中，因内容丰富且独立性强，现已被微信官方单独列出来成为画布 API。

本章学习目标

- 理解画布坐标系的概念；
- 掌握创建空白画布和初始化画布上下文的方法；
- 掌握绘制矩形、路径、文本和图片的方法；
- 掌握设置颜色透明度、线条、渐变、阴影以及填充样式的方法；
- 掌握保存与恢复画布的绘画状态的方法；
- 掌握在画布中对图像进行变形和剪裁的方法；
- 掌握从画布中导出图片的方法。

扫一扫

视频讲解

12.1 准备工作

12.1.1 画布坐标系

在正式学习绘图的相关代码之前需要了解画布坐标系的原理。画布坐标系中原点的位置在画布矩形框的左上角，即(0,0)坐标的位置。该坐标系与数学坐标系在水平方向上一致，垂直方向为镜像对称。也就是说，画布坐标系的水平方向为 X 轴，其正方向为向右延伸；垂直方向为 Y 轴，其正方向为向下延伸。

具体的坐标系如图 12-1 所示。

12.1.2 创建空白画布

小程序使用画布组件<canvas>呈现画布区域，因此首先需要在 WXML 页面上使用该组件创建画布，并必须带有自定义的 id 名称。例如：

```
<canvas id="myCanvas" type="2d" style="border:1rpx solid" ></canvas>
```

上述代码相关属性解释如下。

- id：自定义 id 名称为了在 JS 文件中获取 Canvas 节点后续绘图使用。
- type：用于指定画布类型。从基础库 2.9.0 版本开始，画布组件使用了一套新的 Canvas 2D 接口支持同层渲染且性能更佳，因此这里切换使用 2D 类型的新版画布。
- style：行内样式设置，当前表示声明了画布带有 1rpx 宽的黑色实线边框。

画布的默认尺寸是宽度为 300px、高度为 150px，用户可根据实际需要重新定义，但目前支持的最大尺寸为 1365px×1365px。请避免设置过大的宽高以免在安卓手机上会有崩掉的 Bug。

例如规定画布的宽、高均为 600rpx，居中显示，其 WXSS 代码如下：

```
canvas{
  width: 600rpx;
  height: 600rpx;
  margin: 0 auto;
}
```

画布效果如图 12-2 所示。

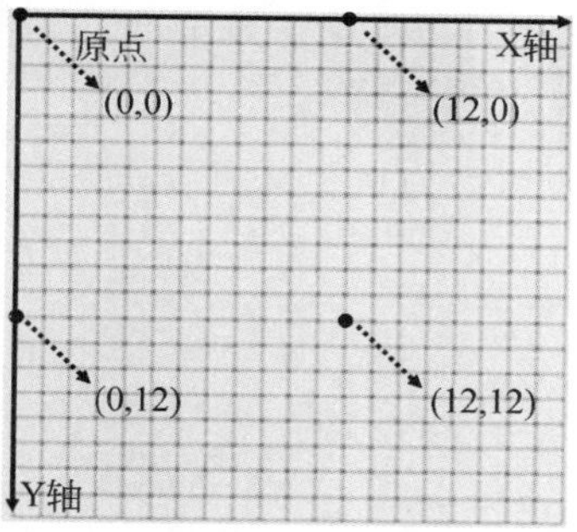

图 12-1　画布坐标系

图 12-2　创建空白画布

由于本章节后续例题都需要设置画布样式，因此可以将上述 WXSS 代码放在 app.wxss 文件中作为公共样式给所有页面共享。开发者也可以自行在 WXSS 文件中重新规定画布的尺寸、背景颜色等样式内容。

12.1.3　创建画布上下文

在<canvas>组件声明完毕后，一个完整的画图工作主要分为以下步骤。

- 步骤 1：获取画布节点。
- 步骤 2：获取画布上下文（CanvasContext）。
- 步骤 3（可选）：转换画布分辨率，将 rpx 转化为 px 来自适应屏幕尺寸，推荐保留。
- 步骤 4：进行绘图描述（例如设置画笔颜色和绘制内容）。

上述画图步骤在 onReady()函数中调用，例如：

```
//canvas.js
Page({
  /**
   * 生命周期函数——监听页面初次渲染完成
   */
  onReady: function () {
    //创建查询器准备对画布进行查询
    const query = wx.createSelectorQuery()
    //根据 id 查找画布
    query.select('#myCanvas')
      .fields({ node: true, size: true })
      .exec((res) => {
        //1.获取画布节点
        const canvas = res[0].node
        //2.创建画布上下文
        const ctx = canvas.getContext('2d')
        //3.转换画布分辨率
        const dpr = wx.getSystemInfoSync().pixelRatio
        canvas.width = res[0].width * dpr
        canvas.height = res[0].height * dpr
        ctx.scale(dpr, dpr)

```

```
        //4.绘图描述
        ctx.fillStyle = 'red'           //设置填充颜色
        ctx.fillRect(0,0,100,100)       //绘制实心矩形
      })

  },
})
```

上述代码将绘制一个左上角在(0,0)点，宽、高均为 100rpx 的红色实心矩形。

注意： 代码中的 ctx 为自定义名称，开发者可以自行更改。为了方便后续的讲解，本章全部示例均使用 ctx 作为画布上下文对象的名称，不再重复介绍。

如果绘图描述的代码内容较多，可以将相关代码封装为自定义函数写到 JS 文件中，并在 onReady()函数中把 ctx 共享出去供其调用。例如：

```
1.  //canvas.js
2.  Page({
3.    /**
4.     * 自定义函数——绘图描述
5.     */
6.    drawCanvas: function () {
7.      let ctx = this.ctx                 //获取已共享的画布上下文
8.      ctx.fillStyle = 'red'              //设置填充颜色
9.      ctx.fillRect(0,0,100,100)          //绘制实心矩形
10.   },
11.   /**
12.    * 生命周期函数——监听页面初次渲染完成
13.    */
14.   onReady: function () {
15.     //创建查询器准备对画布进行查询
16.     const query = wx.createSelectorQuery()
17.     //根据 id 查找画布
18.     query.select('#myCanvas')
19.       .fields({ node: true, size: true })
20.       .exec((res) => {
21.         //1.获取画布节点
22.         const canvas = res[0].node
23.         //2.创建画布上下文
24.         const ctx = canvas.getContext('2d')
25.         //3.转换画布分辨率
26.         const dpr = wx.getSystemInfoSync().pixelRatio
27.         canvas.width = res[0].width * dpr
28.         canvas.height = res[0].height * dpr
29.         ctx.scale(dpr, dpr)
30.
31.         //4.绘图描述
32.         this.ctx = ctx                 //共享 ctx 给其他函数用
33.         this.drawCanvas()              //测试一下，调用自定义函数绘图生效了
34.       })
35.
36.   },
37. })
```

上述代码在 onReady 函数中使用 this.ctx 共享画布上下文 ctx 给所有其他内部函数用（第 32 行），然后用自定义函数 drawCanvas()封装绘制红色矩形的代码（第 3～10 行），最后在 onReady 函数中尝试调用 this.drawCanvas()看是否生效（第 33 行）。

如果不希望页面初始化后直接绘制出具体内容，也可以去掉上述代码中的第 33 行，改成在按钮的点击事件中调用触发该自定义函数，相关 WXML 代码如下：

```
<!-- canvas.wxml -->
<button bindtap='drawCanvas'>开始绘图</button>
```

这样就只有点击按钮才会把绘图描述的内容渲染在画布中了。在学习过程中，直接绘图或点击按钮才绘图这两种做法均可，开发者可以根据自己的喜好任意选择。

此时准备工作全部完成，在接下来学习了画布对象相关方法后就可以绘制出更加丰富的内容了。

12.2　绘制矩形

12.2.1　创建矩形

小程序使用画布对象的 rect()方法创建矩形，然后使用 fill()或 stroke()方法在画布上填充实心矩形或描边空心矩形。其语法格式如下：

```
ctx.rect(x, y, width, height)
```

其参数说明如下。

- x：Number 类型，矩形左上角点的 x 坐标。
- y：Number 类型，矩形左上角点的 y 坐标。
- width：Number 类型，矩形的宽度。
- height：Number 类型，矩形的高度。

例如：

```
Page({
  /**
   * 自定义函数——绘图描述
   */
  drawCanvas:function(){
      let ctx = this.ctx                    //获取已共享的画布上下文
      ctx.rect(50, 50, 200, 200)            //描述矩形左上角位置(50,50)和尺寸 200*200
      ctx.fillStyle = 'orange'              //描述填充颜色为橙色
      ctx.fill()                            //描述填充矩形动作
  },
  …
})
```

程序运行效果如图 12-3 所示。

图 12-3　在画布上创建实心矩形

注意：画笔默认是黑色效果（无论是填充还是描边）。fillStyle 属性用于设置画笔填充颜色，这里仅为临时使用，更多介绍可查看本章第 12.6 节“颜色与样式”。

12.2.2　填充矩形

小程序使用画布对象的 fillRect()方法直接在画布上填充实心矩形，其语法格式如下：

```
ctx.fillRect(x, y, width, height)
```

其参数与创建矩形的 rect()方法的参数完全相同。

12.2.3　描边矩形

小程序使用画布对象的 strokeRect()方法直接在画布上描边空心矩形，其语法格式如下：

```
ctx.strokeRect(x, y, width, height)
```

其参数与创建矩形的 rect()方法的参数完全相同。

12.2.4 清空矩形区域

小程序使用画布对象的 clearRect()方法清空矩形区域，其语法格式如下：

```
ctx.clearRect(x, y, width, height)
```

扫一扫

视频讲解

其参数与创建矩形的 rect()方法的参数完全相同。

【例 12-1】 画布 API 之绘制矩形的综合应用。

本示例将展示矩形的几种绘制方式，包括如下内容：

- 填充实心矩形；
- 描边空心矩形；
- 清空画布大小的矩形区域。

WXML（pages/demo01/rect/rect.wxml）文件代码如下：

```
<view class="title">1. 绘制矩形</view>
<view class="demo-box">
  <view class="title">填充/描边/清空矩形</view>
  <canvas id='myCanvas' type='2d' style='border:1rpx solid'></canvas>
  <button type='primary' size='mini' bindtap='fillRect'>填充矩形</button>
  <button type='primary' size='mini' bindtap='strokeRect'>描边矩形</button>
  <button type='primary' size='mini' bindtap='clearCanvas'>清空画布</button>
</view>
```

JS（pages/demo01/rect/rect.js）文件代码如下：

```
Page({
  //自定义函数——填充矩形
  fillRect: function () {
    //获取已共享的画布上下文
    let ctx = this.ctx
    //设置填充颜色
    ctx.fillStyle = 'orange'
    //填充矩形
    ctx.fillRect(50, 50, 200, 200)
  },
  //自定义函数——描边矩形
  strokeRect: function () {
    //获取已共享的画布上下文
    let ctx = this.ctx
    //设置描边颜色
    ctx.strokeStyle = 'purple'
    //描边矩形
    ctx.strokeRect(100, 100, 100, 100)
  },
  //自定义函数——清空画布
  clearCanvas: function () {
    let ctx = this.ctx //获取已共享的画布上下文
    let canvas = this.canvas //获取画布对象
    ctx.clearRect(0, 0, canvas.width, canvas.height) //清空画布
  },
  /**
   * 生命周期函数——监听页面初次渲染完成
   */
  onReady: function () {
    //创建查询器准备对画布进行查询
    const query = wx.createSelectorQuery()
    //根据 id 查找画布
```

```
    query.select('#myCanvas')
      .fields({ node: true, size: true })
      .exec((res) => {
        //1.获取画布节点
        const canvas = res[0].node
        //2.创建画布上下文
        const ctx = canvas.getContext('2d')
        //3.转换画布分辨率
        const dpr = wx.getSystemInfoSync().pixelRatio
        canvas.width = res[0].width * dpr
        canvas.height = res[0].height * dpr
        ctx.scale(dpr, dpr)

        //4.绘图描述
        this.ctx = ctx //共享 ctx 给其他函数用
        this.canvas = canvas //共享 canvas 给其他函数用
      })
  }
})
```

公共样式 WXSS（app.wxss）文件代码如下：

```
/* 画布公共样式 */
canvas{
  width: 600rpx;
  height: 600rpx;
  margin: 0 auto;
  box-sizing: border-box;/*计算尺寸时包含边框宽度*/
}
/* 按钮公共样式 */
button{
  margin: 10rpx;
}
```

注意：公共样式会应用于本章所有例题，后续不再重复展示。

程序运行效果如图 12-4 所示。

（a）填充矩形　（b）描边矩形　（c）清空画布

图 12-4　绘制矩形的综合应用

【代码说明】

本示例在 rect.wxml 中包含了 3 个<button>按钮，分别用于显示填充矩形、描边矩形和清空画布效果，对应的自定义函数分别是 fillRect()、strokeRect()和 clearRect()。在 rect.js 中定义 fillRect()方法用于绘制一个左上角坐标在(50,50)、宽高为 200×200 的橙色实心矩形；定义 strokeRect()方法用于绘制一个左上角坐标在(100,100)、宽高为 100×100 的紫色边框空心矩形；定义 clearCanvas()方法用于清空整个画布区域。

图 12-4 中，图（a）为填充矩形，此时是实心矩形的效果；图（b）为描边矩形，此时是空心矩形的效果；图（c）为清空画布区域，此时画布内容将被完全清除。

12.3 绘制路径

路径（Path）是绘制图形轮廓时画笔留下的轨迹，也可以理解为画笔画出的像素点组成的线条。多个点形成线段或曲线，不同的线段或曲线相连接又形成了各种形状效果。

绘制路径主要有以下 4 种方法。

（1）beginPath()：该方法用于新建一条路径，也是图形绘制的起点。每次调用该方法都会清空之前的绘图轨迹记录，重新开始绘制新的图形。

（2）closePath()：该方法用于闭合路径。当执行该方法时会从画笔的当前坐标位置绘制一条线段到初始坐标位置来闭合图形。此方法不是必需的，若画笔的当前坐标位置就是初始坐标位置，则该方法可以省略不写。

（3）stroke()：在图形轮廓勾勒完毕后需要执行该方法才能正式将路径渲染到画布上。

（4）fill()：用户可以使用该方法为图形填充颜色，生成实心图形。若并未执行 closePath()方法来闭合图形，则在此方法被调用时会自动生成线段连接画笔当前坐标位置和初始坐标位置，形成闭合图形然后再填充颜色。

12.3.1 绘制线段

绘制线段主要有以下两种方法。

- moveTo(x,y)：将当前的画笔直线移动到指定的(x,y)坐标上，并且不留下移动痕迹。用该方法可以定义线段的初始位置。
- lineTo(x,y)：将当前的画笔直线移动到指定的(x,y)坐标上，并且画出移动痕迹。用该方法可以进行线段的绘制。

最后同样需要使用 stroke()方法绘制线段，在使用该方法之前的所有绘制动作均为路径绘制，可以将其理解为透明的轨迹，该轨迹不会显示在画布上。

例如：

```
ctx.beginPath()             //开始描述路径
ctx.moveTo(50,50)           //将画笔放到(50,50)坐标点上准备绘制路径
ctx.lineTo(100,100)         //画一条线段至(100,100)坐标点
ctx.stroke()                //设置描边效果
```

注意：在绘制线段时 beginPath()方法也可以省略不写，在所有的轨迹完成后直接使用 stroke()方法可以实现一样的效果。

扫一扫

视频讲解

【例 12-2】 画布 API 之绘制线段的简单应用。

WXML（pages/demo02/path/path.wxml）文件代码如下：

```
<view class='title'>2.绘制路径</view>
<view class='demo-box'>
  <view class='title'>绘制线段</view>
  <canvas id='myCanvas' type='2d' style='border:1rpx solid'></canvas>
  <button type='primary' size='mini' bindtap='strokePath'>描边路径</button>
  <button type='primary' size='mini' bindtap='fillPath'>填充路径</button>
  <button type='primary' size='mini' bindtap='clearCanvas'>清空画布</button>
</view>
```

JS（pages/demo02/path/path.js）文件代码如下：

```
Page({
  //自定义函数——绘制基本图形
  drawSample: function () {
    let ctx = this.ctx
    //绘制三角形
    ctx.beginPath()
    ctx.moveTo(150, 75)
    ctx.lineTo(225, 225)
    ctx.lineTo(75, 225)
    ctx.closePath()
  },
  //自定义函数——描边路径
  strokePath: function () {
    let ctx = this.ctx
    this.drawSample()              //绘制三角形
    ctx.strokeStyle = 'red'        //设置描边颜色
    ctx.stroke()                   //描边图形
  },
  //自定义函数——填充路径
  fillPath: function () {
    let ctx = this.ctx
    this.drawSample()              //绘制三角形
    ctx.fillStyle = 'blue'         //设置填充颜色
    ctx.fill()                     //填充图形
  },
  //自定义函数——清空画布
  clearCanvas: function () {
    //内容略，和例 12-1 相同
  },
  /**
   * 生命周期函数——监听页面初次渲染完成
   */
  onReady: function () {
    //内容略，和例 12-1 相同
  }
})
```

程序运行效果如图 12-5 所示。

【代码说明】

本示例在 path.wxml 中包含了 3 个<button>按钮，前两个分别用于显示描边路径和填充路径的三角形图案，对应的自定义函数分别是 strokePath()和 fillPath()；最后一个用于清空画布，对应的自定义函数是 clearRect()。在 path.js 中首先定义了 drawSample()方法用于绘制一个三角形，该三角形的 3 个坐标点分别为(150,75)、(225, 225)和(75, 225)。在 strokePath()和 fillPath()方法内部均调用 drawSample()方法绘制基础图像，然后设置画笔颜色并绘制图形。

在图 12-5 中，图（a）为描边路径的效果，此时绘制出红色边框的空心三角形；图（b）为填充路径的效果，此时绘制出填充蓝色的实心三角形；图（c）为清空画布后的效果。

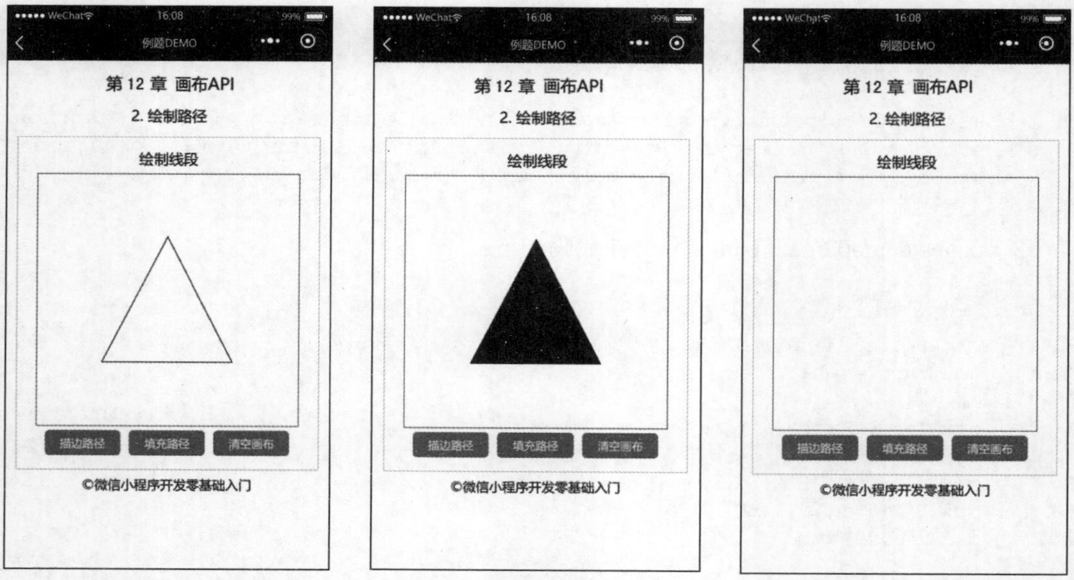

（a）描边路径的效果　　（b）填充路径的效果　　（c）清空画布的效果

图 12-5　绘制线段的简单应用

12.3.2　绘制圆弧

除了直线路径外，小程序还可以使用画布对象的 arc()方法绘制圆弧路径。

其基本语法格式如下：

```
ctx.arc(x, y, radius, startAngle, endAngle, anticlockwise)
```

arc()函数共包含 6 个参数，说明如下。

- x、y：表示圆心在(x,y)坐标位置上。
- radius：圆弧的半径，默认单位为 px。
- startAngle：开始的角度。
- endAngle：结束的角度。
- anticlockwise：绘制方向，可填入一个布尔值，其中，true 表示逆时针绘制，false 表示顺时针绘制。

注意：arc()函数中的角度单位是弧度，在使用时不可直接填入度数单位，需要进行转换。转换公式如下：

弧度=π/180×度数

在 JavaScript 中转换公式的写法如下：

```
radians=Math.PI/180*degrees
```

其中，特殊弧度半圆（180°）转换后弧度为 π，圆（360°）转换后弧度为 2π。在开发过程中，用户若遇到这两种情况可以免于换算，直接使用转换结果。

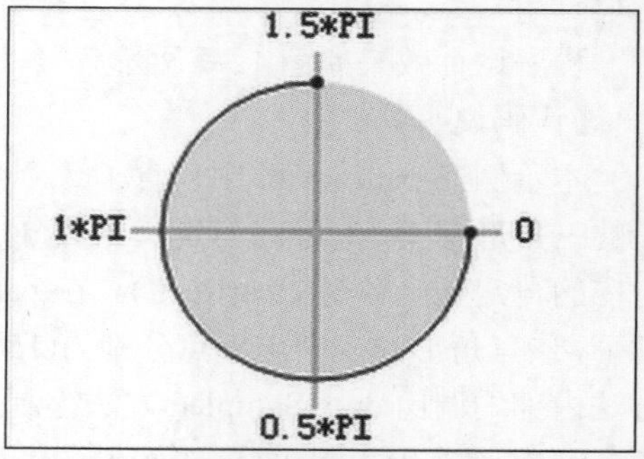

图 12-6　绘制圆弧时的旋转方向和弧度

绘制圆弧时的旋转方向和对应的弧度如图 12-6 所示。

由图 12-6 可见，三点钟方向是起始位置，每顺时针旋转 90°等同于增加了 π/2 的弧度。

例如绘制一个圆心在坐标(100,100)、半径为 50px 的圆形：

```
ctx.arc(100, 100, 50, 0, Math.PI*2, true);
```

由于圆形是旋转 360°的特殊圆弧，看不出顺时针和逆时针的区别，因此用于规定绘制方向的最后一个参数填入 true 或 false 均可。

扫一扫

视频讲解

【例 12-3】 画布 API 之绘制圆弧的综合应用。

WXML（pages/demo02/arc/arc.wxml）文件代码如下：

```
<view class='title'>2.绘制路径</view>
<view class='demo-box'>
  <view class='title'>用圆弧绘制一个笑脸</view>
  <canvas id='myCanvas' type='2d' style='border:1rpx solid'></canvas>
</view>
```

JS（pages/demo02/arc/arc.js）文件代码如下：

```
Page({
  //自定义函数——绘制笑脸
  drawSmileFace: function () {
    let ctx = this.ctx
    //设置填充颜色为黄色
    ctx.fillStyle = 'yellow'

    //绘制圆形的脸，并填充为黄色
    ctx.beginPath()
    ctx.arc(150, 150, 80, 0, Math.PI * 2, true)
    ctx.stroke()
    //如果不需要勾勒脸的轮廓，此句可省略
    ctx.fill()

    //设置填充颜色为黑色
    ctx.fillStyle = 'black'

    //填充黑色的左眼
    ctx.beginPath()
    ctx.arc(190, 130, 10, 0, Math.PI * 2, true)
    ctx.fill()

    //填充黑色的右眼
    ctx.beginPath()
    ctx.arc(110, 130, 10, 0, Math.PI * 2, true)
    ctx.fill()

    //绘制带有弧度的笑容
    ctx.beginPath()
    ctx.arc(150, 160, 50, 0, Math.PI, false)
    ctx.stroke()
  },
  /**
   * 生命周期函数——监听页面初次渲染完成
   */
  onReady: function () {
    //创建查询器准备对画布进行查询
    const query = wx.createSelectorQuery()
    //根据 id 查找画布
    query.select('#myCanvas')
      .fields({ node: true, size: true })
      .exec((res) => {
```

```
        //1.获取画布节点（内容略，和例 12-1 相同）
        //2.创建画布上下文（内容略，和例 12-1 相同）
        //3.转换画布分辨率（内容略，和例 12-1 相同）

        //4.绘图描述
        this.ctx = ctx //共享 ctx 给其他函数用
        this.drawSmileFace()//画笑脸
    }
})
```

程序运行效果如图 12-7 所示。

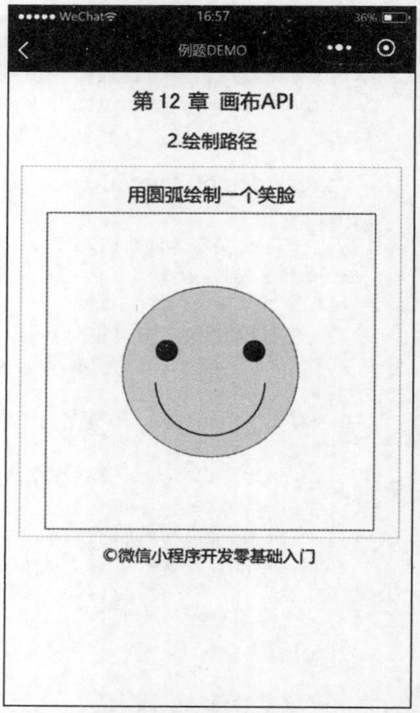

图 12-7　绘制圆弧的综合应用

【代码说明】

本示例为绘制圆弧的综合应用，通过绘制填充圆形（脸和眼睛）以及描边圆弧（微笑的嘴）形成一个笑脸图案。需要注意的是，重新设置 fillStyle 参数值意味着重置画笔的填充颜色，如果需要给多个图形填充不同的颜色，每次需要重新设置 fillStyle 的参数值。本示例就是在填充了黄色的圆脸之后重新设置了 fillStyle 参数值为黑色再继续填充眼睛。

12.3.3　绘制曲线

在小程序中绘制曲线的原理来自于贝塞尔曲线（Bezier Curve）。贝塞尔曲线由法国数学家 Pierre Bezier 发明，是计算机图形学中非常重要的参数曲线，也是应用于 2D 图形应用程序的数学曲线。贝塞尔曲线由曲线和节点组成，节点上有控制线和控制点可以拖动，曲线在节点的控制下可以伸缩，如图 12-8 所示。一些矢量图形软件用其来精确地绘制曲线，例如 Adobe Photoshop、Adobe Illustrator 等。

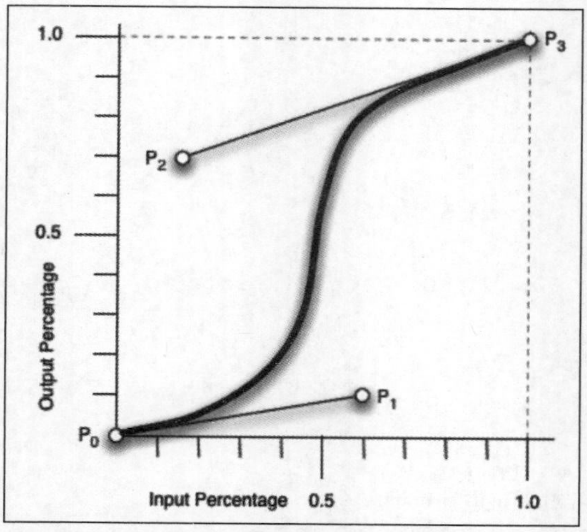

图 12-8　贝塞尔曲线（来源：万维网联盟 W3C，2013 年）

贝塞尔曲线一般用来绘制较为复杂的规律图形。根据控制点的数量不同，贝塞尔曲线分为二次方贝塞尔曲线和三次方贝塞尔曲线。

二次方贝塞尔曲线的语法结构如下：

```
ctx.quadraticCurveTo(cp1x, cp1y, x, y)
```

其中，(cp1x,cp1y)为控制点的坐标，(x,y)为结束点的坐标。

三次方贝塞尔曲线的语法结构如下：

```
ctx.bezierCurveTo(cp1x, cp1y, cp2x, cp2y, x, y)
```

其中，(cp1x,cp1y)为控制点 1 的坐标，(cp2x,cp2y)为控制点 2 的坐标，(x,y)为结束点的坐标。

扫一扫

视频讲解

【例 12-4】 画布 API 之绘制曲线的综合应用。

WXML（pages/demo02/bezier/bezier.wxml）文件代码如下：

```
<view class='title'> 2.绘制路径</view>
<view class='demo-box'>
  <view class='title'>使用三次方贝塞尔曲线绘制爱心</view>
  <canvas canvas-id='myCanvas' style='border:1rpx solid'></canvas>
</view>
```

JS（pages/demo02/bezier/bezier.js）文件代码如下：

```
Page({
  //自定义函数——绘制爱心
  drawHeart: function () {
    let ctx = this.ctx
    //三次方贝塞尔曲线
    ctx.beginPath()
    ctx.moveTo(90, 55)
    ctx.bezierCurveTo(90, 52, 85, 40, 65, 40)
    ctx.bezierCurveTo(35, 40, 35, 77.5, 35, 77.5)
    ctx.bezierCurveTo(35, 95, 55, 117, 90, 135)
    ctx.bezierCurveTo(125, 117, 145, 95, 145, 77.5)
    ctx.bezierCurveTo(145, 77.5, 145, 40, 115, 40)
    ctx.bezierCurveTo(100, 40, 90, 52, 90, 55)
    //设置填充颜色为红色
    ctx.fillStyle = 'red'
    //填充爱心
    ctx.fill()
  },
  /**
   * 生命周期函数——监听页面初次渲染完成
   */
  onReady: function () {
    // 创建查询器准备对画布进行查询
    const query = wx.createSelectorQuery()
    // 根据 id 查找画布
    query.select('#myCanvas')
      .fields({ node: true, size: true })
      .exec((res) => {
        //1.获取画布节点（内容略，和例 12-1 相同）
        //2.创建画布上下文（内容略，和例 12-1 相同）
        //3.转换画布分辨率（内容略，和例 12-1 相同）

        //4.绘图描述
        this.ctx = ctx   //共享 ctx 给其他函数用
        this.drawHeart()   //绘制爱心
      })
  }
})
```

程序运行效果如图 12-9 所示。

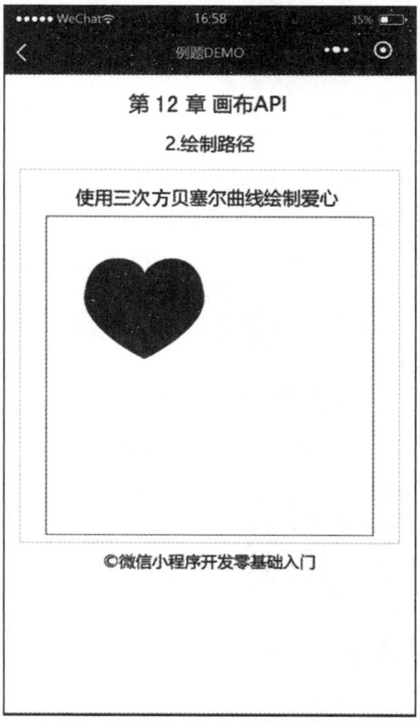

图 12-9 绘制曲线的综合应用

【代码说明】

本示例综合应用三次方贝塞尔曲线绘制了红色爱心图案。与矢量软件不同的是，小程序编程时没有贝塞尔曲线预览图。在没有直接视觉反馈的前提下，绘制复杂的曲线图形显得较为困难，需要花费更多的时间。由于本示例需要有一定的数学基础，这里可以仅做了解。

12.4 绘制文本

12.4.1 填充文本

小程序提供 fillText()方法用于在画布上绘制实心文本内容，其语法结构如下：

```
ctx.fillText(text, x, y, maxWidth)
```

其参数说明如下。

- text：String 类型，表示文本内容，实际填写时需要在文本内容的前后加上引号。
- x、y：Number 类型，表示文本左上角将被绘制在画布的(x,y)坐标上。
- maxWidth：Number 类型，是可选参数，指的是绘制文本的最大宽度。

例如：

```
ctx.fillText('你好', 20, 30)
```

上述代码表示以画布坐标(20,30)的位置作为文本的左上角绘制“你好”两个字。

12.4.2 设置文本基准线

小程序提供 textBaseline 属性用于设置文本的水平方向基准线，其语法结构如下：

```
ctx.textBaseline=textBaseline     //从基础库 1.9.90 版本开始支持
```

其中，参数 textBaseline 是 String 类型，可选值为 'top'、'middle'、'bottom'、'normal'，分别表示水平基准线在文字的上方、中间、下方和常规 4 种效果。参照效果如图 12-10 所示。

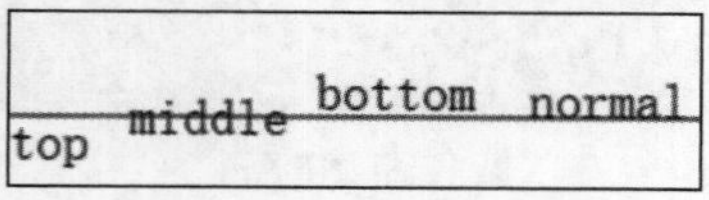

图 12-10 文本基准线参照效果

例如：

```
ctx.textBaseline = 'top'
```

上述代码表示水平基准线设置在文字的上方。

12.4.3 设置文本对齐方式

小程序提供 textAlign 属性用于设置文本的对齐方式，其语法结构如下：

```
ctx.textAlign=align
//从基础库 1.9.90 版本开始支持
```

其中，参数 textAlign 是 String 类型，可选值为'left'、'center'、'right'，分别表示左对齐、居中和右对齐 3 种效果。参照效果如图 12-11 所示。

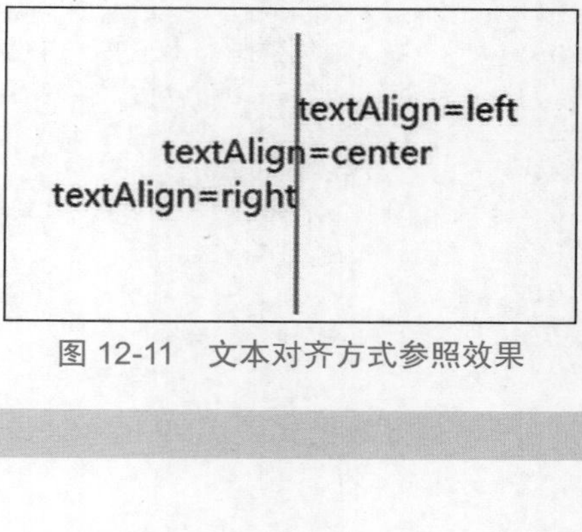

图 12-11 文本对齐方式参照效果

例如：

```
ctx.textAlign = 'center'
```

上述代码表示将文本设置为居中显示。

12.4.4 设置字体风格

在绘制之前也可以使用画布上下文对象的 font 属性自定义字体风格，其语法结构如下：

```
ctx.font = value
```

参数 value 的默认值为 10px sans-serif，表示字体大小为 10px、字体家族为 sans-serif。value 支持的属性如下。

- style：字体样式，仅支持 italic、oblique、normal。
- weight：字体粗细，仅支持 normal、bold。
- size：字体大小。
- family：字体族名。注意确认各平台所支持的字体。

上述属性均为可选内容，并且顺序不分先后。例如：

```
ctx.font = "bold 20px sans-serif"
```

上述代码表示设置字体为加粗、大小为 20 像素、sans-serif 字体样式。

扫一扫

视频讲解

【例 12-5】 画布 API 之绘制文本的综合应用。

WXML（pages/demo03/text/text.wxml）文件代码如下：

```
<view class='title'>3.绘制文本</view>
<view class='demo-box'>
  <view class='title'>绘制文本</view>
  <canvas id='myCanvas' type='2d' style='border:1rpx solid'></canvas>
</view>
```

JS（pages/demo03/text/text.js）文件代码如下：

```
Page({
  //自定义函数——绘制文本
  drawText: function () {
    let ctx = this.ctx
    //设置字号
    ctx.font = 'bold 40px sans-serif'

    //设置填充颜色
    ctx.fillStyle = 'black'
    //设置文本水平基准线
    ctx.textBaseline = 'bottom'
    //填充文字
    ctx.fillText('你好', 30, 150)

    //设置填充颜色
    ctx.fillStyle = 'green'
    //设置文本水平基准线
    ctx.textBaseline = 'top'
    //填充文字
    ctx.fillText('微信小程序', 80, 150)
  },
  /**
   * 生命周期函数——监听页面初次渲染完成
   */
  onReady: function () {
```

```
    //创建查询器准备对画布进行查询
    const query = wx.createSelectorQuery()
    //根据 id 查找画布
    query.select('#myCanvas')
      .fields({ node: true, size: true })
      .exec((res) => {
        //1.获取画布节点（内容略，和例 12-1 相同）
        //2.创建画布上下文（内容略，和例 12-1 相同）
        //3.转换画布分辨率（内容略，和例 12-1 相同）

        //4.绘图描述
        this.ctx = ctx    //共享 ctx 给其他函数用
        this.drawText()   //绘制文本
      })
  }
})
```

程序运行效果如图 12-12 所示。

【代码说明】

本示例在 text.js 的自定义函数 drawText 中进行文本绘制，并统一设置字号为 40 并加粗。第一段文字内容为“你好”，从左上角坐标(30,150)开始绘制；第二段文字内容为“微信小程序”，从左上角坐标(80,150)开始绘制并设置填充颜色为绿色。

由图 12-12 可见，虽然两段文字的 y 坐标一致，但是由于使用 setTextBaseline()方法设置了不同的水平基准线(bottom 和 top)，导致“你好”在水平基准线上方、“微信小程序”在水平基准线下方。

图 12-12　绘制文本的综合应用

12.5　绘制图片

12.5.1　绘制步骤

在已获取画布节点和画布上下文的前提下，绘制图片的步骤分为 3 步：

（1）小程序使用 canvas.createImage()方法创建画布图片对象。

（2）为图片对象设置 src 属性指定图片来源。

（3）使用 drawImage()方法绘制图片（为防止有时图片过大加载未完成就进行绘制从而导致失败，建议将 drawImage()方法放在图片对象的 onload 事件中执行）。

例如：

```
Page({
  /**
   * 生命周期函数——监听页面初次渲染完成
   */
  onReady: function () {
    //创建查询器准备对画布进行查询
    const query = wx.createSelectorQuery()
    //根据 id 查找画布
    query.select('#myCanvas')
```

```
      .fields({ node: true, size: true })
      .exec((res) => {
        //1.获取画布节点（内容略，与例 12-1 相同）
        //2.创建画布上下文（内容略，与例 12-1 相同）
        //3.转换画布分辨率（内容略，与例 12-1 相同）

        //4.绘图描述
        this.ctx = ctx                              //共享 ctx 给其他函数用

        //5.绘制图片
        let img = canvas.createImage()              //创建图片对象
        img.src= '/images/test.jpg'                 //指定图片来源
        img.onload = function () {
          ctx.drawImage(img, 0,0)                   //绘制原图
        }
      })
  }
})
```

执行上述代码就可以在画布上绘制图片了，注意当前 drawImage()用的是简版写法，只规定了图片来源以及左上角坐标的位置（0, 0）点，因此宽和高会直接和原图保持一致。

如果希望点击按钮才进行图片绘制，也可以将相关代码封装如下：

```
Page({
  //自定义函数——绘制原图
  drawImage: function () {
    let ctx = this.ctx
    //绘制图片
    let img = canvas.createImage()              //创建图片对象
    img.src = '/images/test.jpg'                //指定图片来源
    img.onload = function () {
      ctx.drawImage(img, 0, 0)                  //绘制原图
    }
  },
  /**
   * 生命周期函数——监听页面初次渲染完成
   */
  onReady: function () {
    //创建查询器准备对画布进行查询
    const query = wx.createSelectorQuery()
    //根据 id 查找画布
    query.select('#myCanvas')
      .fields({ node: true, size: true })
      .exec((res) => {
        //1.获取画布节点（内容略）
        //2.创建画布上下文（内容略）
        //3.转换画布分辨率（内容略）
        //4.绘图描述
        this.ctx = ctx                          //共享 ctx 给其他函数用
      })
  }
})
```

这样就可以使自定义函数 drawImage 用于按钮的点击事件，或在其他时刻被调用了。

12.5.2 绘制原图

小程序使用 drawImage()方法绘制图片，其语法结构如下：

```
ctx.drawImage(img, dx, dy);
```

其中，img 是图片对象，需提前指定图片的 src 属性值；dx 和 dy 均为 Number 类型，是所绘制图片的左上角在画布上的(dx,dy)坐标。

12.5.3　缩放图片

图片的大小可以在绘制时进行缩放，其语法结构如下：

```
ctx.drawImage(img, dx, dy, dWidth, dHeight)
```

该方法比普通绘制图片的方法多出两个 Number 类型的参数 dWidth 和 dHeight，分别用于规定图片缩放后的宽度和高度。

12.5.4　图片的切割

在绘制图片时可以根据实际需要对原图进行切割，只显示指定的区域内容，其语法结构如下：

```
ctx.drawImage(img, sx, sy, sWidth, sHeight, dx, dy, dWidth, dHeight)
```

该方法有 9 个参数，说明如下。

- img：画布图片对象，需要提前指定 src 属性值。
- sx 和 sy：表示从原图片的(sx,sy)坐标位置进行切割截图。
- sWidth：截图的矩形宽度；sHeight：截图的矩形高度。
- dx 和 dy：表示切割后的图片将显示在画布的(dx,dy)坐标位置上。
- dWidth：在画布上截图的宽度缩放；dHeight：高度缩放。

扫一扫

视频讲解

【例 12-6】 画布 **API** 之绘制图片的综合应用。

本示例将展示图片的几种绘制方式，包括以下内容：

- 绘制原图；
- 缩放图片；
- 切割图片并缩放。

WXML（pages/demo04/image/image.wxml）文件代码如下：

```
<view class='title'>4.绘制图片</view>
<view class='demo-box'>
  <view class='title'>绘制原图/缩放/切割</view>
  <canvas id='myCanvas' type='2d' style='border:1rpx solid'></canvas>
  <button type='primary' size='mini' bindtap='drawImage01'>绘制原图</button>
  <button type='primary' size='mini' bindtap='drawImage02'>缩放图片</button>
  <button type='primary' size='mini' bindtap='drawImage03'>图片切割</button>
</view>
```

JS（pages/demo04/image/image.js）文件代码如下：

```
Page({
  //自定义函数——绘制原图
  drawImage01: function () {
    let ctx = this.ctx
    //清空画布
    this.clearCanvas()
    //绘制原图
    let img = this.canvas.createImage()
    img.src = '/images/demo04/weixin.jpg'
    img.onload = function () {
      ctx.drawImage(img, 0, 0)
    }
  },
  //自定义函数——缩放图片
  drawImage02: function () {
```

```
    let ctx = this.ctx
    //清空画布
    this.clearCanvas()
    //绘制缩放后的图片
    let img = this.canvas.createImage()
    img.src = '/images/demo04/weixin.jpg'
    img.onload = function () {
      ctx.drawImage(img, 50, 50, 200, 200)
    }
  },
  //自定义函数——图片切割
  drawImage03: function () {
    let ctx = this.ctx
    //清空画布
    this.clearCanvas()
    //绘制切割后的图片
    let img = this.canvas.createImage()
    img.src = '/images/demo04/weixin.jpg'
    img.onload = function () {
      ctx.drawImage(img, 210, 90, 160, 160, 50, 50, 200, 200)
    }
  },
  //自定义函数——清空画布
  clearCanvas: function () {
    //内容略，和例 12-1 相同
  },
  /**
   * 生命周期函数——监听页面初次渲染完成
   */
  onReady: function () {
    //内容略，和例 12-1 相同
  }
})
```

程序运行效果如图 12-13 所示。

（a）绘制原图　　（b）缩放图片　　（c）切割图片并缩放

图 12-13　绘制图片的综合应用

【代码说明】

本示例选用一张比画布尺寸大的图片素材（/images/demo04/weixin.jpg）作为测试案例。在 image.wxml 中包含 3 个<button>按钮，分别用于绘制原图、缩放图片和切割图片并缩放，对应的自定义函数分别是 drawImage01()、drawImage02()和 drawImage03()。在 image.js 中定义 drawImage01()方法用于从画布的左上角原点处开始绘制图片；定义 drawImage02()方法用于在画布坐标(50,50)处开始绘制图片，并且把原图缩放成宽、高均为 200 像素的效果；定义 drawImage03()方法用于以原图的(210,90)坐标作为左上角切割一块宽、高均为 160 像素的图片，将其左上角点显示在画布(50,50)的位置上并放大至宽、高均为 200 像素。

图 12-13 中，图（a）为绘制原图效果，此时图片并不完整，只能显示画布区域的内容；图（b）为缩放图片的效果，此时图片大小发生了改变；图（c）为切割图片后的效果，此时可以只显示其中的微信图标。

12.6 颜色与样式

12.6.1 颜色透明度

小程序使用 globalAlpha 属性生成半透明色作为画布上的图形轮廓或填充颜色，其语法结构如下：

```
ctx.globalAlpha = alpha        //从基础库 1.9.90 版本起支持
```

alpha 的属性值可以影响画布中指定图形的透明度，alpha 的属性值的有效范围为 0.0～1.0，其中，0.0 表示完全透明，1.0 表示完全不透明。

例如设置透明度为 0.5（半透明），写法如下：

```
ctx.globalAlpha = 0.5
```

扫一扫

视频讲解

globalAlpha 属性适合批量设置图形颜色。

【例 12-7】 画布 API 之颜色透明度的简单应用。

WXML（pages/demo05/alpha/alpha.wxml）文件代码如下：

```
<view class='title'>5.颜色与样式</view>
<view class='demo-box'>
  <view class='title'>颜色透明度</view>
  <canvas id='myCanvas' type='2d' style='border:1rpx solid'></canvas>
  <button type='primary' size='mini' bindtap='setAlpha01'>不透明</button>
  <button type='primary' size='mini' bindtap='setAlpha02'>半透明</button>
  <button type='primary' size='mini' bindtap='setAlpha03'>全透明</button>
</view>
```

JS（pages/demo05/alpha/alpha.js）文件代码如下：

```
Page({
  //自定义函数——绘制基本图形
  drawBox: function () {
    let ctx = this.ctx
    //清空画布
    this.clearCanvas()
    //填充矩形
    ctx.fillStyle = 'green'
    ctx.fillRect(75, 75, 150, 150)
  },
```

```
  //自定义函数——不透明
  setAlpha01: function () {
    let ctx = this.ctx
    ctx.globalAlpha = 1              //设置透明度
    this.drawBox()                   //绘制矩形
  },
  //自定义函数——半透明
  setAlpha02: function () {
    let ctx = this.ctx
    ctx.globalAlpha = 0.5            //设置透明度
    this.drawBox()                   //绘制矩形
  },
  //自定义函数——全透明
  setAlpha03: function () {
    let ctx = this.ctx
    ctx.globalAlpha = 0              //设置透明度
    this.drawBox()                   //绘制矩形
  },
  //自定义函数——清空画布
  clearCanvas: function () {
    //内容略，和例 12-1 相同
  },
  /**
   * 生命周期函数——监听页面初次渲染完成
   */
  onReady: function () {
    //内容略，和例 12-1 相同
  }
})
```

程序运行效果如图 12-14 所示。

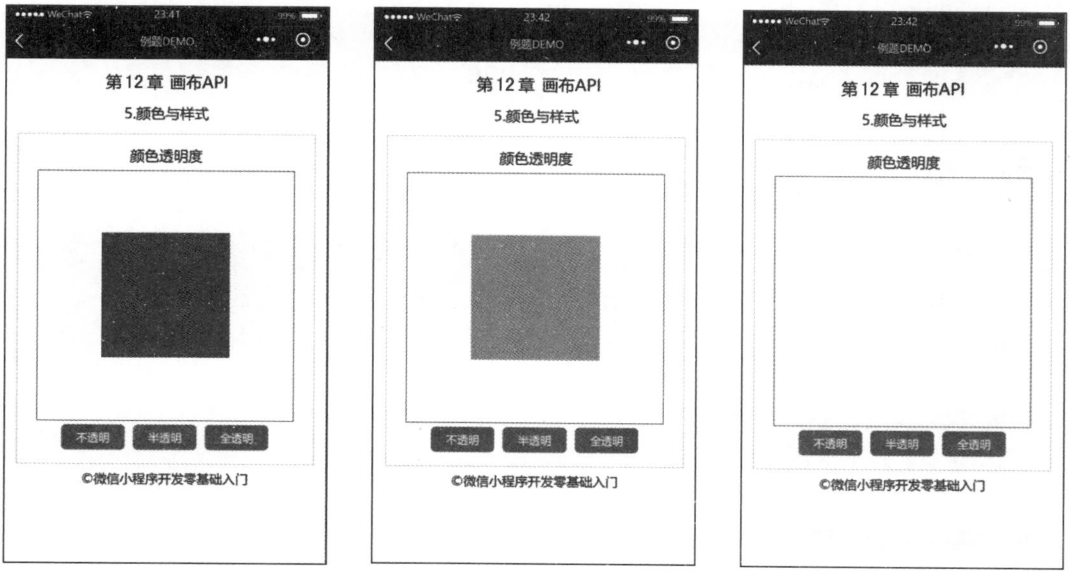

（a）不透明效果　　（b）半透明效果　　（c）全透明效果

图 12-14　颜色透明度的简单应用

【代码说明】

本示例在 alpha.wxml 中包含 3 个<button>按钮，分别用于显示不透明、半透明和全透明的图像效果，对应的自定义函数分别是 setAlpha01()、setAlpha02()和 setAlpha03()。在 alpha.js

中首先定义 drawBox()方法用于绘制一个左上角在(75,75)、宽和高均为 150 像素的绿色实心矩形，然后在 setAlpha01()、setAlpha02()和 setAlpha03()中均使用 setGlobalAlpha()设置颜色透明度，将参数分别设置为 1、0.5 和 0。

图 12-14 中，图（a）为不透明效果，矩形为绿色；图（b）为半透明效果，矩形颜色变淡；图（c）为全透明效果，已经完全看不到矩形。

12.6.2 线条样式

1 设置线条宽度

小程序使用 lineWidth 属性设置线条的宽度，其语法格式如下：

```
ctx.lineWidth = lineWidth          //从基础库 1.9.90 版本起支持
```

其中，参数 lineWidth 是 Number 类型，默认单位为 px。

例如：

```
ctx.lineWidth = 10
```

上述代码表示设置线条宽度为 10 像素。

2 设置线条端点样式

小程序使用 lineCap 属性设置线条端点样式，其语法格式如下：

```
ctx.lineCap = lineCap          //从基础库 1.9.90 版本起支持
```

其中，参数 lineCap 表示线段两边顶端的形状，有 3 种属性值，说明如下。

- butt：线段的末端以方形结束，该属性值为默认值。
- round：线段的末端以半圆形凸起结束。
- square：线段的末端加了一个方形，该方形的宽度与线段同宽，高度为宽度的一半。具体的显示效果如图 12-15 所示。

例如：

```
ctx.lineCap = 'square'
```

上述代码表示设置线条端点为方形效果。

3 设置线条交点样式

小程序使用 lineJoin 属性设置线条交点样式，其语法格式如下：

```
ctx.lineJoin = lineJoin          //从基础库 1.9.90 版本起支持
```

其中，参数 lineJoin 表示线段之间连接处的拐角样式，有 3 种属性，说明如下。

- miter：线段连接处的拐角为尖角，该属性值为默认值。
- round：线段连接处的拐角为圆形。
- bevel：线段连接处的拐角为平角。

具体的显示效果如图 12-16 所示。

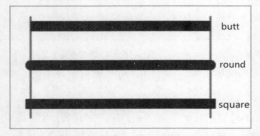

图 12-15　设置 lineCap 为不同属性值对应的效果

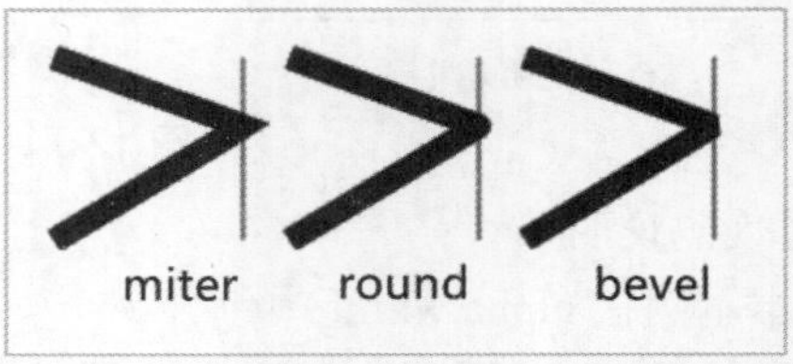

图 12-16　设置 lineJoin 为不同属性值对应的效果

例如：

```
ctx.lineJoin = 'round'
```

上述代码表示设置线段连接处的拐角是圆形效果。

4 设置虚线效果

小程序使用 setLineDash()设置线条为虚线效果，其语法格式如下：

```
ctx.setLineDash(pattern, offset)
```

其参数说明如下。

- pattern：Array 数组，表示一组描述交替绘制线段和间距（坐标空间单位）长度的数字。
- offset：Number 类型，表示虚线偏移量。

例如：

```
ctx.setLineDash([10, 5], 0)
```

上述代码表示设置线条样式为 10 像素的线段与 5 像素的间隔交替出现形成虚线。

读者需要注意一种特殊情况，当数组元素为奇数时所有数组元素会自动重复一次。例如使用 setLineDash([5, 10, 5])方法设置线条样式，实际上系统会认为是[5, 10, 5, 5, 10, 5]的形式。

5 设置最大斜接长度

小程序使用 miterLimit 属性设置最大斜接长度，斜接长度指的是在两条线交汇处内角和外角之间的距离。该接口只有当 lineJoin 参数值为 miter 时才有效。

其语法格式如下：

```
ctx.miterLimit = miterLimit    //从基础库 1.9.90 版本起支持
```

其中，参数 miterLimit 为 Number 类型，表示最大斜接长度。

例如：

```
ctx.miterLimit = 4
```

上述代码表示设置最大斜接长度为 4。

将 miterLimit 参数值分别设置为 1、2、3、4，显示效果如图 12-17 所示。

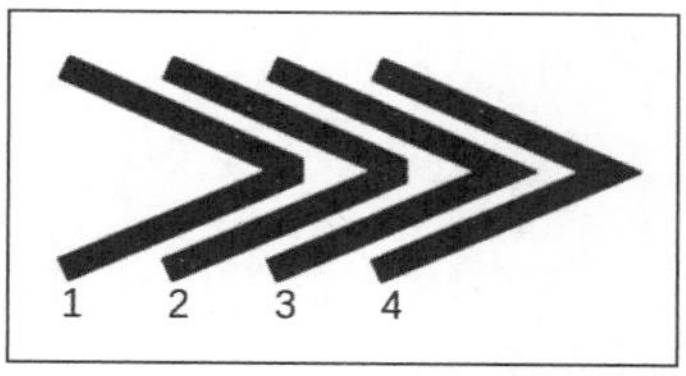

图 12-17　设置 miterLimit 为不同属性值对应的效果

如果设置超过最大斜接长度，则连接处将以 lineJoin 为 bevel 来显示。

扫一扫

视频讲解

【例 12-8】 画布 API 之线条样式的简单应用。

WXML（pages/demo05/line/line.wxml）文件代码如下：

```
<view class='title'>7.绘图</view>
<view class='title'>5.颜色与样式</view>
<view class='demo-box'>
  <view class='title'>线条样式</view>
  <canvas id='myCanvas' type='2d' style='border:1rpx solid'></canvas>
  <button type='primary' size='mini' bindtap='setLineWidth'>线条加粗</button>
  <button type='primary' size='mini' bindtap='setLineJoin'>圆形交点</button>
  <button type='primary' size='mini' bindtap='setLineDash'>虚线效果</button>
  <button bindtap='reset'>还原</button>
</view>
```

JS（pages/demo05/line/line.js）文件代码如下：

```
Page({
  //自定义函数——绘制基本图形
```

```
  drawSample: function () {
    let ctx = this.ctx
    //清空画布
    this.clearCanvas()
    //绘制三角形
    ctx.beginPath()
    ctx.moveTo(150, 75)
    ctx.lineTo(225, 225)
    ctx.lineTo(75, 225)
    ctx.closePath()
    ctx.stroke()
  },
  //自定义函数——线条加粗
  setLineWidth: function () {
    this.ctx.lineWidth = 20
    this.drawSample()
  },
  //自定义函数——圆形交点
  setLineJoin: function () {
    this.ctx.lineJoin = 'round'
    this.drawSample()
  },
  //自定义函数——虚线效果
  setLineDash: function () {
    this.ctx.setLineDash([10, 10], 2)
    this.drawSample()
  },
  //自定义函数——还原（初始化）
  reset: function () {
    let ctx = this.ctx
    //重新配置
    ctx.lineWidth = 10
    ctx.lineJoin = 'miter'
    ctx.setLineDash([10, 0], 0)
    this.drawSample()
  },
  //自定义函数——清空画布
  clearCanvas: function () {
    //内容略，和例 12-1 相同
  },
  /**
   * 生命周期函数——监听页面初次渲染完成
   */
  onReady: function () {
    //创建查询器准备对画布进行查询
    const query = wx.createSelectorQuery()
    //根据 id 查找画布
    query.select('#myCanvas')
      .fields({ node: true, size: true })
      .exec((res) => {
        //1.获取画布节点（内容略，和例 12-1 相同）
        //2.创建画布上下文（内容略，和例 12-1 相同）
        //3.转换画布分辨率（内容略，和例 12-1 相同）

        //4.绘图描述
        this.ctx = ctx                    //共享 ctx 给其他函数用
        this.canvas = canvas              //共享 canvas 给其他函数用
        this.reset()                      //初始化画布
      })
  }
})
```

程序运行效果如图 12-18 所示。

（a）页面初始效果

（b）线条加粗效果

（c）圆形交点效果

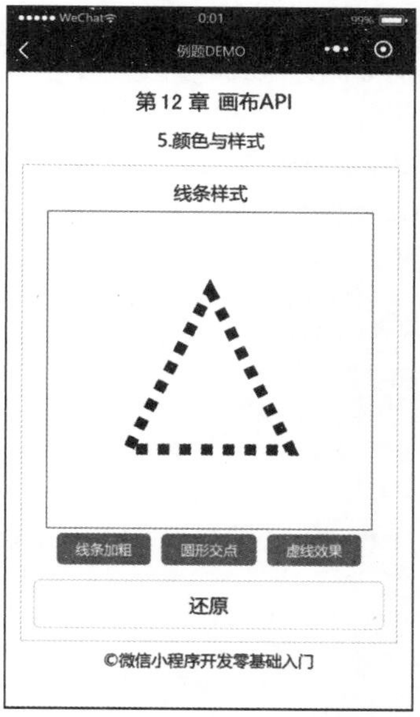

（d）虚线效果

图 12-18　线条样式的简单应用

【代码说明】

本示例在 line.wxml 中包含了 3 个<button>迷你按钮，分别用于显示加粗、圆形交点和虚线的线条样式，对应的自定义函数分别是 setLineWidth()、setLineJoin()和 setLineDash()；另有一个<button>普通按钮，用于还原初始绘图效果，对应的自定义函数是 reset()。在 line.js 中首先定义 drawSample()方法用于绘制一个三角形，并在 reset()函数中设置其初始线条宽度为 10 像素，线段交点为尖角样式且非虚线；然后定义 setLineWidth()方法改变线条宽度为 20 像素；定义 setLineJoin()方法将三角形的 3 个顶端改为圆弧形；定义 setLineDash()方法设置三角形边框为虚线效果，每个线段长度均为 10 像素。

图 12-18 中，图（a）为页面初始效果，此时是一个线条宽度为 10 像素的三角形；图（b）为线条加粗效果；图（c）为圆形交点效果；图（d）为虚线边框效果。

12.6.3 渐变样式

在小程序中可以使用颜色渐变效果设置图形的轮廓或填充颜色，分为线性渐变与圆形渐变两种。首先创建具有指定渐变区域的 canvasGradient 对象。

创建线性渐变 canvasGradient 对象的语法格式如下：

```
const grd=ctx.createLinearGradient(x0, y0, x1, y1)
```

其中，(x0,y0)表示渐变的初始位置坐标；(x1,y1)表示渐变的结束位置坐标。

创建圆形渐变 canvasGradient 对象的语法格式如下：

```
const grd=ctx.createRadialGradient(x0, y0, r0, x1, y1, r1)
```

这表示渐变起点处是圆心在(x0,y0)上的半径为 r0 的圆环，渐变结束处是圆心在(x1,y1)上的半径为 r1 的圆环。

使用这两种渐变方法创建 canvasGradient 对象后均可继续使用 addColorStop()方法为渐变效果定义颜色与渐变点。其语法格式如下：

```
grd.addColorStop(position, color)
```

其中，position 参数需要填写一个 0～1 的数值，表示渐变点的相对位置，例如 0.5 表示在渐变区域的正中间；color 参数需要填写一个有效的颜色值。

扫一扫

视频讲解

以上两种方法创建出来的颜色渐变效果均可当作一种特殊的颜色值赋予画笔。

【例 12-9】 画布 **API** 之渐变样式的综合应用。

WXML（pages/demo05/gradient/gradient.wxml）文件代码如下：

```
<view class='title'>5.颜色与样式</view>
<view class='demo-box'>
  <view class='title'>渐变样式</view>
  <canvas id='myCanvas' type='2d' style='border:1rpx solid'></canvas>
  <button type='primary' size='mini' bindtap='linear'>线性渐变</button>
  <button type='primary' size='mini' bindtap='radial'>圆形渐变</button>
</view>
```

JS（pages/demo05/gradient/gradient.js）文件代码如下：

```
Page({
  //自定义函数——线性渐变
  linear: function () {
    let ctx = this.ctx
    //清空画布
    this.clearCanvas()
    //创建线性渐变
    var grd = ctx.createLinearGradient(0, 0, 200, 200)
    grd.addColorStop(0, 'blue')
    grd.addColorStop(1, 'lightblue')
    //画图形
    ctx.fillStyle = grd
    ctx.fillRect(50, 50, 200, 200)
  },
  //自定义函数——圆形渐变
  radial: function () {
    let ctx = this.ctx
    //清空画布
```

```
    this.clearCanvas()
    //创建圆形渐变
    var grd = ctx.createRadialGradient(150, 150, 0, 150, 150, 100)
    grd.addColorStop(0, 'purple')
    grd.addColorStop(1, 'white')
    //画图形
    ctx.fillStyle = grd
    ctx.fillRect(50, 50, 200, 200)
  },
  //自定义函数——清空画布
  clearCanvas: function () {
    //内容略，和例 12-1 相同
  },
  /**
   * 生命周期函数——监听页面初次渲染完成
   */
  onReady: function () {
    //内容略，和例 12-1 相同
  }
})
```

程序运行效果如图 12-19 所示。

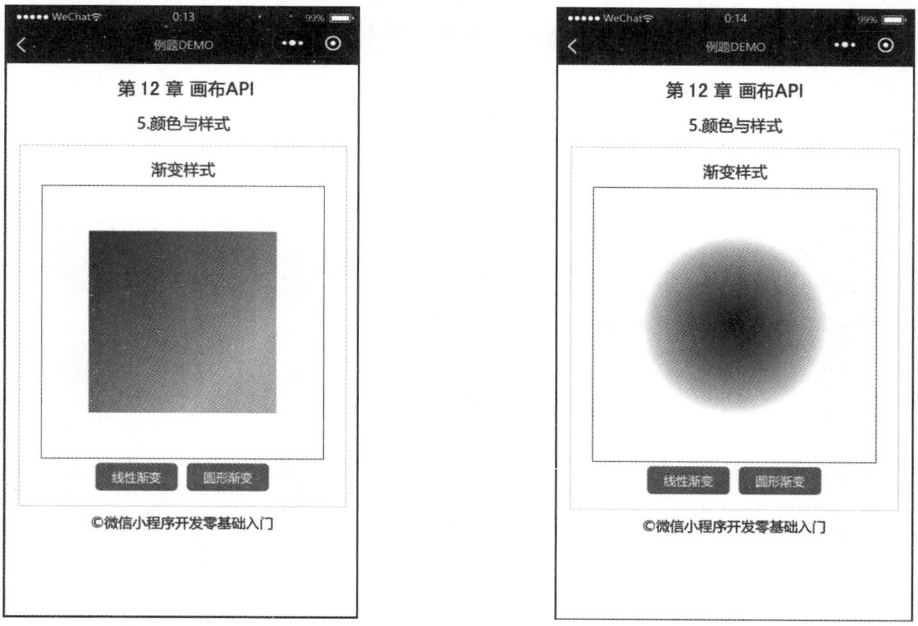

（a）线性渐变效果　　　　（b）圆形渐变效果

图 12-19　渐变样式的综合应用

【代码说明】

本示例在 gradient.wxml 中包含了两个<button>按钮分别用于显示线性渐变和圆形渐变效果，对应的自定义函数分别是 linear()和 radial()。在 gradient.js 中定义 linear()方法用于显示一个实心矩形，该矩形具有从左上角蓝色到右下角浅蓝的渐变效果；定义 radial()方法用于显示一个实心圆形，该圆形具有从圆心紫色向外逐渐变淡至白色的渐变效果。

图 12-19 中，图（a）为线性渐变效果，矩形的宽和高均为 200 像素；图（b）为圆形渐变效果，圆形的半径为 100 像素。

12.6.4 阴影样式

在画布上下文对象中还有 4 个属性可以用于设置阴影单项样式，如表 12-1 所示。

表 12-1 CanvasContext 阴影效果相关属性

属性名称	属性值	解释
shadowOffsetX	Number	用于设置阴影在 X 轴方向的延伸距离，默认值为 0
shadowOffsetY	Number	用于设置阴影在 Y 轴方向的延伸距离，默认值为 0
shadowBlur	Number	用于设置阴影的模糊程度，默认值为 0
shadowColor	Color	用于设置阴影的颜色，默认值为透明度为 0 的黑色

例如：

```
ctx.shadowOffsetX = 10
ctx.shadowOffsetY = 10
ctx.shadowBlur = 20
ctx.shadowColor = 'silver'
```

上述代码表示设置一个模糊级别为 20 的银色阴影效果，阴影相对于图形往右边和下方均偏移 10 像素的距离。

注意：小程序原本使用 setShadow()方法为画布中的图形或文本设置阴影效果，但自 1.9.90 基础库版本后不再支持，旧版代码改造时请使用本节的 4 个属性重新设置阴影效果。

扫一扫

视频讲解

【例 12-10】 画布 API 之阴影样式的简单应用。

WXML（pages/demo05/shadow/shadow.wxml）文件代码如下：

```
<view class='title'>5.颜色与样式</view>
<view class='demo-box'>
  <view class='title'>阴影样式</view>
  <canvas id='myCanvas' type='2d' style='border:1rpx solid'></canvas>
</view>
```

JS（pages/demo05/shadow/shadow.js）文件代码如下：

```
Page({
  /**
   * 生命周期函数——监听页面初次渲染完成
   */
  onReady: function () {
    //创建查询器准备对画布进行查询
    const query = wx.createSelectorQuery()
    //根据 id 查找画布
    query.select('#myCanvas')
      .fields({ node: true, size: true })
      .exec((res) => {
        //1.获取画布节点（内容略，和例 12-1 相同）
        //2.创建画布上下文（内容略，和例 12-1 相同）
        //3.转换画布分辨率（内容略，和例 12-1 相同）

        //4.绘图描述
        ctx.fillStyle = 'lightgreen'          //设置填充颜色
        ctx.shadowOffsetX = 10                //设置阴影 X 轴偏移
        ctx.shadowOffsetY = 10                //设置阴影 Y 轴偏移
        ctx.shadowBlur = 50                   //设置阴影模糊半径
        ctx.shadowColor = 'gray'              //设置阴影颜色
        ctx.fillRect(75, 75, 150, 150)        //设置填充矩形
      })
  }
})
```

程序运行效果如图 12-20 所示。

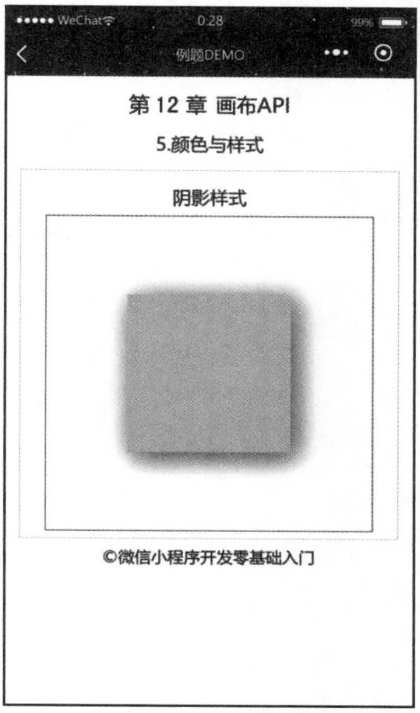

图 12-20 阴影样式的简单应用

【代码说明】

本示例在 shadow.js 的 onLoad()函数中绘制了一个左上角坐标为(75,75)、宽和高均为 150 的浅绿色实心矩形，并使用 shadowOffsetX、shadowOffsetY、shadowColor 以及 shadowBlur 这 4 个属性为其设置了一个模糊级别为 50 的灰色阴影效果，该阴影距离原矩形往右边和下方均偏移 10 像素的距离。

12.6.5 图案填充

小程序使用 createPattern()对指定的区域进行图案填充，该接口从基础库 1.9.90 版本开始支持，低版本需做兼容处理。其语法格式如下：

```
const pattern = ctx.createPattern(image, repetition)
```

其参数说明如下。

- image：Image 类型，图案来源，可使用 canvas.createImage()创建并设定其 src 值。
- repetition：String 类型，图案重复方向，有效值为 repeat、repeat-x、repeat-y、no-repeat。

图案重复方向的 4 个取值解释如下。

（1）repeat：String 类型，图案在水平和垂直方向都重复（默认值）。

（2）repeat-x：String 类型，图案只在水平方向重复。

（3）repeat-y：String 类型，图案只在垂直方向重复。

（4）no-repeat：String 类型，图案只出现一次，不重复。

扫一扫

视频讲解

【例 12-11】 画布 API 之图案填充的简单应用。

WXML（pages/demo05/pattern/pattern.wxml）文件代码如下：

```
<view class='title'>5.颜色与样式</view>
<view class='demo-box'>
  <view class='title'>图案填充</view>
  <canvas id='myCanvas' type='2d' style='border:1rpx solid'>
  </canvas>
</view>
```

JS（pages/demo05/pattern/pattern.js）文件代码如下：

```
Page({
  /**
   * 生命周期函数——监听页面初次渲染完成
   */
  onReady: function () {
    //创建查询器准备对画布进行查询
    const query = wx.createSelectorQuery()
    //根据 id 查找画布
    query.select('#myCanvas')
      .fields({ node: true, size: true })
      .exec((res) => {
        //1.获取画布节点（内容略，和例 12-1 相同）
        //2.创建画布上下文（内容略，和例 12-1 相同）
```

```
        //3.转换画布分辨率（内容略，和例 12-1 相同）

        //4.绘图描述
        let img = canvas.createImage()
        img.src = '/images/demo05/sakura.jpg'
        //加载图片完毕后
        img.onload = function () {
          //绘制圆形区域
          ctx.beginPath()
          ctx.arc(150,150,100,0,2*Math.PI,true)
          ctx.closePath()
          //=========
          //填充图案
          //=========
          //指定图案来源和重复方向
          const pattern = ctx.createPattern(img,'repeat')
          //使用填充图案设置画笔
          ctx.fillStyle = pattern
          //填充图形
          ctx.fill()
        }
      })
  }
})
```

图 12-21　图案填充的简单应用

程序运行效果如图 12-21 所示。

【代码说明】

本示例在 pattern.js 的 onReady()中声明了一个宽和高均为 100 像素的图片素材(/images/demo05/sakura.jpg)作为图案填充的模型。在图片加载完毕后首先绘制了一个圆心在(150,150)、半径为 100 像素的圆形区域，然后使用了 createPattern()指定图案来源并要求其在水平和垂直方向均重复绘制并用 fillStyle 参数设置其为画笔填充特效，最后使用 fill()方法为其填充图案。

12.7　保存与恢复

在小程序中 save()和 restore()方法是绘制复杂图形的快捷方式，用于记录或恢复画布的绘画状态。在绘制复杂图形时有可能临时需要进行多个属性的设置更改（例如画笔的粗细、填充颜色等效果），在绘制完成后又要重新恢复初始设置进行后续的操作。在 12.8 节中可以看到这两个方法的具体用法。

12.8　变形与剪裁

12.8.1　图像的变形

在小程序中有 4 种方法可以对在画布上绘制的内容进行变形处理。

- 移动（translate()）：移动图形到新的位置，图形的大小、形状不变。

- 旋转（rotate()）：以画布的原点坐标(0,0)为参照点进行图形的旋转，图形的大小、形状不变。
- 缩放（scale()）：对图形进行指定比例的放大或缩小，图形的位置不变。
- 矩阵变形（transform()）：使用数学矩阵多次叠加形成更复杂的变化。

1 移动

在小程序中可以使用 translate()方法对图形进行移动处理。其基本格式如下：

```
ctx.translate(x, y)
```

其中，参数 x 是在水平方向 X 轴上的偏移量；参数 y 是在垂直方向 Y 轴上的偏移量。参数为正数表示沿着坐标系的正方向移动；参数为负数表示沿着坐标系的相反方向移动。用户也可以理解为将原点移动到指定的坐标(x,y)上，移动效果如图 12-22 所示。

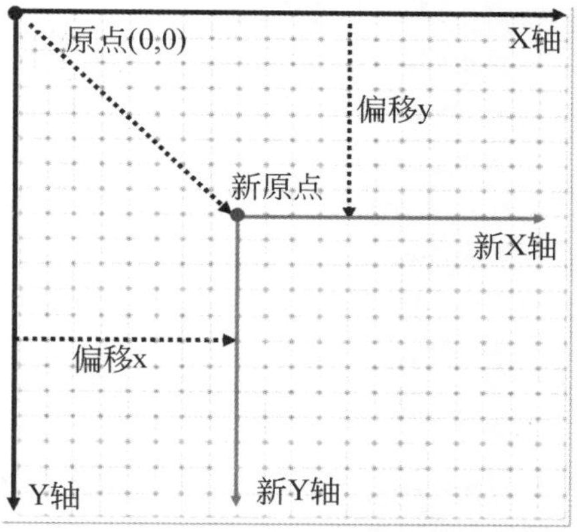

图 12-22　画布坐标系的移动效果

例如，将原点水平方向向右移动 100 像素，垂直方向不变：

```
ctx.translate(100,0);
```

需要注意的是，每一次调用 translate()方法都是在上一个 translate()方法的基础上继续移动原点的位置。例如：

```
1. ctx.translate(100,0); //将原点水平向右移动 100 像素，目前位置在(100,0)
2. ctx.translate(100,0); //将原点继续水平向右移动 100 像素，目前位置在(200,0)
3. ctx.translate(0,100); //将原点垂直向下移动 100 像素，目前位置在(200,100)
```

因此，每次都需要考虑当前原点的位置才能进行正确的移动。如果不希望 translate()方法影响每一次移动，可以使用 save()与 restore()方法恢复原状。

2 旋转

在小程序中可以使用 rotate()方法对图形进行旋转处理。其基本格式如下：

```
ctx.rotate(angle)
```

其中，angle 参数需要填入顺时针旋转的角度，需要换算成弧度单位。如果填入负值，则以逆时针旋转。

例如，逆时针旋转 90°的写法如下：

```
ctx.rotate(-Math.PI/2);
```

在默认情况下，rotate()方法以画布的原点坐标(0,0)为参照点进行图形的旋转，如果需要指定其他参照点，也可以事先使用 translate()方法移动参照点坐标的位置。

3 缩放

在小程序中可以使用 scale()方法对图形进行缩放处理。其基本格式如下：

```
ctx.scale(x, y)
```

其中，参数 x 表示水平方向 X 轴的缩放倍数，参数 y 表示垂直方向 Y 轴的缩放倍数，允许填入整数或浮点数，但必须为正数。当填入数值 1.0 时为正常显示，无缩放效果。例如：

```
ctx. scale(0.5, 2);
```

上述代码表示宽度缩小为原先的一半，高度放大为原先的 2 倍。对一个宽 100 像素、高 50 像素的矩形使用该方法表示宽度变为 50 像素，高度变为 100 像素。

4 矩阵变形

在小程序中 transform()方法使用矩阵多次叠加形成更复杂的变化。其基本格式如下：

```
ctx.transform(scaleX, skewX, skewY, scaleY, translateX, translateY)
```

它共有 6 个参数，均为 Number 类型，具体说明如下。

- scaleX：水平缩放。
- skewX：水平倾斜。
- skewY：垂直倾斜。
- scaleY：垂直缩放。
- translateX：水平移动。
- translateY：垂直移动。

如果需要覆盖原先的矩阵变化效果，可以使用 setTransform()方法，其语法格式如下：

```
ctx.setTransform(scaleX, skewX, skewY, scaleY, translateX, translateY)
```

扫一扫

视频讲解

其参数与 transform()的参数完全相同。

【例 12-12】 画布 **API** 之图像变形的综合应用。

本示例将展示图像变形的几种绘制方式，包括移动、旋转、缩放以及矩阵变形。

WXML（pages/demo06/transform/transform.wxml）文件代码如下：

```
<view class='title'>7.绘图</view>
<view class='demo-box'>
  <view class='title'>图像变形</view>
  <canvas canvas-id='myCanvas' style='border:1rpx solid'></canvas>
  <button type='primary' size='mini' bindtap='translate'>移动</button>
  <button type='primary' size='mini' bindtap='rotate'>旋转</button>
  <button type='primary' size='mini' bindtap='scale'>缩放</button>
  <button type='primary' size='mini' bindtap='transform'>矩阵变形</button>
  <button bindtap='drawBox'>还原</button>
</view>
```

JS（pages/demo06/transform/transform.js）文件代码如下：

```
Page({
  //自定义函数——绘制基本图形
  drawBox: function () {
    let ctx = this.ctx
    //绘制矩形
    ctx.fillStyle = 'lightgreen'
    ctx.fillRect(75, 75, 150, 150)
  },
  //自定义函数——移动
      translate: function () {
        this.ctx.save()                              //记录状态
    this.clearCanvas()                          //清空画布
    this.ctx.translate(75, 75)                  //移动
    this.drawBox()                              //绘制基本图形
    this.ctx.restore()                          //恢复初始状态
  },
  //自定义函数——旋转
  rotate: function () {
    this.ctx.save()                             //记录状态
    this.clearCanvas()                          //清空画布
    this.ctx.rotate(20 * Math.PI / 180)         //旋转
    this.drawBox()                              //绘制基本图形
    this.ctx.restore()                          //恢复初始状态
  },
  //自定义函数——缩放
```

```
  scale: function () {
    this.ctx.save()                                   //记录状态
    this.clearCanvas()                                //清空画布
    this.ctx.scale(0.5, 0.5)                          //缩放
    this.drawBox()                                    //绘制基本图形
    this.ctx.restore()                                //恢复初始状态
  },
  //自定义函数——矩阵变形
  transform: function () {
    this.ctx.save()                                   //记录状态
    this.clearCanvas()                                //清空画布
    this.ctx.transform(1.25, 20 * Math.PI / 180, 0, 0.5, 50, 50)//变形
    this.drawBox()                                    //绘制基本图形
    this.ctx.restore()                                //恢复初始状态
  },
  //自定义函数——还原
  reset: function () {
    this.ctx.restore()                                //恢复初始状态
    this.ctx.save()                                   //记录状态
    this.clearCanvas()                                //清空画布
    this.drawBox()                                    //重新绘制初始图形
  },
  //自定义函数——清空画布
  clearCanvas: function () {
    //内容略，和例 12-1 相同
  },
  /**
   * 生命周期函数——监听页面初次渲染完成
   */
  onReady: function () {
    //创建查询器准备对画布进行查询
    const query = wx.createSelectorQuery()
    //根据 id 查找画布
    query.select('#myCanvas')
      .fields({ node: true, size: true })
      .exec((res) => {
        //1.获取画布节点（内容略，和例 12-1 相同）
        //2.创建画布上下文（内容略，和例 12-1 相同）
        //3.转换画布分辨率（内容略，和例 12-1 相同）

        //4.绘图描述
        this.ctx = ctx                                //共享 ctx 给其他函数用
        this.canvas = canvas                          //共享 canvas 给其他函数用
        ctx.save()                                    //保存当前状态
        this.drawBox()                                //绘制初始图形
      })
  }
})
```

程序运行效果如图 12-23 所示。

【代码说明】

本示例在 transform.wxml 中包含了 4 个<button>迷你按钮，分别用于显示图形的移动、旋转、缩放和矩阵变形效果，对应的自定义函数分别是 translate()、rotate()、scale()和 transform()；还包含了一个<button>普通按钮用于还原初始图形，对应的自定义函数是 drawBox()。在 transform.js 中首先定义 drawBox()方法用于绘制基本图形——一个左上角在(75,75)、宽和高均为 150 像素的浅绿色实心矩形；然后定义 translate()方法用于将矩形往右和下均偏移 75 像素的距离；定义 rotate()方法用于将矩形旋转 20°；定义 scale()方法用于将矩形的宽和高均更新为原来的一半；定义 transform()方法将矩形的宽度更新为原来的 1.25 倍、高度更新为原来的一半，倾斜 20°且往右和下均偏移 50 像素的距离。

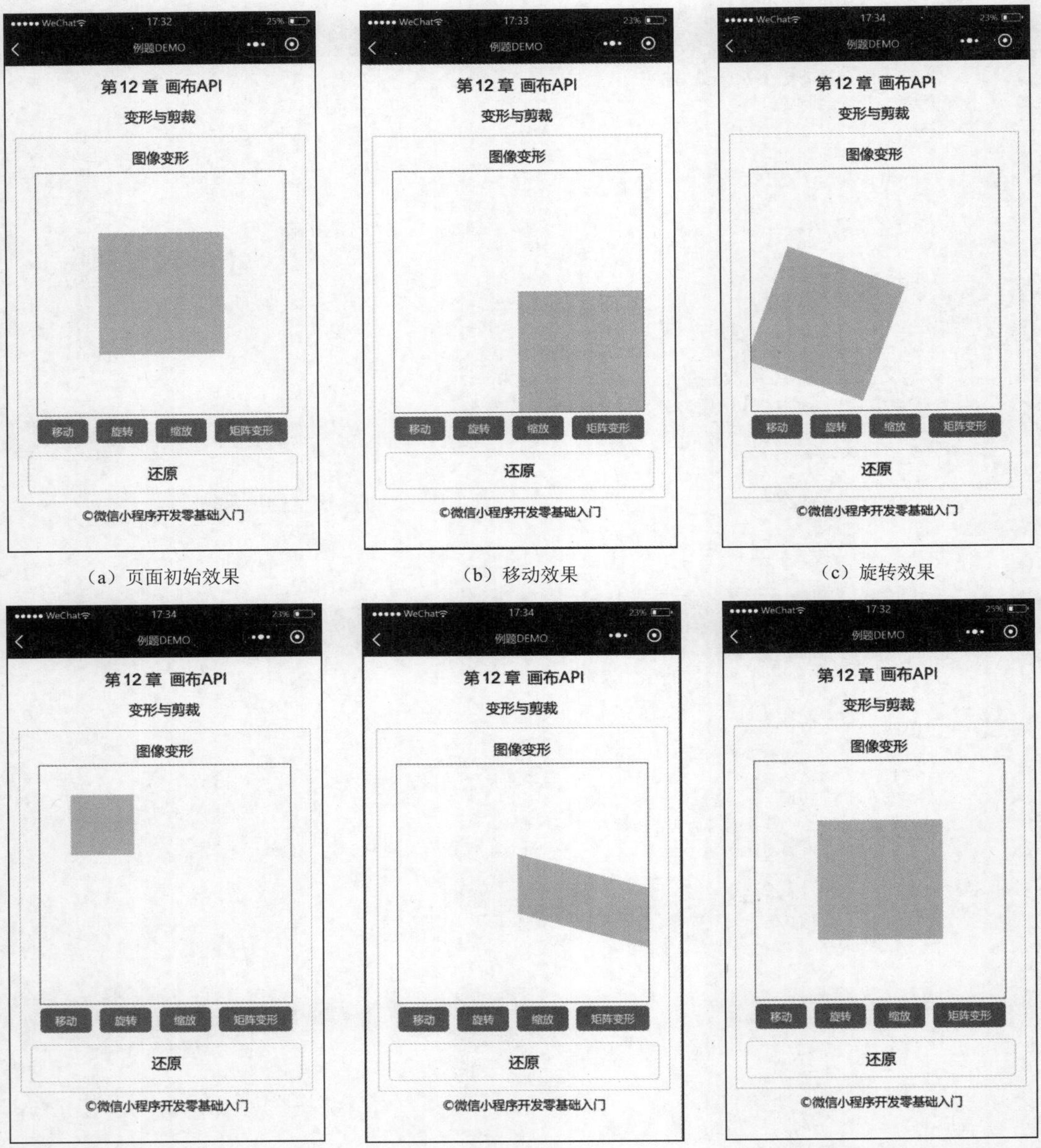

（a）页面初始效果　（b）移动效果　（c）旋转效果

（d）缩放效果　（e）矩阵变形效果　（f）还原初始效果

图 12-23　图像变形的综合应用

图 12-23 中，图（a）为页面初始效果；图（b）～（e）分别是点击“移动”“旋转”“缩放”和“矩阵变形”按钮后的效果；图（f）是点击“还原”按钮后的效果。

12.8.2　图像的剪裁

在小程序中可以使用 clip()方法对图形进行剪裁处理。该方法一旦执行，前面的绘制图形代码将起到剪裁画布的作用，超过该图形所覆盖部分的其他区域都将无法绘制。

例如：

```
//创建剪裁的区域
ctx.rect(0,0,100,100)
```

```
//剪裁画布
ctx.clip()
```

上述代码表示将画布剪裁为左上角在原点、宽和高均为 100 像素的矩形。剪裁是不可逆的，下一次使用 clip()方法也只能在当前的保留区域继续进行剪裁。

如果希望执行过 clip()方法后还能在剪裁前完整的画布上绘图，可以用到 12.7 节介绍到的 save()和 restore()方法。例如：

```
//保存完整画布
ctx.save()
//创建剪裁的区域
ctx.rect(0,0,100,100)
//剪裁画布
ctx.clip()
//还原完整画布
ctx.restore()
```

如果需要的剪裁区域为圆形，可以使用 ctx.arc()方法。例如：

```
//创建圆弧剪裁的区域
ctx.arc(100, 100, 100, 0, Math.PI * 2, true);
//剪裁画布
ctx.clip();
```

上述代码表示将画布剪裁为圆心在(100,100)、半径为 100 像素的圆形。

【例 12-13】 画布 **API** 之图像剪裁的简单应用。

扫一扫

视频讲解

WXML（pages/demo06/clip/clip.wxml）文件代码如下：

```
<view class='title'>变形与剪裁</view>
<view class='demo-box'>
  <view class='title'>图像剪裁</view>
  <canvas id='myCanvas' type='2d' style='border:1rpx solid'></canvas>
  <button type='primary' bindtap='clip'>开始剪裁</button>
  <button bindtap='drawImage'>还原</button>
</view>
```

JS（pages/demo06/clip/clip.js）文件代码如下：

```
Page({
  //自定义函数——绘制图像
  drawImage: function () {
    let ctx = this.ctx
    //创建图片对象
    let img = this.canvas.createImage()
    //指定图片素材来源
    img.src = '/images/demo06/icon.jpg'
    //加载图片完毕后绘制
    img.onload = function () {
      ctx.drawImage(img, 50, 50)
    }
  },
  //自定义函数——剪裁
  clip: function () {
    let ctx = this.ctx
    //清空画布
    this.clearCanvas()
    //创建图片对象
    let img = this.canvas.createImage()
    //指定图片素材来源
    img.src = '/images/demo06/icon.jpg'
    //加载图片完毕后绘制
```

```
    img.onload = function () {
      ctx.save()//记录剪裁前的状态
      ctx.arc(150, 150, 100, 0, 2 * Math.PI) //剪裁区域
      ctx.clip() //剪裁画布
      ctx.drawImage(img, 50, 50) //在剪裁区域内展示图片
      ctx.restore() //恢复剪裁前的完整画布
    }
  },
  //自定义函数——清空画布
  clearCanvas: function () {
    //内容略，和例12-1相同
  },
  /**
   * 生命周期函数——监听页面初次渲染完成
   */
  onReady: function () {
    //创建查询器准备对画布进行查询
    const query = wx.createSelectorQuery()
    //根据id查找画布
    query.select('#myCanvas')
      .fields({ node: true, size: true })
      .exec((res) => {
        //1.获取画布节点（内容略，和例12-1相同）
        //2.创建画布上下文（内容略，和例12-1相同）
        //3.转换画布分辨率（内容略，和例12-1相同）

        //4.绘图描述
        this.ctx = ctx //共享ctx给其他函数用
        this.canvas = canvas//共享canvas给其他函数用
        this.drawImage() //绘制图片
      })
  }
})
```

程序运行效果如图12-24所示。

（a）页面初始效果　　（b）剪裁后的效果

图12-24　图像剪裁的简单应用

【代码说明】

本示例在 clip.wxml 中包含了两个<button>按钮，分别用于剪裁和还原，对应的自定义函数分别是 clip()和 drawImage()。在 clip.js 中首先定义 drawImage()方法用于绘制一个微信图标的素材（/images/demo06/icon.jpg），将其左上角绘制到画布坐标(50,50)的位置；然后定义 clip()方法将画布剪裁为圆心在(150,150)、半径为 100 像素的圆形。

图 12-24 中，图（a）为页面初始效果；图（b）为剪裁后的效果，由该图可见原来矩形的图片被剪裁为圆形。

12.9　图像的导出

小程序使用 wx.canvasToTempFilePath(OBJECT, this)把当前画布指定区域的内容导出生成指定大小的图片，并返回文件路径。其参数如表 12-2 所示。

表 12-2　wx.canvasToTempFilePath(OBJECT,this)的参数

参　数	类　型	必　填	说　明	最低版本
x	Number	否	画布的 X 轴起点（默认为 0）	1.2.0
y	Number	否	画布的 Y 轴起点（默认为 0）	1.2.0
width	Number	否	画布宽度（默认为 canvas 宽度）	1.2.0
height	Number	否	画布高度（默认为 canvas 高度）	1.2.0
destWidth	Number	否	输出图片宽度（默认为 width *屏幕像素密度）	1.2.0
destHeight	Number	否	输出图片高度（默认为 height *屏幕像素密度）	1.2.0
canvasId	String	是	画布标识，传入<canvas>的 canvas-id	
fileType	String	否	目标文件的类型，只支持'jpg'或'png'，默认为'png'	1.7.0
quality	Number	否	图片的质量，取值范围为(0, 1]，不在范围内时当成 1.0 处理	1.7.0
success()	Function	否	接口调用成功的回调函数	
fail()	Function	否	接口调用失败的回调函数	
complete()	Function	否	接口调用结束的回调函数（调用成功与否都执行）	

在自定义组件下，第二个参数传入组件实例 this，以操作组件内的<canvas>组件。

扫一扫

视频讲解

【例 12-14】　画布 API 之图像导出的简单应用。

WXML（pages/demo07/preview/preview.wxml）文件代码如下：

```
<view class='title'>图像导出</view>
<view class='demo-box'>
  <view class='title'>图像预览</view>
  <canvas id='myCanvas' type='2d' style='border:1rpx solid'></canvas>
  <button type='primary' bindtap='previewImage'>预览图片</button>
</view>
```

JS（pages/demo07/preview/preview.js）文件代码如下：

```
Page({
  //自定义函数——预览图片
  previewImage: function () {
    //获取画布实例
    let canvas = this.canvas
    //保存画布内容到临时图片路径
```

```
    wx.canvasToTempFilePath({
      canvas: canvas,//2d 画布实例
      success: function (res) {
        //图片路径地址
        var src = res.tempFilePath;
        //预览图片（长按即可保存到设备中）
        wx.previewImage({
          current: src, //当前显示图片的 http 链接
          urls: [src] //需要预览的图片的 http 链接列表
        })
      }
    })
  },
  /**
   * 生命周期函数——监听页面初次渲染完成
   */
  onReady: function () {
    //创建查询器准备对画布进行查询
    const query = wx.createSelectorQuery()
    //根据 id 查找画布
    query.select('#myCanvas')
      .fields({ node: true, size: true })
      .exec((res) => {
        //1.获取画布节点（内容略，和例 12-1 相同）
        //2.创建画布上下文（内容略，和例 12-1 相同）
        //3.转换画布分辨率（内容略，和例 12-1 相同）

        //4.绘图描述
        this.canvas = canvas//共享 canvas 给其他函数用
        //获取画布宽和高(单位：px)
        var width = res[0].width
        var height = res[0].height
        //填充背景
        ctx.fillStyle = 'lightblue'
        ctx.fillRect(0,0,width,height)
        //画点图案
        ctx.lineWidth = '3'//设置线条粗细
        ctx.strokeStyle = 'white' //设置填充颜色
        //参照点移到中心
        ctx.translate(width/2,height/2)
        //画 10 次矩形
        for(var i=0;i<10;i++){
          ctx.strokeRect(0,0,100,100) //绘制矩形
          ctx.rotate(2*Math.PI/10)//旋转 1/10
        }
      })
  }
})
```

程序运行效果如图 12-25 所示。

【代码说明】

本示例在 preview.wxml 中包含了一个<button>按钮用于预览图片，对应的自定义函数是 previewImage()。在 preview.js 的 onReady()函数中循环 10 次绘制了一个简易雪花图案，用于测试图片导出效果。在 previewImage()方法中首先使用 wx.canvasToTempFilePath()方法将画布内容保存为临时图片文件，并获得文件的路径地址；然后使用 wx.previewImage()方法预览图片。

图 12-25 中，图（a）为页面初始效果；图（b）为图片预览效果，由该图可见画布已经成功导出成图片。

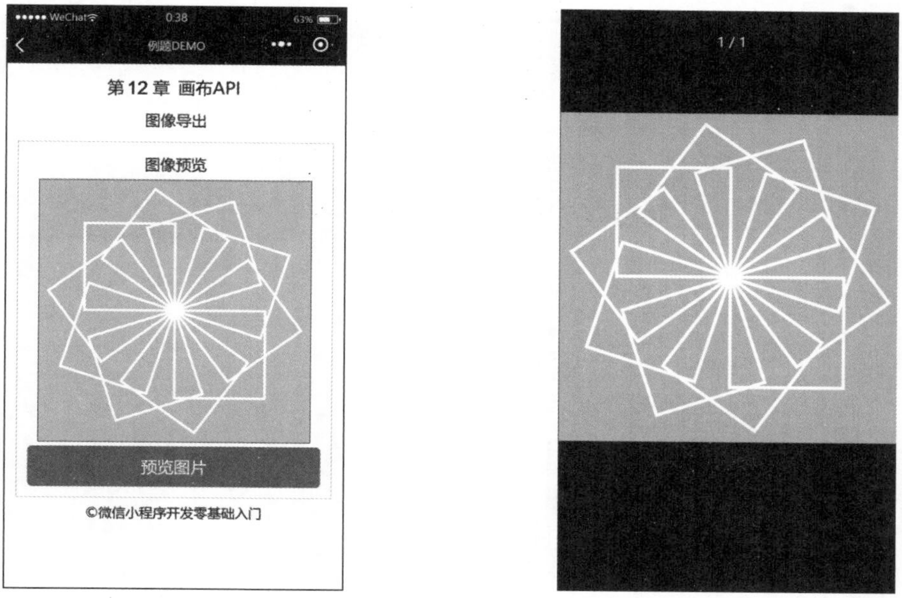

（a）页面初始效果　　（b）图片预览效果

图 12-25　图像导出的简单应用

扫一扫

案例文本

扫一扫

视频讲解(1)

扫一扫

视频讲解(2)

12.10　阶段案例：你画我猜小程序

本节将尝试制作一款绘图小程序——“你画我猜”，用户可以自由设定画笔的颜色、粗细，在画布上绘制图案，最后可以导出成图片发给好友。

最终效果如图 12-26 所示。

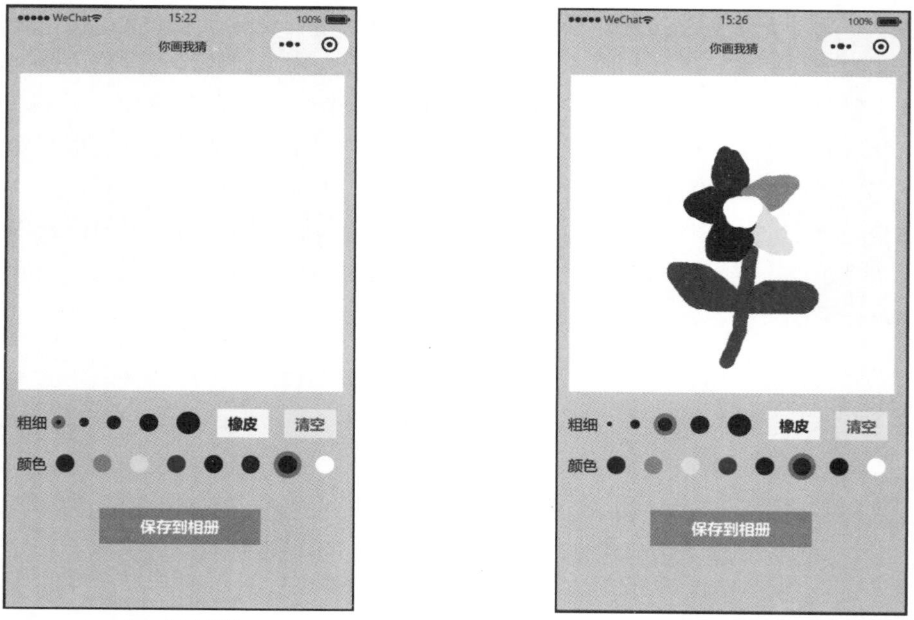

（a）初始效果　　（b）设置画笔粗细和颜色后绘图

图 12-26　第 12 章阶段案例效果图

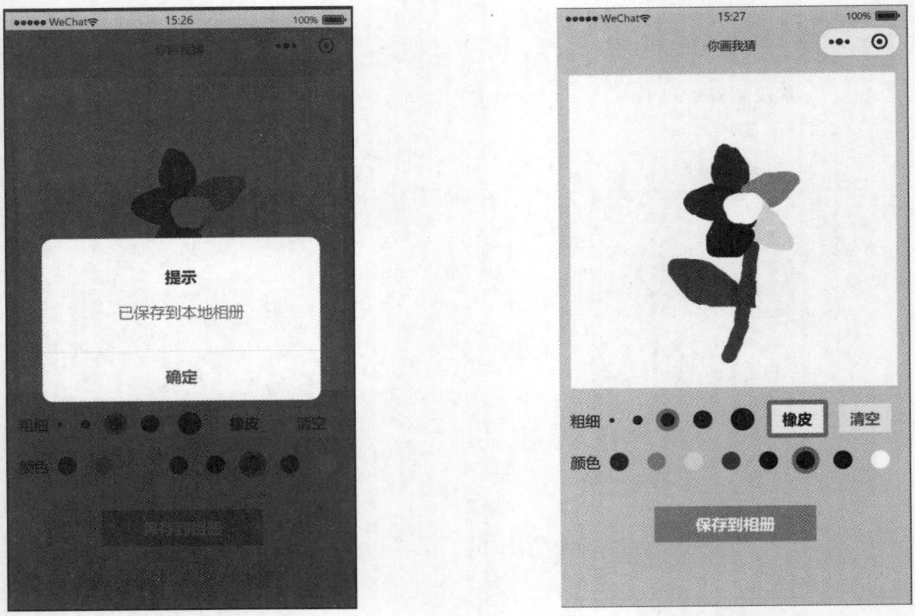

（c）保存到本地相册　　　　（d）用橡皮擦掉一部分内容

图 12-26 （续）

12.11 本章小结

本章属于小程序知识中的应用篇，主要介绍了画布 API 的相关用法。画布 API 主要包括准备工作、绘制矩形|路径|文本|图片、颜色与样式、保存与恢复、变形与剪裁、图像导出等内容。

准备工作部分介绍了画布坐标系、如何创建空白画布以及画布上下文；接下来依次介绍了如何绘制矩形、路径、文本和图片；颜色与样式部分介绍了如何设置颜色透明度、线条的各种样式（宽度、端点和交点样式、虚线效果、最大邻接长度）、颜色渐变、阴影以及图案填充效果；此后介绍了如何保存和恢复画布设定，如何对画布上的图像进行变形与剪裁；最后介绍了在完成全部绘制过程后，如何将图像导出保存到本地设备中进行预览。

本章也是小程序知识体系应用篇中的最后一章，全书的基础入门知识和相关 API 的应用就全部介绍完了。下一章进入提高篇，综合设计应用实例结合服务器后端技术让开发者可以更进一步地提高。

提 高 篇

第13章 Chapter 13

小程序AI·基于腾讯智能对话平台+ColorUI的机器人小程序

除了自己全栈开发小程序以外，还可以调用第三方插件与UI组件库来辅助开发小程序。本章将从零开始详解如何使用“腾讯智能对话平台”插件与ColorUI组件库快速开发一个AI智能对话机器人小程序。

本章学习目标

- 掌握“腾讯智能对话平台”插件在小程序中的应用；
- 掌握ColorUI组件库在小程序中的应用；
- 能够在开发过程中熟练掌握真机预览、调试等操作。

扫一扫

视频讲解

13.1 小程序插件——腾讯智能对话平台TBP

13.1.1 什么是小程序插件

自基础库1.9.6版本起，小程序开始尝试支持插件的开发与使用。按照腾讯官方介绍，插件指的是“一组JS接口、自定义组件或页面的封装”。开发者可以把小程序插件理解为已经封装好的一套特定的功能，直接嵌入自己的小程序即可使用，例如腾讯位置服务提供了地铁图、路线规划等小程序插件，开发者只需要配置到自己的小程序上即可直接看到效果，如图13-1所示。

需要注意的是，插件无法独立运行，而是封装成服务或者发布到小程序平台上供其他小程序调用；且第三方小程序嵌入插件时也是只能用其功能，无法查看或修改插件的代码。插件开发者会使用类似编写小程序的风格编写插件内容，然后上传代码等待发布。一旦发布上线，第三方小程序就可以调用这些插件来辅助我们的开发了。

与此同时，小程序官方会对每个小程序及其使用的所有插件进行数据保护，以确保双方都无法窃取对方的任何数据，因此插件开发是安全、高效的，开发者可以放心使用。

13.1.2 腾讯智能对话平台简介

腾讯智能对话平台（Tencent Bot Platform, TBP）提供了开发平台和机器人中间件功能，可以实现高效、便捷、低成本的人机对话体验。本章就将使用该平台专门为微信小程序提供的第三方插件“腾讯智能对话平台TBP”（后续简称为TBP插件）辅助开发一个智能对话机器人小程序。

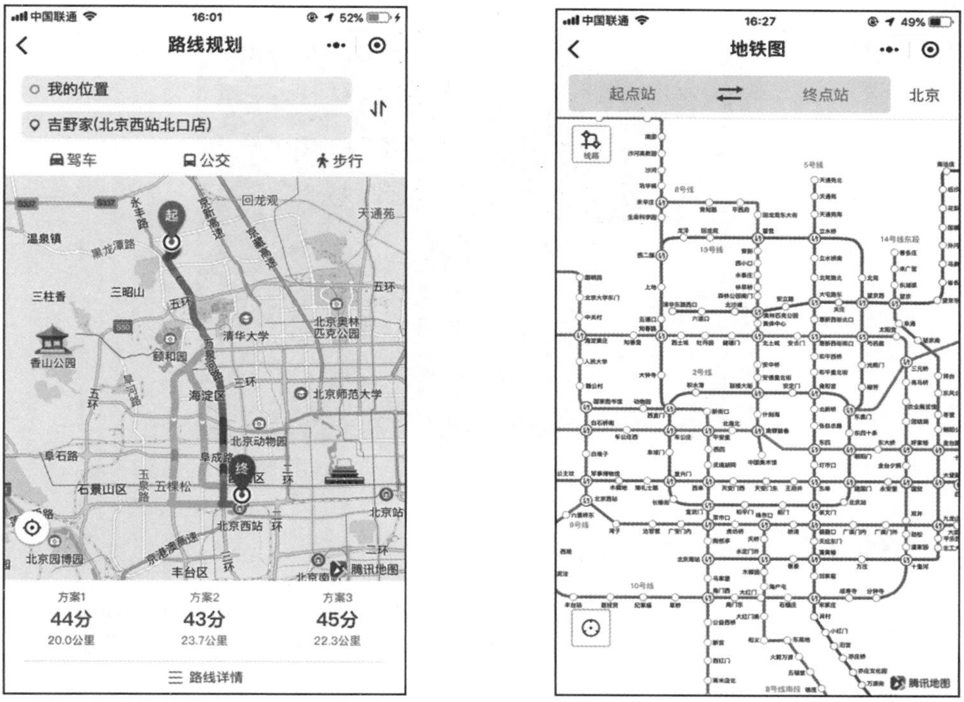

（a）路线规划插件效果页面　　　　（b）地铁图插件效果页面

图 13-1　腾讯位置服务实现的插件效果

开发者可以先访问腾讯智能对话平台 https://cloud.tencent.com/product/tbp，直接微信或 QQ 扫码登录激活腾讯云账户，并在后台实名认证来申请使用该项功能。腾讯云账户的实名认证页面示例如图 13-2 所示。

图 13-2　腾讯云账户实名认证页面

目前腾讯智能对话平台服务还处于公测阶段，可以免费申请（例如描述一下自己是教育、学习或科研使用），官方大约会在 15 个工作日内审核完成，并通过站内信和短信提醒用户。

收到的审核完成短信示例如图 13-3 所示。

图 13-3　腾讯智能对话平台服务审核通过示例短信

13.1.3　在小程序管理后台添加 TBP 插件

小程序开发者可以先用开发者账号登录小程序管理后台（mp.weixin.qq.com），然后在“设置-第三方设置-插件管理”中搜索“wx65f00fe52f504192”，并申请使用 TBP 插件。

注意： 如果搜不到，可以在小程序管理后台开发者账号已登录的状态下直接访问“https://mp.weixin.qq.com/wxopen/pluginbasicprofile?action=intro&appid=wx65f00fe52f504192”来添加 TBP 插件，如图 13-4 所示。

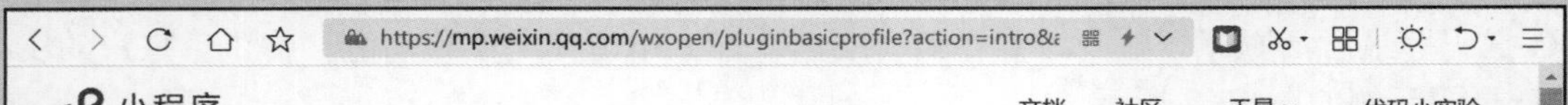

图 13-4　在小程序管理后台添加 TBP 插件

TBP 插件添加成功后可在小程序管理后台的“设置-第三方设置-插件管理”中看到，如图 13-5 所示。

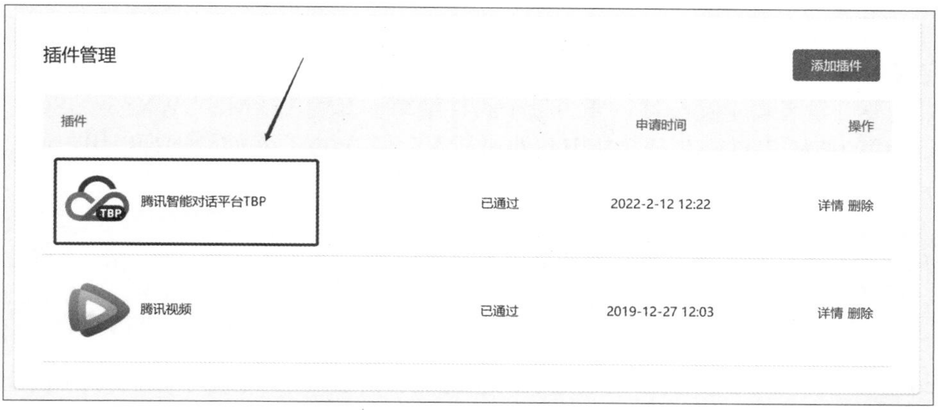

图 13-5　小程序管理后台插件列表

此时小程序端的 TBP 插件就添加成功了，还需要在 app.json 文件中声明插件。

app.json 关于插件的配置方式参考如下：

```
//app.json
{
  …
  "plugins": {
    …
    "QCloudTBP": {
        "version": "1.0.4",
        "provider": "wx65f00fe52f504192"
    }
  }
}
```

这里的 version 取值可以改成目前最新的“1.1.0”，后续如有更新版本会在控制台有提示。

注意：假设之前一直搜不到插件来安装，开发者也可以跳过前面的步骤，直接写好 app.json 的配置代码，保存编译后微信开发工具会自动提示安装插件。

以首页 index 为例，调用 TBP 插件需要在 index.js 的顶部追加以下内容：

```
//index.js
var plugin = requirePlugin("QCloudTBP")
plugin.SetQCloudSecret(config.secretid,config.secretkey) //设置腾讯云账号信息，重要!!
```

index.js 文件中的腾讯云账号密钥 secretid 和 secretkey 的创建办法以及本次案例小程序端代码配置完整版见“13.3.2　小程序端准备”一节中的“2. TBP 插件引入”，这里先做了解即可。

扫一扫

视频讲解

13.2　小程序自定义组件

13.2.1　什么是自定义组件

从基础库 1.6.3 版本开始，小程序开始支持简洁的组件化编程。开发者可以将页面内的功能模块制作成自定义组件，以便在不同的页面中重复使用；也可以将复杂内容拆分成若干个低耦合的模块，有助于代码的后期维护。

例如，目前小程序的原生组件中是没有卡片组件的，开发者可以自行使用图片、按钮、文本等内容通过样式布局组合成一个商品展示卡片，然后自由应用于多个页面上，这种组件就是自定义组件。

如果需要开发者自定义组件，要为每个组件编写一套由 WXML、WXSS、JSON 以及 JS 4 个文件组成的模板代码，并且在使用前在对应页面的 JSON 文件中进行引用声明。其语法格式如下：

```
{
  "usingComponents": {
    "component-tag-name": "path/to/the/custom/component"
  }
}
```

其中，"component-tag-name"要换成自定义的组件名称，也就是未来在页面上引用的组件标签名；"path/to/the/custom/component"要换成自定义组件所在的路径地址。

在完成引用声明后，自定义组件在使用时与小程序原生的基础组件用法非常相似。自定义组件可以由开发者自行开发，也可以直接使用第三方开源组件库，13.2.2 节将介绍一款第三方开源的小程序组件库 ColorUI。

13.2.2 小程序组件库 ColorUI

ColorUI 是一款美观易用的第三方小程序 UI 组件库（主要是做 CSS 样式美化的），不少小程序开发大赛获奖作品都使用这款组件库作为辅助，它以免费开源、简单易上手、高颜值等特点深受广大开发者的喜爱，目前用的较多的是 ColorUI 2.0 版。这里节选了 ColorUI 2.0 组件库官方示例代码包中的一些展示页面，如图 13-6 所示。

图 13-6　ColorUI 组件库示例页面展示

稍微有点遗憾的是该组件库作者并没有提供完整的官方文档，开发者需要花一些时间对比 demo 示例包中的代码和最终页面效果来确认需要的内容，并将相关部分代码复制、粘贴过来使用，也可以在上面做少量的修改后快速搭建好看的视觉效果小程序应用。

由于 ColorUI 组件库的官方 demo 示例包中已包含一款高颜值设计风格的聊天对话展示页，因此计划将该组件库应用在本次项目中帮助开发者快速搭建相同主题的页面。

13.2.3　在小程序项目中添加 ColorUI 组件库

ColorUI 组件库提供了一个代码包下载（下载地址：https://github.com/weilanwl/ColorUI，如果下载比较慢也可以直接使用本书配套提供的已下载好的代码包），解压缩后找到里面的 demo 文件夹，将其内部的 colorui 目录整个复制到本次案例小程序项目的根目录中。

在小程序项目的公共样式表 app.wxss 文件顶部引用下面两个文件：

```
@import "icon.wxss";
@import "colorui.wxss";
```

然后可以把 demo 文件夹下的 app.js 的全部代码复制、粘贴到本次案例小程序项目的 app.js 中，节选外层代码如下：

```
//app.js
App({
  onLaunch: function() {
    if (wx.cloud) {…}
    wx.getSystemInfo({…})
  },
  globalData: {
    ColorList: […]
  }
})
```

接下来在 index.js 文件的 data 属性中追加一些 ColorUI 的配置参数，代码如下：

```
//获取应用实例
const app = getApp()
Page({
  data: {
      //ColorUI 配置参数
      StatusBar: app.globalData.StatusBar,
      CustomBar: app.globalData.CustomBar,
      ColorList: app.globalData.ColorList,
  }
})
```

此时 ColorUI 组件库就部署完毕了，可以将 demo 代码包作为项目单独导入微信开发者工具中，这样方便同步对比寻找自己需要的样式组件。

13.3　准备工作

扫一扫

视频讲解

13.3.1　服务器端准备

1 对话机器人创建

现在可以去腾讯智能对话平台 TBP 控制台创建一个自定义名称的机器人，请访问 https://console.cloud.tencent.com/tbp/bots 进行创建，如图 13-7 所示。

选择“新建 Bot”按钮，输入一个 Bot 标识名，例如“campus_bot”，然后单击“确定”按钮完成创建。

可以给它起个中文名，然后单击列表中的“配置”按钮进入配置页面，如图 13-8 所示。

当前简单开启一下“闲聊”模式即可有问必答了，顺便也可以换一下“兜底话术”，如图 13-9 所示。

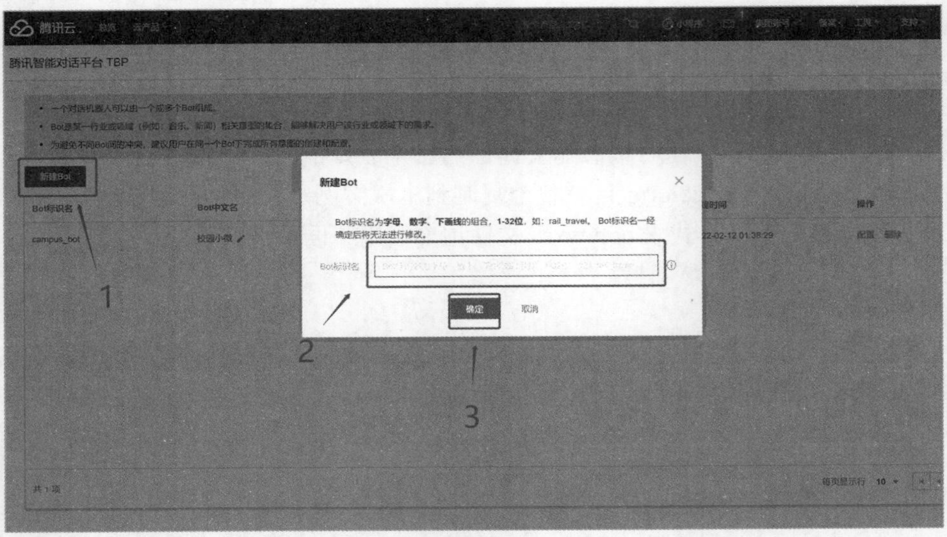

图 13-7　在 TBP 控制台创建对话机器人

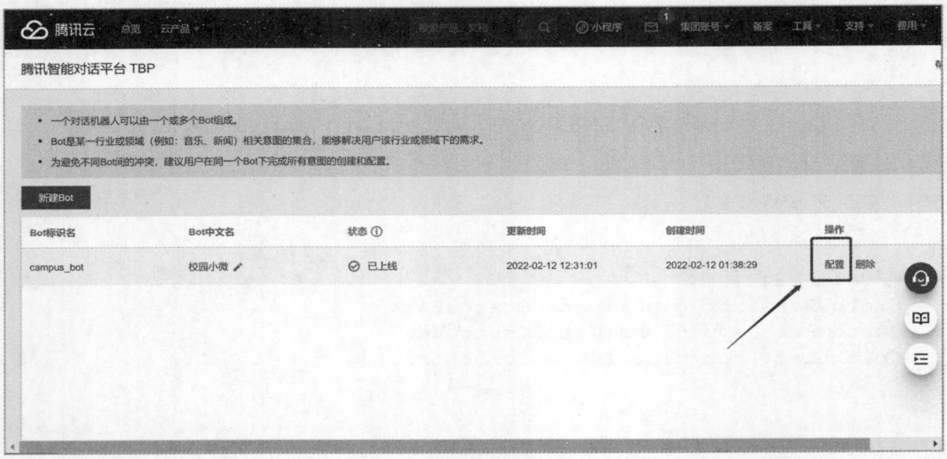

图 13-8　TBP 控制台创建对话机器人

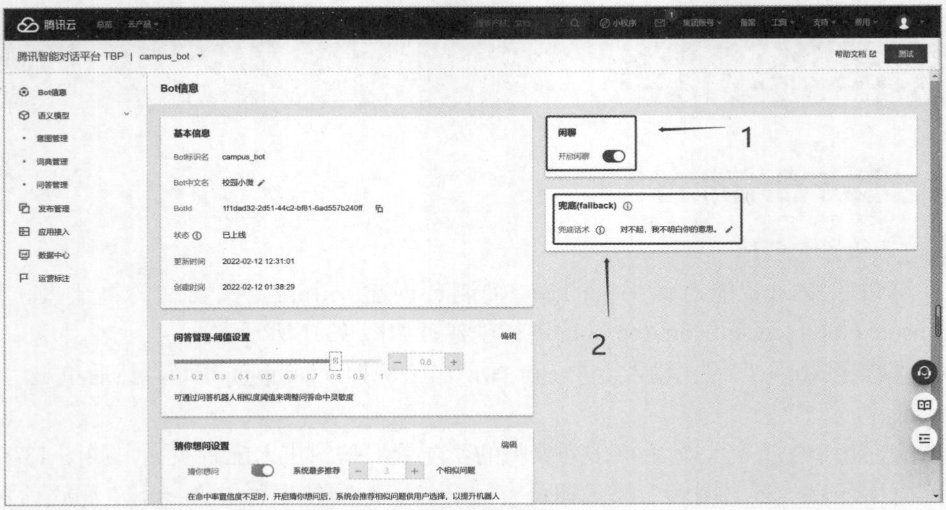

图 13-9　在 TBP 后台配置对话机器人

配置完毕后单击右上角的“测试”按钮就可以在线体验了，如图 13-10 所示。

接下来选择左侧菜单中的“发布管理”，将这个小机器人发布上线，如图 13-11 所示。

此时这个小机器人就可以在小程序里面调用了，目前仅用了最简单的闲聊模式完成本次项目。开发者如果有兴趣，自学时可以进一步阅读官方文档为它进行其他管理配置。

图 13-10　TBP 后台在线测试对话机器人

扫一扫

视频讲解

2 腾讯云密钥获取

扫码登录腾讯云控制台 API 密钥管理页面（https://console.cloud.tencent.com/cam/capi），然后选择“新建密钥”来创建密钥并查看，如图 13-12 所示。

查找到腾讯云账号的密钥 secretid 和 secretkey，请记录下来后续使用。

需要注意的是，个人开发者账号最多只能创建两个密钥，请妥善保管和定期更换。

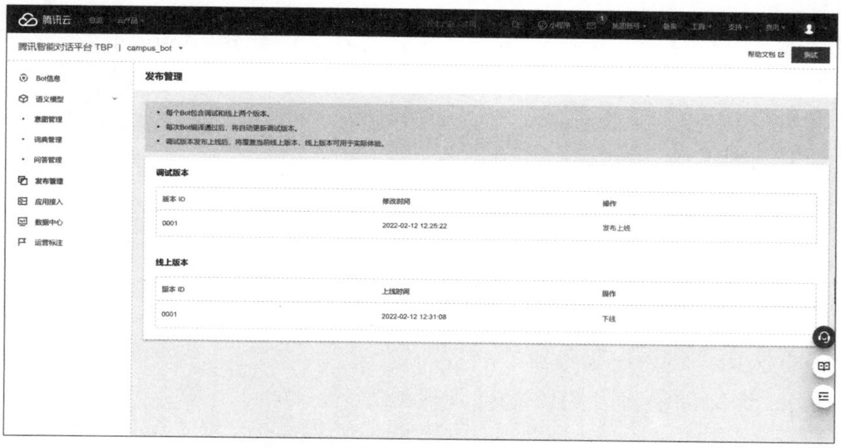

图 13-11　TBP 后台发布对话机器人

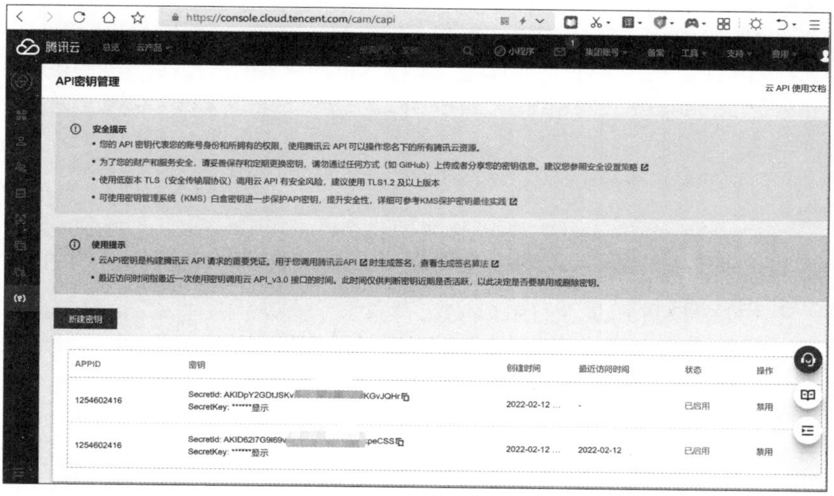

图 13-12　腾讯云控制台 API 密钥管理页面

扫一扫

视频讲解

13.3.2 小程序端准备

1 项目创建

为了节省时间，这里直接把 2.1.5 节完成的小程序空白模板代码包 templateDemo 复制一份并重命名为 demo13_ChatBot，导入开发工具等待改造。导入方法见 2.1.5 节“2. 导入代码包”。

扫一扫

视频讲解

2 TBP 插件引入

首先按照 13.1.2 节的内容在小程序管理后台添加“腾讯智能对话平台 TBP”插件，然后在 app.json 文件中引用 TBP 插件，更新后相关代码如下：

```
{
  "pages":[…],
  "window":{…},
  …,
  "plugins": {
    "QCloudTBP": {
        "version": "1.1.0",
        "provider": "wx65f00fe52f504192"
    }
  }
}
```

在小程序项目的根目录下新建 utils 文件夹，并在其中新建 config.js 文件，代码如下：

```
//腾讯智能平台密钥
const secretid = '1234567'    //请换成您实际的密钥 id
const secretkey = 'abcdefg'   //请换成您实际的密钥 key

//导出密钥数据
module.exports = {
  secretid: secretid,
  secretkey: secretkey
}
```

密钥查找方法见“13.3.1 服务器端准备”。

然后在 index.js 文件中引用 TBP 插件，代码如下：

```
//index.js
//引用公共 JS 文件
const config = require('../../utils/config')

//配置腾讯智能对话平台插件
var plugin = requirePlugin("QCloudTBP")
plugin.SetQCloudSecret(config.secretid, config.secretkey)

Page({
  …
})
```

扫一扫

视频讲解

这样就把 TBP 插件配置好了，后面在逻辑实现环节会继续讲解如何调用相关接口。

3 ColorUI 组件库引入

按照 13.2.3 节介绍的内容，先将下载好的代码包中的/demo/colorui 文件夹复制到小程序的根目录中，再依次完成 app.wxss、app.js 以及 index.js 的部署工作。

如果想使用 ColorUI 库的自定义顶部导航栏，为 app.json 文件追加修改如下：

```
{
  "pages":[…],
  "window":{
```

```
    "navigationStyle": "custom",
    "navigationBarBackgroundColor": "#fff",
    "navigationBarTitleText": "Weixin",
    "navigationBarTextStyle":"black"
  },
  "usingComponents": {
    "cu-custom": "/colorui/components/cu-custom"
  },
  …
}
```

上述代码修改了两处内容，一是 window 属性内部新增了 navigationStyle 属性，二是 window 属性下方同一级新增了 usingComponents 属性。这样就可以去掉原先自带的顶部导航栏了，稍后在设计环节将讲解如何使用 ColorUI 组件库中更好看的渐变色导航栏。

13.4 视图设计

本次视图设计直接采用 ColorUI 库提供的聊天页面并稍加修改即可完成，ColorUI 的 demo 示例图如图 13-13 所示。

（a）交互组件页面　　　　（b）聊天页面

图 13-13　ColorUI 组件库示例页面

该页面内容在 demo 示例代码包的/pages/components/chat 目录下，需要用到的文件是 chat.wxml（部分内容）、chat.wxss（全部内容）和 chat.js（全部内容）。

13.4.1　代码复用

扫一扫

视频讲解

首先进行 WXML 与 WXSS 文件代码的复制、粘贴工作，为方便读者理解，会逐步给它们做一些注释。

先把 chat.wxss 的全部内容挪到本次项目的 index.wxss 中，代码如下：

```
/**index.wxss**/
```

```
/* 页面样式 */
page{
  padding-bottom: 100rpx;/* 底部内边距 */
}
```

再把 chat.wxml 的全部内容挪到本次项目的 index.wxml 中，因内容太多这里只展示最外层的 3 个容器并加了注释，其内部代码暂时隐藏。index.wxml 代码如下：

```
<!--index.wxml-->
<!-- 1 顶部自定义导航栏 -->
<cu-custom bgColor="bg-gradual-pink" isBack="{{true}}"><view slot="backText">返回</view><view slot="content">聊天</view></cu-custom>
<!-- 2 聊天区域 -->
<view class="cu-chat">…</view>
<!-- 3 底部输入框和发送按钮 -->
<view class="cu-bar foot input {{InputBottom!=0?'cur':''}}" style="bottom:{{InputBottom}}px">…</view>
```

此时就可以看到和 ColorUI 的 demo 页面一样的效果了。

注意：如果按钮看起来过宽，请去掉 app.json 中的 "style" : "v2" 属性，因为这是微信官方后来出的组件版本，与第三方库不兼容。

扫一扫

视频讲解

13.4.2 导航栏设计

index.wxml 中的第一部分<cu-custom>组件是用来做导航栏的，修改后代码如下：

```
1. <!-- 1 顶部自定义导航栏 -->
2. <cu-custom bgColor="bg-gradual-pink" isBack="{{false}}">
3.   <view slot="content">校园小微机器人</view>
4. </cu-custom>
```

其中，第 2 行的 bg-gradual-pink 是指原版顶部导航栏是粉色渐变效果，从其他示例页面得知这里还可以换成 bg-gradual-blue，即蓝色渐变；第 3 行是导航栏中的文字内容，可以由开发者自定义。

改成蓝色渐变后顶部导航栏效果如图 13-14 所示。

图 13-14　顶部导航栏设计效果图

扫一扫

视频讲解

此时导航栏就制作完成了，13.4.3 节将修改聊天记录区域。

13.4.3 聊天记录区域设计

通过观察 wxml 页面代码，发现聊天记录区域内部分为以下几种内容。

- 系统提示消息：<view class="cu-info">。
- 左边机器人对话框：<view class="cu-item">。
- 右边用户自己对话框：<view class="cu-item self">（比机器人多了一个 self）。

因此，每样保留一个代表即可，其他内容都可以删除。

index.wxml 代码的第二部分修改如下：

```
…
<!-- 2 聊天区域 -->
<view class="cu-chat">
  <!-- 2-1 系统提示 -->
  <view class="cu-info">欢迎和小微进行聊天</view>
  <!-- 2-2 用户本人说话 -->
  <view class="cu-item self">
    <view class="main">
      <view class="content bg-green shadow">
        <text>你好</text>
      </view>
    </view>
    <view class="cu-avatar radius" style="background-image:url(https://ossweb-img.qq.com/images/lol/web201310/skin/big107000.jpg);"></view>
    <view class="date">13:23</view>
  </view>
  <!-- 2-3 机器人说话 -->
  <view class="cu-item">
    <view class="cu-avatar radius" style="background-image:url(https://ossweb-img.qq.com/images/lol/web201310/skin/big143004.jpg);"></view>
    <view class="main">
      <view class="content shadow">
        <text>你好</text>
      </view>
    </view>
    <view class="date"> 13:23</view>
  </view>
</view>
…
```

上述代码中的加粗部分是自主修改的文字内容和时间显示。

修改后的页面如图 13-15 所示。

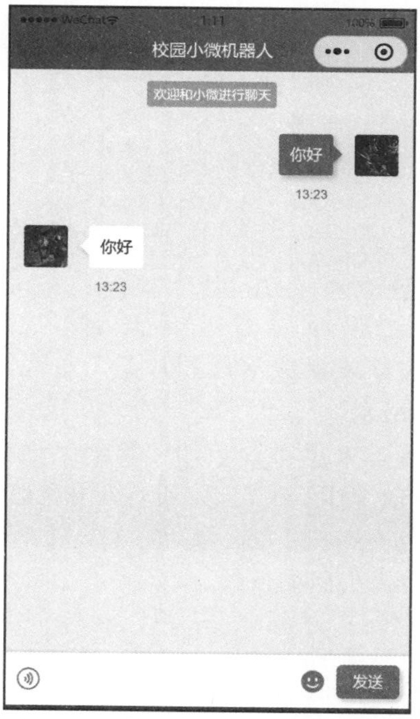

图 13-15　对话区域第一次修改（精简对话）

进一步分析机器人和用户本人的对话框区域，发现内部又有如下几种组件。

- 头像：<view class="cu-avatar radius">。
- 对话主区域：<view class="main">。
- 机器人对话框：<view class="content shadow">。
- 用户本人对话框：<view class="content bg-green shadow">（多了一个 bg-green）。
- 对话框里的文本：<text>。
- 时间日期显示：<view class="date">。

其中，头像部分用的是网络图片，有可能会失效。这里不妨尝试换成本地图片，参考图片如图 13-16 所示。

在小程序根目录中新建 images 文件夹，并将图 13-16 中的两张图片复制、粘贴进去等待使用。

需要注意的是，background-image 属性不允许声明本地图片，所以不妨试一下直接把这里的头像组件<view class="cu-avatar radius">换成图片组件<image class="cu-avatar radius">，这样就可以引用本地图片了。

（a）bot.jpg　　（b）cat.jpg

图 13-16　头像图标参考

index.wxml 代码的第二部分再次修改如下：

```
…
<!-- 2 聊天区域 -->
<view class="cu-chat">
  <!-- 2-1 系统提示 -->
  <view class="cu-info">欢迎和小微进行聊天</view>
  <!-- 2-2 用户本人说话 -->
  <view class="cu-item self">
    <view class="main">
      <view class="content bg-green shadow">
        <text>你好</text>
      </view>
    </view>
    <image class="cu-avatar radius" src="/images/cat.jpg"></image>
    <view class="date">13:23</view>
  </view>
  <!-- 2-3 机器人说话 -->
  <view class="cu-item">
    <image class="cu-avatar radius"
     src="/images/bot.jpg"></image>
    <view class="main">
      <view class="content shadow">
        <text>你好</text>
      </view>
    </view>
    <view class="date"> 13:23</view>
  </view>
</view>
…
```

这样就换成本地图片了，页面效果如图 13-17 所示。

接下来思考一下如何将对话做成一个数组，然后使用 wx:for 自动渲染出全部内容。尝试在 index.js 的 data 属性中写一个对话内容数组，参考代码如下：

```
//index.js
…
Page({
  /**
   * 页面的初始数据
   */
  data: {
    //ColorUI 配置参数(…内容略…)
```

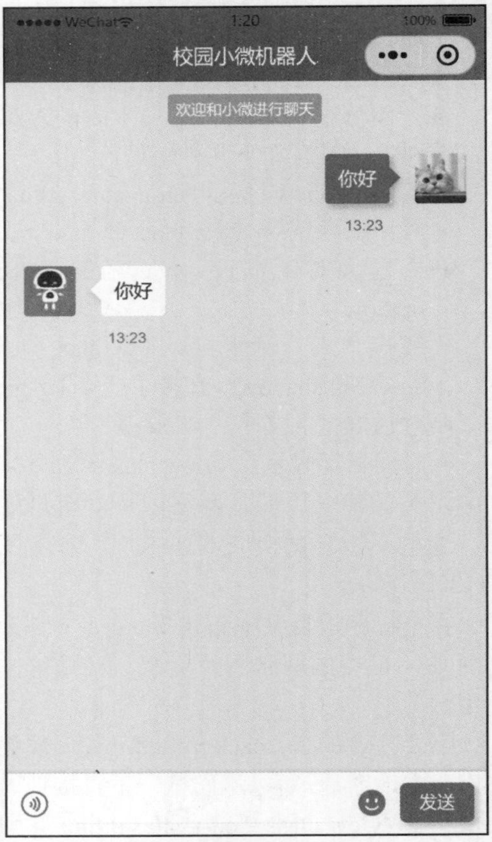

图 13-17　对话区域第二次修改（改头像）

```
    //聊天参数
    chatList: [
      {
        isMe: false,
        time: '12:10',
        content: '你好，我是智能机器人小微。',
      },
      {
        isMe: true,
        time: '13:01',
        content: '你好！',
      }
    ]
  },
  …
})
```

该数组中每个元素都包含 3 个属性，解释如下。

- isMe：是否用户本人，true 是本人，false 是机器人。
- time：对话发布的时间。
- content：对话文字内容。

修改 index.wxml 代码的第二部分，将原先的 2-2 用一个<block>标签从头到尾括起来，并使用 wx:for 进行循环；原先的 2-3 先注释掉，最后可以删除。

index.wxml 代码修改如下：

```
1. …
2. <!-- 2 聊天区域 -->
3. <view class="cu-chat">
4.   <!-- 2-1 系统提示 -->
5.   <view class="cu-info">欢迎和小微进行聊天</view>
6.   <!-- 2-2 聊天对话 -->
7.   <block wx:for="{{chatList}}" wx:key="index">
8.     <view class="cu-item {{item.isMe?'self':''}}">
9.       <image wx:if="{{!item.isMe}}" class="cu-avatar radius" src="/images/
         bot.jpg"></image>
10.      <view class="main">
11.        <view class="content {{item.isMe?'bg-green':''}} shadow">
12.          <text>{{item.content}}</text>
13.        </view>
14.      </view>
15.      <image wx:if="{{item.isMe}}" class="cu-avatar radius" src="/images/
         cat.jpg"></image>
16.      <view class="date">{{item.time}}</view>
17.    </view>
18.  </block>
19.</view>
20.…
```

第 7 行使用了 wx:for 属性，让对话框自动跟着 chatList 数组渲染出全部内容；第 9 行和第 15 行分别是机器人头像和用户本人头像，使用 wx:if 属性判断当前是否要显示出来；第 11 行根据 isMe 属性判断是否需要 bg-green 样式让对话框变绿；第 12 行和第 16 行分别用于动态显示数组元素的 content 和 time 的属性值。

修改后的页面如图 13-18 所示。

此时聊天记录区域就设计完成了，开发者可以尝试在 index.js 的 data 属性中追加更多对话来查看效果。

扫一扫

视频讲解

13.4.4 底部输入框设计

底部输入框需要去掉一些本次不用的功能，例如输入框左侧的按住说话图标和右侧的表情图标；输入框本身也需要加强一下边框效果使其看起来更加明显。

通过对比画面和分析代码得出结论如下。

- 图标：<view class="action">。
- 文本输入框：<input class="solid-bottom">。
- 按钮：<button class="cu-btn bg-green shadow">。

index.wxml 第三部分代码修改如下：

```
<!-- 3 底部输入框和发送按钮 -->
<view class="cu-bar foot input {{InputBottom!=0?'cur':''}}" style="bottom:{{InputBottom}}px">
  <!-- 3-1 文本输入框 -->
  <input class="solid-bottom" bindfocus="InputFocus" bindblur="InputBlur" adjust-position="{{false}}" focus="{{false}}" maxlength="300" cursor-spacing="10"></input>
  <!-- 3-2 发送按钮 -->
  <button class="cu-btn bg-green shadow">发送</button>
</view>
```

在 index.wxss 中为输入框追加样式边框效果如下：

```
/* 文本输入框 */
input{
  border-radius: 15rpx;      /* 圆角边框 */
  border: 1rpx solid silver;/* 1rpx 宽银色实线边框 */
}
```

设计效果如图 13-19 所示。

图 13-18　对话区域第三次修改（数组循环渲染）

图 13-19　底部输入框修改

此时设计环节就全部完成了，接下来就要对接真正的机器人来对话了。

13.5　逻辑实现

扫一扫

视频讲解

13.5.1　代码复用

现在进行 JS 文件代码的复制、粘贴工作，为方便读者理解会逐步给它们做一些注释。

index.js 复制、粘贴进来的内容如下（加粗字体部分）：

```
…
Page({
  /**
   * 页面的初始数据
   */
  data: {
    //ColorUI 配置参数
    …内容略…
    //输入框的底部距离
    InputBottom: 0,
    //聊天参数
    chatList: […]
  },
  //输入框获得焦点
  InputFocus(e) {
    this.setData({
      InputBottom: e.detail.height
    })
  },
  //输入框失去焦点
  InputBlur(e) {
    this.setData({
      InputBottom: 0
    })
  },
  …
})
```

扫一扫

视频讲解

13.5.2　公共函数获取当前时间

修改 utils/config.js 文件，追加自定义函数 getTime()用于获取当前时间：

```
//腾讯智能平台密钥
…内容略…

//获取当前时间
function getTime() {
  let date = new Date()
  let h = date.getHours()
  let m = date.getMinutes()
  if (h < 10) h = '0' + h
  if (m < 10) m = '0' + m
  return h + ':' + m
}

//导出密钥数据和公共函数
module.exports = {
```

```
  secretid: secretid,
  secretkey: secretkey,
  getTime: getTime
}
```

扫一扫

视频讲解

这样就可以直接在 index.js 中用 config.getTime()获取时间显示了。

13.5.3 获取机器人列表

TBP 插件提供了 GetBots(OBJECT)接口获取当前创建的全部机器人列表。该接口的参数如表 13-1 和表 13-2 所示。

表 13-1 GetBots(OBJECT)参数

参数名称	必选	类型	描述
Version	是	String	本接口取值：2019-03-11
PageNumber	是	Integer	查询页面索引
PageSize	是	Integer	查询页面容量

表 13-2 GetBots(OBJECT) success 回调参数

参数名称	类型	描述
TotalCount	Integer	查询的机器人个数
BotList	Array	机器人信息列表
RequestId	String	唯一请求 ID，每次请求都会返回。定位问题时需要提供该次请求的 RequestId

官方提供的示例代码如下：

```
//index.js

plugin.GetBots({
  Version: '2019-03-11',
  PageNumber: 1,
  PageSize: 50,
  success: function(data) {
    console.log('获取 robot 列表成功: ', data)
  },
  fail: function(err) {
    console.error('获取 robot 列表失败: ', err)
  }
})
```

复制官方示例代码，粘贴到 index.js 的 onLoad 函数中：

```
Page({
  …,
  /**
   * 生命周期函数——监听页面加载
   */
  onLoad: function (options) {
    plugin.GetBots({
      Version: '2019-03-11',
      PageNumber: 1,
      PageSize: 50,
      success: function (data) {
        console.log('获取 robot 列表成功: ', data)
      },
      fail: function (err) {
        console.error('获取 robot 列表失败: ', err)
      }
```

```
    })
  },
  …
})
```

运行后发现在控制器 Console 面板输出内容如图 13-20 所示。

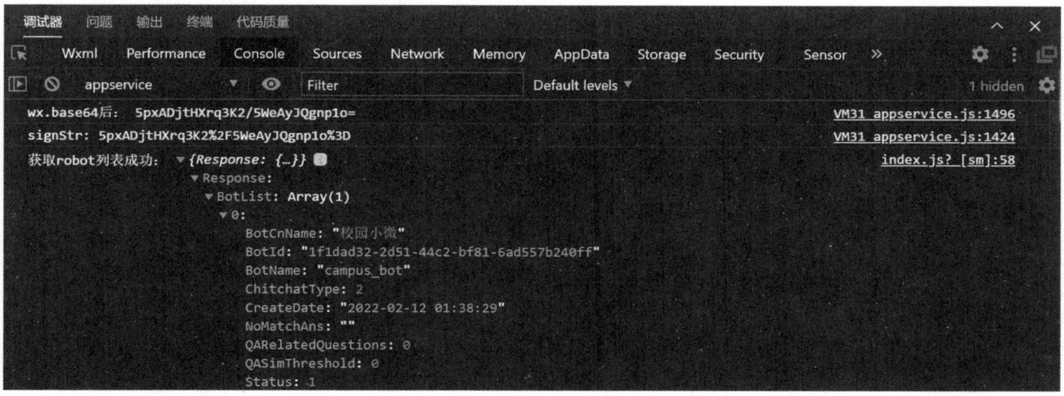

图 13-20　获取机器人列表

图 13-20 说明接口调用成功了，此时因为只创建了一个机器人，所以就只有一个数组元素。该接口的关键是需要获取其中 BotId 的值，请记录下来后面会用到。

然后就可以把这段代码从 onLoad()函数中删除或注释掉了，如果机器人不变就不需要反复获取了。

扫一扫

视频讲解

13.5.4　显示用户本人消息

在 index.js 的 data 属性后面单独声明变量 msg 并赋予初始值为空字符串，代码如下：

```
//index.js
…
Page({
  /**
   * 页面的初始数据
   */
  data: {
    //ColorUI 配置参数
    …内容略…
    //输入框的底部距离
    …内容略…
    //当前输入框中的内容
    msg: '',
    //聊天参数
    chatList: […]
  },
  …
})
```

该变量用于记录当前底部输入框显示的文字内容。

修改 index.wxml 中的第三部分代码，为底部输入框追加 bindinput 监听事件和变量。

```
…
<!-- 3 底部输入框和发送按钮 -->
<view class="cu-bar foot input {{InputBottom!=0?'cur':''}}" style="bottom:
{{InputBottom}}px">
  <!-- 3-1 文本输入框 -->
```

```
  <input class="solid-bottom" bindfocus="InputFocus" bindblur="InputBlur" bindinput="InputIng" adjust-position="{{false}}" focus="{{false}}" maxlength="300" cursor-spacing="10" value="{{msg}}"></input>
  <!-- 3-2 发送按钮 -->
  <button class="cu-btn bg-green shadow">发送</button>
</view>
```

一旦用户有输入动作，就会触发自定义函数 InputIng()。

在 index.js 中新增自定义函数 InputIng()用于更新记录用户的输入内容。

```
//index.js
…
Page({
  /**
   * 页面的初始数据
   */
  data: {…},
  //监听输入框输入
  InputIng(e) {
    //更新即将发送的用户消息
    this.setData({
      msg: e.detail.value
    })
  },
  …
})
```

修改 index.wxml 中的第三部分代码，为“发送”按钮追加 bindtap 监听事件。

```
…
<!-- 3 底部输入框和发送按钮 -->
<view class="cu-bar foot input {{InputBottom!=0?'cur':''}}" style="bottom:{{InputBottom}}px">
  <!-- 3-1 文本输入框 -->
  <input class="solid-bottom" bindfocus="InputFocus" bindblur="InputBlur" bindinput="InputIng" adjust-position="{{false}}" focus="{{false}}" maxlength="300" cursor-spacing="10"></input>
  <!-- 3-2 发送按钮 -->
  <button class="cu-btn bg-green shadow" bindtap="sendMsg">发送</button>
</view>
```

一旦用户点击“发送”按钮，就会触发自定义函数 sendMsg()。

在 index.js 中新增自定义函数 sendMsg()用于发消息，当前先把用户输入的内容显示出来，13.5.5 节再补充如何向云端发消息给机器人。代码更新如下：

```
//index.js
…
Page({
  /**
   * 页面的初始数据
   */
  data: {…},
  //向云端发消息
  sendMsg: function () {
    //获取用户消息
    let msg = this.data.msg
    //先将自己的消息加载到屏幕
    this.createChat(msg, true)
    //将页面输入框内的消息清除
    this.setData({
      msg: ''
    })
```

```
18.     //向云端发消息跟机器人聊天
19.     …待补充…
20.  },  …
21.})
```

考虑到用户自己的消息与机器人的消息都需要在数组 chatList 后面追加，并且代码是相同的，这里不妨封装成第 13 行的 createChat(String msg, Boolean isMe)来使用。

在 index.js 中新增自定义函数 createChat()，代码更新如下：

```
// index.js
…
Page({
  /**
   * 页面的初始数据
   */
  data: {…},
  //创建聊天数据并追加显示到页面上
  createChat: function (msg, isMe) {
    //创建单条聊天数据
    let chatItem = {
      isMe: isMe,
      time: config.getTime(),
      content: msg
    }
    //获取当前聊天数组长度
    let i = this.data.chatList.length
    //制作需要更新的数据名称（为数组追加第 i 个元素）
    let name = 'chatList[' + i + ']'
    //在聊天数组末尾追加新的聊天项
    this.setData({
      [name]: chatItem
    })
  },
  …
})
```

此时用户就可以不断地发消息显示到页面上了，如图 13-21 所示。

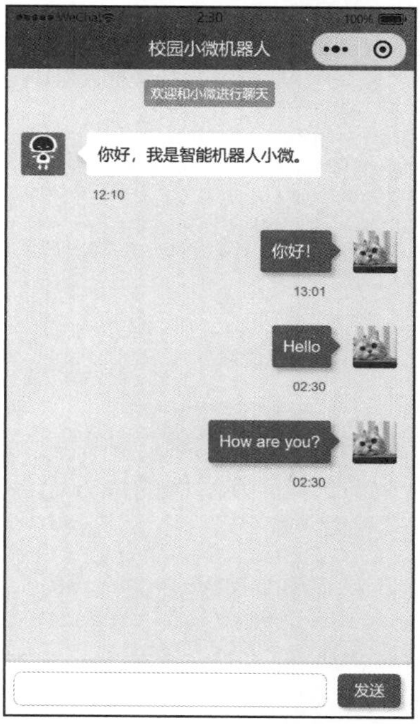

图 13-21　显示用户本人消息

现在就可以去掉 index.js 中 data 属性里的 chatList 数组初始测试对话，只保留第一个机器人说的开场白即可。代码修改如下：

```
//index.js
…
Page({
  /**
   * 页面的初始数据
   */
  data: {
    …,
    //聊天参数
    chatList: [{
      isMe: false,
      time: '12:10',
      content: '你好，我是智能机器人小微，欢
          迎学习《微信小程序开发零基础入门》
          （第 2 版 • 微课视频版）。'
    }]
  },
  …
})
```

扫一扫

视频讲解

13.5.5 机器人对话服务接口

TBP 插件提供了 PostText(OBJECT)接口，实现机器人对话功能。该接口的参数如表 13-3 和表 13-4 所示。

表 13-3 PostText(OBJECT)参数

参数名称	必选	类型	描述
Version	是	String	本接口取值：2019-06-27
BotId	是	String	机器人标识，用于定义抽象机器人
BotEnv	否	String	机器人环境{dev：测试；release：线上}
InputText	是	String	请求的文本
TerminalId	是	String	终端标识，每个终端对应一个
SessionAttributes	否	String	透传字段，透传给 endpoint 服务

表 13-4 PostText(OBJECT) success 回调参数

参数名称	类型	描述
DialogStatus	String	当前会话状态。取值："start"/"continue"/"complete"。注意：此字段可能返回 null，表示取不到有效值
BotName	String	匹配到的机器人名称
IntentName	String	匹配到的意图名称
ResponseText	String	机器人回答
SlotInfoList	Array	语义解析的槽位结果列表
SessionAttributes	String	透传字段
RequestId	String	唯一请求 ID，每次请求都会返回

官方提供的示例代码如下：

```
//index.js

plugin.PostText({
  Version: '2019-06-27',
  BotId: '**',
  BotEnv: 'release',
  InputText: '我想订机票',
  TerminalId: '300180199810091921',
  success: function(resData) {
    console.log('robot 调用成功：', resData)
  },
  fail: function(err) {
    console.error('robot 调用失败', err)
  }
})
```

复制官方示例代码，粘贴到 index.js 的新增自定义函数 chat(String InputMsg)中，代码如下（修改了官方示例的地方已经加粗显示）：

```
Page({
  …,
  //和服务器端智能机器人聊天
  chat: function (InputMsg) {
    plugin.PostText({
      //版本时间（不可改）
      Version: '2019-06-27',
      //机器人 id
      BotId: '1234567', //请用开发者自己申请的机器人 BotId
```

```
10.       //机器人线上版
11.       BotEnv: 'release',
12.       //提交的用户聊天内容
13.       InputText: InputMsg,
14.       //终端 id
15.       TerminalId: '300180199810091921',
16.       success: resData => {
17.         //拿到机器人的回复数据
18.         let resMsg = resData.Response.ResponseText
19.         //创建机器人的聊天数据并追加显示到页面上
20.         this.createChat(resMsg, false)
21.       },
22.       fail: function (err) {
23.         console.error('robot 调用失败', err)
24.       }
25.     })
26.   },
27.   …
28.})
```

注意：这里第 16 行把“function(resData)”改成了“resData=>”，这样才可以直接在回调函数内部使用“this.”前缀。

修改后的页面如图 13-22 所示。

13.5.6　聊天内容自动上拉

当聊天内容越来越多时，需要页面可以自动上拉，每次都在下方显示最新的对话，而不是被挡住。

在 index.js 文件中新增自定义函数用于滚动屏幕：

```
//index.js
Page({
  …,
  //移动对话页面至底部
  pageScroll: function () {
    //获取选择器工具
    let query = wx.createSelectorQuery()
    //根据 class 名称 cu-chat 查询到对话区域的高度
    query.select('.cu-chat').
      boundingClientRect((rect) => {
        //对话页面移动至显示最底部
        wx.pageScrollTo({
          selector: '.cu-chat',
          duration: 0,
          scrollTop: rect.height
        })
      }).exec()
  },
  …
})
```

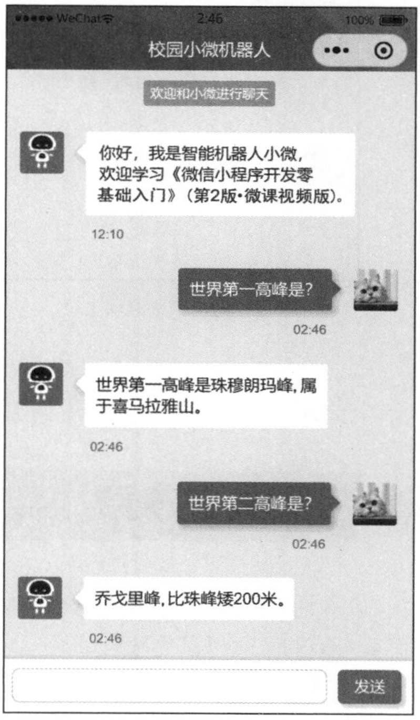

图 13-22　获取机器人对话

扫一扫

视频讲解

修改 index.js 中的 createChat()函数，在其内部的最后追加调用页面上拉函数：

```
//index.js
Page({
  …,
  //创建聊天数据并追加显示到页面上
  createChat: function (msg, isMe) {
    …
    //将页面拉到最底部显示最新的对话
```

```
    this.pageScroll()
  },
  …
})
```

此时聊再多内容也不怕聊天内容被挡住了，如图 13-23 所示。

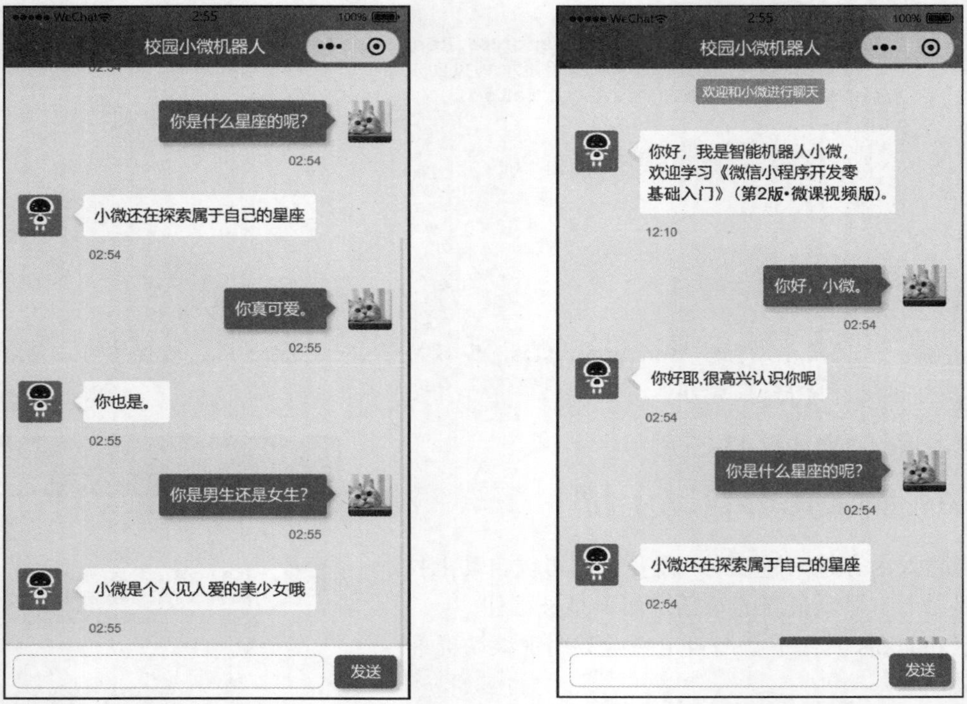

（a）页面自动上拉　　（b）手动下拉回到顶部

图 13-23　最终效果展示

至此项目就全部完成了，请开发者自己动手尝试做一个专属的个性化机器人吧。

13.6　本章小结

本章通过腾讯智能对话机器人小程序项目的开发练习主要学习了以下知识点和操作：

- 小程序项目的创建；
- 手动新建小程序文件夹和文件；
- 页面布局和样式设计的基本方法；
- 使用双大括号{{}}生成动态数据的方法；
- 使用 setData()重置动态数据的方法；
- wx:for 和 wx:key 属性的用法；
- wx:if 属性的用法；
- 公共常量与函数的创建、导出和调用方法；
- 小程序插件 TBP 的应用；
- 小程序第三方 UI 组件库 ColorUI 的应用；
- 项目预览和真机调试的步骤。

13.7　参考资料

- 腾讯智能对话平台：https://cloud.tencent.com/product/tbp
- 腾讯云控制台 API 密钥管理：https://console.cloud.tencent.com/cam/capi
- ColorUI 组件库官方网站：https://color-ui.com/
- ColorUI 组件库下载：https://github.com/weilanwl/ColorUI

第14章 Chapter 14

小程序服务平台·基于微信 OCR 识别+Vant Weapp 的银行卡包小程序

本章将从零开始详解如何使用“微信服务平台”的“微信 OCR 识别”服务与第三方组件库 Vant Weapp 快速开发实现一个银行卡包小程序。

本章学习目标

- 掌握自定义组件的开发和应用；
- 掌握 Vant Weapp 组件库在小程序中的应用；
- 掌握“微信 OCR 识别”服务在小程序中的应用；
- 能够在开发过程中熟练掌握真机预览、调试等操作。

扫一扫

视频讲解

14.1 小程序服务平台概述

14.1.1 什么是小程序服务平台

除了小程序基础组件与各类 API 的接口能力外，小程序还另外有一个专门的服务平台用于给开发者提供更多丰富的增值能力。开发者可以根据需求选购不同规格的平台服务资源。购买完成后，在小程序项目中就可以直接调用小程序原生接口快捷接入平台内的能力了，这样可以使开发更高效。

目前小程序服务平台内提供的服务分为四类：AI、安全、地图和内容，其中部分服务如图 14-1 所示。

图 14-1　小程序服务平台节选内容

本章案例就将使用 AI 服务类中的“微信 OCR 识别”服务来辅助完成银行卡号的自动识别功能。

14.1.2　微信 OCR 识别服务简介

OCR 的全称是 Optical Character Recognition（光学字符识别），指的是电子设备（例如扫描仪或数码相机等）扫描图片或实景中的字符，通过检测明暗模式确定字符形状，然后用字符识别方法将确认的形状翻译成文字的过程。需要注意的是，OCR 识别不能确保 100%准确，可能个别词还需要人工二次检查。如何提高准确性是 OCR 识别技术最需要攻克的难题，常见的 OCR 准确性衡量标准有识别速度、误识率、拒识率、UI 友好度、产品本身的稳定性和易用性等。

微信 OCR 识别服务是微信官方团队提供的一套 OCR 识别工具，主要用于识别卡证图像。目前该服务在微信服务平台中已发布且属于 AI 类，适用于微信小程序和微信公众号平台。使用该工具可以大幅度提高移动端信息录入效率，提升用户体验。该服务广泛适用于政务、医疗、交通、教育、金融等各类行业，例如银行卡、身份证、驾驶证、行驶证、营业执照等都可以使用微信 OCR 识别服务快速采集原本需要手工输入的信息。官方示例参考页面如图 14-2 所示。

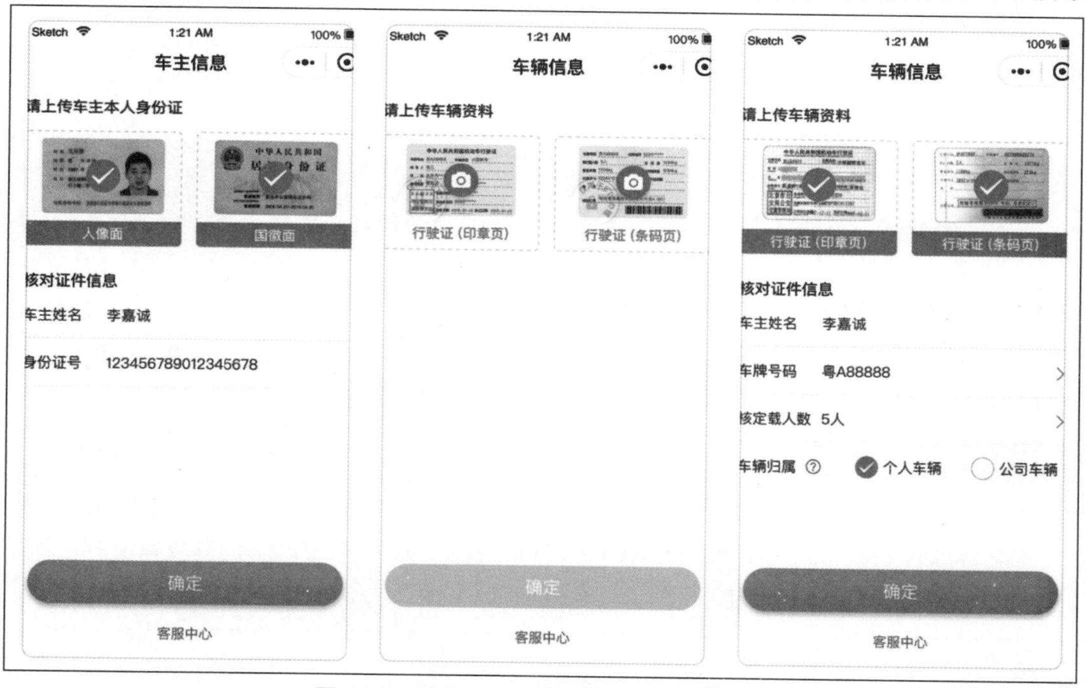

图 14-2　微信 OCR 识别服务官方示例参考

微信 OCR 识别服务还提供了一定额度的免费调用量供开发者学习使用，超出额度的需求可以再另外购买付费资源包使用。微信 OCR 识别服务在微信服务平台的详细介绍见官方网址：https://fuwu.weixin.qq.com/service/detail/000ce4cec24ca026d37900ed551415。

开发者用小程序注册时的同一个微信号扫码登录后就可以在该网页上购买服务了，如图 14-3 所示。

当前选择“100 次/天 连续发放 36500 天”应该足够学习使用了，购买成功后单击页面右上角的“我的订单”，选择对应绑定的小程序应用即可看到已购列表，如图 14-4 所示。

此时就可以在使用了同款小程序 AppID 的项目中接入该项服务了，注意每天的调用次数是 100 次。

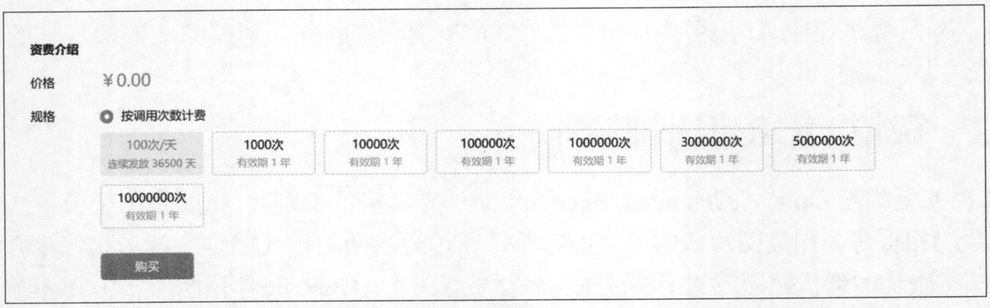

图 14-3 微信 OCR 服务详情页面（访问时间：2022 年 2 月 14 日 13：05）

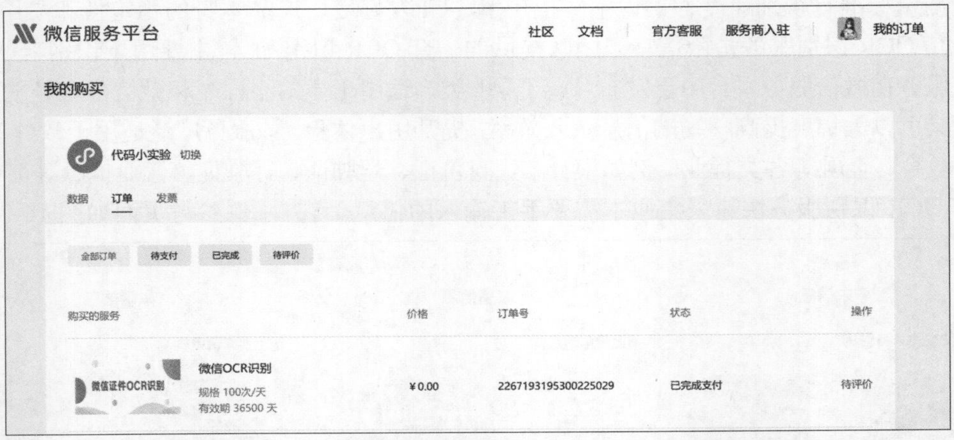

图 14-4 微信服务平台已购订单页面（访问时间：2022 年 2 月 14 日 13：05）

14.1.3 微信 OCR 识别服务接入

每个购买的服务都有各自独一无二的 API Name 和 Service ID，微信 OCR 识别服务接入信息如下，开发者请记录下来，后续将用到小程序端的页面 JS 代码中：

```
API Name: OcrAllInOne
Service ID: wx79ac3de8be320b71
```

如果想在小程序端直接调用微信 OCR 识别服务的 API，需要先声明 wx.serviceMarket 对象，然后写成 wx.serviceMarket.invokeService(OBJECT)的形式。其中，OBJECT 的参数如表 14-1 所示。

表 14-1 invokeService(OBJECT)参数

字 段 名	类 型	说 明
img_data	String	图片二进制或 base64 数据（与 img_url 二选一）
img_url	String	图片 URL 地址（与 img_data 二选一）
data_type	int	1：二进制；2：base64 字符串；3：图片 URL
ocr_type	int	1：身份证；2：银行卡；3：行驶证；4：驾驶证；7：营业执照；8：通用 OCR；10：车牌识别

表 14-1 所示均为必填参数，需要注意图片数据相关的两个参数 img_data 和 img_url 每次只需要二选一即可，不要同时出现。

假设图片已经具有 URL 地址，尝试识别身份证图片信息的示例代码如下：

```
wx.serviceMarket.invokeService({
    service: 'wx79ac3de8be320b71', //服务商 OCR 的 Service ID，非小程序 AppID
    api: 'OcrAllInOne',            //服务商 OCR 的 API Name
    data: {
```

```
        img_url: "http://www.example.com/xxx.jpg", //示例 URL 地址换成实际用的
        data_type: 3,                              //图片是 URL 类型
        ocr_type: 1,                               //识别对象是身份证类型
    },
}).then(res => {
    //获取服务成功
    console.log('invokeService success', res)
}).catch(err => {
    //获取服务失败
    console.error('invokeService fail', err)
})
```

上面是用了 Promise 格式的 try…catch…then 的获取方式，也可以用 success、fail 和 complete 函数进行成功、失败以及完成回调。示例代码修改如下：

```
wx.serviceMarket.invokeService({
    service: 'wx79ac3de8be320b71', //服务商 OCR 的 Service ID，非小程序 AppID
    api: 'OcrAllInOne',            //服务商 OCR 的 API Name
    data: {
      img_url: "http://www.example.com/xxx.jpg", //示例 URL 地址换成实际用的
      data_type: 3,                //图片是 URL 类型
      ocr_type: 1,                 //识别对象是身份证类型
    },
    success: res => {
      //获取服务成功
      console.log('invokeService success', res)
    },
    fail: err => {
      //获取服务失败
      console.error('invokeService fail', err)
    },
    complete: res =>{
      //获取服务完成（无论成功还是失败，最终都会执行完成回调）
      console.log('invokeService complete', res)
    }
})
```

目前这两种写法都可以实现该功能，开发者可以根据自己的实际开发风格自选。

成功回调后返回值中的关键内容如表 14-2 所示。

表 14-2　invokeService(OBJECT)返回值关键字段

字　段　名	类　　型	说　　明
idcard_res	Object	身份证的返回结果
bankcard_res	Object	银行卡的返回结果
driving_res	Object	行驶证的返回结果
driving_license_res	Object	驾驶证的返回结果
biz_license_res	Object	营业执照的返回结果
ocr_comm_res	Object	通用 OCR 的返回结果
plate_comm_res	Object	车牌识别的返回结果

需要注意的是，上述返回字段不会同时出现，而是根据之前 invokeService(OBJECT)请求参数中的 orc_type 取值不同而返回对应的字段。例如示例代码中查询的是身份证类型，那么就只会返回 idcard_res 字段。

idcard_res（身份证）字段对象的数据结构如下：

```
// 正面图片
{
   "type": 0,                                  //正面
   "name": {"text": "张三"},                   //姓名
```

```
    "id": {"text": "123456789012345678"},              //身份证号码
    "address": {"text": "广东省广州市XXX"},              //住址
    "gender": {"text": "男"},                           //性别
    "nationality": {"text": "汉"}                       //民族
}

// 背面图片
{
    "type": 1,                                          //背面
    "valid_date": {"text": "20171025-20271025"}         //有效期
}
```

例如想获取身份证正面的姓名字段，从成功回调函数的参数 res 中拿到的就是 res.data.idcard_res.name.text。

bankcard_res（银行卡）字段对象的数据结构如下：

```
{
    "number": {"text": "1234567890"} //银行卡号
}
```

本章案例会用到银行卡号识别，因此从成功回调函数的参数 res 中拿到的卡号参数就是 res.data.bancard_res.text。后续字段的获取方法不再赘述，请开发者随意抽选一个返回对象，尝试写出其中某个字段的正确表达。

driving_res（行驶证）字段对象的数据结构如下：

```
{
    "plate_num": {"text": "粤xxxxx"},                  //车牌号码
    "vehicle_type": {"text": "小型普通客车"},           //车辆类型
    "owner": {"text": "东莞市xxxxx机械厂"},             //所有人
    "addr": {"text": "广东省东莞市xxxxx号"},            //住址
    "use_character": {"text": "非营运"},                //使用性质
    "model": {"text": "江淮牌HFCxxxxxxx"},              //品牌型号
    "vin": {"text": "LJ166xxxxxxxx51"},                 //车辆识别代号
    "engine_num": {"text": "J3xxxxx3"},                 //发动机号码
    "register_date": {"text": "2018-07-06"},            //注册日期
    "issue_date": {"text": "2018-07-01"},               //发证日期
    "plate_num_b": {"text": "粤xxxxx"},                 //车牌号码
    "record": {"text": "441xxxxxx3"},                   //号牌
    "passengers_num": {"text": "7人"},                  //核定载人数
    "total_quality": {"text": "2700kg"},                //总质量
    "prepare_quality": {"text": "1995kg"}               //整备质量
    "overall_size": {"text": "4582x1795x1458mm"} //外廓尺寸
}
```

driving_license_res（驾驶证）字段对象的数据结构如下：

```
{
    "id_num": {"text": "660601xxxxxxxx1234" },                    //驾驶证号
    "name": {"text": "张三" },                                    //姓名
    "sex": {"text": "男" },                                       //性别
    "nationality": {"text": "中国" },                             //国籍
    "address":,{"text": "广东省东莞市xxxxx号" },                  //住址
    "birth_date": {"text": "1990-12-21" },                        //出生日期
    "issue_date": {"text": "2012-12-21" },                        //初次领证日期
    "car_class": {"text": "C1" },                                 //准驾车型
    "valid_from": {"text": "2018-07-06" },                        //有效期限起始日
    "valid_to": {"text": "2020-07-01" },                          //有效期限终止日
    "official_seal": {"text": "xx市公安局公安交通管理局" }        //印章文字
}
```

biz_license_res（营业执照）字段对象的数据结构如下：

```
{
    "reg_num": {"text": "123123" },                                    //注册号
    "serial": {"text": "123123" },                                     //编号
    "legal_representative": {"text": "张三" },                          //法定代表人姓名
    "enterprise_name": {"text": "XX 饮食店" },                           //企业名称
    "type_of_organization": {"text": "个人经营" },                       //组成形式
    "address": {"text": "XX 市 XX 区 XX 路 XX 号"},                      //经营场所/企业住所
    "type_of_enterprise": {"text": "xxx" },                            //公司类型
    "business_scope": {"text": "中型餐馆(不含凉菜、不含裱花蛋糕，不含生食海产品)。" },
                                                                       //经营范围
    "registered_capital": {"text": "200 万" },                          //注册资本
    "paid_in_capital": {"text": "200 万" },                             //实收资本
    "valid_period": {"text": "2019 年 1 月 1 日" },                       //营业期限
    "registered_date": {"text": "2018 年 1 月 1 日" }                     //注册日期/成立日期
}
```

ocr_comm_res（通用）字段对象的数据结构如下：

```
{
    "items": [ //识别结果
        {
            "text": "腾讯",
            "pos": {
                "left_top": {"x": 575, "y": 519},
                "right_top": {"x": 744, "y": 519},
                "right_bottom": {"x": 744, "y": 532},
                "left_bottom": {"x": 573, "y": 532}
            }
        },
        {
            "text": "微信团队",
            "pos": {
                "left_top": {"x": 670, "y": 516},
                "right_top": {"x": 762, "y": 517},
                "right_bottom": {"x": 762, "y": 532},
                "left_bottom": {"x": 670, "y": 531}
            }
        }
    ]
}
```

plate_comm_res（车牌识别）字段对象的数据结构如下：

```
{
    "image_height": 683,
    "image_width":1080,
    "debug_info":"{\"text\":\"\\u4eacA3××33\",\"score\":0.99999999999999999}",
    "number":{"text":"京 A3××33"}
}
```

【**拓展教程**：如何给本地图片赋予 URL 地址？】

在使用 invokeService 时，如果图片需要从本地相册中选择且体积较大，要如何将它变成 URL 地址资源形式呢？除了上传到自己的第三方服务器或小程序云存储中，更简单的方法是使用 wx.serviceMarket.CDN(OBJECT)方法获得 CDN URL 地址再提供给服务方。

例如，拍照或从本地相册中选择图片后接入 OCR 服务就可以写成：

```
//选择图片
wx.chooseImage({
  count: 1,
  //选择图片成功回调
  success: res => {
```

```
        //接入平台服务
        wx.serviceMarket.invokeService({
          service: 'wx79ac3de8be320b71',
          api: 'OcrAllInOne',
          data: {
            //用 CDN 方法标记要上传并转换成 HTTP URL 的文件
            img_url: new wx.serviceMarket.CDN({
              type: 'filePath',
              filePath: res.tempFilePaths[0],
            }),
            data_type: 3,
            ocr_type: 1
          },
          //OCR 服务成功回调
          success: res => {…},
          //OCR 服务失败回调
          fail: err => {…}
        })
      }
    })
```

这样就用简单的4行代码完成了本地图片到URL地址的转换。

14.2 小程序自定义组件

第13章使用ColorUI组件库快速完成聊天页面的设计，本章将介绍另外一款小程序组件库Vant Weapp，实现银行名称索引的分类显示和快速定位。

扫一扫

视频讲解

本章也将在项目中尝试自主开发自定义组件实现一款银行卡组件<bankcard>。

14.2.1 小程序UI组件库——Vant Weapp

有赞小程序组件库Vant Weapp是一款轻量、可靠的小程序UI组件库，与有赞移动端组件库Vant基于相同的视觉规范，并提供一致的API接口，方便开发者快速搭建小程序应用。不少电商类小程序都会用到这个组件库，例如其中的一款商品卡片组件<van-card>就可以直接引用从而实现如图14-5所示的商品展示效果。

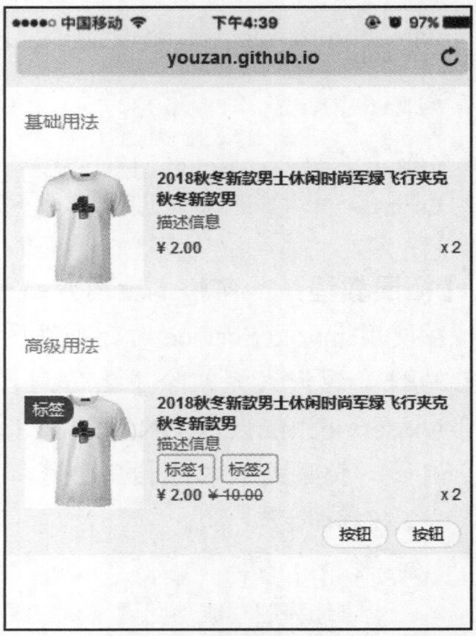

图14-5　ColorUI组件库示例页面展示

其官方文档地址：https://youzan.github.io/vant-weapp/#/intro，开发者未来可以通过查看文档了解这些第三方组件的引用方式和用法示例。

Vant Weapp有三种安装方式，开发者可以根据自己的实际情况任选一种。

1 方法一：通过npm或yarn指令安装

小程序目前已经支持使用npm或yarn命令安装第三方包，语法如下：

```
# 通过 npm 安装
npm i @vant/weapp -S --production

# 通过 yarn 安装
yarn add @vant/weapp --production
```

这种方法需要对npm有一定的基础了解。

2 方法二：通过git下载源码

也可以通过git下载源代码，语法如下：

```
git clone https://github.com/youzan/vant-weapp.git
```

这种方法需要对 github 有一定的了解，最好是有自己的账号。

3 方法三：直接下载源码

还可以直接访问网页下载源代码，解压缩后手动将目录中的 dist 或 lib 复制到项目内的自定义路径地址中，官方的下载访问地址是 https://github.com/youzan/vant-weapp，然后单击右侧的 Clone or download 按钮，如图 14-6 所示，在下拉画面中选择 Download ZIP 即可下载压缩包。

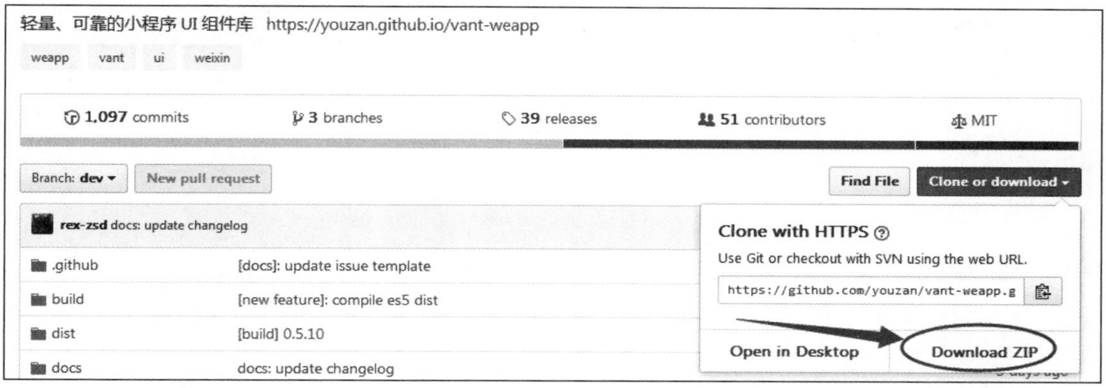

图 14-6　在线下载源码示意图

如果有时 github 不太稳定会下载很慢或打不开，开发者也可以直接使用本书配套提供的代码包（已经下载好了）进行学习。下载完毕后在代码包中找到 dist 文件（路径在@vant/weapp/dist 中），将其复制到小程序项目中自定义的目录中即可使用。

扫一扫

视频讲解

14.2.2　自主开发组件模板配置

自基础库 1.6.3 版本开始小程序平台支持开发者自定义组件（关于自定义组件的更多介绍见 13.2.1 节），本章项目将带大家学习如何自主开发自定义组件<bankcard>用于展示银行卡效果。

假设已经创建好了小程序项目，在根目录下新建 components 文件夹并在其中新建 bankcard 目录。右击新增的 bankcard 目录，选择“新建 Component”，然后输入同样的名字按 Enter 键即可自动生成自定义组件的 WXML、WXSS、JSON 和 JS 文件以及它们内部的代码。

bankcard.wxml 文件自动生成的代码如下：

```
1. <!--components/bankcard/bankcard.wxml-->
2. <text>components/bankcard/bankcard.wxml</text>
```

可以将其中第 2 行删掉等待后续补充。

bankcard.wxss 文件自动生成的代码如下：

```
/* components/bankcard/bankcard.wxss */
```

暂时不需要做任何更改，后续会补充一些样式代码。

bankcard.json 文件自动生成的代码如下：

```
{
  "component": true,
  "usingComponents": {}
}
```

该内容无须做任何更改。

bankcard.js 文件自动生成的代码如下：

```
//components/bankcard/bankcard.js
Component({
  /**
   * 组件的属性列表
   */
  properties: {

  },

  /**
   * 组件的初始数据
   */
  data: {

  },

  /**
   * 组件的方法列表
   */
  methods: {

  }
})
```

此时自定义组件基础模板就创建好了，后续将在视图设计环节补充具体的内容。

14.3 准备工作

扫一扫

视频讲解

14.3.1 项目创建

为了节省时间，这里直接把 2.1.5 节完成的小程序空白模板代码包 templateDemo 复制一份并重命名为 demo14_bankCard，导入开发工具等待改造。导入方法见 2.1.5 节“2. 导入代码包”。

扫一扫

视频讲解

14.3.2 页面配置

在 app.json 文件的 pages 属性中追加两个新路径地址“pages/add/add”和“pages/list/list”，然后按快捷键 Ctrl+S 保存修改后会在 pages 文件夹下自动生成 add 和 list 目录及其内部的页面文件。其中，index 页面用于显示首页；add 页面用于显示银行卡信息录入页；list 页面用于显示可供选择的银行名称索引。

更新后的 app.json 文件 pages 属性相关代码如下：

```
1. {
2.   "pages": [
3.     "pages/index/index",
4.     "pages/add/add",
5.     "pages/list/list"
6.   ],
7.   "window":{…},
8.   …
9. }
```

需要注意有多个页面时只有最后一个页面路径地址后面不加逗号，因此这里第 3、4 行页面的路径描述末尾要追加逗号。

扫一扫

视频讲解

14.3.3 自定义组件

1 Vant Weapp 组件库引入

在根目录中新建文件夹 plugins，然后将事先下载好的 Vant Weapp 组件库代码包中的 dist 目录复制、粘贴进去并更名为 weapp。

接下来查阅 Vant Weapp 官方文档，把需要用到的组件在 app.json 或页面 JSON 文件中的 usingComponents 属性内部进行声明。由于本次有多个页面需要共享其中一些组件，因此不妨直接在 app.json 文件中声明一次即可，无须在不同的页面中重复声明相同的组件。

app.json 的组件声明参考代码如下：

```
{
  "pages":[…],
  "window":{…},
  …,
  "usingComponents": {
    "van-button": "/plugins/weapp/button/index",
    "van-cell": "/plugins/weapp/cell/index",
    "van-cell-group": "/plugins/weapp/cell-group/index",
    "van-field": "/plugins/weapp/field/index",
    "van-icon": "/plugins/weapp/icon/index",
    "van-index-bar": "/plugins/weapp/index-bar/index",
    "van-index-anchor": "/plugins/weapp/index-anchor/index"
  }
}
```

引用的 Vant Weapp 组件介绍如下。

- <van-button>：按钮。
- <van-cell>：单元格。
- <van-cell-group>：单元格分组。
- <van-field>：表单输入框。
- <van-icon>：图标。
- <van-index-bar>：索引栏。
- <van-index-anchor>：索引栏分组头部。

路径地址请根据开发者自定义的目录路径写，这里仅供参考。

注意：在 app.json 文件中不要有"style": "v2"，因为这是小程序的新版基础组件声明，里面有很多强行加的样式难以覆盖，如保留会造成部分第三方组件错位等情况。

2 自定义组件 bankcard 配置

请按照 14.2.2 节介绍的内容完成自定义组件<bankcard>的基础模板文件创建和首页 JSON 文件的组件引用声明，然后在需要用该组件的页面 JSON 的 usingComponents 属性中引用组件路径。

本次项目会在首页展示银行卡列表，因此 index.json 代码新增如下：

```
{
  "usingComponents": {
    "bankcard": "/components/bankcard/bankcard"
  }
}
```

扫一扫

视频讲解

14.3.4 公共 JS 文件

在小程序项目的根目录下新建 utils 文件夹，并在其中新建 tool.js 文件，代码如下：

```
…待补充…

//导出公共函数和数据
module.exports = {
  …待补充…
}
```

在需要使用时向里面追加公共函数和数据即可。

此时项目的准备工作就完成了，项目的目录结构如图 14-7 所示。

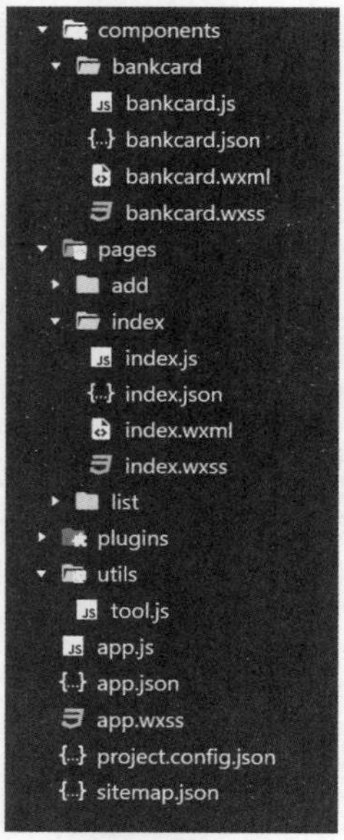

图 14-7　项目目录结构

14.4　视图设计

扫一扫

视频讲解

14.4.1　导航栏设计

用户可以通过在 app.json 中对 window 属性进行重新配置来自定义导航栏效果。本次项目因追求简约样式，默认用白底黑字风格。app.json 文件代码如下：

```
{
  "pages":[…],
  "window":{
    "navigationBarBackgroundColor": "#fff",
    "navigationBarTitleText": "我的银行卡包",
    "navigationBarTextStyle":"black"
  },
  …
}
```

此时导航栏就制作完成了，页面效果如图 14-8 所示。

图 14-8　导航栏效果图

14.4.2　自定义组件 bankcard 设计

自定义组件 bankcard 需要是一个矩形的卡片样式，可以适当增加圆角边框和阴影效果。卡片上的内容分为上下两行，第一行显示银行卡图标和银行名称，第二行显示银行卡号和复制图标按钮。框线图如图 14-9 所示。

计划使用基础组件如下。

- 整体卡片：<view class="card">。
- 单行区域：<view class="cardBar">。
- 图标：第三方 Vant Weapp 组件库图标组件<van-icon>。
- 银行名称和卡号：<text>组件。

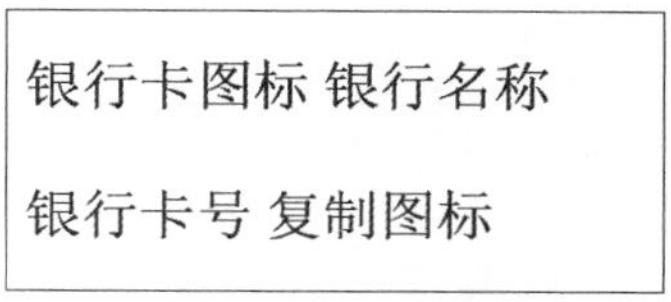

bankcard.wxml 的代码如下：

银行卡图标 银行名称
银行卡号 复制图标

图 14-9　银行卡组件示意图

```
1. <!--components/card.wxml-->
2. <!-- 银行卡片 -->
3. <view class="card" style="background-color:tomato;">
4.   <!-- 1 第一行 -->
5.   <view class="cardBar">
6.     <!-- 1-1 银行卡图标 -->
7.     <van-icon name="credit-pay" size="60rpx" />
8.     <!-- 1-2 小号字 -->
9.     <text class="smallTxt">光大银行</text>
10.   </view>
11.   <!-- 2 第二行 -->
12.   <view class="cardBar">
13.     <!-- 2-1 大号字 -->
14.     <text class="bigTxt">6222234××××5263</text>
15.     <!-- 2-2 复制图标按钮 -->
16.     <van-icon name="description" />
17.   </view>
18. </view>
```

此时可以直接在首页 index.wxml 中临时使用<bankcard>组件，然后边配置样式边看首页的显示效果变化。

index.wxml 代码如下：

```
1. <!--index.wxml-->
2. <!-- 临时查看组件效果 -->
3. <bankcard></bankcard>
```

组件样式表 bankcard.wxss 内容新增如下：

```
1. /* components/bankcard/bankcard.wxss */
2. /* 银行卡片组件 */
3. .card {
4.   width: 100%;/* 宽度自适应外容器 */
5.   height: 250rpx;/* 高度 */
6.   color: white;/* 文字颜色 */
7.   margin: 20rpx 0;/* 外边距上下 20rpx，左右 0 */
8.   padding-left: 50rpx;/* 内边距左侧 */
9.   box-sizing: border-box;/* 卡片尺寸包含边框与内边距 */
10.   box-shadow: 5rpx 5rpx 10rpx silver;/* 右下边框银色阴影 */
11.   border-radius: 30rpx;/* 圆角卡片 */
12. }
13.
14. /* 银行卡内部单行 */
15. .cardBar {
16.   width: 100%;/* 宽度和卡片一致 */
17.   height: 50%;/* 高度是卡片的一半 */
18.   display: flex;/* 弹性布局默认水平布局 */
19.   align-items: center;/* 垂直方向居中对齐 */
```

```
/* 小号字 */
.smallTxt {
  font-size: 35rpx;/* 字体大小 */
  margin-left: 30rpx;/* 外边距左侧 */
}

/* 大号字 */
.bigTxt {
  font-size: 45rpx;/* 字体大小 */
  margin-right: 30rpx;/* 外边距右侧 */
}
```

修改首页 index.wxss 新增内容如下：

```
/**index.wxss**/
/* 1 页面整体样式 */
page{
  padding: 0 20rpx;/* 内边距上下 0，左右留白 20rpx */
  box-sizing: border-box;/* 页面容器尺寸包含边框与内边距 */
}
```

此时首页效果如图 14-10 所示。

图 14-10　自定义组件 bankcard 初始效果

为了可以自主更换颜色和文字内容，修改卡片组件 bankcard.wxml 的代码，将其中想灵活变化的取值都改成双大括号的变量形式：

```
1. <!--components/bankcard/bankcard.wxml-->
2. <!-- 银行卡片 -->
3. <view class="card" style="background-color:
           {{bgColor}};">
4.   <!-- 1 第一行 -->
5.   <view class="cardBar">
6.     <!-- 1-1 银行卡图标 -->
7.     <van-icon name="credit-pay" size="60rpx"/>
8.     <!-- 1-2 小号字 -->
9.     <text class="smallTxt">{{cardName}} </text>
10.  </view>
11.  <!-- 2 第二行 -->
12.  <view class="cardBar">
13.    <!-- 2-1 大号字 -->
14.    <text class="bigTxt">{{cardNum}}</text>
15.    <!-- 2-2 复制按钮图标 -->
16.    <van-icon name="description" />
17.  </view>
18.</view>
```

上面代码主要修改了第 3、9、14 行，将背景颜色、卡片名称和卡号换成了可以改动的状态。

然后需要在组件 JS 文件中配置这些参数，bankcard.js 文件 properties 属性修改如下：

```
// components/bankcard/bankcard.js
Component({
  /**
   * 组件的属性列表
   */
  properties: {
    //背景颜色
    bgColor: {
      type: String,
      value: 'slateblue'
    },
    //银行名称
    cardName: {
```

```
14.       type: String,
15.       value: '未知'
16.     },
17.     //银行卡号
18.     cardNum: {
19.       type: String,
20.       value: '000000000000000'
21.     }
22.   },
23.
24.   /**
25.    * 组件的初始数据
26.    */
27.   data: {…},
28.
29.   /**
30.    * 组件的方法列表
31.    */
32.   methods: {…}
33.})
```

第 7～21 行就是对这些属性的声明，其中，type 表示数据类型，value 表示默认值。

此时首页会变成图 14-11 所示效果。

图 14-11 的效果是因为在组件的 JS 文件中设置了默认的初始值，其实也可以在首页的<bankcard>组件上使用这几个属性来更新显示内容。

index.wxml 代码修改如下：

```
<!--index.wxml-->
<!-- 临时查看组件效果 -->
<bankcard bgColor="orange" cardName="建设银行" cardNum="6222342××××4021"></bankcard>
```

显示效果如图 14-12 所示。

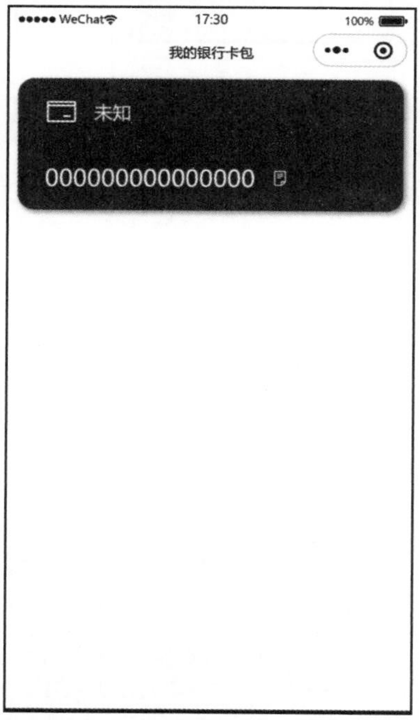

图 14-11　自定义组件 bankcard 默认效果

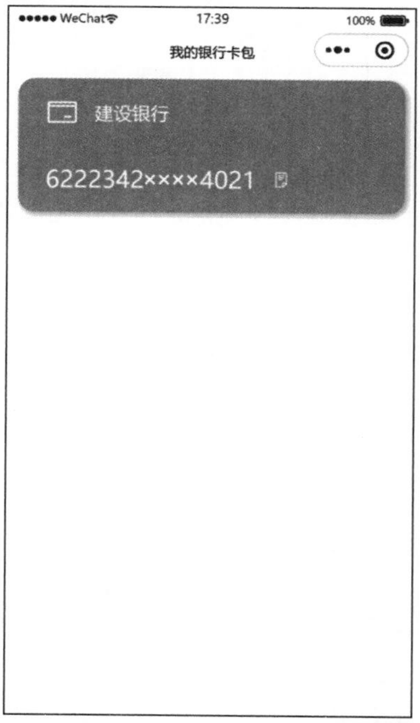

图 14-12　自定义组件 bankcard 修改属性效果

不妨多做几个颜色不一样的银行卡片试试，index.wxml 代码追加如下：

```
<!--index.wxml-->
<!-- 临时查看组件效果 -->
```

```
<bankcard bgColor="orange" cardName="建设银行" cardNum="6222342××××4021"></bankcard>
<bankcard bgColor="slateblue" cardName="光大银行" cardNum="6222999××××0123"></bankcard>
<bankcard bgColor="tomato" cardName="农业银行" cardNum="6222778××××4211"></bankcard>
```

此时就有了彩色银行卡片效果了，如图 14-13 所示。

这样自定义组件 bankcard 的样式就设计完毕了，开发者可以自行尝试使用组件属性更换银行名称、卡号以及卡片的背景颜色做出更多的银行卡片。

扫一扫

视频讲解

14.4.3 【首页】设计

首页主要是展示已经录入的银行卡片列表与底部添加按钮，效果如图 14-14 所示。

图 14-13　自定义组件 bankcard 设置多种属性效果

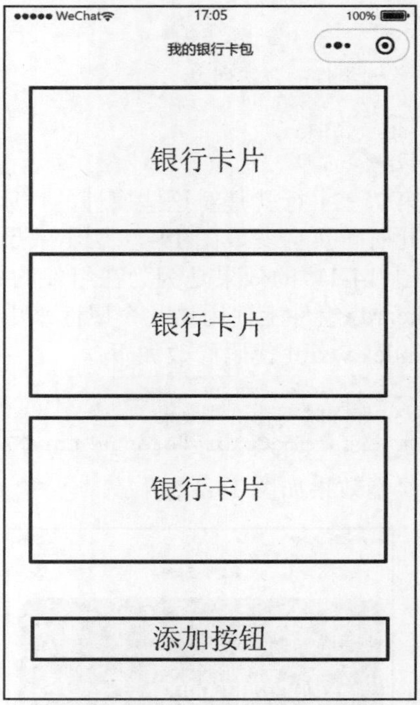

图 14-14　首页设计效果图

计划使用的组件如下。

- 银行卡片区域：<view class="cardBox">。
- 银行卡片：自定义银行卡组件<bankcard>。
- 添加按钮：Vant Weapp 组件库的按钮组件<van-button>。

index.wxml 代码修改如下：

```
<!--index.wxml-->
<!-- 1 卡片列表 -->
<view class="cardBox">
  <!-- 临时查看组件效果 -->
  <bankcard bgColor="orange" cardName="建设银行" cardNum="6222342××××4021"></bankcard>
  <bankcard bgColor="slateblue" cardName="光大银行" cardNum="6222999××××0123"></bankcard>
  <bankcard bgColor="tomato" cardName="农业银行" cardNum="6222778××××4211"></bankcard>
</view>

<!-- 2 底部添加按钮 -->
<van-button plain type="info" size="large">+ 添加银行卡</van-button>
```

此时首页就设计完成了，显示效果如图 14-15 所示。

扫一扫

视频讲解

14.4.4 【银行卡信息录入页】设计

该页面用于录入银行卡信息，包括银行名称和卡号。

显示效果如图 14-16 所示。

图 14-15 首页设计完成图

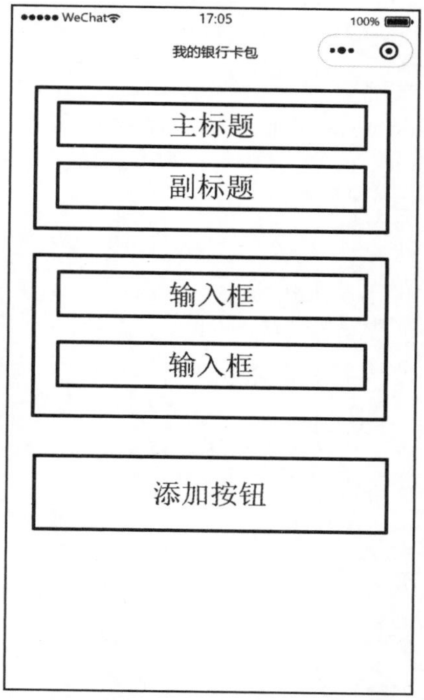

图 14-16 银行卡信息录入页设计效果图

计划使用的组件如下。

- 整体容器与各区域：<view>。
- 主副标题：<view>。
- 文本输入框：Vant Weapp 组件库的文本输入组件<van-field>。
- 按钮：Vant Weapp 组件库的按钮组件<van-button>。

add.wxml 代码如下：

```
<!--pages/add/add.wxml-->
<!--index.wxml-->
<!-- 1 整体容器 -->
<view class="container">
  <!-- 2 顶部标题 -->
  <view class="header">
    <!-- 2-1 主标题 -->
    <view class="title">添加银行卡</view>
    <!-- 2-2 副标题 -->
    <view class="sub-title">请录入持卡人本人的银行卡</view>
  </view>

  <!-- 3 表单区域 -->
  <view class="formBox">
    <!-- 3-1 银行名称输入框 -->
    <van-field label="银行名称" placeholder="请输入或选择银行名称" required
    right-icon="search" />
    <!-- 3-2 银行卡号输入框 -->
```

```
    <van-field type="number" label="银行卡号" placeholder="请扫描识别银行卡号" border="{{ false }}" required right-icon="photo-o" />
  </view>

  <!-- 4 按钮区域 -->
  <view class="btnBox">
    <!-- 保存按钮 -->
    <van-button type="primary">确认无误，添加银行卡信息</van-button>
  </view>
</view>
```

在 add.wxss 中追加样式效果如下：

```
/**add.wxss**/
/* 1 整体容器 */
.container{
  height: 100vh;/* 高度自适应屏幕 */
  display: flex;/* flex 弹性布局 */
  flex-direction: column;/* 垂直布局 */
  align-items: center;/* 水平方向居中对齐 */
}

/* 2 顶部 */
.header{
  margin-top: 80rpx;/* 外边距顶部 */
  text-align: center;/* 文本居中 */
}
/* 2-1 主标题 */
.title{
  font-size: 38rpx;/* 字体大小 */
}
/* 2-2 副标题 */
.sub-title{
  font-size: 30rpx;/* 字体大小 */
  color: gray;/* 文字颜色 */
  margin-top: 15rpx;/* 外边距顶部 */
}

/* 3 表单区域 */
.formBox{
  margin-top: 50rpx;/* 外边距顶部 */
}

/* 4 按钮区域 */
.btnBox{
  margin-top: 80rpx;/* 外边距顶部 */
}
```

扫一扫

视频讲解

设计效果如图 14-17 所示。

14.4.5 【银行名称索引页】设计

该页面用于显示常用银行名称列表索引，以拼音首字母分组。用户可以在银行卡信息录入页点击“查找”图标跳转到此页选择正确的银行名称，再自动回到上一页显示到对应的文本输入框中，无须人工打字输入。

Vant Weapp 组件库中有一款索引栏组件，适合用于制作银行名称索引，效果如图 14-18 所示。

使用其中的自定义索引列表页面即可，会用到如下组件。

- <van-index-bar>：Vant Weapp 组件库的索引栏组件。
- <van-index-anchor>：Vant Weapp 组件库的索引分组头部。
- <van-cell>：Vant Weapp 组件库的单元格组件。

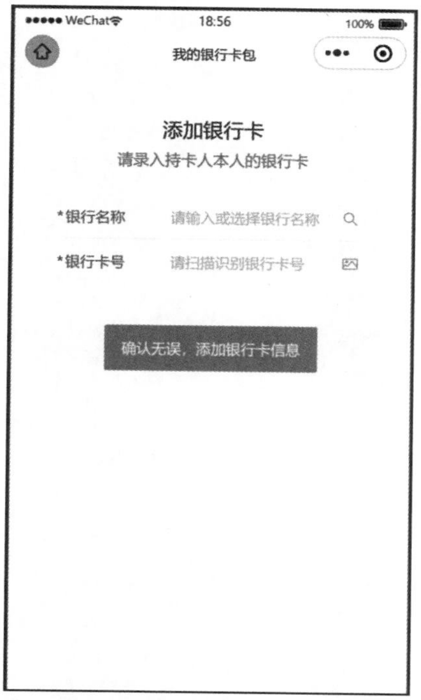

图 14-17　银行卡信息录入页设计完成图

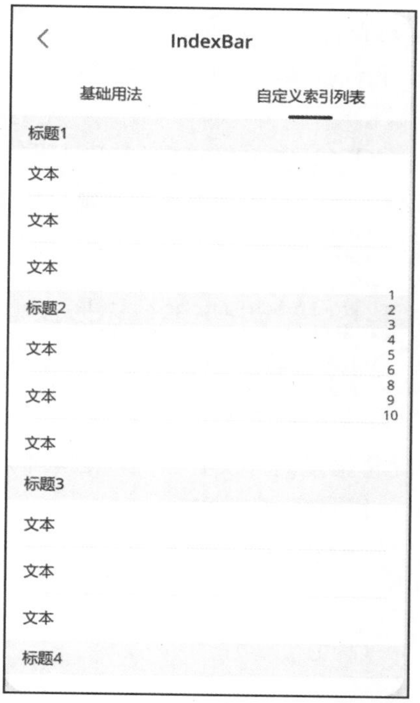

图 14-18　Vant Weapp 组件库官方示例图

先直接把官方文档中的示例代码复制过来，list.wxml 代码复制到的内容如下：

```
<!--pages/list/list.wxml-->
<van-index-bar index-list="{{ indexList }}">
  <view>
    <van-index-anchor index="1">标题 1</van-index-anchor>
    <van-cell title="文本" />
    <van-cell title="文本" />
    <van-cell title="文本" />
  </view>

  <view>
    <van-index-anchor index="2">标题 2</van-index-anchor>
    <van-cell title="文本" />
    <van-cell title="文本" />
    <van-cell title="文本" />
  </view>
</van-index-bar>
```

list.js 代码复制到的内容如下：

```
// pages/list/list.js
Page({

  /**
   * 页面的初始数据
   */
  data: {
    indexList: [1, 2, 3, 4, 5, 6, 7, 8, 9, 10],
  },
  …
})
```

这样就把 Vant Weapp 官方示例页面的效果显示出来了，如图 14-19 所示。然后简单修改一下每个单元格的 title 值，就可以改成银行名称信息索引。

list.wxml 代码修改内容如下：

```
<!--pages/list/list.wxml-->
<van-index-bar index-list="{{ indexList }}">
  <view>
    <van-index-anchor index="G" />
    <van-cell title="光大银行" />
    <van-cell title="广发银行" />
  </view>

  <view>
    <van-index-anchor index="J" />
    <van-cell title="建设银行" />
    <van-cell title="交通银行" />
  </view>
</van-index-bar>
```

单元格数量由开发者自定，这里不用写太多，后面会改成用 wx:for 渲染。

list.js 代码修改内容如下：

```
// pages/list/list.js
Page({

  /**
   * 页面的初始数据
   */
  data: {
    // 首字母索引
    indexList: ['A', 'B', 'C', 'D', 'E', 'F', 'G', 'H', 'I', 'J', 'K', 'L',
    'M', 'N', 'O', 'P', 'Q', 'R', 'S', 'T', 'U', 'V', 'W', 'X', 'Y', 'Z'],
  },
  …
})
```

显示效果如图 14-20 所示。

此时设计环节就全部完成了，接下来就要进行逻辑功能的实现。

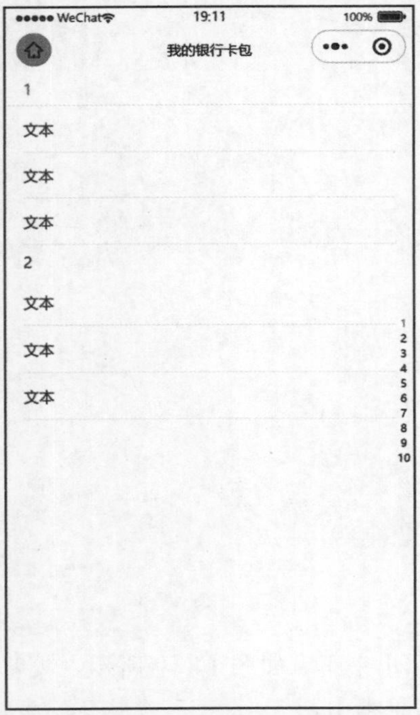

图 14-19　重现 Vant Weapp 组件库官方效果图

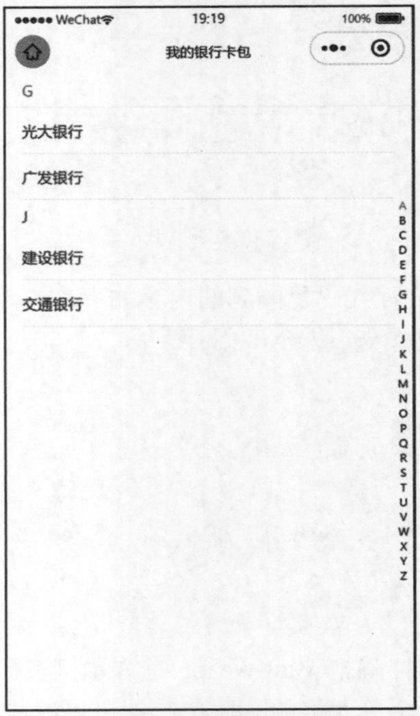

图 14-20　银行名称索引页设计完成图

14.5　逻辑实现

14.5.1　【首页】逻辑

扫一扫

视频讲解

1 根据本地缓存显示银行卡列表

因为当前还没有任何银行卡数据存在本地缓存，这里可以临时在 index.js 的 onLoad()函数中录入一些数据进行缓存试用。index.js 相关代码如下：

```
//index.js
Page({
  …
  /**
   * 生命周期函数——监听页面加载
   */
  onLoad: function (options) {
    //临时存放一个本地缓存
    let cardList = [{
        bgColor: 'tomato',
        cardName: '光大银行',
        cardNum: '6222123××××8123'
      },
      {
        bgColor: 'rebeccapurple',
        cardName: '中信银行',
        cardNum: '6222543××××4321'
      }]
      wx.setStorageSync('cardList', cardList)
  },
  …
})
```

这里的数组取值由开发者自由编写，属性值 bgColor、cardName 和 cardNum 分别表示背景颜色、银行名称和卡号。

保存并重新运行后检查调试器的 Storage 面板就会发现已经有了一些本地缓存数据，如图 14-21 所示。

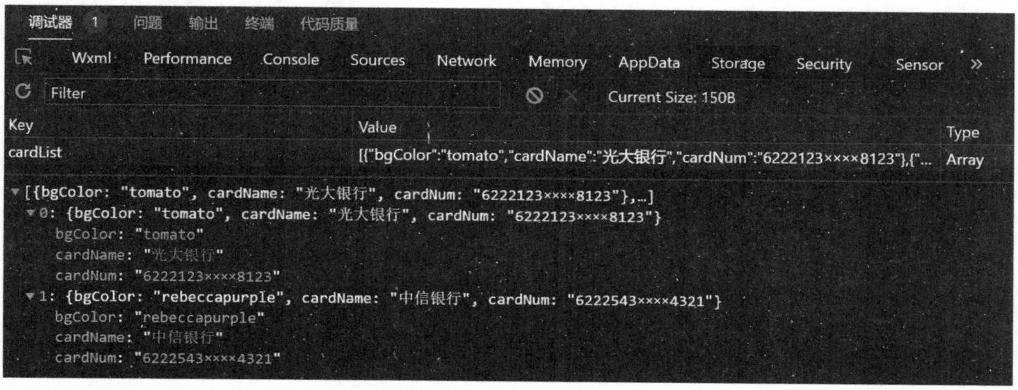

图 14-21　Storage 面板临时数据

此时就可以把 onLoad()函数中的内容删掉，然后用这个临时数据来做后续的逻辑实现。

假设当前本地缓存中的这些数据就是之前添加成功的银行卡信息，现在修改 index.js 的 onShow()函数把它们读取出来并更新到页面上。

index.js 文件代码如下：

```
//index.js
Page({
  …
  /**
   * 生命周期函数——监听页面显示
   */
  onShow: function () {
    //获取本地缓存
    let cardList = wx.getStorageSync('cardList')
    //更新到页面上
    this.setData({
      cardList: cardList
    })
  },
  …
})
```

思考：为何要把这段代码写到 onShow()函数而不是 onLoad()函数中呢？

解释：虽然二者都是页面注册时自带的生命周期函数，但是在首页不关闭的前提下新打开了其他页面再返回首页时 onLoad()不会重新被触发；而 onShow()是只要首页被隐藏了又重新显示出来都会再次触发，这样能确保数据及时更新。

修改 index.wxml 文件，使用 wx:for 属性根据 cardList 数组的取值循环渲染出全部卡片。

index.wxml 代码如下：

```
<!--index.wxml-->
<!-- 1 卡片列表 -->
<view class="cardBox">
  <!-- 循环渲染每一张卡片 -->
  <bankcard wx:for="{{cardList}}" wx:key="cardNum" bgColor="{{item.bgColor}}"
 cardName="{{item.cardName}}" cardNum="{{item.cardNum}}"></bankcard>
</view>
…
```

扫一扫

视频讲解

运行后首页效果如图 14-22 所示。

图 14-22　首页根据本地缓存显示银行卡列表功能实现

2 长按删除单张银行卡

如果有些银行卡不需要了，可以考虑长按删除它。为了防止误删，每次都应弹出对话框让用户二次确认，确认后删除本地缓存和页面显示的指定卡号信息。

首先需要查找当前要删的卡号在缓存数组里面的下标，查到后删除指定数组元素即可。

找到公共 JS 文件 utils/tool.js，追加公共函数 getCardIndex(String cardNum, Array[ ] cardList) 用于获取卡号 cardNum 在数组 cardList 中的下标，如果是 −1 表示卡号不存在，否则就返回正确的数组下标。

utils/tool.js 代码修改内容如下：

```
//1 从银行卡数组中检查卡号是否存在
function getCardIndex(cardNum, cardList) {
  //数组下标记录标识
  let index = -1
```

```
  //遍历数组
  for (let i = 0; i < cardList.length; i++) {
    //如果发现一致的卡号
    if (cardList[i].cardNum == cardNum) {
      //记录当前数组下标
      index = i
      //停止循环
      break
    }
  }
  //返回查询结果（-1 表示不存在）
  return index
}

//导出公共函数和数据
module.exports = {
  getCardIndex: getCardIndex
}
```

修改 index.wxml 文件，为银行卡片组件追加 longpress 事件并将银行卡号作为参数 num 进行携带。index.wxml 代码如下：

```
<!--index.wxml-->
<!-- 1 卡片列表 -->
<view class="cardBox">
  <!-- 循环渲染每一张卡片 -->
  <bankcard wx:for="{{cardList}}" wx:key="cardNum" bgColor="{{item.bgColor}}"
  cardName="{{item.cardName}}" cardNum="{{item.cardNum}}" data-num="{{item.cardNum}}
  " bindlongpress="deleteCard"></bankcard>
</view>
…
```

index.js 文件顶部引用公共文件 tool.js，且追加自定义函数 deleteCard()如下：

```
//index.js
//引用公共 JS 文件
const tool = require('../../utils/tool')

Page({
  …
  /**
   * 自定义函数——长按删除银行卡
   */
  deleteCard: function (e) {
    //获取银行卡号
    let cardNum = e.currentTarget.dataset.num
    //获取银行卡号 4 位尾号
    let lastNum = cardNum.substring(cardNum.length - 4)
    //消息提醒
    wx.showModal({
      title: '提醒',
      content: '您确定删除尾号为' + lastNum + '的银行卡吗？',
      //成功回调函数
      success: res => {
        //如果没点击“确认”按钮则不做任何操作
        if (!res.confirm) return

        //获取银行卡数组
        let cardList = this.data.cardList
        //查询卡号所在数组下标
        let index = tool.getCardIndex(cardNum, cardList)

        //从数组中去掉下标为 index 的元素
        cardList.splice(index, 1)
```

```
        //更新页面显示
        this.setData({
          cardList: cardList
        })
        //更新数据缓存
        wx.setStorageSync('cardList', cardList)
      }
    })
  },
  …
})
```

运行后首页效果如图 14-23 所示。

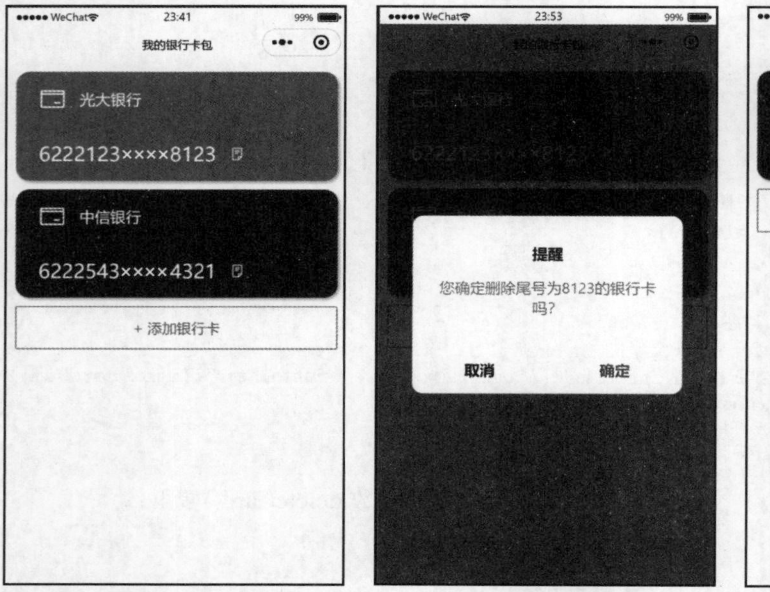

(a) 页面初始状态　　(b) 长按弹出提示框　　(c) 删除后的状态

图 14-23　首页长按删除单张银行卡功能实现

扫一扫

视频讲解

3 复制银行卡号

点击首页银行卡片第二行的复制图标即可快速复制整个银行卡号至设备的剪贴板中。

为自定义组件 bankcard 第二行的小图标追加点击事件，bankcard.wxml 代码修改如下：

```
<!--components/bankcard/bankcard.wxml-->
…
<!-- 2-2 复制按钮图标 -->
<van-icon name="description" bindtap="copyCardNum" />
```

为自定义组件 bankcard 追加监听器，bankcard.js 代码修改如下：

```
//components/bankcard/bankcard.js
Component({
  /**
   * 监听器
   */
  observers: {
    'cardNum': function (cardNum) {
      //在 cardNum 被设置时，执行这个函数
      this.setData({
        num: cardNum
      })
    }
```

```
  },
  …
})
```

最后，在 bankcard.js 的 methods 中追加自定义函数 copyCardNum 的具体内容，bankcard.js 代码修改如下：

```
//components/bankcard/bankcard.js
Component({
  …
  /**
   * 组件的方法列表
   */
  methods: {
    copyCardNum() {
      wx.setClipboardData({
        data: this.data.num
      })
    }
  }
})
```

运行效果如图 14-24 所示。

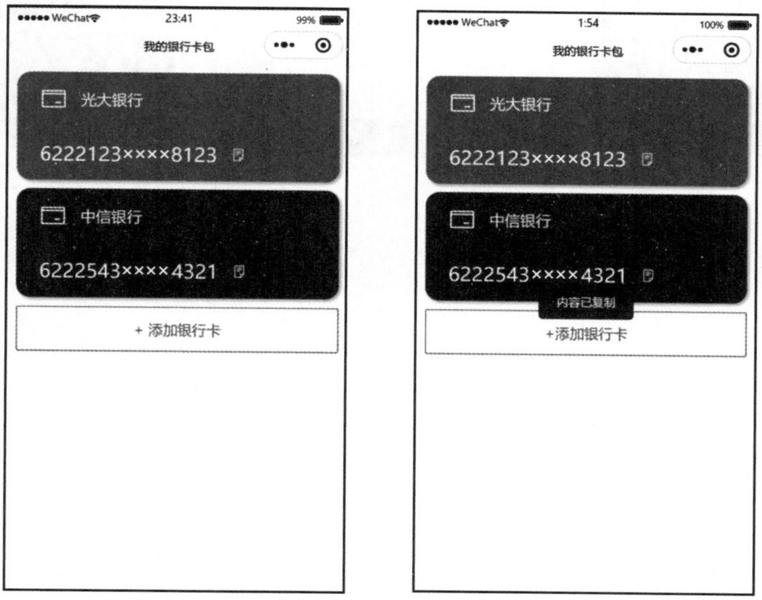

(a) 复制前　　(b) 复制卡号成功

图 14-24　复制银行卡号功能实现

4 跳转新页面

扫一扫　视频讲解

点击首页底部的“添加银行卡”按钮可以跳转到 add 页面录入新卡信息。

为按钮组件追加点击事件，index.wxml 代码修改如下：

```
<!--index.wxml-->
<!-- 1 卡片列表（…内容略…） -->

<!-- 2 底部添加按钮 -->
<van-button plain type="info" size="large" bindtap="addCard">+ 添加银行卡
</van-button>
```

index.js 文件追加自定义函数 addCard()如下：

```
//index.js
…
Page({
  …,
  /**
   * 自定义函数——打开 add 页
   */
  addCard: function () {
    //在新窗口打开 add 页
    wx.navigateTo({
      url: '../add/add',
    })
  },
  …
})
```

程序运行效果如图 14-25 所示。

（a）首页初始状态　（b）打开新页面　（c）按左上角箭头返回首页

图 14-25　首页跳转新页面功能实现

扫一扫

视频讲解

14.5.2 【银行名称索引页】逻辑

1 索引栏显示完整银行名称功能实现

首先找到公共 JS 文件，录入一套银行名称数组 cardNameList，并在 module.export 中导出。utils/tool.js 修改内容如下：

```
…
//2 银行名称数组
const cardNameList = [
  {
    id: 'B',
    list: [
      { code: 'bj', name: '北京银行' },
    ]
  },
  …,
  {
    id: 'Z',
```

```
  list: [
    { code: 'zx', name: '中信银行' },
  ]
 }
]

//导出公共函数和数据
module.exports = {
 getCardIndex: getCardIndex,
 cardNameList: cardNameList
}
```

这里录入了一部分常见的银行名称，开发者后续也可以继续追加补充。

数组中具体的元素属性介绍如下。

（1）id：拼音首字母大写形式。

（2）list：相同拼音首字母的银行列入同一个数组，其中包含的子属性有 code 和 name。

- code：银行编码，这是节选了银行名称前两个汉字的拼音首字母。
- name：银行中文名称。

在 list.js 文件顶部引用公共文件 tool.js，并将银行名称数组更新到 data 属性中等待使用。list.js 文件修改如下：

```
//pages/list/list.js
//引用公共 JS 文件
const tool = require('../../utils/tool')

Page({

  /**
   * 页面的初始数据
   */
  data: {
    //首字母索引
    indexList: ['A', …, 'Z'],
    //银行名称数组
    cardNameList: tool.cardNameList
  },
```

这样就把最新的银行名称数组传到页面上了，修改 list.wxml 页面内容，使用 wx:for 循环渲染出全部的银行名称分组效果。list.wxml 代码修改如下：

```
1. <!--pages/list/list.wxml-->
2. <!-- 1 索引栏目 -->
3. <van-index-bar index-list="{{ indexList }}">
4.   <!-- 2 按照拼音首字母分组 -->
5.   <view wx:for="{{cardNameList}}" wx:key="id">
6.     <!-- 2-1 索引分组头部 -->
7.     <van-index-anchor index="{{item.id}}" />
8.     <!-- 2-2 索引单项 -->
9.     <van-cell wx:for="{{item.list}}" wx:for-item="card" wx:key="code" title=
       "{{card.name}}" />
10.  </view>
11.</van-index-bar>
```

这里第 5 行和第 9 行用了双重 wx:for 循环，其中第 5 行是第一轮循环，按照 cardNameList 数组里面的拼音首字母分组，第 9 行是每组元素内部的 list 数组进行第二轮循环，渲染出当前组内的银行名称列表。由于数组元素都写成{{item}}容易互相混淆，因此第 9 行用了 wx:for-item 属性给 list 数组中的元素起了别名 card。

显示效果如图 14-26 所示。

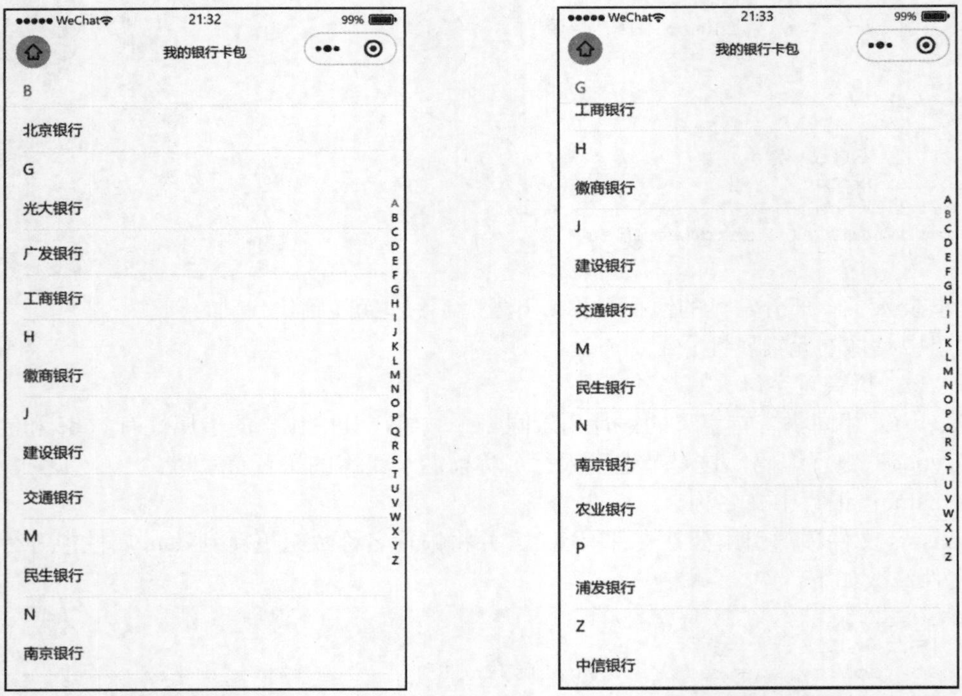

（a）页面初始状态　　（b）点击右侧字母 Z 快速跳转到最下面

图 14-26　索引页显示完整数据功能实现

扫一扫

视频讲解

2 返回【银行卡信息录入页】功能实现

当用户点击选中银行名称时希望可以跳转回到【银行卡信息录入页】，并且可以携带参数让银行卡信息录入页显示到第一个文本输入框中。

list.wxml 代码修改如下：

```
1. <!--pages/list/list.wxml-->
2. <!-- 1 索引栏目 -->
3. <van-index-bar index-list="{{ indexList }}">
4.   <!-- 2 按照拼音首字母分组 -->
5.   <view wx:for="{{cardNameList}}" wx:key="id">
6.     <!-- 2-1 索引分组头部 -->
7.     <van-index-anchor index="{{item.id}}" />
8.     <!-- 2-2 索引单项 -->
9.     <van-cell wx:for="{{item.list}}" wx:for-item="card" wx:key="code" title=
       "{{card.name}}" data-name="{{card.name}}" bindtap="chooseCardName" />
10.  </view>
11.</van-index-bar>
```

第 9 行为每一个单元格添加了点击事件 chooseCardName，并携带参数 name 取值是银行卡的中文名称。

为 list.js 文件新增自定义函数 chooseCardName 如下：

```
//pages/list/list.js
…

Page({

  /**
   * 页面的初始数据
```

```
  */
  data: {…},
  /**
   * 自定义函数——选中银行名称并回到 add 页
   */
  chooseCardName: function (e) {
    //获取银行名称
    let name = e.currentTarget.dataset.name
    //页面重定向至 add 页并携带参数 name
    wx.redirectTo({
      url: '../add/add?name='+name,
    })
  },
  …
})
```

此时 list 页面就完成了，为了测试 add 页面是否确实拿到了参数，临时给 add.js 文件的 onLoad()函数追加 console 代码如下：

```
//pages/add/add.js
Page({
  …,
  /**
   * 生命周期函数——监听页面加载
   */
  onLoad: function (options) {
    //临时测试是否拿到了参数
    console.log(options)
  },
  …
})
```

使用编译模式让 list 页临时作为调试预览的第一页，然后任意选其中一个银行名称使页面重定向显示 add 页的内容，效果如图 14-27 所示。

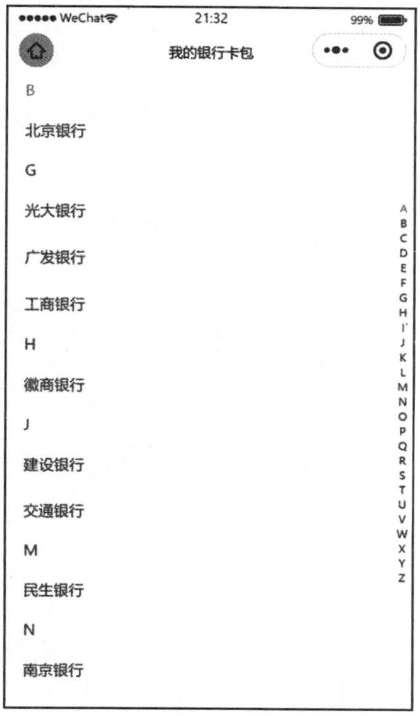

（a）【银行名称索引页】初始状态

（b）重定向到【银行卡信息录入页】

图 14-27 返回【银行卡信息录入页】功能实现

（c）Console 控制台输出的内容

图 14-27 （续）

由图 14-27（c）可见，已经成功将银行名称 name 作为参数传递给了 add 页面。

扫一扫

视频讲解

14.5.3 【银行卡信息录入页】逻辑

1 自动填写银行名称

修改 add.wxml，为第一个文本输入框右侧显示的图标追加点击事件：

```
1. <!--pages/add/add.wxml-->
2. <!-- 1 整体容器 -->
3. <view class="container">
4.   <!-- 2 顶部标题（…内容略…） -->
5.
6.   <!-- 3 表单区域 -->
7.   <view class="formBox">
8.     <!-- 3-1 银行名称输入框 -->
9.     <van-field label="银行名称" placeholder="请输入或选择银行名称" required
       right-icon="search" bind:click-icon="chooseCardName" />
10.    <!-- 3-2 银行卡号输入框（…内容略…） -->
11.  </view>
12.
13.  <!-- 4 按钮区域（…内容略…） -->
14.</view>
```

第 9 行用了 bind:click-icon，这是 Vant Weapp 文档中提示的文本输入框图标点击事件。

为对应的 add.js 文件追加自定义函数 chooseCardName()，代码如下：

```
// pages/add/add.js
Page({
  …,
  /**
   * 自定义函数——跳转至 list 页
   */
  chooseCardName() {
    //页面重定向
    wx.redirectTo({
      url: '../list/list',
    })
  },
  …
})
```

使用编译模式让 add 页临时作为调试预览的第一页，然后点击第一个输入框右侧的搜索图标就可以打开 list 页进行银行名称的选择。这样当前 add 页就和 list 页的功能连贯起来了，最后回到 add 页并携带了银行名称 name 作为参数。

修改 add.js 的 onLoad()函数，将获取到的银行名称 name 参数显示到页面上：

```
// pages/add/add.js
Page({
  …,
  /**
   * 生命周期函数——监听页面加载
   */
  onLoad: function (options) {
    //临时测试是否拿到了参数
    //console.log(options)
    //获取银行名称参数 name（如果没传参，就返回空字符串）
    let name = options.name || ''
    //更新到页面上
    this.setData({
      cardName: name
    })
  },
  …
})
```

为 add.wxml 页面的第一个文本输入框追加 value 取值为{{cardName}}，代码修改如下：

```
<!--pages/add/add.wxml-->
<!-- 1 整体容器 -->
<view class="container">
  <!-- 2 顶部标题（…内容略…） -->

  <!-- 3 表单区域 -->
  <view class="formBox">
    <!-- 3-1 银行名称输入框 -->
    <van-field label="银行名称" value="{{cardName}}" placeholder="请输入或选择银行名称" required right-icon="search" bind:click-icon="chooseCardName" />
    <!-- 3-2 银行卡号输入框（…内容略…） -->
  </view>

  <!-- 4 按钮区域（…内容略…） -->
</view>
```

程序运行效果如图 14-28 所示。

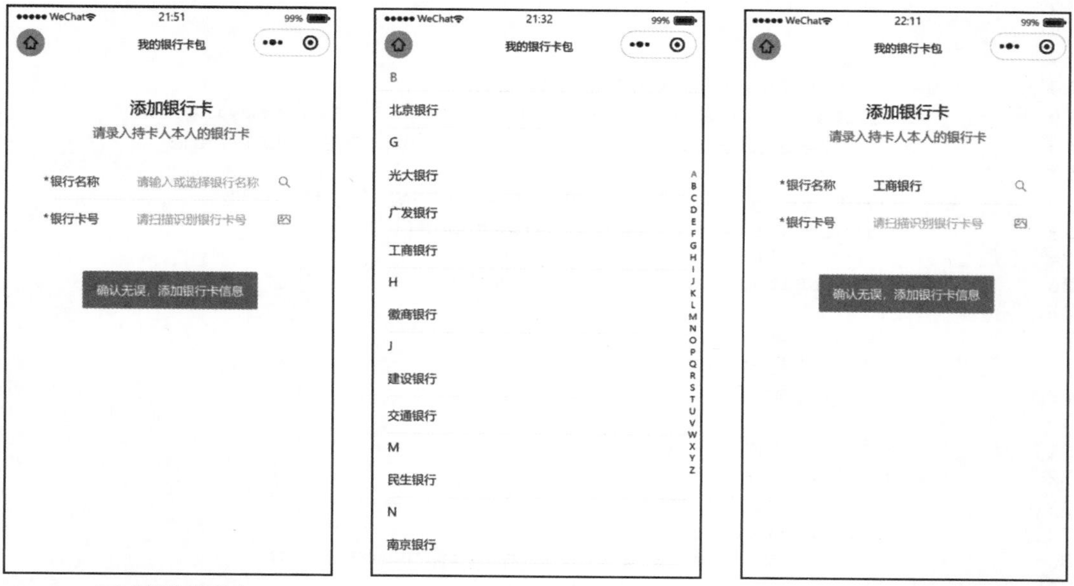

（a）页面初始状态　　（b）查找银行名称　　（c）选择后自动填写

图 14-28　自动填写银行名称功能实现

扫一扫

视频讲解

2 微信 OCR 识别银行卡号

修改 add.wxml，为第二个文本输入框右侧显示的图标追加点击事件：

```
<!--pages/add/add.wxml-->
<!-- 1 整体容器 -->
<view class="container">
  <!-- 2 顶部标题（…内容略…） -->

  <!-- 3 表单区域 -->
  <view class="formBox">
    <!-- 3-1 银行名称输入框（…内容略…） -->
    <!-- 3-2 银行卡号输入框 -->
    <van-field type="number" label="银行卡号" placeholder="请扫描识别银行卡号" border="{{ false }}" required right-icon="photo-o" bind:click-icon="scanCard" />
  </view>

  <!-- 4 按钮区域（…内容略…） -->
</view>
```

为对应的 add.js 文件追加自定义函数 scanCard()，代码如下：

```
//pages/add/add.js
Page({
  …,
  /**
   * 自定义函数——微信 OCR 识别卡号
   */
  scanCard() {
    //选择图片（拍照或从本地相册选）
    wx.chooseImage({
      count: 1, //只要 1 张图片
      //选择图片成功回调函数
      success: res => {
        //弹出加载框
        wx.showLoading({
          title: '卡号识别中',
        })
        //调用微信平台服务
        wx.serviceMarket.invokeService({
          service: 'wx79ac3de8be320b71', //服务商 OCR 的 Service ID
          api: 'OcrAllInOne',            //服务商 OCR 的 API Name
          data: {
            //用 CDN 方法标记要上传并转换成 HTTP URL 的文件
            img_url: new wx.serviceMarket.CDN({
              type: 'filePath',
              filePath: res.tempFilePaths[0],
            }),
            data_type: 3,
            //识别类型为 2 银行卡
            ocr_type: 2
          },
          //微信 OCR 识别服务成功
          success: res => {
            //将卡号更新到页面上
            this.setData({
              cardNum: res.data.bankcard_res.number.text
            })
          },
          //微信 OCR 识别服务失败
```

```
          fail: err => {
            console.error('invokeService fail', err)
          },
          //微信 OCR 识别服务完成
          complete: res => {
            //关闭加载框
            wx.hideLoading()
          }
        }) //微信 OCR 服务结束
      }
    }) //选择图片结束
  },
  ...
})
```

为 add.wxml 页面的第二个文本输入框追加 value 取值为{{cardName}}，代码修改如下：

```
<!--pages/add/add.wxml-->
<!-- 1 整体容器 -->
<view class="container">
  <!-- 2 顶部标题（…内容略…） -->

  <!-- 3 表单区域 -->
  <view class="formBox">
    <!-- 3-1 银行名称输入框（…内容略…） -->
    <!-- 3-2 银行卡号输入框 -->
    <van-field type="number" label="银行卡号" value="{{cardNum}}" placeholder=
    "请扫描识别银行卡号"border="{{false}}"requiredright-icon="photo-o"bind:
    click-icon="scanCard" />
  </view>

  <!-- 4 按钮区域（…内容略…） -->
</view>
```

因为 PC 端没有拍照功能，用真机预览运行效果如图 14-29 所示。

（a）页面初始状态　　（b）上传图片　　（c）OCR 识别后自动填写

图 14-29　微信 OCR 识别银行卡号功能实现

扫一扫

视频讲解

3 添加银行卡至本地缓存

接下来就要考虑把数据存到本地缓存中。

先初始化 cardName 和 cardNum 的值，add.js 的 data 属性修改如下：

```
//index.js
Page({
  /**
   * 页面的初始数据
   */
  data: {
    cardName: '',          //银行名称
    cardNum: ''            //卡号
  },
  …
})
```

修改 add.wxml，为两个文本输入框都追加 change 事件：

```
<!--pages/add/add.wxml-->
<!-- 1 整体容器 -->
<view class="container">
  <!-- 2 顶部标题（…内容略…） -->

  <!-- 3 表单区域 -->
  <view class="formBox">
    <!-- 3-1 银行名称输入框 -->
    <van-field label="银行名称" value="{{cardName}}" placeholder="请输入或选择银行名称" required right-icon="search" bind:click-icon="chooseCardName" bind:change="nameChange" />
    <!-- 3-2 银行卡号输入框 -->
    <van-field type="number" label="银行卡号" value="{{cardNum}}" placeholder="请扫描识别银行卡号" border="{{ false }}" required right-icon="photo-o" bind:click-icon="scanCard" bind:change="numChange" />

  <!-- 4 按钮区域（…内容略…） -->
</view>
```

为对应的 add.js 文件追加自定义函数 nameChange()和 numChange()，代码如下：

```
//pages/add/add.js
Page({
  …,
  /**
   * 自定义函数——监听银行名称输入框内容变化
   */
  nameChange: function (e) {
    this.setData({
      cardName: e.detail
    })
  },
  /**
   * 自定义函数——监听银行卡号输入框内容变化
   */
  numChange: function (e) {
    this.setData({
      cardNum: e.detail
    })
  },
  …
})
```

这样就可以实时更新银行名称和卡号取值了，接下来思考如何把当前的银行卡信息存入本地缓存。

录入银行卡信息时可以指定一种颜色作为银行卡的背景色，修改 utils/tool.js 文件，追加公共函数 generateColor()来生成随机颜色。utils/tool.js 代码修改内容如下：

```
1. …
2. //3-1 预设颜色库
3. const colorArr = ['tomato', 'orange', 'lightseagreen', 'mediumaquamarine',
   'royalblue', 'slateblue', 'rebeccapurple']
4.
5. //3-2 随机生成其中一种颜色
6. function generateColor() {
7.   //随机生成颜色数组的下标
8.   let i = Math.floor(Math.random() * colorArr.length)
9.   //返回颜色
10.  return colorArr[i]
11.}
12.
13.//导出公共函数和数据
14.module.exports = {
15.  getCardIndex: getCardIndex,
16.  cardNameList: cardNameList,
17.  generateColor: generateColor
18.}
```

这里第 5 行的颜色库可以由开发者自主追加更多喜欢的色彩。

修改 add.wxml，为底部保存按钮追加点击事件：

```
<!--pages/add/add.wxml-->
<!-- 1 整体容器 -->
<view class="container">
  <!-- 2 顶部标题（…内容略…） -->
  <!-- 3 表单区域（…内容略…） -->

  <!-- 4 按钮区域 -->
  <view class="btnBox">
    <!-- 保存按钮 -->
    <van-button type="primary" bindtap="saveCard">确认无误，添加银行卡信息
    </van-button>
  </view>
</view>
```

为对应的 add.js 文件追加自定义函数 saveCard()，代码如下：

```
//pages/add/add.js
//引用公共 JS 文件
const tool = require('../../utils/tool')

Page({
  …,
  /**
   * 自定义函数——添加银行卡至本地缓存
   */
  saveCard: function () {
    //获取银行名称和卡号
    let cardName = this.data.cardName
    let cardNum = this.data.cardNum
    //检测是否有空白值
    if (cardName == '' || cardNum == '') {
      //弹出提示对话框
      wx.showModal({
        title: '提示',
        content: '银行名称或卡号不能为空！',
```

```
        showCancel: false                //不显示取消按钮
      })
    } else {
      //读取本地缓存
      let cardList = wx.getStorageSync('cardList') || [ ]
      //创建卡片对象
      let card = {
        cardName: cardName,              //银行名称
        cardNum: cardNum,                //银行卡号
        bgColor: tool.generateColor()  //随机生成卡片背景颜色
      }

      //检查卡号是否已存在
      let index = tool.getCardIndex(cardNum, cardList)
      //如果不存在
      if(index==-1){
        //在数组末尾追加新元素
        cardList.push(card)
      }
      //如果已经存在
      else{
        //更新已存在的元素
        cardList[index] = card
      }
      //存回本地缓存
      wx.setStorageSync('cardList', cardList)
      //返回首页
      wx.navigateBack()
    }
  },
  …
})
```

因为需要调用公共函数，所以顶部记得也要引用一下公共 JS 文件。

此时逻辑功能就全部做好了，将预览第一页改回首页 index 即可查看完整效果，如图 14-30 所示。

（a）首页最初效果　（b）跳转至 add 页　（c）list 页银行名称索引

图 14-30　最终效果展示

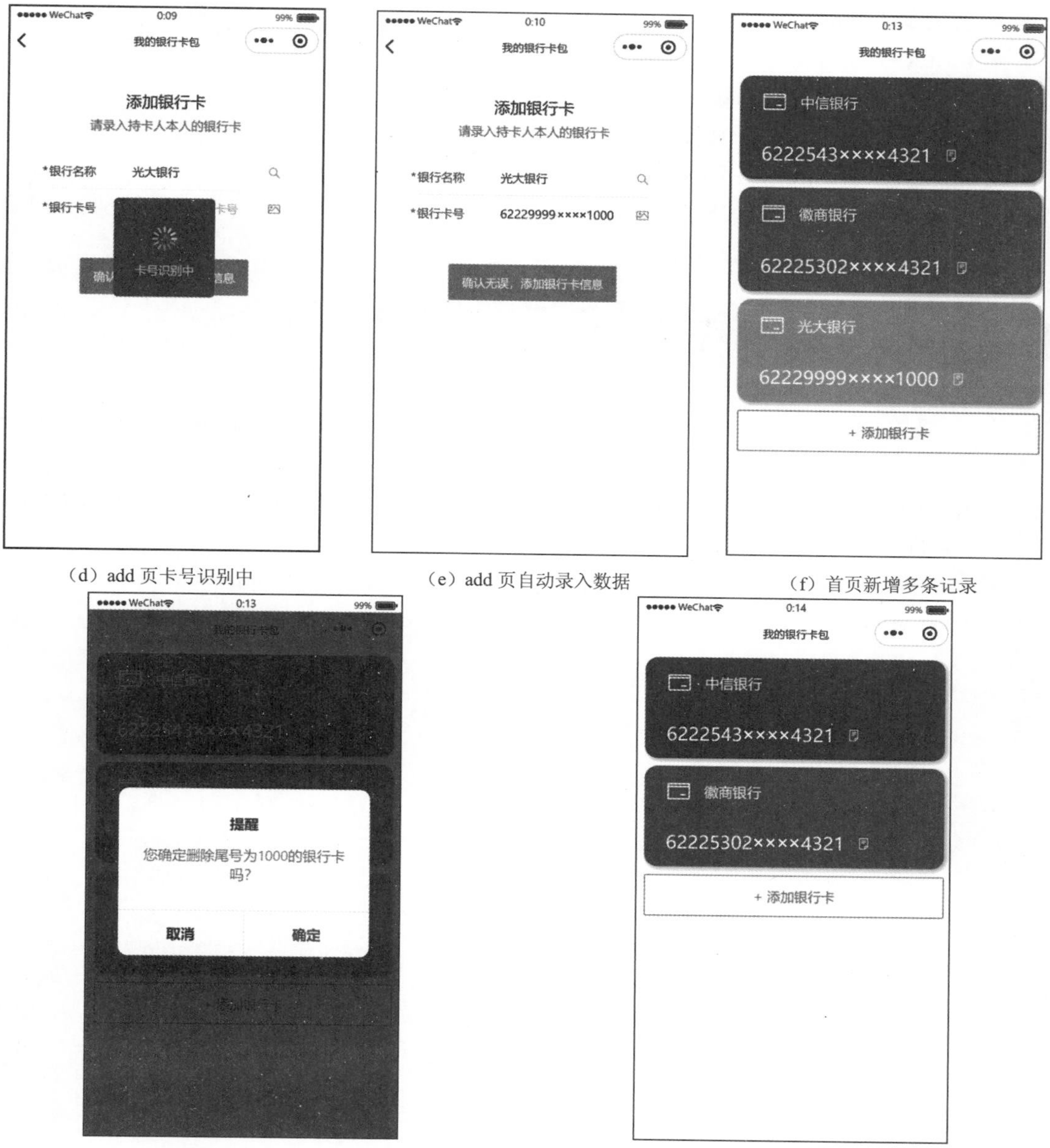

（d）add 页卡号识别中　（e）add 页自动录入数据　（f）首页新增多条记录

（g）长按删除提示　（h）删除单张银行卡后

图 14-30　（续）

14.6　本章小结

本章通过银行卡包小程序项目的开发练习主要学习了以下知识点和操作：

- 小程序项目的创建；
- 手动新建小程序文件夹和文件；
- 页面布局和样式设计的基本方法；
- 使用双大括号{{}}生成动态数据的方法；

- 使用 setData()重置动态数据的方法；
- wx:for 和 wx:key 属性的用法；
- 公共常量与函数的创建、导出和调用方法；
- 自定义组件的开发与应用；
- 微信服务平台的微信 OCR 识别服务的理解与应用；
- 小程序第三方 UI 组件库 Vant Weapp 的应用；
- 项目预览和真机调试的步骤。

14.7 参考资料

- 小程序服务平台介绍：https://developers.weixin.qq.com/miniprogram/dev/platform-capabilities/service-market/intro.html
- 微信 OCR 识别服务：https://fuwu.weixin.qq.com/service/detail/000ce4cec24ca026d37900ed551415
- Vant Weapp 组件库官方文档：https://youzan.github.io/vant-weapp/#/home
- Vant Weapp 组件库官方下载地址：https://github.com/youzan/vant-weapp

第15章 Chapter 15

小程序全栈开发·基于WAMP + ThinkPHP 6.0 的高校新闻小程序

在学习了小程序的基础知识和各类 API 以后，不妨尝试独立动手创建一个完整的综合设计应用实例。本章将从零开始详解如何基于 WAMP（Windows+Apache+MySQL+PHP）和 ThinkPHP 6.0 框架全栈开发实现一个仿“网易新闻精选”的高校新闻小程序。

本章学习目标

- 综合应用所学知识创建完整新闻小程序项目；
- 学习服务器与数据库的部署；
- 学习 ThinkPHP 6.0 框架的安装部署与接口制作；
- 能够在开发过程中熟练掌握真机预览、调试等操作。

扫一扫

视频讲解

15.1 需求分析

本项目一共需要 3 个页面，即首页、新闻页和个人中心页，其中，首页和个人中心页需要以 tabBar 的形式展示，可以点击 Tab 图标互相切换。

1 首页的功能需求

首页的功能需求如下：

- 顶部菜单栏需要有 5 个不同的新闻栏目可以选择；
- 页面需要包含新闻列表，且每条新闻可以显示图片（可选）、标题、日期、来源；
- 重要新闻栏目的列表中有幻灯片模块，可以有 5 幅图片自动轮播；
- 新闻列表中的每条新闻可以显示新闻图片（可选）、新闻标题、日期、来源；
- 点击新闻列表可以打开阅读新闻全文。

2 新闻页的功能需求

新闻页的功能需求如下：

- 阅读新闻全文的页面需要显示新闻标题、来源、日期、图片（可选）和内容；
- 允许点击按钮将当前阅读的新闻添加到本地收藏夹中；
- 已经收藏过的新闻也可以点击按钮取消收藏。

3 个人中心页的功能需求

个人中心页的功能需求如下：

- 在未登录状态下显示登录按钮，用户点击后可以显示微信头像和昵称；
- 登录后读取当前用户的收藏夹，展示收藏的新闻列表；
- 收藏夹中的新闻可以直接点击查看内容；
- 在未登录状态下收藏夹显示为空。

15.2 准备工作

15.2.1 小程序端准备

扫一扫

视频讲解

1 项目创建

为了节省时间，这里直接把 2.1.5 节完成的小程序空白模板代码包 templateDemo 复制一份并重命名为 demo15_newsDemo，导入开发工具等待改造。导入方法见 2.1.5 节“2. 导入代码包”。

扫一扫

视频讲解

2 页面配置

在 app.json 文件的 pages 属性中追加两个新路径地址“pages/detail/detail”和“pages/my/my”，然后按快捷键 Ctrl+S 保存修改后会在 pages 文件夹下自动生成 detail 和 my 目录及其内部的页面文件。计划 index 页面用于显示首页；my 页面用于显示个人中心，该页面和 index 页面均为 tab 页面，可在底部 tabBar 工具栏互相切换展示；detail 页面用于显示新闻内容详情。

更新后的 app.json 文件 pages 属性相关代码如下：

```
1. {
2.   "pages": [
3.     "pages/index/index",
4.     "pages/detail/detail",
5.     "pages/my/my"
6.   ],
7.   …
8. }
```

需要注意有多个页面时只有最后一个页面路径地址后面不加逗号，因此这里第 3、4 行页面的路径描述末尾要追加逗号。

扫一扫

视频讲解

3 图片素材

在根目录下新建 images 文件夹用于存放图片素材。

本项目将在 tabBar 栏中用到两组图标文件，图标素材如图 15-1 所示。

（a）index.png （b）index_red.png （c）my.png （d）my_red.png

图 15-1 图标素材展示

扫一扫

视频讲解

右击目录结构中的 images 文件夹，选择“在资源管理器中显示”，将图片复制、粘贴进去。

4 公共 JS 文件

在根目录下新建 utils 文件夹用于存放公共 JS 文件 common.js，该文件将用于存放服务器接口信息、公共常量、公共函数等内容。

在 common.js 文件中配置服务器接口地址信息，代码如下：

```
//====================
//1 服务器地址配置
// ====================
//1-1 服务器基础地址（请根据实际情况修改）
const baseUrl = 'http://localhost:8000/'

//1-2 【获取新闻列表】接口
const getNewsList = baseUrl + 'getNewsList'

```

```
10.//1-3 【根据新闻 id 获取新闻内容】接口
11.const getNewsById = baseUrl + 'getNewsById'
```

需要注意的是，第 5 行的服务器地址“localhost:8000”是 ThinkPHP 6.0 框架提供的测试地址，用 localhost 字样只能在 PC 端的微信开发者工具中进行测试学习；如果希望真机预览或调试，需要确保手机和 PC 端在同一个局域网内，并且使用命令提示符输入“ipconfig”指令查出本机 IPv4 地址替换“localhost”。假设查到本机地址为“192.168.0.107”，则 baseUrl 的取值改为“http://192.168.0.107:8000/”即可。

当前项目是以本机模拟服务器效果为例，开发者如果有条件搭建或租用真实服务器，可将此处替换成实际的 IP 地址或域名地址。

然后在 common.js 中继续添加自定义名称的常量 newstypeArr，用于记录 index 首页顶部菜单栏的 5 个新闻栏目编号 id 和名称 name。common.js 代码片段如下：

```
//2 公共常量——新闻类型汇总
const newstypeArr = [
  { id: 1, name: '最新快讯' },
  { id: 2, name: '学校要闻' },
  { id: 3, name: '科研学术' },
  { id: 4, name: '媒体报道' },
  { id: 5, name: '通知公告' }
];
```

接下来继续在 common.js 中添加自定义名称的公共函数 goToDetail 和 showToast，分别用于打开新闻正文页面和弹出消息提示框。common.js 代码片段如下：

```
//3 公共函数——跳转新闻正文页面
function goToDetail(id) {
  wx.navigateTo({
    url: '../detail/detail?id=' + id,
  })
}

//4 公共函数——弹出 Toast 消息提示框
function showToast(msg) {
  wx.showToast({
    title: msg,
    duration: 3000 //持续 3 秒
  })
}
```

最后需要在 common.js 中使用 module.exports 语句暴露变量与函数出口，代码片段如下：

```
//导出公共常量和函数
module.exports = {
  getNewsList: getNewsList,
  getNewsById: getNewsById,
  newstypeArr: newstypeArr,
  goToDetail: goToDetail,
  showToast: showToast
}
```

现在就完成了公共逻辑处理的部分。

然后需要在各页面 JS 文件顶端引用公共 JS 文件，引用代码如下：

```
var common = require('../../utils/common.js')
//引用公共 JS 文件
```

需要注意小程序在这里暂时还不支持绝对路径引用，只能使用相对路径。

此时小程序端的文件配置就已全部完成，如图 15-2 所示。

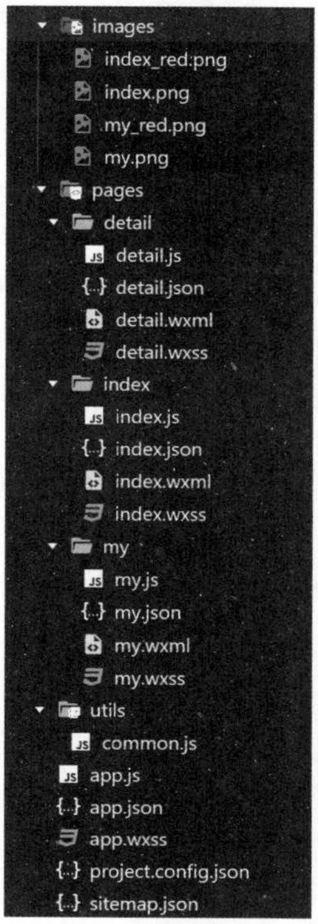

图 15-2　小程序目录结构

扫一扫

视频讲解

15.2.2 服务器端准备

1 服务器部署

本次案例使用PC端安装的第三方免费的phpStudy v8.1套件来模拟服务器效果，该套件的下载安装以及启动步骤见5.1.3节“临时服务器部署”。启动后的效果如图15-3所示。

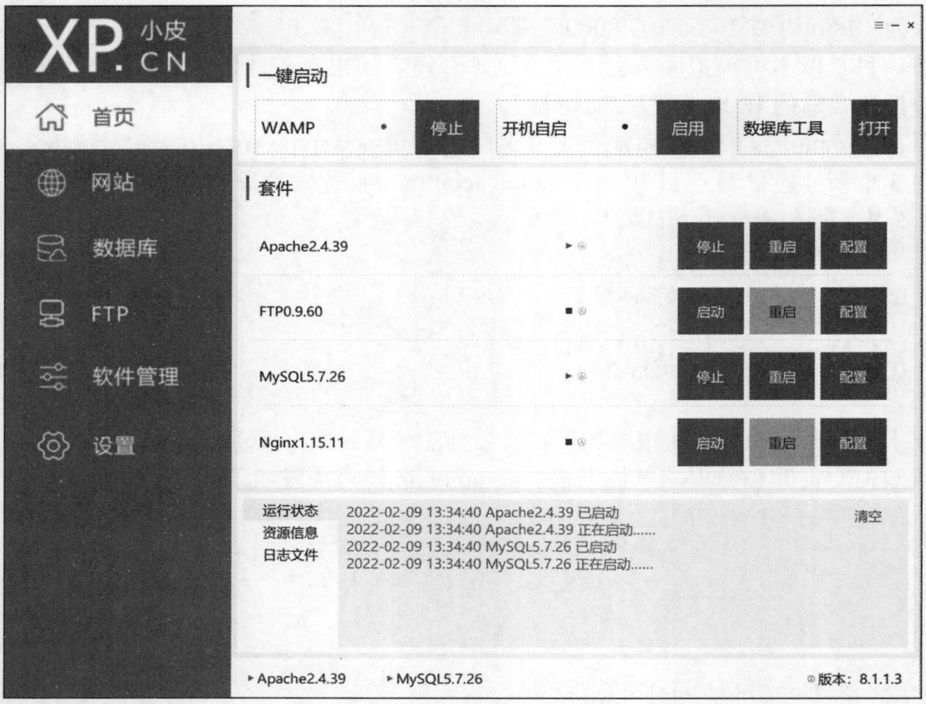

图15-3 phpStudy启动WAMP示例

扫一扫

视频讲解

2 数据库部署

MySQL数据库在phpStudy套件中已经一键安装和配置完毕了，这里可以使用第三方免费的Navicat for MySQL对MySQL数据库进行管理。

安装完成后进入操作界面，选择左上角的“连接”|MySQL，如图15-4所示。

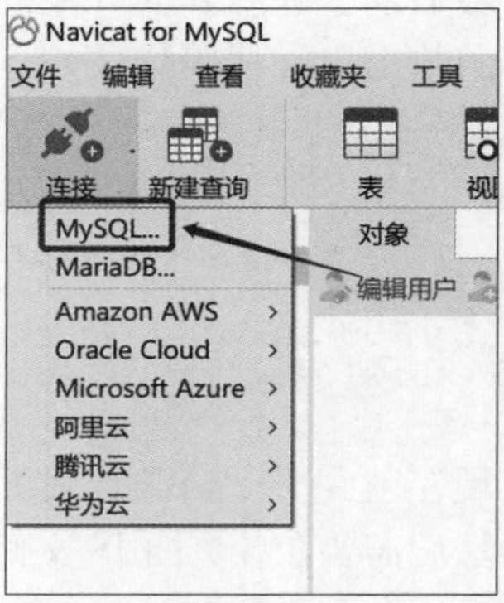

图15-4 Navicat for MySQL连接数据库步骤1

在弹出页面上输入如图15-5所示内容。

填写的内容解释如下。

- 连接名：开发者自定义，中英文均可，这里取名“本地测试”。
- 端口：一般默认是3306，如果开发者改过MySQL的端口号，则填自己修改后的。
- 用户名：首次安装后默认的MySQL用户名为root。
- 密码：首次安装后默认的MySQL密码为root。

填写完毕后单击左下角的“测试连接”按钮，如果提示“连接成功”就可以单击“确定”按钮完成对本地MySQL的连接了。

双击激活创建好的“本地测试”连接，就可以看到目前现有的系统自带的数据库了。不要去改动它们，而是右击“本地测试”，选择“新建数据库”选项，如图15-6所示。

图 15-5　Navicat for MySQL 连接数据库步骤 2

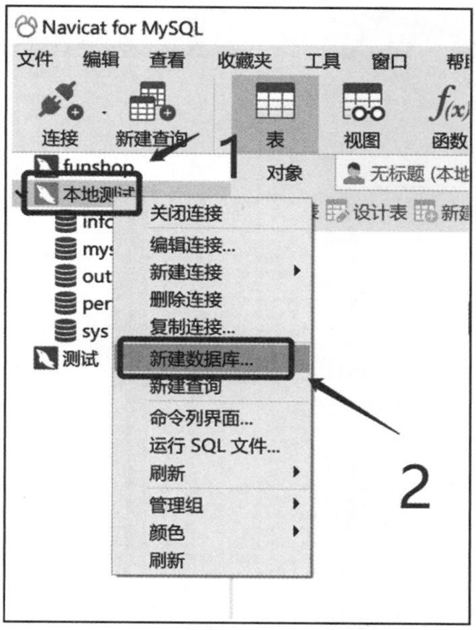

图 15-6　Navicat for MySQL 新建数据库步骤 1

新建时需要填写的内容如图 15-7 所示，其中，数据库名可以由开发者自定义，最好多个单词用下画线连接，且不要使用大写字母，例如“campus_news”。

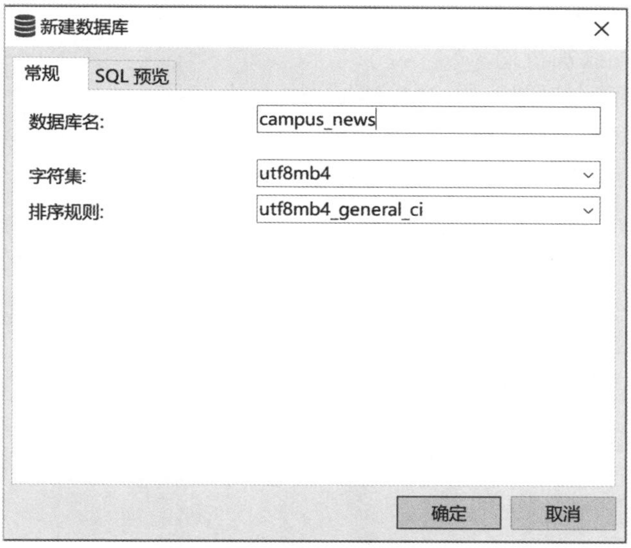

图 15-7　Navicat for MySQL 新建数据库步骤 2

填好以后单击底部的“确定”按钮即可完成数据库的创建。

然后需要准备新闻数据素材，可以先创建表后直接向数据表中录入，也可以事先写到 Excel 文件中再通过导入功能自动生成数据表。

Excel 表的参考内容如图 15-8 所示。

其中，第一行是字段名称，共 7 个，介绍如下。

- id：新闻编号，每篇新闻的编号不重复。
- news_type：新闻类型编号，例如 3 表示“科研学术”、5 表示“通知公告”等。
- news_title：新闻标题。

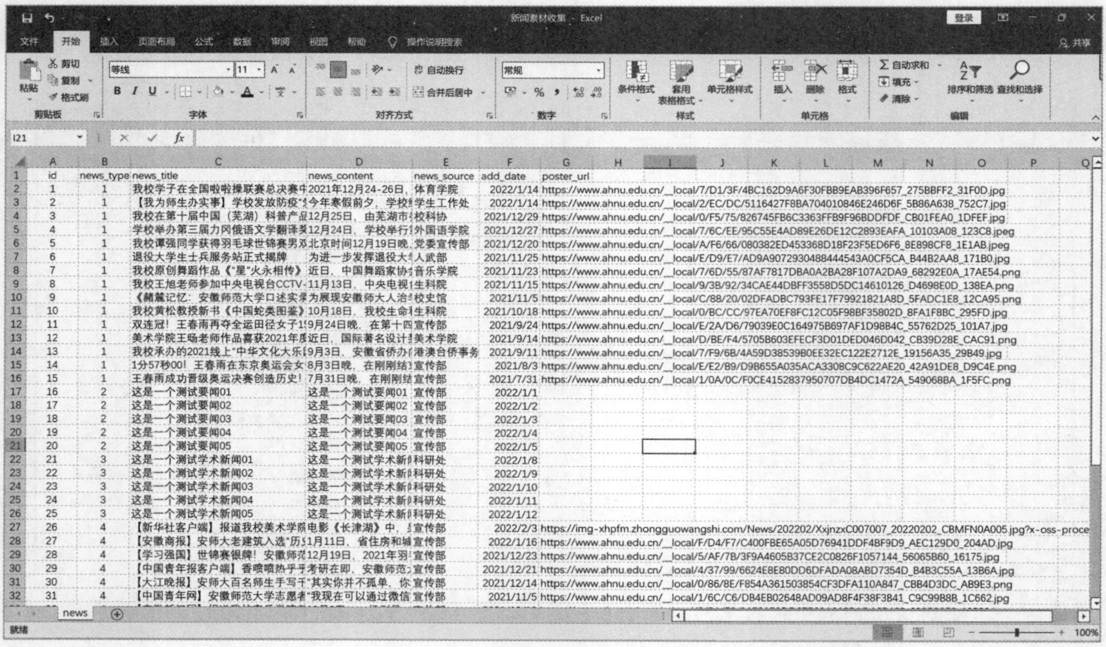

图 15-8　Excel 表格准备新闻数据

- news_content：新闻正文内容。
- news_source：新闻来源，例如供稿单位是“美术学院”。
- add_date：新闻添加日期。
- poster_url：新闻海报图片的 URL 地址，如果没有可以不填。

这里共采集了 50 条新闻数据，其中，news_type 为 1 和 5 的情况下各自有 15 篇带有图片的正式新闻，其他栏目仅录入了 5 篇不带图片的测试新闻，以便测试不同的页面效果。开发者也可以自行更改这些新闻数据。

双击激活新建的 campus_news 数据库，选择“导入向导”，如图 15-9 所示。

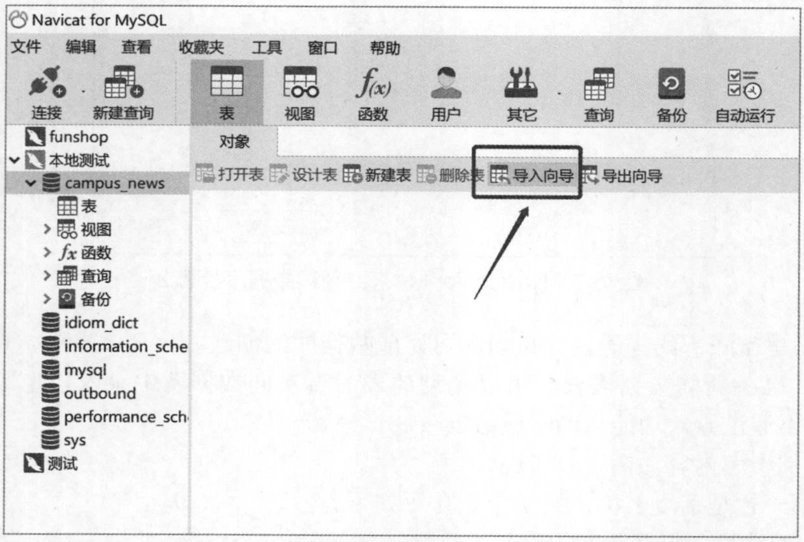

图 15-9　Navicat for MySQL 导入数据表步骤 1

将事先准备好的 Excel 表格“新闻素材收集.xlsx”导入进来，如图 15-10 所示。

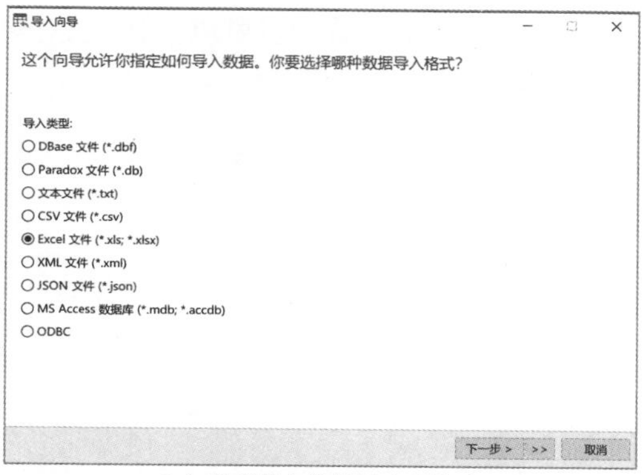

（a）选择导入数据的文件格式

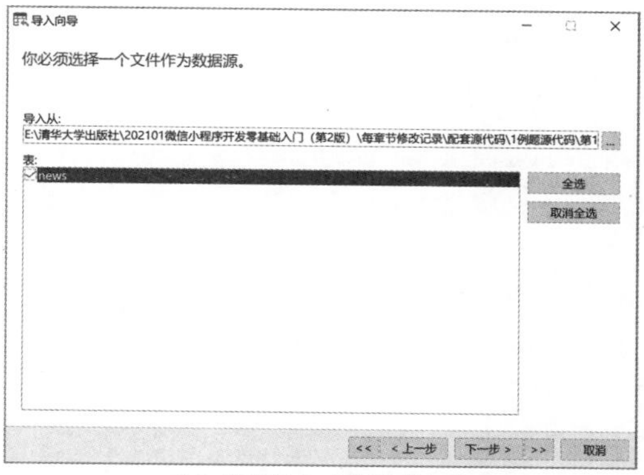

（b）选择导入文件和表名称

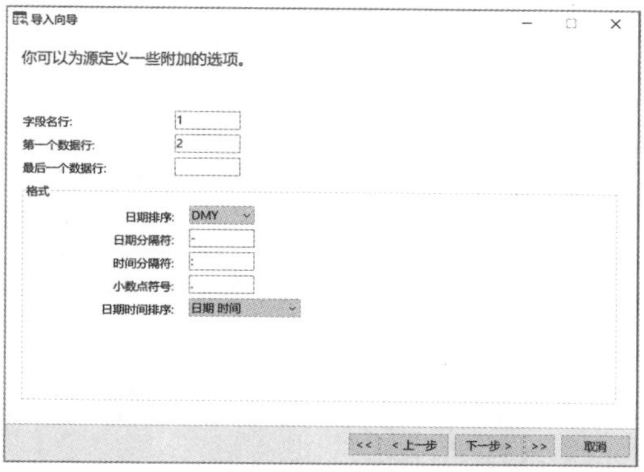

（c）附加选项配置

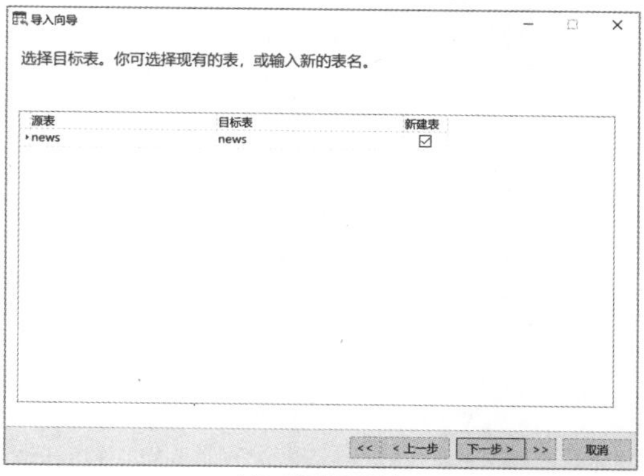

（d）新建目标表

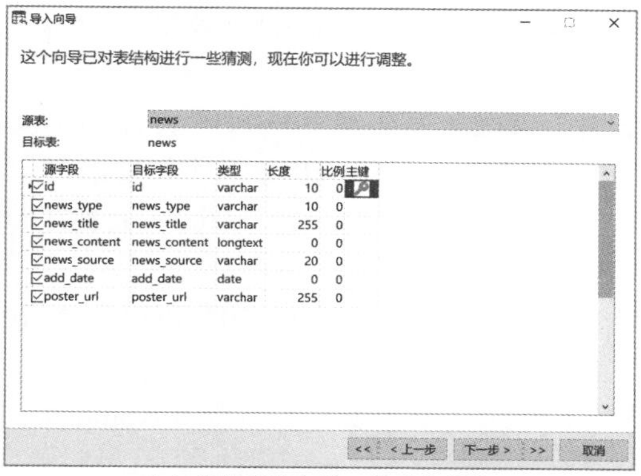

（e）调整字段名称、类型和长度

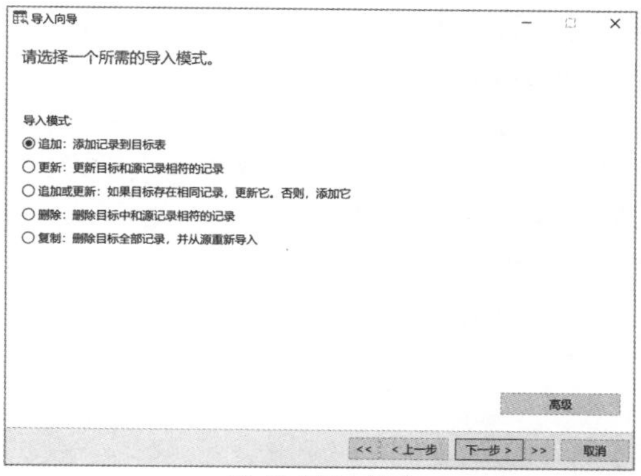

（f）选择导入模式

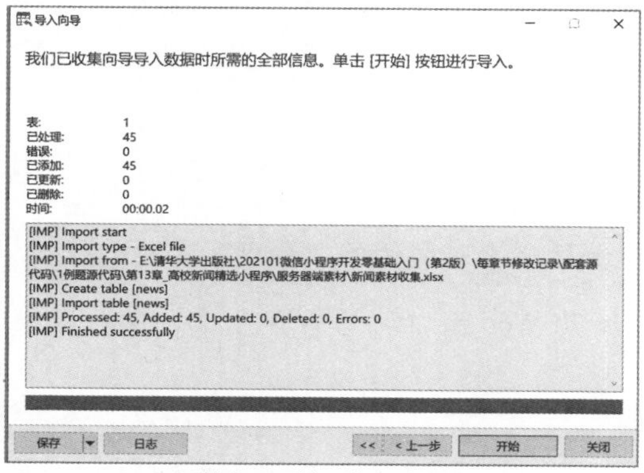

（g）单击“开始”按钮进行导入

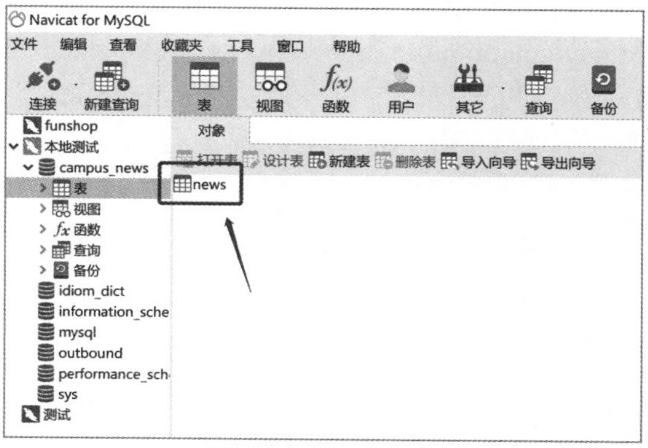

（h）创建 news 表成功

图 15-10　Navicat for MySQL 导入数据表步骤 2

此时双击 news 表就可以查看里面的全部数据内容了，开发者后期也可以直接在这里更改，如图 15-11 所示。

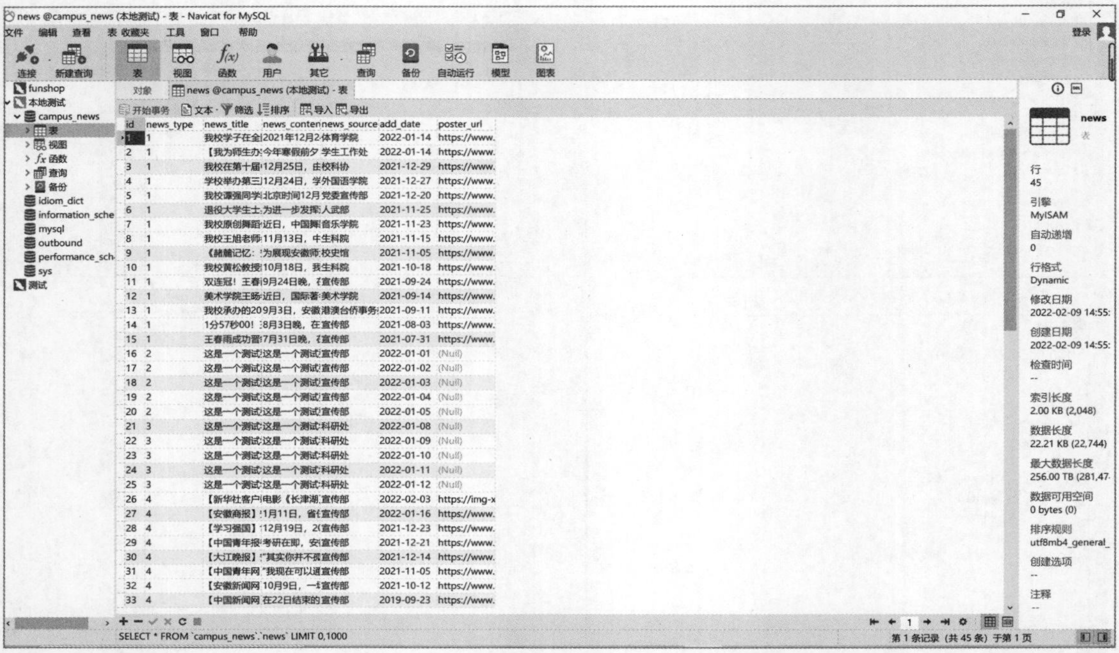

图 15-11　Navicat for MySQL 数据表查看

扫一扫

视频讲解

完成后 Navicat for MySQL 软件可以关闭，不会影响 phpStudy 开启的 MySQL 进程。

3 ThinkPHP 6.0 框架安装部署

在学习第 5 章网络 API 时，例题和阶段案例采用了自己从零开始手写 PHP 文件制作接口的方式，随着数据量增多、接口需求量增大、逻辑处理更加复杂等情况出现，不妨考虑用一款基于 PHP 的框架来帮助我们提高效率。这里选择了国产开源框架 ThinkPHP 6.0（简称 TP 6）来协助完成本次案例。

ThinkPHP 6.0 需要 PHP 7.1.0 及以上版本支持，请检查 phpStudy 套件中的 PHP 版本是否满足要求（默认版本是符合条件的）。

需要注意的是，ThinkPHP 从 6.0 版本开始已经不允许直接下载了，必须用 Composer 的方式来下载和更新。

Composer 是 PHP 的一种依赖管理工具，Windows 操作系统的开发者需要从官方地址 https://getcomposer.org/Composer-Setup.exe 下载 Composer 的安装文件进行安装；Mac OS X 或 Linux 可以运行以下命令来安装 Composer：

```
curl -sS https://getcomposer.org/installer | php
mv composer.phar /usr/local/bin/composer
```

注意： 不方便使用 Composer 的开发者也可以直接用本书配套的源码包。

安装完成后，使用命令提示符切换到 phpStudy 的 Web 根目录 WWW 下面，运行以下命令并按回车来下载 ThinkPHP 6.0 框架代码包：

```
composer create-project topthink/think tp
```

末尾的“tp”是自定义的代码包名称，开发者可以自行更改，例如本次案例就将其重命名为 myNews 代码包。

现在只需要最后一步来测试 ThinkPHP 6.0 是否安装成功了。

使用命令提示符切换到 phpStudy 的 Web 根目录 WWW 中的 TP 6 框架代码包 myNews 目录下，然后执行以下命令并按回车：

```
php think run
```

执行效果如图 15-12 所示。

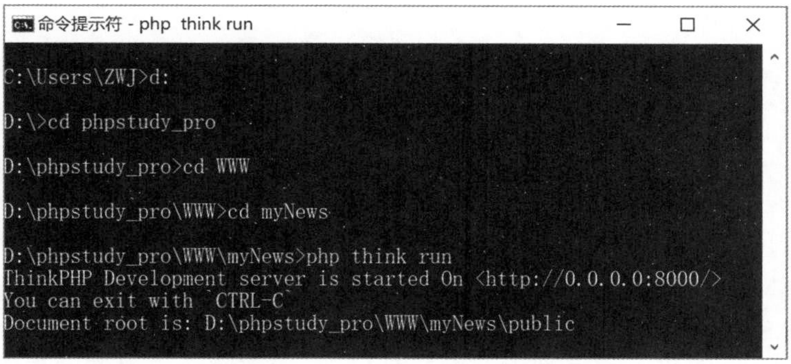

图 15-12 启动 ThinkPHP 6.0 框架包

然后在浏览器中访问“http://localhost:8000/”，如果可以看到欢迎页面就说明安装成功了。

执行效果如图 15-13 所示。

图 15-13 查看 ThinkPHP 6.0 欢迎页面

4 接口制作

PHP 的开发工具比较流行的有 PHPStorm、VSCode 等，但是当前内容比较简单，也可以直接用记事本、Sublime、Editplus 或 Notepad++等文本编辑器工具打开编写，这里由开发者自由选择。

首先进行数据库的对接，在 myNews 根目录中有一个叫作“.example.env”的文件，这是环境变量配置示例文件，可以直接重命名为“.env”来使用。

更名后请在.env 文件中配置数据库连接参数，代码如下：

```
APP_DEBUG = true

```

扫一扫 视频讲解

扫一扫 视频讲解

扫一扫 视频讲解

```
3. [APP]
4. DEFAULT_TIMEZONE = Asia/Shanghai
5.
6. [DATABASE]
7. TYPE = mysql
8. HOSTNAME = localhost
9. DATABASE = campus_news
10.USERNAME = root
11.PASSWORD = root
12.HOSTPORT = 3306
13.CHARSET = utf8
14.DEBUG = true
15.
16.[LANG]
17.default_lang = zh-cn
```

这里实际上只修改了第 8～11 行的内容，其他都是示例代码中自带的，解释如下。

- HOSTNAME：主机名，本机就用 localhost。
- DATABASE：数据库名称，这里用之前在 MySQL 中创建的 campus_news 数据库。
- USERNAME：数据库的用户名，默认是 root，开发者也可以新增其他用户。
- PASSWORD：数据库的密码，默认 root 用户的密码也是 root，开发者可以自行修改。

另外，第 12 行的 HOSTPORT 指的是端口号，MySQL 默认的端口号就是 3306，这里不变。

ThinkPHP 6.0 也是采用了 MVC 模式来高效处理逻辑，因此在根目录 myNews 下找到 app 目录，在里面新增 model 文件夹用于存放模型文件。

当前只有一个数据表，因此只需要新建一个模型文件即可，注意文件名称必须和数据表同名，但是首字母要大写。myNews/app/model/News.php 文件内容如下：

```
1. <?php
2. namespace app\model;
3.
4. use think\Model;
5.
6. class News extends Model
7. {
8.   protected $pk = 'id'; //声明主键
9. }
```

这样模型就完成了，注意第 6 行的 class 名称必须和文件名相同，也和数据表名称相同。

然后就可以开始去控制器中编写接口了，先找到 myNews/app/controller 目录，里面原本有一个控制器文件 Index.php，之前的欢迎页面就是用其中的 public function index()来实现的。

可以在 Index.php 同一目录下新建一个自定义名称的控制器供本次案例使用，例如 NewsController.php，并在其中继续追加两个新的函数 getNewsList 和 getNewsById，分别用于获取新闻列表和获取单篇新闻。myNews/app/controller/NewsController.php 文件内容修改如下：

```
<?php
namespace app\controller;

use app\BaseController;
use app\model\News;                  //引用 News 数据表模型
use think\facade\Request;            //引入 Request 功能模块

class NewsController extends Model
{
    //获取新闻列表
    public function getNewsList(){…待补充…}

    //获取单篇新闻
```

```
    public function getNewsById(){…待补充…}

}
```

其中，用于获取新闻列表数据的接口 getNewsList()内容补充如下：

```
1. //获取新闻列表
2. public function getNewsList() {
3.   //获取当前请求的参数
4.   $page = Request:: param('page');                //第几页
5.   $newstype = Request:: param('newstype');        //新闻类型编号
6.
7.   //分页获取新闻列表
8.   $news = News:: where('news_type', $newstype)
9.     -> page($page, 8)                             //每页 8 条新闻
10.    -> select()                                   //查询结果
11.    -> toArray();                                 //转换为数组格式
12.
13.  //查看新闻数据总数
14.  $total = News:: where('news_type', $newstype)
15.    -> count();                                   //统计结果
16.
17.  $res['newsList'] = $news;
18.  $res['total'] = $total;
19.
20.  //返回 JSON 格式数据给前端
21.  return json($res);
22.}
```

其中，第 4、5 行的 Request::param('参数名')表示获取来自前端请求中携带的参数名称，返回值为前端请求传递的参数值；第 8、14 行的 News::where('字段名',参数名)表示查找数据表 news 中 news_type 字段取值为变量$newstype 值的数据；第 9 行 page(x,y)表示查找其中的第 x 页，每页 y 条数据；第 15 行的 count()表示统计符合要求的数据总数；第 21 行的 json()表示把数据类型强制转为 JSON 格式给前端使用。

用于获取单篇新闻内容的接口 getNewsById()内容补充如下：

```
1. //获取单篇新闻
2. public function getNewsById() {
3.   //获取当前请求的 id 变量
4.   $id = Request:: param('id');
5.   //根据新闻 id 查询单篇新闻数据
6.   $news = News:: where('id', $id)
7.     -> find();
8.
9.   //返回 JSON 格式数据给前端
10.  return json($news);
11.}
```

其中，第 6 行的 News::where('字段名',参数名)表示查找数据表 news 中 id 字段取值为变量$id 值的数据；第 7 行的 find()表示只查找其中第一条符合要求的数据，此时不会返回数组，而是直接返回对象类型。

最后要如何访问这两个函数呢？找到 myNews/route/app.php 文件，这是用来配置接口路由地址的，例如里面自带的这句“Route::get('hello/:name', 'index/hello');”就是表示访问“http://localhost:8000/hello/参数名”就可以调用 Index 控制器里面的 hello 函数了。

模仿这个格式为新增的两个函数制作接口，myNews/route/app.php 代码如下：

```
use think\facade\Route;

Route::get('think', function () {
    return 'hello,ThinkPHP6!';
});
```

```
Route::get('hello/:name', 'index/hello');

//制作接口 getNewsList
Route::get('getNewsList', 'newsController/getNewsList');
//制作接口 getNewsById
Route::get('getNewsById', 'newsController/getNewsById');
```

此时接口就做好了，开发者可以先使用浏览器进行访问以检测数据是否获得。

例如可以在浏览器地址栏中访问“http://localhost:8000/getNewsById/id/2”来测试获取 id 为 2 的单篇新闻的效果，如图 15-14 所示。

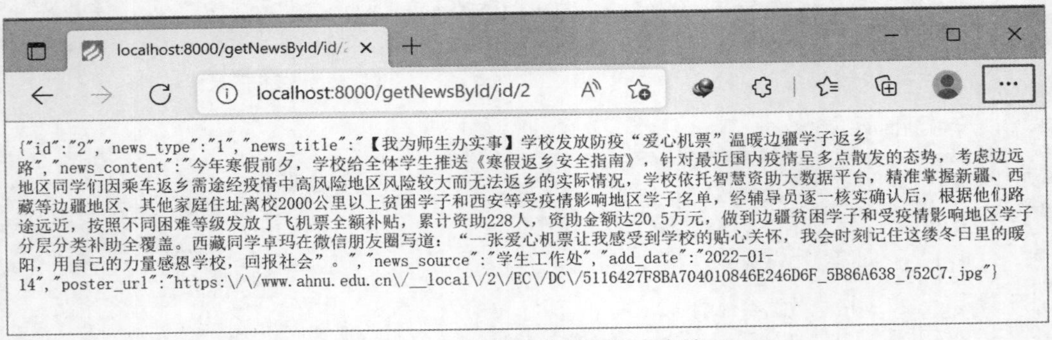

图 15-14　测试获取单篇新闻内容接口

也可以访问“http://localhost:8000/getNewsList/page/1/newstype/2”来测试获取新闻栏目类型编号为 2 的第 1 页新闻列表数据的效果，这里不再演示。

注意：当前仅用到了 ThinkPHP 6.0 的部分功能，如果开发者有兴趣进一步了解该技术框架的用法，可以阅读其官方文档：https://www.kancloud.cn/manual/thinkphp6_0/1037479。

15.3　视图设计

扫一扫

视频讲解

15.3.1　导航栏设计

用户可以通过在 app.json 中对 window 属性进行重新配置来自定义导航栏效果。更新后的 app.json 文件代码如下：

```
{
  "pages": […],
  "window": {
    "navigationBarBackgroundColor": "#E22829",
    "navigationBarTitleText": "高校新闻精选",
    "navigationBarTextStyle": "white"
  }
}
```

上述代码可以更改导航栏背景色为红色、字体为白色，程序运行效果如图 15-15 所示。

图 15-15　自定义导航栏效果

15.3.2　tabBar 设计

扫一扫

视频讲解

首先在 app.json 中追加 tarBar 的相关属性代码，更新后的 app.json 文件代码如下：

```
{
  "pages": […],
  "window": {…},
  "tabBar": {
    "color": "#707070",
    "selectedColor": "#328eeb",
    "list": [
      {
        "pagePath": "pages/index/index",
        "iconPath": "images/index.png",
        "selectedIconPath": "images/index_red.png",
        "text": "首页"
      },
      {
        "pagePath": "pages/my/my",
        "iconPath": "images/my.png",
        "selectedIconPath": "images/my_red.png",
        "text": "我的"
      }
    ]
  }
}
```

程序运行效果如图 15-16 所示，此时已经可以切换首页和个人中心页了。

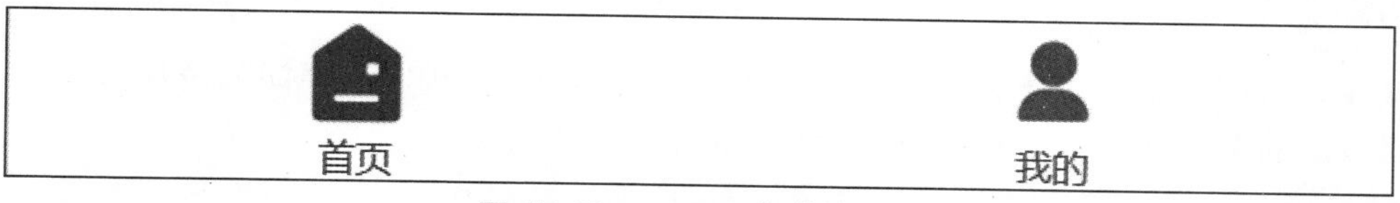

图 15-16　tabBar 完成效果图

15.3.3　页面设计

扫一扫

视频讲解

1 公共基础样式配置

将每个页面都可能用到的一些基础样式写到公共样式表 app.wxss 中，参考代码如下：

```
/* 1 公共基础样式 */
/* 1-1 水平布局 */
.flexH {
  display: flex;
  flex-direction: row;
}

/* 1-2 垂直布局 */
.flexV {
  display: flex;
  flex-direction: column;
}

/* 1-3 布局交叉方向居中 */
.alignCenter {
  align-items: center;
}
```

扫一扫

视频讲解

扫一扫

视频讲解

扫一扫

视频讲解

扫一扫

视频讲解

2 首页设计

首页主要包含三部分内容，即顶部固定位置的菜单导航栏、幻灯片滚动效果部分和新闻列表。首页设计图如图 15-17 所示。

计划使用的组件如下。

- 菜单导航栏：<view>容器，固定在顶层不随着页面上下滚动。
- 幻灯片滚动效果部分：<swiper>组件。
- 新闻列表：<view>容器，内部使用数组循环。

WXML（pages/index/index.wxml）代码如下：

```
<!-- 1 整体容器 -->
<view class="container">
  <!-- 2 顶部导航栏 -->
  <scroll-view class="navBar" scroll-x>
    这是顶部导航栏
  </scroll-view>

  <!-- 3 幻灯片滚动效果 -->
  <swiper indicator-dots autoplay interval="5000" duration="500">
    这是幻灯片区域
  </swiper>

  <!-- 4 新闻列表 -->
  <view id="news-list">
    这是新闻列表区域
  </view>
</view>
```

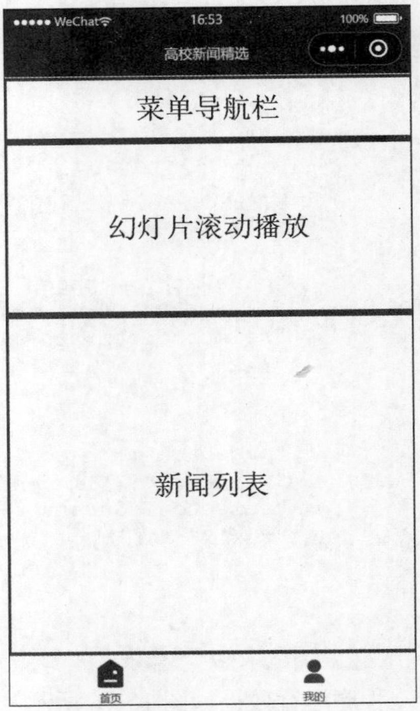

图 15-17　首页设计图

接着为组件添加 wx:for 属性循环显示菜单选项、幻灯片内容和新闻列表数据。

修改后的 WXML（pages/index/index.wxml）代码如下：

```
<!-- 1 整体容器 -->
<view class="container">
  <!-- 2 顶部导航栏 -->
  <scroll-view class="navBar" scroll-x>
    <!-- 2-1 单个菜单 -->
    <view class="navItem {{currentNewstypeId==item.id?'active':''}}"
    wx:for="{{newstypeArr}}" wx:key="index">{{item.name}}</view>
  </scroll-view>

  <!-- 3 幻灯片滚动效果 -->
  <swiper indicator-dots autoplay interval="5000" duration="500">
    <!-- 3-1 单个幻灯片 -->
    <swiper-item wx:for="{{swiperImg}}" wx:key="id">
     <!-- 3-1-1 新闻图片 -->
     <image src="{{item.poster_url}}" />
   </swiper-item>
  </swiper>

  <!-- 4 新闻列表 -->
  <view id="news-list">
   <!-- 4-1 单篇新闻 -->
   <view class="list-item flexH alignCenter" wx:for="{{newsList}}"
   wx:key="id">
     <!-- 4-1-1 新闻文字区域 -->
     <view class="news-text flexV">
       <!-- 4-1-1（1）主标题 -->
       <text class="title">◇{{item.news_title}}</text>
       <!-- 4-1-1（2）副标题 -->
```

```
27.        <text class="sub-title" space="emsp">{{item.news_source}} {{item.add_date}}
           </text>
28.      </view>
29.      <!-- 4-1-2 新闻图片（可选） -->
30.      <image hidden="{{!item.poster_url}}" src="{{item.poster_url}}"></image>
31.    </view>
32.   </view>
33. </view>
```

其中，第 21 行的样式 flexH 和 alignCenter 来自公共样式表 app.wxss，分别表示水平方向布局和垂直方向居中。

相关 WXSS（pages/index/index.wxss）代码片段如下：

```
1.  /* 1 整体容器 */
2.  .container{
3.    margin-top: 82rpx;                 /* 外边距顶部 */
4.  }
5.
6.  /* 2 顶部导航栏 */
7.  .navBar {
8.    width: 100%;                       /* 宽度 */
9.    white-space: nowrap;               /* 不允许换行 */
10.   background-color: white;           /* 背景颜色 */
11.   z-index: 99;                       /* 数字越大则该组件越在上层 */
12.   /* 固定在屏幕顶端不移动 */
13.   position: fixed;
14.   top: 0;
15.   left: 0;
16. }
17. /* 2-1 单个菜单 */
18. .navItem {
19.   display: inline-block;             /* 块级元素同一行显示 */
20.   width: 25%;                        /* 宽度占屏幕总宽度 25% */
21.   margin-bottom: 7rpx;               /* 外边距底部 7rpx */
22.   padding: 15rpx 0;                  /* 内边距上下 15rpx，左右 0 */
23.   text-align: center;               /* 文字水平方向居中 */
24. }
25. /* 2-2 单个菜单被选中状态 */
26. .navItem.active{
27.   border-bottom: 7rpx solid #E22829; /* 下画线 */
28.   font-weight: bold;                 /* 文字加粗 */
29. }
30.
31. /* 3 幻灯片滚动组件 */
32. swiper{
33.   height: 400rpx;                    /* 高度 */
34. }
35. /* 3-1 swiper 中的图片 */
36. swiper image{
37.   width: 100%;                       /* 宽度 */
38.   height: 100%;                      /* 高度 */
39. }
40.
41. /* 4 底线提示 */
42. .loadMore{
43.   margin-top: 20rpx;                 /* 外边距顶部 */
44.   text-align: center;               /* 文字水平方向居中 */
45.   color: gray;                       /* 文字颜色 */
46.   font-size: 28rpx;                  /* 字体大小 */
47. }
```

因为个人中心页收藏夹区域也需要复用新闻列表样式，因此将其放在公共样式表中。

app.wxss 代码片段继续追加以下内容：

```
/* 2 新闻区域样式 */
/* 2-1 新闻列表容器 */
#news-list {
  min-height: 600rpx;
  padding: 15rpx;
}

/* 2-2 单篇新闻 */
.list-item {
  justify-content: end;
  border-bottom: 1rpx solid gray;
}

/* 2-2-1 新闻文字区域*/
.list-item .news-text {
  width: 100%;
}

/*2-2-1（1） 新闻主标题 */
.list-item .news-text>.title {
  font-size: 30rpx;                    /* 字体大小 */
  line-height: 60rpx;                  /* 行高 */
  height: 120rpx;                      /* 高度 */
  overflow: hidden;                    /* 超出部分隐藏不显示 */
  text-overflow: ellipsis;             /* 文字超出部分显示为省略号 */
  /* 文字允许换行，但是最多只能 2 行 */
  display: -webkit-box;
  -webkit-line-clamp: 2;
  -webkit-box-orient: vertical;
}
/*2-2-1（2） 新闻副标题 */
.list-item .news-text>.sub-title {
  line-height: 60rpx;
  font-size: 25rpx;
  color: gray;
}

/* 2-3 新闻图片 */
.list-item image {
  width: 300rpx;
  height: 150rpx;
  margin: 7rpx;
}
```

为了进行布局和样式效果的预览，还需要在 JS 文件的 data 中临时录入几个测试数据。相关 JS（pages/index/index.js）代码片段如下：

```
var common = require('../../utils/common.js')

Page({
  /**
   * 页面的初始数据
   */
  data: {
    //菜单栏目数组
    newstypeArr: common.newstypeArr,
   //当前的新闻栏目类型编号
    currentNewstypeId: 1,
    //新闻列表
    newsList: [{
      id:1,
      news_type:1,
```

```
      news_title:'这是一条测试新闻这是一条测试新闻这是一条测试新闻这是一条测试新闻',
      poster_url: 'https://www.ahnu.edu.cn/__local/7/D1/3F/4BC162D9A6F30FB
      B9EAB396F657_275BBFF2_31F0D.jpg',
      add_date:'2022-02-02',
      news_source:'未知'
    }],
    //幻灯片素材
    swiperImg: [
      {id:1, poster_url: 'https://www.ahnu.edu.cn/__local/7/D1/3F/4BC162D9A6F30FB
      B9EAB396F657_275BBFF2_31F0D.jpg'},
      {id:2, poster_url: 'https://www.ahnu.edu.cn/__local/2/EC/DC/511642
      7F8BA704010846E246D6F_5B86A638_752C7.jpg'},
      {id:3, poster_url: 'https://www.ahnu.edu.cn/__local/0/F5/75/826745FB
      6C3363FFB9F96BDDFDF_CB01FEA0_1DFEF.jpg'},
    ]
  },
  …
})
```

当前效果如图 15-18 所示。

由图 15-18 可见，此时可以显示幻灯片播放和一条临时新闻。由于尚未获得新闻数据，所以暂时无法显示完整新闻列表，仅供样式参考。

扫一扫

视频讲解

3 新闻详情页设计

新闻页是用来给用户浏览新闻全文的，需要用户点击首页的新闻列表，然后在新窗口中打开该页面。新闻页包括新闻标题、新闻来源、日期、新闻图片（可选）、新闻正文。新闻页设计如图 15-19 所示。

图 15-18　首页效果图

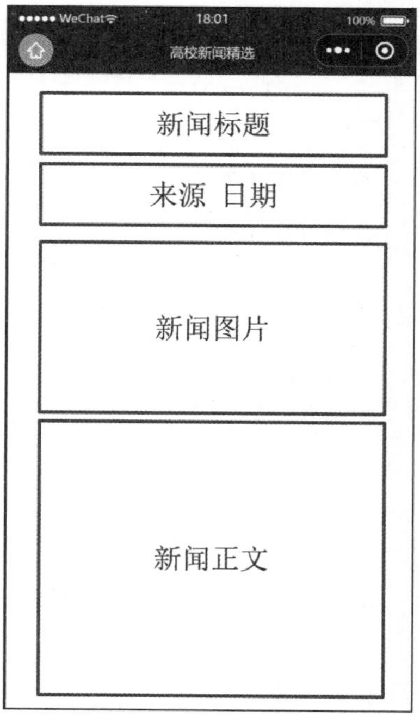

图 15-19　新闻页设计图

由于暂时没有做点击跳转的逻辑设计，所以可以临时追加编译模式优先查看新闻详情页的页面内容。

计划使用<view>组件进行整体布局，自定义 class 名称如下。

- container：整体容器。

- title：新闻标题区域。
- sub-title：新闻副标题区域。
- poster：新闻图片区域。
- content：新闻正文区域。

WXML（pages/detail/detail.wxml）代码如下：

```
<!-- 1 整体容器 -->
<view class="container">
  <!--2 新闻主标题  -->
  <view class="title">{{article.news_title}}</view>
  <!-- 3 新闻副标题 -->
  <view class="sub-title">{{article.news_source}} {{article.add_date}}</view>
  <!-- 4 新闻图片（可选） -->
  <view class="poster" hidden="{{!article.poster_url}}">
    <image src="{{article.poster_url}}" mode="widthFix"></image>
  </view>
  <!-- 5 新闻正文内容 -->
  <view class="content">
    {{article.news_content}}
  </view>
</view>
```

WXSS（pages/detail/detail.wxss）代码如下：

```
/* 1 整体容器 */
.container{
  padding: 15rpx;
  text-align: center;
}
/* 2 新闻标题 */
.title{
  font-size: 45rpx;
  font-weight: bold;
  line-height:70rpx;
  text-align: left;
  padding: 7rpx;
}
/* 3 新闻副标题 */
.sub-title{
  font-size: 12pt;
  text-align: left;
  line-height: 50rpx;
  color: gray;
  padding: 7rpx;
}
/* 4 新闻图片 */
.poster image{
  width: 100%;
}
/* 5 新闻正文 */
.content{
  text-align: left;
  font-size: 12pt;
  line-height: 60rpx;
}
```

为了进行布局和样式效果的预览，还需要在JS文件的data中临时录入一条测试数据。

JS（pages/detail/detail.js）代码片段如下：

```
Page({
    data: {
      article:{
    id:1,
```

```
        news_type:1,
        news_title:'这是一条测试新闻这是一条测试新闻这是一条测试新闻这是一条测试新闻',
        poster_url:'https://www.ahnu.edu.cn/__local/7/D1/3F/4BC162D9A6F30FB
        B9EAB396F657_275BBFF2_31F0D.jpg',
        add_date:'2022-02-02',
        news_source:'未知',
        news_content:'这是一个测试新闻的正文内容这是一个测试新闻的正文内容这是一个测试
   新闻的正文内容这是一个测试新闻的正文内容。'
      }
    }
})
```

当前效果如图 15-20 所示。

由图 15-20 可见，此时可以显示完整样式效果。由于尚未获得新闻数据，所以暂时无法根据用户点击的新闻标题入口显示对应的新闻内容，仅供样式参考。

扫一扫

视频讲解

4 个人中心页设计

个人中心页主要包含两个版块，即登录面板和我的收藏。“登录面板”用于显示用户的微信头像和昵称；“我的收藏”用于显示收藏在本地的新闻列表。页面设计如图 15-21 所示。

图 15-20　新闻页效果图

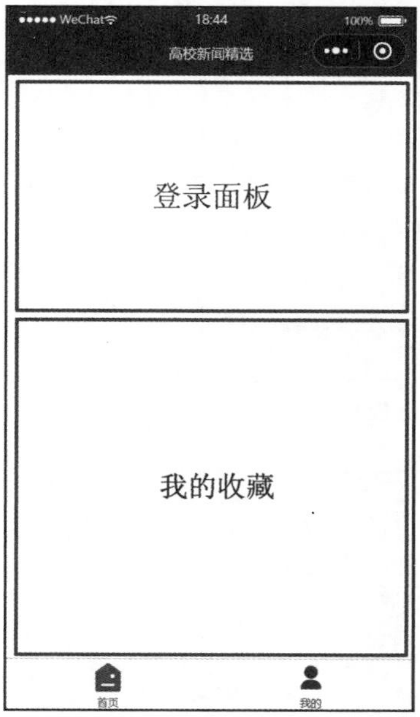

图 15-21　个人中心页设计图

计划使用<view>组件进行整体布局，自定义 id 名称如下。

- myLogin：登录面板。
- myIcon：微信头像图片。
- nickName：微信昵称。
- myFavorites：我的收藏。

WXML（pages/my/my.wxml）代码如下：

```
<!--1 登录面板-->
<view id='myLogin'> </view>
<!--2 我的收藏-->
<view id='myFavorites'> </view>
```

为这两个区域添加内容，修改后的 WXML（pages/my/my.wxml）代码如下：

```
1. <!-- 1 登录面板 -->
2. <view id="myLogin" class="flexV alignCenter">
3.   <!-- 1-1 已登录 -->
4.   <block>
5.     <image id="myIcon" src="{{src}}"></image>
6.     <text id="nickName">{{nickName}}</text>
7.   </block>
8. </view>
9.
10.<!-- 2 我的收藏 -->
11.<view id="myFavorites">
12.  <!-- 2-1 小标题 -->
13.  <text>我的收藏({{newsList.length}})</text>
14.  <!-- 2-2 收藏列表 -->
15.  <view class="list-item flexH alignCenter" wx:for="{{newsList}}" wx:key="id">
16.    <!-- 2-2-1 新闻文字区域 -->
17.    <view class="news-text flexV">
18.      <!-- 2-2-1 (1) 主标题 -->
19.      <text class="title">◇{{item.news_title}}</text>
20.      <!-- 2-2-1 (2) 副标题 -->
21.      <text class="sub-title" space="emsp">{{item.news_source}} {{item.add_date}}
         </text>
22.    </view>
23.    <!-- 2-2-2 新闻图片 (可选) -->
24.    <image hidden="{{!item.poster_url}}" src="{{item.poster_url}}"></image>
25.  </view>
26.</view>
```

其中，第 14～25 行的代码片段来自首页 index.wxml 的新闻列表，直接复制、粘贴过来改一下注释即可使用。

WXSS（pages/my/my.wxss）代码如下：

```
/* 1 登录面板 */
#myLogin{
  background-color: white; /* 背景颜色 */
  height: 400rpx; /* 高度 */
  justify-content: space-evenly; /* 垂直方向平均分布 */
  border-bottom: 14rpx solid #c7c7c7; /* 下画线 */
}

/* 1-1 微信头像 */
#myIcon{
  width: 200rpx; /* 宽度 */
  height: 200rpx; /* 高度 */
  border-radius: 50%; /* 圆角边框 */
}

/* 2 我的收藏 */
#myFavorites{
  padding: 20rpx; /* 内边距 */
}
```

由于收藏夹中的新闻列表样式与首页完全相同，这里就可以直接应用公共样式表 app.wxss 中的内容。

为了进行布局和样式效果的预览，还需要在 JS 文件的 data 中临时录入测试数据。

JS（pages/my/my.js）代码片段如下：

```
Page({
  /**
   * 页面的初始数据
   */
  data: {
    //临时微信用户昵称和头像
```

```
    nickName: '未登录',
    src: '/images/my.png',
    //临时收藏夹新闻数据
    newsList: [{
      id:1,
      news_type:1,
      news_title:'这是一条测试新闻这是一条测试新闻这是一条测试新闻这是一条测试新闻',
      poster_url:'https://www.ahnu.edu.cn/__local/7/D1/3F/4BC162D9A6F30FBB9EAB396F657_275BBFF2_31F0D.jpg',
      add_date:'2022-02-02',
      news_source:'未知'
    }]
  },
  …
})
```

程序运行效果如图 15-22 所示。

由图 15-22 可见，此时可以显示完整样式效果。由于尚未获得微信用户数据和收藏在本地的缓存数据，所以暂时无法显示实际内容，仅供样式参考。

此时页面布局与样式设计已经完成，15.4 节将介绍如何进行逻辑处理。

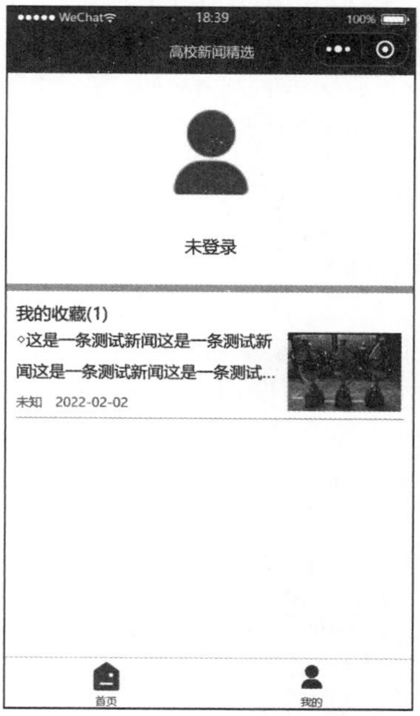

图 15-22　个人中心页效果图

15.4　逻辑实现

15.4.1　首页逻辑

首页主要有四个功能需要实现：一是新闻列表展示；二是上拉加载更多新闻；三是点击顶部导航栏切换新闻列表；四是点击跳转新闻详情页。

扫一扫

视频讲解

1 新闻列表展示

首先在首页新闻列表底部添加一个“加载更多”文字提示，等待后续使用。修改后的 index.wxml 代码片段如下：

```
<!-- 1 整体容器 -->
<view class="container">
  <!-- 2 顶部导航栏（…内容略…） -->
  <!-- 3 幻灯片滚动效果（…内容略…） -->
  <!-- 4 新闻列表 -->
  <view id="news-list">
    <!-- 4-1 单篇新闻（…内容略…） -->
    <!-- 4-2 底部提示文字 -->
    <view class="loadMore">{{loadMoreText}}</view>
  </view>
</view>
```

然后在 JS 文件的 data 中添加加载状态和文字描述，顺便去掉之前的新闻模拟数据。

index.js 代码片段如下：

```
Page({
  /**
   * 页面的初始数据
   */
  data: {
    //菜单栏目数组
```

```
7.     newstypeArr: common.newstypeArr,
8.     //当前的新闻栏目类型编号
9.     currentNewstypeId: 1,
10.    //是否正在加载新闻
11.    loading: false,
12.    //新闻列表底部加载文字提示
13.    loadMoreText: '加载更多',
14.    //新闻列表
15.    newsList: [ ],
16.    //幻灯片素材
17.    swiperImg: [ ]
18.  },
19.})
```

其中，第 15、17 行是去掉了之前的模拟数据，留下空白数组等待更新。

在 JS 文件顶端定义公共变量 isEnd 和 currentPage，分别用于表示新闻是否全部加载和当前处于第几页。index.js 代码片段如下：

```
//index.js
var common = require('../../utils/common.js')

//当前新闻是否到底了
var isEnd = false
//当前新闻列表是第几页
var currentPage = 1

Page({
  …
})
```

创建自定义函数 getNewsListByPage 用于向服务器发送请求，获取新闻总数和指定页数上的新闻列表，并使用 setData 函数渲染到页面上。

index.js 代码片段如下：

```
…
Page({
  …,
  /**
   * 自定义函数——获取指定页面的新闻数据
   */
  getNewsListByPage: function (page) {
    //向服务器发请求
    wx.request({
      url: common.getNewsList,
      data: {
        page: page,
        newstype:this.data.currentNewstypeId
      },
      //成功回调函数
      success: res => {
        console.log(res.data.newsList)
        //获取新闻总数
        let total = res.data.total
        //追加更多新闻
        let list = this.data.newsList.concat(res.data.newsList)
        //更新新闻数据和新闻总数
        this.setData({
          total: total,
          newsList: list
        })
        //如果已经显示全部新闻
        if (list.length == total) {
          isEnd = true
          this.setData({
```

```
              loadMoreText: '————已经到底线没有更多啦————'
            })
          }
          else {
            //翻下一页
            currentPage++
          }
        }
      })
    },
    …
})
```

在 onLoad 函数中调用 getNewsListByPage 获取第一页新闻数据。

相关 JS（pages/index/index.js）代码片段如下：

```
Page({
  /**
   * 生命周期函数——监听页面加载
   */
  onLoad: function(options) {
    this.getNewsListByPage(1) //获取第一页新闻数据
  },
})
```

修改幻灯片滚动区域的循环数组，将其更新为新闻列表中的前三条记录。

相关 WXML（pages/index/index.wxml）代码片段修改如下：

```
  <!-- 3 幻灯片滚动效果 -->
  <swiper indicator-dots autoplay interval="5000" duration="500">
    <!-- 3-1 单个幻灯片 -->
    <swiper-item wx:for="{{[newsList[0],newsList[1],newsList[2]]}}" wx:key="id">
      <!-- 3-1-1 新闻图片 -->
      <image src="{{item.poster_url}}" />
    </swiper-item>
  </swiper>
```

此时页面效果如图 15-23 所示。

（a）页面初始效果　　　　（b）页面底部效果

图 15-23　首页新闻列表展示

扫一扫

视频讲解

服务器端的接口设定的是每页获取 8 条数据，所以这里会显示前 8 条新闻内容。下面介绍如何向上拉新闻列表导致页面触底自动加载更多内容。

2 加载更多新闻

在 index.json 中追加 onReachBottomDistance 属性，表示距离底部 100px 时就引起页面上拉触底事件。

index.json 文件修改如下：

```
{
  "usingComponents": {},
  "onReachBottomDistance": 100
}
```

这样一旦上拉的内容高度超过了指定的距离，就会触发 index.js 中自带的 onReachBottom()函数了。找到该函数，在里面追加代码来获取更多新闻数据。

index.js 的 onReachBottom()函数修改如下：

```
…
Page({
  …,
  /**
   * 页面上拉触底事件的处理函数
   */
    onReachBottom: function () {
    //如果新闻尚未全部加载完毕，并且不在加载状态中
    if (!isEnd && !this.data.loading) {
      //标记正在加载中
      this.setData({
        loading: true,
        loadMoreText:'加载中...'
      })
      //加载时长
      setTimeout(() => {
        //加载当前页面的新闻数据
        this.getNewsListByPage(currentPage)
        //停止加载提示
        this.setData({
          loading: false,
          loadMoreText:' '
        })
      }, 1000)
    }
  }
})
```

扫一扫

视频讲解

此时页面效果如图 15-24 所示。

3 点击导航栏切换新闻列表

当前只能显示新闻栏目类型编号为 1 的新闻列表，这里实现点击顶部的菜单导航栏切换不同栏目的新闻数据。

修改 index.wxml 中顶部菜单导航栏的相关代码，为其追加点击事件并携带新闻栏目类型编号参数。index.wxml 代码片段修改如下：

```
<!-- 1 整体容器 -->
<view class="container">
  <!-- 2 顶部导航栏 -->
  <scroll-view class="navBar" scroll-x>
    <!-- 2-1 单个菜单 -->
    <view class="navItem {{currentNewstypeId==item.id?'active':''}}" wx:for="{{newstypeArr}}" wx:key="index" bindtap="switchNewstype" data-id="{{item.id}}">{{item.name}}</view>
  </scroll-view>
  …
</view>
```

（a）页面初始效果　　（b）上拉触底时底部提示　　（c）全部加载完毕底部提示

图 15-24　首页新闻列表加载效果展示

在 index.js 文件中添加自定义函数 switchNewstype()，代码如下：

```
…
Page({
  …
  /**
   * 自定义函数——切换菜单栏目
   */
  switchNewstype: function (e) {
    //获取新闻类型 id
    let newstypeId = e.currentTarget.dataset.id

    //更新页面数据
    this.setData({
      //更新选中的新闻类型 id
      currentNewstypeId: newstypeId,
      //清空新闻列表
      newsList: [ ],
      //清空提示语句
      loadMoreText:' '
    })

    //更新数据
    currentPage = 1
    isEnd = false

    //获取第一页新闻
    this.getNewsListByPage(1)
  },
  …
})
```

由于有些新闻栏目是没有图片的，为了画面多样化效果，这里不妨规定只给第一个新闻栏目“最新快讯”显示幻灯片播放特效。修改 index.wxml 代码，如果当前的新闻栏目类型编号不是 1，则暂时隐藏幻灯片区域。

index.wxml 的代码修改如下：

```
<!-- 1 整体容器 -->
```

```
<view class="container">
  …
  <!-- 3 幻灯片滚动效果 -->
  <swiper hidden="{{currentNewstypeId!=1}}" indicator-dots autoplay interval=
  "5000" duration="500">
    <!-- 3-1 单个幻灯片 -->
    <swiper-item wx:for="{{[newsList[0],newsList[1],newsList[2]]}}" wx:key="index">
      <!-- 3-1-1 新闻图片 -->
      <image src="{{item.poster_url}}" class="slide-image" />
    </swiper-item>
  </swiper>
  …
</view>
```

此时页面效果如图 15-25 所示。

(a) 页面初始效果　　(b)“科研学术”页面　　(c)“媒体报道”页面

图 15-25　首页切换菜单栏功能实现

扫一扫

视频讲解

4 点击跳转新闻详情页

若希望用户点击新闻标题即可实现跳转，需要先为新闻列表项目添加点击事件。index.wxml 代码片段修改如下：

```
1.  <!-- 1 整体容器 -->
2.  <view class="container">
3.    <!-- 2 顶部导航栏（…内容略…） -->
4.    <!-- 3 幻灯片滚动效果（…内容略…） -->
5.
6.    <!-- 4 新闻列表 -->
7.    <view id="news-list">
8.      <!-- 4-1 单篇新闻 -->
9.      <view class="list-item flexH alignCenter" wx:for="{{newsList}}" wx:key=
        "id" data-id="{{item.id}}" bindtap="goToDetail">
10.           (…内容略…)
11.     </view>
12.     <!-- 4-2 底部提示文字（…内容略…） -->
13.   </view>
14. </view>
```

具体修改为第 9 行加粗字体部分，添加自定义函数 goToDetail()，并且使用 data-id 属性携带了新闻 id 编号。

然后在对应的 index.js 文件中添加 goToDetail()函数的内容，代码片段如下：

```
Page({
  /**
   * 自定义函数——跳转新页面浏览新闻内容
   */
  goToDetail: function(e) {
    //获取新闻 id
    let id = e.currentTarget.dataset.id
    //跳转新页面
    common.goToDetail(id)
  },
  …
})
```

此时已经可以点击跳转到 detail 页面，并且成功携带了新闻 id 数据，但是仍需在 detail 页面进行携带数据的接收处理方可显示正确的新闻内容。

15.4.2 新闻详情页逻辑

扫一扫

视频讲解

新闻页主要有两个功能需要实现，一是显示对应新闻，二是添加/取消新闻收藏。

1 显示对应新闻

在首页逻辑中已经实现了页面跳转并携带了新闻 id 编号，现在需要在新闻页接收 id 编号，并查询对应的新闻内容。

新增自定义函数 getNewsById()用于获取新闻内容，detail.js 代码片段如下：

```
//pages/detail/detail.js
var common = require('../../utils/common.js')

Page({
  …,
  /**
   * 自定义函数——根据新闻编号 id 获取新闻内容
   */
  getNewsById: function (id) {
    //向服务器发请求获取新闻内容
    wx.request({
      url: common.getNewsById,
      data: {
        id: id
      },
      //成功回调函数
      success: res => {
        //更新数据到页面上
        this.setData({
          article: res.data
        })
      }
    })
  },
  …
})
```

去掉之前在 detail.js 的 data 属性中的临时数据，并在 onLoad()函数中根据首页传来的参数 id 获取新闻内容。

detail.js 文件修改如下：

```
//pages/detail/detail.js
var common = require('../../utils/common.js')

Page({
```

```

  /**
   * 页面的初始数据
   */
  data: {
    article: { }
  },
  /**
   * 生命周期函数——监听页面加载
   */
  onLoad: function (options) {
    //获取页面跳转来时携带的新闻 id
    let id = options.id
    //向服务器请求获取新闻内容
    this.getNewsById(id)
  },
  …
})
```

此时重新从首页点击新闻跳转就可以发现已经能够正确显示标题对应的新闻内容了。程序运行效果如图 15-26 所示。

（a）首页新闻列表　　（b）浏览新闻详情

图 15-26　在首页列表中浏览新闻效果

扫一扫

视频讲解

2 添加/取消新闻收藏

修改 detail.wxml 代码，追加两个<button>组件作为添加/取消新闻收藏的按钮，并使用 wx:if 和 wx:else 属性使其每次只存在一个。

detail.wxml 代码片段添加如下：

```
<!-- 1 整体容器 -->
<view class="container">
  …（2、3、4、5 内容略）…

  <!-- 6 收藏/取消按钮 -->
  <button size="mini" type="warn" wx:if="{{isAdd}}" plain>已收藏</button>
  <button size="mini" type="warn" wx:else plain>点击收藏</button>
</view>
```

对应的 detail.wxss 代码片段添加如下：

```
/* 6 收藏按钮 */
button{
  margin: 20rpx auto;
}
```

对应的 detail.js 中 onLoad()函数的代码片段修改如下：

```
Page({
  …,
  /**
   * 生命周期函数——监听页面加载
   */
  onLoad: function (options) {
    //获取页面跳转来时携带的新闻 id
    let id = options.id
    //检查当前新闻是否在收藏夹中
    let article = wx.getStorageSync('news' + id)
    //如果已经存在
    if (article != "") {
      //直接更新新闻数据
      this.setData({
        article: article,
        isAdd: true
      })
    }
    //如果新闻不存在
    else {
      this.setData({
        isAdd: false
      })
      //向服务器请求获取新闻内容
      this.getNewsById(id)
    }
  },
  …
})
```

继续在 detail.js 文件中追加 addFavorites()和 cancelFavorites()函数，用于点击添加/取消新闻收藏：

```
Page({
  …
  /**
   * 自定义函数——添加收藏
   */
  addFavorites: function () {
    //获取新闻数据
    let article = this.data.article
    //添加到本地缓存中
    wx.setStorageSync('news' + article.id, article)
    //更新按钮的显示
    this.setData({
      isAdd: true
    })
    //消息提示
    common.showToast('已添加收藏')
  },

  /**
   * 自定义函数——取消收藏
   */
  cancelFavorites: function () {
    //获取新闻数据
    let article = this.data.article
```

```
    //从本地缓存中删除
    wx.removeStorageSync('news' + article.id)
    //更新按钮的显示
    this.setData({
      isAdd: false
    })
    //消息提示
    common.showToast('已取消收藏')
  },
  …
})
```

现在从首页开始预览，选择其中任意一篇新闻进入 detail 页面，并尝试点击收藏和取消。此时页面效果如图 15-27 所示。

（a）已经收藏新闻

（b）取消收藏新闻

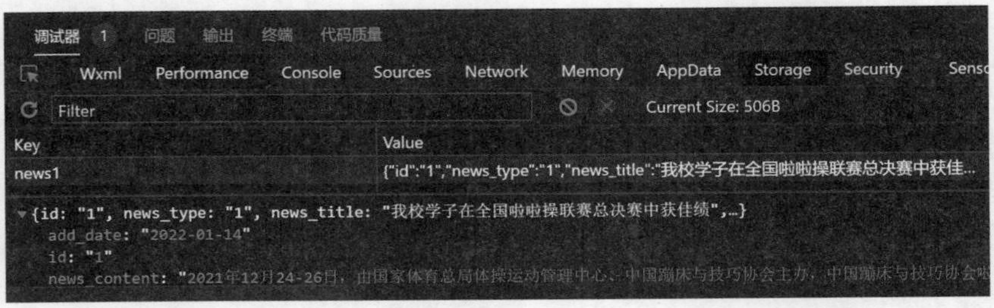

（c）添加本地缓存

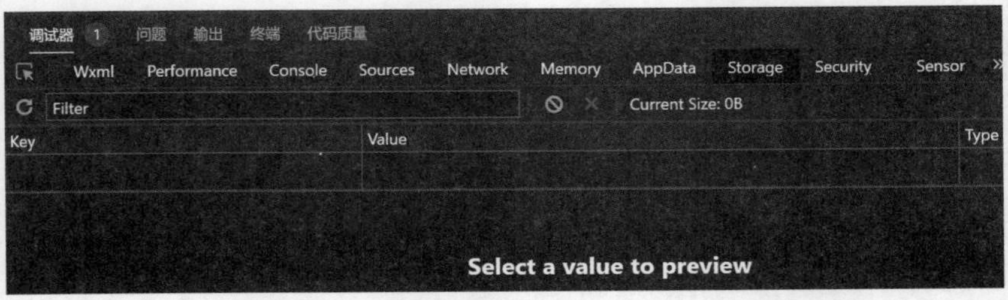

（d）删除本地缓存

图 15-27　新闻页中“点击收藏”按钮的使用效果

15.4.3 个人中心页逻辑

个人中心页主要有 3 个功能需要实现，一是获取微信用户信息，二是获取收藏列表，三是浏览收藏的新闻。

扫一扫

视频讲解

1 获取微信用户信息

修改 my.wxml 代码，追加<button>组件作为登录按钮，并且使用 wx:if 和 wx:else 属性让未登录时只显示按钮，登录后只显示头像和昵称。

WXML（pages/my/my.wxml）代码片段修改如下：

```
1. <view id='myLogin'>
2.   <block wx:if='{{isLogin}}'>
3.     <image id='myIcon' src='{{src}}'></image>
4.     <text id='nickName'>{{nickName}}</text>
5.   </block>
6.   <button wx:else>未登录，点此登录</button>
7. </view>
```

此时页面效果如图 15-28 所示。

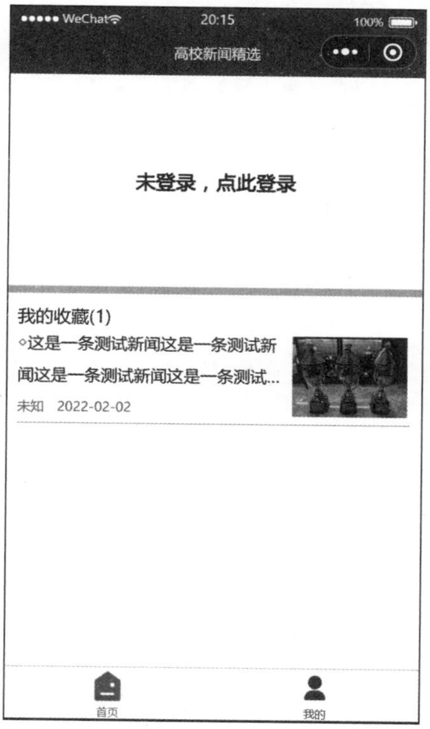

图 15-28 个人中心未登录状态效果图

在 my.wxml 页面中修改第 6 行<button>组件的代码，为其追加获取用户信息事件。

my.wxml 代码片段如下：

```
<button wx:else open-type='getUserInfo'
  bindtap='getMyInfo'>
  未登录，点此登录
</button>
```

当点击按钮时会触发自定义函数 getMyInfo()，开发者也可以使用其他名称。

在 my.js 文件的 Page()内部追加 getMyInfo()函数，代码片段如下：

```
Page({
  …
  /**
   * 自定义函数——获取用户信息
   */
  getMyInfo: function () {
    //获取用户信息
    wx.getUserProfile({
      desc: '展示用户信息',//声明获取用户个人
                          //信息后的用途
      //成功回调函数
      success: res => {
        //更新页面上的个人信息
        this.setData({
          src: res.userInfo.avatarUrl,
          nickName: res.userInfo.nickName,
          isLogin: true
        })
        //把个人信息存到数据缓存中
        wx.setStorageSync('userInfo', res.userInfo)
      }
    })
  },
  …
})
```

修改 my.js 中的 onLoad()函数，检测缓存中的数据是否已经登录过，如果已经登录过则直接显示缓存中的头像和昵称。index.js 代码更新如下：

```
/**
 * 生命周期函数——监听页面加载
 */
onLoad: function (options) {
  //检查是否已经登录过
  let userInfo = wx.getStorageSync('userInfo')
  //如果已经登录
  if (userInfo != '') {
    this.setData({
      src: userInfo.avatarUrl,
      nickName: userInfo.nickName,
      isLogin: true
    })
  }
},
```

此时已完成登录功能，预览效果如图 15-29 所示。

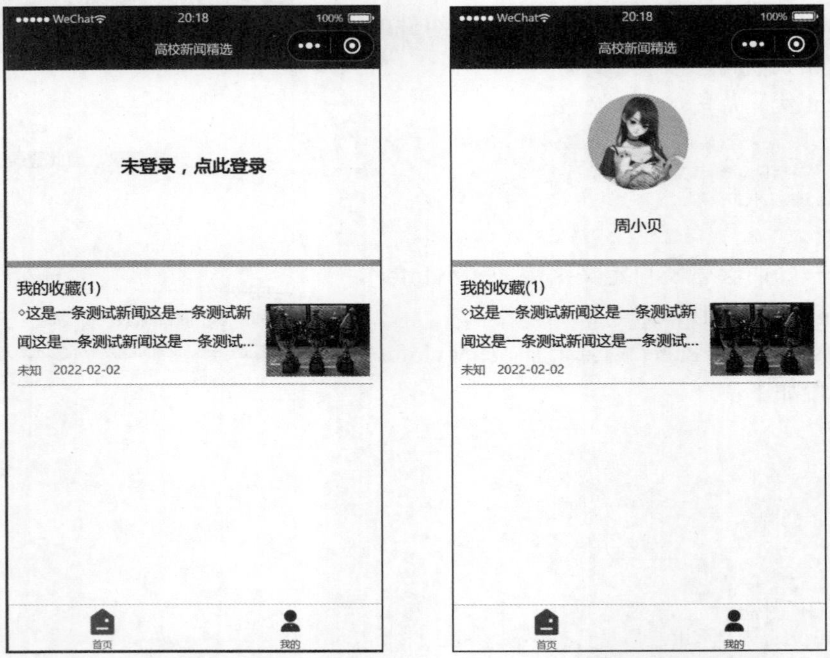

（a）页面初始效果　　（b）点击按钮后的效果

图 15-29　个人中心页获取微信用户信息效果图

扫一扫

视频讲解

2 获取收藏列表

继续在 detail.js 文件中追加 getMyFavorites()函数，用于展示真正的新闻收藏列表。对应的 my.js 代码片段如下：

```
Page({
  //获取收藏列表
  getMyFavorites: function () {
    let info=wx.getStorageInfoSync();     //读取本地缓存信息
    let keys=info.keys;                   //获取全部 key 信息

    let myList=[];
    for (var i=0; i<num; i++) {
     //如果是新闻数据
```

```
      if(keys[i].substring(0, 4) == 'news'){
        let obj=wx.getStorageSync(keys[i]);
        myList.push(obj);                    //将新闻添加到数组中
      }
    }
    //更新收藏列表
    this.setData({
      newsList: myList,
    });
  }
})
```

修改 my.js 中的 getMyInfo()函数，为其追加关于 getMyFavorites()函数的调用。

对应的 my.js 代码片段如下：

```
Page({
  …
  /**
   * 自定义函数——获取用户信息
   */
  getMyInfo: function () {
    //获取用户信息
    wx.getUserProfile({
      desc: '展示用户信息',//声明获取用户个人信息后的用途
      //成功回调函数
      success: res => {
        //更新页面上的个人信息（…内容略…）
        //把个人信息存到数据缓存中（…内容略…）
        //获取收藏列表
        this.getMyFavorites()
      }
    })
  },
  …
})
```

修改 my.js 中的 onShow()函数，每次展示个人中心页时只要是登录状态就更新收藏夹列表。my.js 相关代码如下：

```
Page({
  …,
  /**
   * 生命周期函数——监听页面显示
   */
  onShow: function () {
    //如果是登录状态则更新收藏列表
    if (this.data.isLogin) {
      this.getMyFavorites()
    }
  },
  …
})
```

现在从首页开始预览，选择其中任意两篇新闻进入 detail 页面，并尝试点击收藏；然后退出切换到个人中心页，登录后查看收藏效果。

此时页面效果如图 15-30 所示。

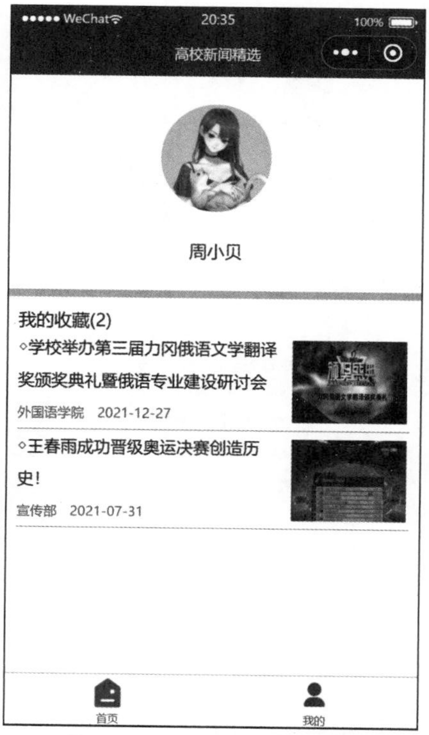

图 15-30　我的收藏列表效果

扫一扫

视频讲解

3 浏览收藏的新闻

点击浏览已经收藏的新闻和首页的点击跳转新闻内容功能类似，首先修改 my.wxml 中收藏列表的代码如下：

```
1. <!-- 1 登录面板 -->
2.
3. <!-- 2 我的收藏 -->
4. <view id="myFavorites">
5.   <!-- 2-1 小标题（…内容略…） -->
6.   <!-- 2-2 收藏列表 -->
7.   <view class="list-item flexH alignCenter" wx:for="{{newsList}}" wx:key="id"
   data-id="{{item.id}}" bindtap="goToDetail">
8.     (…内容略…)
9.   </view>
10.</view>
```

具体修改为上面第 7 行加粗字体部分，为<view>组件添加了自定义触摸事件函数 goToDetail()，并且使用 data-id 属性携带了新闻 id 编号。

然后在对应的 my.js 文件中添加 goToDetail()函数的内容，代码片段如下：

```
Page({
  …,
  /**
   * 自定义函数——跳转新页面浏览新闻内容
   */
  goToDetail: function (e) {
    //获取新闻 id
    let id = e.currentTarget.dataset.id
    //跳转新页面
    common.goToDetail(id)
  },
  …
})
```

程序运行效果如图 15-31 所示。

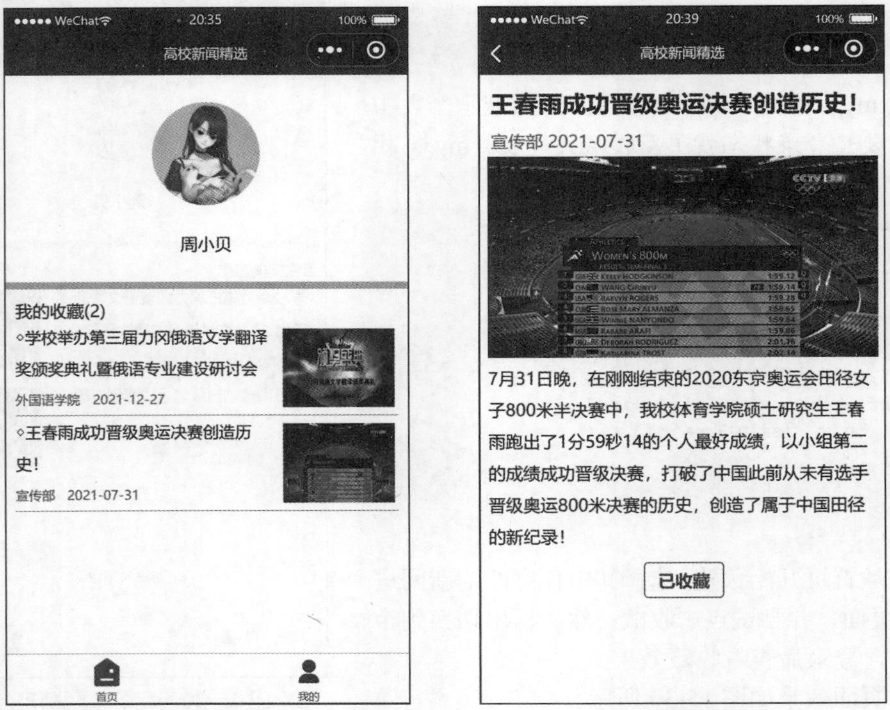

（a）我的收藏列表　　　　（b）浏览收藏的新闻

图 15-31　浏览已收藏新闻的效果

此时项目就已经全部完成了，开发者也可以自由更换其他新闻主题来完成本次项目。

15.5　最终效果展示

最终效果图展示如图 15-32 所示。

（a）首页　（b）点击收藏新闻　（c）取消收藏新闻

（d）个人中心未登录　（e）个人中心已登录　（f）浏览收藏的新闻

图 15-32　最终效果图

15.6　本章小结

本章通过高校新闻小程序项目的开发练习主要复习了以下知识点和操作：

- 小程序项目的创建；
- 手动新建小程序应用文件和页面文件；

- 导航栏标题、背景颜色和文字颜色的设置方法；
- tabBar 的创建方法；
- 页面布局和样式设计的基本方法；
- 使用双大括号{{}}生成动态数据的方法；
- 使用 setData()重置动态数据的方法；
- wx:for 和 wx:key 属性的用法；
- wx:if 和 wx:else 属性的用法；
- hidden 属性的用法；
- 公共函数的创建、导出和调用方法；
- 本地缓存数据的读取和删除；
- 使用 wx.getUserProfile()读取微信个人信息的方法；
- 页面导航跳转和数据携带的用法；
- phpStudy v8.1 套件的安装和 WAMP 服务器环境的启动模拟；
- Navicat for MySQL 中数据库连接、数据表的创建；
- ThinkPHP 6.0 框架的下载、安装、配置和接口文件的制作；
- 项目预览和真机调试的步骤。

15.7　参考资料

- Composer 安装文件下载地址：https://getcomposer.org/Composer-Setup.exe
- Composer 英文文档：https://getcomposer.org/doc/
- Composer 中文文档：https://www.kancloud.cn/thinkphp/composer
- ThinkPHP 6.0 官方文档：https://www.kancloud.cn/manual/thinkphp6_0/1037479

15.8　结束语

本书到此就全部完结了，谢谢认真的你跟着这本书一起学习到了这里，为你点一个大大的赞。未来微信小程序的技术可能还会不断地更新，因作者时间、水平有限，书中难免有不足之处，因此这里并不是技术的终点，而是开发者新的起点。相信现在的你一定比零基础的时候有了更多的感悟，带着这些思考去创造属于你的应用吧！

作者另有清华大学出版社出版的《微信小程序开发实战-微课视频版》一书，提供了一些关于微信小程序进阶技术的介绍，例如小程序云开发、小游戏入门等内容，有兴趣的开发者可以进一步了解。

最后祝愿读者朋友们通过学习能顺利做出自己喜欢的小程序项目。祝学习阶段的读者们学习进步！祝工作阶段的读者们工作顺利！特别祝福程序员朋友们编程无 bug、0 error！

附录A Appendix A

个人开发者服务类目

一级分类	二级分类	三级分类
快递业与邮政	快递、物流	寄件/收件
		查件
	邮政	/
	装卸搬运	/
教育	教育信息服务	/
	特殊人群教育	/
	婴幼儿教育	/
	在线教育	/
	教育装备	/
出行与交通	代驾	/
生活服务	票务	/
	生活缴费	/
	家政	/
	外送	/
	环保回收/废品回收	/
	摄影/扩印	/
	婚庆服务	/
餐饮	点评与推荐	/
	菜谱	/
	餐厅排队	/
旅游	旅游攻略	/
	出境 Wi-Fi	/
工具	记账	/
	日历	/
	天气	/
	办公	/
	字典	/
	图片/音频/视频	/
	计算类	/
	报价/比价	/
	信息查询	
	效率	/
	预约	/
	健康管理	/
	企业管理	/

续表

一级分类	二级分类	三级分类
商业服务	法律服务	法律咨询
		在线法律服务
	会展服务	/
	一般财务服务	/
	农林牧渔	/
体育	体育培训	/
	在线健身	/

注意：面向个人开发者开放的服务类目，会随着相关政策、法律法规以及平台规定的变化而变化，请开发者以提交时开放的类目为准，本文档仅供参考。

附录B Appendix B

小程序场景值

场景值 ID	说　明
1001	发现栏小程序主入口，“最近使用”列表（基础库 2.2.4 版本起将包含“我的小程序”列表）
1005	顶部搜索框的搜索结果页
1006	发现栏小程序主入口搜索框的搜索结果页
1007	单人聊天会话中的小程序消息卡片
1008	群聊会话中的小程序消息卡片
1011	扫描二维码
1012	长按图片识别二维码
1013	手机相册选取二维码
1014	小程序模板消息
1017	前往体验版的入口页
1019	微信钱包
1020	公众号 profile 页相关小程序列表
1022	聊天顶部置顶小程序入口
1023	安卓系统桌面图标
1024	小程序 profile 页
1025	扫描一维码
1026	附近小程序列表
1027	顶部搜索框搜索结果页“使用过的小程序”列表
1028	我的卡包
1029	卡券详情页
1030	自动化测试下打开小程序
1031	长按图片识别一维码
1032	手机相册选取一维码
1034	微信支付完成页
1035	公众号自定义菜单
1036	App 分享消息卡片
1037	从当前小程序打开另一个小程序
1038	从另一个小程序返回
1039	摇电视
1042	添加好友搜索框的搜索结果页
1043	公众号模板消息
1044	带 shareTicket 的小程序消息卡片（详情）
1045	朋友圈广告
1046	朋友圈广告详情页
1047	扫描小程序码

续表

场景值 ID	说　明
1048	长按图片识别小程序码
1049	手机相册选取小程序码
1052	卡券的适用门店列表
1053	搜一搜的结果页
1054	顶部搜索框小程序快捷入口
1056	音乐播放器菜单
1057	钱包中的银行卡详情页
1058	公众号文章
1059	体验版小程序绑定邀请页
1064	微信连 Wi-Fi 状态栏
1067	公众号文章广告
1068	附近小程序列表广告
1069	移动应用
1071	钱包中的银行卡列表页
1072	二维码收款页面
1073	客服消息列表下发的小程序消息卡片
1074	公众号会话下发的小程序消息卡片
1077	摇周边
1078	连 Wi-Fi 成功页
1079	微信游戏中心
1081	客服消息下发的文字链
1082	公众号会话下发的文字链
1084	朋友圈广告原生页
1089	微信聊天主界面下拉，“最近使用”栏（基础库 2.2.4 版本起将包含“我的小程序”栏）
1090	长按小程序右上角菜单唤出最近使用历史
1091	公众号文章商品卡片
1092	城市服务入口
1095	小程序广告组件
1096	聊天记录
1097	微信支付签约页
1099	页面内嵌插件
1102	公众号 profile 页服务预览
1103	发现栏小程序主入口，“我的小程序”列表（基础库 2.2.4 版本起废弃）
1104	微信聊天主界面下拉，“我的小程序”栏（基础库 2.2.4 版本起废弃）

附录C Appendix C

小程序预定颜色

小程序目前预定颜色 148 个，颜色名称大小写不敏感。

颜 色 名 称	RGB 十六进制	RGB 十进制	中 文 名
AliceBlue	#F0F8FF	240, 248, 255	爱丽丝蓝
AntiqueWhite	#FAEBD7	250, 235, 215	古董白
Aqua	#00FFFF	0, 255, 255	青色
AquaMarine	#7FFFD4	127, 255, 212	碧绿
Azure	#F0FFFF	240, 255, 255	青白色
Beige	#F5F5DC	245, 245, 220	米色
Bisque	#FFE4C4	255, 228, 196	陶坯黄
Black	#000000	0, 0, 0	黑色
BlanchedAlmond	#FFEBCD	255, 235, 205	杏仁白
Blue	#0000FF	0, 0, 255	蓝色
BlueViolet	#8A2BE2	138, 43, 226	蓝紫色
Brown	#A52A2A	165, 42, 42	褐色
BurlyWood	#DEB887	222, 184, 135	硬木褐
CadetBlue	#5F9EA0	95, 158, 160	军服蓝
Chartreuse	#7FFF00	127, 255, 0	查特酒绿
Chocolate	#D2691E	210, 105, 30	巧克力色
Coral	#FF7F50	255, 127, 80	珊瑚红
CornflowerBlue	#6495ED	100, 149, 237	矢车菊蓝
Cornsilk	#FFF8DC	255, 248, 220	玉米穗黄
Crimson	#DC143C	220,20,60	绯红
Cyan	#00FFFF	0, 255, 255	青色
DarkBlue	#00008B	0, 0, 139	深蓝
DarkCyan	#008B8B	0, 139, 139	深青
DarkGoldenRod	#B8860B	184, 134, 11	深金菊黄
DarkGray	#A9A9A9	169, 169, 169	暗灰
DarkGreen	#006400	0, 100, 0	深绿
DarkKhaki	#BDB76B	189, 183, 107	深卡其色
DarkMagenta	#8B008B	139, 0, 139	深品红
DarkOliveGreen	#556B2F	85, 107, 47	深橄榄绿
DarkOrange	#FF8C00	255, 140, 0	深橙
DarkOrchid	#9932CC	153, 50, 204	深洋兰紫
DarkRed	#8B0000	139, 0, 0	深红
DarkSalmon	#E9967A	233, 150, 122	深鲑红

续表

颜色名称	RGB 十六进制	RGB 十进制	中文名
DarkSeaGreen	#8FBC8F	143, 188, 143	深海藻绿
DarkSlateBlue	#483D8B	72, 61, 139	深岩蓝
DarkSlateGrey	#2F4F4F	47,79,79	深岩灰
DarkTurquoise	#00CED1	0, 206, 209	深松石绿
DarkViolet	#9400D3	148, 0, 211	深紫
DeepPink	#FF1493	255, 20, 147	深粉
DeepSkyBlue	#00BFFF	0, 191, 255	深天蓝
DimGray	#696969	105, 105, 105	昏灰
DodgerBlue	#1E90FF	30, 144, 255	湖蓝
FireBrick	#B22222	178, 34, 34	火砖红
FloralWhite	#FFFAF0	255, 250, 240	花卉白
ForestGreen	#228B22	34, 139, 34	森林绿
Fuchsia	#FF00FF	255, 0, 255	洋红
Gainsboro	#DCDCDC	220, 220, 220	庚氏灰
GhostWhite	#F8F8FF	248, 248, 255	幽灵白
Gold	#FFD700	255, 215, 0	金色
GoldenRod	#DAA520	218, 165, 32	金菊黄
Gray	#808080	128, 128, 128	灰色
Green	#008000	0, 128, 0	调和绿
GreenYellow	#ADFF2F	173, 255, 47	黄绿色
HoneyDew	#F0FFF0	240, 255, 240	蜜瓜绿
HotPink	#FF69B4	255, 105, 180	艳粉
IndianRed	#CD5C5C	205, 92, 92	印度红
Indigo	#4B0082	75, 0, 130	靛蓝
Ivory	#FFFFF0	255, 255, 240	象牙白
Khaki	#F0E68C	240, 230, 140	卡其色
Lavender	#E6E6FA	230, 230, 250	薰衣草紫
LavenderBlush	#FFF0F5	255, 240, 245	薰衣草红
LawnGreen	#7CFC00	124, 252, 0	草坪绿
LemonChiffon	#FFFACD	255, 250, 205	柠檬绸黄
LightBlue	#ADD8E6	173, 216, 230	浅蓝
LightCoral	#F08080	240, 128, 128	浅珊瑚红
LightCyan	#E0FFFF	224, 255, 255	浅青
LightGoldenRodYellow	#FAFAD2	250, 250, 210	浅金菊黄
LightGray	#D3D3D3	211, 211, 211	亮灰
LightGreen	#90EE90	144, 238, 144	浅绿
LightPink	#FFB6C1	255, 182, 193	浅粉
LightSalmon	#FFA07A	255, 160, 122	浅鲑红
LightSeaGreen	#20B2AA	32, 178, 170	浅海藻绿
LightSkyBlue	#87CEFA	135, 206, 250	浅天蓝
LightSlateGray	#778899	119, 136, 153	浅岩灰

续表

颜 色 名 称	RGB 十六进制	RGB 十进制	中　文　名
LightSteelBlue	#B0C4DE	176, 196, 222	浅钢青
LightYellow	#FFFFE0	255, 255, 224	浅黄
Lime	#00FF00	0, 255, 0	绿色
LimeGreen	#32CD32	50, 205, 50	青柠绿
Linen	#FAF0E6	250, 240, 230	亚麻色
Magenta	#FF00FF	255, 0, 255	洋红
Maroon	#800000	128, 0, 0	栗色
MediumAquaMarine	#66CDAA	102, 205, 170	中碧绿
MediumBlue	#0000CD	0, 0, 205	中蓝
MediumOrchid	#BA55D3	186, 85, 211	中洋兰紫
MediumPurple	#9370DB	147, 112, 219	中紫
MediumSeaGreen	#3CB371	60, 179, 113	中海藻绿
MediumSlateBlue	#7B68EE	123, 104, 238	中岩蓝
MediumSpringGreen	#00FA9A	0, 250, 154	中嫩绿
MediumTurquoise	#48D1CC	72, 209, 204	中松石绿
MediumVioletRed	#C71585	199, 21, 133	中紫红
MidnightBlue	#191970	25, 25, 112	午夜蓝
MintCream	#F5FFFA	245, 255, 250	薄荷乳白
MistyRose	#FFE4E1	255, 228, 225	雾玫瑰红
Moccasin	#FFE4B5	255, 228, 181	鹿皮色
NavajoWhite	#FFDEAD	255, 222, 173	土著白
Navy	#000080	0, 0, 128	藏青
OldLace	#FDF5E6	253, 245, 230	旧蕾丝白
Olive	#808000	128, 128, 0	橄榄色
OliveDrab	#6B8E23	107, 142, 35	橄榄绿
Orange	#FFA500	255, 165, 0	橙色
OrangeRed	#FF4500	255, 69, 0	橘红
Orchid	#DA70D6	218, 112, 214	洋兰紫
PaleGoldenRod	#EEE8AA	238, 232, 170	白金菊黄
PaleGreen	#98FB98	152, 251, 152	白绿色
PaleTurquoise	#AFEEEE	175, 238, 238	白松石绿
PaleVioletRed	#DB7093	219, 112, 147	白紫红
PapayaWhip	#FFEFD5	255, 239, 213	番木瓜橙
PeachPuff	#FFDAB9	255, 218, 185	粉扑桃色
Peru	#CD853F	205, 133, 63	秘鲁红
Pink	#FFC0CB	255, 192, 203	粉色
Plum	#DDA0DD	221, 160, 221	李紫
PowderBlue	#B0E0E6	176, 224, 230	粉末蓝
Purple	#800080	128, 0, 128	紫色
RebeccaPurple	#663399	102, 51, 153	丽贝卡紫
Red	#FF0000	255, 0, 0	红色
RosyBrown	#BC8F8F	188, 143, 143	玫瑰褐
RoyalBlue	#4169E1	65, 105, 225	品蓝
SaddleBrown	#8B4513	139, 69, 19	鞍褐

续表

颜色名称	RGB 十六进制	RGB 十进制	中文名
Salmon	#FA8072	250, 128, 114	鲑红
SandyBrown	#F4A460	244, 164, 96	沙褐
SeaGreen	#2E8B57	46, 139, 87	海藻绿
SeaShell	#FFF5EE	255, 245, 238	贝壳白
Sienna	#A0522D	160, 82, 45	土黄赭
Silver	#C0C0C0	192, 192, 192	银色
SkyBlue	#87CEEB	135, 206, 235	天蓝
SlateBlue	#6A5ACD	106, 90, 205	岩蓝
SlateGray	#708090	112, 128, 144	岩灰
Snow	#FFFAFA	255, 250, 250	雪白
SpringGreen	#00FF7F	0, 255, 127	春绿
SteelBlue	#4682B4	70, 130, 180	钢青
Tan	#D2B48C	210, 180, 140	日晒褐
Teal	#008080	0, 128, 128	鸭翅绿
Thistle	#D8BFD8	216, 191, 216	蓟紫
Tomato	#FF6347	255, 99, 71	番茄红
Turquoise	#40E0D0	64, 224, 208	松石绿
Violet	#EE82EE	238, 130, 238	紫罗兰色
Wheat	#F5DEB3	245, 222, 179	麦色
White	#FFFFFF	255, 255, 255	白色
WhiteSmoke	#F5F5F5	245, 245, 245	烟雾白
Yellow	#FFFF00	255, 255, 0	黄色
YellowGreen	#9ACD32	154, 205, 50	暗黄绿色

注意：RebeccaPurple 是 CSS Level4 中的一种新颜色，是 Web Community 全体成员以队友 Eric 去世的女儿 Rebecca 命名的，以此来支持他。

图书资源支持

感谢您一直以来对清华版图书的支持和爱护。为了配合本书的使用，本书提供了配套的资源，有需求的读者请扫描下方的“书圈”微信公众号二维码，在图书专区下载，也可以拨打电话或发送电子邮件咨询。

如果您在使用本书的过程中遇到了什么问题，或者有相关图书出版计划，也请您发邮件告诉我们，以便我们更好地为您服务。

我们的联系方式：

地　　址：北京市海淀区双清路学研大厦 A 座 714

邮　　编：100084

电　　话：010-83470236　010-83470237

客服邮箱：2301891038@qq.com

QQ：2301891038（请写明您的单位和姓名）

资源下载：关注公众号“书圈”下载配套资源。

资源下载、样书申请

书圈　　获取最新书目　　观看课程直播